JN261323

Volcanic Landforms of the World
世界の火山地形

守屋以智雄
［著］

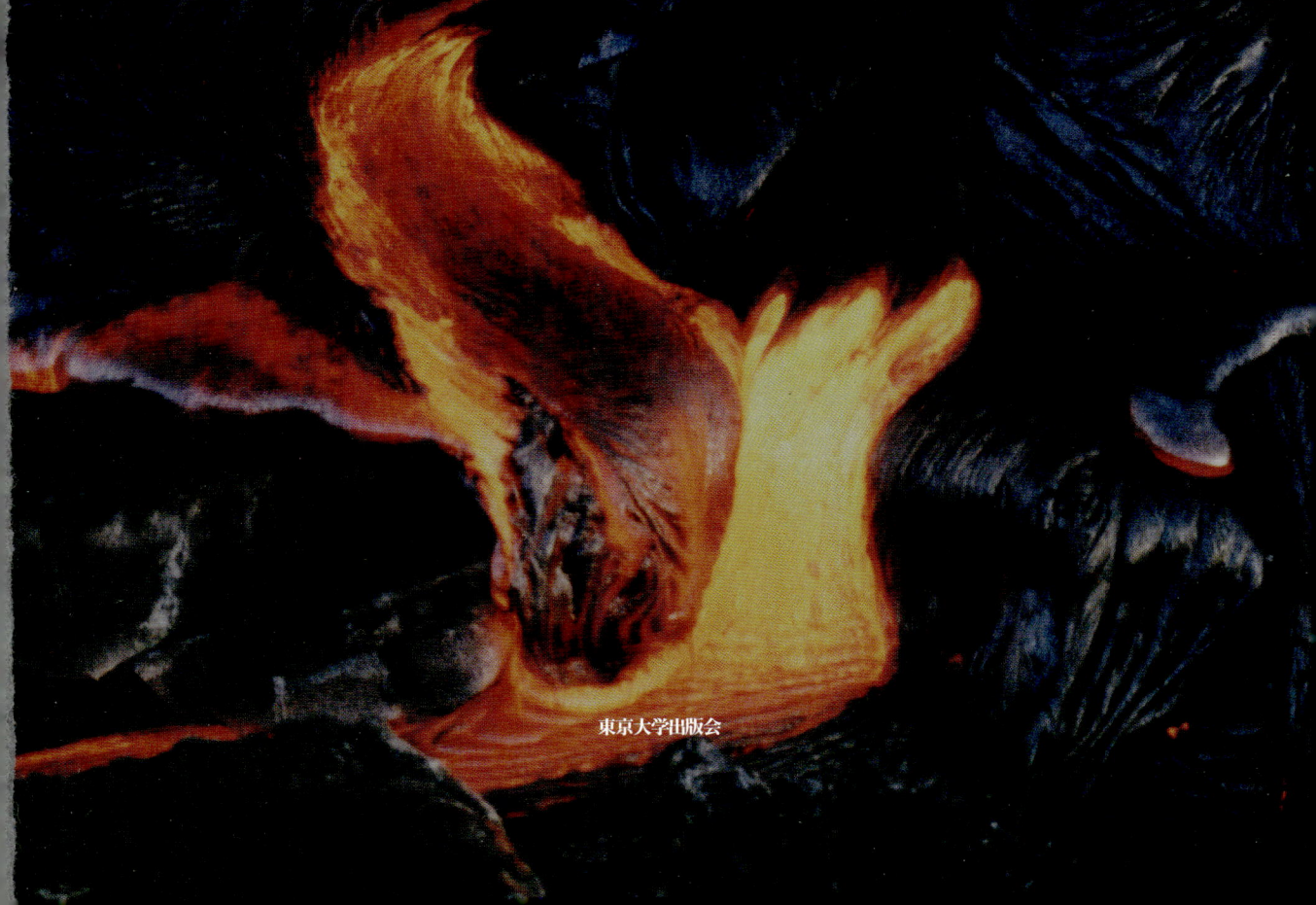

東京大学出版会

型別火山の記号・略号とその説明

- ▲ Sc：スコリア丘・マール，Sh: 小型楯状火山などの小型単成火山
- ■ L1：第1期溶岩原（小型単成火山をもつ）
- ◨ L2：第2期溶岩原（小型単成火山＋大型楯状火山をもつ）
- ◮ L3：第3期溶岩原（小型単成火山＋大型楯状火山＋成層火山をもつ）
- ◨ L4：第4期溶岩原（小型単成火山＋大型楯状火山＋成層火山＋カルデラ火山をもつ）
- ● SH1：第1期大型楯状火山（小型単成火山をもつ）
- ◓ SH2：第2期大型楯状火山（小型単成火山＋成層火山をもつ）
- ◒ SH3：第3期大型楯状火山（小型単成火山＋カルデラ火山をもつ）
- ◐ SH4：第4期大型楯状火山（小型単成火山＋溶岩ドーム火山をもつ）
- ● A1：第1期大型成層火山（スコリア丘・薄い溶岩流）
- ⊖ A2：第2期大型成層火山（厚い溶岩流・溶岩ドーム・馬蹄形カルデラ）
- ⊙ A3：第3期大型成層火山（軽石質火砕流・降下軽石）
- ○ A4：第4期大型成層火山（小カルデラ・溶岩ドーム・火砕流・降下軽石）
- ◓ Ad：第2期大型成層火山（流紋岩質溶岩ドーム・玄武岩〜安山岩質溶岩流・火砕流）
- ⬡ Cf：じょうご型カルデラ火山（火砕流堆積面・小型成層火山）
- ⬡ Cv：ヴァイアス型カルデラ火山（流紋岩質溶岩ドーム・再隆起ドーム）
- ⬢ Cm：混合型カルデラ火山（玄武岩質楯状火山＋流紋岩・フォノライト質火砕流堆積面）
- ⬡ cd：小型カルデラ火山（単成火山；安山岩質〜デイサイト質火砕流堆積面）
- ⌒ Do：溶岩ドーム火山（単成火山；流紋岩〜フォノライト質溶岩ドーム）

* SHは大型楯状火山で複成火山に，Shは小型楯状火山で単成火山に分類される．境界はおよそ径10 km．
* Aは単独の大型成層火山，aはカルデラ火山のカルデラ内小型成層火山．
* Cmは楯状火山の山頂カルデラ形成に火砕流噴出が関連しているもの（楯状火山の上にカルデラ火山が乗ったSH4型とも解釈できる）．

扉写真：
〈上〉ハワイ島Kilauea火山1995年溶岩流が海中へ流入する夜景

〈下〉ハワイKilauea火山1995年パホイホイ溶岩流の流動．

Volcanic Landforms of the World

Ichio MORIYA

University of Tokyo Press, 2012
ISBN 978-4-13-066710-4

ギリシャコス島Kosカルデラ火山の軽石質火砕流堆積物

イタリアナポリ市西郊採石場．Campi-Phlegreiカルデラ形成に伴った軽石質火砕流堆積物を切り出している．

アイスランドヘイマイ島1973年溶岩流から掘り出し中の家屋

アイスランド北東部ミヴァトン湖南岸に溶岩が流入したことで生じた2次火口

アイスランド北東部Krafla火山の溶岩流と割れ目(ギャオ)

ギリシャニシロス島Nisyros成層火山頂部に形成されたカルデラと溶岩ドーム群

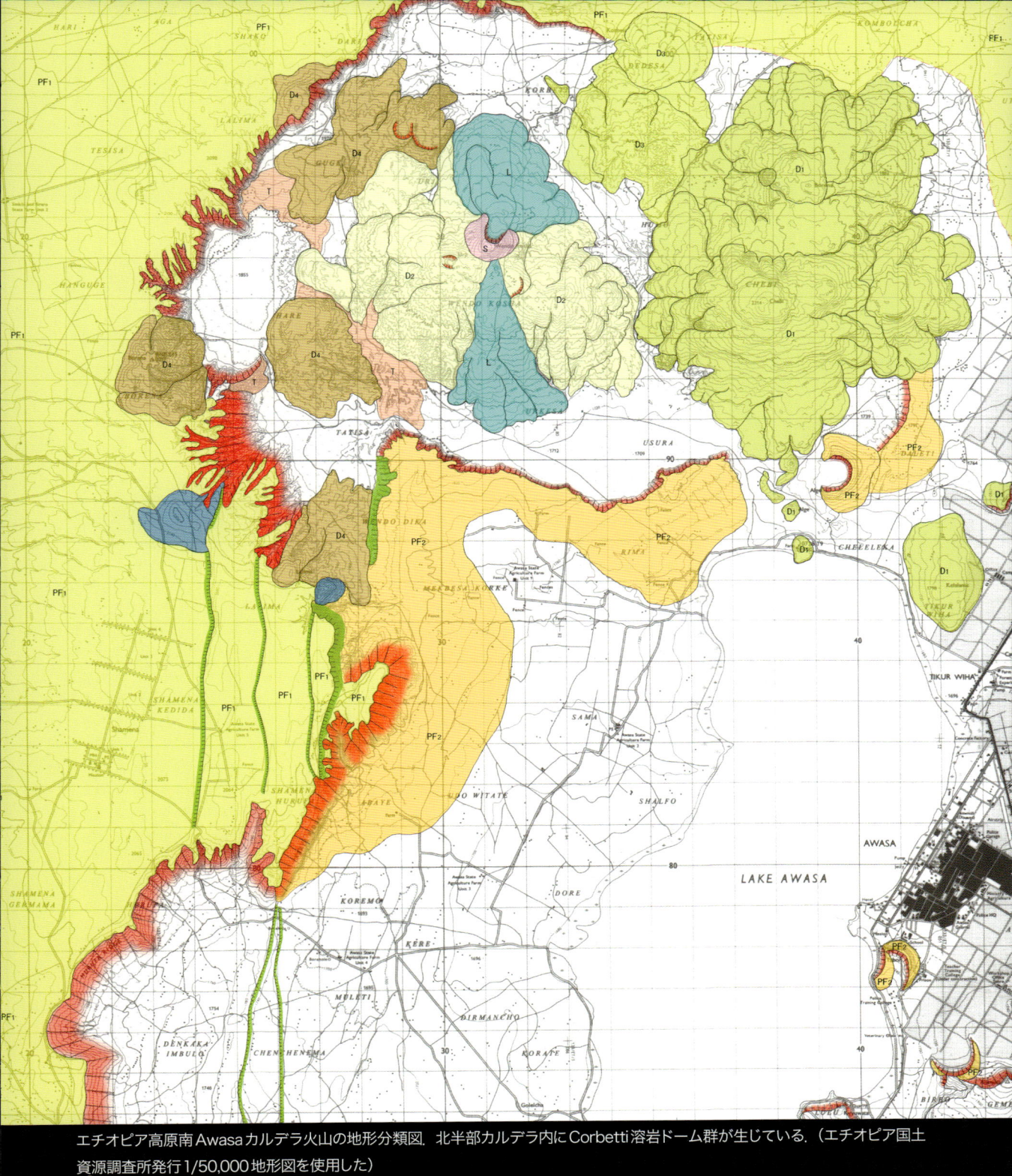

エチオピア高原南 Awasa カルデラ火山の地形分類図．北半部カルデラ内に Corbetti 溶岩ドーム群が生じている．（エチオピア国土資源調査所発行 1/50,000 地形図を使用した）

グアテマラ中部Atitlanカルデラ火山の地形分類図(グアテマラ国土地理院発行1/50,000地形図を使用した)

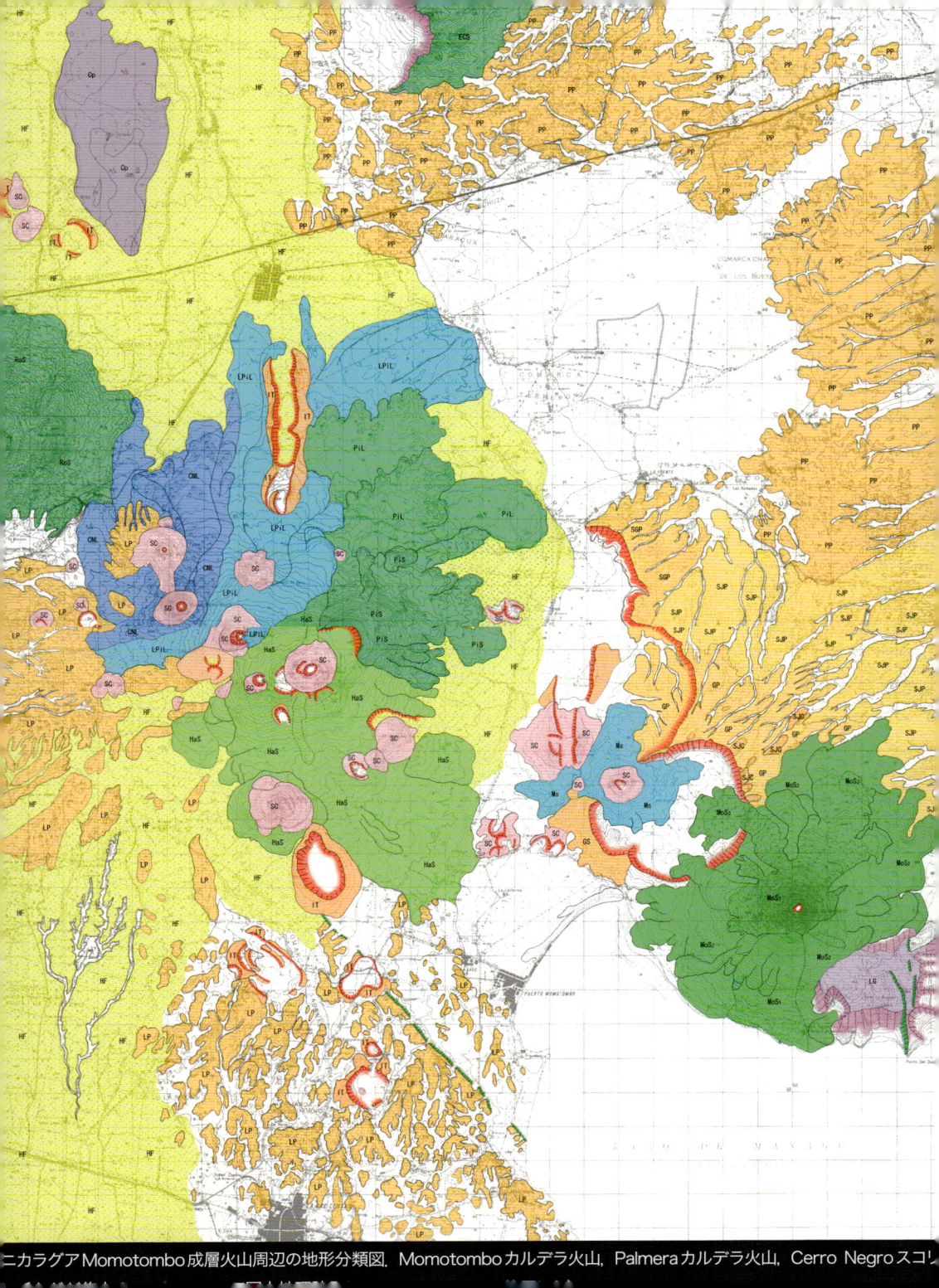

ニカラグア Momotombo 成層火山周辺の地形分類図．Momotombo カルデラ火山，Palmera カルデラ火山，Cerro Negro スコリ

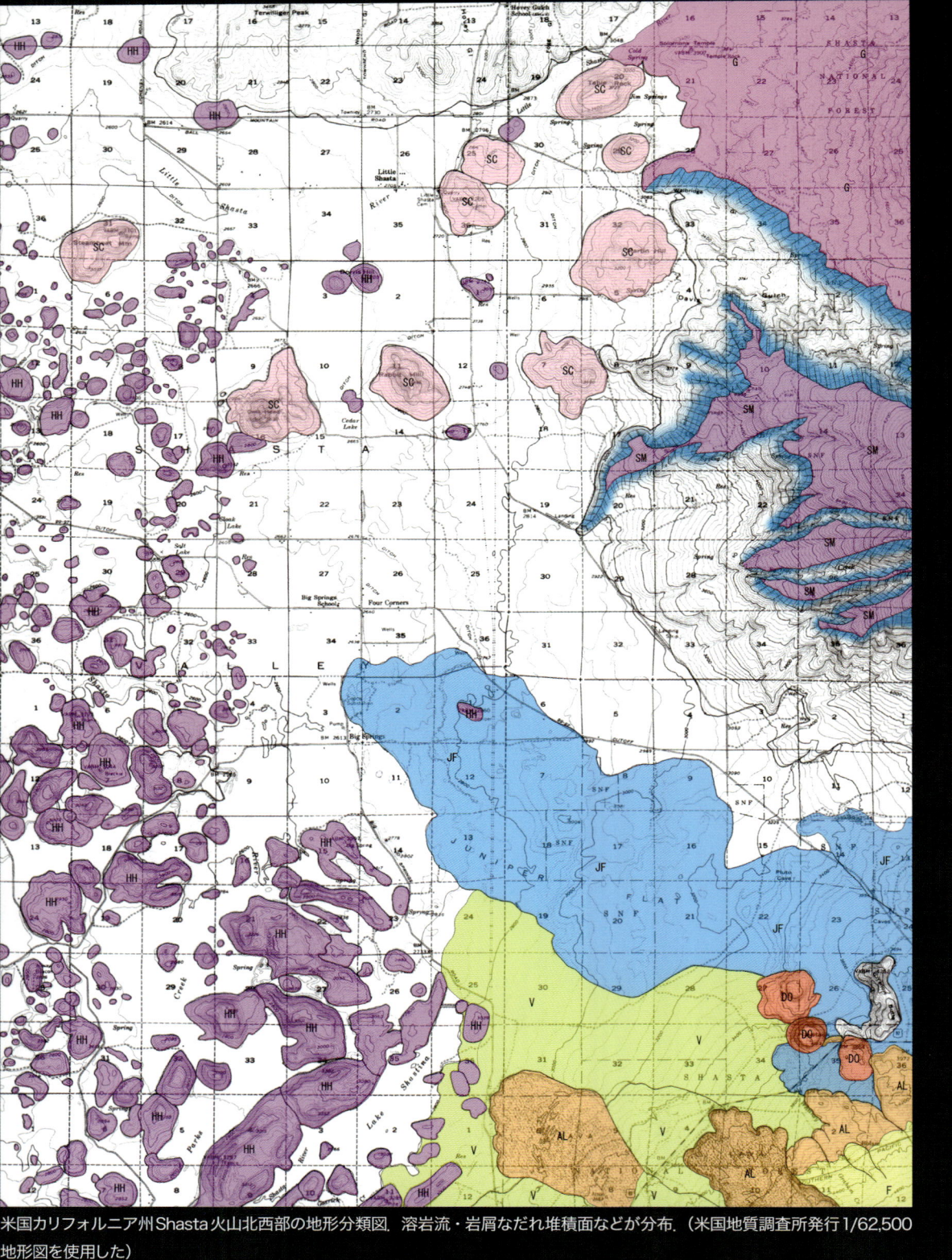

米国カリフォルニア州Shasta火山北西部の地形分類図．溶岩流・岩屑なだれ堆積面などが分布．（米国地質調査所発行1/62,500地形図を使用した）

まえがき

　1970年代から1980年代初頭にかけ，筆者は日本列島の火山地形の発達史研究をまとめたが，その後さらに世界の火山の地形発達を明らかにし，それをもとに火山体の分類，その多様性・地域性の原因を探ることを目的とし，30年以上にわたる研究を継続してきた．本書はその総まとめで，世界の少なくとも95%を超す火山体のタイプを決定し，複成火山の発達史の一般化を目指した．その結果の概要を第1部第2章でのべる．それに先立ち，第1章では火山体に関する用語の整理，定義付けを行い，火山体の分類を試みた．

　火山はその地形学的特徴から，スコリア丘火山・スパター丘火山・小型楯状火山・マール・溶岩ドーム火山・溶岩原・楯状火山・成層火山・カルデラ火山に分類される．それぞれの火山の特徴を検討し，分類の妥当性も議論した．複成火山である溶岩原・楯状火山・成層火山・カルデラ火山の発達過程についても検討がなされた．その過程で「火山」より格上の「重複成火山」という用語の使用を提唱した．

　溶岩原については玄武岩質溶岩流・スコリア丘・小楯状火山からなるものが半数を超えるが，その発達過程の中で大型楯状火山・成層火山・カルデラ火山が形成されることが少なくないことが明らかにされた．楯状火山については溶岩原の「部品」として存在する場合と，独立火山として存在する場合があること，さらには独立火山としての楯状火山を土台として，その上に複数の成層火山が形成され重複成火山になる場合もあることが明らかにされた．カルデラ火山については，溶岩原・楯状火山の「付属品」として存在する場合と，1個の火山として独立して存在する場合がある．これらの事実は，火山の分類を3つの階層別（単成火山→複成火山→重複成火山）に分けて行う必要があることを示す．

　第2部の各論では，大西洋諸島，ヨーロッパ，アフリカ大陸，アラビア半島，中東・極東地域・インド洋，太平洋とその周辺，アメリカ大陸，南極まで，世界各地の火山を地域ごとに解説した．個々の火山すべてをのべることは，紙数その他の理由により不可能なため，地域ごとの火山全体の特徴と代表的な火山のいくつかを選んで，その地形的特徴の概略を説明する．これらは第1部の発達・分類を考えるための基礎となるもので，この考えの正当性を主張するのに必要な「証拠」である．

　現地での地形・地質調査，文献調査に加え，地形図・空中写真・衛星写真の判読が本研究の重要な研究手段の1つであった．しかし地形図・空中写真・衛星写真の入手・使用には常に難儀した．これらはいずれも各国政府の刊行物であるため，売買の際，文部（科学）省は現品がないと支払わない，相手政府は支払わなければ現品を渡さないという「矛と盾」の関係が存在し，間に民間業者を立て，5-10%の手数料を払わざるを得ないという状況が現在なお続いて

いる．そのため研究機関の経理事務担当者が代わるたびに事情を説明・納得させるのに苦労した．発注した現品が4年後に到着したり，期限内に空中写真を受け取るには追加料金必要といわれ，自腹を切らざるを得なかったことなど，苦労話はつきない．しかし，これらのケースはまだ空中写真などを入手できたのでよかったが，近隣諸国と敵対関係にある国の地形図・空中写真は購入できないという現実には，まったく手も足も出なかった．東西冷戦終了時に，東欧諸国の地形図がドイツの地図会社を通じて日本にも流入し，購入できたときは本当にありがたく，平和の大切さを改めて痛感した．その点で最近の Google Earth 画像の情報提供は本当にありがたい．開始後まもない 6-7 年前にはじめて画像に接したときは解像度がいまひとつであったが，4年ほど前から研究にも十分使用できる精度まで上がったことで，旧共産圏などデータ不足地域に有効と判断し，以後多くの火山地形データを利用している．なお，掲載した図・写真でとくに出典や撮影者の記されていないものは，すべて筆者による描画・撮影である．型別火山の記号・略号は扉裏の表を参照されたい．

　本書は，独立行政法人日本学術振興会平成23年度科学研究費補助金（研究成果公開促進費）の交付を受けた．

　なお本書の出版に際して，東京大学出版会の小松美加さんには編集をはじめ刊行に関する広い範囲にわたって大変お世話いただいた．暖かい支えなくして本書は存在し得なかった．言葉ではつくせない感謝の念をここに表わしたい．

　「日本の火山地形」研究を含め50年を超す「世界の火山地形」研究の間にご指導・ご助力いただいた下記の方々にあらためて深大な謝意を表する．

新井房夫・荒牧重雄・池田安隆・石原和弘・磯望・伊藤和明・井上公夫・井上素子・宇井忠英・宇都浩三・江川良武・太田陽子・岡田弘・奥野充・大島治・大矢雅彦・貝塚爽平・帰山吉雄・勝井義雄・門村浩・鎌田浩毅・加茂幸介・鴨沢久代・北逸郎・久野久・小池一之・小林武彦・小林哲夫・小屋口剛博・小山真人・佐藤久・坂口豊・清水長正・下鶴大輔・鈴木桂子・鈴木隆介・山崎正男・杉村新・竹内啓一・多田文男・高橋正樹・高橋栄一・塚本哲・鶴見英策・富樫茂子・中川光弘・中野俊・中村一明・長尾圭介・名取湧子・西村智博・野上道男・野津憲治・野村哲・長谷中利昭・早川由紀夫・藤田和久・松田時彦・牧野道幸・町田洋・松田准一・三雲健・安井真也・山形耕太郎・山元孝広・山岸宏光・横山泉・横山勝三・吉川虎雄・W. S. Baldridge, G. Camus, J. Cole, J. Fink, R. S. Fiske, H. Glicken, R. A. Greeley, D. Karatson, A. Lulud, P. Mitropoulos, C. Newhall, D. Palacios, T. Pierson, D. Rita, H-U. Schmincke, I. Seghedi, M. Sheridan, L. Siebert, T. Simkin, D. Swanson, A. Szakacs, J-C. Tanguy, J-C. Thouret, R. Tilling（敬称略・物故の方も含む）

2012年1月

著　者

目次

まえがき

第1部　総論

第1章　火山体の分類 ·· 2

- 1.1　陸上火山と海底火山　2
- 1.2　火山体の分類　2
  - 1.2.1　単成火山　2
    - スコリア丘（スパター丘）火山　タフコーン火山　マール（タフリング）火山
    - 小型楯状火山　溶岩ドーム火山　溶岩流火山　小カルデラ火山は単成火山か
  - 1.2.2　複成火山　7
    - 溶岩原　楯状火山　成層火山　カルデラ火山
  - 1.2.3　「重複成火山（火山地域）」の定義　10

第2章　火山体の発達 ·· 13

- 2.1　溶岩原の発達　13
  - 2.1.1　米国南西部の溶岩原とその発達　13
  - 2.1.2　アラビア半島の溶岩原とその発達　14
  - 2.1.3　アイスランドの溶岩原とその発達　15
    - 溶岩ドーム・カルデラの形成
  - 2.1.4　アファー三角帯の溶岩原とその発達　19
  - 2.1.5　ケニア・タンザニア北部の溶岩原とその発達　20
  - 2.1.6　沈み込み帯の溶岩原　21
  - 2.1.7　溶岩原の発達順序　22
- 2.2　楯状火山の発達と分類　24
  - 2.2.1　大陸上に噴出した楯状火山　24
  - 2.2.2　海洋島をつくる楯状火山　25
    - ハワイ諸島の楯状火山　カナリア諸島の楯状火山
  - 2.2.3　沈み込み帯に噴出した楯状火山　27
  - 2.2.4　楯状火山の発達と分類　29
- 2.3　成層火山の発達と分類　30
  - 2.3.1　日本列島の成層火山の発達　30

2.3.2　米国カスケード火山列成層火山の発達　31
　　　2.3.3　成層火山の発達系列は2つ？　33
　　　2.3.4　中小型成層火山　34
　2.4　カルデラ火山の発達　34
　　　2.4.1　じょうご型カルデラ火山　34
　　　2.4.2　ヴァイアス型カルデラ火山　35
　　　2.4.3　テネリフェ島はカルデラ火山？　35
　　　2.4.4　イタリア・千島のカルデラ　35
　　　2.4.5　火砕流噴出を伴う楯状火山のカルデラ形成　36
　2.5　重複成火山の発達　36
　　　2.5.1　重複成火山としての溶岩原　36
　　　2.5.2　重複成火山としての楯状火山　36
　2.6　型別火山の地理的分布の特徴―プレート構造と火山型　37
　　　2.6.1　海洋島の火山　37
　　　　　大西洋の火山地形　インド洋の火山地形　太平洋の火山地形
　　　2.6.2　大陸ホットスポットの火山地形　39
　　　　　ドイツアイフェル地方の溶岩原　北アフリカの溶岩原・楯状火山・スコリア丘単成火山群
　　　2.6.3　大陸割れ目火山のタイプ　40
　　　　　紅海・アデン湾の火山　アフリカ大陸東縁地溝帯沿いの火山　Cameroon 火山列
　　　　　カナダの火山―海嶺の沈み込み　米国南西部 Snake River 玄武岩溶岩台地―Yellowstone カルデラ火山
　　　2.6.4　プレート沈み込み帯の火山のタイプ　42
　　　　　カムチャツカ半島・千島・東北日本・伊豆小笠原・マリアナ諸島の火山地形
　　　　　西南日本・琉球・フィリピン・サンギヘ・スラウェシの火山地形
　　　　　パプアニューギニア・ソロモン・バヌアツ・トンガ-ケルマデック・ニュージーランドの火山地形
　　　　　ミャンマー・アンダマン・スマトラ・ジャワ・バリ・ロンボク・スンバワ・フローレス・ソロル・マ
　　　　　リサ・バンダ諸島の火山地形　ファンドゥフーカプレートの沈み込みとカスケード火山列
　　　　　メキシコ，リヴェラ・ココスプレート沈み込み帯の火山地形　中米ココスプレート沈み込み帯
　　　　　南米大陸西縁ナスカプレートの沈み込み帯　小アンティル・南サンドウィッチ諸島の沈み込み帯
　　　2.6.5　衝突体の火山タイプ　46

　　　　　　　　第2部　各論―世界各地域の火山地形の特徴

第3章　大西洋諸島の火山地形　50

3.1　大西洋北部ヤンマイエン島　50

3.2　アイスランド　50

3.3　アゾレス諸島　53
　　　コルボ島　フローレス島　ファイヤル島　ピコ島　サオホルヘ島　グラシオサ島
　　　テルセイラ島　サオミゲル島　サンタマリア島

3.4　カナリア諸島　59
　　　テネリフェ島　グランカナリア島　フェルテヴェントゥーラ島　ランサローテ島

3.5　カーボヴェルデ諸島　62
　　　サントアンタオ島　サオニコラウ島　サル島　サンティアゴ島　フォゴ島

3.6 南部大西洋諸島　64
　　　アセンション島　トリンダデ島　トリスタン諸島　ブーヴェ島

第4章　ヨーロッパの火山地形 ··· 66

4.1 カルパチア山脈の内弧火山　66
　4.1.1 ハンガリー　66
　4.1.2 スロヴァキア　66
　4.1.3 ルーマニア　67

4.2 ドイツアイフェル地方　70

4.3 フランスオーベルニュ地方　74

4.4 イタリア半島および周辺地域　76
　4.4.1 イタリア半島西海岸　77
　4.4.2 エオリア諸島　82
　4.4.3 シチリア島　83
　4.4.4 Pantelleria 火山　84

4.5 ギリシャ　84
　　　Methana 火山　Milos 火山　Santorini 火山　Nisyros 火山　Kos カルデラ火山

第5章　アフリカ大陸の火山地形 ·· 90

5.1 アルジェリア　91

5.2 ニジェール・ナイジェリア　91

5.3 リビア　91
　　　Sawknah 溶岩原　Al Kabir 溶岩原　Waw an Namus スコリア丘単成火山群

5.4 スーダン　93

5.5 チャド Tibesti 火山地域　94

5.6 カメルーン　96

5.7 エチオピア　96
　5.7.1 アファー三角帯　99
　5.7.2 エチオピア裂谷　100
　5.7.3 エチオピア裂谷東部　102

5.8 ケニア・タンザニア　104
　　　溶岩原　楯状火山　成層火山　カルデラ火山

5.9 ウガンダ・ルワンダ・コンゴ　106

第6章　アラビア半島の火山地形 ······································· 108

6.1 アラビア半島の地域概要　108

6.2 アラビア半島の火山各論　109

  6.3 アラビア半島の溶岩原とその発達 115

第7章 中東・極東地域・インド洋の火山地形 117

 7.1 トルコ 117
 7.2 コーカサス山脈周辺 119
 7.3 イラン・アフガニスタン・パキスタン 120
 7.4 極東地域 122
  7.4.1 シベリア・モンゴル 122
  7.4.2 中国 123
  7.4.3 朝鮮半島周辺 124
  7.4.4 台湾 125
  7.4.5 ヴェトナム半島 125
 7.5 インド洋 126
  7.5.1 コモロ島溶岩原と Karthala 楯状火山 127
  7.5.2 レユニオン島 127
  7.5.3 マダカスカル島 128
  7.5.4 ハード島 129
  7.5.5 ポセッション島 129
  7.5.6 セントポール島 129

第8章 太平洋とその周辺の火山地形 131

 8.1 カムチャツカ半島 131
  8.1.1 概説 131
  8.1.2 各火山の地形 136
 8.2 千島列島 139
 8.3 日本列島 141
  8.3.1 日本列島下のマグマの生成-上昇-噴出 142
  8.3.2 火山体の分類・発達史 142
   成層火山 カルデラ火山 単成火山群
  8.3.3 マグマ噴出量・火山体の規模 146
  8.3.4 火山の寿命，噴火活動の年代 146
  8.3.5 噴火周期と噴火様式の変化 147
  8.3.6 1000万年前〜現在の火山活動史 149
  8.3.7 日本列島を5島弧別に分けて見た火山型の特徴 149
 8.4 マリアナ諸島 150
 8.5 フィリピン諸島 151
  8.5.1 概説 151
  8.5.2 フィリピン諸島の火山タイプ 151

        8.5.3　フィリピン主要火山の地形　154
　8.6　サンギヘ・ハルマヘラ諸島とスラウェシ島北部ミナハサ半島　159
　8.7　ミャンマー・アンダマン海・大小スンダ列島　162
　　8.7.1　ミャンマー・アンダマン海　163
　　8.7.2　スマトラ島　164
　　8.7.3　ジャワ島　164
　　8.7.4　バリ島・ロンボク島・スンバワ島・アピ島　168
　　8.7.5　フローレス島・ロンブレン島など　169
　　8.7.6　マリサ島周辺・バンダ諸島　170
　8.8　パプアニューギニア・ソロモン・バヌアツ・トンガ地域　170
　　8.8.1　パプアニューギニア北岸沖・ニューブリテン島地域　171
　　8.8.2　パプアニューギニア東部・ダントルカストー諸島地域　173
　　8.8.3　ソロモン諸島　176
　　8.8.4　バヌアツ諸島　178
　　8.8.5　トンガ-ケルマデック諸島　180
　8.9　ニュージーランド　182
　　8.9.1　概説　182
　　8.9.2　ニュージーランド北島周辺　183
　8.10　オーストラリア　184
　8.11　東太平洋　185
　　8.11.1　ハワイ諸島　185
　　　　ハワイ島　オアフ島　カウアイ島
　　8.11.2　サモア諸島　188
　　8.11.3　仏領ポリネシアソシエテ諸島のモーレア島・タヒチ島　189
　　8.11.4　アダムスタウン島　189
　　8.11.5　ラパヌイ（イースター）島　190
　　8.11.6　ファンフェルナンデス諸島　191
　　8.11.7　ロスデスヴェントゥラドス諸島　191
　　8.11.8　ガラパゴス諸島　191
　　8.11.9　ソコロ島　192
　　8.11.10　サンベネディクト島　193
　　8.11.11　グアデルーペ島　193

第9章　アメリカ大陸の火山地形　194

　9.1　アリューシャン・アラスカ弧　194
　9.2　カナダ　197
　9.3　米国　198
　　9.3.1　概要　198
　　9.3.2　カスケード火山列　201
　　9.3.3　カリフォルニア州南部　205

9.3.4　スネーク川流域　206

9.3.5　米国南西部　209
　　San Francisico 溶岩原　Springerville 溶岩原　Taylor 溶岩原　Zuni-Bandera 溶岩原
　　Catron 溶岩原　Hemez 溶岩原　Taos 溶岩原　Raton-Clayton 溶岩原　Carrizozo 溶岩流
　　Portrillo 溶岩原

9.3.6　米国南西部溶岩原の分類と成因　221

9.4　メキシコ　222

9.4.1　成層火山　224

9.4.2　カルデラ火山　227

9.4.3　溶岩ドーム火山　228

9.4.4　小楯状火山　229

9.4.5　スコリア丘火山　230

9.4.6　溶岩流火山　230

9.4.7　広域応力場，火山型，分布　230

9.5　グアテマラ　232

9.5.1　各火山の記載　233

9.5.2　地形・発達・分布の特徴と火山タイプの分類　239
　　成層火山の発達史的分類　カルデラ火山と後カルデラ火山
　　溶岩ドーム火山と後カルデラ溶岩ドーム　単成火山　タイプ別火山の分布

9.6　エルサルバドル　241

9.7　ホンジュラス　244

9.8　ニカラグア　244
　　成層火山　カルデラ火山　楯状火山　小型火山
　　火山タイプから見たニカラグア火山列の特徴　ニカラグア火山の地理的分布の特徴

9.9　コスタリカ　247

9.9.1　各火山の地形　249

9.10　パナマ　255

9.11　小アンティル諸島　256

9.12　コロンビア　258

9.13　エクアドル　260

9.14　ペルー　262

9.15　ボリビア　265

9.16　チリー　269

9.17　南サンドウィッチ諸島（スコチア弧）　274

9.18　南極大陸　275

文献　277

事項索引　291

火山名索引　292

地名索引　297

第 I 部 総論

第1章 火山体の分類

1.1 陸上火山と海底火山

　本書で対象にする火山は，陸上に噴出したものに限った．近年，日本列島南方の伊豆–小笠原弧海域の海底火山，米国北西太平洋岸沖海域の海嶺・トランスフォーム断層沿いの火山など，深海底の火山の詳細な情報が局地的に得られるようになった．見方によれば深海底は大部分が火山といえるため，地球の7/10を占める海洋の水面下にある海洋底火山を対象外にして，地球火山の全容を知ることは不可能ともいえる．米北西岸沖のファンドゥフーカプレートやゴーダプレート拡大軸付近におけるスコリア丘・小楯状火山とおぼしき地形，サンギヘ諸島西50 kmまでの海底下の成層火山と見られる数個の火山地形，ハワイ島東南沖海底のホットスポット直上で活動しているLoihi楯状火山など，海底火山の発達史研究を可能にする高解像度データが得られている．しかし，そのような高解像度データはまだほんの一部にすぎず，すべてカバーされるには，なおしばらくの歳月を必要とする．

　ここでは原則として海底火山はすべて除外し，山頂部が海面上に露出している海洋島の陸上部分についてのみ検討することにした．ただ，これには問題がある．海洋島火山体の大部分を占める山腹・山麓の火山斜面は海底下にあり，詳細な海底地形図が得られる火山は少ないため，海洋島の陸上部分のみのデータから火山型の判定を行う場合，異なった結果が出る可能性も高い．海面に頭を出しやすい成層火山にくらべ，カルデラ火山はその可能性が低く，両者の存在比を議論する際に事実と反する結果が生じる心配があり，かえって海洋島についてはすべて取り扱わない方が妥当かもしれない．しかし，海洋島火山すべてを研究対象からはずすことも問題なので，本書では1火山としての地形情報を与える規模・特徴をもつ火山島については取り扱うことにした．

1.2 火山体の分類

　火山の分類についての研究は，Schneider (1911)，Cotton (1952)，Simkin *et al*. (1981)，de Silva and Francis (1991)，守屋 (1978a, 1979, 1986b, 1990b) など数多いが，いずれも完全なものではない．これらを勘案して，大きな矛盾が生じないと考えられる下記の分類基準を用いて記載する．

　火山体は下記のように3大別される．従来は単成火山と複成火山に分けられていた（中村，1978）が，ここではこれらに重複成火山を加えた分類（守屋，1985, 2009）を用いる．

単成火山：スコリア丘（スパター丘），マール（タフコーン，タフリング），小楯状火山，溶岩ドーム，溶岩流，小カルデラ火山（図1.2-1）．

複成火山：溶岩原，楯状火山，成層火山，カルデラ火山（図1.2-2）．

重複成火山（火山地域）：1個の複成火山の上に別種の複成火山が形成された火山，たとえば複成火山である溶岩原の上に楯状火山，成層火山，カルデラ火山などの複成火山が乗った火山体（図1.2-3）．

1.2.1 単成火山

　単成火山は1輪廻の噴火で生じた小規模で単純な構造をもつ．例としてハワイ式・アイスランド式噴火で生じたスパター丘・列や小型楯状火山・

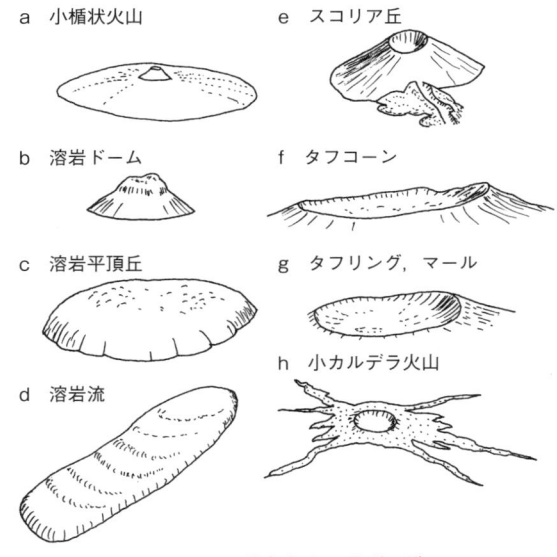

a 小楯状火山　　e スコリア丘
b 溶岩ドーム　　f タフコーン
c 溶岩平頂丘　　g タフリング，マール
d 溶岩流　　　　h 小カルデラ火山

図 1.2-1　単成火山の地形一覧

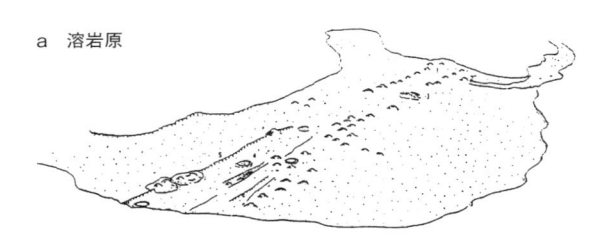

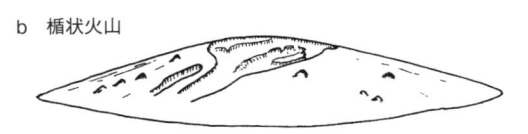

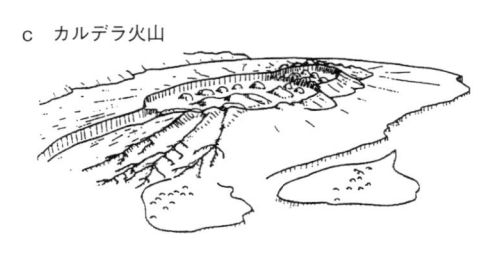

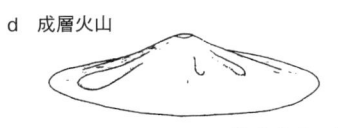

a 溶岩原
b 楯状火山
c カルデラ火山
d 成層火山

図 1.2-2　複成火山の地形一覧

図 1.2-3　重複成火山カムチャツカ半島 Dalnyaya Ploskaya（Google Earth による）

溶岩流，ストロンボリ式噴火で生じたスコリア丘・溶岩流，マグマ水蒸気噴火で生じたマール・タフリング・タフコーン，ヴルカノ式噴火で生じた溶岩ドーム・溶岩流，プレー式噴火で生じた小カルデラ・火砕流堆積面などが挙げられる．これらは独立した1個の火山としても，複成火山の付属品である側火山（寄生火山）としても存在する．マグマが圧縮場を貫いて上昇する沈み込み帯では，火道がいったん形成されると後続マグマもその火道に固定されるためか，独立した1個の火山として終わることは少なく，多くの場合，複成火山へと変化する．独立した単成火山として存在するのは，海嶺・ホットスポット・大陸割れ目帯のような広域張力場に多い．ヒマラヤ山脈のような衝突帯では火山の存在は稀で，小規模な単成火山がほとんどであるが，横ずれ断層に伴った小規模で一時的な割れ目の形成・消滅がマグマ上昇に関与しているのであろう．

スコリア丘（スパター丘）火山

　世界でもっとも多い火山で，側火山も加えると，その数は1万を超えよう．ユーラシア大陸東部のように，直下のマントル内にコールドプルームの存在が予想されるような地域では，マグマ上昇量が少なく，火山も小規模なスコリア丘火山であることが多い．

　ストロンボリ式噴火で空中数十〜数百mの高さまで放出された，空隙が多くスポンジ状の玄武岩質スコリア粒が，火山周辺に落下し，山頂火口

図 1.2-4 アイスランドヘイマイ島 1974 年噴火で誕生したスコリア丘（右遠方）と，そこから港に流入した溶岩流

図 1.2-5 米国アイダホ州 Craters of the Moon 溶岩原のスパター丘

をもつ円錐形の小火山体を形成する．同時に火口から玄武岩質溶岩も流出する．スコリア丘と溶岩流は必ず対になって存在する（図1.2-4）．

マグマ噴出量が多いか，マグマが 20-30 m の高さまでしか空中に上昇しない場合は，放出されたマグマは，断片化はするものの，ほとんど冷却・固化する前に空中より落下し，着地しても斜面を転動せず，斜面の凹凸にしたがってベタッと張り付くか二次流動する．このようなマグマのしぶき（飛沫）をスパターと呼び，スパターが累積・形成した小型円錐形火山体をスパター丘（図1.2-5）と呼ぶ．着地し冷却・固化したスパターの断面は，玄武岩質溶岩流の断面に酷似し，区別をつけにくいことが少なくない．その累積物の多くは互いに溶結して，さらに溶岩との識別が困難になる．スコリア丘火口壁に降下スコリア層とスパター層の互層が観察されることは珍しくないが，これは1噴火サイクルの間にマグマ放出量や噴火柱高度の変化があったことを示唆する．したがってスコリア丘とスパター丘を区別することは，火山体の発達を議論する本書の中ではそれほど重要ではないと考え，以下，両者を区別せずに合わせてスコリア丘と呼ぶことにする．

スコリア丘火山は，単独でも，成層火山や溶岩原の側火山としても存在する．またプレート沈み込み帯のような圧縮場においても，アイスランドのようなプレート拡大軸の張力場においても，大陸内・海洋島などのさまざまな地域において出現する．

タフコーン火山

スコリア丘火山群の中で，その山体にくらべ火口径が大きい円錐形の小型火山をタフコーン火山と呼ぶ．山体構成物はスコリア粒と固化しかけた溶岩流の破断片とそれらの砕片からなることが多い．これは地表付近でマグマと水が接触した場合に発生するマグマ水蒸気噴火によって形成される．米国西部の盆地底に形成された単成火山群は，盆地縁辺部にスコリア丘火山群，中央部にタフリング群，両者の中間にタフコーンが分布することが知られており（Heiken, 1971），最終氷期に盆地中央部に浅い湖水が存在したことが，3者を分けた原因と考えられている．盆地が後氷期に入って砂漠化し，湖水が消失したあとに，これらの小型単成火山群が噴火していれば，すべてスコリア丘であったはずである．タフコーン火山は顕著な地表水はなく，わずかな地下水が存在するような環境

下に噴出したものと考えられる.

マール（タフリング）火山

ドイツのアイフェル地方には緩やかな波状丘陵地が広がるが，その中に円形の凹地が散在し，あるものは水を湛えている．これらは爆裂火口で，かつては噴出物が見当たらず水蒸気噴火の跡であると考えられ，マールと呼ばれた（Schneider, 1911）．しかし，1965年フィリピンTaal火山噴火の際，カルデラ湖中の火山島でマグマと湖水の接触に伴うマグマ水蒸気噴火が繰り返され，横なぐり噴煙，すなわち火砕サージが発生した．その火砕サージ堆積物と同様のものが，アイフェル地方をはじめ世界各地で従来マールと呼ばれていた爆裂火口の周辺に広く見出された．アイフェル地方でも，火口の周囲には30-40m程度の厚さをもつ放出物が存在し，基盤岩起源の岩片に混ざって，玄武岩質溶岩流の破断片やスコリア，地殻下部からもたらされた角閃石・正長石などの巨晶を含むゼノリスが見出されることも少なくない（図1.2-6）．またマール以外にスコリア丘・タフコーンも多く，その周辺にはこれらから流出した玄武岩質溶岩流も多く見られ，石材として採掘されている．近年多くの研究者がタフリングという用語を使用するようになったが，従来の歴史を考慮して，ここではマールと呼ぶ．

本来ストロンボリ式など静穏な噴火をし，スコリア丘を形成するはずの玄武岩質マグマの流出が，河川・湖沼・地下水との接触で激しい爆発を起こし，火砕サージを発生させることがある．1989年伊豆沖噴火で手石海丘と呼ばれる新スコリア丘が海底に形成された際，海水中で同様の爆発が発生したことが確認されている．当時，海中に流出したマグマがデイサイト質でなく玄武岩質で被害は発生しなかったが，伊東市海岸付近にマグマが流出していればマグマ水蒸気噴火による一大事が起こったであろう．

小型楯状火山

起伏が少ない平坦面・緩斜面上に玄武岩質マグマが噴出すると，スコリア丘・スパター丘を噴出中心に形成しながら，薄く細長い溶岩流を四方へ放射状に流出し，円に近い平面形をもつ緩傾斜の小型楯状火山が生ずる．ハワイ島Kilauea大型楯状火山では1967-74年などの側噴火で，このような小型楯状火山誕生の過程が観察されている（Tilling et al., 1987）．ニュージーランド北島Auckland City単成火山群中のRangitoto（図1.2-7），アイスランドの溶岩原上に形成されたSkjalbreidur, 五島列島福江島の鬼岳などが，小型楯状火山の典型例として知られている．これらが単一火道上でストロンボリ式噴火を繰り返すと複成の大型楯状火山に成長するとも考えられるが，小型の単成火山で終わるケースも多いと推察される．

溶岩ドーム火山

半ば固結しかけた溶岩が地表に突出したものを溶岩ドーム火山と呼ぶ（図1.2-8, 9）．玄武岩質溶岩ドームはほとんど例がなく，安山岩・デイサイト・流紋岩・粗面岩・フォノライト質であることが一般的である．溶岩ドームは単独でも，複成火

図1.2-6　ドイツアイフェル地方のSteffelnマール噴出物

図1.2-7　ニュージーランドRangitoto小楯状火山（比高260m, 底径5.5km）

図1.2-8 ギリシャペロポネソス半島 Methana 溶岩ドーム火山群中の溶岩ドーム

図1.2-9 米国カリフォルニア州 Mono Craters 溶岩ドーム列中の溶岩ドーム

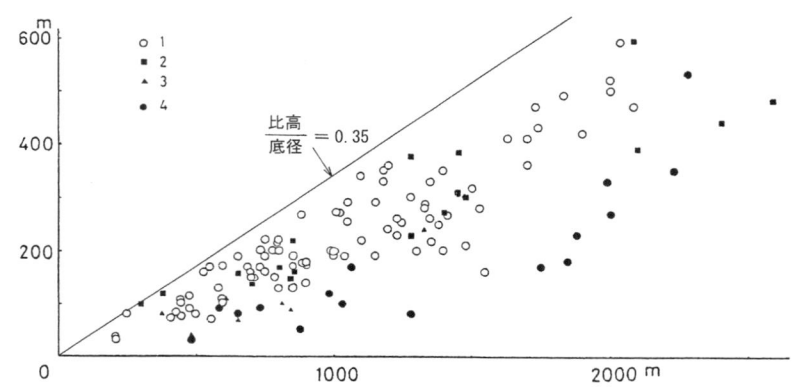

図1.2-10 日本列島に生じた溶岩ドームの比高（縦軸）―底径（横軸）（守屋，1978b）
1：狭義の溶岩ドーム，2：溶岩流を伴った溶岩ドーム，3：潜在ドーム，4：溶岩平頂丘．

山の山頂火口内，山麓などにも生ずる．溶岩ドームが，玄武岩質マグマ噴出によって形成される溶岩原・楯状火山の「部品」として生ずることは多くはないが，米国アリゾナ州の San Francisco 溶岩流などにその例が見られる．アルカリ岩系マグマが噴出することで生じたアゾレス・カナリア諸島などの火山では，ベイサナイト（玄武岩に対応）質楯状火山上に，多くのフォノライト質溶岩ドームが認められる．

溶岩ドームは Schneider（1911）の7つの火山分類の1つ Tholoide にあたるが，彼はより急峻で比高/底径≧1の溶岩ドームに対して Belonite というもう1つの分類項目をつくった．これは1902年小アンティル諸島マルティニク島 Pelée 火山噴火の火砕流噴出後に成長した溶岩岩尖を念頭においたものと推察されるが，溶岩岩尖は高温のため，まもなく頭部が曲がり，崩壊して数年たらずのうちに通常の溶岩ドームの形態に変化した．守屋（1978b）は日本の溶岩ドーム142個の計測を行い，すべての溶岩ドームは比高/底径≦0.35であることを示した（図1.2-10）．

溶岩流火山

溶岩流はアイスランド式・ハワイ式・ストロンボリ式・ヴルカノ式・プレー式・プリニー式噴火などほぼすべての噴火で流出する．ということは，溶岩流が多数，大量に形成され，面積的にも火山地域のかなりの広い範囲を占め，地形学的にその分析は非常に重要であることを意味している．ところが，これまで溶岩流の地形の記載・考察は非常に遅れている．その理由はいろいろ考えられる．溶岩流は地表面を薄く広がり，スコリア丘や溶岩

図1.2-11 米国オレゴン州 Newberry 楯状火山頂カルデラ内の流紋岩質溶岩流（Google Earth による）

ドームのように地形的に目立つことがない，1つの噴火で火道上に目立つ地形がつくられるため，平行して流出する溶岩流が注目されない，などの理由からか，1輪廻噴火で形成される独立した単成火山として，溶岩流は認められてこなかった．それでも火道上に目立った地形をつくりにくい玄武岩質溶岩流の地形・表面構造については，かなり詳しく観察・研究がなされている（Nichols, 1946；Macdonald, 1953；Greeley and King, 1977 など）．

一方，安山岩・粗面安山岩・テフライト・デイサイト・流紋岩・粗面岩・フォノライト質溶岩流の地形・表面構造に関しての研究は非常に少ない．Hasenaka（1994）はメキシコミチョアカン地域で，火道上に溶岩ドーム・スコリア丘など目立った地形が存在しない，溶岩流だけからなる独立した単成火山を認めた．同様の溶岩流単成火山は，米国オレゴン州 Newberry 楯状火山（図1.2-11），カリフォルニア州 Medicine Lake Highland 楯状火山，Shasta 成層火山をはじめ多くの火山に見られる．しかし一方では，井上（2006）が，安山岩質溶岩流の代表とも考えられてきた浅間火山の鬼押し出し溶岩流は，火口に近い急斜面に落下・堆積した降下火砕物（たぶんスパター）が二次流動した結果生じた堆積物であることを明らかにした．また同じく彼女は，大雪火山御蔵沢溶岩流・桜島西麓大正溶岩流などでも，少なくとも上半部は類似の降下火砕物であるとの観察結果を示すなど，安山岩・流紋岩質溶岩流の地形学的研究はようやく始まったところと考えられる．今後の進展が希求される．

小カルデラ火山は単成火山か

濁川・肘折・沼沢火山のような1-2回のプレー式・プリニー式噴火で形成された小カルデラ火山は，単成火山と見なすべきか否か，十分な検討・議論はこれまでに行われてこなかった．ドイツ Laacher See 火山などのように1サイクル噴火起源とはっきり明らかになっている火山（Schmincke et al., 1990）は，単成火山の定義に照らし合わせてみれば，当然単成火山と断定されるべきである．しかし筆者は小カルデラ火山は成層火山の後期段階のみの複成火山と見なしていた（守屋，1979）．その根拠は，赤城・榛名火山など成層火山後期段階の小カルデラと規模・形態が似ること，関連して噴出した火砕流堆積物中の鉱物・化学組成も同様で，大カルデラ火山のそれらとは異なるというところにあった．しかし Laacher See カルデラはこれにはあてはまらない．単成火山である小カルデラ火山も存在するということになる．フィリピン諸島ミンダナオ島の Parker 火山，エクアドルの Loma Cuano Loma 火山など，小カルデラと火砕流堆積面のみからなるほかの火山を含めて再検討する必要がある．

1.2.2 複成火山

複成火山は多輪廻の噴火で生じた大型の火山で，溶岩原・楯状火山・成層火山・カルデラ火山の4つに分けられる．溶岩原は複数の単成火山，スコリア丘・スパター丘・タフコーン・タフリング・小楯状火山から流出した玄武岩質溶岩流が接し合い，重なり合って低平で広大な平原を形成したものである．溶岩原では割れ目噴火が卓越する．楯状火山は玄武岩質溶岩流と複数のスコリア丘・スパター丘・タフコーン・タフリング・小楯状火山からなるが，山頂にハワイ型（高重力型）の陥没カルデラが形成されることもある．火砕流を噴出して陥没するカルデラ（例：カナリア諸島テネリフェ島など）もある．成層火山は安山岩・流紋岩を主とした溶岩流・火砕物からなる成層火山体を形成する．それに溶岩ドーム・カルデラなどが付随することが多い．カルデラ火山はデイサイト・流紋岩を主体とし，カルデラ・火砕流台地・溶岩ドーム・小型成層火山が形成されることが多い．

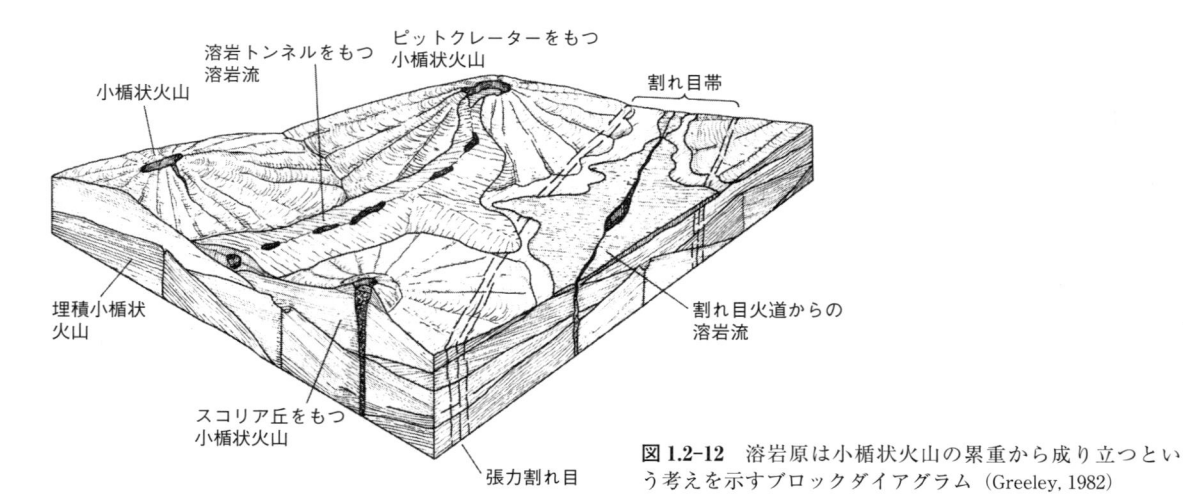

図1.2-12 溶岩原は小楯状火山の累重から成り立つという考えを示すブロックダイアグラム（Greeley, 1982）

溶岩原

　玄武岩質・ベイサナイト質溶岩流が複数接合し，ある程度の広がりをもつ平原を形成したものを溶岩原と呼ぶ．溶岩原は小型楯状火山が多数集合・累積した結果生じたとする考えもある（Greeley, 1982：図1.2-12）が，これら火道上に形成される玄武岩質単成火山群は，溶岩原の中心を通り帯状にのびる場合と，溶岩原全体に万遍なく散在する場合がある．帯状にのびる溶岩原はその下に割れ目系が存在すること，火道が散在する溶岩原はホットスポット起源の可能性が高いことが推定される．溶岩流を噴出させた火道上には，一般にスコリア丘・スパター丘・マール・小楯状火山が形成される．溶岩原の勾配は非常に小さいが，その成長とともに比高が増大し，勾配は楯状火山のそれに近づく．両者の境界は便宜的に比高/底径＝1/100付近と筆者は考えている．

　インドのデカン高原，米国のコロンビア川台地，アルゼンチンのパタゴニア台地，朝鮮半島北部の蓋馬台地などは，場所によっては3000 mに達する厚さの玄武岩質溶岩流がほぼ水平に累積したもので，第三紀に起こった大規模な洪水玄武岩の流出と，その後の侵食作用で台地化したものであることが古くから知られてきた．その後の侵食作用・風化作用などにより，その平坦な溶岩流表面微地形は削剥・消失し，さらに地盤運動によって変位した．Schneider（1911）は，これらの溶岩台地を7つの火山タイプの1つとし，Pedioniteと呼んだ．その後，コロンビア川溶岩台地の東部でかなりの量の玄武岩質溶岩流が第四紀にも流出し，広大で平坦な溶岩流地形を形成している場所が見出された（Greeley, 1982）．さらに同様の地形（図1.2-2a）は米国南西部にも見出され（Luedke and Smith, 1984など），それらの火山地域はvolcanic fieldまたはlava fieldと呼ばれた．守屋（1985）はこの地形に「溶岩原」という語を使用した．

　溶岩原は地球上でもっとも広く分布する火山地形で，上記の米国西南部のみならず，アフリカ北部のリビア・アルジェリア・チャド・スーダン，アファー三角帯などアフリカ東部地溝帯，アイスランド中央火山帯，アラビア半島紅海沿岸部，アラスカ・カナダなど，海洋・大陸のホットスポット・割れ目帯などに出現する．沈み込み帯でも，数は少ないが，カムチャツカ半島，メキシコ中央火山地溝帯などにも分布し，第三紀の溶岩台地を形成した火山活動が，現在，縮小しながらも継続していることを示す．

楯状火山

　小型楯状火山の形成と同様の過程が複数回繰り返され，比高1000-3000 m，底径20-100 kmに達する大型火山体に成長した複合体を形成する楯状火山で，ここでは「大型」を省略して単に楯状火山と呼ぶ．楯状火山は成層火山より扁平であるが，両者の境界は比高/底径＝1/10付近と考えられる．玄武岩質の溶岩流・スコリア・スパターを割れ目から繰り返し流出し，次第に平面形が楕円

の中世西洋騎士がもつ楯に似た形態の火山体が形成される，という定義が，ハワイ島 Mauna Loa, Mauna Kea などの楯状火山を念頭においてなされることが多い．しかし，実際にはハワイ島の火山とはかなり異なった噴火・噴出物・地形をもつ 4-5 種の楯状火山が存在する．

楯状火山の第 1 のタイプはガラパゴス諸島イサベラ島の 6 個の楯状火山で，その形態はいずれも互いに類似し，径 5-8 km の高重力型山頂カルデラと，カルデラから溢流した薄い玄武岩質溶岩流を主体とする円錐形の斜面からなる（図 1.2-13a）．ケニア・タンザニアにまたがるアフリカ東縁火山地溝帯沿いの Suswa, Longonot 楯状火山，日本列島の伊豆大島火山の形態に酷似する．その平面形はほぼ円形を示す．

図 1.2-13b は，チャド・スーダンなどの火山地域に典型的に見られる Voon, Toon, Ginbara など円形の楯状火山で，頂部に径数 km のカルデラとその周辺に緩やかな外輪山斜面をもつ．外輪山斜面は溶岩流だけでなく火砕流堆積物に覆われている地形を示すことが少なくない．カナリア・アゾレスなどの海洋島楯状火山のうち，テネリフェ島やグランカナリア島などは，カルデラ形成に火砕流噴出が伴われていて，高重力型カルデラではなく，むしろ日本列島に見られる「じょうご型」カルデラに近い様相を呈する．これら楯状火山・カルデラ火山の分類については，今後再検討の必要を痛感する．

図 1.2-13c は，米オレゴン州・カリフォルニア州の Newberry, Medicine Lake Highland 楯状火山で，火山体中心部に溶岩ドームの集合体があり，その中央部にはカルデラとも考えられる凹地が存在する．溶岩ドームの集合体外縁部では，流動性に富む玄武岩質溶岩流や，その流出孔上に形成されたスコリア丘・スパター丘が数多く突出する広大な緩斜面が，楯状火山の特徴を示している．ドーム溶岩の大部分は黒耀岩で，溶岩平頂丘または厚い溶岩流を形成することが多い．

図 1.2-13d は，上記のようにハワイの Mauna Loa, Mauna Kea などの楯状火山を表すが，2-3 本のリフトゾーンに沿ってピットクレーターやスパターランパートが並び，大量の玄武岩質溶岩流を流出する非常に活動的な火山である．同様の地形はアイスランド，エチオピアアファー三角帯，ケニア・タンザニアなどにある楯状火山に多い．

図 1.2-13e は，Kilimanjaro, Cameroon, Etna などの典型的な楯状火山で，長径に沿って地下の割れ目の存在を示唆するスコリア丘・タフコーンなどが並ぶ．

上記の分類は，地形・構造などの点で異なる楯状火山が存在するということにすぎず，とくに発達史的に互いの関連性を論じたわけではない．むしろ火山形成地域のプレート環境に支配され，異なった形状等を示していると考えた方がよさそうである．たとえば，図 1.2-13 の a, d は海洋島火山島（ホットスポット），b, c, e は大陸のホットスポットと考えることが可能かもしれない．発

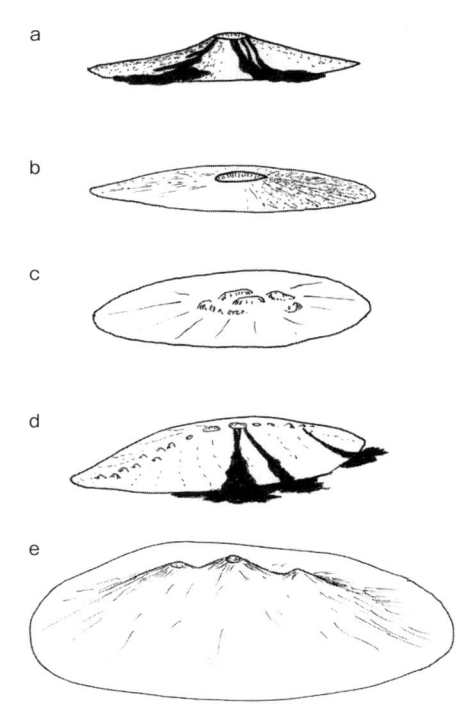

図 1.2-13 楯状火山の 5 つのタイプ
a：ガラパゴス型（例：ガラパゴス諸島イサベラ島 Wolf 火山）．b：火砕流を発生させることもある楯状火山（例：チャドティベスティ火山地域 Voon 火山）．c：溶岩ドーム型楯状火山を玄武岩質溶岩流が覆う火山体をもつ楯状火山（例：Newberry 火山）．d：中世欧州騎士が使った楯をふせたような形をもつ典型的な楯状火山（例：ハワイ島 Mauna Loa, Mauna Kea 火山）．山体を貫く割れ目に沿って陥没火口（ピットクレーター）が並び，溶岩湖やそれから溢流した溶岩流が見られる．e：大陸に見られる d に似た大型楯状火山で，山頂部には成層火山に近い急斜面が形成されることが多い（例：Kilimanjaro 火山）．

達史的分類としては楯状火山においても溶岩原同様，ほかの複成火山と重なる点に注目して分類することが可能であるが，第2章でより詳しく議論する．

成層火山

玄武岩質安山岩〜流紋岩にいたる幅広いマグマ組成をもち，溶岩流・火砕流など多様な噴出物からなる急傾斜の山頂部をもつ中心火山である．地形も山頂カルデラをもつもの，溶岩ドームの累積からなるものなど多様である．さらに，数十万年という長期間噴火を繰り返し，比高1000m以上の火山体を形成することが多いため，その間たえず火山体に働く侵食作用によって深い谷の形成など，大きく地形が変化する．

ヴルカノ式・ストロンボリ式・ハワイ式など，爆発的噴火によって山頂火口から放出される火山砂礫・スコリア・スパターなどが火口周辺に転動・堆積して急斜面をつくることが，成層火山建設の主要因となる．この爆発的噴火の源は，沈み込みプレートがマントル内に運び込むH_2Oなどの揮発成分であるため，成層火山は沈み込み帯に卓越することになる．

カルデラ火山

楯状火山に形成される高重力型（ハワイ型；横山，1965）カルデラ，成層火山頂からの酸性火砕流噴出に伴って生じた径5km以下のカルデラをもつ火山は，カルデラ火山と呼ばない．カルデラ火山は径10km以上のカルデラと広大な酸性火砕流台地からなり，じょうご型（Cf；荒牧，1983）とヴァイアス型（Cv；Smith and Bailey, 1968）のカルデラに大別される．

じょうご型カルデラ火山は，デイサイト質火砕流大量噴出に伴う陥没カルデラと広大な火砕流堆積面の形成，その後カルデラ内に小型成層火山が形成されるという進化過程をもつことが特徴である．大規模火砕流発生前に大規模成層火山体が存在したという考えは1960年代まで信じられてきたが，現在は否定されている．ただカルデラ形成の際に数個の小型成層火山が存在していたらしい例は，阿蘇・十和田・阿寒・屈斜路・ギリシャSantorini火山などに見出され，再検討が要請される．

ヴァイアス型カルデラ火山は米国ニューメキシコ州Valles火山が典型例で，カルデラ・火砕流堆積面形成という点ではじょうご型と同様であるが，先行溶岩ドーム→火砕流噴出・カルデラ形成→カルデラ床再隆起ドーム・環状流紋岩質溶岩ドーム形成（Smith and Bailey, 1968），という点で，じょうご型カルデラ火山と異なる．同様のカルデラ火山としてはカリフォルニア州のLong Valleyカルデラ，ワイオミング州のYellowstoneカルデラ，メキシコのLa Primaveraカルデラなどがある．しかしオレゴン州Crater Lakeカルデラはじょうご型カルデラである．これはカスケード火山列が沈み込み帯にあることと関連していると考えられる．

アフリカ大陸チャドTibesti火山地域では，フォノライト質火砕流噴出を伴ったToon, Voon, Ehi Suniなどのカルデラ火山で，カルデラ内にフォノライト質溶岩ドームが形成されており，ヴァイアス型カルデラと見なされる．東アフリカ地溝帯ケニアのMenengaiカルデラ火山もカルデラ内にフォノライト質溶岩流が満たされており，ヴァイアス型カルデラと解される．

以上からじょうご型カルデラはプレートの沈み込み帯に，ヴァイアス型カルデラは大陸内部の割れ目帯・ホットスポット地域に形成されていることがわかる．

1.2.3 「重複成火山（火山地域）」の定義

溶岩原と楯状火山，楯状火山と成層火山のように，異種の複成火山が重なり合って1つの火山を形成しているものを重複成火山（地域；multi polygenetic volcano）と呼ぶ．米国アリゾナ州San Francisco溶岩原の中央部にはSan Francisco成層火山が乗り，その周囲には10個近い流紋岩質溶岩ドームが，さらに外側をスコリア丘群が囲む（図1.2-14）．

4種の複成火山，溶岩原・楯状火山・成層火山・カルデラ火山はスコリア丘・小楯状火山など単成火山の1つ格上の火山と見なされてきたが，重複成火山は複成火山のさらに1つ格上と見なされる．この考え方は守屋（1990a, b）の主張によるもので，若干の説明を要する．

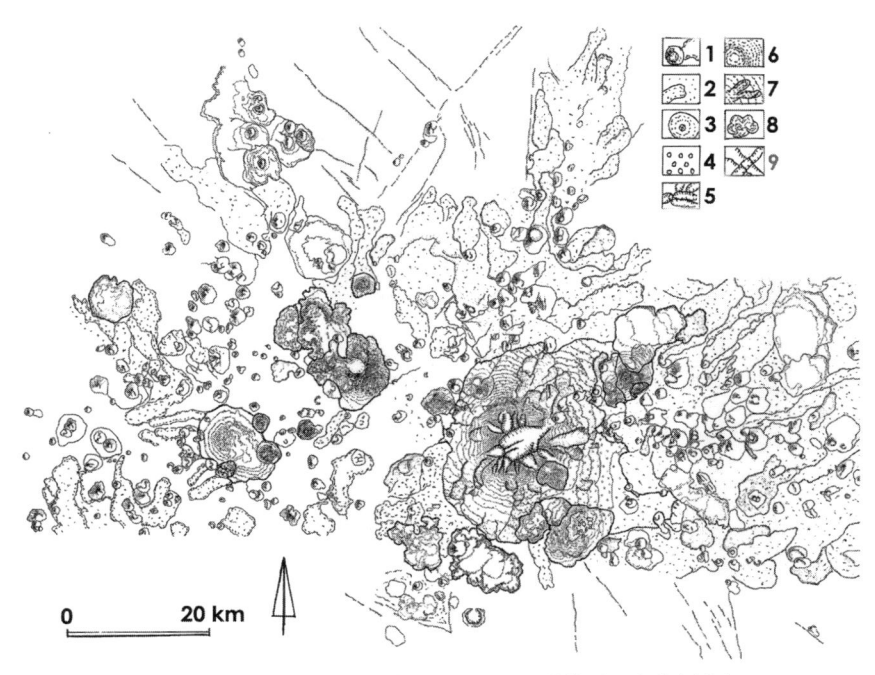

図 1.2-14 米国アリゾナ州 San Francisco 溶岩原の地形分類図
1：スコリア丘，2：玄武岩質溶岩流，3：小楯状火山，4：火山麓扇状地，5：侵食谷，6：成層火山原面，7：安山岩質溶岩流，8：流紋岩質溶岩ドーム，9：正断層崖.

　筆者が日本の第四紀火山の地形発達史をまとめ，分類したときと同じ方法・考え方で，米国西南部の火山を研究し，その上で両者を比較し，両者を包含した分類を行う過程で，いくつかの問題が浮上した．その1つに時空的規模において大きく異なる火山をどのように比較検討するかという問題があった．日本の火山は地形的に残存しうる期間が湿潤変動地域にあたるためきわめて短く，一般に50万年程度にすぎない．それにくらべて米国では800万～1000万年以前の火山でもかなり明瞭な原地形を残すことが稀でなく，地形的に火山と見なしうる年代は日本の10倍以上になることが多い．また噴火中心も日本の場合と異なり1個あるいは数個に固定されず，数十 km 平方の範囲の中に数百の噴火中心が散在することも，日本の火山と米国の火山を比較する上で難しい問題となる．たとえば Raton-Clayton 火山地域の Capulin Mountain スコリア丘とそこから流出した1枚の溶岩流のセットを，富士山と同格の1火山と数えることは時間・空間的な規模などの点で適当でないし，Raton-Clayton 火山地域全体を富士山に対応させることも逆に問題となる．

　そこで筆者は「複成火山」以外に「重複成火山（火山地域）」という概念を設け，両者を区別することとした．

　「重複成火山」は「複成火山」より時空規模においてほぼ1桁大きく，分類上1つ格が上と考える．したがって並列的に比較検討する対象とは互いになり得ない．たとえば，Taylor 火山地域は分布面積 1260 km^2，体積 150 km^3，活動期間 300 万年，噴火中心 152 個であるが，那須火山は底径 12 km，体積 23 km^3，活動期間数十万年，噴火中心 2 個で，いずれも Taylor 火山地域の方が1桁大きい．Taylor 火山地域内に噴出した Mt. Taylor 成層火山は底径 14 km，体積 60 km^3，活動期間約 100 万年の成層火山で，その規模は那須火山にほぼ対応すると見てよい．那須火山の周辺には 400 万年前から 100 万年前までの間に噴出し，会津-白河地方に広く分布する火砕流堆積物があり，その分布面積約 3000 km^2，噴出量 1500 km^3 以上，活動期間 300 万年という時空規模は，Taylor 火山地域にほぼ対応する．したがって那須火山，

Mt. Taylor 火山は，会津-白河火山地域，Taylor 火山地域の一部をなす「部品」と考えるのが妥当ということを意味する．

　このように「複成火山」と「重複成火山」とを分けた意図の裏には，両者の間に成因的にさまざまな違いが存在するであろうとの予断がある．まだこの予断は漠然としたもので，今後これを明確にする作業を通して「火山」と「火山地域」の概念設定が妥当なものであるか否かが決まるであろう．

第2章 火山体の発達

　単成火山は1輪廻の噴火で発達過程を終了するため，その発達史を考慮することは必要ない．発達史は複成火山・重複成火山（新称）にのみ考慮される．

　溶岩原・楯状火山はアイスランドのようなプレート拡大地域，ハワイのようなホットスポットなどの張力場に，成層火山・カルデラ火山は沈み込み帯のような圧縮場に形成されることが多いが，カムチャツカ半島南部・メキシコ中央火山地溝帯のように溶岩原・楯状火山・成層火山・カルデラ火山すべてが混在する場所もある．

　これら4種の複成火山がそれぞれ独自の発達過程をもつことをのべ，これと火山が位置する地域のテクトニクスとの関係について考察する．

　複成火山の中で，異種の複成火山が累重するものがある．たとえば米国アリゾナ州に存在するSan Francisco溶岩原は，すでにのべたようにその好例である．隣州ニューメキシコのVallesカルデラ火山は，周辺に断片的に残存する溶岩原の上に乗る．すなわちカルデラ火山をもつ溶岩原と見なせる．カムチャツカ半島のKlyuchevskaya火山は，近年もしばしば活動する楯状火山であるが，その上に成層火山が形成されている．このような2種以上の複成火山が累重している火山を，複成火山の1つ格上の重複成火山と呼ぶことについてはすでにのべた．

2.1 溶岩原の発達

　溶岩原は火道上にスコリア丘・小型楯状火山などの玄武岩質単成火山を基本的にもつものが多いが，成層火山・カルデラ火山のような安山岩質・流紋岩質の複成火山をもつ溶岩原も少なくない．そこで溶岩原を，①スコリア丘・小型楯状火山のみをもつ溶岩原（L1），②楯状火山をもつ溶岩原（L2），③成層火山をもつ溶岩原（L3），④カルデラ火山をもつ溶岩原（L4），の4種類に細分した．

　この4種の溶岩原が各々独立した系をもち各々異なる発達を遂げるのか，それとも1つの発達系列のもとで規則性をもつ発達を遂げるのかについて，かつて筆者が日本列島の火山地形発達史をまとめる際に用いた方法，つまり日本の全火山の発達史を明らかにし，その順序を系統立てて整理し，規則性を見出した方法と同じ手順で，明らかにしようと試みた．米国南西部，アラビア半島，アイスランド，アフリカアファー三角帯などを例にとって，個々の溶岩原がどのように成長してきたかについて検討する．

2.1.1 米国南西部の溶岩原とその発達

　米国南西部には，20を超える溶岩原が存在する．これらの溶岩原は大きく見てコロラド高原の南半部を縁取るように分布する．その溶岩原を構成する単位地形の種類が，個々の溶岩原で異なっている．

　たとえばニューメキシコ州中西部のZuni-Bandera溶岩原は，およそ150万年前から活動を始め，一線上に並ぶ100余個のスコリア丘・タフコーンとそこから流出した玄武岩質溶岩流が集合したもので，700年前に大量の溶岩を流出した若く活動的な溶岩原である（Luedke and Smith, 1978；Ander and Huesitis, 1982；守屋，1990a；図1.2-2a）．

　アリゾナ州中央部のSan Francisco溶岩原は，300万年前頃から活動を開始し，現在までに約300個のスコリア丘が散在する溶岩原を形成した．

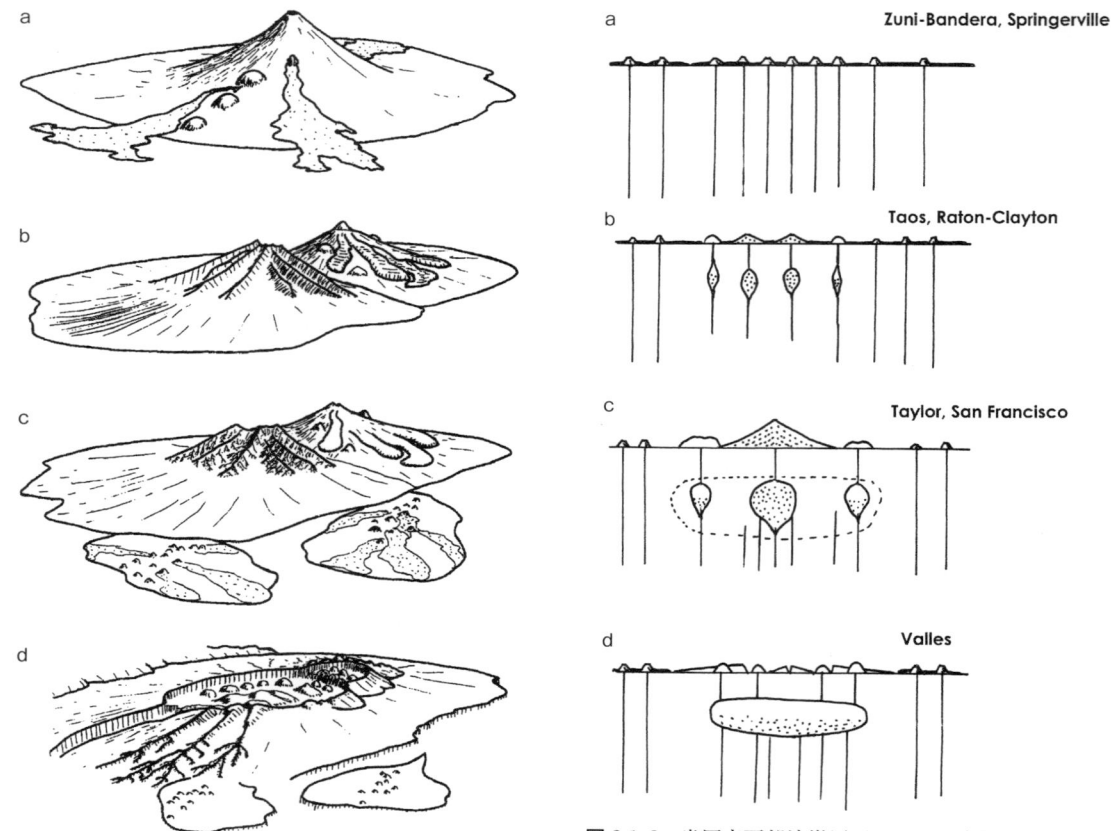

図 2.1-1 米国ニューメキシコ州 Hemez 火山の発達史 (Self et al., 1986 より推定作図)
(a) Three Sisters 型火山形成，(b) 2 成層火山形成，(c) 溶岩原形成，(d) 火砕流噴出，カルデラ形成．

図 2.1-2 米国南西部溶岩原下のマグマ溜りの発達過程推定図（守屋，1990a）

中央部には安山岩質の San Francisco 成層火山がそびえ，周囲を 8 個の流紋岩質溶岩ドームが取り巻く（図 1.2-14 参照）．成層火山は 100 万年前から 20 万年前まで活動した．これは溶岩原が玄武岩質溶岩流・スコリアを放出しつつ成長した後，安山岩質溶岩や流紋岩質溶岩ドームを形成する珪長質マグマが中央部で噴出を始めたことを示す（Wolfe et al., 1987）．

ニューメキシコ州北西部の Hemez 溶岩原は 1500 万年前に活動を開始し，成層火山の形成・破壊を経て，200 万年前頃から流紋岩質火砕流が噴出して，現在の Valles カルデラ火山（図 2.1-1）が誕生した（Smith and Bailey, 1966 など）．玄武岩質溶岩流は活動開始以来現在まで流出を継続していたようである．

これらの溶岩原の発達史は，数百万年継続的に玄武岩質マグマが上昇すると，中央部が暖められ，マグマ溜りの形成→地殻溶融→成層火山・カルデラ形成という過程が進行したことを示唆する（Smith, 1979; Hildreth, 1981 など；図 2.1-2）．

2.1.2 アラビア半島の溶岩原とその発達

アラビア半島西半部には，紅海が割れ始めた第三紀後期に大量に噴出したと考えられる玄武岩質溶岩流が広く分布する．この古い玄武岩質溶岩流はその後の侵食作用・断層運動などにより変形し，原地形はすっかり失われた．しかし一部には第四紀に入って以降も活動し，なお表面の微地形を保持する溶岩原が，少なくとも 27 カ所見出される．これらの大部分がスコリア丘・小型楯状火山と，それらから流出した玄武岩質溶岩流とからなる初期的段階にある溶岩原である．

図 2.1-3 サウディアラビア Khaiber 溶岩原中の 3 km 径白色火砕丘・溶岩ドーム (Google Earth による)

図 2.1-4 図 2.1-3 の拡大図 (Google Earth による)

図 2.1-5 イエメンダマール市付近の火砕流台地 (Google Earth による)
灰白色の堆積物の厚さ 20-50 m. 下位に溶岩原が埋積されている (黒色部). 数カ所で埋積スコリア丘の頭部が台地上に突出している.

　サウディアラビアのメッカ市に近い長径 700 km の Rahat 溶岩原はその典型である. しかし, そのすぐ北に位置する Khaiber 溶岩原の中心部では, 黒色の玄武岩質溶岩流, 褐色のスコリア丘の間に, 白色の火砕流を主体とした火山体が存在するのが見出される (図 2.1-3, 4). 山頂には直径 3 km のカルデラがあり, カルデラ縁や外輪山は新鮮な地形を保ち, 数千年以前に噴火したものと考えられる. これはフォノライト質マグマの活動によるものと見られ, 玄武岩・ベイサナイト質マグマが長期間地殻内に貫入を繰り返すうちに, マグマ溜りが形成され, その中でマグマ分化が行われたことを示唆する (守屋, 2009). Rahat 溶岩原の東に存在する E. Rahat 溶岩原では, その中心部にフォノライト質と思われる明灰色の溶岩ドーム・タフコーンが見られる.

　イエメンの首都サヌアの南南東 90 km にあるダマール盆地は, スコリア丘と玄武岩質溶岩流とからなる溶岩原に埋められているが, それを厚さ 20-30 m の灰白色火砕流堆積物が覆う (図 2.1-5). 周辺の盆地にも同様の火砕流堆積物が観察され, 火砕流は 200 km 平方以上に広がり, 噴出量は 200-400 km^3 に及ぶ大規模火砕流であったと推定される. 盆地中心部には径 3 km 前後のカルデラと比高 500 m の, 厚い溶岩流が累積した黒雲母・角閃石デイサイト質成層火山が存在する (van Padang, 1963). また盆地縁には火砕流噴出以降に形成された新しいスコリア丘・溶岩流が認められる. 火砕流の規模に見合うカルデラは見出されていないが, たぶんダマール盆地内に隠されているものと思われる.

　以上のようにアラビア半島の溶岩原の中には, 米国南西部の溶岩原群と同様に, 成層火山・溶岩ドーム・火砕流を伴った溶岩原が存在することが見出された.

2.1.3　アイスランドの溶岩原とその発達

　大西洋中央海嶺とホットスポットが合体して多量のマグマを噴出したことにより海面上に頭を出したこの島は, 全体が溶岩原ともいえる. プレート拡大域である島の中央部をほぼ南北に貫く地溝帯内に数多くの断層・割れ目が形成され, そこから流出した玄武岩質溶岩がこの地溝帯を埋め, 火

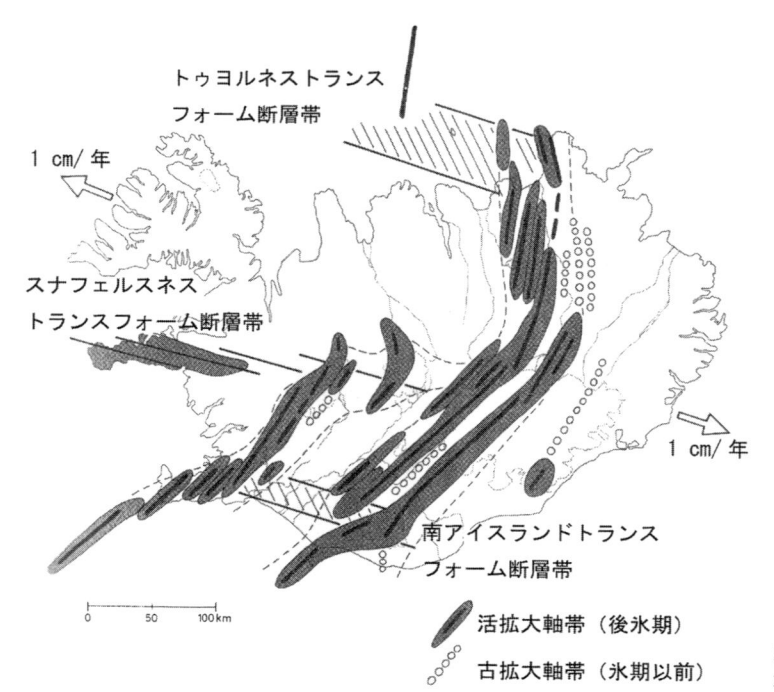

図 2.1-6 アイスランドの割れ目火山分布概念図（Schutzbach, 1985）

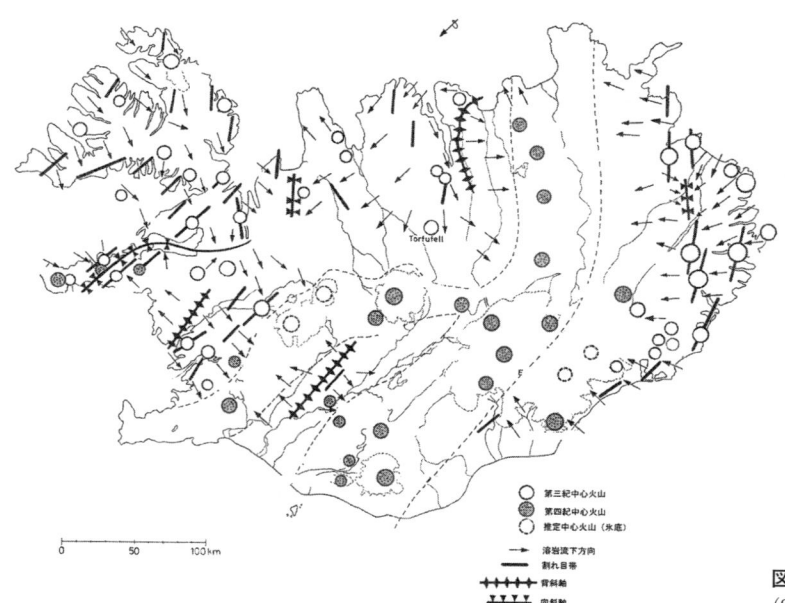

活拡大軸帯（後氷期）
古拡大軸帯（氷期以前）

トゥヨルネストランスフォーム断層帯
スナフェルスネストランスフォーム断層帯
南アイスランドトランスフォーム断層帯
1 cm/年

図 2.1-7 アイスランドの中心火山分布（Schutzbach, 1985）

第三紀中心火山
第四紀中心火山
推定中心火山（氷底）
溶岩流下方向
割れ目帯
背斜軸
向斜軸

山をつくる（たとえばSchutzbach, 1985；図 2.1-6）．その火山は，地溝中軸部が拡大することにより沈降する地表面を薄く覆うのみで，富士山のような高い火山体をつくらない．溶岩流そのものも厚さ50 cm程度のことが多く，その縁をたどることは，噴火後10年もたてば現地でも至難の業となる．割れ目上に形成され火道の位置を示すスコリア丘やスパター丘も背が低く認定は容易ではない．したがって1つの割れ目から1輪廻噴火で生じた単成溶岩原の平面形を描きだすことは，噴火直後で

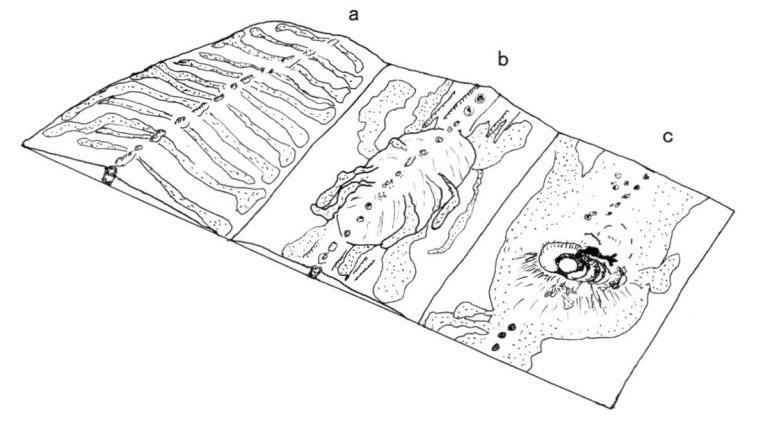

図 2.1-8 アイスランド後氷期の火山の3タイプ
a：割れ目噴火-溶岩原，b：溶岩原上に楯状火山形成（マグマ溜り形成開始？），c：カルデラをもつ楯状火山形成（円形マグマ溜り成長）．

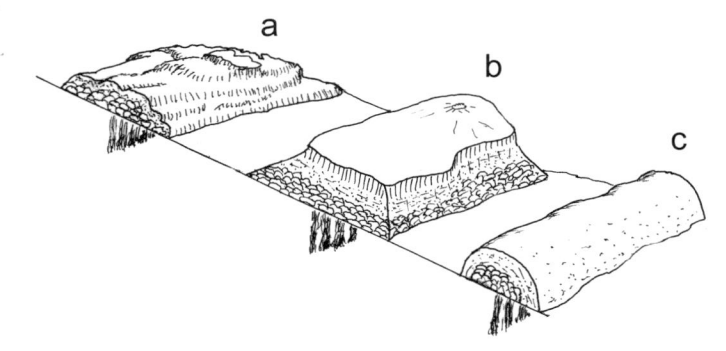

図 2.1-9 アイスランド氷期に形成された火山地形の3タイプ
a：中心噴火氷底火山．階段状地形が目立つ．b：卓状火山．中心噴火氷底火山を覆う氷河上に氷河湖が形成され，その中で島が成長したときにこのタイプが形成される．c：パラゴナイトリッジ．氷底で割れ目噴火が起こると，このような比高100 m以上の土手状地形がつくられる．

ない限りほぼ不可能に近い．これはアイスランドの火山については地形分類図を描けないことを意味する．

しかしながらアイスランドにはHekla火山のような楯状火山，Askja火山のようなカルデラ火山がかなりの数形成されている（Schutzbach, 1985；図2.1-7）．これは割れ目火山であったものが，中心火山に変化したこと，すなわち地下でマグマ溜りが形成されたことを示す．いいかえると，薄い板状の割れ目火道から管状の中心火道へと変化したことを意味する（図2.1-8）．これには，アイスランドに現在も4個の氷床が存在すること，最終氷期にはアイスランド全体が厚い氷河で覆われていたことも影響しているらしい（中村，1978）．すなわち氷河があると早くマグマ溜りが形成され中心火道になると考えられる．

もう1つ氷床の存在が火山の地形に影響を与える例として，氷底火山がある．本来陸上に玄武岩質溶岩流が流出すれば，広大な溶岩原が形成されるが，氷底では枕状溶岩が氷床内に積み上がり，横に広がらず，不規則な階段状の高まりが形成される．これが一般的な氷底火山であるが，特殊例として氷底湖が氷床の天井を抜いて氷床上に湖面を現したときには，氷底火山が湖面上に島をつくり，陸上噴火を行って，玄武岩質溶岩を流出し，卓状火山を形成することがある．これらはいずれも中心火山で，1個の独立した火山として容易に認定できる．パラゴナイトリッジも氷底火山の1つで，割れ目火山が氷中に閉じ込められ，マグマ水蒸気爆発を繰り返し，薄く広がるはずであった玄武岩質溶岩が，水中火砕岩からなる土手を形成したものである（図2.1-9）．

以上のように氷床の存在がアイスランドの火山地形に変化を与え，地形分類図を描くことをある程度可能にした．しかし，凡例のための地形項目を定め地形分類図を描いた（図2.1-10）ものの，溶岩原の区分など現在なおいくつかの点で問題が残り，アイスランド地溝中軸部の火山活動変遷史をたどれる地形分類図の完成はまだ先の話である．

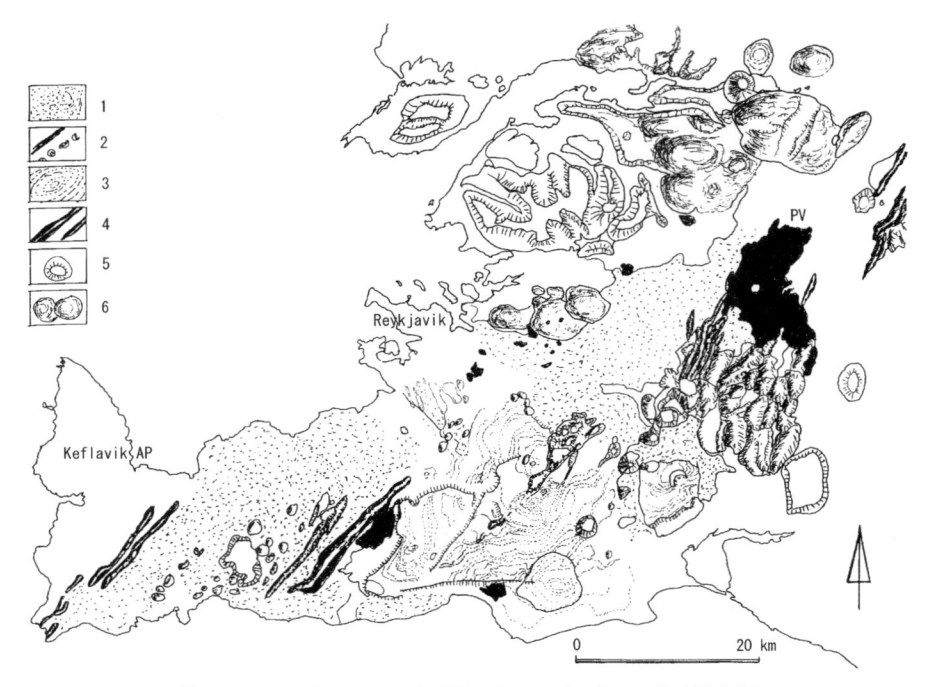

図 2.1-10 アイスランド島西部レイキャビク周辺の地形分類図
1：溶岩流，2：スコリア丘列・割れ目，3：楯状火山，4：パラゴナイトリッジ，5：卓状火山，6：溶岩ドーム．

流紋岩ドーム・カルデラの形成

溶岩原発達史研究の上でマグマ分化末期の産物として流紋岩・粗面岩・フォノライトが重要であるが，アイスランドには玄武岩の間にはさまって，かなりの量の流紋岩質噴出物が見出される．しかもアイスランド最古の岩石が 15 Ma で，それ以降のさまざまな時代のすべての噴出物中に流紋岩が見られる (Schutzbach, 1985)．アイスランドはプレート拡大軸上にあり，アイスランドを構成する岩石の素材は，すべて拡大軸直下の割れ目から噴出するマントル深部起源の玄武岩質マグマだけのはずである．米国の溶岩原の場合には，大陸地殻から流紋岩の原材料を求めることができるし，カムチャッカ半島の溶岩原については大陸地殻だけでなく，沈み込むプレート上面の珪藻・有孔虫などを含む堆積物から流紋岩の原素材を求めることが可能である．しかし上記のような可能性のないアイスランドの Krafla, Hekla, Askja など多くの火山から流紋岩が噴出している．このことの説明として，マントル深部から次々上昇するマグマ中の流紋岩質物質はきわめて微量と考えられているが，同じ過程が速く繰り返されれば，意外に早く流紋岩が濃縮され，アイスランド地溝中軸部に蓄積する可能性はある．

アイスランド中南部ミルダルス氷床北 8 km に Torfajökull カルデラ火山がある．このカルデラ径は 13-15 km あり，外輪山もカルデラ内外の溶岩ドームも流紋岩質である．カルデラ壁の地形もかなり明瞭である．70 カ所を超える温泉があり，地下浅所に巨大な熱源が潜むことを示唆する．このカルデラ地形の周囲には北東―南西方向のスコリア丘列・パラゴナイトリッジが平行に並び，現在の割れ目の方向を示すが，その地形とカルデラ地形とがまったく調和していない．これは両者の形成時期に大きな隔たりがあり，カルデラ形成がスコリア丘列・パラゴナイトリッジ形成にずっと先んじていたことを示す．これらの事実から，この地域の流紋岩質マグマの噴火活動やカルデラ形成が絡む火山活動史が簡単に明らかにできるわけではない．しかし玄武岩質溶岩原の発達にしたがって，安山岩質成層火山の形成，流紋岩質カルデラ火山の形成がアイスランドでも十分に起こりうることが明らかになったことは重要である．

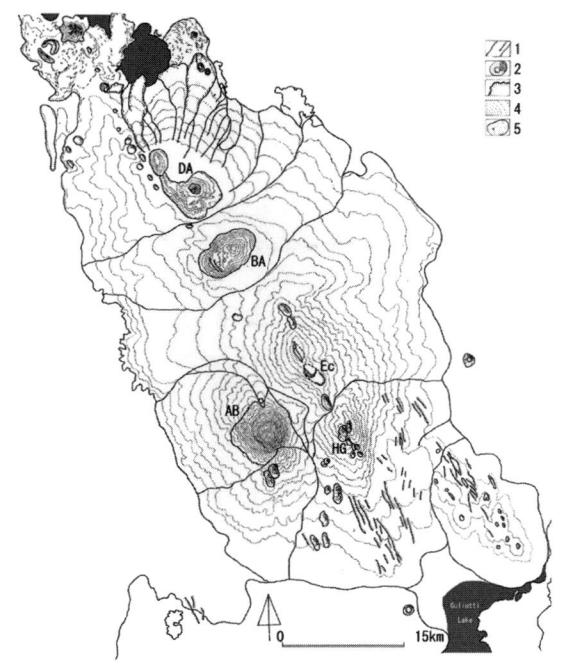

図 2.1-11 エチオピアアファー三角帯の Erta Ale 溶岩原（L2）の地形分類図
1：断層崖，2：スコリア丘，3：カルデラ縁，4：成層火山・楯状火山原面，5：スパター丘．AB：Ale Bagu 楯状火山，BA：Borale' Ale 楯状火山，DA：Dal Afilla 楯状火山，Ec：Erta Ale ピットクレーター，HG：Hayli' Gub 溶岩原．

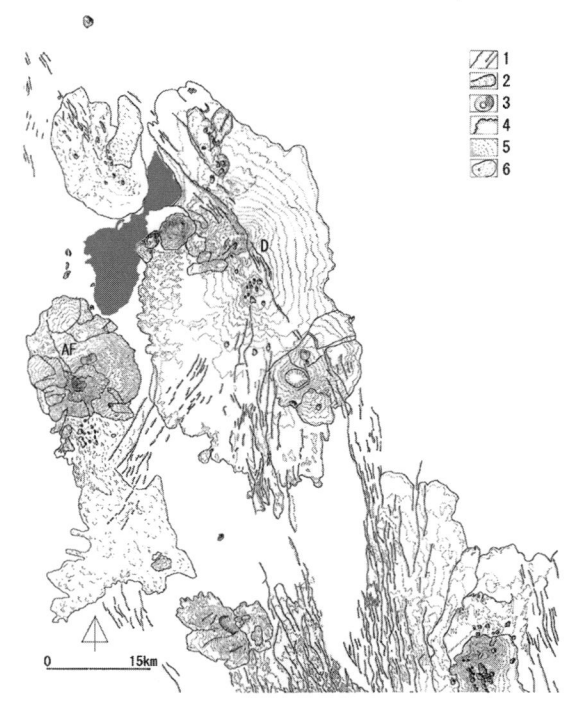

図 2.1-12 エチオピアアファー三角帯の楯状火山付き Afrera（AF）溶岩原と Tat'Ali 溶岩原（L2）の地形分類図
1：正断層崖，2：溶岩流，3：スコリア丘，4：カルデラ壁，5：楯状火山斜面，6：スパター丘と溶岩流．D：Tat'Ali 溶岩原．

2.1.4 アファー三角帯の溶岩原とその発達

アファー三角帯には単成火山・複成火山・重複成火山すべてが存在し，その合計は29個である．そのうち溶岩原が15個，楯状火山が3個，成層火山が8個，単成火山が3個である．溶岩原15個のうち，単成火山のみをもつ溶岩原（図2.1-11）が4個，楯状火山を上に乗せる溶岩原（図2.1-12）が9個，成層火山をもつ溶岩原が2個である．Pruvost 溶岩原は1個の溶岩ドームと成層火山をもつ（図2.1-13）．15個の溶岩原のうち，2種以上の複成火山からなる重複成火山は10個に達する．

上記からわかるように，アファー三角帯の火山の大部分は玄武岩質の溶岩原・楯状火山・スコリア丘火山で，珪長質の安山岩質成層火山，流紋岩質溶岩ドームは質量として1/100以下にすぎない．それらはいずれも，アファー三角帯西縁でエチオピア高原を区切る比高2000-3000 m の断層崖直下，またはダナキル山地内で噴出したもの（図

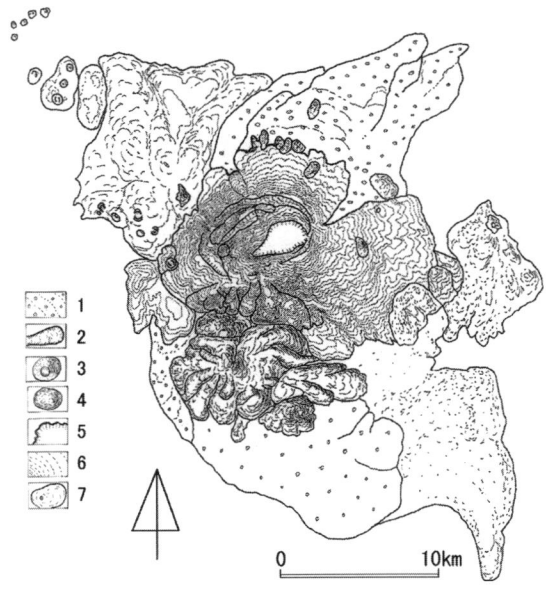

図 2.1-13 エチオピアアファー三角帯の成層火山・溶岩ドーム付き Pruvost 溶岩原（L3）の地形分類図
1：火山麓扇状地，2：溶岩流，3：スコリア丘，4：溶岩ドーム，5：カルデラ壁，6：成層火山斜面，7：スパター丘と溶岩流．

2.1-14)に限られる．このことは大陸地殻の存在が火山タイプに大きな影響をもつことを示唆する．

2.1.5 ケニア・タンザニア北部の溶岩原とその発達

エチオピア南部からケニア・タンザニア中部にかけて，長さ1000 kmに及ぶ地溝帯中軸部に形成された割れ目から，両側200 km，計400 kmの幅の地帯に46個の火山が認定された（図2.1-15）．しかし，この火山認定には問題が残る．アイスランドの場合と同様，地溝中軸部付近の溶岩原では，溶岩流が薄くその限界を地形的に決定できないために，火山と火山の境界線をひくことができず，ひいては正確な地形分類図が作成不能となった．そこで中心火山と中心火山の間の溶岩原のどこかに境界線を仮定して議論を進めざるを得ない．

ケニア・タンザニア中部にかけての地溝帯中軸部火山型の内訳は，溶岩原が22個，楯状火山10個，成層火山が5個，カルデラ火山が3個，単成火山群は合計6個で，そのうちマール2個，スコリア丘3個である．溶岩原のうち18個が玄武岩質小型単成火山のみを火道上にもち，ほかは楯状火山をもつGelai, Mauaの2溶岩原，成層火山をもつHanang溶岩原，カルデラ火山をもつSilali溶岩原の4火山である．トゥルカナ湖の北島・中島，ババティ湖の単成火山群は地溝中軸部を満たす湖水面上にあり，湖水がなければ溶岩原と認定されると考えられる．

Longonot, Suswaなどの楯状火山はそれぞれ独立した楯状火山として扱ったが，その周囲には地溝中軸部の断層・割れ目で切られた溶岩流が取り巻き，2個の溶岩原上にそれぞれ別々に乗る楯状火山と扱うことも可能である．あるいはLongonot, Suswaの2楯状火山が1個の溶岩原上に乗ったと見なすことも可能である（図2.1-15）．これらの問題は前記の通り，すべて薄い溶岩流を詳細に区分できないことから起こる．

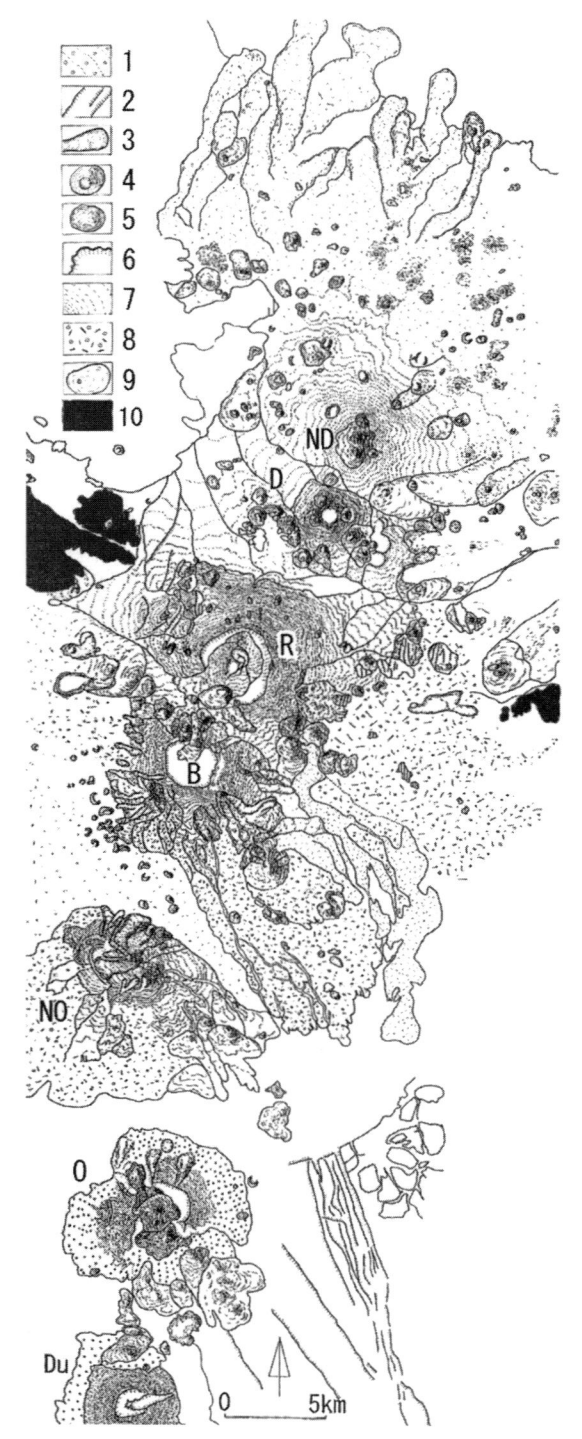

図2.1-14 エチオピアアファー三角帯ダナキル山地を切る火山列

北端2峰（ダナキル山地内）は楯状火山，南の5火山は成層火山．1：土石流堆積面，2：正断層崖，3：溶岩流，4：スコリア丘，5：溶岩ドーム，6：カルデラ壁，7：楯状成層火山原面，8：火砕流堆積面，9：スパター丘，10：ダナキル山地．ND：N. Dubbi楯状火山，D：Dubbi成層火山，R：Ramlo成層火山，B：Bidu成層火山，NO：N. Ouma成層火山，O：Ouma成層火山，Du：Dubolu成層火山．

図 2.1-16 ケニア地溝帯 Oldoinyo Lengai 成層火山を北上空より望む（Google Earth による）

したことを物語る．周囲には正断層崖が無数に発達した溶岩原があり，成層火山を乗せた溶岩原とも考えることが可能である．

2.1.6 沈み込み帯の溶岩原

溶岩原は拡大軸・大陸割れ目帯などに多く出現するが，カムチャツカ半島・メキシコ・ジャワ島などの沈み込み帯にも見出される．溶岩原ほど大規模ではないが，玄武岩質単成火山群は日本その他の沈み込み帯内弧側に多い．

カムチャツカ半島南端近くに Sabau 溶岩原（図 2.1-17；図 8.1-6 参照）がある．これは，Ksudach 成層火山，Asacha 成層火山，Ustup カルデラ火山などに囲まれた，80 km 平方ほどの盆地・河谷低地を埋めるように噴出した約 70 の小楯状火山の集合体である．小楯状火山の底径は 5-20 km，比高は 100-300 m で，個々の小楯状火山には 5-10 個のスコリア丘が乗っている．

第 2 列南端にある Akhtang 溶岩原は北東―南西方向の長さが 70 km，幅が 10 km の非火山地東斜面上に形成された．この溶岩原には 111 個のスコリア丘が認められるが，その一部は北東―南西方向に伸長する島弧に対して平行な数本のスコリア丘列をつくる．

Shiveluch 成層火山の北に，Rassoshin 溶岩原まで東西幅 30 km，長さ約 80 km の大規模溶岩原が北東―南西方向の河谷低地を埋めて広がる．この溶岩原は，Sabau 溶岩原のような小楯状火山の集合体ではなく，スコリア丘と薄く低平な溶岩

図 2.1-15 ケニア-タンザニア地溝帯付近の火山分布
1-46 の番号は表 5.8-1 の左端の数字と対応．

Oldoinyo Lengai 成層火山（図 2.1-16）は炭酸塩マグマを噴出する火山として有名であるが，山頂にカルデラをもち裾野が発達し，火砕流が発生

第 2 章 火山体の発達 / 21

図 2.1-17 カムチャッカ半島南部 Sabau 溶岩原（Google Earth による）

流の平原を形成する．スコリア丘の多くはランダムな配列をなすが，その一部は互いに平行した10本足らずのスコリア丘列をなすことから，割れ目噴火によって形成されたものと推定される．

カムチャッカ半島の溶岩原は火山フロントに遠くない第1列と地溝内に形成された第2列火山帯の間の凹地帯付近に多く認められる．このような場所に溶岩原が生ずる原因については多くの検討を要する．

メキシコの中部地域を西北西—東南東方向に横切るメキシコ中央火山帯（Trans-Mexican Volcanic Belt）は，太平洋からのリヴェラ・ココスプレートの沈み込みによって形成されたとする考え（Nelson and Gonzalez-Caver, 1992）があるが，成層火山・カルデラ火山はそれほど多くなく，地溝帯内の低地を埋めて大量の玄武岩質溶岩流・スコリア丘・小楯状火山などが溶岩原を形成している．とくに地溝帯中央部のミチョアカン州ではおよそ130 km平方の溶岩原が発達する．そのほかメキシコ市周辺，メキシコ湾岸などに大小の溶岩原が認められる．これらの溶岩原上には玄武岩質単成火山のみが存在し，楯状火山・成層火山のような複成火山を乗せない．しかし周囲には成層火山やカルデラ火山も混在し，カムチャッカ半島と似た景観を示す．

ジャワ島の火山は，インド-オーストラリアプレートの沈み込みで生じた島弧型火山の典型で，その大部分が成層火山であり，ほかに数個のカルデラ火山からなる．その火山フロントの内弧側（島の北側）に数個の溶岩原あるいは玄武岩質溶岩流・スコリア丘などからなる単成火山群が形成されている．

2.1.7　溶岩原の発達順序

前項では，アイスランド，アファー三角帯，ケニア・タンザニア北部，アラビア半島，米国南西部などの溶岩原の形態の違いを略述した．これらの事例から溶岩原の形態の違いがそのまま発達史に連なると考え，次のように整理した（図 2.1-18）．

①第1段階：割れ目噴火の繰り返しによる玄武岩質溶岩流とスコリア丘・スパター丘列が形成する複成火山（例：米国ニューメキシコ州 Zuni-Bandera 溶岩原，米国アイダホ州 Craters of the Moon 溶岩原）．

②第2段階：大型楯状火山をもつ溶岩原（例：アファー三角帯の Erta Ale 溶岩原と Ale Bagu 楯状火山，Alaita 溶岩原と Afrera 楯状火山）．

③第3段階：成層火山をもつ溶岩原（例：米国ニューメキシコ州 Taylor 溶岩原と Taylor 成層火山，米国アリゾナ州 San Francisco 溶岩原と San Francisco 成層火山）．

④第4段階：カルデラ火山をもつ溶岩原（例：米国ニューメキシコ州 Hemez 溶岩原と Valles カルデラ火山）．

米国アイダホ州からワイオミング州にまたがる Snake River 玄武岩地域と Yellowstone カルデラ地域も同様の関係をもつと考えることも可能であるが，火山の時空規模，基盤の構造・テクトニクスなどを考慮すると，ここで議論するにはデータが不十分なため，ここでは触れないことにする．

溶岩原は①から④へと変化すると考えられるが，④の発達段階まで到達するには1000万年の歳月を要する．溶岩原の大部分は原地形を保持し，最終氷期より新しい時期に噴火したと考えられるため，①の発達段階にあると推定される．

リビア・アルジェリアなど多くの溶岩原では，火道の位置を示す地形として，スコリア丘・小型楯状火山・タフコーンなど玄武岩質単成火山以外は認められないが，米国南西部・アラビア半島の溶岩原では，流紋岩・フォノライト質溶岩ドームやカルデラ火山，安山岩質成層火山が存在し，火

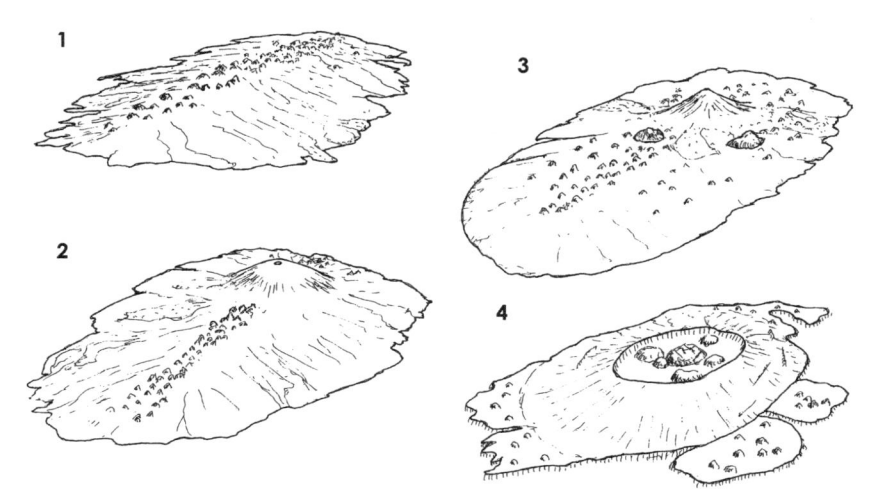

図 2.1-18 溶岩原の発達史
1：スコリア丘など玄武岩質単成火山群とそこから流下する溶岩流が平原をつくる．2：割れ目噴火の中心部にマグマ溜りが形成され，溶岩原上に楯状火山が形成される．3：マグマ溜り成長と同時にマグマ分化が進行し，安山岩質成層火山が溶岩原上に発達する．4：マグマ分化がさらに進行し，流紋岩質火砕流が発生，カルデラ火山が溶岩原上に形成される．

砕流台地が広がるものもある．米国南西部の溶岩原は形成史・年代値が明らかになっていて，火山体の発達過程を議論する上で貴重である．アラビア半島の溶岩原は年代値など詳細な形成史に関するデータは少ないが，Google Earth 画像による地形観察などから，ある程度の発達史を編むことが可能である．

アイスランド，アファー三角帯，ケニア・タンザニア北部では，現在，その地溝中軸部で活発な活動が行われているが，そこでは溶岩原→楯状火山という発達が見られ，地溝中軸からやや離れた場所では，溶岩原→楯状火山→成層火山→カルデラ火山という発達過程が存在する．

この成果をベースに，なお不確定な部分はあるが，玄武岩質単成火山群をもつ溶岩原→溶岩ドームをもつ溶岩原→成層火山をもつ溶岩原→カルデラ火山をもつ溶岩原と進化・発達する規則性が存在すると考えることができる（Treuil et Varet, 1973）（図 2.1-19）．地形的にアファー三角帯には，溶岩原→楯状火山の順に発達した重複成火山が 11 個，溶岩原→楯状火山→成層火山の順に発達した重複成火山が 1 個存在すると見てよい．

アイスランド中央部・アフリカ東縁部の地溝帯中軸部の溶岩原では，地形発達段階が米国南西部・アラビア半島とは異なるように見える．アイ

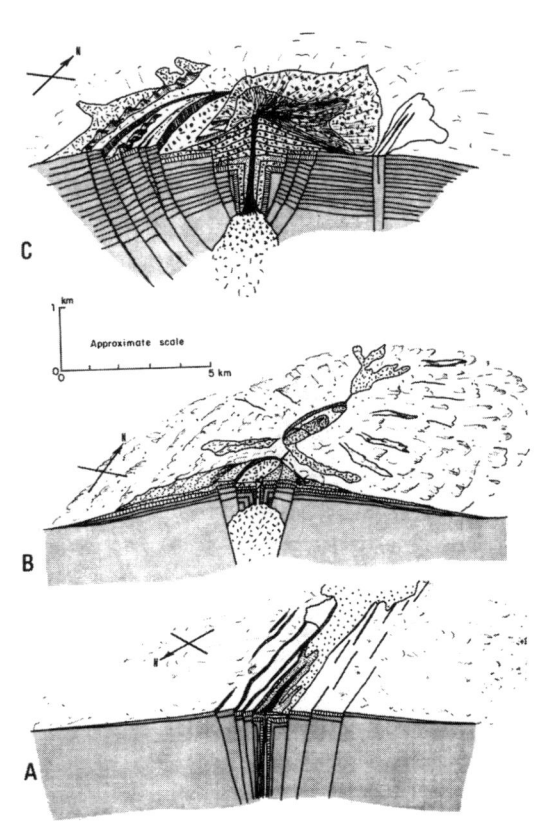

図 2.1-19 アファー三角帯の火山の発達過程を示す推定ブロック断面図（Treuil et Varet, 1973）
A：溶岩原期，B：楯状火山期，C：成層火山期．

スランドやアファー三角帯，ケニア・タンザニア北部地溝帯中軸部にあり，現在マグマ上昇が活発な場所では，溶岩原→楯状火山という発達が見られる一方，米国南西部，アラビア半島のように地溝帯中軸部からはずれ，あるいはかつて地溝帯中軸部に存在したが，現在マグマ上昇が不活発になったと考えられる場所では，溶岩原が時代とともに溶岩ドーム→成層火山→カルデラ火山をもつようになると考えると，理解しやすい．しかし発達に関して詳しい情報が得られている溶岩原は少ないので，上記の考えは1つの仮説にすぎず，今後さらに情報の取得に努め，考察を深める必要がある．

2.2 楯状火山の発達と分類

楯状火山は大陸・島弧・海洋島など地球上の火山地帯には普遍的に見られる．Kilimanjaro, Cameroon, Etna は大陸上に，ハワイ島 Mauna Loa, Mauna Kea は海洋島として存在し，楯状火山がほとんど見られないとされるプレート沈み込み帯にもカムチャツカ半島の Klyuchevskaya 楯状火山などかなりの数の楯状火山が存在する．これら多様なプレート環境に形成されたいくつかの楯状火山の地形発達史の特徴を明らかにし，それをもとに楯状火山の普遍的な発達史が浮き彫りにできるのか，また発達史的分類が可能なのかについて検討する．

2.2.1 大陸上に噴出した楯状火山

Etna 火山　イタリア南部シチリア島東部に噴出した Etna 火山は，現在まで薄い玄武岩質溶岩流とスコリアの噴出を繰り返し，標高 3350 m, 底径 32-53 km の大型楯状火山に成長した．それとともに火山体中心部の傾斜が増加し，山頂付近では成層火山に近い急斜面が形成され，東斜面で大崩壊が発生して，Valle del Bove と呼ばれる凹地が形成されている (Chester *et al.*, 1985)．このような楯状火山体中心部の傾斜増加はマグマ組成のアルカリ成分増加，スコリア噴出増加などがその要因として考えられている．

Cameroon 火山　北東―南西に走る Cameroon 火山列の方向に沿ってのびる楕円の平面形（径 70 km）をもつ標高 4095 m の大型楯状火山である．200 個を超すスコリア丘が伸長方向に集中して形成されている．溶岩流も山麓に広がり，時間の経過とともに溶岩原から楯状火山に漸移したとも考えられるが，明確ではない．山頂部には火山体大崩壊跡と見られる馬蹄形凹地が存在し，山頂付近は成層火山に近い急勾配を示している．

ケニア北部からタンザニア中部にかけて南北にのびる地溝帯火山分布の特徴の1つとして，Kilimanjaro, Kenya, Elgon の大型楯状火山がいずれも中軸割れ目帯から 200 km 離れた場所に存在する事実が挙げられる．Kenya, Elgon 楯状火山はほぼ円形の平面をもち，著しいスコリア丘列もなく，断層・割れ目構造は不明瞭となるなど，ホットスポットからマグマが供給された中心火山であるように見える．一方，Kilimanjaro 楯状火山は地溝中軸に直交する東西方向に山体がのび，山頂はそれぞれ火口をもつ3個の峰からなる．また西方の地溝中軸との分岐点にある Ngorongoro 楯状火山から東に火山が並ぶ．この火山の配列からはトランスフォーム断層のような東西方向の地殻断裂の存在が予想される．

Kilimanjaro 火山　この火山の規模（標高 5850 m, 比高 4900 m, 底径 87-108 km）や形態はほぼ Cameroon 火山と酷似するが，伸長方向は東アフリカ地溝帯の方向に直角で，その位置も地溝帯中軸からかなり離れている．山頂部は3峰に分かれる．主峰 Kibo には径 900 m の火口があり，その中にスコリア丘がある．その Kibo 峰頂部と Kilimanjaro 火山麓の中腹には古いカルデラの存在を示す緩斜面が認められ，Kibo 峰はそのカルデラ内で成長した成層火山に近い急斜面をもつ新しい火山体とも見なせる．

Ngorongoro 楯状火山　タンザニア北西部の地溝中軸部付近に形成された楯状火山で，標高 3300 m, 比高 2500 m, 底径 72 km の楕円形の平面形をもつ．長さ 50 km, 幅 30 km 前後の平頂部が存在し，そこに径 18 km の Ngorongoro カルデラをはじめ，3個のカルデラが存在する．また北東麓に Oldoinyo Lengai など2成層火山が形成されている．

そのほか Suswa, Kitumbeine, Longonot など径 10 km 程度のカルデラをもち，底径 25 km 前

後の中規模楯状火山が，ケニア中部ナイロビ市周辺からタンザニア中北部にかけて多数分布するが，その多くは粗面玄武岩質溶岩流を主体とした楯状火山を形成した後，粗面岩質軽石を放出してカルデラを形成し，さらにカルデラ内にフォノライト質溶岩流あるいは溶岩ドームを流出させた発達史をもつ．同様の地形をもつ楯状火山が，チャドのTibesti火山地域やスーダンのダルフール地域に存在する．これら楯状火山に見られるカルデラは，ハワイ諸島に見られるピットクレーターや高重力型カルデラと違って，カルデラ形成時に爆発的火砕流噴火をも行っており，プレート沈み込み帯に見られるじょうご型カルデラやヴァイアス型カルデラと共通した性格のカルデラといえる．後述するカナリア諸島のカルデラも類似の特徴をもつ．これは楯状火山・カルデラの定義・分類をあらためて検討・改定することの必要性を強く示唆する．

ケニア中部における地溝中軸帯，あるいはそこから直角方向にのびる断裂帯に沿う楯状火山・成層火山・カルデラ火山の存在は，円形のマグマ溜りが形成されるまでになっていることを推定させる．

2.2.2 海洋島をつくる楯状火山

海洋島の火山はプレート沈み込み帯の成層火山，またはホットスポットなどの楯状火山に，ほぼ2分される．ここではハワイ諸島，カナリア諸島など，太平洋・大西洋・インド洋の海洋島をつくる楯状火山についてその発達史を考察する．

ハワイ諸島の楯状火山

ハワイの楯状火山の発達史は，①深海底火山時の枕状溶岩期→②浅海底火山時の水冷火砕岩期→③陸上楯状火山初期のソレイアイト溶岩流出期→④楯状火山末期のアルカリ岩スコリア丘期に4区分されている（図2.2-1）（Stearns, 1966; Macdonald and Abott, 1970）．①，②の時期はハワイの火山が海底にあったという事情によるものである．その時期には海底に巨大な海台が形成されているが，陸上で噴出していれば広大な溶岩原になっていた可能性が高い．③，④の時期に顕著な2-3本のリフトゾーンが形成され，それらの会合点付近にピットクレーターが生ずることが多い．楯状火

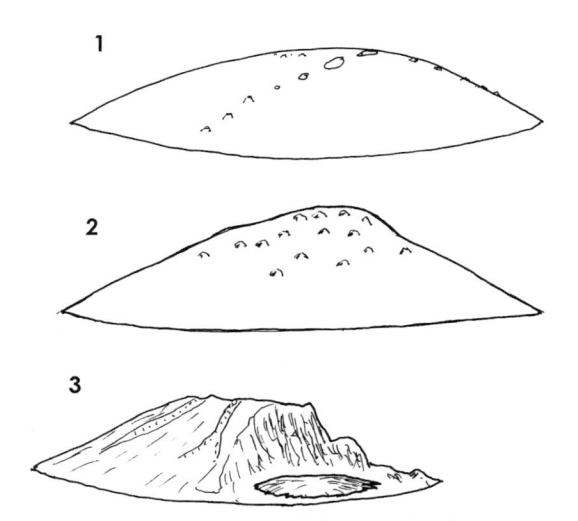

図2.2-1　ハワイの楯状火山の発達史
1：Mauna Loa型楯状火山の成長，2：高重力型山頂カルデラ形成，それを埋めてさらに楯状火山が成長，3：ホットスポットから離れ，火山体侵食後，過アルカリ岩質小型単成火山が形成．

山発達過程で，安山岩・流紋岩質マグマの活動でプリニー式・火砕流噴火が発生したという証拠はまったく認められていない．

マントル下部まで「根」があるホットスポット上に生まれたとされるハワイ諸島-天皇海山列の火山は，リソスフェアが水平移動することで生じたとされている（Wilson, 1965）．ホットスポットを離れて数百万年経過した後，侵食されたソレアイト玄武岩質溶岩流を主体とする楯状火山上に，深所で発生する過アルカリ岩質マグマの割れ目噴火による小型楯状火山・スコリア丘・タフリングなどの単成火山が噴出した（中村, 1982）．ただその小型単成火山とソレアイト玄武岩溶岩流を主体とする楯状火山との量比は，1/100をはるかに下回る．

カナリア諸島の楯状火山

カナリア諸島はほぼ東西に並ぶ7個の主要な島からなるが，西から東にその活動時期が古くなる傾向は認められない．またベイサナイト質溶岩流からなる楯状火山を主体としているが，テフライト・フォノライト質の火砕流やプリニー式噴出物・溶岩ドームも大量に噴出し，海上に現れた分だけで見ると，分化したマグマ噴出物と未分化マグマ噴出物との比は1/3-1/4で，ハワイ諸島の

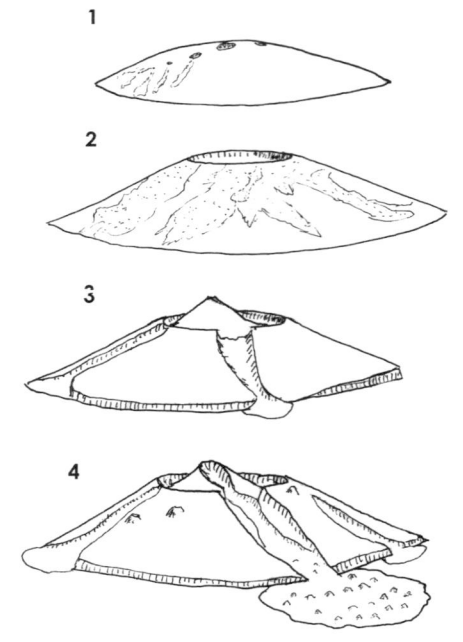

図 2.2-2 グランカナリア島の火山発達史
1：ハワイ Mauna Loa 型楯状火山の成長．2：楯状火山が成長，山頂に高重力型山頂カルデラ形成．3：カルデラ内に小成層火山形成．4：小成層火山体崩壊，岩屑なだれが放射谷を流下．玄武岩マグマ活動によりスコリア丘，マール形成．

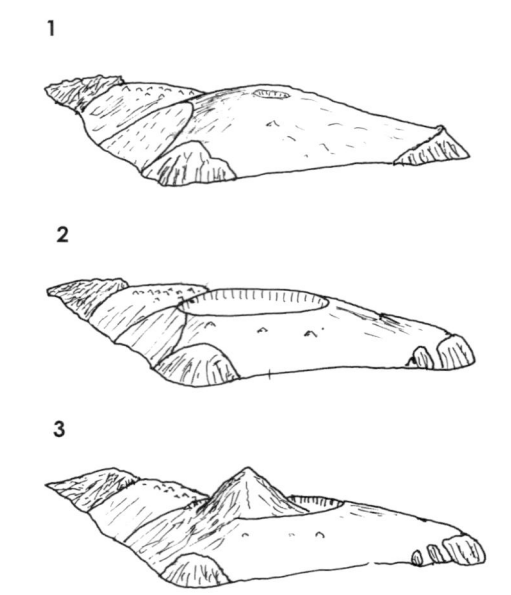

図 2.2-3 テネリフェ島火山の地形発達史
1：島の3隅に残る侵食楯状火山体の形成・侵食．中心部に新期楯状火山と尾根状溶岩原（割れ目噴火による）形成．2：楯状火山成長，火砕流噴出，カルデラ形成．楯状火山の西斜面に地すべり性滑落，海底地すべり？．3：カルデラ内に Teide 小成層火山形成．

1/100 以下にくらべ大きく異なる，などの相違点が見出される．

グランカナリア島（図 2.2-2）は1個の大型楯状火山に見えるが，その山体はベイサナイト質溶岩流と同量に近いフォノライト質火砕流堆積物で構成されている．頂部にカルデラ，その中に成層火山が形成され，山体大崩壊も生じている（Brey and Schmincke, 1980；Garcia Cacho et al., 1994）．

同じカナリア諸島に属するテネリフェ島は，3本のリフトゾーンをもつ三角形に近い平面形をもつ新しい火山体と，3隅に古い火山岩からなる侵食山地とからなる．リフトゾーンに沿ってはスコリア丘が並び，歴史時代にもそれらの一部は噴火して，ベイサナイト質溶岩流を緩やかな斜面に沿って流下させている（図 2.2-3）．火山体全体は楯状火山に見えるが，グランカナリア島と同じく，山頂のカルデラ壁はフォノライト質の火砕流やプリニー式噴出物に半分以上占められ，このカルデラがハワイ諸島の楯状火山頂に見られる高重力型カルデラやピットクレーターとは異なることを示

図 2.2-4 カナリア諸島テネリフェ島の Teide 成層火山（Google Earth による）

している．さらにカルデラ内にはフォノライト質溶岩流を主体とする富士山に似た形状をもつ Teide 成層火山が存在する（図 2.2-4）．

以上から，グランカナリア島，テネリフェ島をつくる火山は，楯状火山にカルデラ火山が重なったもののように見える．これらの火山体の下部，とくに海面下の地形・構造の詳細は不明であるが，枕状溶岩の累積である可能性が高い．これらの枕

状溶岩の累積は，もし陸上で起こっていれば，広大な溶岩原を形成していたかもしれない．

またグランカナリア島，テネリフェ島両島は2000万年近く前から海上に頭を出し，最近まで活動しているが，海面下には火山島の体積の10倍以上にあたる火山体が隠されていて，2億年以上火山活動を継続させていたことを暗示する．これが事実とすれば，2億年前に大西洋中央海嶺で生まれたカナリア諸島の個々の火山は，ハワイ諸島-天皇海山列と違って，2億年間，東へ移動しながら活動を継続したことになる．

これらの事実・推測に火山の特徴の違いを加えると，同じ海洋火山島でありながら，ハワイ諸島とカナリア諸島の構造・成因はかなり異なることが予想される．また太平洋と大西洋の水深，海底プレートの厚さ・移動速度，マグマ上昇率などの相違も考慮すべきかもしれない．

2.2.3 沈み込み帯に噴出した楯状火山

Dalnyaya Ploskaya 楯状火山 カムチャツカ半島中部には，比高約 1000 m，底径東西 92 km，南北 108 km の範囲の中に，7個の急峻な成層火山 Klyuchevskoy, Kamen, Bezymianny, Srednyaya, Ploskaya Blizhnyaya, Ovalnaya Zimina, Udina と Tolbachik 楯状火山が1個成長している Klyuchevskaya 火山群（Erlich and Gorshkov, 1979）がある（図 2.2-5）．この火山群は地形的に明瞭な東西に走る谷によって南北2つに分けられる．北半部は Klyuchevskoy, Kamen, Bezymianny, Srednyaya, Ploskaya Blizhnyaya の5成層火山からなるが，それらの下に Dalnyaya Ploskaya (Ushkovsky) 楯状火山が存在する（Flerov and Ovsyannikov, 1991）．この楯状火山は比高 1000 m，底径 56 km の規模をもち，山頂に径 27 km に達すると推定されるカルデラが存在し，その中に上述の5成層火山が形成されている．これはこの楯状火山が第3期の発達段階まで達したことを示し，成層火山をのせた重複成楯状火山とも言い換えられる．Klyuchevskaya 火山群の南半部は，Tolbachik 楯状火山を中心に Ovalnaya Zimina, 中型成層火山などが核心部を形成する．その周囲には玄武岩質溶岩流とスコリア丘からなる溶岩原が広がる．これらは Tolbachik 楯状火山の側火山と見な

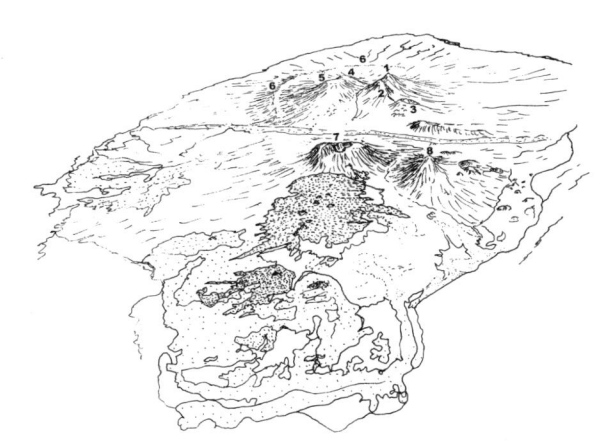

図 2.2-5 カムチャツカ Klyuchevskaya 重複成火山を南上空より望む
奥の北半部の5成層火山 Klyuchevskoy (1), Kamen (2), Bezymianny (3), Srednyaya (4), Ploskaya Blizhnyaya (5) をカルデラ内にもつ Dalnyaya Ploskaya 楯状火山 (6). 手前の南半部の北東隅に Tolbachik 楯状火山 (7), Ovalnaya Zimina 成層火山 (8) などが集まる．西・南麓には Tolbachik 楯状火山と連なる新しい溶岩原が広がる．

されていて，1975-76年 Tolbachik 火山噴火はこの溶岩原上で発生している（Fedotov and Markhinin, 1983）．見方によっては溶岩原上に Tolbachik 楯状火山が乗った発達第2期の重複成溶岩原ともいえる．

Balatukan 火山 フィリピンミンダナオ島北西部にある標高 2440 m，底径 30-45 km の大型楯状火山で，火山体斜面上には少なくとも32個のスコリア丘が認められ，斜面の大部分が薄い玄武岩質溶岩流に覆われている地形を示す．山頂部は2峰の楯状火山に分けられ，北西峰は径 10 km，南東峰は径 3-6 km のカルデラをもつ．その中には平坦面が数段認められ，溶岩湖面を示すと考えられる．これらの地形的特徴から Balatukan 火山はハワイ島 Mauna Loa, Mauna Kea 火山に似た典型的な初期段階の楯状火山と見なされよう（図 2.2-6）．

Butig 火山 フィリピンミンダナオ島南部の海岸沿いにほぼ東西方向に走る，長さ 72 km の割れ目に沿って楯状火山が形成されたが，その中央部から西部にかけては Katukan（標高 2100 m），Ragang（標高 2500 m）など数個の成層火山によって覆われている．これはカムチャツカ半島の Klyuchevskaya 楯状火山と同様の重複成火山と

見なされる（図 2.2-7）．

Newberry，Medicine Lake Highland 火山　米国のカスケード火山列の中・南部に 2 つの特異な火山，Newberry，Medicine Lake Highland 火山がある．なだらかな山麓斜面は山頂に近づくと急斜する．この 2 火山の地形は一見成層火山に見えるが，なだらかな山麓斜面の大半は玄武岩質溶岩流からなり，その上に無数のスコリア丘が乗ることから楯状火山にも見える．ところが山頂近くの急斜面は流紋岩質溶岩ドーム群からなり，カルデラに似た凹地形も山頂近くに存在する．Medicine Lake Highland 火山頂の凹地形は溶岩ドーム群の間の低平地なのか，カルデラの陥没縁に沿って溶岩ドームが環状に形成されたものかは不明確である（図 2.2-8）．

Newberry 火山頂に径 7 km のカルデラがあり，その中にスコリア丘，軽石丘（実は流紋岩質溶岩ドーム）が噴出している（図 2.2-9）．外輪山上には，カルデラの形成と関係があるかに見える火砕流堆積物も認められるが，メラピ型であるため，溶岩ドーム崩壊による火砕流と見なすこともできる．

Newberry，Medicine Lake Highland 火山は，成層火山とは異なり，むしろカナリア諸島の楯状

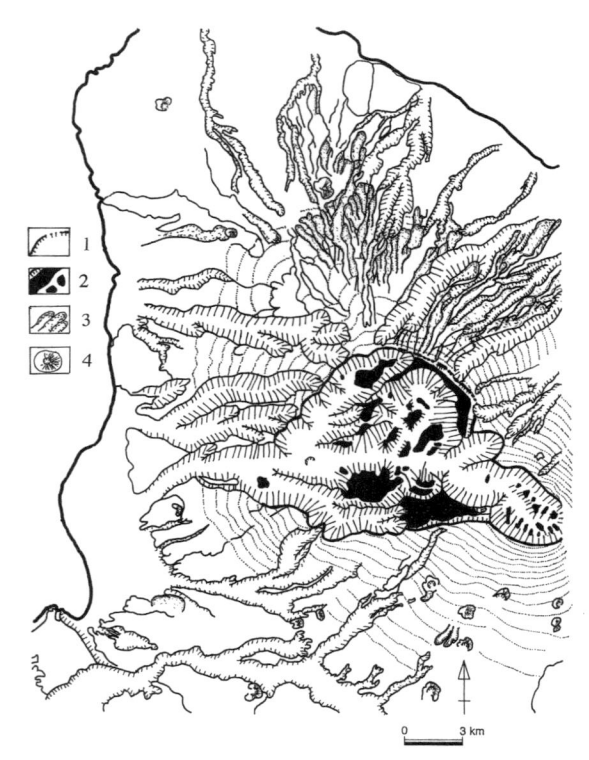

図 2.2-6　フィリピンミンダナオ島 Balatukan 火山の地形分類図
1：高重力型カルデラ壁，2：溶岩棚（溶岩湖面），3：溶岩流，4：スコリア丘．

図 2.2-7　フィリピンミンダナオ島 Butig 重複成火山の地形分類図
1：Latukan Rocky スコリア丘，2：Butig 溶岩円頂丘．

火山に似る.

2.2.4 楯状火山の発達と分類

楯状火山は，スコリア丘・タフコーン・小型楯状火山など玄武岩質単成火山や高重力型カルデラをもつ発達の初期段階にある Cameroon, Kilimanjaro, Mauna Loa, Mauna Kea 火山と，アゾレス・カナリア諸島 Miguel, Terceira, Pico, Tenerife, Gran Canary などの火山のように，マグマ分化が進んだ段階の噴出物からなる成層火山・カルデラ火山をもつ楯状火山に大別される．カナリア諸島は主として楯状火山からなるが，陸上に噴出していれば溶岩原を形成した可能性をもつ海台が海面下に存在することから，溶岩原の上に楯状火山→溶岩ドーム→成層火山→カルデラ火山が次々と累重したとも考えられる．しかし楯状火山と呼ばれる火山は，成層火山ほど「尖っていない」円錐形火山という意味の地形学的用語にすぎず，地質・構造・発達史にはかなりの多様性があり，より情報を収集した上で整理し直す必要がある．

以上の結果を踏まえて，楯状火山の発達を次のように整理した．

①第1段階（SH1）：三重割れ目，とくにその割れ目中心から玄武岩質マグマがスパター・スコリアとして噴出し，上に凸の中世西洋騎士の楯

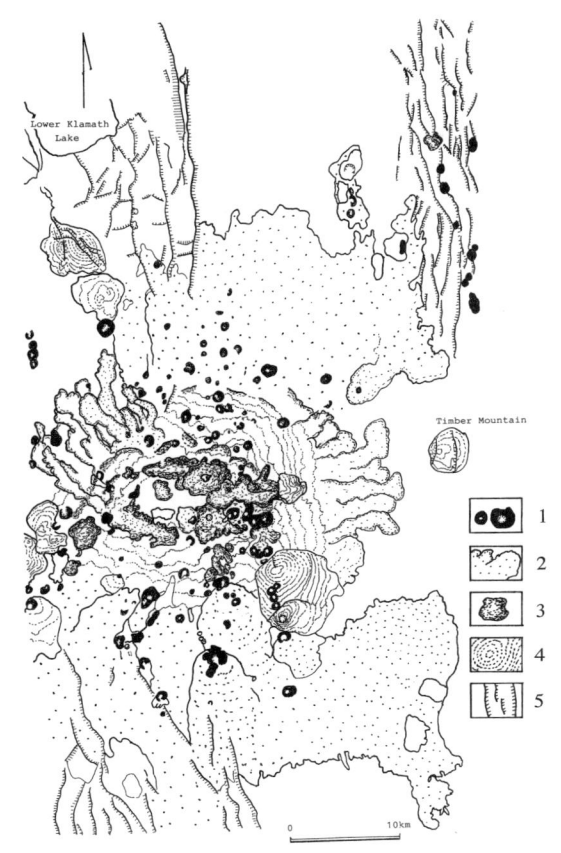

図 2.2-8　米国 Medicine Lake Highland 楯状火山の地形分類図
1：スコリア丘，2：玄武岩質溶岩流，3：流紋岩質溶岩ドーム，4：小成層火山，5：正断層崖．

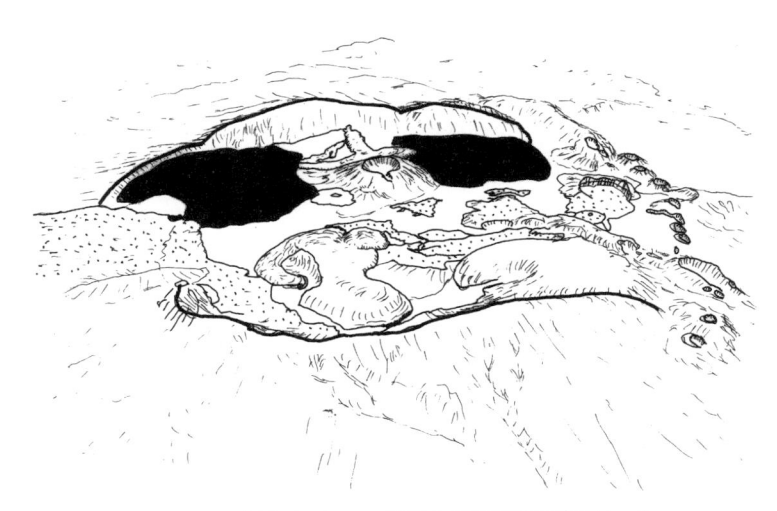

図 2.2-9　米国 Newberry 楯状火山頂部の地形スケッチ
カルデラ内は主に流紋岩質溶岩ドーム・溶岩流で埋められている．東縁カルデラ壁に沿ってスコリア丘が並ぶ．2つの湖の間に形成された軽石丘は，実は流紋岩質溶岩ドームで，その表面を厚さ数 m の降下軽石層が覆う．

に似た楯状火山を形成する．割れ目に沿ってピットクレーター，スパター丘，スコリア丘，タフコーン・マールなどの小単成火山群が形成される．三重点の割れ目中心には大きなピットクレーター，あるいは径 10 km 以下のカルデラが形成されることも多い（例：ハワイ島 Mauna Loa, Mauna Kea, Cameroon など）．

②第 2 段階（SH2）：楯状火山上に成層火山が単成火山とともに形成される（例：アゾレス諸島 Pico, カナリア諸島 Teide 成層火山など）．

③第 3 段階（SH3）：楯状火山上にカルデラ火山が単成火山とともに形成される（例：アゾレス諸島ミゲル島カルデラ火山，カナリア諸島テネリフェ島 Canadas カルデラ火山，グランカナリア島火山など）．

④第 4 段階（SH4）：楯状火山上に単成火山とともに珪長質溶岩ドームが形成される（例：Newberry, Medicine Lake Highland 楯状火山）．

2.3 成層火山の発達と分類

成層火山は，ほとんどの火山地域に普遍的に存在し，中心噴火によって玄武岩から流紋岩まで多様な噴出物を放出して，多様な地形をつくり出すが，とくにプレートの沈み込み帯に多く見られ，安山岩質の火砕物質を多く噴出し，円錐形の火山体を形成する特徴をもつ．地下深いマントルから上昇したマグマは一気に地表に噴出せず，地下浅所にマグマ溜りを形成しつつ，50 万〜100 万年の歳月をかけて冷却・固化する中で，マグマが玄武岩→安山岩→流紋岩，アルカリ岩ではベイサナイト→テフライト→フォノライトへと変化すると考えられている．それによって噴火様式が時とともに変わり，噴出物の種類・性質も変化するため，その累積によって形成される火山体の形態・構造も刻々と変容する．以下ではその火山体の変化，発達過程についてのべる．ここではさまざまなプレート沈み込み帯とそれ以外の地域に分布する成層火山の特徴の違いを，日本列島と米国の成層火山との比較を中心に検討する．

2.3.1 日本列島の成層火山の発達

日本の成層火山は噴火様式や噴出物の性質が一定の方向性をもって変化し，その一生を終える．①第 1 段階（A1）：最初の玄武岩〜安山岩質の溶岩流・スコリアが交互に積み重なってできた富士山のような円錐形成層火山から，②第 2 段階（A2）：安山岩質溶岩を流出しながら火山体大崩壊を起こし，山頂部に馬蹄形の凹地をつくる磐梯山のような火山体に変化し，③第 3 段階（A3）：渡島駒ヶ岳のような盛んに火砕流などを放出する爆発的ステージを経て，④第 4 段階（A4）：最終的には赤城山や榛名山のような山頂に小さなカルデラやデイサイト流紋岩質の溶岩ドームが存在する形に変化する（守屋，1979, 1983a；図 2.3-1, 2）．

このように成層火山が規則的に一定方向に変化

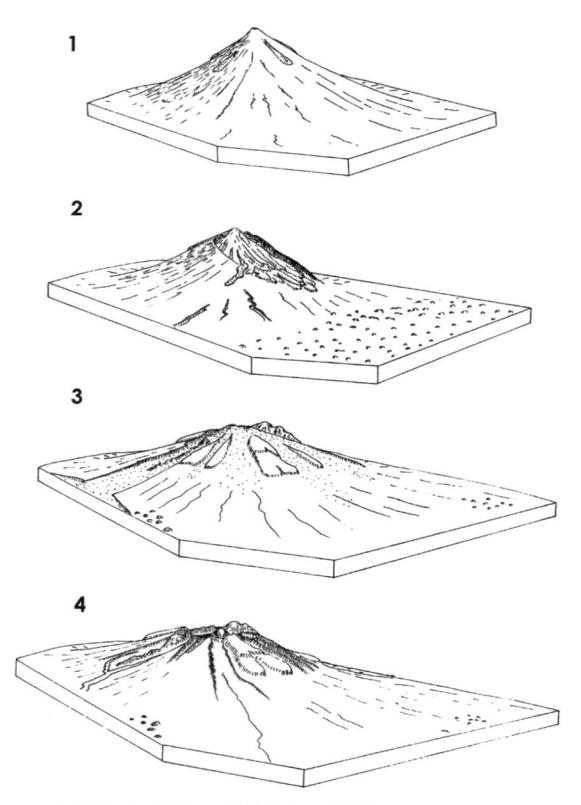

図 2.3-1　日本の成層火山の発達史（守屋，1979）
1：玄武岩〜安山岩質溶岩流・火砕物を噴出，富士山型成層火山形成．2：厚い安山岩質溶岩流を山頂部より流出，重力的不安定となり大崩壊，磐梯山型成層火山形成．3：爆発的噴火に移行，火砕流・降下軽石を噴出，渡島駒ケ岳型成層火山形成．4：山頂カルデラ形成，内部に流紋岩質溶岩ドーム形成，赤城型成層火山形成．

図 2.3-2　日本の成層火山
a：富士火山，b：磐梯火山，c：渡島駒ケ岳火山，d：赤城火山，e：榛名火山.

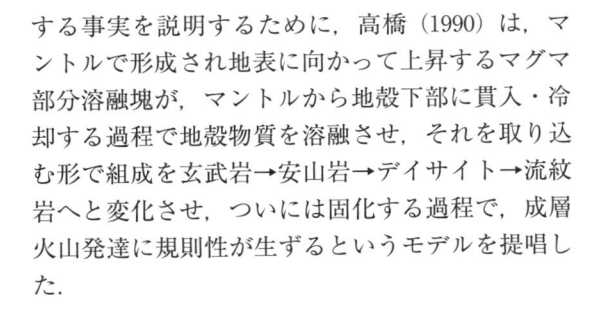

する事実を説明するために，高橋（1990）は，マントルで形成され地表に向かって上昇するマグマ部分溶融塊が，マントルから地殻下部に貫入・冷却する過程で地殻物質を溶融させ，それを取り込む形で組成を玄武岩→安山岩→デイサイト→流紋岩へと変化させ，ついには固化する過程で，成層火山発達に規則性が生ずるというモデルを提唱した．

2.3.2　米国カスケード火山列成層火山の発達

米国のカスケード火山列の成層火山は，地形・地質的に見て① Rainier 型，② Three Sisters 型，③ St. Helens 型に 3 分される（図 2.3-3）．

① Rainier 型成層火山は，ほぼ円錐形で玄武岩〜安山岩質溶岩流・スコリアで構成される．それらはいずれも麓に広大な火砕流堆積面を形成せず，頂部にカルデラももたない．Rainier 火山のほか，Baker，Glacier Peak，Adams などがこのタイプに属する．これらは発達史的に見て，日本列島の成層火山発達の第 1 段階にまで到達した火山と見なされる．これらの火山の多くは，日本の成層火山の平均体積 40 km^3 をはるかに

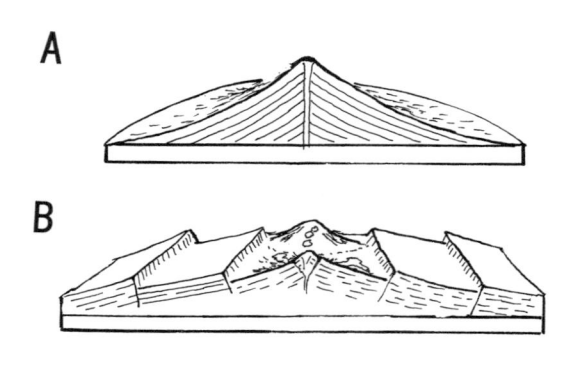

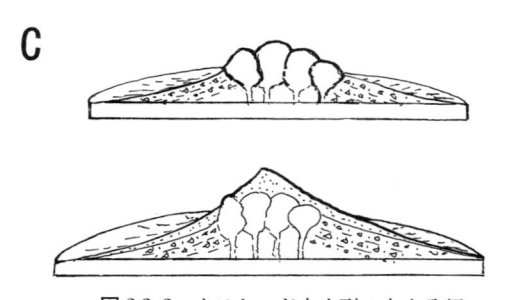

図 2.3-3 カスケード火山列の火山分類
A：Rainier 火山型．カスケード火山列北部の大部分の火山，富士山に似る．B：Three Sisters 火山型．正断層崖に切られ，火山頂を通る割れ目から流紋岩質溶岩ドームと玄武岩質溶岩流が流出．C：St. Helens 火山型．デイサイト質溶岩ドーム形成後，玄武岩～安山岩質溶岩流・火砕物が噴出し溶岩ドームを覆う．

図 2.3-4 St. Helens 火山カルデラ壁
黒い部分は玄武岩～安山岩質噴出物（写真上）と岩脈（写真下），白い部分はデイサイト質ドーム溶岩．

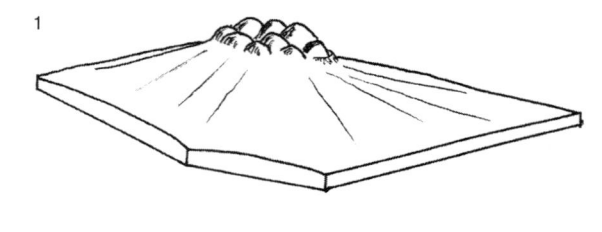

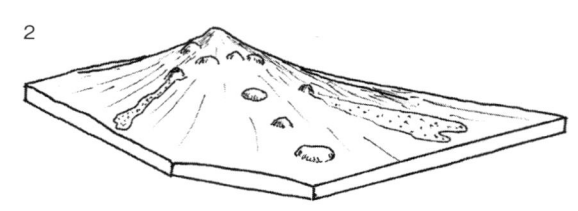

図 2.3-5 ドーム型成層火山の発達史
1：デイサイト質溶岩ドーム累積，2：溶岩ドームを玄武岩～安山岩質噴出物が覆って成層火山を形成する．

上まわる規模をもち，第3, 4段階まで発達していてよいはずに見える．

② Three Sisters 型成層火山（ドーム型成層火山の形態）は，①と同様，日本の成層火山の第1段階あるいは第2段階までしか発達していない火山体をもつが，火山体中心部を正断層が貫いていること，その正断層に沿って流紋岩質溶岩ドーム列が形成され，同時に玄武岩質溶岩流出も起こっているという，張力場によく見られるバイモーダルマグマ活動（Eicherburger, 1981）の特徴を示すことが，①の Rainier 型成層火山と異なっている．このタイプの例は Shasta 火山のほか，Three Sisters, Diamond 中型成層火山，メキシコの Ceboruco 火山などに見られる．

③ St. Helens 型成層火山（図 2.3-4, 5）は，その火山体内部においてデイサイト質溶岩ドームが累積したものを玄武岩～安山岩質溶岩流・スコリアが覆うという，日本では例を見ない構造をもつ．形態は①，②と同じ円錐形であるが，火山体の組成・構造・発達史がまったく異なる．

カスケード火山列は St. Helens, Adams 両火山を境に北部・南部に２分される．カスケード火山列北部はカナダの Garibaldi 火山から St. Helens 火山までで，日本の成層火山発達の第１段階に相当する Baker, Glacier Peak, Rainier, Adams などや，第２段階に相当する Hood が褶曲山脈上に噴出するという東北日本に似た様相を呈する．カスケード火山列南部は，St. Helens 火山から南の Lassen 火山までで，カスケード褶曲山脈内帯の地溝内に Three Sisters 成層火山，Newberry 楯状火山など，日本と異なる発達史をもつ成層火山が噴出している．

Hood, Jefferson, Three Sisters 成層火山は，火山体を南北に横切る数本の正断層に切られ，火山体中央部が地溝状に落ち込んでいる．その断層崖には赤黒色の玄武岩～安山岩質の溶岩流・スコリアが無数に累重し，火砕流や岩屑なだれなどの堆積物は見あたらず，成層火山発達の初期段階にあると考えられる．いずれも大型で，すでに大量の玄武岩～安山岩質マグマが生じているのに，日本と違って磐梯→渡島駒ヶ岳→赤城型へとマグマ分化に伴う地形変化を示さないのは，正断層の存在が示すように，これらの火山帯の地下はマグマが上昇しやすい張力場におかれ，新たな玄武岩質マグマが次々にマントルから上昇してくるためと解釈できる．このように火山体が巨大化しても第１段階に止まっている成層火山は，日本では海溝型プレート境界三重点にあたる富士・大島・三宅島火山以外例はない．世界的に見るとニュージーランド，カムチャツカ，そのほか正断層が発達する張力場の地溝帯内に火山帯が存在する例の方が圧倒的に多い（守屋, 1994a）．その意味では東北日本の火山は沈み込み帯としては特異な存在であると見なされる．

St. Helens 火山では 1980 年の火山体大崩壊で生じた馬蹄形凹地の壁には白色塊状のデイサイト溶岩が広く露出し，その上を薄く赤黒色の玄武岩～安山岩質溶岩流，スコリアが覆っているのが認められる（図 2.3-4）．白色のデイサイト溶岩はたぶん，いくつかの溶岩ドームが積み重なったもので，その上に玄武岩～安山岩質溶岩流が薄く覆って富士山のような円錐形成層火山らしく見せたのだと考えられる．これはマントルからの玄武岩質マグマが地殻下部に熱だけを伝え，地殻下部の部分溶融を起こし，生じたデイサイト質マグマが主体となってつくられた火山と考えることができる．

St. Helens 火山のような特異な構造・発達史をもつ成層火山の１つとして，ニューメキシコ州アルバカーキ市西方約 50 km にあって，250 万年前に活動した Taylor 火山が挙げられる．この火山はプレート沈み込み帯ではなく，大陸内部に形成された成層火山であるが，St. Helens 火山に類似した流紋岩質溶岩ドーム群→安山岩質溶岩流→デイサイト質火砕流→デイサイト質溶岩ドームという形成史が明らかにされている（Lipman and Moench, 1972; Perry et al., 1990）．

2.3.3 成層火山の発達系列は２つ？

日本列島の成層火山はすべて，玄武岩質溶岩流・スコリア→安山岩質溶岩流・ラピリ→デイサイト・流紋岩質軽石・ドーム溶岩の噴出という１つの発達系列上に並んだ（守屋, 1979, 1983a）．米国・メキシコの成層火山の一部は，流紋岩・デイサイト→安山岩という発達系列上に乗る．すなわち，火山体発達の流れとして，

①第１段階（Ad1）：流紋岩・デイサイト・フォノライト質の溶岩ドームが数多く累重した構造のドーム型成層火山の形成
②第２段階（Ad2）：玄武岩～安山岩質溶岩流・スコリアが噴出，溶岩ドーム累重体を覆って円錐形成層火山を形成

という段階を踏んで成長する．その例として St. Helens, Taylor, メキシコの Ceboruco, ボリビアの San Pedro などの火山がある．

そのほか Three Sisters, Shasta, Newberry, Medicine Lake Highland 火山などのように，玄武岩質溶岩流と流紋岩質溶岩ドームを時空的に近接して噴出する成層火山がある．これらは上記の発達系列の一部をなす火山であるという考え方と，それとは異なる第３の発達系列成層火山である可能性もある．

以上から，成層火山の発達系列は２つ以上あると考えざるを得ない．流紋岩・デイサイト質溶岩ドーム→安山岩質溶岩流・スコリア噴出という発達系列上に乗る St. Helens, Taylor などの火山では，日本列島のような沈み込み帯の火山の上昇→

噴出過程と異なり，マントルから上昇してきた玄武岩質マグマが地殻直下で停止し，物質移動は起こらずにマグマの熱だけを地殻底部に伝えて，地殻底部を部分溶融させ，そこで生じたより珪長質のマグマが流紋岩質溶岩ドームを形成する．さらに地殻底部への熱移動が進むと部分溶融度が大きくなり，やや苦鉄質よりのマグマが形成されて，安山岩質溶岩流・スコリアが噴出し，溶岩ドームを覆って成層火山を形成する，という過程をたどると推定される．

2.3.4 中小型成層火山

カスケード火山列の南部には上述の大規模成層火山の周辺に50以上の中小規模（径5-10 km以下，比高500-800 m）の安山岩質溶岩流からなる成層火山が認められる．この存在も無数の正断層の存在とともに，カスケード火山列南部が張力場におかれ，マグマの通路が容易に形成可能で，分散して上昇しうることを示している．

2.4 カルデラ火山の発達

カルデラ火山とは，体積数十 km³ の火砕流を噴出して周辺に広大な火砕流台地を形成し，その噴出中心に径 10 km を超すカルデラを形成したものという限定のもとでここでは使用されている用語である（守屋, 1979, 1983a）．この定義にあてはまるカルデラ火山としては，じょうご型とヴァイアス型の2系列が知られている．これら以外に，楯状火山頂部で火砕流を噴出してカルデラを形成する火山，成層火山頂部に径 10 km 以上のカルデラをつくる火山があり，これら2系列の火山をカルデラ火山とするかについて検討する．カルデラをもつ火山がすべてカルデラ火山というわけではない．たとえばハワイ島 Mauna Loa 楯状火山は山頂にカルデラをもつが，溶岩流出に伴う陥没で生じたもので，火砕流噴出に伴った陥没カルデラではないから，Mauna Loa 楯状火山をカルデラ火山とは呼ばない．

2.4.1 じょうご型カルデラ火山

じょうご型カルデラ（Cf）の発達は大規模火砕流噴出から始まり，カルデラ形成後，小型成層火

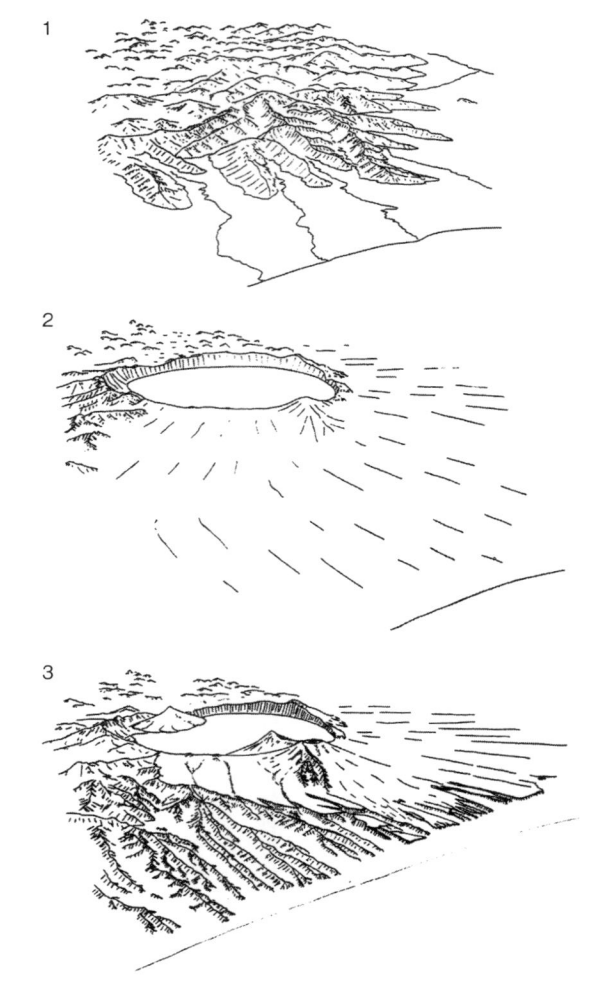

図 2.4-1 じょうご型カルデラ火山の発達過程（守屋, 1979）
1：非火山地域で活動開始，2：大規模デイサイト～流紋岩質火砕流の噴出で中心部陥没，カルデラ形成，3：カルデラ内で小型の成層火山形成．

山が噴出し，成層火山と同じ成長過程をたどることが明らかにされている（守屋, 1979；図 2.4-1）が，火砕流大量噴出以前に数個の小型成層火山群が存在した可能性の問題と，「火砕流噴出→小型成層火山形成」のセットが何回か繰り返されているらしいが，単純な繰り返しか，それとも繰り返されるにつれ，次第に噴火様式・マグマ組成・火山形態などが変化するのかという問題が残されている．

カルデラ火山は，一般に複数の大規模火砕流を噴出し，カルデラも休止期をおいて複数回形成さ

れるので，複成火山であるが，カルデラ内に複噴
火輪廻を行った小型成層火山，すなわち複成火山
を伴うことが多く，溶岩原や成層火山より格上の
重複成火山であるともいえる．しかし守屋
(1979)は，カルデラ火山内に形成された小型成
層火山は成層火山より噴出量・寿命が1桁小さい
ことを根拠に1つ格下の火山として扱った．ここ
では小型成層火山を単成火山と同格と見なして，
従来通りカルデラ火山を複成火山として扱う．

2.4.2 ヴァイアス型カルデラ火山

ヴァイアス型カルデラ（Cv）の発達は，溶岩
ドーム→火砕流噴出→カルデラ形成→再生ドーム
→環状ドームという過程をたどることが知られて
いる（Smith and Bailey, 1968；図2.4-2）が，その
繰り返しに関してじょうご型カルデラの場合と同
じ問題がある．

この2つのタイプのカルデラが形成される場所
についても，問題が残されている．じょうご型カ
ルデラは沈み込み帯に，ヴァイアス型カルデラは
非沈み込み帯に生じているように見え，じょうご
型カルデラ火山は圧縮場に，ヴァイアス型カルデ
ラ火山は張力場に形成されると考えられているが，
なお詳細な検討が必要である．

2.4.3 テネリフェ島はカルデラ火山？

このタイプの典型であるカナリア諸島 Tener-
ife 火山は，山頂に径9-16 km 径のカルデラをも
つ楯状火山であるが，そのカルデラは楯状火山に
よく形成される高重力型カルデラ*ではなく，あ
るときは流紋岩質〜フォノライト質の火砕流を噴
出，あるときは玄武岩質〜ベイサナイト質の溶岩
を流出して陥没する，じょうご型カルデラと高重
力型カルデラの中間的性格をもつカルデラである
と考えられる．しかし，カルデラ内には成層火山
も形成されカルデラ直下3 km 以浅に重力の負異
常が見出されている（Ablay and Kearey, 2000）こ
とから，よりじょうご型カルデラに近いもので，
楯状火山上にカルデラ火山が乗ったと解釈したい．

カナリア諸島の火山をつくるマグマはアルカリ
岩系で，その火砕流堆積物は表層も底層もよく溶
結していることが多い．これは高い噴煙柱を形成
せずに火口縁をほとんど溢れるような溶岩流に似
た噴出・流動形態をもっていたこと（Schmincke
and Swanson, 1967），すなわちマグマ中の揮発成
分が少ないことを示唆する．

2.4.4 イタリア・千島のカルデラ

先にのべたように，守屋（1979, 1983a）は日本
列島の火山分類の際，大量（体積数十 km³）の
珪長質火砕流を噴出し，その噴出中心の陥没によ
り径 10 km 以上のカルデラを形成した火山をカ
ルデラ火山と呼んだ．その際，火砕流を噴出して
いてもカルデラが径 10 km 以下の場合は，小カ
ルデラ火山と呼んだ．成層火山頂部に同様のカル
デラがある場合もカルデラ火山とは呼ばず，成層
火山として扱った．たまたま日本では直径 6-10
km のカルデラが存在せず，大小2種のカルデラ

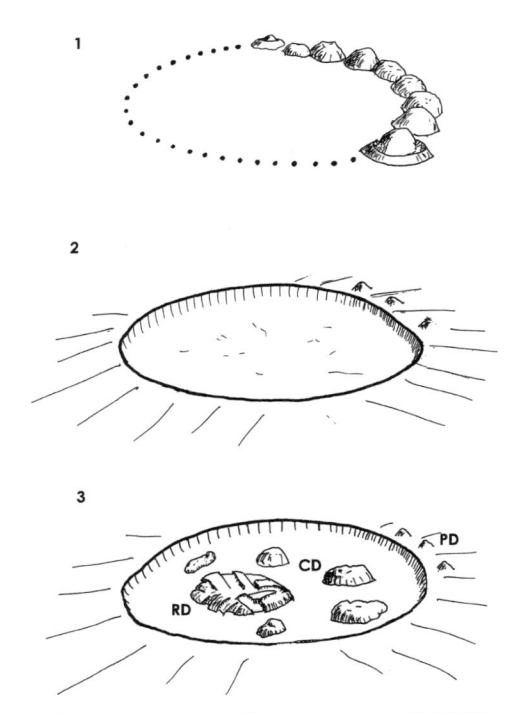

図 2.4-2 ヴァイアス型カルデラ火山の発達過程
1：流紋岩質溶岩ドーム環（PD）の形成，2：流紋岩質火砕流
の噴出，カルデラ・火砕流堆積面の形成，3：カルデラ内に再生
ドーム（RD）・環状溶岩ドーム（CD）形成．

*高重力型カルデラ：カルデラ直下に玄武岩質マグマが湧き上
がってカルデラ中心に重力の正異常が観測されるカルデラ．
楯状火山頂のカルデラはほぼ正異常を示す．じょうご型・ヴ
ァイアス型カルデラ直下では，比重が小さい軽石質物質が埋
積しているため，負異常が生ずる（横山, 1965）．

を区別する理由の1つとなった．ところが世界的に見ると必ずしも明確に区別できるようにはなっていない．

たとえば千島列島のカルデラはちょうど5-10 km径の中におさまる．このことは，日本ではたまたまカルデラ径6-10 km間が空白であったが，世界全体を見れば，カルデラ径は連続的に漸減することを示すとも考えられる．ただこれも陸上にあれば，成層火山頂に生じた小カルデラになるはずのものが，海面に近いところで噴出したため，海水の影響を受け，より爆発的な噴火を行い，径10 km近いカルデラが形成されたと解釈して，従来通りカルデラは大小2つに区分が可能ということもできる．

イタリアのカルデラ火山の中には，Vico, Colli-Albani火山など成層火山頂に径10 km以上のカルデラが存在するものがある．これらの火山の山腹・山麓にはタフリングが複数個存在し，火山体の基盤として石灰岩が広く露出する．これは石灰岩層中の鍾乳洞が多く形成され，上昇してきたマグマが鍾乳洞内の地下川・地下湖の水に接触，爆発を引き起こしたためと解釈されている（Rita, 1987，個人談話）．これらのタフリング周辺の火砕サージ堆積物中には多くの大理石片が含まれ，この解釈を支持する．

2.4.5 火砕流噴出を伴う楯状火山のカルデラ形成

楯状火山頂部に高重力型カルデラが形成され，その径が10 km以上であるケースは少なからず存在するが，そのような火山はカルデラ火山としてではなく，楯状火山として扱われてきた．しかしアゾレス・カナリア諸島，ケニア南部・タンザニア北部の地溝中軸帯などでは，楯状火山頂部のカルデラ形成時に軽石質火砕流大量噴出を伴う場合が少なくないことが明らかになり（Geze, 1957; Schmincke and Swanson, 1967; Self, 1976; Williams et al., 1984; Moore, 1990），従来の分類を変更する必要が生じた．ここではとりあえず，軽石質火砕流大量噴出を伴う場合はカルデラ火山と認定し，楯状火山の上にカルデラ火山が乗ると解釈する．

2.5 重複成火山の発達

溶岩原・楯状火山・成層火山・カルデラ火山の4複成火山がそれぞれ，その発達過程の中で互いに異種の複成火山に変わったものを重複成火山と呼ぶ（守屋，2009）．それらの実例のいくつかを示し，それらの位置づけ，今後の問題点について言及する．

2.5.1 重複成火山としての溶岩原

米国南西部，カリフォルニア・アリゾナ・ニューメキシコ・コロラド州からさらにロッキー山脈を越えて，オクラホマ・テキサス州の一部にまたがり，20個余の溶岩原が存在する．その多くは，スコリア丘をもつ溶岩原であるが，いくつかはその中央に成層火山を形成した後，それに重なってカルデラ火山が生じたという発達史をもつ．その成層火山・カルデラ火山は溶岩原の「部品」と見なすことができる．このように異種の複成火山を乗せた溶岩原を重複成火山と呼ぶ．

同様の重複成火山はアラビア半島にも見られる．18個の溶岩原中，Khaiber, E. Rahat, Dhamarの3溶岩原には溶岩ドーム・成層火山が見られる．

一方，アイスランド・アファー三角帯・米国中北部スネーク川平原の溶岩原など，割れ目中軸部に近いマグマ供給が盛んと考えられる場所では，楯状火山のみをもつ溶岩原が存在し，成層火山・カルデラ火山をもつ溶岩原は認められない．

2.5.2 重複成火山としての楯状火山

重複成火山は溶岩原だけではなく楯状火山にも形成される．アゾレス諸島のミゲル島などにも成層火山・カルデラ火山が楯状火山の上に形成されている．これら海洋島は，海面下に海台をもつことが多い．深海底で流出した玄武岩質溶岩が，水圧により水平方向に広がって溶岩原を形成することができず海台となったと解釈すれば，アゾレス・カナリア諸島の火山の溶岩原（海台）も本質的にはアイスランド・アファー三角帯・米国南西部の溶岩原と同じ重複成火山としての溶岩原であると見なすことができる．

溶岩原から始まる重複成火山は，プレート拡大軸・ホットスポットに多く存在し，プレートの沈

み込み帯で形成される重複成火山は楯状火山から始まる．成層火山から始まる重複成火山や，カルデラ火山の上に楯状火山が乗る重複成火山は存在するかなど，重複成火山の発達と分類については問題点も多く，その整理にはなお時間を必要とする．

2.6 型別火山の地理的分布の特徴—プレート構造と火山型

ここではこれまでにのべた溶岩原・楯状火山・成層火山など，型別に分けられた火山体がどのように分布しているのかを，海洋島・大陸ホットスポット・大陸割れ目帯・沈み込み帯・衝突帯に分けられた火山地域ごとに比較検討する（図2.6-1，表2.6-1）．

2.6.1 海洋島の火山

沈み込み帯がほぼ大部分を占める西太平洋を除いて，大西洋・インド洋・東太平洋の3大洋に分布する海洋島火山すべてをタイプ別に見ると，総計178個中，溶岩原42個（24%），玄武岩質単成火山群42個（24%），楯状火山63個（35%），成層火山27個（15%），溶岩ドーム群火山4個（2%）で，玄武岩質マグマの活動で形成された溶岩原・単成火山・楯状火山が83%を占め，安山岩・流紋岩・フォノライトなど珪長質マグマの活動で形成された成層火山・溶岩ドーム火山はわずか17%にすぎない．

次に大西洋・インド洋・太平洋別個に，それぞれの海洋島火山についてそのプレート環境との関係をのべる．

大西洋の火山地形

大西洋には中央拡大海嶺が南北に1万6000 kmの長さで連なり，東西両側に拡大したプレートは2億年前まで存在した超大陸を割り，押し広げ，現在なお南北米大陸とユーラシア大陸を互いに遠ざけつつある．大西洋西縁・南北米大陸東縁と，大西洋東縁・ユーラシア大陸西縁とは大西洋中央海嶺を介して大部分がつながり，沈み込み帯が存在しない．当然ながら海溝・島弧・地震・火山はほとんど存在しないので，ニューヨークに摩天楼が立ち，津波は来ない．

群れをなして北大西洋に散在する火山島には，フォノライト・流紋岩質噴出物が多く，ハワイ諸島のイメージからつくられた，海洋島は玄武岩質溶岩流を主体とする溶岩原・楯状火山からなると

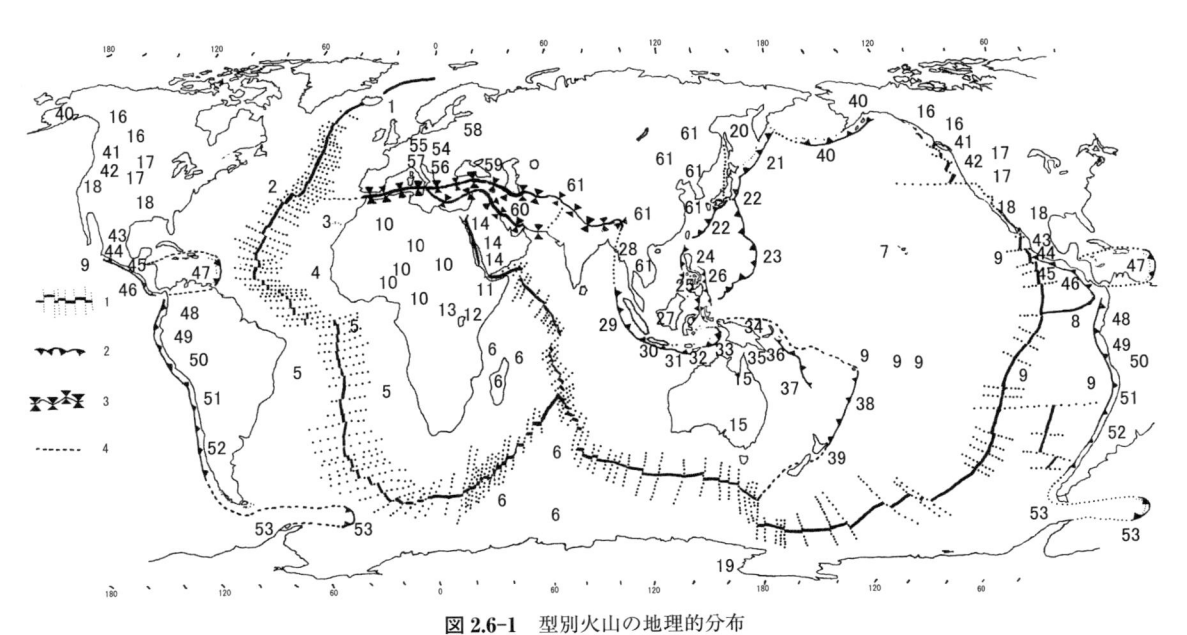

図 2.6-1 型別火山の地理的分布
1：海嶺，2：海溝，3：衝突帯，4：トランスフォーム断層．図中の番号は表2.6-1の左端の番号と対応．

表 2.6-1　火山地域ごとの型別火山の割合

火山地域	溶岩原	楯状火山	単成火山群	成層火山	カルデラ火山	溶岩ドーム	合計
海洋島							
1 ヤンマイエン・アイスランド	20	0	0	0	0	0	20
2 アゾレス諸島	2	19	1	9	0	0	31
3 カナリア諸島	7	8	21	1	0	0	37
4 カーボヴェルデ諸島	3	1	2	4	0	1	11
5 南大西洋	1	1	0	5	0	0	7
6 インド洋	2	8	2	3	0	2	17
7 ハワイ諸島	0	14	10	0	0	0	24
8 ガラパゴス諸島	6	7	4	0	0	0	17
9 東太平洋	1	5	2	5	0	1	14
小計	42	63	42	27	0	4	178
%	24	35	24	15	0	2	100
大陸							
10 北アフリカ	11	10	5	3	4	0	33
11 エチオピア	16	7	12	22	8	5	70
12 ケニア・タンザニア	22	10	6	5	3	0	46
13 ヴィルンガ	0	2	0	6	0	0	8
14 アラビア半島	18	1	7	1	0	0	27
15 オーストラリア	7	0	0	0	0	0	7
16 カナダ（除カスケード）	4	2	4	0	1	1	12
17 米国（中北・南西部）	20	0	4	0	2	2	28
18 メキシコ	18	3	12	40	6	17	96
19 南極大陸	0	1	0	1	0	0	2
小計	116	36	50	78	24	25	329
%	35	11	15	24	7	8	100
沈み込み帯							
20 カムチャッカ半島	32	6	22	143	10	9	222
21 千島列島	2	0	4	63	5	1	75
22 日本列島	0	0	9	115	14	15	153
23 マリアナ諸島	0	0	0	11	0	0	11
24 フィリピン諸島	4	10	4	58	2	3	81
25 サンギヘ諸島	0	0	0	9	0	0	9
26 ハルマヘラ諸島	1	1	4	15	0	1	22
27 北スラウェシ	0	1	5	16	2	2	26
28 ミャンマー・アンダマン諸島	0	0	1	3	0	0	4
29 スマトラ島	0	0	0	23	5	1	29
30 ジャワ島	1	0	20	88	5	11	125
31 バリ・ロンボク・スンバワ諸島	0	0	0	21	3	0	24
32 フローレス・ソロル諸島	1	0	2	51	6	0	60
33 マリサ・バンダ諸島	0	0	0	10	0	0	10
34 パプアニューギニア	1	0	0	19	9	0	29
35 パプアダントルカストー諸島	1	1	3	7	0	2	14
36 ソロモン諸島	0	0	1	4	0	3	8
37 バヌアツ諸島	0	5	1	21	0	3	30
38 トンガ・ケルマデック諸島	0	2	1	7	0	0	10
39 ニュージーランド北島	0	0	4	7	4	1	16
40 アリューシャン・アラスカ	0	0	0	46	5	0	51
41 カナダ（カスケード）	0	0	0	3	0	0	3
42 米国（カスケード）	1	2	3	16	0	0	22
43 グアテマラ	0	0	20	42	7	6	75
44 エルサルバドル・ホンジュラス	0	0	3	22	1	0	26
45 ニカラグア	0	1	6	16	5	2	30
46 コスタリカ・パナマ	0	0	0	14	2	1	17
47 小アンティル諸島	0	0	2	16	1	6	25
48 コロンビア	0	0	0	12	0	0	12
49 エクアドル	0	0	1	22	2	1	26
50 ペルー	1	0	1	16	0	2	20
51 ボリビア	0	0	3	30	2	29	64
52 チリー・アルゼンチン	5	6	22	72	1	11	117
53 南サンドウィッチ諸島・南極半島	0	1	0	9	0	0	10
小計	50	36	142	1027	91	110	1456
%	3	2	10	71	6	8	100
衝突帯							
54 カルパチア	0	0	0	15	1	1	17
55 ドイツ・フランス	3	1	0	2	0	0	6
56 ギリシャ	0	0	0	1	2	3	6
57 イタリア	0	2	0	10	4	5	21
58 トルコ	5	3	2	11	0	0	21
59 コーカサス	2	5	0	4	8	0	19
60 イラン・アフガン・パキスタン	1	1	3	5	0	0	10
61 極東・ロシア・中国・ヴェトナム	8	1	7	3	0	0	19
小計	19	13	16	55	7	9	119
%	16	11	13	46	6	8	100
合計	227	148	250	1187	122	148	2082
%	11	7	12	57	6	7	100

いう先入観とは大きな隔たりがある．これはハワイ諸島でのプレートの動きが9-10 cm/年であり，アゾレス・カナリア諸島を含めた大西洋の2-3 cm/年にくらべ速いことによるのかもしれない．

南大西洋には孤立した火山島が7個認められるのみで，火山島が群れをなし1つの島に複数の火山が存在する北大西洋とくらべると，火山数が格段に少ない．溶岩原・楯状火山各1個，成層火山5個で，成層火山が7割を占める．

これらを集計して大西洋全体を見ると，106個の海洋島火山が認められ，その内訳は溶岩原33個，楯状火山29個，玄武岩質単成火山群24個，成層火山19個，溶岩ドーム群1個で，玄武岩質の溶岩原・楯状火山・単成火山群の合計は86個と全体の81%に達した．

インド洋の火山地形

インド洋東西両縁とオーストラリア大陸西縁，アフリカ大陸東縁との間にも，海洋プレートの沈み込み帯は存在せず，海溝・島弧・地震・火山も存在しない．インド洋北縁は北回帰線付近にあり，それより北はユーラシア大陸に占められる．インド-オーストラリアプレートはその北縁部に向かって，6-7 cm/年のスピードで移動し，北東隅のスンダ列島下では沈み込みが起こっている．一方，インド大陸周縁から西のヨーロッパまではトランスフォーム断層，衝突帯へと変化する．

インド洋のほぼ中央部には拡大軸三重点が存在し，そこから北へ向かう拡大軸は次第に西方に向きを変え，アデン湾さらに紅海へのび，アカバ海から死海を通過して衝突帯に連なると見られる．アデン湾と紅海の境界にアファー三角帯があり，そこから南へエチオピア・ケニア・ヴィルンガを経てタンザニアにいたるアフリカ大陸東縁地溝帯が連なる．

インド洋の海洋島火山の数は17個で，内訳は溶岩原2個，楯状火山8個，単成火山群2個，成層火山3個，溶岩ドーム群火山2個で，溶岩原・楯状火山・単成火山群数が全体の2/3以上を占める．

太平洋の火山地形

太平洋は東と西とで大きく異なる．西太平洋は沈み込み帯・縁海で占められるが，東太平洋の大部分は海膨や海台，ホットスポットの海山が列をつくる海域が広がり，その中にハワイ・ガラパゴス・タヒチ・イースターなどの海洋火山島が点在する．

東太平洋では，南東太平洋海膨から，10 cm/年を超えるプレート拡大が進行し，それに伴う北・東・西縁でのプレートの沈み込みが活発で多くの地震・噴火を引き起こしている．2-3 cm/年の速度でゆっくり南北アメリカ大陸を太平洋側に押す大西洋中央海嶺からのプレートにぶつかり，太平洋東縁のプレートは下方へ挫屈し，南北アメリカ大陸下に沈み込んでいる．

反対側の太平洋西縁でもユーラシア大陸・オーストラリア大陸に対して同様のことが起こっている．西太平洋では，二重三重に海溝と縁海，そこで生じた浅く小規模な拡大軸などが複雑に誕生・消滅を繰り返している．以上のような多様な特徴を示す西太平洋については，2.6.4 沈み込み帯の項でのべることにし，ここでは東太平洋についてのみ記す．

東太平洋にはハワイ・ガラパゴス諸島の火山を含め55個の火山が点在するが，その内訳は溶岩原7個，楯状火山26個，玄武岩質単成火山群16個，成層火山5個，カルデラ火山はなく，溶岩ドーム火山1個である．

東太平洋では，苦鉄質噴出物からなる火山体である溶岩原・楯状火山・スコリア丘単成火山群の占める割合は89%で，大西洋の81%，インド洋の71%とくらべ，かなり高い．逆にいえば珪長質噴出物が多い成層火山・カルデラ火山・溶岩ドーム火山が少ないことを示し，プレートの移動速度が大きいために軽い珪長質物質が火山体上部に集積する時間が短いことを示唆している．

2.6.2 大陸ホットスポットの火山地形

大陸内にはドイツのアイフェル，チャドのTibestiなど，孤立した火山地域が散在する．これらは大陸に被覆されたホットスポットからのマグマ供給によって形成されたと推測されている (Permenter and Oppenheimer, 2007)．

ドイツアイフェル地方の溶岩原

ドイツ南西部のアイフェル丘陵地帯に面積約500-1000 km²の玄武岩質スコリア丘単成火山群が2個近接して存在する．その概形はほぼ円形をなし，その中に玄武岩質溶岩流に囲まれたマール・スコリア丘がそれぞれおよそ200個と60個散在する．マール・スコリア丘が火口列をなす例は少なく，中央部に集中することもなく，ほぼ均等に点在する分布の特徴は，アイフェル玄武岩質スコリア丘単成火山群がホットスポット起源であることを示している．

北アフリカ（アルジェリア・ニジェール・ナイジェリア・リビア・スーダン・チャド・カメルーン）の溶岩原・楯状火山・スコリア丘単成火山群

アフリカ大陸はアフリカプレート上に乗り，大陸縁で沈み込みが起こっていない安定した大陸である．ただアラビア半島との間にインド洋北部海嶺が割り込み，紅海を拡大させ，アフリカ大陸東縁に大地溝帯を形成する変動は起きているが，そのほかの地域，とくにアフリカ大陸北半部では広く安定している．この安定した地域内に溶岩原・スコリア丘単成火山群が点在する．しかし，これらの火山によく伴われる正断層崖群やスコリア丘・マールなどがつくる顕著な火道列が認められず，溶岩原は楕円ではなくほぼ円形に近い平面形をもち，スコリア丘・マールなどもランダムに分散している．

サハラ砂漠中央部のチャド国の北西部に，溶岩原と楯状火山とカルデラ火山が9個，互いに相接した径約400 kmの円形域が周囲より1000 m曲隆しており，Tibesti火山地域と呼ばれる．Tibesti火山地域には溶岩原もあるが，大部分は大型楯状火山で径10 km以上のカルデラをもつ．カルデラは，玄武岩質溶岩流を主体する大型楯状火山の頂部に形成される高重力型と，フォノライト〜流紋岩質火砕流を噴出して形成されるじょうご型とヴァイアス型の3種が存在すると同時に，楯状火山とカルデラ火山が混合したもの，すなわち玄武岩質溶岩流とフォノライト〜流紋岩質火砕流が互層している火山も存在する．

ニジェール・ナイジェリアに各1カ所ずつ，数個のスコリア丘とそこから流出した玄武岩質溶岩流とからなる小規模な単成火山群が存在する．スコリア丘の中には列をなすものもあるが，数kmという短距離のもので，ごく局所的な断層構造に支配されたものと考えられる．

2.6.3 大陸割れ目火山のタイプ

活動的拡大軸が大陸と衝突し，下に沈み込んだ際には，高温で軽いため沈み込むことができず，大陸の下にへばりつくように広がる．その結果，大陸を割ることも起きる．インド洋北海嶺がアフリカ大陸・アラビア半島を割きアデン湾・紅海を形成するにいたった過程にも，活動的拡大軸の大陸との衝突がきっかけとなったであろう．

紅海・アデン湾の火山

紅海の両岸一帯には，割れ目形成当時（2000万年前）に流出した大量の玄武岩質溶岩流が一部変位を受けて侵食山地を形成している．その余波として，より小規模な溶岩流出がアラビア半島の紅海・アデン湾岸に現在も継続している．そこには20個を超える溶岩原・単成火山群が存在する．この新しい溶岩流出はエジプト・スーダン側には起こっておらず，アラビア半島は現在，紅海を形成した拡大軸に対して相対的に西方へ移動していることを示唆する．

アフリカ大陸東縁地溝帯沿いの火山

紅海・アデン湾がほぼ直角に接する海域のアフリカ大陸側の角隅にアファー三角帯がある．これは紅海・アデン湾形成後，海底から玄武岩質溶岩が流出した結果生じた新しい陸地である．この三角帯と海域の境界に，紅海・アデン湾拡大時に取り残された大陸塊，ダナキル山地が存在する．この山地を横切る火山列が存在するが，山地を横切る箇所のみ成層火山が並び，その両側には溶岩原・楯状火山が分布する．

アファー三角帯の火山は大部分が溶岩原と楯状火山で，アファー三角帯が下に大陸地殻が存在しない「海洋」であることを教えてくれる．

このアファー三角帯からアフリカ大陸東縁地溝帯が南へ分岐する．この大地溝帯に沿って多様な火山がほぼ連続して噴出しているが，海抜0 m以下の土地も多いアファー低地帯から標高1800

m に達するエチオピア高原に向かうにつれ，エチオピア裂谷内の火山は楯状火山から成層火山へ，さらにはカルデラ火山へと姿を変える．裂谷内部にはいたるところに多数の正断層崖が平行して走る．

アファー三角帯とエチオピア裂谷内の火山数は70個で，うちアファー三角帯には29個の火山が存在する．その内訳は溶岩原15個，楯状火山3個，小楯状火山3個，成層火山8個で，カルデラ火山，溶岩ドーム群火山はともに0個であった．エチオピア裂谷内では41火山中，溶岩原1個，楯状火山4個，単成火山群9個，成層火山14個，カルデラ火山8個，溶岩ドーム火山5個である．ここでも「海域」と大陸との差異が火山タイプの差に表れていると考えたい．

エチオピア裂谷の南に起伏が相対的に小さいケニアの平原が開けるが，そこにアファー三角帯から始まる裂谷の延長が2本に分岐して，ヴィクトリア湖を取り巻くように走り，タンザニアで再び合流し，マラウイを経て，モザンビークでインド洋に達する．このアフリカ大陸東地溝帯の全長は4000 km に達する．ケニアからタンザニア北半部までの1000 km を超える地溝帯と，そこから東西両側200 km 内外の距離，全体で約500 km の幅の中に，火山がほぼ連続して分布する．地溝帯内では南北方向の正断層崖で分断された溶岩原とその上に乗る Suswa, Longonot などの中型楯状火山，Oldoinyo Lengai のような成層火山，Menengai のようなヴァイアス型カルデラ火山が噴出している．地溝帯の外には東西それぞれ200 km 前後を限界として Harsabit, Chyulu などの溶岩原，Kenya, Kilimanjaro, Elgon などの大型楯状火山が形成されている．

ヴィクトリア湖の西をめぐる地溝帯には，Nyiragongo, Nyamuragira などの楯状火山や Karisimbi などの成層火山などが噴出したヴィルンガ火山地域がある．この地域の8火山のタイプは成層火山6個，大型楯状火山2個である．

Cameroon 火山列

西アフリカ大陸ギニア湾最奥部には Cameroon 楯状火山，Manengouba 楯状火山，Nyos 湖単成火山群が北東方向に並ぶ．逆に海岸から南西方向へビオコ島，プリンシペ島，サントメ島，パレ島，さらに水深200 m 以浅の円錐形海山が並び，セントヘレナ島に達する．この間全長2900 km，150-200 km 間隔で，陸上火山・海洋島火山・海山が一線上に連なる．この方向は中央海嶺，トランスフォーム断層と45°の角度をもつ断裂を示唆する．

カナダの火山―海嶺の沈み込み

カナダ南部には米国のカスケード火山列の北端にあたる Garibaldi などの成層火山・カルデラ火山が海溝から約250 km の距離に並ぶが，その北では溶岩原・楯状火山・スコリア丘を主とする単成火山群が，大陸棚縁から200-500 km の範囲内に屈曲する形で並ぶ．これは北米大陸の西進とともにファラロン海嶺がカナダ西岸にあった海溝から北米大陸下に沈み込んだ結果と考えられている (Souther, 1970)．

米国南西部

この地域の火山はメンドシノトランスフォーム断層の大陸内延長線より南にほぼ限られる．この地域ではカリフォルニア半島とメキシコ本土を切り離した海嶺の北延長部分が，カリフォルニア・アリゾナ・ニューメキシコ州の地下で，大陸地殻を押し上げ，コロラド高原や南北に連なる山脈・盆地列が東西に交互に並ぶベイズンアンドマウンテン地域を形成し，火山も噴出させている．その大部分が玄武岩質のスコリア丘単成火山群か溶岩原である．しかし珪長質溶岩ドーム・火砕流堆積物もかなりの量が認められる．

Snake River 玄武岩溶岩台地-Yellowstone カルデラ火山

米国アイダホ州南部をほぼ東西に流れるスネーク川に沿って，第四紀に噴出した大量の玄武岩質溶岩台地の上に4個の溶岩原が見出され，それはワイオミング州の Yellowstone カルデラ火山へと続く．溶岩流の噴出・流動方向，カルデラの長軸方向などからほぼ東西に近い方向の割れ目を利用してマグマが流出しているように見える．Yellowstone カルデラ火山の地下100 km の深さまで高温の状態であることが，地震波観測結果から知

表 2.6-2　西太平洋沈み込み帯の型別火山分布

火山地域	溶岩原	楯状火山	単成火山群	成層火山	カルデラ火山	溶岩ドーム	合計
ユーラシア-太平洋第1境界							
1 カムチャツカ半島	32	6	22	143	10	9	222
2 千島列島	2	0	4	63	5	1	75
3 東北日本	0	0	1	57	7	5	70
4 伊豆小笠原	0	0	0	26	0	4	30
5 マリアナ諸島	0	0	0	11	0	0	11
小計	34	6	27	300	22	19	408
%	8	1	7	74	5	5	100
印豪-太平洋第1境界							
6 ハルマヘラ諸島	1	1	4	15	0	1	22
7 トンガ-ケルマデック	0	2	1	7	0	0	10
8 ニュージーランド	0	0	4	7	4	1	16
小計	1	3	9	29	4	2	48
%	2	6	19	60	8	4	99
ユーラシア-太平洋第2境界							
9 西南日本	0	0	4	2	0	3	9
10 琉球	0	0	4	14	5	2	25
11 フィリピン北部	0	0	2	19	1	0	22
12 フィリピン中部	4	10	2	39	1	3	59
13 サンギヘ	0	0	0	9	0	0	9
14 北スラウェシ	0	1	5	16	2	2	26
小計	4	11	17	99	9	10	150
%	3	7	11	66	6	7	100
印豪-太平洋第2境界							
15 パプアニューギニア	1	0	0	19	9	0	29
16 パプアダントルカストー	1	1	3	7	0	2	14
17 ソロモン	0	0	1	4	0	3	8
18 バヌアツ	0	5	1	21	0	3	30
小計	2	6	5	51	9	8	81
%	2	7	6	63	11	10	99
印豪-ユーラシア第1境界							
19 ミャンマー・アンダマン海	0	0	1	3	0	0	4
20 スマトラ島	0	0	0	23	5	1	29
21 ジャワ島	1	0	20	88	5	11	125
22 バリ・ロンボク・スンバワ諸島	0	0	0	21	3	0	24
23 フローレス・ソロル諸島	1	0	2	51	6	0	60
24 マリサ・バンダ諸島	0	0	0	10	0	0	10
小計	2	0	23	196	19	12	252
%	1	0	9	78	8	5	101
合計	43	26	81	675	63	51	939
%	5	3	9	72	7	5	101

られ（Eaton *et al.*, 1975），ホットスポットとの考えもありうるが，東北東—西南西方向の断裂構造が厚い溶岩の下に存在する可能性もある．ここでは若い4個の溶岩原と1個のカルデラ火山が見られるのみで，成層火山・楯状火山は存在しない．

2.6.4　プレート沈み込み帯の火山のタイプ

地球上に現在火山が存在するプレート沈み込み帯は30余個ある．ここでは西太平洋のカムチャツカ半島・千島・東北日本・伊豆小笠原・マリアナ諸島，西南日本・琉球・マニラ・フィリピン・サンギヘ・スラウェシ，パプアニューギニア・パ

プアダントルカストー・ソロモン・バヌアツ・トンガ-ケルマデック・ニュージーランド，インド洋北東部（スンダ列島）のミャンマー・アンダマン・スマトラ・ジャワ・バリ・ロンボク・スンバワ・フローレス・ソロル・マリサ・バンダ諸島，太平洋東縁部のファンドゥフーカ（カスケード），メキシコのリヴェラ・ココス，中米ココス，南米大陸西縁のナスカ，大西洋西部の小アンティル弧・スコチア弧，南極半島弧について略述する（地中海東部のイタリア・ギリシャ・カルパチアの3火山地域については，2.6.5衝突帯の火山タイプでのべる）．

西太平洋地域に地球上の沈み込み帯の大部分が分布している（表2.6-2，図2.6-2）．この地域に対しては，太平洋プレートが東から，インド-オーストラリアプレートが南から，ユーラシアプレートが西から押し，そのせめぎ合いがこの地域の海溝・島弧・縁海等からなる複雑な地形・構造を築き上げている．カムチャツカ・千島・東北日本・伊豆小笠原・マリアナの一連の境界は，この地域と西進する太平洋プレートとが直接接する第1境界である．ユーラシア大陸と太平洋プレートが直接に相接する境界は存在せず，海溝・島弧・縁海等からなるこの地域が中間帯としてはさまる．この中間帯のユーラシア大陸寄りに形成された南海トラフ・琉球海溝・マニラ海溝・フィリピン海溝・サンギヘ海溝の連なりは第2境界である．これは太平洋プレートとは直接境界を接することなく，縁海にはさまれるが，台湾島がすでに大陸と衝突している．

ハルマヘラ島・ニューギニア島・ビスマルク島北縁と現在ベニオフ帯をもたないヴィティアツ海溝・トンガ-ケルマデック海溝・ニュージーランドの連なりは，太平洋プレートとインド-オーストラリアプレートとの境界で，カムチャツカ-マリアナ海溝の連なりに対応する第1境界と見なせる．この第1境界とオーストラリア大陸との間には，ソロモン・ニューヘブリディーズなどの海溝・島弧の連なりがここ数百万年で形成され，その間にフィジー・ラゥなどの海盆が縁海へと成長しつつある．

インド洋北東部ミャンマー・アンダマン諸島・スマトラ島・ジャワ島・フローレス・ソロル諸島に続く海溝・島弧・火山の連なりは，インド大陸とユーラシア大陸の衝突により東方を占めていた大陸地塊が東に向かって海側に押し出されたところを，南側面からインド-オーストラリアプレートがその動きを封じ込めるように動いた結果，一連の沈み込み帯を形成したものである．

このようなプレートテクトニクス環境の中で形成される火山の地形の特徴について概観する．

カムチャツカ半島・千島・東北日本・伊豆小笠原・マリアナ諸島の火山地形

ユーラシア大陸東岸のはるか沖合にあるカムチャツカ-マリアナ海溝列下への太平洋プレートの沈み込みで形成される火山の型別は，総計で408個中，成層火山300個（74%），カルデラ火山22個（5%），溶岩ドーム群火山19個（5%），溶岩原34個（8%），玄武岩質単成火山群27個（7%），楯状火山6個（1%）である．全体の3/4を占め

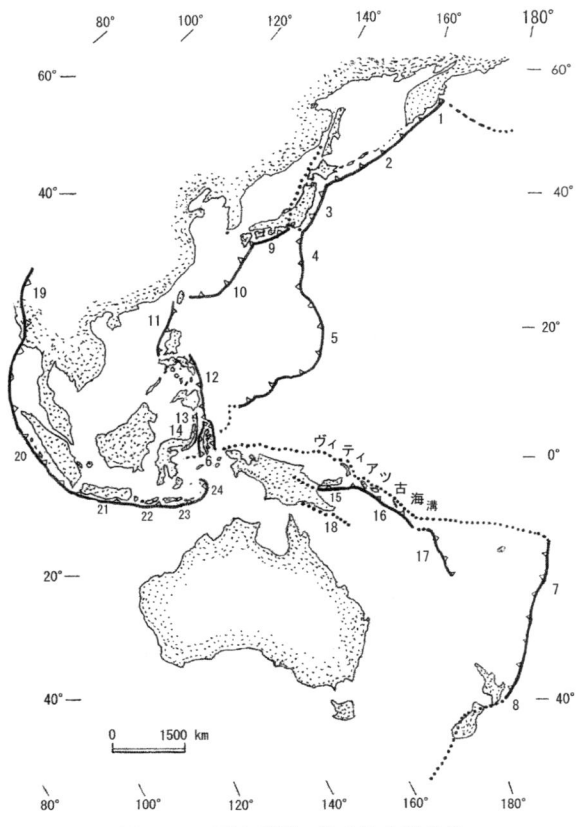

図2.6-2 西太平洋の沈み込み帯分布
図中の番号は表2.6-2の左端の数字に対応．

る成層火山のほか，珪長質溶岩・火砕物からなるカルデラ・溶岩ドーム群火山を含めると84％に達する．それでも溶岩原が34個（8％）も存在するのは，カムチャッカ半島に広く分布する溶岩原にほぼすべて起因する．カムチャッカ半島では成層火山・カルデラ火山を取り巻くようにスコリア丘・小楯状火山を火道上にいただく溶岩原が分布し，カスケード火山列中央部と似た景観を示す．しかしカムチャッカ半島下に沈み込むプレートは厚く冷たい．

西南日本・琉球・フィリピン・サンギへ・スラウェシの火山地形

　この島弧・海溝列は日本列島中央部で接する太平洋・フィリピン海・ユーラシア・北米4プレートの境界点から派生した第2境界で，太平洋プレートとユーラシアプレートの中間にある複数のマイクロプレートをほぼ南北に2分している．歴史的に見ると，第2境界の方が以前から存在し，第1境界である伊豆小笠原・マリアナ弧が後から派生した．

　この全長7200 kmの海溝列からフィリピン海プレートが沈み込むことによって形成される150火山中，成層火山が66％にあたる99個である．珪長質溶岩や火砕流堆積物を放出するカルデラ火山，溶岩ドーム火山群はそれぞれ9，10個を占め，成層火山と合わせると79％に達する．

　苦鉄質溶岩を主とするスコリア丘火山群や溶岩原からなるものも多く，およそ全体の1/5に達している．これはフィリピン南部のミンダナオ島およびその南部に続く縁海中の海嶺上に形成されたと考えられる小楯状火山などが多く存在するためと，フィリピン海プレートと平行に近い角度で接する西南日本の火山にスコリア丘単成火山群がかなりの数に上ることによる．

パプアニューギニア・ソロモン・バヌアツ・トンガ-ケルマデック・ニュージーランドの火山地形

　太平洋プレートがもっとも西方に突出したフィリピン南部のハルマヘラ諸島から，ニューギニア島・ニューブリテン島・ソロモン諸島・ヴィティアツ海溝を経てトンガ諸島北部にいたるほぼ東西にのびる境界，そこからほぼ南に直角に近い角度で折れ曲がり，ニュージーランドにいたるトンガ-ケルマデック海溝は，太平洋プレートとインド-オーストラリアプレートとの第1境界にあたる．ほぼ東から西へ移動する太平洋プレートと南西から北東方向に進むインド-オーストラリアプレートの境界は，ニューギニア-トンガ北端間ではほとんどトランスフォーム断層に近い非地震活動境界になっている．一方トンガ-ケルマデック海溝では，太平洋プレートが高速で沈み込み，火山・地震活動も活発である．ここ数百万年の短期間に縁海の形成，海嶺の発達，沈み込み，島弧の衝突などが目まぐるしく展開し，火山もそれにつれ生成・発展・消滅した（Moberly, 1972）．たとえばニューギニア島中央部では，古い大型楯状火山と新しい成層火山が近接して存在し，海嶺の沈み込みによる楯状火山の活動，やがてそれにとってかわる「正規」のプレート沈み込みによる成層火山の活動という地史が読み取れる．

　このような複雑なプレート環境の中で，一連の島弧・海溝沿いに129個の火山が生じている．そのうち成層火山80個（62％），カルデラ火山13個（10％），溶岩ドーム火山群10個（8％），溶岩原3個（2％），スコリア丘単成火山群14個（11％），楯状火山9個（7％）という平均的な沈み込み帯の火山の内訳を示す．成層火山は62％を占め，やや少ない．バヌアツ沈み込み帯の中央部に古海嶺であるダントルカストー海嶺が沈み込んでいる（Crawford et al., 1995）こと，パプアダントルカストー火山列の起源は西方に連続するウッドラーク海嶺（Benes et al., 1994）と関連することなどが，玄武岩質溶岩を主とする火山体の数・比率を増加させていると考えられる．

ミャンマー・アンダマン・スマトラ・ジャワ・バリ・ロンボク・スンバワ・フローレス・ソロル・マリサ・バンダ諸島の火山地形

　ヒマラヤ衝突帯東縁の山脈など地形・地質構造屈曲部ではブラマプトラ川の広い谷を隔てて，ミャンマーのパトカイ山脈・アラカン山脈，チャドウィン川・エーヤワディー川が平行して西に凸の弧を描く．チャドウィン川・エーヤワディー川合流点よりチャドウィン川上流75 kmにモンイワー市があるが，その周辺に2個の火山がある．1

つは北にマール，南に溶岩ドームが並ぶ単成火山列であるが，その北に位置するPopa火山はここ数千年以内に大崩壊した磐梯山に似る成層火山である．この地域は地震活動も活発で（Seno and Eguchi, 1983），衝突帯とも沈み込み帯とも考えられている．モンイワー市の東北東約400 kmの中国ユンナン省にもスコリア丘単成火山群が存在する．

　ミャンマー弧はミャンマー南部の首都ヤンゴン平野付近でアンダマン弧と会合する．島弧を形成するアンダマン諸島・ニコバル諸島は前弧で火山は存在しない．この前弧とマレー半島との間に拡大した縁海アンダマン海が存在し，その北西部にある北アンダマン島の東約50 kmに南北2個の火山島があり，南のBarren火山は現在も噴火する活火山である．

　アンダマン弧から南東のスマトラ島へと島弧火山列は連なり，さらに東に向きを変えつつジャワ島・バリ島・ロンボク島・スンバワ島・フローレス島・ソロル島・マリサ島へとのびる．それから島弧は北に向きを変え，無火山島弧となって，バンダ海北東部で火山島が密に連なるバンダ諸島へと続く．これらの島弧・火山・海溝系の分布は，基本的にインド大陸の衝突によって東～南東へ押し出されたマレーシア・カリマンタン島などユーラシア大陸塊の一部に，インド-オーストラリアプレートが沈み込むことによって生じたものである．

　この地域に噴出した252火山のタイプの内訳は，成層火山196個（78%），カルデラ火山19個（8%），溶岩ドーム火山12個（5%），溶岩原2個（1%），スコリア丘単成火山群23個（9%）で，成層火山の割合は，沈み込み帯全体の成層火山の72%にくらべると6%も高い．

ファンドゥフーカプレートの沈み込みとカスケード火山列

　このプレートが沈み込む，米国カリフォルニア州北部太平洋岸メンドシノトランスフォーム断層以北とファンドゥフーカ海嶺が沈み込むカナダ南西部ヴァンクーバー市西付近の間にのびるカスケード火山列には，Rainier, St. Helens, Crater Lake, Shastaなど沈み込み帯を特徴づける成層火山が海岸線にほぼ平行して並ぶ．一方でNewberry, Medicine Lake Highland 楯状火山，Three Sisters, Shasta 成層火山の周辺には広い範囲にわたって玄武岩質溶岩流が複数のスコリア丘から流出し，溶岩原を形成している．またCrater Lake, Macloughlin, Shastaなどの火山の周辺には，Whale Backなど成層火山と考えられる比高500-800 m，底径5-10 kmの中規模円錐形火山が50個以上認められる（守屋，1988；Wood and Kienle, 1990）．これら楯状火山・溶岩原・中規模円錐形火山（小型成層火山）の存在は，日本列島など火山地域には認められないもので，類似のものはカムチャツカ半島，メキシコ中央火山地溝帯に限られる．

　カスケード火山列とその周辺地域では，22火山中，成層火山16個，溶岩原1個，楯状火山2個，玄武岩質単成火山群3個が認められた．成層火山のうち発達段階第2期まで進んだものが4個ある．Crater Lake火山は一般的にカルデラ火山と見なされるが，外輪山が1個の成層火山と地形・地質学的に見られることから，カルデラ火山ではなく，第4期まで進んだ成層火山と見なした．

　カスケード火山列のもう1つの特徴はSt. Helens成層火山で示される溶岩ドーム型成層火山である．日本などに一般的な成層火山にはまったく存在しないもので，これまで知られた成層火山の発達と別系統の発達を遂げる成層火山として扱う必要が生ずる．

メキシコ，リヴェラ・ココスプレート沈み込み帯の火山地形

　メキシコ中央火山地溝帯の火山はリヴェラ・ココスプレートの沈み込みによって形成されたという考え（Nelson and Gonzalez-Caver, 1992）と，メキシコ湾の拡大とも関連した火山との考え（守屋，1994）があり，火山と海溝・ベニオフ帯の配列方向に10-15°の差があること，分布する火山のタイプなどを考慮すると，単なる沈み込み帯の火山ではなく，メキシコ湾の拡大の影響をも多分に受けた，複合的なマグマ生成機構が存在すると考えられる．

中米ココスプレート沈み込み帯

グアテマラ・エルサルバドル・ホンジュラス・ニカラグア・コスタリカ・パナマの中米6カ国は太平洋と大西洋に挟まれた幅の狭い地峡をなし，144個の火山がほぼ連続的に並ぶ．これらの火山形成の主因は，ココスプレートの中米地峡下への沈み込みによるものであるが，大西洋側からも南米プレートが西側に沈み込み，小アンティル弧・カリブ海を形成している．これら2つの相対する沈み込み帯と，それらをつなぐ2本のトランスフォーム断層に囲まれたカリブ海プレートの動きや，太平洋側からの海嶺・海山の沈み込みなどの影響が加わって，沈み込むココスプレートは分断され，場所により沈み込みの角度や火山フロントの位置が互いにずれたり，楯状火山が出現したり，分断された場所に単成火山がフロントに直交して並ぶなどの現象が起こっている（Carr et al., 1982）．

型別火山の比率を見ても中米全火山148個中，成層火山94個（65%），カルデラ火山15個（10%），溶岩ドーム群火山9個（6%），合計で珪長質マグマに由来する火山が118個（80%）に達する．

南米大陸西縁ナスカプレートの沈み込み帯

南米大陸西縁には北端のコロンビアからエクアドル・ペルー・ボリビア・アルゼンチンを経てチリー南端まで，全長7700 kmのアンデス山脈が連なり，火山も途切れる地域もあるが，ほぼ連続的に分布する．海溝が明瞭でない場所もあるが，ほぼ連続している．地震帯もほぼ連続する．太平洋からはナスカプレートが5.8-6.4 cm/年の速度で南米大陸下に沈み込んでいる．ただ南米大陸西岸南緯45°付近で，太平洋東南海膨から分岐しナスカプレートと南極プレートの境界をつくる海嶺が沈み込んでいて，その北と南では火山・地震の発生頻度に大きな差が認められる．

アンデス山脈の火山はその縦断方向に分布密度の差があり，途切れる地域も存在する．たとえばエクアドルの火山はエクアドル北方に数多く，互いに接するほどの密度で幅広く分布する一方，エクアドル南部からペルー北部まで第四紀火山は途絶える．ペルー南部からボリビア・チリー北部までは，大陸西岸が屈曲してアンデス山脈の幅も増し，頂部にアルティプラノ高原が出現する一種の会合部にあたるが，その中に溶岩ドームを主体とする火山が数多く噴出している．ここは重力調査で地殻の最大厚が70 kmを超えることが知られている（James, 1971）．南緯27-35°付近には無火山地帯が存在する（勝井, 1972）．

これらの地域差をおしなべて，南米大陸全体の型別火山を見ると，239火山中，成層火山152個（64%），カルデラ火山5個（2%），溶岩ドーム群火山43個（18%），溶岩原6個（3%），スコリア丘など単成火山群27個（11%），楯状火山6個である．珪長質マグマに由来する成層火山・カルデラ火山・溶岩ドーム群火山の合計は84%である．

小アンティル・南サンドウィッチ諸島の沈み込み帯

北米大陸と南米大陸の間に中米地峡が存在しなかった時期に，太平洋側のココスプレートが細い隙間を相対的に東進した結果生じた小アンティル沈み込み帯（Burke et al., 1984）と，南米大陸と南極大陸の間を太平洋側の南極プレートが東進した結果生じたスコチア沈み込み帯は，規模・形態・構造・形成史が互いに酷似する（杉村・阿部, 1972）．ただ小アンティル沈み込み帯ではカリブ海プレートをはさんで東西両側に相対する2つの沈み込み帯が存在するが，スコチア沈み込み帯では東縁のみに存在し，西縁には形成されていない．

これら2個の島弧に33個の火山が認められるが，そのうち成層火山が24個（73%），カルデラ火山が1個（3%），溶岩ドーム群火山が6個（18%），単成火山群が2個，溶岩原・楯状火山はいずれも0個であった．珪長質マグマに由来する成層火山・カルデラ火山・溶岩ドーム群火山で94%に達する．

2.6.5 衝突帯の火山タイプ

大陸同士の最大の衝突帯は，北上するインド大陸とユーラシア大陸がぶつかったヒマラヤ山脈付近から始まって，西方にヒンドゥクシ山脈，カスピ海南縁のエルブルース山脈，トルコ北縁を走る北アナトリア断層帯，エーゲ海北部からザグロス山脈，カルパチア山脈，イタリア半島，アトラス

山脈,ジブラルタル海峡を経て,アゾレス諸島付近の大西洋中央海嶺にいたる,全長1万770kmで東西に細長くのび,また南北に1000-2000kmの幅で変動するプレート境界である.ここは基本的に北方のユーラシア大陸と,南方のアフリカ大陸・アラビア半島・インド大陸とが衝突し,場所によってはエーゲ海・トルコなどのマイクロプレートがその間に介在し,現在なおプレートの沈み込みが起こっている場所もある.

衝突帯では全般に火山数は少なく,広い地域に散在し,特徴的な分布を示さないことが多い.沈み込み帯における火山のように,火山フロントに沿って火山列をなすことや,拡大軸・ホットスポットにおける火山のように,割れ目に沿って溶岩を流出させるようなことは少ない.また形成される火山のタイプも多様で,成層火山・溶岩原・楯状火山・玄武岩質単成火山群が混在する.

イタリアからヒマラヤ山脈までの衝突帯の119火山の型別内訳は,成層火山55個,カルデラ火山7個,溶岩ドーム群火山9個,溶岩原19個,単成火山群16個,楯状火山13個で,沈み込み帯に多い成層火山は46%と過半数に満たない.大陸同士の衝突帯では成層火山・カルデラ火山・溶岩ドーム群火山の割合が沈み込み帯以上に大きいと考えていたが,溶岩原・楯状火山・単成火山群との比が,6:4と予想外に低い結果となった.

第II部
各論
世界各地域の火山地形の特徴

第3章 大西洋諸島の火山地形

　大西洋は北極から南極までS字状に屈曲しながら，ほぼ南北1万7000 km，東西6000 kmの長さ・幅をもつ大洋である．その中央に比高約3000 m，幅1000 kmの海嶺が存在する．海嶺の南端は南緯50度前後で南西海嶺と南東海嶺に分岐する．この3本の海嶺の分岐点（三重点 triple junction）を中心に大西洋はすべての方向に拡大し，南北両アメリカ大陸とユーラシア大陸・アフリカ大陸を太平洋側に押しやっている．そのため，大西洋とそれを取り巻く大陸との境界には，小アンティル・スコチア両弧をのぞいて沈み込み帯は存在しない．したがって大西洋周辺大陸縁には地震・火山が存在しない．またプレートの移動速度が太平洋の1/3-1/4にすぎないことも，海洋プレートの生産速度，ひいてはマグマの噴出速度にも影響するため，海洋島火山も太平洋にくらべ数少ない．

　大西洋は赤道を境に北部と南部に2分される．北部大西洋にはアイスランド・アゾレス・カナリア・カーボヴェルデなどの海洋火山諸島が存在する．これら火山島は1つの海台上に10個前後の火山島をもち，ホットスポット火山の特徴を示さない．南部大西洋では北部にくらべ火山が少なく，海嶺の拡大軸付近に火山が集中する傾向が認められる．

3.1　大西洋北部ヤンマイエン島

　ヤンマイエン島はアイスランドから北に623 km離れた，北極海に近い大西洋最北部にある深さ200-300 mの海台上に形成されている．南北52 km，幅10-16 kmの細長い海洋火山島である．海台周辺の北部大西洋海底の平均水深は3000 m前後である．東西にのびるトランスフォーム断層と北へのびる拡大軸との交点付近にこの火山島は位置し，島の伸長方向も拡大軸と同方向である．

　島の北端に標高・比高2277 m，底径16 kmのBeerenberg成層火山が聳える．火山体上部は氷河に覆われわかりにくいが，径1 kmの円形火口とそれを取り巻く急峻な上部斜面，さらにその外側を取り巻く緩やかな山麓斜面が認められ，火砕流や土石流堆積物は確認されていないが，発達段階第3期の成層火山と推定される．

　Beerenberg成層火山の南には，長さ32 km，幅15 kmの半島があり，その上に3個のスコリア丘が並び，その間を溶岩流が埋めている．この半島の反対側，Beerenberg成層火山の北側にも類似した溶岩流地形がわずかに認められ，この島は拡大軸に沿った割れ目噴火の産物で，海面下に溶岩原が広がっている可能性が高い．Beerenberg成層火山は割れ目の中心地下に形成されたマグマ溜りの存在を示唆する．これらを総合すると，ヤンマイエン島をつくる火山は発達段階第3期に達した溶岩原と推定される（表3.2-1）．

3.2　アイスランド

　アイスランドは大西洋中央海嶺とホットスポットが重なり，多量のマグマが噴出して海面上に顔を出したと考えられている．東西約510 km，南北約300 kmのほぼ楕円形に近い火山島である．東西縁の火山岩がそれぞれ13 Ma，16 Maの年代値を示すことから，ここ1000万年以上にわたって1年に2 cm弱の速度で東西方向に拡大してきたことがわかる．したがって陸上では稀なプレート拡大域の火山として多くの特徴を示している．

また氷期には全島が厚い氷床に覆われ，現在も4つの氷床が残存し，氷河地域特有の噴火様式・噴出物・火山地形を示す地域でもある．

　アイスランドは全島が火山岩からなるが，最近の活動は，島中央部を北北東—南南西に通り，南部では2本に分岐する幅約50-80 kmの地溝帯と，それと斜交するトランスフォーム断層と関係すると考えられる雁行火山列帯との中に限られる．これらは基本的には，長さ30-40 kmの割れ目から玄武岩質マグマが流出し，割れ目両側に薄く広がる溶岩流と，割れ目帯直上に生ずるスコリア丘・小楯状火山などの単成火山からなり，火山学的には単純であるが，これに氷床の時空的消長が関わることによって，地形学的にはやや複雑になる．

　アイスランド全島が氷床下にあった1-2万年前には，スコリア丘列はパラゴナイトリッジに，楯状火山は卓状火山（氷底火山）に姿を変えた．地質構造学的には溶岩原を形成するはずの流動性に富む玄武岩質マグマが，厚い氷床下で枕状溶岩となり，水平方向に流動できず氷底火口上に厚く累積した．氷床下で火山体が上方へ成長するにつれ，マグマ水蒸気爆発が起こるようになり，パラゴナイトと呼ばれる水中破砕火山岩が枕状溶岩の上位に堆積した．さらに火山体が成長して氷床表面に達すると，湖面上に島をつくり薄い溶岩流を流出し，卓状火山を形成する．湖面まで到達できなかった火山体は起伏に富んだ不定形のパラゴナイト火山となる．

　ハワイ諸島・アゾレス諸島などの海洋島火山の多くも，氷床下か海水中かの違いはあれ，ほぼ同じ過程で生じたと考えられている（中村，1989）．海洋島火山の基底に存在する海台の成因は，近年，深海底玄武岩の大量流出であると考えられるようになってきたが，アイスランド火山と同様に，陸上噴火すれば広大な溶岩原を形成したはずの玄武岩質溶岩が，遠距離流動できず海台を形成しているものと考えられる．

　玄武岩の噴出がアイスランドの噴火を代表しているが，流紋岩が意外に多く出現する．プレート拡大軸のホットスポットであるアイスランドでは，マントル深部からの玄武岩質マグマがすべてであるように思えるが，Hekla，Torfajokull，Krafla，Askjaなど一部の火山に流紋岩質火山灰や溶岩ドームなどが見出される．とくにTorfajokull火山には径13-18 kmのカルデラが存在し，その中には50余個の温泉・噴気孔があり，流紋岩からなる外輪山が取り巻く．流紋岩はより古い時期の火山岩の中にも含まれる．マグマ溜りをつくって分化作用を行うには，数十〜100万年スケールの歳月を必要とするという従来の考えからは，拡大軸上にあって大量の玄武岩マグマが絶えず地下深部から上昇してくるアイスランドに流紋岩が出現する事実は奇異に映る．

　アイスランド火山の研究上一番困難なのは，火山認定問題である．日本のような沈み込み帯の火山は，距離的に数十km離れた管状火道から放出されるマグマによって形成されるため，ほかの火山から独立して存在することが多く，個々の火山の範囲などを認定することは比較的容易である．一方，アイスランド火山地域では，プレート拡大により形成された地溝帯内にあるため，マグマはどこでも容易に割れ目をつくって板状火道から流出できる．流出したマグマは薄く広く遠方まで到達できるため，短時間内に異なった多くの割れ目から流出した溶岩流は，互いに重なりあい，その累積体は1つの低平な溶岩原となって，個々の流出源を特定することはほとんど不可能になる．火道口に形成される地形も比高10 m以下のスパター丘が多く，100 mを超すスコリア丘とは異なり，新たに流出した溶岩流に被覆されてしまう．そのため卓状火山やパラゴナイトリッジのように，溶岩原から突出する地形のみが1火山として認定され，それを取り巻くより重要な溶岩原が，火山としての認定がなされにくいという問題が発生する．これには単成火山と複成火山の区別が困難であるという問題も含まれる．現実には，より中心噴火をしたと考えられる火山（火山体中心にカルデラが存在したり，中心火口から四周に噴出物が放射状に広がる地形をもっているもの，つまりその裏には地下にマグマ溜りが存在するとの憶測が含まれている）だけを火山として認定し，それをアイスランドの火山分布とみなしているかのような論文も散見する（Helgason，1984；Gudmundsson，1986；Rossi，1996）．

　火山と認定されたアイスランド中心火山は期待よりかなり多いように見える．かなりの数の中心

火山はその下にマグマ溜りをもたないのかもしれない．氷床の存在が，高温マグマを冷やし，割れ目の両末端部から固結させ，割れ目中心部のみからマグマが噴出するように働いたため，割れ目噴火から中心噴火へと姿を変えさせた可能性も十分に考えられる．アイスランドが全島厚い氷床に被覆されていた最終氷期から，後氷期になって氷床が縮小し，陸地が現れるにつれ，Skaerbreidなどの中心火山である小楯状火山が盛んに形成され たが，さらに氷床が縮小するにつれ小楯状火山は形成されなくなったという事実の指摘（中村，1978）は，中心火山の形成が氷床という表面的な地球環境変化に規制された表面現象であって，マグマ溜りの形成などの火山活動の根源的なプロセスとは無関係なものという解釈も可能とした．

以上からとりあえず，認識可能な中心火山を中心に19個の火山を概観した（図3.2-1，表3.2-1）．アイスランドの火山は，すべて溶岩原である．発達史的に分類すると，溶岩原上に単成火山のみのものは7個，第2期のもの7個，第4期まで発達したものは5個であった．図3.2-2はアイスランド東部の火山地形分類図である．パラゴナイトリ

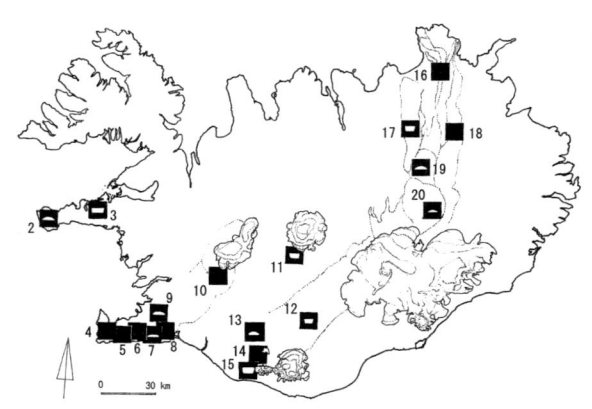

図3.2-1 アイスランドの溶岩原の発達史的分類・分布
2-20の番号は表3.2-1の左端の数字と対応．黒四角などの記号は巻頭の表と対応（以下同様）．

表3.2-1 ヤンマイエンとアイスランドの主要火山一覧

火山名	型*	比高 (m)	底径 (m)
1 Beerenberg (Jan Mayen)	L3	2277	16000
2 Snaefells	L2	1448	16000
3 Ljosufjoll	L4	400	26000
4 Reykjanes	L1	230	14000
5 Krisuvik	L1	379	15000
6 Brennisteinfjjoll	L1	626	19000
7 Hengill	L2	803	20000
8 Seyoisholar	L1	470	25000
9 Skjaldbreidur	L2	600	37500
10 Langjokull	L1	760	52500
11 Hofsjokull	L4	1000	40000
12 Torfajokull	L4	800	17500
13 Hekla	L2	1100	13750
14 Eyjafjoll	L1	50	8000
15 Kerlingarfjoll	L4	800	14000
16 Vatnajfjoll	L2	735	85000
17 Krafla	L4	150	11000
18 Kverkjoll-Herdubreid	L1	1200	53000
19 Bardarbunga	L2	1000	40000
20 Askja	L2	1000	30000

*型の略号は巻頭の表を参照（以下同様）．

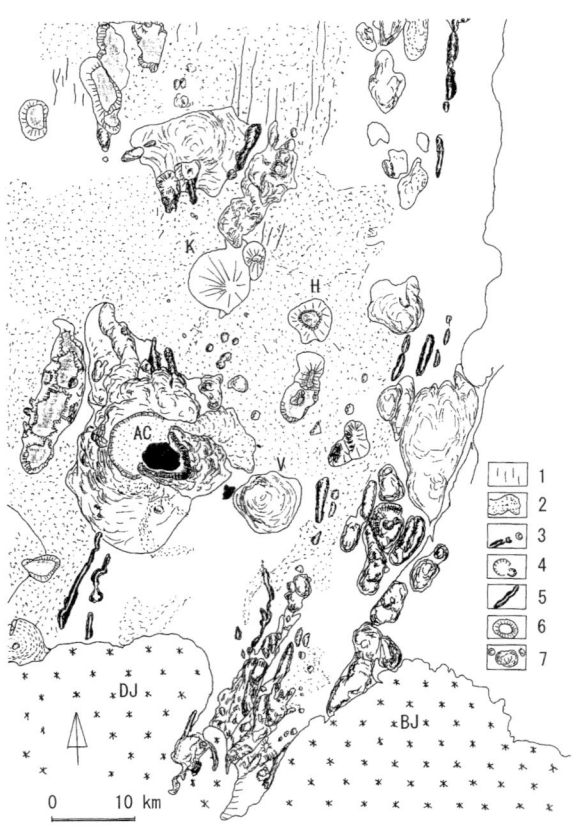

図3.2-2 アイスランド東部Askjaカルデラとその周辺の火山地形分類図
1：正断層崖，2：溶岩流，3：スコリア丘・スパター丘，4：カルデラ・火口，5：パラゴナイトリッジ，6：卓状火山，7：不定形の氷底火山．AC：Askjaカルデラ，BJ：ブルアール氷河，DJ：ディンギュ氷河，H：Herdreid卓状火山，K：後氷期に形成されたKollotta小楯状火山，V：氷期に形成されたVadalda小楯状火山．

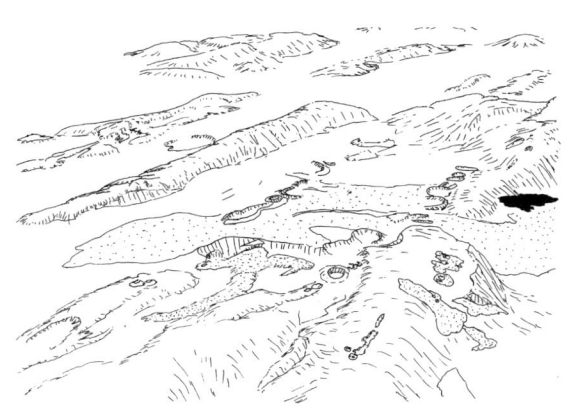

図 3.2-3 Hekla 火山東約 15 km 地点周辺のスコリア丘火山列，パラゴナイトリッジ

図 3.2-4 アイスランド東部 Herdubreid 卓状火山を東から望む
Askja 火山の北東 25 km. 山頂のスコリア丘に注意.

図 3.2-5 Hekla 火山を南上空より望む
溶岩原上に形成された楯状火山.

図 3.2-6 Askja 火山を南上空より望む
カルデラをもつ楯状火山が上に乗った溶岩原で，楯状火山の主体は氷底で形成された．氷河が退いた後にカルデラが形成された．

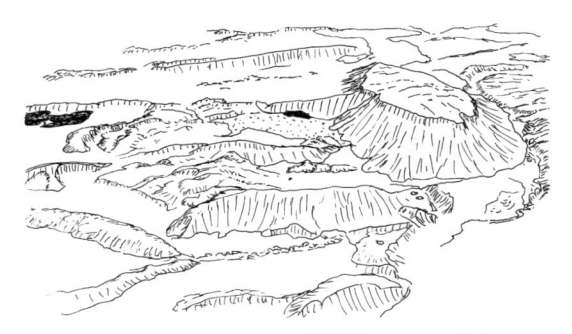

図 3.2-7 Torfajokull 流紋岩質カルデラ火山
右端の谷壁がカルデラ壁．谷の左にある卓状火山，東西に走る 3 列のパラゴナイトリッジの間の氷底火山などは流紋岩質カルデラ構成物からなる．

ッジ（図 3.2-3），スコリア丘火山列（図 3.2-3），卓状火山（図 3.2-4），楯状火山（図 3.2-5, 6），カルデラ火山（図 3.2-7）などの火山地形がそれぞれ認識できるが，個々の火山を区別するためにどこに区分線を引くかが難しい．その結果，1783 年に形成された Lakagigar などのスコリア丘列やパラゴナイトリッジは，表 3.2-1 に含めなかった．

3.3 アゾレス諸島

アゾレス（Azores）諸島はポルトガル本土の西約 1500 km の大西洋上に，中央海嶺をまたいで東西 640 km の範囲に分布する火山島列で，西からコルボ，フローレス，ファイヤル，ピコ，サオホルヘ，グラシオサ，テルセイラ，サオミゲル，サンタマリアと呼ばれる 9 島からなる（図 3.3-1）．コルボ，フローレスの 2 島は中央海嶺より西側の北米プレート上に，残り 7 島はユーラシアプレー

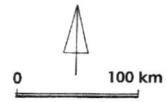

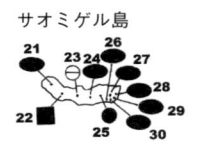

図 3.3-1 アゾレス諸島の型別火山分布
1-31 の番号は表 3.3-1 の左端の数字と対応.

ト上に乗る.

アゾレス諸島は大西洋中央海嶺中に形成された1個のホットスポットから次々に生じた海洋火山島で，ハワイ諸島と同様の分類・範疇に入れられることが多い．しかし中央海嶺から離れたサオミゲル島，サンタマリア島も含めすべてが活火山であること，多くのアゾレス諸島の火山で分化が進んだ粗面岩質マグマが大量に噴出してきたことなどを考慮すると，ハワイ諸島とは多くの点で機構・過程が異なった海洋火山島であると見なさざるを得ない．Moore (1990) は，中央海嶺と東アゾレストランスフォーム断層帯を結ぶテルセイラ割れ目帯に沿うマグマ上昇でアゾレス諸島が形成されたとしている.

アゾレス諸島の火山は総計31個あり，そのうち溶岩原2個，楯状火山19個，成層火山9個である．玄武岩質スコリア丘など単成火山群の集合体が1個，最南東端のサンタマリア島に認められる（表 3.3-1）.

コルボ島

標高・比高718 m，東西4 km，南北6 km，径2 km のカルデラを頂部にもつ成層火山が，この島の大部分を構成する．その周囲は100-700 m の高度をもつ海食崖に囲まれ，海中の地形に関する情報はない．この主火山体斜面は東南部に1個の溶岩ドームをもつ以外，深さ10-20 m の放射谷に刻まれる平均斜度300/1000の典型的な成層火山斜面である．溶岩流特有の末端崖・堤防などの地形は認められない．これは逆に頂部のカルデラから噴出した降下軽石・火砕流堆積物が薄く覆っているとも考えられる．この主成層火山体の南斜面には3個の小火山体が南北に並んで存在し，その南2個の火山体頂部にはそれぞれ火口が開いている．主成層火山頂部のカルデラが南腹の2火口と南北に連なり，コルボ島下にマグマが上昇する割れ目帯がのびていることを示唆する．南腹2火口からの溶岩が海中に流入しているが，そこには海食崖はまだ形成されておらず，その溶岩流入時期がごく最近であることを暗示している．

Corvo 火山は海中に土台となる楯状火山体が隠されている可能性を捨てられないが，海上の火山のみから考察する限り成層火山で，2 km のカルデラの存在，そこから降下軽石・火砕流の噴出が予想される地形の状況から，第3期の軽石降下の時期にあると考えられる（図 3.3-2）．火口壁の傾斜は30度前後で，ほぼ垂直に切り立つハワイ型のピットクレーターの壁とは異なり，陥没ではなく爆発あるいはそれに伴う火口壁の崩壊によってこの火口が形成されたことを示唆する．火口の直径も2 km もあることから，かなり大規模なプリニー式噴火が起こったことを示す．この火口が形成されたときに火砕流が発生したかもしれない．火口底は平らであるが，表面に十数個の高まり（底径100 m，比高20-30 m）が見られる．地形的にスコリア丘やその残骸とは見えないが，ホルニトやスパターコーンである可能性があり，玄武岩質マグマがつくった溶岩湖の跡であるように見

表 3.3-1　アゾレス諸島の火山一覧

火山名	型	比高 (m)	底径 (m)
Corvo			
1　Corvo	A3	718	7000
Flores			
2　Flores	SH	915	11000
Fayal			
3　Cabedo Verde	SH	488	8000
4　Fogo	SH	758	8000
5　Cabeco Gordo	A3	1045	7000
6　Monte Carneiro	SH	267	14000
Pico			
7　Ponta do Pico	A1	2351	17000
8　Landroal	SH	887	14000
9　Caveiro	SH	1000	4000
10　Lomba do Cacere	SH	984	7000
Sao Jorge			
11　Terreiro da Marcela	SH	476	8000
12　Pico do Carvao	SH	1009	14000
13　Pico do Fradesu	SH	942	14000
Glaciosa			
14　Caldeirinas	Ad	402	6000
15　Holtala	L3	375	6000
16　Luz	A3	383	4000
Terceira			
17　Barbara	A3	1021	9000
18　Pico Gordo	SH	672	13000
19　Pico Alto	A4	808	10000
20　Cinjal	SH	482	13700
Sao Miguel			
21　Sete Cidades	SH	867	10000
22　Delgada	L	456	9000
23　Fogo	A2	871	5000
24　Fornejra	SH	835	12000
25　Furnas	A1	804	25000
26　Vara	SH	1103	11000
27　Verde	SH	931	3000
28　Tronqueira	SH	902	13000
29　Retopta	SH	673	3000
30　Bodes	SH	482	3000
Santa Maria			
31　Santa Maria	Sc	277	9000

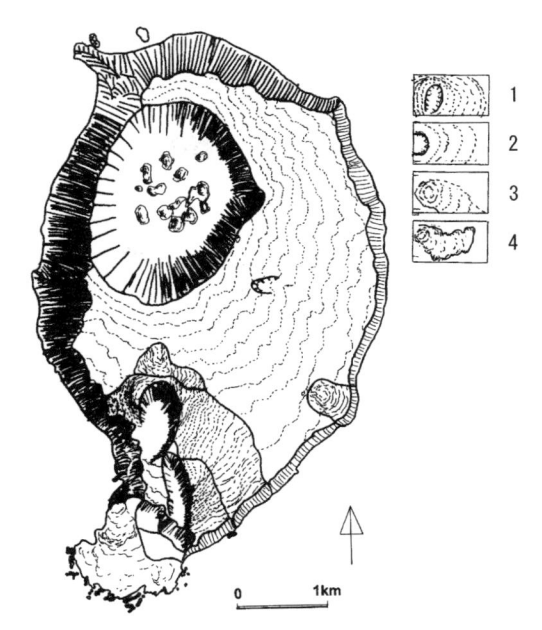

図 3.3-2　アゾレス諸島コルボ島火山の地形分類図
1：スコリア丘，2：カルデラ，3：成層火山原面，4：溶岩流．

海面下には玄武岩質の溶岩流を主体とした楯状火山が存在する可能性が非常に高い．

フローレス島

フローレス（Flores）島もコルボ島と同様，大西洋中央海嶺の西にある海洋島火山で，南北18km，東西13kmの規模をもつ．周囲を高さ300-400mの海食崖で仕切られる海洋島で，1個の楯状火山からなる．その頂部には径4kmのカルデラがあり，その中に新鮮な地形を保つスコリア丘が6個，マールが9個存在する（図3.3-3）．

ファイヤル島

ファイヤル（Fayal）島は，ユーラシアプレート内にあるアゾレス諸島の中ではもっとも大西洋中央海嶺に近い島である．その直径は東西20km，南北14kmで，最高峰のCabeco Gordo火山は標高1045m，底径7kmに達し，ファイヤル島の大部分を占める．山頂に約2kmのカルデラが存在し，外輪山頂部付近の斜面傾斜は急で成層火山のそれに近い．

この火山頂から東麓にかけては西北西―東南東方向の正断層崖が少なくとも9本平行して走り，

える．しかし火口壁の崩落物で底は埋められているので，高まりは流れ山ではないかとの疑いもある．

安山岩〜デイサイト質マグマによるプリニー式噴火やヴルカノ式噴火の繰り返しによって形成された火山と考えられるが，南麓のスコリア丘の存在は玄武岩質マグマも同時に活動していることを示している．アゾレス諸島のほかの島にも見られるようなバイモーダルな活動がここでも行われ，

西麓には東西方向にのびる1本の連続した直線上に配列したスコリア丘列を共有するCabedo Verde, Fogoと呼ばれる2個の相接する小型楯状火山が存在する．これはこの島の主体をつくるCabeco Gordo成層火山の下に，その土台となる割れ目噴火によって形成された楯状火山あるいは溶岩原が西北西—東南東方向にのびていることを示唆する（図3.3-4）．

ピコ島

ピコ（Pico）島は，西部をつくるPonta do Pico成層火山と，東に突出する東西25 km，最大幅13 kmのスコリア丘列火山とからなる．アイスランドの中央地溝帯を埋める溶岩原の中軸部に形成されるスコリア丘，スパター丘列が海面上に顔を出したものと解釈できる．海面下には溶岩原が広がっているはずである．Ponta do Pico火山は標高2351 m，底径17 kmの成層火山で，頂部に径500 mの爆裂火口と，その東半分を埋める溶岩ドーム（比高約50 m）が認められる．頂部から中腹にかけては富士山に似た典型的な円錐形成層火山体をなすが，西部・北部では緩やかな斜面が広がり，多くのスコリア丘が散在する．成層火山南斜面下半部には比高700 mを超える凹型の急斜面が存在し，成層火山の下に現在埋積されているスコリア丘列火山の一部が地すべり状に海底に向かって大崩壊したことを示唆する（図3.3-5）．

サオホルヘ島

グラシオサ-テルセイラ島列，ファイヤル-ピコ島列の中間にあって，両島列とほぼ平行して西北西—東南東方向にのびるサオホルヘ（Sao Jorge）島は，長さ56 km，最大幅6 kmで，直線にのび

図3.3-3 アゾレス諸島フローレス島火山の地形分類図
1：スコリア丘，2：溶岩ドーム，3：タフコーン，4：カルデラ壁，5：楯状火山原面，6：古い火山体の侵食斜面．

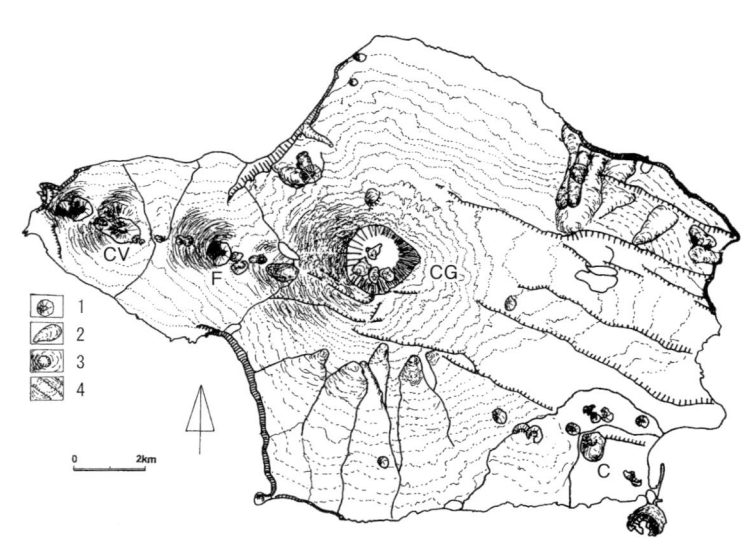

図3.3-4 アゾレス諸島ファイヤル島火山の地形分類図
1：スコリア丘，2：溶岩ドーム，3：小カルデラをもつ成層火山原面，4：断層に切られた楯状火山．C：Monte Carneiro楯状火山，CG：Cabeco Gordo成層火山，CV：Cabedo Verde楯状火山，F：Fogo楯状火山．

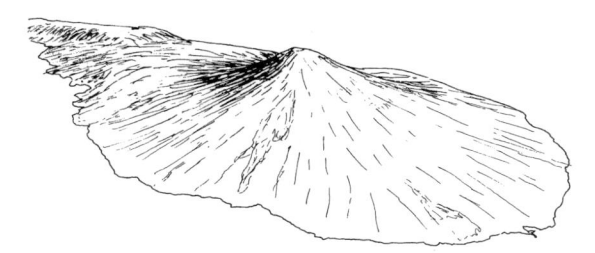

図 3.3-5 アゾレス諸島ピコ島 Ponta do Pico 火山を北から見た鳥瞰図

たスコリア丘と溶岩流とだけから構成された非常に単純で特徴的な島である．深海底下で玄武岩質枕状溶岩を流出し始めたときから海面上に頭を出すまでの長期間，玄武岩質マグマが連続して流出し続け，その噴出物が積み上って海面上に顔を出したと単純に考えてよいのか，それともフォノライト質火砕流が海面下で噴出したのかというような可能性を含め，その形成過程は興味深い．

グラシオサ島

グラシオサ（Graciosa）島は面積 60 km², 東西径 7 km, 南北径 8 km, 標高 402 m の火山島であるが, 流紋岩質ドーム火山群とスコリア丘単成火山群, それに小規模成層火山で構成された複雑な構造をもち, 区分の仕方によって解釈が変わる可能性がある. ここでは, とりあえず Caldeirinas ドーム型成層火山（比高 402 m, 底径 6 km), 溶岩ドームをもつ Holtala 溶岩原（比高 375 m, 底径 6 km), 第 3 期まで発達した小規模な Luz 成層火山（比高 383 m, 底径 4 km) の 3 つに区分した. 島全体は北西―南東方向にのび, それに沿って平行する 4 本の正断層崖が火山体を切っている. 断層崖の長さは 1-3 km で, 比高は 10-150 m である. 島全体でスコリア丘の数は 23 に達し, 溶岩ドームは 3 個認められる.

Luz 成層火山の山頂に北西―南東方向にのびる径 900-1500 m, 深さ 50-200 m の火口がある. 火口壁の傾斜は 30-40 度でかなり急であるが, ピットクレーターの壁と異なり垂直ではない. この事実と成層火山の斜面に顕著な溶岩流地形が認められず, 斜面下半分では浅く小さな谷が無数に刻み込まれていて, 表層部が火砕物で構成されているように見えることを考え合わせると, かなり大き

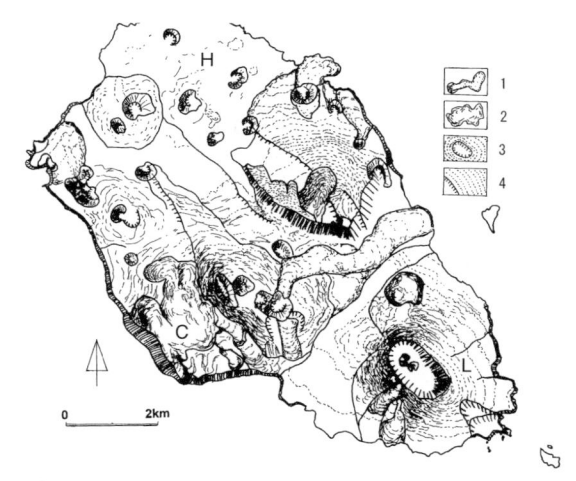

図 3.3-6 アゾレス諸島グラシオサ島火山の地形分類図
1：スコリア丘と厚い溶岩流, 2：厚い溶岩流, 3：成層火山原面, 4：楯状火山原面. C：Caldeirinas ドーム型成層火山, H：Holtala 溶岩原, L：Luz 成層火山.

な噴火, 場合によればプリニー式噴火が比較的最近起こり, それによって形成された火口である可能性が強い. 中腹と山麓には 5 個の流紋岩質の溶岩ドームと溶岩流があることから, 珪長質マグマの活動で形成された火山であると考えられる. しかし成層火山の西麓には玄武岩質溶岩流と推定される緩斜面が広がるので, バイモーダルなマグマ活動によって形成された火山という可能性がある（図 3.3-6）.

テルセイラ島

テルセイラ（Terceira）島は, 中央海嶺・トランスフォーム断層と斜交し, 西北西―東南東方向に平行した 3 本の構造線のうち, もっとも北東の構造線上に形成されたと考えられる. 西北西―東南東方向に伸長する長さ 29 km, 最大幅 17 km の火山島である.

島内にはその伸長方向に沿って西から Barbara 成層火山, Pico Gordo 楯状火山, Pico Alto 成層火山, Cinjal 楯状火山が相接して並ぶ.

Barbara 成層火山, Pico Alto 成層火山, Cinjal 楯状火山頂部には, それぞれ径 2, 3, 6 km のカルデラ（前二者はたぶん高重力型）があり, とくに Pico Alto 成層火山にはその面積の 80% 以上を覆って 80 個以上の溶岩ドームが噴出している. Barbara 成層火山もその半分以上の面積を覆って

約60個の溶岩ドームが存在する（図3.3-7）．

Barbara成層火山とPico Alto成層火山の間には，Pico Gordo楯状火山が割り込むように南北に細長く存在する．その頂部には島の伸長方向に平行なスコリア丘列が存在し，そこから玄武岩質溶岩流が2成層火山間の鞍部を埋めるように流下して緩斜面を形成している．東のCinjal楯状火山では，Pico Gordo楯状火山頂部と同様の新鮮さを保つ複数のスコリア丘とそれから流出した玄武岩質溶岩流がカルデラを埋め，北西，南東，南西カルデラ壁の凹部を超えて海まで流下している．

これらの事実は，地下浅部に3個のマグマ溜りがあり，さらにその下に西北西―東南東方向に伸長する割れ目が存在することを示唆する．

サオミゲル島

サオミゲル（Sao Miguel）島はアゾレス諸島の東部に位置し，東西に細長く伸びる（東西32 km，南北7 km）．その基盤は，東西方向のプレートの割れ目（トランスフォーム断層起源？）に沿って継続的に噴出したマグマが累積して生じた，東西方向に長くのびる楯状火山と考えられる．島のほぼ中央部を東西に走る稜線がのび，それに沿ってスコリア丘など火道を示す地形が連続する．この東西にのびるマグマの噴出軸から多くのマグマが溶岩として流出し，緩斜面を形成する．この様子はハワイ諸島の大型楯状火山に酷似するが，サオミゲル島ではこれ以外にカルデラ・溶岩ドーム・爆裂火口などの火山地形が見られる．

東西にのびるアルカリ玄武岩質溶岩流，スコリア丘からなる楯状火山（むしろ溶岩原というべきか）の上に突出する2個の成層火山Fogo, Furnasは，粗面岩質溶岩流，火砕物などからなる（Moore, 1990）．いずれも山頂にカルデラをもち，溶岩ドーム・タフリングなどが複雑な地形を形成している（図3.3-8）．これらは，ハワイ型の楯状火山とは異なり，後述するカナリア諸島の楯状火山と相通ずるものがある．

サンタマリア島

サンタマリア（Santa Maria）島はアゾレス諸島のうちもっとも東に位置する東西15 km，南北

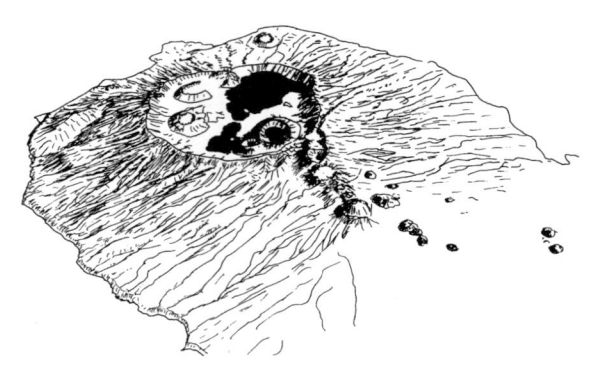

図 3.3-8 アゾレス諸島サオミゲル島の北西端 Sete Cidades 楯状火山頂部カルデラのスケッチ
基本的に楯状火山であるが，カルデラ形成時に火砕流を噴出している．その後カルデラ内には5個のタフコーンが生じた．

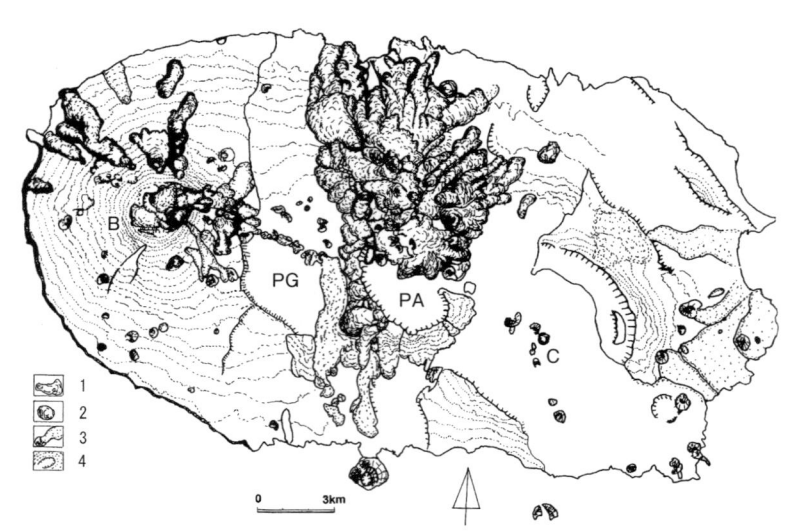

図 3.3-7 アゾレス諸島テルセイラ島火山の地形分類図
1：スコリア丘溶岩流，2：溶岩ドーム，3：スコリア丘と溶岩流，4：カルデラをもつ成層火山原面．B：Barbara成層火山，PG：Pico Gordo楯状火山，PA：Pico Alto成層火山，C：Cinjal楯状火山．

9 km の島である．東半部は標高 600 m 以下の急斜面からなる侵食された古い火山体で，西半部は火口など形成時の微地形を残すスコリア丘，標高 300 m 以下の玄武岩質溶岩流からなるより新しい火山体である．

3.4　カナリア諸島

アフリカ西海岸沖合 110 km にあるカナリア諸島は，西から東に並ぶラパルマ，イエロ，ゴメラ，テネリフェ，グランカナリア，フェルテヴェントゥーラ，ランサローテの 7 島からなる（図 3.4-1, 表 3.4-1）．火山の大部分が，玄武岩質溶岩流が累重した楯状火山であるが，珪長質マグマによる成層火山・カルデラも存在する．それらの火山では，火砕流や降下軽石が噴出し，山頂にカルデラが形成されている（図 3.4-2）．活動記録のある活火山も存在する．

カナリア諸島の近くの大西洋底をつくる岩石の残留磁気模様による推定年代は 3900 万-2000 万年前（Araña, 1995）で，その上に乗る海底堆積物最下層の年代が白亜紀であることから，2 億年前にアメリカとアフリカの両大陸が分離し始めてまもなく，これらの火山島の形成は始まり，その後東へ移動しながら現在にいたるまで火山活動を継続していると考えられる．大陸が分離したときの片割れは現在グリーンランドの南にあると考えられている．

テネリフェ島

テネリフェ（Tenerife）島は面積 450 km², 細長い三角形の平面形を示す海洋火山島である（図 3.4-3）．三角形の底辺に近い重心付近に直径 5×8 km のカルデラがあり，その中に標高 3715 m の成層火山 Teide がある．外輪山は 3 本のリフトゾーンをもつ楯状火山である．このリフトゾーンの 1 つ Dorsal Ridge 楯状火山では 1909 年に最新の噴火が起きている（van Padang et al., 1967）．これら 3 本のリフトゾーンの末端，すなわち三角形を示す島のそれぞれの突端部には古い侵食された火山体が一部残されていて，島の中央部で噴火が起こっては新しい火山体が形成され，その都度古い火山体は隅に押しやられたことを示唆している．

これら陸上に露出している岩石のうち，もっとも古い年代は 600 万年以上前（Araña, 1995; Schmincke and Sumita, 2010）で，ほかの島の年代と調和している．海面上に現れている島の体積は，海底からそびえている火山体全体の体積の約 10 分の 1 程度で，テネリフェ島下の海底プレートの年代が 6000-7000 万年前に形成され，それ以降ほぼ一定の割合で成長してきたと仮定すると話はうまく合う．プレートに乗って移動しながら 6000-7000 万年もの間，1 つの島の火山活動が継続することは，ハワイ諸島に適用されるようなホットスポット説では説明できず，たとえばカナリア諸島下のリソスフェア下底面が釣り鐘状に盛り上がっていて，そこにアセノスフェア物質が入り込み，絶えずそこからマグマが供給されたというような可能性を検討すべきであろう．

北東の古い火山体は Anaga，北西の火山体は Teno と呼ばれ，ベイサナイト（玄武岩に近い）やテフライト（安山岩に近い）質の溶岩やスコリ

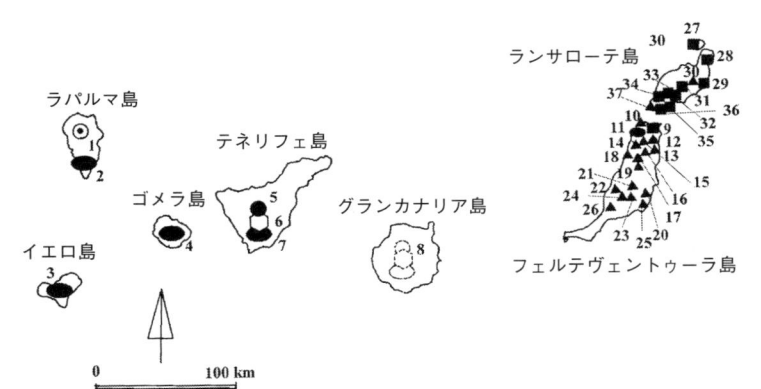

図 3.4-1　カナリア諸島の型別火山分布
1-37 の番号は表 3.4-1 の左端の数字と対応．

表 3.4-1　カナリア諸島の火山一覧

火山名	型	比高（m）	底径（m）
La Palma			
1　Muchachos	A3	2372	24000
2　Cumbre Vieha	SH	1893	20000
Hierro			
3　Maldaso	SH	1505	23000
Gomera			
4　Garajonay	SH	1487	23000
Tenerife			
5　Teide-Canadas	SH4	3715	39000
6　Dorsal Ridge	SH1	2000	50000
7　Anaga-Teno	SH1	900	15000
Gran Canary			
8　Pico de las Nieves	SH3	1949	45000
Ferteventura			
9　San Rafael	Ll	269	8000
10　Blanca	Sc	308	8000
11　Arena	SH	420	5000
12　Escanfraga	Sc	529	2000
13　Fimapaire	Sc	270	4000
14　La Ventosilla	Sc	177	2000
15　Calderetilla	Sc	98	2000
16　Quemada	Sc	373	4000
17　Piedra Sal	Sc	467	4000
18　Montana de San Andres	Sc	154	1000
19　La Caldereta	Sc	138	3000
20　Montana Blanca de Abajo	Sh	193	3000
21　Agua de Bueyes	Sc	286	3000
22　Montana de Tamacite	Sh	135	1000
23　Laguna	Sc	300	5000
24　Caldera de los Arrabales	Sc	200	3000
25　Caldern dejacofa	Sc	480	2000
26　Montana de Tirba	Sc	195	1000
Lanzarote			
27　Pedro Barba	Ll	266	7000
28　Corona	Ll	609	9000
29　Guenia	Ll	358	10000
30　Guanapay	Sh	452	7000
31　Zonzamas	Ll	329	11000
32　Blanca	Sc	596	8000
33　Senalo	Ll	614	19000
34　Fuego	Ll	496	11000
35　Guarililama	Sc	600	8000
36　Atalaya de Femes	Sh	649	7000
37　Roja	Sh	183	6000

図 3.4-2　カナリア諸島テネリフェ島山頂カルデラに露出する火砕流堆積物（薄白色層）

Teide 火山は 1341 年以来 1909 年まで，毎世紀 100 回前後の噴火を行う活火山であるが，ここ 100 年間は平穏な状態にある.

ア・スパターなどで構成されている（Marti et al., 1995）. これらの山体は深い谷によって刻まれ，もとの地形は残されていないが，噴出物の性質から楯状火山から派出するリフトゾーンの一部であったと考えられる.

楯状火山　楯状火山はテネリフェ火山島の主体をなす．現在はカルデラの形成によって中心部は失われ，当時の様子は不明であるが，主としてベイサナイト質溶岩流からなるおよそ 10 度の緩やかな斜面をもつ南外輪山の地形から，ハワイ島の Mauna Loa などに似た楯状火山であったと推定される．リフトゾーンでは噴火活動が活発で，新鮮な地形を保持するスコリア丘（約 180 個）や溶岩流が数多く認められる．1704-06, 1798, 1909 年に北西および北東リフトゾーンで溶岩が流出し，小さなスコリア丘が形成されている．これらの特徴はハワイに似るが，顕著な火砕流の堆積面が見られる点で大いに異なる．

Canadas カルデラと火砕流　楯状火山の山頂部に形成された東西に長い楕円形のカルデラの壁は，北部で新しい Teide 火山に覆われ，わからなくなっているが，その南・東・西ではよく保存され，C 字形に Teide 火山を取り巻いている．カルデラ壁は比高 100-300 m の急崖をなし，溶岩流・スコリアに加え，火砕流・降下軽石・降下火山礫・爆発飛散角礫などが露出する（図 3.4-2）．このようなカルデラ形成直前の噴火のタイプ・噴出物の多様性から見て，このカルデラはハワイの Kilauea カルデラのような溶岩の火道内への逆流による陥没カルデラ（高重力型）ではなく，珪長質火砕流の噴出に伴って生ずるじょうご型カルデラである可能性が強い．楯状火山が形成された時期は 90-100 万年前と推定されている（Bryan, 1995）が，カルデラの形成もそれに近い 70-80 万

図3.4-3 カナリア諸島テネリフェ島のTeide成層火山と山頂カルデラをもつ楯状火山を西から望む
　DR：Dorsal Ridge 楯状火山，An：Anaga古楯状火山，Ad：Adeje古楯状火山，Tn：Teno古楯状火山，Ts：Teide楯状火山，Te：Teide成層火山．

年前と推定されている．

　Teide成層火山　山頂・中腹に生々しい溶岩流が無数に見られ，ほとんど侵食の跡が見られない新鮮な地形をもつ．山体はTeide主峰とそのすぐ西にあるViejoと呼ばれる成層火山とからなる．Teide主峰の頂部には火口があり，その中にEl Pitonと呼ばれる火砕丘がある．そこから最新の溶岩流が流出している．火砕丘の頂部には直径70 m，深さ40 mの火口があり，硫化水素などの噴気が見られ，火口底は白く変色している．Viejo火山頂には直径1 kmの火口がある．これはハワイKilaueaカルデラ内のHalemaumau火口に似ていて，溶岩の火道内への逆流による陥没で生じた後，溶岩湖に満たされ，再び陥没している．その後に火口の南西部に爆発による小火口がつくられている．

　Teide火山から流出する溶岩はテフライト～フォノライト質で幅300-500 m，長さ5-10 km，厚さ12-15 mの細長い平面形をもっている．いずれも溶岩堤防・側端崖・末端崖が明瞭である．最新の溶岩の流出は1492年に起こったらしい．

グランカナリア島

　グランカナリア（Gran Canary）島はほぼ円に近い平面形をもつ径45 kmの海洋火山島である．島のほぼ中央部に標高・比高1949 mの最高峰Nieves山があり，島の地形は全体的に深い谷に刻まれ，火山原面はわずかしか残っていない．したがって地形のみからその発達史を編むことは難

図3.4-4 カナリア諸島グランカナリア島を構成する楯状火山の断面
　溶岩流と火砕流（薄白色層）の互層．

しい．地質調査結果（Schmincke and Swanson, 1967；Brey and Schmincke, 1980；Garcia Cacho et al., 1994）も加え，この火山島の発達史の概要をのべる．

　最古の岩石は島西部に広く露出するベイサナイト質の溶岩流・スコリア丘を主とする火山体で，たぶん楯状火山を形成していたと考えられている．その岩石の年代は約1900万年前である．1350万年前この楯状火山頂部に径17 kmのカルデラが形成されたが，その際にフォノライト質火砕流が複数回放出された（図3.4-4, 5）．その後このカルデラ内でフォノライト・ネフェリナイト・粗面岩質の火砕流溶岩ドームが繰り返し出現し，さらには成層火山も形成されたらしい．これは山麓のフ

図 3.4-5 カナリア諸島グランカナリア島の火砕流堆積物

ォノライト質亜円礫を主体とした土石流堆積物の存在から推定される．このような火山体の成長は870万年前まで続くことが確認されているが，それ以降500万年前までの約370万年間は侵食間隙期にあたり，当時の活動についてまったくデータがない．500万年前以降はベイサナイト質溶岩流，スコリアが再び噴出し，東斜面に広く堆積した．その後300万年前以降スコリア丘，マールなどの小型単成火山が山麓に噴出，現在もその地形は明瞭に残されている．上記の火山発達の過程は西隣のテネリフェ島火山の発達史とよく似ている．

フェルテヴェントゥーラ島

フェルテヴェントゥーラ（Ferteventura）島はランサローテ（Lamzarote）島のすぐ南に位置し，カナリア諸島の中では，もっとも大西洋中央海嶺から離れたアフリカ大陸のすぐ沖合に存在する．この島の半分以上の面積を古い侵食山地が占める．その標高は600m以下で，稜線高度はかなり一定であるため，ある時期の溶岩原・楯状火山の侵食地形であると推定される．その侵食の程度はハワイのカウアイ島よりかなり大きいので，1000万年以上前の火山と考えられる．これらの古い火山体の残骸の間に存在する侵食谷を埋め，火山原面を残す火山体が島の残りの面積を占める．これらの火山は新鮮な火山微地形を保持するか否かで二分される．より古い火山は小型楯状火山と溶岩原の対で，10万〜数十万年前に噴出したものと考えられる程度の侵食度である．新しい火山はスコリア丘と溶岩流からなる低平な溶岩原で，地形的に沖積世に噴出したものと推定される．

以上のようにフェルテヴェントゥーラ島では長い期間，火山活動が断続し，平行して侵食作用も活発に行われてきたことを示し，ハワイ諸島とは異なる火山活動休止期間があったことを物語る．

ランサローテ島

この島の北部と南部にかつての楯状火山の名残と考えられる侵食山地がわずかに認められるが，残りはすべて新しい沖積世の活動と思われるスコリア丘と玄武岩質溶岩流からなる溶岩原が広がる．溶岩原には合計164個のスコリア丘が存在するが，それらは4列の互いに平行した（一部斜交した）直線上に並ぶ．この配列はカナリア諸島全体の配列方向と一致し，ランサローテ島自体の伸長方向とは斜交する．新しい火山が島の中央部に集まり，古い火山は両端近くにあるのはテネリフェ島の例と似ている．

3.5　カーボヴェルデ諸島

大西洋中央海嶺から東に約3000km離れたカーボヴェルデ（Cape Verde）諸島は，コの字形に並ぶ10個ほどの島の集まり（図3.5-1）で，その大部分が火山島である．火山島の大部分は溶岩原・楯状火山からなり，馬蹄形と思われるカルデラ，スコリア丘，マールをもつ（表3.5-1）．その中でフォゴ島は，馬蹄形カルデラ中に比高が1000m前後の成層火山が活動しており，この諸島の中でもっとも特徴的な火山島である．以下主要な5個の火山についてのべる．

サントアンタオ島

カーボヴェルデ諸島北西端にあるサントアンタオ島は北東約40km，南西23kmの長方形に近い平面形をもつ．大きく見て3個の楯状火山と1個の成層火山からなる．しかし島中央部は激しい侵食作用により原地形は失われているので，ここでは扱わない．北東端のPico de Cruz楯状火山は火山体北東部が海中に大崩壊したことを示す馬蹄形凹地があり，その後この凹地内に小火山体が形成されたことを示す高まりが認められるが，侵食されわかりにくくなっている．それでも南・西

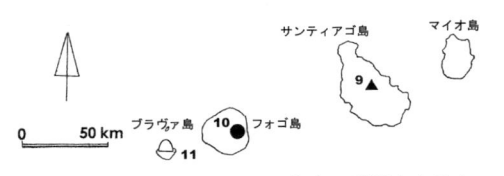

図 3.5-1　カーボヴェルデ諸島の型別火山分布

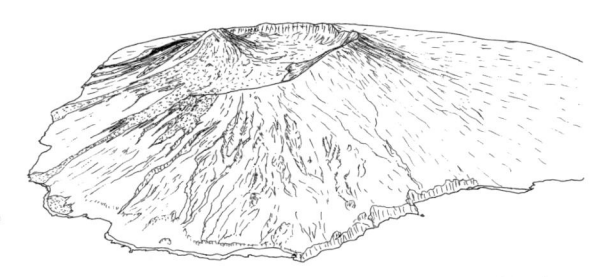

図 3.5-2　カーボヴェルデ諸島フォゴ島の Fogo 成層火山を北から望む

表 3.5-1　カーボヴェルデ諸島の火山一覧

火山名	型	比高 (m)	底径 (m)
Santo Antao			
1 Pico de Cruz	SH	1585	28000
2 Topo da Coroa	A1	1845	5000
Sao Vicente			
3 Calhau	Sc	102	1600
Santa Lucia			
4 Lucia	A1	622	19000
Sao Nicolau			
5 Gordo	L3	598	19000
6 Alberto	A1	1312	31000
Sal			
7 Sal	L1	359	19000
Boa Vista			
8 Boa Vista	L1	302	28000
Santiago			
9 Fundra	Sc	1009	40000
Fogo			
10 Pico de Fogo	A1	2829	25000
Brava			
11 Fontainhas	Do	903	8000

斜面は楯状火山の緩やかな原地形とその上に噴出した数十のスコリア丘の地形がよく残されている．また馬蹄形凹地のやや南西に寄った山頂部にも径 4.7 km のカルデラが残されている．

島の南西部には標高 1845 m の Topo de Corona 成層火山が存在する．これは山頂に径 300 m の火口をもつ単純な円錐形成層火山で第 1 期の発達段階にあると推定される．この成層火山の北東側を取り巻くように馬蹄形の急崖があり，その北東外側にはスコリア丘が多く乗る楯状火山または成層火山体が存在する．その火山体の頂部には径 10 km の平坦部が存在し，古いカルデラが想定されるが，無数のスコリア丘とそれから流出した溶岩流によって覆われていて詳細はわからない．ここでは第 1 期発達段階の成層火山がある時期に大崩壊を起こしたが，その場所にそれまでと同様の玄武岩質マグマが上昇し，Topo de Corona 成層火山が活動を継続していると解釈した．

サオニコラウ島

サオニコラウ（Sao Nicolau）島は北西，南，東の 3 方向にのびる割れ目帯が明瞭な楯状火山で，北西方向と東方向の割れ目帯上には多くのスコリア丘，タフリングが存在する．

サル島

サル（Sal）島は南北 30 km 弱，東西 10 km 弱の火山島で，5 個のスコリア丘から流出した玄武岩質溶岩が全島に広がり，溶岩原を形成している．

サンティアゴ島

北西―南東 54 km，北東―南西 25 km の島全体にわたって侵食が進み，火山原面がほとんど失われているが，1 個の古い楯状火山が存在したと推定される．その侵食斜面上に火口を保持するスコリア丘が 10 個ほど認められ，最近まで活動が続いていたことを推定させる．

フォゴ島

径 25 km のほぼ円形のフォゴ島は，カーボヴェルデ諸島で唯一の成層火山島で，薄い玄武岩質

溶岩流からなる．山頂部に東に開く馬蹄形カルデラがあり，その中に標高 2829 m の成層火山がある．火山体には近年噴火した溶岩流などが認められる（図 3.5-2）．

3.6 南部大西洋諸島

南部大西洋，すなわち赤道以南の大西洋にも火山島は存在するが，その数は北部大西洋にくらべ少なく，アセンション島，トリンダデ島，トリスタン諸島，ゴフ島，ブーヴェ島などで，わずか7個を数えるにすぎない（図 3.6-1，表 3.6-1）．そしていずれも中央海嶺近くに集まるという特徴が認められる．

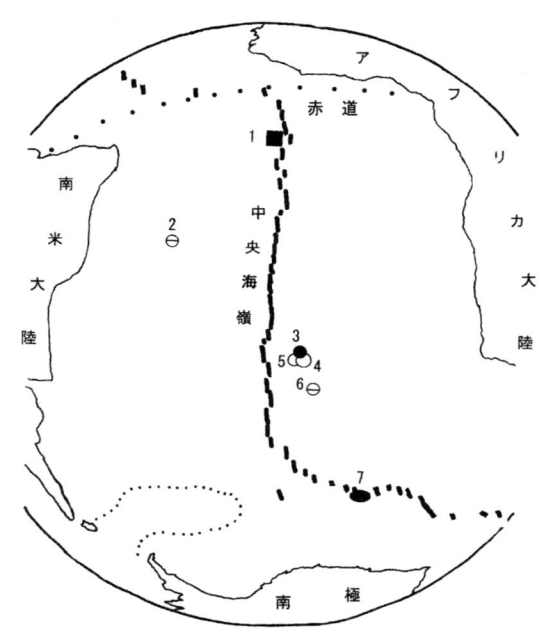

図 3.6-1 南部大西洋の型別火山分布
1-7の番号は表 3.6-1 の左端の数字と対応．

表 3.6-1 南部大西洋諸島の火山一覧

	火山名	型	比高 (m)	底径 (m)
1	Ascension	L1	858	10000
2	Trindade	A2	573	4100
3	Tristan de Cunha	A1	2060	11000
4	Nightingale	A4	290	2300
5	Inaccessible	A4	569	4700
6	Gough	A2	890	10000
7	Bouvet	SH	780	7100

アセンション島

大西洋中央海嶺は赤道付近で複数のトランスフォーム断層で切られ，東西に大きくずれている．そこから約 1000 km 南の深さ 3000 m 前後の拡大軸の中心から西に 85 km の地点にアセンション（Ascension）島が噴出し，海上に頭を出している．東西 12 km，南北 10 km の楕円に近い平面形をなす標高 858 m の火山島で，海底から 4000 m 近くそびえ立ち，約 10 km の底径をもつ円錐形の独立火山体である．周辺の海底には拡大軸に平行するほぼ南北の断層群と，それに直交するトランスフォーム断層群と交差する北東—南西方向のより古い断層が認められるが，その交点にアセンション島火山体が乗る．

アセンション島には 66 個の火道があり，島全体に比較的まんべんなく分布する．火道の多くはスコリア丘で，海面下にホットスポット起源の楯状火山が潜在するように推測されるが，東部に成層火山体が形成され，楯状火山の上に成層火山が乗る重複成火山である可能性が高い．この成層火山体の山頂付近に東北東—西南西方向にのびる幅 1-2 km の地溝があり，その中に小規模な複成スコリア丘が 2 個とスコリア丘・マールが数個形成されている．地溝外側の斜面上にもスコリア丘が数個形成され，そこから厚い溶岩流が 2-3 km 流下している．アセンション島西部は比較的低平で新鮮な地形をもつことから，数百〜数千年前の噴火で生じたと考えられるスコリア丘と，それから流出する溶岩流によって構成されている（図 3.6-2）．

トリンダデ島

トリンダデ（Trindade）島は大西洋中央海嶺と南米大陸のほぼ中間に位置する海洋火山島で，その西沖海底には南米ブラジル東海岸沖まで連続する海山列が認められ，ホットスポット起源の火山と見なされる．トリンダデ島からさらに東約 50 km には小島が 2 個認められ，その北に位置する小島はスパター丘らしい地形を保持している．それがホットスポット直上の火山と推定されるが，詳細は不明である．

トリンダデ島は深さおよそ 5000 m の海底からの比高 5600 m，海中の底径 30 km の急峻な円錐

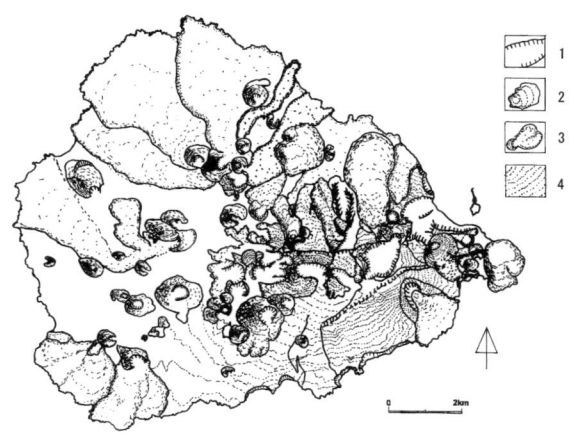

図 3.6-2 アセンション島の地形分類図
1：正断層崖，2：小成層火山原面，3：スコリア丘と玄武岩質溶岩流，4：古期成層火山原面．

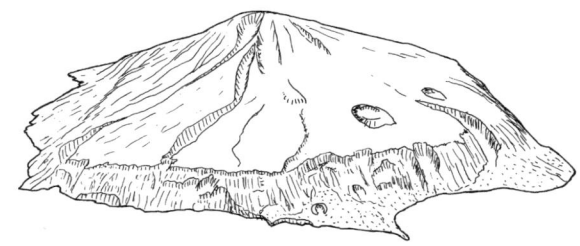

図 3.6-3 南部大西洋トリスタンダクーニャ島火山のスケッチ

形火山体であるが，海面上では北西―南東方向にのびる長径 6 km，短径 2.4 km，標高 573 m の小島である．島の大部分は灰色の粗面岩・安山岩質の塊状溶岩からなる火山体が侵食され，火山原面を失った地形を示す．中央部に比高 100 m 前後の 2 個の溶岩ドームらしき地形が認められる．その南西斜面は崩壊し，灰色無層理の塊状溶岩らしい内部が露出する．これらのデータからトリンダデ島は第 2 期まで発達した 1 個の成層火山であると推定した．

トリスタン諸島

諸島を形成するトリスタンダクーニャ（Tristan de Cunha），ナイチンゲール（Nightingale），インアクセシブル（Inaccessible）3 島は，中央海嶺から東に 487 km 離れた，深さ約 3500 m の海底から成長した相接する 3 個の円錐形火山体で，それぞれが海中では 40 km 前後の底径をもつ．

　トリスタンダクーニャ島　3 島中最大の島で，底径 11 km，標高 2060 m の成層火山である．山頂に爆裂火口があり，斜度も大きいが山麓に向かって緩やかになる．海岸の大部分は海食による比高 300-400 m の断崖絶壁が連なるが，場所によって山頂から流下した溶岩流がつくる扇状地が存在する（図 3.6-3）．北部の溶岩扇状地には集落が形成されているが，1961-62 年噴火ではストロンボリ式噴火と溶岩流出により，住民はロンドンへの一時避難を余儀なくされた（van Padang et al., 1967）．地形的には富士山型の第 1 期発達段階にある成層火山に見えるが，粗面岩質火砕流を噴出し，第 3 期の段階まで発達した成層火山であるかもしれない．広大で緩やかな火砕流堆積面は海面下にあるので，決着は今後の海底地形の精査に待たれる．

　インアクセシブル島　トリスタンダクーニャ島の南西 34 km にある底径 4.7 km，標高 569 m の台形に似た平面形をもつ火山島で，その周囲は垂直に近い海食崖に囲まれる．西から東に緩く傾く平滑斜面が広がり，もっとも低くなった東縁ではスコリア丘が 2 個とマールが 1 個列をなす．平滑斜面の内部構造を示す海食崖では，白桃色無層理の火砕流堆積物と考えられる地層が 200 m 以上の厚さで認められ，スコリア丘・マールの断面を示す海食崖では灰白色をなす．平滑緩斜面は火砕流堆積面で，その西延長上にカルデラ地形が存在した可能性がある．

　ナイチンゲール島　標高 290 m，底径 2.3 km，四周を急な海食崖で囲まれた小島であるが，東縁に古い火山体の侵食尾根があり，その西にしわをもつ溶岩流，その流出源にスパター丘が認められ，最近まで噴火活動が継続していることを示す．

ブーヴェ島

南米プレートと南極プレートの境界をつくる大西洋南西海嶺上に形成された火山島で，海嶺三重点から約 1000 km 離れた位置にある．全島氷雪に覆われ，火山体の 3/4 は海岸侵食で失われたと考えられるため，地形の詳細は明らかでないが，山頂に高重力型カルデラと緩やかな外輪山斜面をもつ楯状火山と考えられる．

第4章 ヨーロッパの火山地形

4.1 カルパチア山脈の内弧火山

　カルパチア山脈の内側にはハンガリーからスロヴァキア・ウクライナ・ルーマニアに連なる長さ550 kmの火山列が存在する（図4.1-1，表4.1-1）．この火山列の活動は2000万年前にハンガリーで始まり，スロヴァキア・ウクライナと東に移動しながら，現在なおルーマニアで存続している．17火山が数えられ，カルデラ火山・溶岩ドーム火山がそれぞれ1個ずつ，残り15火山はすべて成層火山であり，ルーマニアの第4段階まで発達したCalimani，Harghita火山を除いて，残り13火山はすべて第2発達段階で活動を停止している．

　カルパチア山脈の北─東に存在した海洋プレートがカルパチア山脈下に沈み込んで，火山列を形成していたが，海洋の北に存在したドイツ・ポーランドの地塊が衝突することによって，沈み込みは停止し，火山列も西から東に向かって次第に活動を停止していった．そしてルーマニアになおマグマ溜りが残存している，と解釈されている（Seghedi et al., 1994；Csontos, 1995）．

4.1.1 ハンガリー

　ハンガリーでは首都ブダペストの北約50 kmにあるBörzsönyカルデラ火山が約2000万年前に活動した．径約20 kmのカルデラをもち，体積400 km³以上の火砕流を放出した火山体が残存する．カルデラとその周囲を取り巻く火砕流台地の地形は現在なお残存している．さらにその東方のトランシルヴァニア平原には広大な火砕流堆積物が分布する（Karatson, 1995）．

4.1.2 スロヴァキア

　スロヴァキアではその中央部に，成層火山の裾野を示唆する土石流堆積物からなる緩斜面が，長さ・幅とも100 km近い規模で存在する．その中心の成層火山体は原形をほとんど残していない．中心部の成層火山体に対する裾野の長さは，日本

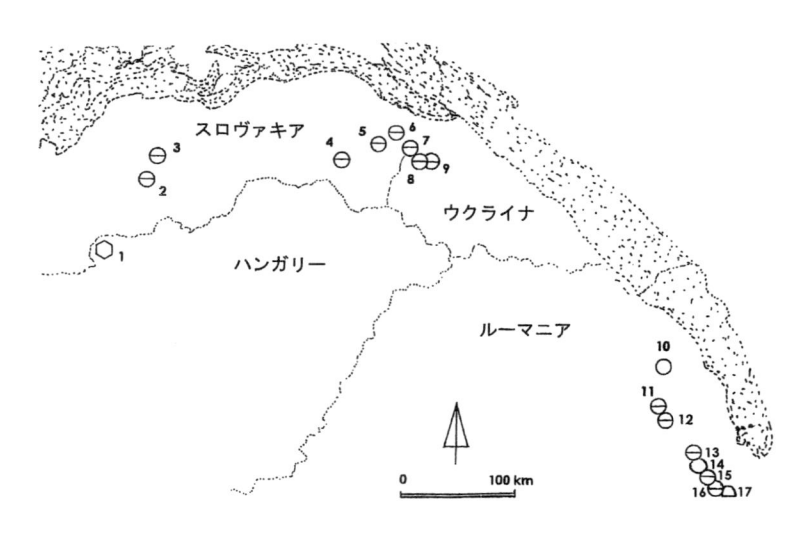

図4.1-1　カルパチア内弧に沿って2000万年前以降噴火を続けたハンガリー─ルーマニア火山弧
　点線部はカルパチア山脈．第三紀には外弧側に海があり，海洋底プレートがカルパチア山脈下に沈み込んでいた．1-17の番号は表4.1-1の左端の数字と対応．

表 4.1-1 カルパチアの火山一覧

火山名	型	比高 (m)	底径 (m)
Hungaria			
1 Börzsöny	C	400	20000
Slovakia			
2 Pol'ana	A2	1000	20000
3 Javarie	A2	600	35000
4 Bogota	A2	600	18000
5 Morske-oko	A2	800	11000
6 Alsohunkoc	A2	800	10000
Ukraine			
7 Kamenica	A2	800	15000
8 Vorochovo	A2	600	11000
9 Kibl'ary	A2	700	8000
Romania			
10 Calimani	A4	1100	21000
11 Gurghiu	A2	1200	33000
12 Seaca-Tatarca	A2	1200	20000
13 Sumuleu	A2	1000	24000
14 Harghita	A4	1060	34000
15 Luci	A2	900	19000
16 Cucu	A2	700	12000
17 Ciomadul	Do	400	4000

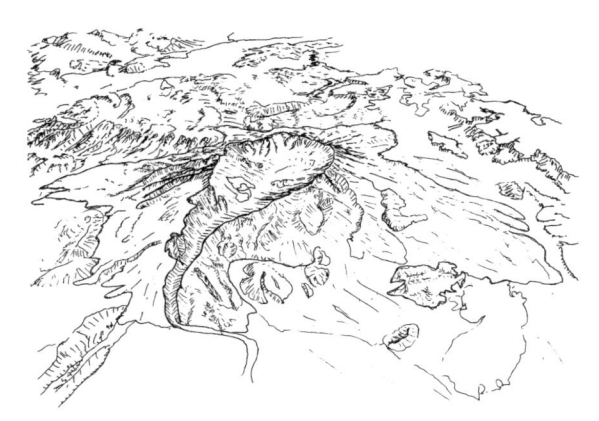

図 4.1-2 カルパチア弧スロヴァキア中部の Pol'ana 成層火山を南から望む

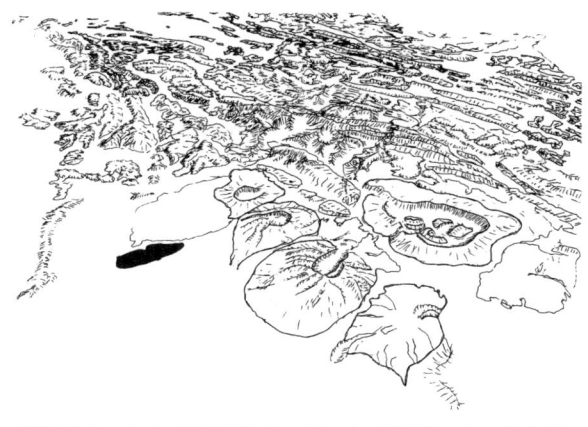

図 4.1-3 カルパチア弧スロヴァキア東部の古い火山列（手前）を南から望む

奥の並列する山系はカルパチア山脈．右上隅にポーランド・ウクライナの平野が遠望される．以前プレートが沈み込んでいた．

の成層火山とくらべはるかに長く，フィリピン・インドネシアのような雨が多い熱帯・亜熱帯の火山の裾野に似る．このやや北，ズボレン市北東に存在する Pol'ana 火山には，成層火山の放射状尾根や山麓の緩斜面がかなり明瞭に認められる（図4.1-2）．北東部のウクライナとの国境付近には，山頂カルデラなどかなり明瞭な火山地形をもつ成層火山が6個見出される（図4.1-3；Konečný et al., 1995）．

4.1.3 ルーマニア

ルーマニアでは，カルパチア山脈が東西方向から南に湾曲し，それに並行して火山列も湾曲する．その大部分は成層火山で，北から Calimani, Gurghiu, Harghita, Luci, Cucu, Ciomadul など 15-20 個の火山がほぼ相接して並ぶ（図4.1-4）．Calimani 火山は 9-7 Ma に活動した玄武岩質の大型円錐火山体をもち（図4.1-5），山頂カルデラ，軽石質火砕流，土石流堆積物からなる火山麓扇状地が認められる（図4.1-6）．7-5 Ma に活動した Gurghiu, Harghita 火山は安山岩質溶岩流を主体とした火山であるが，岩屑なだれ堆積物や流れ山をもつ堆積面を残す．Luci, Cucu 火山も安山岩質の成層火山であるが，3-2 Ma 頃に活動した．ほぼ最南端の Ciomadul 火山の活動期は 1 Ma 以降である（Seghedi et al., 1995）．以上のようにルーマニアの火山列は北→東→南の順で次第に活動時期が若くなり，岩質も北の Calimani 火山はソレイアイト，中部の Harghita 火山群はカルクアルカリ質，南部の Ciomadul 火山などはアルカリ質と，南にいくに従いアルカリの量が増加する．

Cucu 火山 Ciomadul 火山の北西方約 10 km に分布する標高 1530 m，比高 700 m，底径 12 km の成層火山である．山頂に南東開きの馬蹄形火口をもつ安山岩質溶岩流を主とした火山体主部と，その周囲に広がる緩斜面とからなる．溶岩流の表

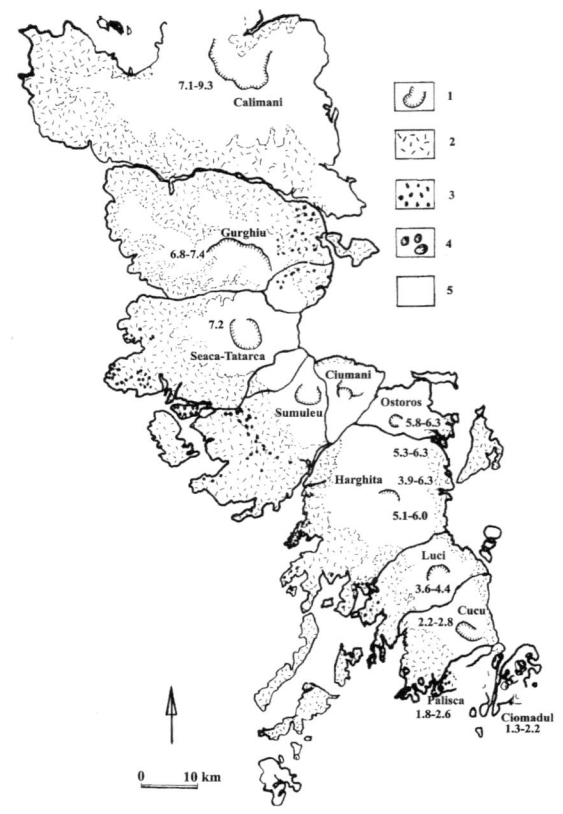

図 4.1-4 カルパチア火山弧東部のルーマニア火山列
（Szakacs and Seghedi, 1995 を簡略化）

図中の数字は活動年代 (Ma)．最北の Calimani 成層火山は900万年前頃活動，最南端の Ciomadul 溶岩ドーム群火山は100万年前より新しく，最新活動は約1万年前である．1：火口壁・カルデラ壁，2：火砕流・土石流堆積面，3：流れ山（岩屑なだれ堆積面），4：溶岩ドーム，5：成層火山原面．

図 4.1-5 カルパチア火山弧ルーマニア北部の Calimani 火山を南より望む

玄武岩質溶岩流を主体とするが，山麓には白色軽石質火砕流や土石流堆積物が認められる．

図 4.1-6 ルーマニア Calimani 火山麓の土石流・軽石質火砕流の堆積物

面の微地形はまったく残っていないが，末端崖や全体の傾斜を示す地形は残されていて，形成時の火山体の地形をまだよく保持している．馬蹄形カルデラ内部には，強度に変質し，原岩の性質がほとんどわからなくなっている地域が認められ，馬蹄形カルデラを中心に火山活動が活発に行われたことを示している．

Harghita 火山　火山列の中央やや南に位置する標高 1780 m，比高 1060 m，底径 34 km，面積 600 km^2，体積 60 km^3 の成層火山である．山頂に南に開いた直径 8 km のカルデラがあり，その中に厚い溶岩流を主体とする成層火山がある．面的侵食作用（たぶん凍結融解作用）により溶岩流などの表面微地形は失われているものの，末端崖などの溶岩流1枚1枚の概形はかなりよく追跡できる．とくに山麓の緩斜面上の溶岩流はかなり容易に認定可能なほど，もとの地形が保持されている．火山麓の緩斜面は，南・西・東麓にかなりよく発達している．大部分は土石流堆積物からなる火山麓扇状地であると考えられるが，一部には岩屑なだれの堆積物も認められる．これは南西麓のバイレスファンタクルースの集落南西部の露頭に見られ，流れ山地形らしい高まりも近くに認められる．これは前述の南に開くカルデラの形成に関連したものである可能性が高い．

Luci 火山　Harghita 火山に接してすぐ南東に Luci 火山がある．底径 20 km 弱，標高 1395 m，比高 900 m の成層火山である．山頂に南に半円形に開く直径 10 km のカルデラがある．そのカ

ルデラの南半分を埋めるように，新しい成層火山が形成されている．その間の火口原には溶岩円頂丘と思われる底径 2.5 km，比高 150 m の高まりがある．この火山は一見成層火山に見えるが，よく見ると山頂部が緩傾斜，山麓が急傾斜でいくつかの峰に分かれるという地形的特徴がある．これらから溶岩ドームの集合体であった可能性も少なくない．

以上の火山以外に，Ostoros, Infecta, Muntele, Amezei, Dealul Borzont, Seara などの成層火山が数多く存在する．これらは互いに裾野を接し合い，1つの連続した火山列を構成する．いずれも安山岩，デイサイトからなる厚い溶岩流を主体とする成層火山体，その山頂に形成された地形（侵食で拡大された火口とか，馬蹄形カルデラ，または小型カルデラ），山麓の緩斜面（火山麓扇状地または流れ山をもつ岩屑なだれ堆積面）をもつ点で共通している．このような成層火山が並ぶのは日本の東北地方と似ている．しかし東北地方の成層火山が背梁山脈上に噴出しているのに対し，これらの火山体はカルパチア山脈とトランシルヴァニア平原の間の地溝状の低地帯の西縁に沿って湾曲しながら噴出している点で異なる．地溝状の凹地に火山がならぶカムチャツカ半島，ニュージーランドなどと似ているが，明瞭な正断層崖は認められず，張力場でなくむしろ圧縮場であったと考えられるので，カムチャツカ半島などとも異なる．

Ciomadul 火山　カルパチア火山列最南端のCiomadul 火山はドームを主体とする小火山である（図 4.1-7）．この火山は少なくとも 12 個の溶岩ドームと，その一部を破壊して形成された 2 個の爆裂火口，それらの周囲に分布する緩斜面（主体はたぶん軽石質火砕流堆積物）とからなる（図 4.1-8）．溶岩ドームはいずれも底径 1-2 km，比高 150-400 m 前後の平均的なものであるが，原形を保ったごく最近形成されたと思われるものから，かなり侵食を受けその原形を失ったものまで，さまざまであり，かなり長い時間をかけて溶岩ドーム群として成長してきたと考えられる．これら溶岩ドーム群はデイサイト質溶岩からなるが，その K-Ar 年代値は 1-0.22 Ma (Pecskay et al., 1992)とされてきた．Sfinta Ana, Mohos と呼ばれる 2

図 4.1-7　カルパチア火山弧ルーマニア中部の Ciomadul 火山を北から望む

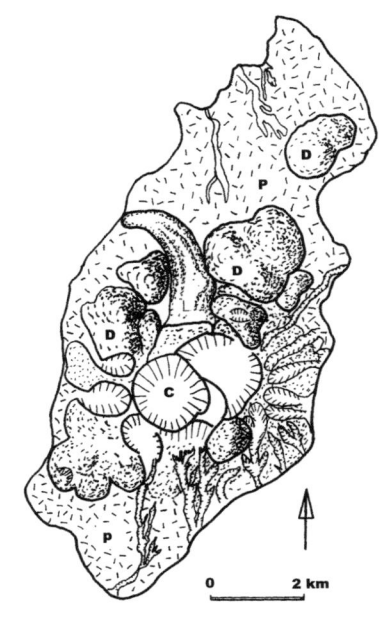

図 4.1-8　ルーマニア Ciomadul 溶岩ドーム群火山の地形分類図
C：爆裂火口，D：溶岩ドーム，L：溶岩流，P：軽石質火砕流堆積面．

つの爆裂火口は 2-3 個の溶岩円頂丘を破壊して溶岩ドーム群のほぼ中央に生じ，なお新鮮な地形をもつ．より若い Sfinta Ana 火口は直径 1.5 km，深さ 200 m で，火口底に湖が存在する．相接してすぐ北東にある Mohos 火口は直径 2 km，深さ 100 m と Sfinta Ana にくらべはるかに浅く，Sfinta Ana からの噴出物により埋められていることは明らかである．これら 2 つの爆裂火口の周辺にはこの形成に伴う噴出物が厚く堆積し，一部ではかなり顕著な緩斜面をつくっている．この 2 つの火口はその地形の新鮮さから，ほぼ同時期に生

図 4.1-9 ルーマニア Ciomadul 火山の火砕流（下位），マグマ水蒸気噴火放出物（上位）の露頭

じたと考えられるが，そこから放出された噴出物は，噴出順に降下軽石→軽石流→火砕サージの3つに分けられる．これらの堆積物がすべて見られる Ciomadul 火山西麓の温泉地トゥシュナドの南2 km の露頭（図 4.1-9）での観察結果（守屋，1995；Seghedi et al., 1995）を略述する．

降下軽石は厚さ約4 m，4-5枚の降下ユニットに分かれる．いずれも灰白色の軽石からなり，最大粒径は4 cm である．一部に直径4 cm 以下の石質岩片が含まれるが，大部分は溶岩ドームをつくる溶岩片である．この降下軽石は東斜面上で3 m 以上，火山体東方20 km 地点で20-25 cm の厚さで認められるので，その分布の全容が明らかになるまで詳しい議論はできないが，1-2 km^3 の噴出量が期待される．

軽石流は降下軽石の直上に整合に乗り，時間間隙を示す証拠も見出されない．この堆積物の厚さは約10 m で，3-4枚のフローユニットに分けられるが，いずれも灰白色の軽石粒（最大粒径10 cm）と同質の細粉とからなる．石質岩片は5-10 cm のものが多いが，大部分が溶岩ドーム起源のデイサイトである．溶結部は認められない．この火砕流堆積物上部に含まれていた炭化木片の ^{14}C 年代は 10070±180 yrBP（Juvigne et al., 1994）で，Ciomadul 火山がまだ生きていることを示す．

最上部には灰色の細粒火山灰を主体とする厚さ約4 m の噴出物が存在する．一部に土石流堆積物と見られる厚さ1-2 m の亜角礫層が存在するが，これは細粒火山灰が斜面に堆積することによって透水係数が急減し，流水が激増したために土石流が発生するようになったことを示唆する．細粒火山灰層は Ciomadul 火山のほぼ全域にわたって表層部に認められる．山頂爆裂火口のすぐ東の火口縁に3 m 以上の厚さの同層が認められるが，それは明瞭な成層構造をもち，一部には火山豆石が含まれる（Szakacs and Seghedi, 1989）．これは軽石噴火で生じた火口内に水が溜り，噴火末期に上昇したマグマとの接触で起こった一連のマグマ水蒸気爆発によって放出された噴出物と考えられる．もし火口内に水がなければ溶岩ドームが生じたかもしれない．

上記のトゥシュナド温泉の南2 km の軽石層の露頭は溶岩ドームの基部に露出し，溶岩ドームの下位，すなわち溶岩ドームより古いとの考えがあったが，溶岩ドーム山頂の平坦部で表層部を掘削した結果，軽石粒が見出され，溶岩ドームが軽石層より古いことが明らかとなった．これはこの露頭のすぐ背後が段丘状になっていることからも裏づけられる．ただ，火山体北東部にある新鮮な原地形を保持する2-3個の溶岩ドームは，爆裂火口形成後に生じた可能性もある．

4.2 ドイツアイフェル地方

ドイツ南西部のアイフェル（Eifel）地方，モーゼル川がライン川に合流するコブレンツ市の西方に第四紀火山地域が存在する（図 4.2-1，表 4.2-1）．ここはライン地溝からルクセンブルクに広がるライン楯状隆起帯の頂部に位置し，約260個の小型火山群からなる（Illies et al., 1979）．この火山地域は大きく東 Eifel 火山地域と西 Eifel 火山地域に二分される．西 Eifel 火山地域はダウン市を中心に北西—南東方向にのびる長径50 km，短径20 km の楕円の平面形をもち，その中に約200個のスコリア丘，マール火山が散在する．東 Eifel 火山地域はコブレンツ市の西方20 km 付近に中心をもつ，長径30 km，短径18 km の北西—南東にのびる楕円の平面形をもち，その中に約60個のスコリア丘，マール火山が散在する．これら2火山地域の中間にも数個の小火山が存在する（図 4.2-2）．

これら第四紀火山の岩石は，ナトリウム・カリ

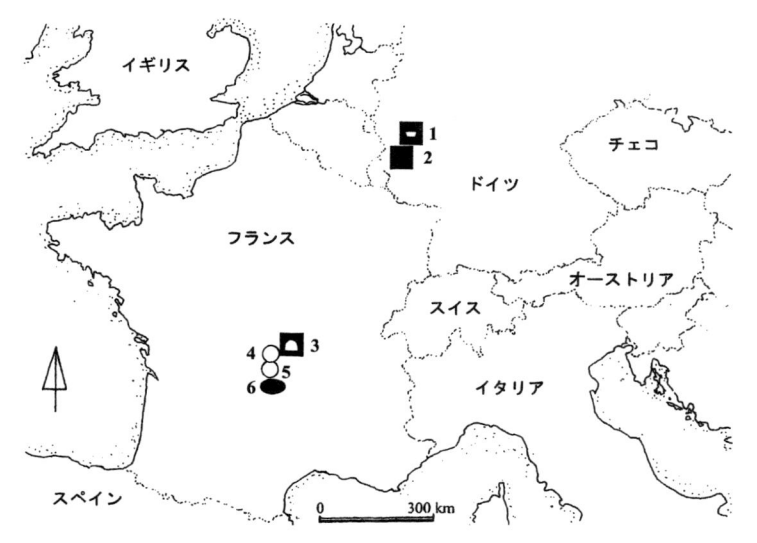

図4.2-1 ドイツアイフェル地方，フランスオーベルニュ地方の型別火山分布図
1-6の番号は表4.2-1の左端の数字と対応．

表4.2-1 ドイツ・フランスの火山一覧

火山名	型	比高 (m)	底径 (m)
Germany			
1 NE Eifel (Laacher See)	L4	50	26000
2 SW Eifel	L1	50	39000
France			
3 Auvergne (Puy de Domes)	L1	200	80000
4 Mont Dore	A4	800	25000
5 Sancy	A4	900	35000
6 Cantal	SH1	1000	64000

ウムを多く含んだアルカリ質マグマに由来し，ネフェリナイト・リューサイタイト・ベイサナイト・テフライト・フォノライトなど変化に富む(Schmincke et al., 1990)．これらの多くはスコリア丘を形成し，溶岩を流出する噴火活動を行う典型的な大陸内部の火山であるが，なかには軽石を放出したり，溶岩ドームを形成するものもある．分化の進んだフォノライト・テフライト質のマグマは各々この火山地域の中心に近いところに多く分布する傾向が見られる．Schmincke (1982) はマグマ中の捕獲岩の種類から，それらのマグマの地殻中でのマグマ溜りが異なり，ネフェリナイトはモホ面近くの30 km，ベイサナイトは15-30 km，テフライトは10-20 km，フォノライトは5-10 kmの深さにあると推定している．

Eifel火山地域の活動は70万年前以降現在まで続いている．この間に約260個の小火山が形成されたので，かりに1回の噴火で1個の小火山が形成されると仮定すれば，単純に割算すると，2700年に1回の割合で噴火が起こったことになる．ただ一直線上に数個並んだスコリア丘などがいくつか見出され，1つの割れ目から1回の噴火で数個のスコリア丘が形成される場合も考えられるので，実際の噴火の間隔はもう少し長くなるかもしれない．Eifel火山地域のいくつかの火山について述べる．

Laacher See火山　東Eifel火山地域のほぼ中心，コブレンツ市の北北西約30 kmに，直径約3 kmのLaacher Seeカルデラがある（図4.2-2, 3）．これは1.1万年前のフォノライト質の軽石噴火によって生じた（図4.2-4）もので，その総体積は5.3 km³に及び，堆積物はカルデラのまわりに平坦な地形をつくっている．この火山は小カルデラ火山の範疇に入ると考えられ，大部分がスコリア丘とマールとからなるEifel火山地域では唯一の特異な存在である．噴火は次の7つのステージ（マグマ水蒸気爆発→プリニー式噴火→火砕流→プリニー式噴火・火砕流→マグマ水蒸気爆発→サージ→土石流）に分けられている（Freundt and Schmincke, 1985 ; Bogaard and Schmincke, 1985）．

Wannenkopfeスコリア丘　コブレンツ市の西12 kmにあるWannenkopfeスコリア丘は直径が2 kmに達する大型のスコリア丘であったらしいが，石材として採取されたため，もとの地形はほとん

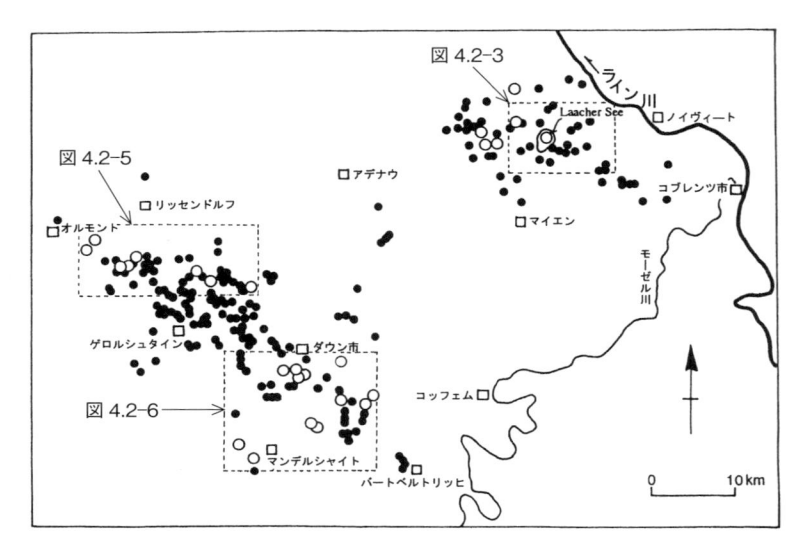

図 4.2-2 ドイツ Eifel 溶岩原の単成火山の分布（Illies *et al.*, 1979 を加筆修正）
白丸：マール・タフリング，黒丸：スコリア丘．

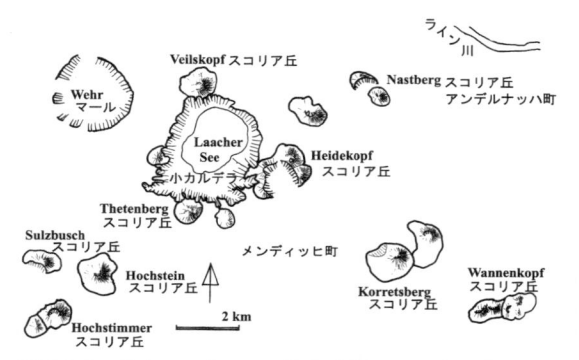

図 4.2-3 ドイツアイフェル地方東部のスコリア丘・マール群と Laacher See 小カルデラ火山の地形分類図

図 4.2-4 ドイツアイフェル地方 Laacher See 小カルデラ火山噴出物
火砕サージ堆積物中に白色軽石層が複数枚はさまれる．

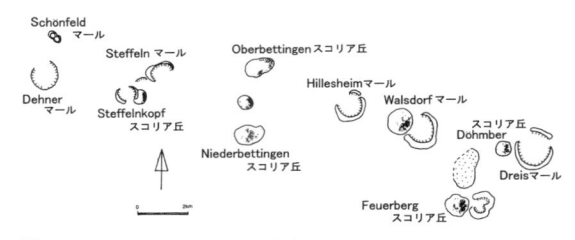

図 4.2-5 ドイツ西 Eifel 溶岩原北西部のマール・スコリア丘の分布

ど失われている．しかし逆に内部構造がよく観察され，15 個の火口をもつ複合スコリア丘であることがわかる（Schmincke *et al.*, 1990）．その断面は下部に既存の基盤岩をつくっていた岩片が多く，その上に厚い本質岩片からなる赤黒色の降下スコリア層が乗る．これは初期にマールが，続いてマールを埋めてスコリア丘が形成されたことを物語る．

Schönfeld マール　シェーンフェルト集落のすぐ南西に，北西―南東方向に相接して並ぶ 2 つのマールを総称して Schönfeld マールと呼ぶ．いずれも直径 150-200 m，深さ 5-10 m の小規模なマールであるが，かなり新鮮な地形が残っている（図 4.2-5）．それらの北東斜面上に採石場があり，その露頭では，マグマ水蒸気爆発によると考えられる爆発飛散角礫層と，ストロンボリ式噴火によると考えられる黒色スコリア層との互層が認められる．互層は少なくとも 4.4 cm の厚さをもつ．爆発飛散角礫の中には，オリビン団塊や黒雲母の外来巨晶が含まれる．

Steffeln マール　シュテフェルン集落の西 1 km

にある直径700m, 深さ10mのマールで, すぐ東には比高50mのSteffelnkopfスコリア丘がある. このスコリア丘の南麓に採石場があり, そこには厚さ7m以上のマール噴出物が観察される. マール噴出物は細く成層した径2-4cmの固結溶岩片を主体とし, 1cm径のスコリアも含む. 噴出物中には振幅30-40cm, 波長2-5mのデューン構造が多く認められ, マール形成時のマグマ水蒸気爆発による火砕サージが繰り返し発生したことを物語る. Steffelnkopfスコリア丘上の採石場には, 降下スコリア層を貫く給源岩脈が認められる.

Oberbettingenスコリア丘　オーバーベティンゲン集落の500m南西にあるスコリア丘で, 現在比高は40-50mあるが, 採石されているため, もとの地形・比高は明らかでない. ここでは厚い赤色降下スコリア層がつくる火口を埋めて, 溶結スパターが5m以上の厚さで存在し, 複合スコリア丘であることを示唆する. スコリア丘の麓には三畳紀の赤色砂岩上に流出した玄武岩質溶岩が, 厚さ10mの玄武岩質火山灰を敷いて, 2-3mの厚さで乗る.

Schalkenmehrenerマール, Weinfelderマール, Gemundenerマール　ダウン市の南3-4kmに南東―北西に相接して並ぶマールが3-4個存在する（図4.2-6, 7, 8）.

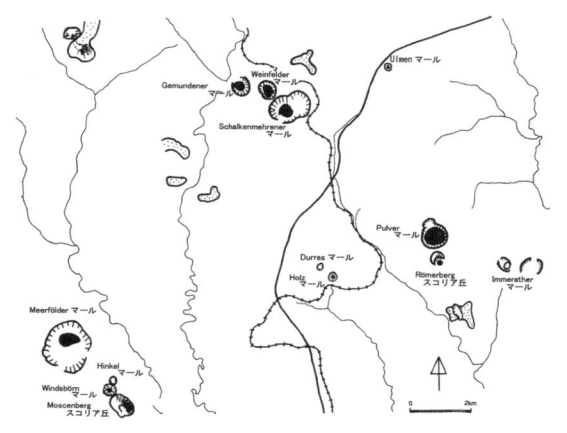

図4.2-6　ドイツ西Eifel溶岩原中央部のマール・スコリア丘の分布

図4.2-7　ドイツ西Eifel溶岩原中央部のSchalkenmehrenerマールを北東より見る（1987年撮影）

図4.2-8　ドイツ西Eifel溶岩原中央部のUlmenマール

Schalkenmehrener マールはそのうちもっとも南東に位置し，ひょうたん形をしていて，2個のマールが合体したことを示唆する．西側のマールの直径は 800 m，深さ約 100 m で，南の出口にはシャルケンメレナーの集落が存在する．東側のマールもほぼ同様の規模である．

Weinfelder マールは Schalkenmehrener マールの北西に接して存在し，その直径は 700 m，深さ 30-40 m である．

Gemundener マールは直径 600-700 m，深さ 100 m ほどの火口をもち，すぐ北東に接して比高 50-60 m のスコリア丘がある．その東麓には，採石場があり，爆発飛散角礫と降下スコリア層が互層する露頭が見出される（Nakamura and Krämer, 1970）．

4.3 フランスオーベルニュ地方

フランス中央部のオーベルニュ地方には，南北に連なる長さ 65 km，幅 15 km の第四紀火山帯がある．その大部分はスコリア丘・マールの小型火山（図 4.3-1）で，la Chaine des Puys（Auvergne 単成火山列）と呼ばれ，その数は 100 個に達する．その中央部には粗面安山岩質の Puy de Dome 溶岩ドーム火山がある（図 4.3-2）．その南にはわずかに la Chaine des Puys と重なって，2.5-1.5 Ma に活動した Mont Dore 成層火山，75 万年前から活動した Mont Sancy 成層火山がある（図 4.3-3）．さらに南西には 11-6.5 Ma に活動した大型楯状火山 Cantal が存在する（図 4.3-4）．

la Chaine des Puys（Auvergne 単成火山列）は，クレルモンフェラン市街地のすぐ西の，南北に連なる比高 300-400 m の断層崖上にある地塁

図 4.3-2　フランスオーベルニュ地方の Puy de Dome 溶岩ドーム

図 4.3-3　フランスオーベルニュ地方の Mont Sancy 成層火山
手前にしわ模様をもつ溶岩流やスコリア丘が見える．

図 4.3-1　フランス中央部オーベルニュ地方クレルモンフェラン市西方のマール-溶岩ドーム火山列を南西から望む

図 4.3-4　フランスオーベルニュ地方の第三紀に活動した Cantal 楯状火山のスケッチ

の頂部に形成された．これらについて，野外現地調査を主体に2.5万分の1地形図・空中写真・文献（Camus et al., 1983）を加えて得られた情報をもとに略述する．

クレルモンフェラン市中心部の西方約10 kmに，標高1464 m，比高約500 m，底径約3 kmのPuy de Domeがある．これは8300年前に形成された溶岩ドームで，形成途上その半分が大崩壊し，馬蹄形凹地が生じて崩壊物は岩屑なだれまたは火砕流として流下した事件がはさまれていると考えられている（Camus et al., 1983）．

Puy de Dome 溶岩ドームを中心に，その南・北各々5 km以内には，Grand Sarcouy, Chopineなど6個の溶岩ドームが存在する．これらはいずれもPuy de Dome溶岩ドームより小規模である．

これらの溶岩ドームのまわりには71個のスコリア丘が存在する．それらの大部分は新鮮な火口地形と侵食谷がまだ生じていない平滑な外側斜面とからなっていて，ごく最近の噴火活動によって形成されたことがわかる．これまでに^{14}C法，熱ルミネッセンス法，K-Ar法，U-Th法などによる年代測定によって，これらは数万年前から数千年前にかけて形成されたことが明らかにされている．いずれも底径700-1300 m，比高100-300 m，火口径200-400 mの標準的なサイズのスコリア丘で，Puy de Comeのように山頂火口と外側の平滑斜面のみからなる単純な形状のものが多いが，一方でParionスコリア丘のように，3つのスコリア丘の合成で複雑な地形・構造・形成史を示すものもある．

スコリア丘の基部からは溶岩流が東または西へ流下していることが一般的である．東へ流出したあるものは断層崖を下って，クレルモンフェラン市街地などがある平野まで達している．多くは長さ5-10 km，幅数百mから4 km，厚さ20-30 mである．

オーベルニュ火山列の南北両端に近づくにつれ，火山のタイプは溶岩ドーム型・スコリア丘型からマール・タフリング型（30個）へと変化する．Lac Pavin, Las Chauvetなどの湖沼はその典型で，多くは径1 km前後の爆裂火口からなる．

正断層崖より東のクレルモンフェラン市などがある低地帯には，20個を超える小楯状火山（比高100 m以下，底径5-10 km）が点在するが，地形的には面的侵食作用を受けていて，やや古い．

Mont Dore成層火山は，底径25 km・比高800 mの成層火山で，頂部に径6 kmのカルデラをもつ．そのカルデラに標高1738 m，比高約500 mの侵食された溶岩ドームがある．火砕流堆積物などからなる裾野の緩斜面は，まだかなり原地形に近い形態を保持する．マグマは流紋岩・粗面安山岩・フォノライト・テフライト質であった（Gourgaud and Villemant, 1992）．

Mont Sancy火山はMont Dore火山の南に重なるように新たに形成された成層火山で，粗面安山岩質の溶岩を主とし，岩屑なだれ堆積物・軽石流堆積物なども認められ（Gourgaud, 1995），日本のような島弧によく見られる成層火山に地形・構造・発達史とも酷似する火山である．もっとも新しい溶岩は25万年前に流出し，溶岩じわ・側端崖も残っている（図4.3-3）．

Cantal楯状火山はSancy成層火山の南約50 kmにあって，11 Maから9 Maにかけて玄武岩質溶岩を流出し，比高1000 m，底径64 kmの大型火山体をつくった．9 Maから6.5 Maの間には，この大型楯状火山頂部に粗面安山岩質成層火山が形成された．その後長い侵食期に放射谷が刻まれ，山頂部はMary, Griou, Prompなどの峰に分かれ，北西麓には岩屑なだれが発達したことを示す流れ山が見られる（Goer, 1995）．もとの火山体をつくる緩斜面は広く残されている．

以上をまとめると次のようになる．①フランス中央部クレルモンフェラン市西方には，小型火山（溶岩ドーム・スコリア丘・マール・タフリング）約100個からなる南北に走る全長65 kmの火山列があり，その下に割れ目帯が存在することを示唆する．②火山列の中心から南北10 km以内に，7個の粗面安山岩質の溶岩ドームが存在する．③中心から南北20 km以内に溶岩ドームとスコリア丘が混在し，それらの規模が比較的大きい．④逆に火山列の南北端に近づくにつれ，間隔はあき，サイズは小さくなり，マール・タフリングが多くなるという著しい特徴が認められ，⑤その南にはMont Dore成層火山があるがやや古い．両者の間にはわずか数十万年の時間的へだたりがあるの

みであるが，その間に火山型を変化させる何らかの事件が起こったのではないかと考えられる．

4.4 イタリア半島および周辺地域

イタリアの火山あるいは火山地域は，その分布・形態・岩質などから，①細長く北西—南東にのびるイタリア半島の西海岸に沿って帯状に分布するローマ，ナポリ近辺の成層火山・カルデラ火山群，②ティレニア海南部に点在する Stromboli, Vulcano などのエオリア（リパリ）諸島の火山，③シチリア島の東部に噴出した Etna 火山，④シチリア島とアフリカ大陸の間の，数百万年前から拡大を始めた海底の裂け目上に噴出した Pantelleria 島の火山，の4つに大別される（図 4.4-1, 表 4.4-1）．

100万年程前までアドリア海からイタリア半島北東岸下へプレートが沈み込んでいたが，旧ユーゴスラヴィア側のプレートがイタリア半島と衝突して沈み込みが止まり (Royden *et al.*, 1987)，内弧側のティレニア海で拡大 (Nigro and Sulli, 1995)，沈降が起こった（図 4.4-2）．それにつれて，アペニン山脈はその高さを維持できず，ティレニア海側に滑動し，山脈自体が現在見られるように低平化した (Pappone and Ferranti, 1995)．アペニン山脈の西側には火山列が走るが，ここの火山は正断層に切られ，張力場に生じたと推定される．火山列はそのまま拡大しているティレニア海に連なる背弧盆に相当する平野部に噴出しており，背弧火

表 4.4-1 イタリアの火山一覧

	火山名	型	比高 (m)	底径 (m)
1	Amiata	A2	1200	15000
2	Latera	Cf	300	30000
3	Vulsini	Cf	500	40000
4	Cimino	A2	560	12000
5	Vico	A4	700	25000
6	Sabatini	Cf	300	60000
7	Colli-Albani	A4	956	45000
8	Roccammonfina	A4	900	24000
9	Campi-Phlegrei	Cf	458	30000
10	Vesuvius	A4	1281	18000
11	Ischia	Do	721	8000
12	Vulture	A4	800	13000
13	Stromboli	A1	924	4000
14	Panarea	Do	398	2200
15	Lipari	Do	602	4000
16	Vulcano	A2	500	6000
17	Salina	A1	962	4000
18	Filicudi	Do	774	3500
19	Alicudi	Do	675	2000
20	Etna	SH1	3200	36000
21	Pantelleria	SH1	805	11000

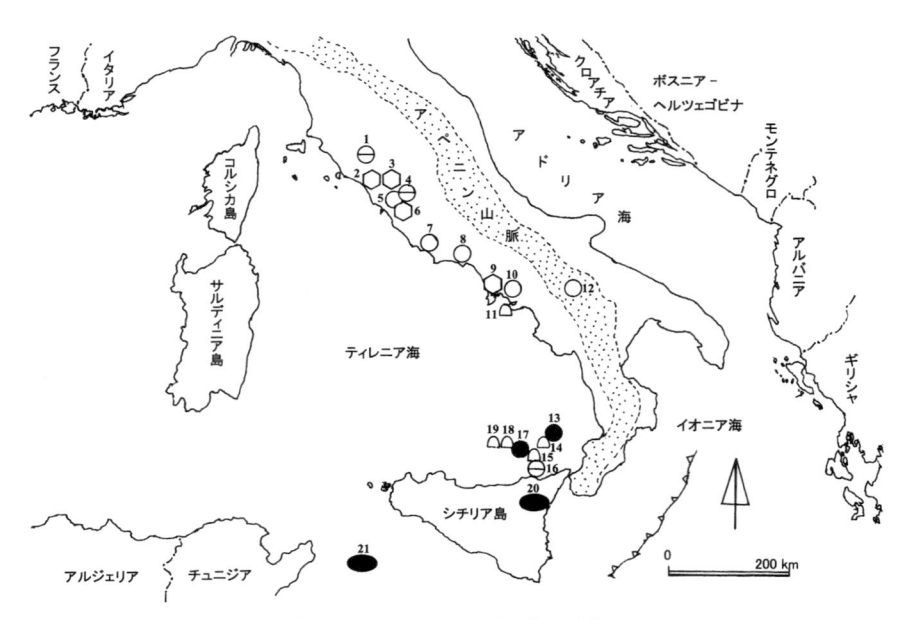

図 4.4-1 イタリアの型別火山分布図
1-21 の番号は表 4.4-1 の左端の数字と対応．

西　　　　　　　　　　　　　　東

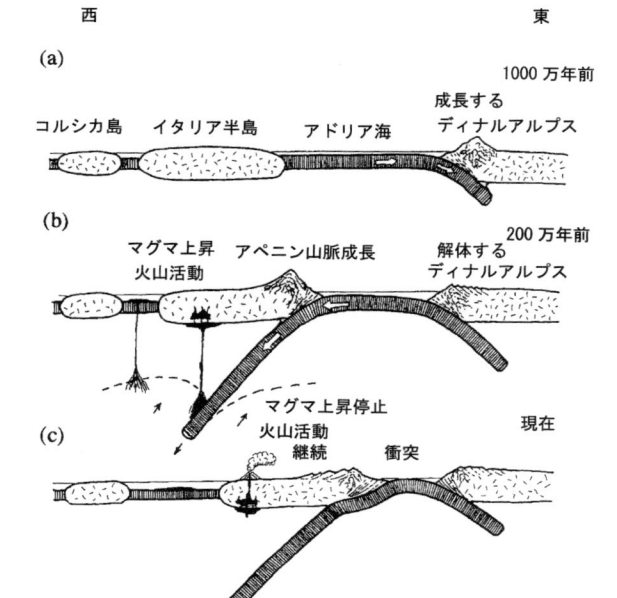

(a)
コルシカ島　イタリア半島　アドリア海　成長するディナルアルプス
1000万年前

(b)
マグマ上昇　アペニン山脈成長　解体するディナルアルプス
火山活動
200万年前

(c)
マグマ上昇停止
火山活動継続　　衝突
現在

図 4.4-2　第四紀のアドリア海プレートの沈み込み停止，ティレニア海の拡大に伴うイタリア半島火山の活動変化を示す模式断面
(a) アドリア海プレート東進，バルカン半島下に沈み込む．ディナルアルプス隆起．(b) アドリア海プレート・バルカン半島西進，イタリア半島下に沈み込む．アペニン山脈隆起，内弧火山活動開始．(c) 衝突，アドリア海プレート運動停止．アペニン山脈高度低下，内弧火山活動継続．

山列と見なしてよい．噴出マグマは高カリウム岩系に属する (Rogers *et al.*, 1987)．ティレニア海の拡大は南半分では南東方向に進み，ティレニア海側のプレートはアフリカプレートの上にのし上がり，新たにエーゲ弧をつくった．その結果 Stromboli, Vulcano などのカルクアルカリ岩系からなる島弧型の Aeolian 火山群が生じた (Ninkovich and Hays, 1972)．

イタリア半島とその周辺地域の地震・重力・地殻熱流量などの地球物理学的データ (Ponziani *et al.*, 1995; Gamberi amd Arguani, 1995; Berrino, 1994) も，上記の事実と調和的である．イタリア半島下には 100 km 以浅の地震はなく，ベニオフ帯も認められない．アドリア海側に地震が少なく地殻熱流量も小さいのにくらべ，ティレニア海側では地震も地殻熱流量も多い (Calcagnile and Scarpa, 1985)．これらの事実は，現在アドリア海側でのプレート運動はほとんど起こっておらず，逆にイタリア半島の西側のティレニア海で活発な動きが見られることを示唆する．

イタリアの火山は前記のように 4 つの火山地域に分けられるが，それぞれの地域の主だった火山について，その地形・構造・岩石・年代などをのべる．

4.4.1　イタリア半島西海岸

Amiata 火山　ラルデレッロ地熱地帯 (Bullard, 1962) のすぐ南に Amiata 地熱地帯があり，その中央部に 29-18 万年前に活動した Amiata 成層火山がある．標高 1738 m，底径 15 km の火山体は中型で，大部分はデイサイト-流紋岩質の厚い溶岩流からなる (Duchi *et al.*, 1987)．頂部は火口がなく，溶岩ドームで形成されているように見える．

Latera カルデラ火山　Vulsini カルデラのすぐ西隣にある径 6-7 km のカルデラをもつ火山で，38 万年前から 20 万年前にかけて繰り返し噴出した火砕流や降下軽石がカルデラ周辺地域を広く覆っている．これらは粗面岩質～フォノライト質で，総体積は 8 km³ 以上に及ぶ．カルデラ内には原形を保つ溶岩流，その流出口一帯に分布するタフリング，スコリア丘などがあり，そこからは降下スコリア，サージ堆積物などが約 15 万年前に噴出したことが Ar-Ar 年代測定法で明らかになっている (Turbevill, 1992)．

Vulsini カルデラ火山　ローマ市の北西 90 km に径 40 km の Vulsini カルデラ火山がある．その中央部に径 17 km のカルデラがあり，その底にボルセナ湖がある (図 4.4-3)．カルデラの外側は外に緩く傾く広大な平滑斜面で，阿蘇や十和田，洞爺などのカルデラの外輪山をなす火砕流台地とほぼ同じ形態をなすが，火砕流堆積物以外に，東や北の外輪山上には溶岩流が多くの露頭で観察され，溶岩流が平滑な緩斜面をつくっていると考えざるを得ない部分がかなり広い範囲にわたっている．そして火砕流堆積物と溶岩流との境界が地形的にはまったく認められず，連続的な 1 つの面としてつながっている．このような事実は，日本のカルデラ火山，あるいはアメリカ，メキシコなどのヴァイアス型カルデラ火山には認められない．溶岩流は比較的流動性の大きいベイサナイト質で，薄く遠くまで流れている．カルデラの縁は急なカル

図 4.4-3　イタリア半島中部 Vulsini カルデラ火山ボルセナ湖南部を東南カルデラ壁から望む

デラ壁ではなく，複数の環状の断層崖が同心円状にボルセナ湖を取り巻く．この環状断層に沿ってベイサナイト質のマグマが噴出し，スコリア丘が列をなして並び，そこから溶岩流が外輪山緩斜面上に広がったり，カルデラ底に向かって階段状の断層崖を流下したりしている．このような幾重もの環状断層に沿ってカルデラが陥没し，その環状断層沿いにマグマが噴出するようなことは，ガラパゴス島の Fernandina カルデラなどハワイ型の楯状火山でよく見られる．したがって Vulsini カルデラ火山は，日本やアメリカ，メキシコのカルデラ火山と，ハワイのような楯状火山の中間型の特徴をもつ．

　この Vulsini カルデラ火山では，環状断層崖のほかに，カルデラの中心を通って南北に走る直線的な断層系がある．これはいずれも正断層で，中央部が落ち込み地溝をなしていて，この地域が東西に広がる張力場にあることを示す（Varekamp, 1981）．

　この火山は発達史の点でも日本のカルデラ火山とはかなり異なる．90 万年前頃に始まったこの火山の活動は，粗面玄武岩質の溶岩流と火砕流を噴出し，カリウムの量が急増してテフライト質の火山灰や溶岩流が噴出した．この一連の噴出物の間に湖成層がはさまることから，この時期 50-40 万年前頃から沈降が始まったことが推定される．40-30 万年前頃になると，ややマグマの分化が進んだ粗面安山岩-フォノライト質の溶岩流と火砕流が流出し，その結果カルデラが誕生した．最後のステージでは環状断層崖に沿ってスコリア丘が数多く形成され，南東外輪山上のボルセナ湖中ではタフリングやマールが認められる（Varekamp, 1980）．最後の活動が 26 万年前との値が出されている（Turbevill, 1992）．

　Vico 火山　山頂に径 6.3 km のカルデラをもつ標高 1100 m の成層火山で，かつては富士山型の典型的な円錐形コニーデ火山として 1400-1500 m の山頂高度をもっていたと推定される．この成層火山体は 40-30 万年前に繰り返し流出したテフライト～フォノライト質の溶岩流からなり，現在も 20 度の傾斜を保持している．その後，分化が進んだフォノライト質のマグマによる爆発的な噴火が少なくとも 4 回あり，それぞれプリニー式噴火による降下軽石・火山灰，マグマ水蒸気爆発によるサージなどの堆積物，それに火砕流堆積物が生じた（Sollevanti, 1983）．10 km 以上山頂から離れた山麓には，かなりの量の軽石質火砕流堆積物が広く分布し，緩斜面をつくっている．最後の火砕流は約 14 万年前に噴出した．山頂カルデラの形成時期はよくわかっていないが，最後の火砕流噴出前後に火山豆石を多く含んだサージが盛んに発生していたことから，すでにカルデラが形成されていたと推定される．最後にカルデラ内にフォノライト質の Mt. Verene 溶岩ドームが形成された．火口原にヴィコ湖が存在する．この火山体の発達史は，円錐形成層火山→火砕流カルデラ→溶岩ドームという順序で，赤城火山など日本の第四紀火山の発達とよく似る．

　Sabatini カルデラ火山　ローマ市のすぐ北西に広がる径 60 km の大カルデラ火山で，その南東麓の緩斜面は膨張するローマ市街の一部となっている．火山の中心部には径 15 km のカルデラが

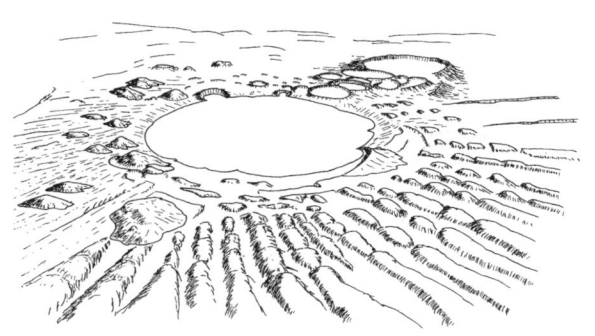

図 4.4-4 イタリア半島中部 Sabatini カルデラ火山を南西から望む

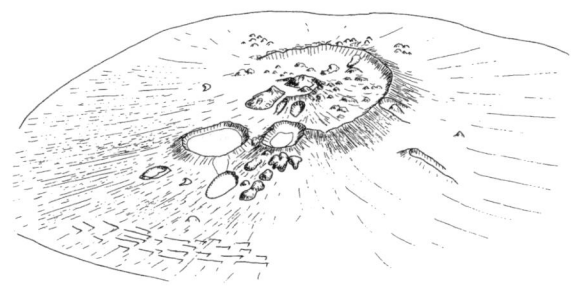

図 4.4-6 ローマ市南方 Colli-Albani 成層火山を西から望む
大きなマールに注目.

図 4.4-5 Sabatini カルデラ北西の Sutri 闘技場（遺跡）スタンド
Sabatini カルデラ形成に関連した火砕流堆積物（溶結凝灰岩）をくりぬいたもの.

あり，ブラッチアーノ湖を湛えている（図 4.4-4）．このカルデラも Vulsini カルデラと同様，環状の断層崖に囲まれ，階段状に落ち込んでいる．カルデラ形成と関連して放出された火砕流堆積物（図4.4-5）は，広くカルデラの周辺に分布するが，それらの多くは茶褐色で弱く溶結し，2-3個の泡が連なったような形状で数 cm の大きさの孔隙をもつ軽石を主体としている．白色で数 mm 以下の細かい孔隙が密に存在する日本の軽石とは異なる構造である．これは噴火時に地下で発泡が起きてから噴出するまでに，イタリアのカルデラ火山では，日本にくらべゆっくり上昇するため，泡が合体する余裕があったということを示しているように見える．このことは，カルデラが階段状に落ち込んでいて，陥没がゆっくり起こったことと符合するし，全般的に火砕流堆積物の溶結度が日本

の火砕流堆積物にくらべ高く，上空高く打ち上げられなかったという従来の推定（Schmincke and Swanson, 1967）とも調和的である.

Sabatini 火山の北東斜面には Sacrofano など数個のカルデラともいえる大きさをもつタフリングやマールがある．これらは周辺に大量のマグマ水蒸気爆発の堆積物を残している（di Filippo, 1993）．Vulsini 火山でも，また後述する Colli-Albani 火山にも，カルデラの外に同様のタフリング・マールが認められ，日本のカルデラと趣を異にする．火山体直下に石灰岩が存在し，地下水が流れる鍾乳洞にマグマが侵入してマグマ水蒸気爆発を引き起こした結果の産物である，と推定されている（de Rita 氏個人談話）．

Colli-Albani 火山 底径 45 km，山頂に径 10 km のカルデラをもつ成層火山である．カルデラ形成前には富士山型の円錐形火山体が存在したことを暗示する 20 度前後の急斜面をもつ標高 900 m 前後の外輪山が，カルデラの北—東縁を半円形に取り巻く（図 4.4-6）．外輪山の構成物は降下スコリアや溶岩流などで，富士山をはじめ日本の第四紀火山発達の初期段階の火山体構成物と同じである．カルデラは西開きの馬蹄形凹地にも見えるが，西麓に流れ山をもつ岩屑なだれ堆積物が認められないこと，カルデラ西縁にタフリング・マールがあり，カルデラ壁が破壊された可能性があることなどから，山体大崩壊跡か火砕流噴出に伴う円形の陥没カルデラであるかは断定できない.

カルデラ形成前後に噴出した火砕流は，前述のように山麓の広い範囲に堆積していて，その総体積は数十 km^3 あるいは 100 km^3 を超すかもしれ

ない．この推定が正しければ，日本の成層火山から噴出した火砕流の量とくらべて異常に大きく，重要な問題点を含んでいるように思われる．カルデラ形成後，カルデラ内に溶岩と火砕物が交互に噴出し，小型の成層火山が生じた．その後また大きな噴火があって，小成層火山頂に径 2.5 km の小カルデラまたは大火口ができた．さらにその内部と縁に 4 個のスコリア丘が形成された．最末期活動として西・南の中腹斜面でマグマ水蒸気噴火が起こり，9 個のタフリング・マールがつくられた（de Rita et al., 1988）．ネミ湖，アルバーノ湖はその中に水がたまったものである．

1989-1990 年の約 1 年間に，Colli-Albani 火山山頂カルデラ西縁の 6×12 km の範囲内の地下 2-8 km 付近で，M 1.5-4.0 の地震が約 3000 回発生した（Amato et al., 1994）．ここは 2.7 万年前に起きた Colli-Albani 火山最新の噴火跡であるタフリングが存在する場所である．この事実は Colli-Albani 火山の中心部の地下 5-6 km にマグマが貫入したことを思わせる．まだこの火山が死んでおらず，将来の噴火を起こす能力を秘めていることを示している．

Roccammonfina 火山 ナポリ市の北西約 50 km にある成層火山で，山頂に径 5-6 km のカルデラをもつ（図 4.4-7）．外輪山はリューサイト斑晶を多く含み非常にカリウムに富んだマグマに由来する溶岩流，降下スコリアなどからなり，154 万年前から 34 万年前にかけて，ストロンボリ式噴火など比較的穏やかな噴火を行って，富士山のような円錐形成層火山を形成したと推定されている．100 万年以上にわたる長い活動期間中に 100-120 km^3 のマグマを噴出したが，その末期には爆発的な噴火が起こりはじめ，Campaniola Tuff と呼ばれる降下軽石や火砕流などが噴出し，北斜面に馬蹄形の凹地が形成された．これは以前陥没カルデラと考えられ，現在では山体大崩壊によって岩屑なだれが発生した跡と考えられているが，山麓に流山をもつ緩斜面やなだれの堆積物が見つかっていないので，いずれとも断定できていない．

34 万年前以降噴出するマグマはカリウムが比較的少ない粗面岩質に変わり，噴火のスタイルも爆発的になった．プリニー式噴火がしばしば起こり，火砕流も山麓に流下して緩斜面を形成した．軽石質のサージ堆積物も多く噴出し，この頃にはすでに山頂カルデラができていて，カルデラ湖中からマグマ水蒸気噴火が起こったことを示している．山頂カルデラの形成時期は断定できていないが，34 万年前にマグマの性質が変わった時期に近いと考えられる．

約 30 万年前に最大規模の噴火が発生，Galluccio Tuff と総称されている降下軽石，火砕流堆積物，サージ堆積物などが噴出した．カルデラ中には，現在も溶岩円頂丘や火砕丘の地形が残されているが，これらは爆発的活動期の後半に形成されたもので，そのうち最新と考えられる溶岩ドームの年代は 5 万 3000 年前である（Cole et al., 1992, 1993）．カルデラ内の火口原を切ってサヴォネ川が谷を刻むが，その谷壁に湖成層やサージ堆積物などが露出し，カルデラ内にタフリングが形成され，爆裂火口中には火口湖もできたことなどを物語っている．

以上のように Roccammonfina 火山の岩石は高カリウム岩系で，日本のような島弧の火山のカルクアルカリ岩系とは異なるが，円錐形成層火山体，山体大崩壊による馬蹄形凹地，山頂カルデラ，カルデラ内溶岩円頂丘などの形成や，穏やかな噴火から爆発的な噴火への移行など，地形・構造・発達の点で日本の成層火山と酷似している．

Campi-Phlegrei カルデラ火山 ナポリ市のすぐ西にあるこのカルデラ火山の南半分は海底にあるが，北半分は比較的カルデラ壁や火砕流台地などの地形が残っていて，径 10-12 km のカルデラが存在したことを示唆する（図 4.4-8）．ここからは 3.6 万年前と 1.2 万年前に巨大な噴火が起こって，大量の軽石が火砕流として放出され，ナポリ市周

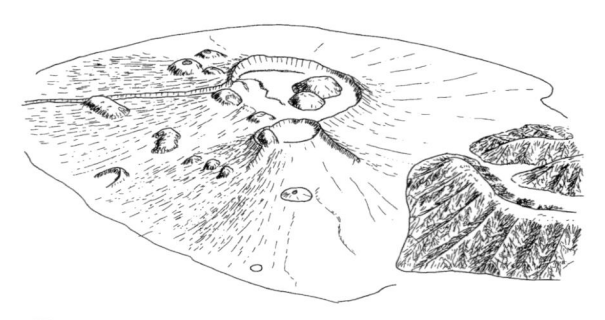

図 4.4-7 イタリア半島中部 Roccammonfina 成層火山を北東上空から望む

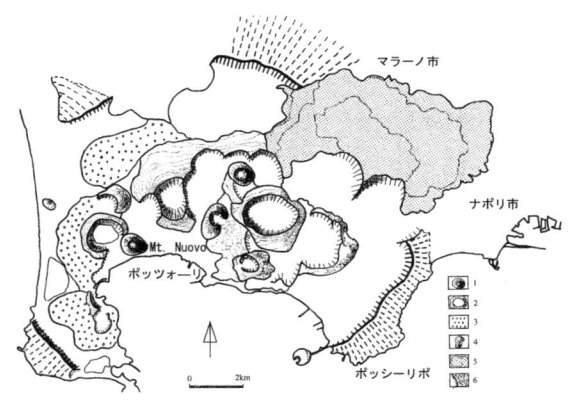

図 4.4-8 イタリア半島ナポリ市西部 Campi-Phlegrei カルデラ火山の地形分類図
1：スコリア丘，2：マール・タフコーン，3：火砕流堆積面，4：溶岩ドーム，5：平頂溶岩ドーム，6：カルデラ形成大規模火砕流堆積面．

図 4.4-9 Campi-Phlegrei カルデラ火山に 1538 年に噴出した Monte Nuovo スコリア丘

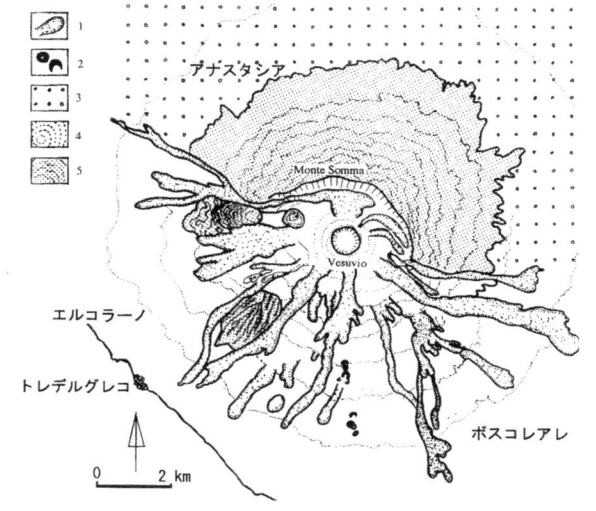

図 4.4-10 イタリア半島南部 Vesuvius 成層火山の地形分類図
1：溶岩流，2：スコリア丘，3：土石流堆積面，4：新期成層火山 Vesuvio の斜面，5：古期成層火山 Monte Somma の斜面．

辺，カンパニア地方を広く覆った．その面積は 80 km² 以上，体積は 80 km³ に及ぶ（Rosi et al., 1996）．地中海の底にも広く見つかっている（Federman and Carey, 1980）．この軽石質の火砕流堆積物のうち溶結している部分は建材として古くから利用されている．このときの噴火の様子は，カルデラ壁に露出する噴出物中に明瞭に残されていて，非常に爆発的な噴火が何回も発生したこと，ときには海中からも噴火が起こったこと，同時に数カ所から噴火が起こり，それが陥没カルデラの形成につながったことなどが推定されている．この噴火活動はその後も長く続き，現在にまでいたっている．

カルデラの中にはカルデラ形成後に生じたタフリング，スコリア丘などの小型火山が 20 個以上存在している．1538 年にはこのカルデラ内で噴火が起こり，1 週間で高さ 150 m の火砕丘が形成された（di Vito et al., 1987；図 4.4-9）．

Vesuvius 火山　Vesuvius 火山は底径 18 km，比高 1281 m の成層火山である．噴出するマグマは高カリウム岩系であるが，分化していないマグマに由来する溶岩流，スコリアを主体とする円錐形の成層火山体を形成した後，馬蹄形凹地を山頂部につくり，それを取り巻く外輪山が Monte Somma と呼ばれた．Monte Somma に大火口が生じたのは 1.7 万年前と考えられている．その後，爆発的噴火に変わり，プリニー式噴火，火砕流の発生を繰り返し，現在の中央火口丘 Vesuvio をつくった（Rittmann, 1933）．噴火様式はときどき大規模プリニー式噴火をし，その間に中小規模のサブプリニー式噴火，ヴルカノ式噴火を行い，溶岩も流出した（図 4.4-10）．

ここ 2.5 万年前から現在までに，西暦 79 年に起きた有名な Pompei 噴火（Carey and Sigurdsson, 1987）を含め，8 回の大規模なプリニー式噴火が起きている（Civetta et al., 1991）．7900 年前の Melcato または Ottaviano 噴火（Rolandi et al., 1993a），3700 年前の Abellino 噴火（Rolandi et al., 1993b）など，Pompei 噴火と同じように，降下軽石，火砕流堆積物，サージ堆積物からなる一連の大噴火であった．このような大噴火は平均して

3000年に1回起こっているが，Pompei噴火の後，現在まで2000年を経過している．その間噴火は休んでいたわけではなく，顕著なものだけでも多様な規模の噴火が20回を超している（Scandone et al., 1993 ; Bertoganini et al., 1991）．たとえば1631年の噴火では，火山灰の噴出に続いて中規模のプリニー式噴火が起こり，火砕流も繰り返し発生するようになった．最後は火山灰の放出で終わっている（Rossi et al., 1993）．一方，1944年の噴火では，溶岩噴泉が生じ，溶岩が流出，スコリアが降下した（Hazlett et al., 1991）．

Vulture火山 ナポリ市の東約80 kmにあるこの火山は，高カリウム火山帯の最南端を占める底径13 km，標高1326 m，比高800 mの中型成層火山で，山頂に馬蹄形凹地，円形カルデラが重なって存在する．成層火山体はテフライト質の溶岩流を主体として構成されていて，火山体中央部の急な斜面をつくった．その最後の時期に馬蹄形凹地が形成された．成層火山形成末期にはテフライト～フォノライト質の火砕流が噴出し，最後にカルデラが形成されたと考えられる．この頃山体の侵食も盛んで山麓に土石流が流下し，裾野を広げた．成層火山の形成開始はおよそ50万年前にさかのぼる．火砕流の盛んな噴出の頃，カルデラが陥没したと考えられる．カルデラの中に厚い溶岩流と溶岩ドームが形成され，その後ドームの大部分はマグマ水蒸気爆発で噴き飛ばされ，その後に径2 kmの爆裂火口が2個つくられた．最後の活動は約4万年前と考えられる（Guest et al., 1988）．

4.4.2 エオリア諸島

イオニア海からの沈み込みに伴って生じた新しい島弧型火山で，7個の島からなる．噴出するマグマは弱アルカリ岩系からカルクアルカリ岩系へと変化し（Ellam et al., 1988），多くは成層火山をつくるが，リパリ島は溶岩ドーム・火砕丘などの集合体である．

Stromboli火山 Aeolian火山群の最東端にある標高924 m，底径4 kmのストロンボリ島は，成層火山の山頂部が海上に頭を出しているもので，全島急斜面からなる．山頂には径400 m弱の火口があり，その中にスコリア丘が存在し，数分おきに火山弾を噴き上げている．3000年前から同

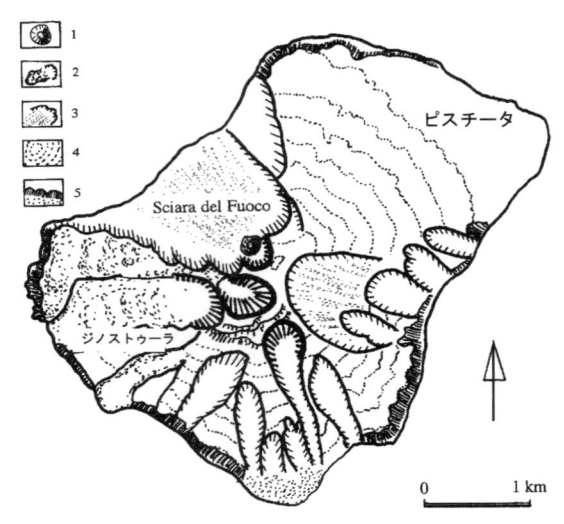

図4.4-11 イタリアエオリア諸島Stromboli火山の地形分類図
1：スコリア丘, 2：火口・溶岩流, 3：火山放出物崩落崖, 4：成層火山原面, 5：海食崖・砂浜.

じようなストロンボリ式噴火活動が繰り返され，山頂火口まで玄武岩～安山岩質マグマが絶えず補給され，火道が保持され続けていることを物語る．Sciara del Fuocoは浅い馬蹄形凹地で，かつて山体大崩壊が起こったことを示唆する．現在それを埋めるように，火口から空中に放出された火山弾が転動・堆積している（Capaldi et al., 1978）．西と北東斜面上に溶岩流の地形が数本見られる（図4.4-11）．

Lipari火山 9個の流紋岩質溶岩ドーム群からなる．島の中央部にSt. Angeloと呼ばれる山頂火口をもった標高594 mの溶岩ドームが存在する．その四周には火砕流堆積物からなると思われる緩斜面が広がる（図4.4-12）．島の北西部にはChirica火山がある（標高602 m）．これは山頂に西北西—東南東に並ぶ3個の爆裂火口をもち，その西北西端の火口から海岸にまで達する幅1 km，長さ1.5 km以上の溶岩流が流出している．火口群周辺には火砕流堆積物からなると思われる緩斜面が存在する．

島の北東部には6世紀の活動で形成されたと考えられる（Pichler, 1980）底径2-3 km，比高476 mのPilato火砕丘がある．これは数cmの比較的そろった粒径で破断面をもつ多孔質の流紋岩質溶

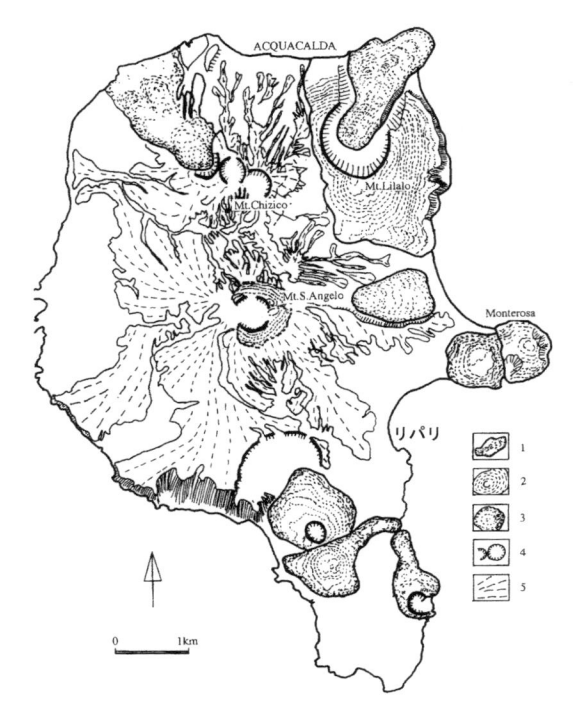

図 4.4-12 イタリアエオリア諸島 Lipari 溶岩ドーム群火山の地形分類図
 1：溶岩流，2：タフコーン，3：溶岩ドーム，4：爆裂火口，5：火砕流堆積面．

岩片からなり，不明瞭な成層構造をもつ．この地形・堆積物はほぼ固化しかけた流紋岩質溶岩が，海水と接触してマグマ水蒸気噴火を起こした結果形成されたものと考えられる．この火砕丘は直径約 1 km の火口をもつが，その中から長さ約 2 km，最大幅 1 km，最大厚約 100 m の黒曜石溶岩流が海中まで流出している．

Vulcano 火山　ヴルカノ島はそれぞれがカルデラをもつ 2 つの楯状火山と，スコリア丘をもつ小楯状火山に三分される（図 4.4-13）．ほぼ北西―南東にのびるヴルカノ島の最北端にある Vulcanello 火山体は，玄武岩質溶岩流からなる径 1.3 km の小楯状火山で，東北端部にスコリア丘が存在する．その形成は BC 183 年と考えられている（Keller, 1980）．

島の中央部には径 3 km のカルデラをもつ楯状火山があり，カルデラ中に有名な Vulcano 火山がある．これは山頂に径約 500 m，深さ 100 m の火口をもつ複式の火砕丘で，北斜面に黒曜石溶岩流，爆裂火口が並ぶ．北麓の港には径 200 m，標

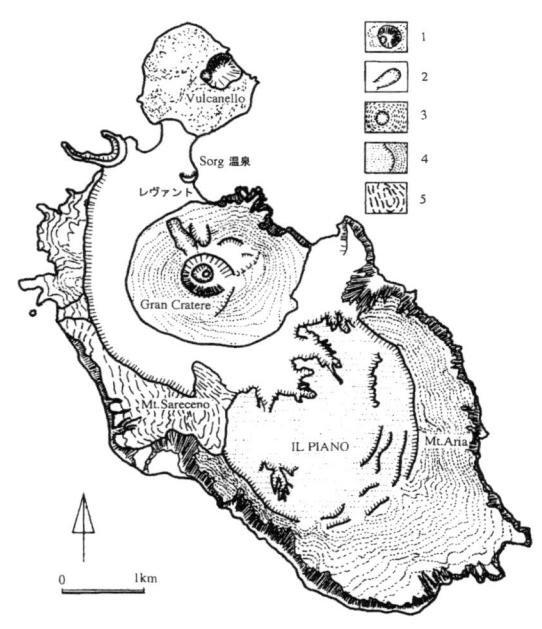

図 4.4-13 イタリアエオリア諸島 Vulcano 火山の地形分類図
 1：スコリア丘，2：溶岩流，3：火口，4：カルデラ・溶岩湖面，5：成層火山原面．

高 27 m の溶岩ドームがあり，その半分は後の爆発で飛散し，跡の凹地に泥温泉が形成されている．

南端の火山体は底径 3 km，比高 500 m 前後の楯状火山で，中央部に径 2 km のカルデラがある．その中には数段の溶岩からなる段丘が存在する．これは何回かにわたって形成された溶岩湖の名残りと考えられる．溶岩の厚さはそれぞれ十数 m である．

4.4.3　シチリア島

Etna 火山　シチリア島東部にあり，トランスフォーム断層上に噴出した楯状火山と考えられている．底径 36 km，比高 3200 m の大型楯状火山で，玄武岩質の溶岩・スコリアを毎年のように噴出する（図 4.4-14）．火山体の大部分は溶岩流で，山頂部・中腹斜面上に多くのスコリア丘が存在する．東斜面には長さ 10 km，幅 4 km，深さ 500 m の馬蹄形凹地がある．山頂部からの新しい噴火で流下した溶岩流が流入し，一部凹地を埋めているが，その概形は残されている．その形成については議論があるが，火山体大崩壊によって形成されたとの考えがある（Chester et al., 1985）．

図 4.4-14 イタリアシチリア島 Etna 楯状火山を南麓から望む

4.4.4 Pantelleria 火山

シチリア島とチュニジアの間にあるシチリア海峡に浮かぶ火山島で，海底に存在する北西—南東方向の地溝の上に噴出した数個の小楯状火山体からなっている．中央部には二重のカルデラが存在する．外側の径 8 km のカルデラは 9.3 万年以上前に形成された．内側の 6 km 径の Cinque Denti カルデラは，5.5 万年前にグリーンタフと呼ばれる粗面岩質の降下溶結火砕物の噴出とともに形成された．その約 6000 年後，カルデラの中に Mt. Gibele と呼ばれる粗面岩質の小楯状火山が形成されている．最南端の Cuddia Attalora 小楯状火山は 2 つのカルデラの形成の中間の時期，7.2 万年前に形成されている（Mahood and Hildreth, 1983 ; Civetta et al., 1988）．

4.5 ギリシャ

ヒマラヤ山脈から中東・トルコにかけて，東西にのびる衝突帯の西端にあたるエーゲ海・ギリシャ地塊は，西向きから南向きに回転をしつつ，アフリカプレートの上に乗り上げた結果，クレタ島南でアフリカプレートの沈み込みが生じている．その結果ヘレニック海溝から北 200 km にヘレニック火山弧が生まれた（図 4.5-1）．その南端はギリシャ本土ペロポネソス半島南端からクレタ島南を通ってトルコにいたる海溝で，そこからアフリカプレートが北に向かって斜めに沈み込んでいると考えられている（McKenzie, 1970）．

図 4.5-1 ギリシャの型別火山分布
1-6 の番号は表 4.5-1 の左端の数字と対応．

表 4.5-1 ギリシャの火山一覧

火山名	型	比高（m）	底径（m）
1 Methana	Do	719	8000
2 Milos	Do	666	14000
3 Santorini	Cf	319	15000
4 Kos	Cf	385	10000
5 Gyali	Do	374	3000
6 Nisyros	A4	682	7000

海溝から約 220 km 北に，海溝とほぼ平行して第四紀の火山が存在する．これらの火山岩の大部分は島弧型のカルクアルカリ岩質（di Paola, 1974）で，圧倒的に安山岩が多い．これらの火山は西から Methana, Milos, Santorini, Kos, Gyali, Nisyros の 6 火山である（表 4.5-1）．またやや古く数百万年前に活動したと見られる侵食の進んだ火山体も見られるが，それらは海溝に平行した分布を示さない．

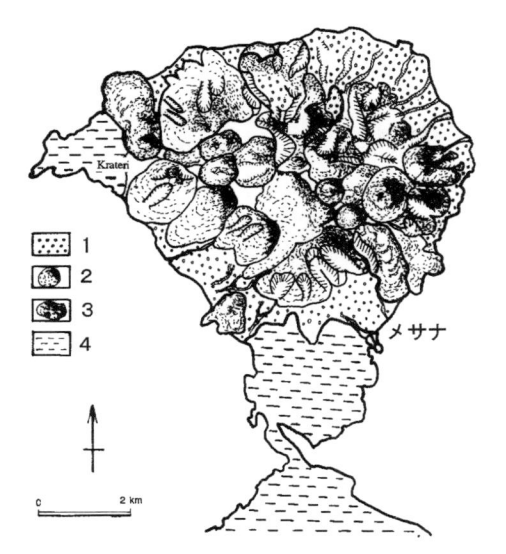

図 4.5-2 ギリシャ Methana 溶岩ドーム群火山の地形分類図
1：扇状地，2：溶岩ドーム，3：溶岩流，4：沖積低地．

図 4.5-3 ギリシャ Methana 溶岩ドーム群火山をエジナ島より望む

Methana 火山

Methana 火山はアテネ市の南 40 km の海を隔てた対岸，ペロポネソス半島の東岸に形成された径 8 km のほぼ円形の火山体で，その南端がわずかにペロポネソス半島と接している．火山体は新旧 20 余個の溶岩ドームに分けられる（図 4.5-2, 3）．周辺には石灰岩を主とする基盤岩が露出し，火山体そのものの規模はそれほど大きくない．総体積は海上に顔を出している体積の 2 倍より少なく，20 km³ 前後と考えられる．標高は最高峰の Chelon 溶岩ドームが 740 m で，海底の火山体も考慮すると，およそ火山体全体の比高は 1000 m 程度と考えられる．20 余個ある溶岩ドームは，その地形の新鮮さから新旧がある程度区別できる．

もっとも新しいのは 'Krateri' と現地で呼ばれている西北麓にある溶岩ドームで，植被がまばらで，鬼押し出し溶岩流のような溶岩塊が累重した様相を呈している．ドーム頂部の陥没地形，北麓に流動した派生溶岩流の堤防地形など，形成時の形態がそのまま残り，侵食作用をまったく受けていないことは明らかで，雨量の少ない地域であることを考慮しても，たぶん数千年以内に形成されたものと考えられる．

メサナ市街地のすぐ北に流下した厚さ 200-300 m，長さ 2.3 km，幅 1 km の溶岩流は表面のしわ地形をよく残している．

上記以外に原地形を侵食作用で失い，厚い塊状の溶岩のみからなる構造的特徴から，かつて溶岩ドームであったと考えられる山体が 7 個ある．

北東部には小規模な火山麓扇状地が形成されている．これは古い溶岩ドームの基部から緩やかに海に向かって傾斜する斜面で，各々の溶岩ドームから崩落してきた火山の溶岩片と細粒物質からなる．溶岩片はかなり円磨され亜角礫である．細粒物質は砂質でシルト，粘土はほとんど含まれていない部分も存在する．また茶褐色を呈し，赤色酸化した部分が認められない．これらの特徴から，この緩斜面をつくる堆積物は土石流と考えられ，雲仙火山普賢岳溶岩ドーム形成と平行して発達した火山麓扇状地を構成する火砕流と土石流との互層とは異なると思われる．新しい溶岩ドームには雲仙火山に見られるような顕著な火山麓扇状地やその堆積物は認められない．したがって Methana 火山では溶岩ドームの形成に平行してメラピ型火砕流が発生することはほとんどなかったと考えられる．

Suesskoch et al. (1984) は 4 つの K-Ar 年代測定を地形が残っていない古い溶岩について行い，32 万年前，55 万年前，75 万-90 万年前との値を得た．

岩質は SiO_2 が 58-70% の安山岩〜デイサイト質であるが，後期のものほど安山岩質になる．これは初期にマントルからの加熱で地殻下部が溶融し酸性のマグマが形成されたが，加熱が続き溶融

が進むにつれ，苦鉄質のマグマが形成されるようになったためと考えられる．

Milos 火山

ミロス島は東西 20 km，南北 10 km の新旧の火山岩類からなる火山島である．南東にわずかに緑色片岩などの基盤岩が認められる．

第四紀に活動したと見られる火山の地形がよく残っているのは，島の南と北にある 2 個の火砕丘と，北東部にある 3 個のマール，島東部にある無数の小爆裂火口群，それに島西部にある数個の溶岩ドームである（図 4.5-4）．ただ溶岩ドームについてはかなり侵食が進んでいて原型は存在せず，突起としてのみ存在する．これらは火砕丘などにくらべやや古い時期に活動したものと考えられる．

島の中央部には北西に開くオルモス湾がある．この湾を囲むように島が広がり，一見カルデラに見えるが，北西─南東に平行してのびる 2 個の島が Trachilas タフコーンの形成とともにつながったと考えた方がよさそうである．

地形がよく残っている火砕丘，マール，小爆裂火口群について，現地調査と Fytikas (1977) の報告をもとに簡単にのべる．

Phyriplaka タフコーン 島の北端にある底径 1250 m，標高（比高）154 m の火砕丘で，直径 750 m，深さ 50 m の火口をもつが，火砕丘の北西半分は失われている．火砕丘は軽石質の溶岩片とその細粉とからなる．北西に開いた火口内から海中に溶岩流が流出している．海上に見える溶岩流の総面積は 3.4 km²，平均層厚を 80 m とすれば体積は 0.272 km³，火砕丘の体積が 0.41 km³ 程度で，合わせて 0.7 km³ 程度の噴出量となる．

Trachilas タフコーン 島の南端にある底径 3.5 km，高さ 220 m，火口径 2 km，深さ 100 m の比較的大きな火砕丘である．これをつくる岩石は，黒雲母を含む流紋岩質で発泡のよい軽石ともいえる溶岩片からなり，その中にはパン皮殻状火山弾も含まれる．火口底にはもうひとまわり小さい火砕丘が存在する．この小火砕丘の底径は 1 km，比高 60 m，火口の直径は 500 m，深さ 30 m ほどである．この小火砕丘をとりかこんで，大火砕丘の火口内を満たした流紋岩質溶岩流が北西方向に 3.5 km 流下し，オルモス湾に流入している．この溶岩流はしわ地形など溶岩流のほぼ原表面の形態をよく残している．これらの形成前に噴出した火砕サージ堆積物が半径 3-4 km の範囲に分布している．

タフリング群 島の北東部に 3 個の明瞭なタフリングの地形が近接して存在するのが認められる．Micro Arxontimio マールは，直径 600-700 m，深さ 10-20 m の火口をもち，周囲に広く火砕サージ堆積物を分布させている．すぐその北に隣接するタフリングはもっとも大きく直径 1.1 km，深さが 50 m あり，火口壁の輪郭もややなだらかになっている．そのすぐ東部に分布するタフリングは円形ではなく，少なくとも 2 個以上の火口が合体したものと考えられる．これらのタフリングの周辺，半径およそ 3 km の範囲内にタフリングから放出されたと思われるマグマ水蒸気爆発の堆積物が分布している (Fytikas, 1977)．

小爆裂火口群 島東部の強く変質した火山岩地域の数カ所に水蒸気爆発の痕跡と思われる直径 100 m 前後，深さ 10-30 m のすり鉢状の爆裂火口が存在する．これらの周囲に爆発によって飛散・堆積した変質火山岩が角礫層として認められる．これらの爆裂火口群の地形はいずれもかなり明瞭で，侵食作用をあまり受けていないように見える．したがってこれらの小火口群は同時期に，それも比較的最近 1-2 万年前以降に形成された可能性が強い．

溶岩ドーム群 全島にわたってやや侵食を受けた溶岩ドームが分布する．もとの溶岩ドームの地

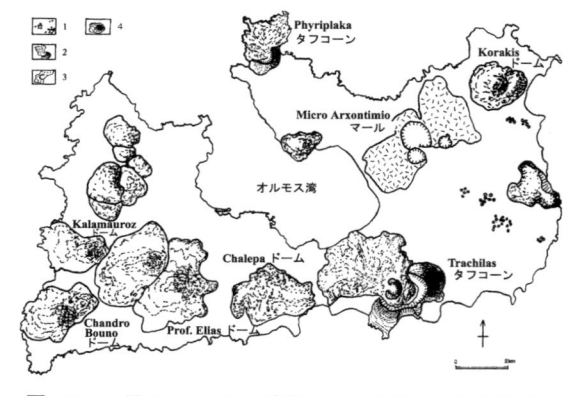

図 4.5-4 ギリシャ Milos 溶岩ドーム群火山の地形分類図
1：小爆裂火口群，2：溶岩ドーム・溶岩流，3：タフリング・火砕サージ堆積面，4：古期溶岩ドーム群．

形は残していないが，その高まりの概形が現在も残っているものは10個を超える．これらは地形，岩質，形成年代などから3つに分けられる．

もっとも古いと考えられるのは強く変質した溶岩からなるもので，島南西部のChandro Bouno, Prof. Eliasなどの溶岩ドームがその例である．基盤には変質した溶結凝灰岩があり，周囲には溶岩ドームと溶岩ドーム崩壊による崖錐，土石流などの堆積物が分布する．地形的には標高600-700 mの高まりをつくっているが，溶岩ドームそのものは現在比高200 mほどである．底径も高まりとしては2 kmほどあるが，ドームをつくる溶岩分布は1 km以下にすぎない．

多く見られる溶岩ドームは島南西部のKalamauroz，北東部のKorakisなどの安山岩〜デイサイト質溶岩からなるもので，溶岩流を伴うことが多い．Kalamauroz溶岩ドームは火砕流を伴っている．

3つめは島南部のChalepa，東部のEmenegakion溶岩ドームであるが，ドームというより溶岩平頂丘（守屋，1978b）と呼べる形態をもつ．これは流紋岩質，しばしば黒耀岩質で溶岩がH_2Oに富んでいたために，盛り上がった後水平方向に広がったと考えられる．Chalepa平頂丘は直径が3-4 km，比高が250 mほどに達する．

Santorini火山

ヘレニック火山列の一部をなす島弧型のカルデラ火山で，約3500年前のMinoa噴火で大量の軽石を放出し，径7.5×11 kmのカルデラを生じた（図4.5-5）．それ以前もケープリヴァ噴火をはじめ10回以上の爆発的噴火で大量の軽石が火砕流・サージとして放出された（図4.5-6,7）．爆発的噴火以前は少なくとも7つの安山岩質中小成層火山の集合体であったらしい．現在火山体は外輪山の残骸であるThera，Therasia，Aspronisiの3島と，中央火口丘であるNea Kameniの計4島

図4.5-6 ギリシャSantorini火山セラ島（外輪山）を南上空より望む
　手前の崖最上部に白くMinoa噴火の堆積物が見える．写真左奥に見える白い丘はシーラ集落．その向側にカルデラ壁がある．

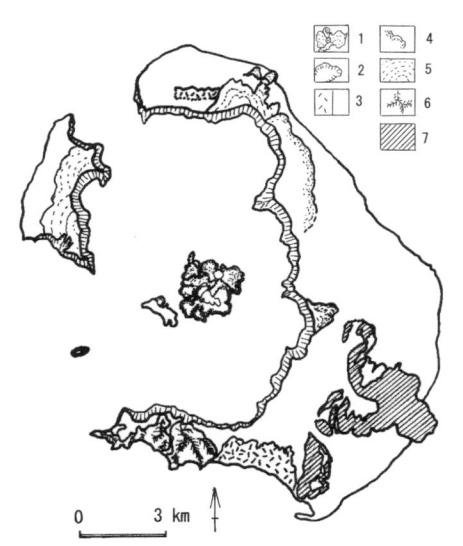

図4.5-5 ギリシャSantoriniカルデラ火山の地形分類図
　1：Kameni溶岩流，2：カルデラ壁，3：Minoa火砕流，4：先Minoa溶岩流末端崖，5：先Minoa小成層火山，6：侵食火山体，7：基盤山地．

図4.5-7 ギリシャSantorini火山セラ島シーラ村直下のカルデラ壁露頭
　複数の溶岩流，火砕流堆積物，降下軽石，降下スコリア堆積物が不整合に累重する．

からなる．Nea Kameni は安山岩溶岩流と火砕丘からなる低平な小火山島で，BC 197 年以降の噴出物からなる（図 4.5-8, 9）．最新の溶岩流は 1950 年に噴出した．同島では噴気活動が継続中である．噴出物は輝石安山岩〜デイサイト質で，千枚岩・石灰岩山地が火山体の基盤として存在する．

Nisyros 火山

ニシロス島は直径 7 km，標高 698 m の成層火山の山頂部が海上に頭を出した火山島である．玄武岩〜安山岩質溶岩，水中破砕岩や溶結した火砕流堆積物などからなるが，最上部に約 2.5 万年に噴出した降下軽石，軽石質火砕流堆積物があり，その結果山頂に直径 2 km のカルデラが形成されたと考えられる．その内部には 5 個のデイサイト質溶岩ドーム，4 個の爆裂火口，2 個の火砕丘が存在する（図 4.5-10）．

Nisyros 成層火山体　大きく見て火山島は円形をなすが，これは成層火山体が円錐形をなすためである．この成層火山体は安山岩〜デイサイト質の溶岩流（枕状溶岩，ハイアロクラスタイトを含む）と火砕岩の互層からなる．山頂部はカルデラ形成によって消失し，外輪山をなす．この斜面はかなりの侵食を受け，原形はほとんど止めていないが，南東部，南西部に安山岩質溶岩流の原地形の一部を示すと考えられる高まりが存在する．

北と南斜面は西・東斜面との間に直線的な崖を隔ててやや低く，外輪山の尾根も西・東の尾根にくらべ低い．これは南北に走る地溝が存在することを示している．この地溝内には軽石流堆積物が認められる．外輪山斜面の表層部には厚さ 2 m 以上の降下軽石層が認められる．これはカルデラ形成時に放出された可能性が大きい．

カルデラ壁の観察から成層火山体内部の構造がわかる．それによれば玄武岩-安山岩質の溶岩

図 4.5-8　ギリシャ Santorini カルデラ火山 Nea Kameni 後カルデラをセラ島から望む

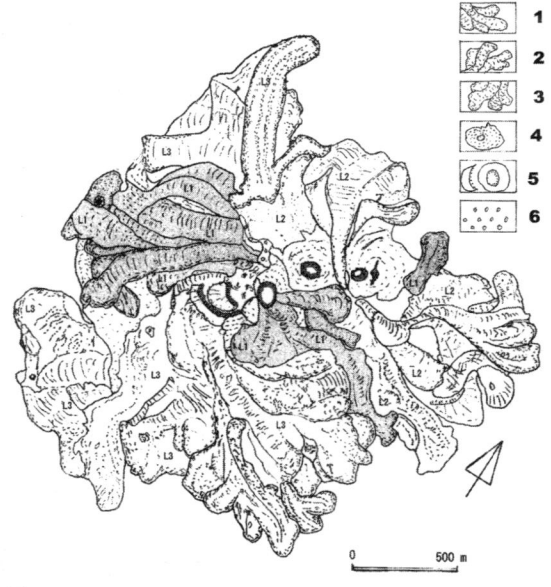

図 4.5-9　ギリシャ Santorini カルデラ火山 Nea Kameni 島の地形分類図
1：新期（L1）溶岩流，2：中期（L2）溶岩流，3：古期（L3）溶岩流，4：スパター丘，5：タフコーン，6：土石流．

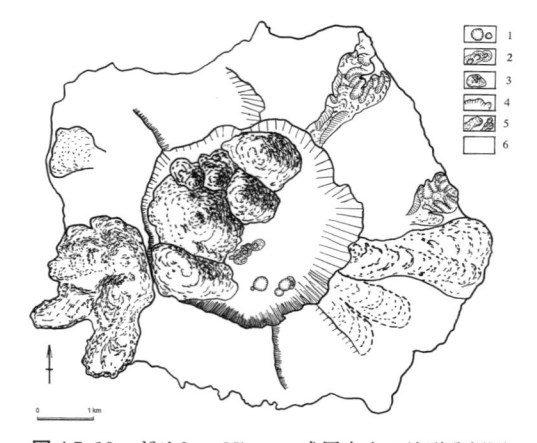

図 4.5-10　ギリシャ Nisyros 成層火山の地形分類図
1：1871 年爆裂火口，2：1871 年タフコーン，3：溶岩ドーム，4：カルデラ壁，5：溶岩流，6：成層火山原面（火砕流堆積面）．

図 4.5-11 ギリシャ Nisyros 火山の山頂カルデラ内のマール

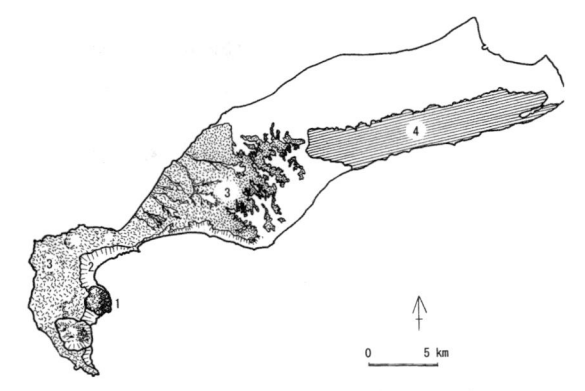

図 4.5-12 ギリシャ Kos カルデラ火山の地形分類図
1：溶岩ドーム，2：カルデラ壁の一部，3：火砕流堆積面，4：石灰岩基盤山地．

流・スコリアからヴルカノ式噴火で生じたと思われる安山岩質の爆発飛散角礫層へと移化し，その上位に溶結凝灰岩・溶岩流が重なる．外輪山斜面からの観察からも，同様の層位関係が認められる．これは Nisyros 火山が日本の第四紀火山と似たような発達を第4期まで遂げた成層火山であることを示している．

　カルデラの形成と軽石噴火　山頂カルデラは直径2km あり，日本の成層火山の頂部に形成されるカルデラとほぼ同じ大きさである．このカルデラ形成と関連して放出された軽石の大部分は海上に堆積してよくわからないが，2-3 km³ の噴出量が見積られていて（Limburg and Varekamp, 1991），海底にかなり顕著な緩斜面を形成していると思われる．また噴出時期はかなりばらつきのある年代値が出されているが，2.5 万年前（Limburg and Varekamp, 1991）という考えもある．

　溶岩ドーム群　カルデラの西半部に5個の，西外輪山上に1個のデイサイト質溶岩ドームが存在する．これらはいずれも底径1km 前後，比高300-500 m の規模をもち，侵食作用をほとんど受けず原形を保っている．したがってほぼ同時期に生じたと考えて差し支えない．

　爆裂火口・火砕丘　カルデラの東半部は低平なカルデラ床からなるが，その南半部には10個の爆裂火口と4個の火砕丘が認められる（図 4.5-11）．これらの大部分は 1871 年の噴火で生じたもの（Marini et al., 1993）で，新鮮な地形を残し，なお中心にある Polyvotis 火口は噴気を上げている．いずれも強い硫気作用があり，岩石は白色に変質している．

Kos カルデラ火山

　コス島南西部には厚い軽石質火砕流堆積物が広がり，北西に傾く火砕流台地を形成している．その南東縁は滑らかに緩く，湾曲した平面形をもち，ほぼカルデラ壁を示すと考えられる（図 4.5-12）．したがって火砕流の噴出源は，その沖の海底に存在すると推定される．カルデラ壁には，火砕流のみならず，海底で軽石噴火を繰り返したことを想起させる厚い火砕サージ堆積物が認められる．湾曲した海岸線の南端近くには，厚い流紋岩質溶岩流が原型を保って存在する．

第5章 アフリカ大陸の火山地形

　アフリカ大陸の東部にはエリトリアからエチオピア・ケニア・タンザニア・ウガンダ・ルワンダ・ブルンジを通る東アフリカ地溝帯があり，それに沿って多くの火山が並ぶ．それにくらべアフリカ西部・南部には火山はまったくなく，中北部のリビア・アルジェリア・スーダン・チャド・ニジェール・ナイジェリア・カメルーンに数少なく点在する（図5.0-1，表5.0-1）．

　東アフリカ地溝帯は，インド洋からアデン湾・紅海へと抜ける海嶺がアファー三角帯で南へ分岐し，アフリカ東岸地域を大陸から切り離すようにほぼ南北にタンザニア南部まで連続する．途中エチオピア南部から2本に分岐し，ヴィクトリア湖を取り巻くようにしてタンザニア南部で再び会合し，まもなく終わっている．その間，噴出した火山は地溝帯の屈曲，地形の高低（地殻の厚さ）などの差によって多様性を示す．たとえば海洋地殻からなるアファー三角帯に噴出した火山の大部分はベイサナイト質溶岩原か楯状火山であり，その南西のエチオピア高原ではテフライト質成層火山，フォノライト質カルデラ火山が多い．ケニアに入るとベイサナイト質溶岩原・楯状火山が再び多くなるが，フォノライト質溶岩流・ドームをもつカルデラ火山も噴出している．

　アフリカ中北部の火山は広大な地域に点在するそれぞれ独立したホットスポットと見なすこともできる（Thiessen et al., 1979）が，リビア・アルジェリア・ニジェール・チャド4国境をまたぐ環状分布と，大西洋岸ギニア湾最奥部のPagalu島，Sao Tome島，Bioko島から，Cameroon火山を

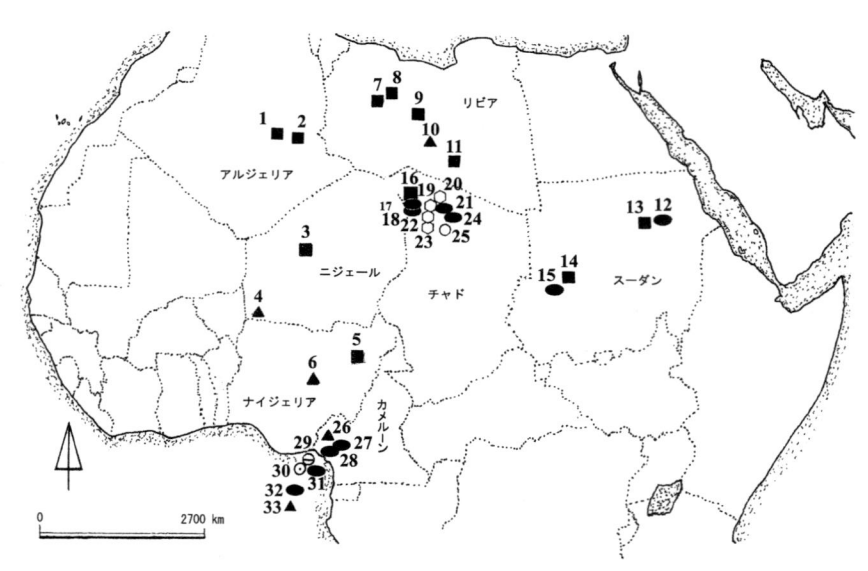

図5.0-1 アフリカ中北部の型別火山分布図
1-33の番号は表5.0-1の左端の数字と対応．東アフリカ地溝帯の火山については，5.7以降を参照．

表5.0-1 アフリカ中北部の火山一覧

火山名	型	比高 (m)	底径 (m)
Algeria			
1 W. Illizi	L1	270	85000
2 E. Illizi	L1	200	64000
Niger			
3 Bagzane	L1	100	20000
4 Kouliki	Sc	10	18000
Nigeria			
5 Biu	L1	50	40000
6 Mpan	Sc	100	19000
Libya			
7 Sawknah	L1	400	89000
8 HL Brach	L1	250	76000
9 Al Kabir	L1	600	214000
10 Waw an Namus	Sh	180	3000
11 Gara Smeraldi	L1	100	90000
Sudan			
12 El Kheiran	SH	170	23000
13 Bayuda	L1	240	32500
14 Malha	L1	700	77000
15 Marra	SH3	2200	117000
Chad			
16 Toh	L1	370	32000
17 Tousside	SH	2800	16000
18 Natron (Gara Yezedoua)	SH	1500	62000
19 Voon	Cm	1300	63000
20 Toon	Cm	1000	28000
21 Ehi Oye	SH	700	23000
22 Ehi Suni	Cm	1000	55000
23 Goudon	Cm	1500	40000
24 Tieroko	SH	1600	18000
25 Emi Koussi	A4	2800	75000
Cameroon			
26 Nyos	Ma	400	55000
27 Manengouba	SH	2372	42000
28 Cameroon	SH	4095	70000
Bioko島			
29 Bioko	A2	2989	38000
30 Luba	A3	2153	22000
31 Moka	SH	2261	19000
Sao Tome島			
32 Pico	SH	1970	36000
Pagalu島			
33 Pale	Sc	667	6000

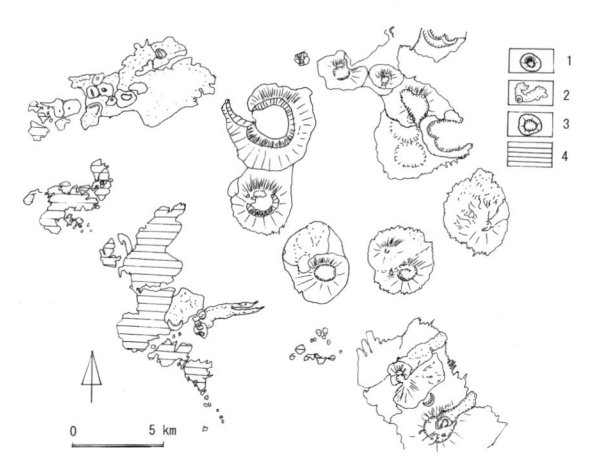

図 5.1-1 アルジェリア W. Illizi 溶岩原の地形分類図
1：スコリア丘，2：溶岩流，3：マール，4：基盤山地．

個以上見られる．規模・形態とも標準的な第1期溶岩原である（図5.1-1, 2）．

W. Illizi 溶岩原は，E. Illizi 溶岩原にくらべ大きく，径80-90 kmの円に近い平面形をもち，ほぼ全面に均等にスコリア丘・タフコーンが分布し，割れ目噴火ではなく，ホットスポットの存在を示唆する中心火山である．

E. Illizi 溶岩原は東西80 km, 南北45 kmの広がりをもち，東北東—西南西にのびる長軸上にスコリア丘が集中して分布し，地下の割れ目の存在を暗示するが，軸から20 km以上離れた溶岩流末端付近まで，ほぼ溶岩原全面にわたってスコリア丘が存在することから，ホットスポット起源の火山活動と考えることも可能である．

5.2 ニジェール・ナイジェリア

ニジェール・ナイジェリアにはそれぞれ2個ずつの玄武岩質火山地域が存在する．ニジェールではいずれも径20 km程度の小規模な火山地域であるが，一方は溶岩流同士が重なり合う溶岩原である．もう一方は，スコリア丘の間を埋める溶岩流が少量で連結していないので，スコリア丘単成火山群と見なした．ナイジェリアのMpan火山では数個のスコリア丘が10 km足らずの距離にわたって直線上に配列し，そこから溶岩流が大量に流出，河谷中に流入している（図5.2-1）．

経てスーダンの Marra 火山にいたる線状分布に2分することも可能である（Kazmin, 1987）．

5.1 アルジェリア

アルジェリアの南東部に2個の溶岩原が偏在する．その径は64, 85 kmで，スコリア丘が100

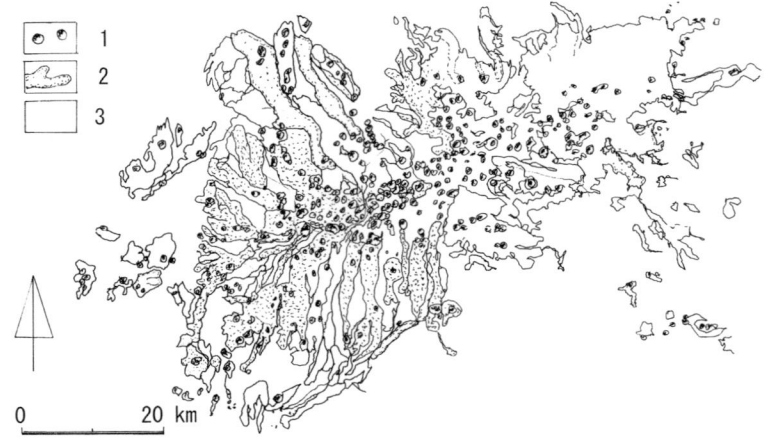

図 5.1-2 アルジェリア E. Illizi 溶岩原の地形分類図
1：スコリア丘，2：新期溶岩流，3：古期溶岩流．

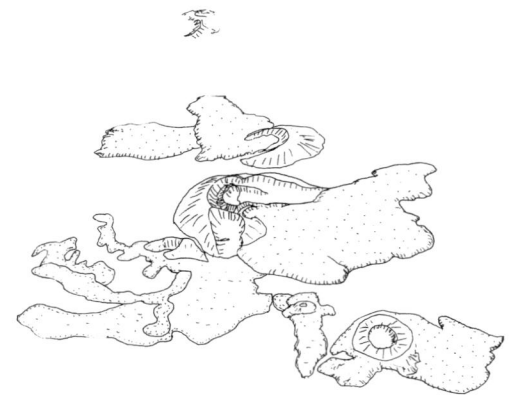

図 5.2-1 ナイジェリア Mpan スコリア丘の単成火山群のスケッチ

5.3　リビア

　リビアを北西—南東方向に横切るように，5個の火山地域が並ぶ．そのうち4個が玄武岩質溶岩流を主体とする溶岩原で，径が70-200余kmに達する．残り1個が数個のスコリア丘と溶岩流からなる小型単成火山群で，溶岩原の初期段階にあるものと考えることもできる．いずれも火道の大部分はスコリア丘である．

Sawknah 溶岩原

　この溶岩原は南北約89 km，東西約40 kmの平面形をもつ．南北方向の割れ目から両側にマグマが繰り返し流出し，多くの溶岩流は20 kmほど流れてこの溶岩原を形成した．同じ割れ目から

図 5.3-1 リビア Sawknah 溶岩原の地形分類図
黒点はスコリア丘．

繰り返し発生した噴火によって形成されたと考えられる．しかし上昇したマグマの通路を示すスコリア丘・マール・小楯状火山は溶岩原の中心軸に集中することはなく，むしろ2つの噴出中心からの溶岩の流出が平面形の輪郭を決定したように見える（図5.3-1）．

　溶岩原の大部分を占める溶岩流は侵食・変動を

かなり受けていて，第三紀末〜第四紀初頭の形成と推定される．しかしスコリア丘・マールの地形は原形がよく残り，一部はより新しいことを示唆する．

Al Kabir 溶岩原

リビア中央部に位置する Al Kabir 溶岩原は，底径 214 km，比高 600 m の規模をもち，ほぼ円形に近い平面形を示す．溶岩原の主体は玄武岩質溶岩流であるが，その中に底径 1-2 km の小楯状火山が 20 余個数えられる．これは円形の溶岩原の中に分散して点在し，中心軸の割れ目に沿ってスコリア丘列をなすことはない．したがってこの火山は中心噴火を行ったホットスポット起源の火山と推定されよう（図 5.3-2）．

この溶岩原の西には湖成面と考えられる東西 60-70 km，南北約 200 km，比高 50 m 前後の平坦面が相接して広がる．その上には径 1-15 km，深さ数十 m の凹地が 6 個存在する．いずれも出口はなく，湖底でのマグマ水蒸気噴火の名残ではないかと考えられる（図 5.3-2）．

Waw an Namus スコリア丘単成火山群

この火山は Al Kabir, Gara Smeraldi 溶岩原の中間に噴出した若い火山で，東西 20 km，南北 15 km の範囲に 8 個のスコリア丘・スパター丘・マールと小楯状火山が独立あるいは相接して集合している．最大の面積をもつ火山体は東端の小楯状火山で，径 3 km のカルデラを山頂に形成している．その中には 3 個のスコリア丘・スパター丘があり，それぞれ短い溶岩流を出している．この火山体の北西端に半分重なるように，地形は酷似するが，規模は 1/5 の小楯状火山が形成されている．

5.4 スーダン

スーダンには，紅海に近いスーダン北西部ナイル川流域の低地と，チャド国境に近い中西部の高原状に隆起したマッラ山地上に，それぞれ 2 個，合計 4 個の火山が存在する．

El Kheiran 火山は首都ハルツームから北北東 316 km 北にあり，比高 170 m，底径 23 km の楯状火山で，溶岩流が放射状に中心火道から流下している様子が観察できる．その溶岩末端崖の比高は 5-10 m と薄く，岩質は玄武岩質であると推定される．長くのびた溶岩流の縁が侵食されていること，溶岩流上の凹地に白色プラヤが随所に見られ，噴出期は少なくとも数十万年前と考えられる．

Bayuda 火山は El Kheiran 火山の西北西 106 km にあり，比高 240 m，底径 32.5 km の規模をもつ溶岩原で，その上には 83 個のスコリア丘が乗る（Almond et al., 1969）．ほかに成層火山などが溶岩原上に認められないので，初期の段階で噴火を終了した死火山と見なされる．

Malha 溶岩原は，スーダン中西部のマッラ山地のすぐ北の，より古い東西に並列した溶岩原の

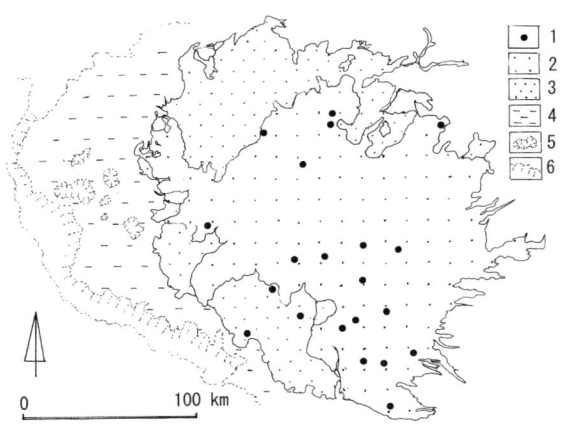

図 5.3-2 リビア Al Kabir 溶岩原の地形分類図
1：スコリア丘，2：新期溶岩流，3：古期溶岩流，4：湖中段丘（溶岩原），5：陥没孔，6：湖中段丘崖．

図 5.4-1 スーダン Marra 楯状火山の上に乗る成層火山頂部に形成された Deriba カルデラを南上空から望む（Google Earth より）

間に，凹地を埋めるように流出した玄武岩質溶岩流によって形成された．スコリア丘・マールがその上に乗り，数個の流紋岩質溶岩ドームが認められる．この溶岩原の名称は，南西隅にある水を湛えた Malha Well と呼ばれるマールに因んでつけられた．

Marra 火山はダルフール地方のホットスポットによる曲隆山地上に形成された大規模な楯状火山で，比高は 700 m，底径 117 km に達する．この楯状火山の上にはさらに，比高 1500 m，底径 13 km で，かなり急傾斜な成層火山が乗り，その山頂部に径 5 km の Deriba カルデラが存在する（図 5.4-1）．軽石質火砕流堆積面は南斜面に広く認められ，外輪山斜面は厚い粗面岩質溶岩流が累積して成層火山体の主要部を形成しているらしい．以上から広い楯状火山上に A4 型成層火山が乗った SH3 型の重複成火山と考えられる．

5.5 チャド Tibesti 火山地域

チャド北西隅の Tibesti 火山地域は，周囲より 1000 m 曲隆したホットスポット地域で（Thiessen *et al.*, 1979），1 個の溶岩原，4 個の楯状火山，4 個のカルデラ火山が相接するように噴出して形成された．これらの大部分は山頂にカルデラをもつ．そのいくつかは高重力型カルデラではなく，火砕流噴出型のカルデラで，周辺地域に広く火砕流堆積面が分布する．Tibesti 山地西縁の Natron 楯状火山は，直径 20 km 以上のカルデラをもち，その内部に新しい時代に噴出した楯状火山が存在する（図 5.5-1）．

Toh 溶岩原　Tibesti 火山地域の北西隅に東西 44 km，南北 20 km にわたって形成された溶岩原で，40 個前後のスコリア丘・マールなどが示す火道が全体にわたってほぼ均等に分布する．割れ目噴火を示すスコリア丘列や正断層崖・割れ目は見出されない（図 5.5-2）．またスコリア丘などの単成火山地形の侵食の度合いが異なることから，かなり長期にわたって成長してきたことがうかがえる．

似たような溶岩原は Tibesti 火山地域中央部 Voon カルデラ火山の北―西斜面にも形成されている．

Tousside 楯状火山　Toh 溶岩原の南約 20 km に Tousside 楯状火山（標高 3265 m）がある．これは径約 10 km の Tousside カルデラの中に形成されたもので，約 10 km 径の楯状火山をつくった後，多くの溶岩流を西方に流下させている．その形状は東に泳ぐタコに似る（図 5.5-3）．1934, 1956 年に噴火している．その溶岩流・スコリアは黒色であるが，パンテレアイト・レータイトなど，アルカリ岩系のうち分化した岩質を示す．カ

図 5.5-1　チャド Tibesti 火山地域の地形分類図
1：最新楯状火山と溶岩流，2：溶岩原（黒点はスコリア丘・マール），3：カルデラと溶岩ドーム，4：火砕丘，5：楯状火山，6：火砕流堆積面．Th：Toh 溶岩原，Ts：Tousside 楯状火山，Na：Natron 楯状火山，V：Voon カルデラ火山，To：Toon カルデラ火山，O：Ehi Oye 楯状火山，S：Ehi Suni カルデラ火山，G：Goudon カルデラ火山，Ti：Tieroko 楯状火山．

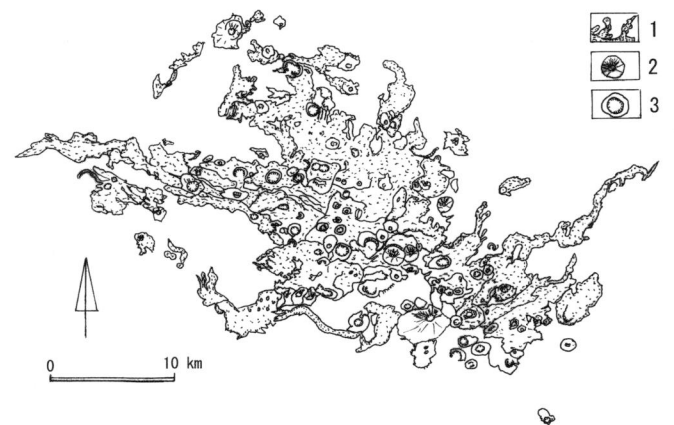

図 5.5-2 チャド Tibesti 火山地域北西隅 Toh 溶岩原の地形分類図
1：溶岩流，2：スコリア丘，3：マール・タフコーン．

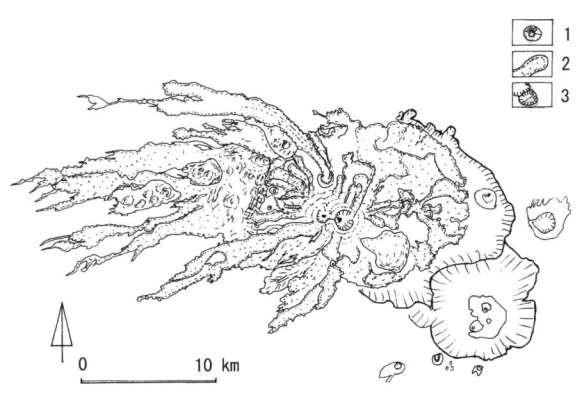

図 5.5-3 チャド Tousside 楯状火山の地形分類図
南東隅は Natron カルデラ．1：スコリア丘，2：溶岩流，3：火口・カルデラ．

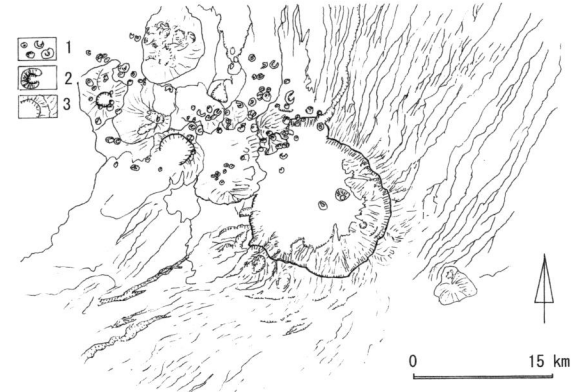

図 5.5-4 チャド Voon カルデラ火山の地形分類図
1：スコリア丘，2：タフコーン，3：山頂カルデラ楯状火山．

ルデラ形成時に噴出した Tousside 溶岩流の基盤をなす古い火山体上部は，流紋岩・粗面岩質大規模火砕流堆積物からなる．

Gara Yezedoua 溶岩原と Natron カルデラ Tousside カルデラのすぐ南に接して径 7 km の Natron カルデラがあり，その周囲に Gara Yezedoua 溶岩原が広がっている．その広がりは東西約 30 km，南北 15 km に達する．Gara Yezedoua 溶岩原の南東方約 10 km に，北西方に開いたカルデラ壁とおぼしき急崖が 30 km 近く連続する．北西の半分は侵食・噴火で失われ詳細不明であるが，急崖の両端を延長すると，Gara Yezedoua 溶岩原，Tousside 溶岩流がすっぽり収まる径 35 km の巨大カルデラが想定される．

Voon カルデラ火山 上記火山の 50 km 以上東に，径 15 km のカルデラと北東—南西方向に幅 30 km，カルデラ壁からの距離 40-50 km の広がりをもつ火砕流堆積面とからなる Voon カルデラ火山が存在する（図 5.5-4）．火砕流堆積面上には無数の浅い谷が形成されている．その北西斜面・カルデラ内（西北西—東南東方向 30 km，北北東—南南西方向 15 km の範囲）には，50 個近いスコリア丘・マールなどの単成火山が全体にわたって散在する溶岩原が認められる．個々の単成火山からそれぞれ流出した溶岩流が互いに接合せず，分離・独立しているものが多いことから，溶岩原形成初期の段階にあると推察される．Voon カルデラ形成・火砕流噴出と単成火山群形成が起こった中間の時期に，Voon 火山西半分の地域内で，13 個の小型楯状火山が生まれている．粗面岩質火砕流の噴出が少なくとも 2 回，粗面玄武岩質溶岩流が 3 回繰り返されている．

第 5 章 アフリカ大陸の火山地形 / 95

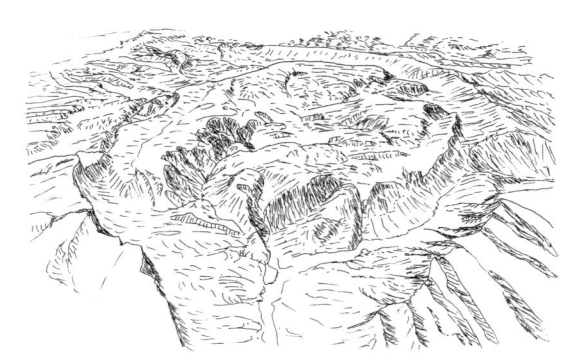

図 5.5-5 チャド Toon カルデラ火山の山頂カルデラ内の溶岩ドーム群を東上空から望む

図 5.5-6 チャド Ehi Suni カルデラ火山の地形分類図
1：溶岩ドーム，2：スコリア丘，3：楯状火山．

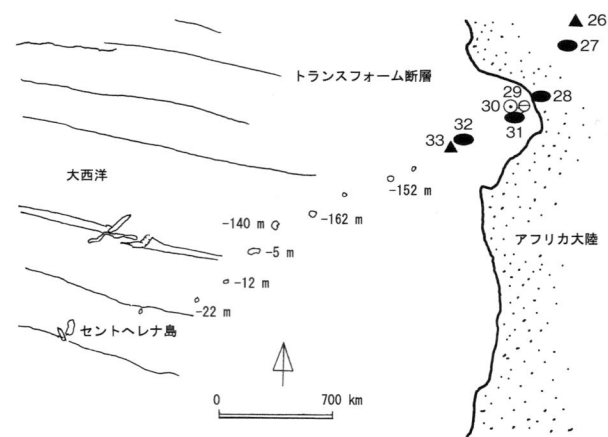

図 5.6-1 カメルーン火山列の型別火山分布図
火山列は大西洋まで連なり，最南西端の Pagalu 島火山からさらに 9 個の海山列がのび，セントヘレナ島まで達する．26-33 の数字は表 5.0-1 の左端の数字と対応．

し，その中に粗面岩・フォノライト質溶岩ドーム，厚い溶岩流が数個認められる（図 5.5-6）．溶岩表面には溶岩じわが残されている．楯状火山の構成物は薄い溶岩流の累重よりもスコリア質火砕流堆積物である可能性が高い．

5.6　カメルーン

アフリカ大陸ギニア湾に面したカメルーンには，Cameroon 楯状火山を中心に北東―南西方向に 600 km の長さでのびる Cameroon 火山列がある．Cameroon 楯状火山は標高・比高 4095 m，底径 70 km の大型楯状火山で，その表面には 200 個を超えるスコリア丘が認められる．Cameroon 楯状火山の北東には，1986 年に 1746 名の犠牲者を出した Nyos 湖マール群がある．また南西にはギニア湾に噴出した Pagalu 島，Sao Tome 島，Bioko 島をつくる楯状火山群がある（図 5.6-1，表 5.0-1）．

5.7　エチオピア

エチオピアの火山帯は，アファー三角帯からエチオピア裂谷を通ってタンザニア南部まで達する東アフリカ地溝帯の北部を構成し，北は紅海に連なる．その全長は 1200 km，最大幅 300 km に及

Toon 楯状火山　Tibesti 火山地域の北東部に存在する径 28 km，標高 2539 m，比高 1000 m のベイサナイト質楯状火山（図 5.5-5）で，広い火砕流台地上に噴出した．火山体中心部に径 12 km の円形カルデラが存在し，そのカルデラをほぼいっぱいに埋めてフォノライト質の溶岩ドームが流出している．このドーム溶岩はカルデラ底の数カ所から流出したことがその地形から読み取れるが，陥没などにより変位し，原形からかなり変化している．後カルデラ溶岩ドームの規模・刑態は，Yellowstone やメキシコの La Primavera カルデラ内の溶岩ドームと類似する．

Ehi Suni カルデラ火山　Voon カルデラ火山の南東約 30 km に，標高 2940 m，比高 1000 m，底径 55 km の玄武岩・ベイサナイト質楯状火山が存在する．その頂部に径 20-24 km のカルデラが存在

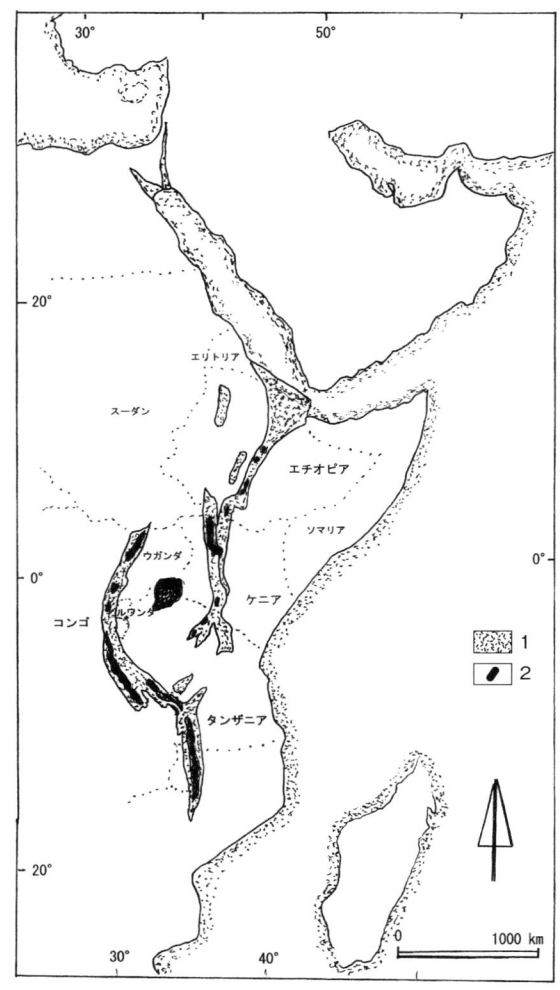

図 5.7-1 紅海-東アフリカ地溝帯の位置図
1：地溝帯，2：湖沼．

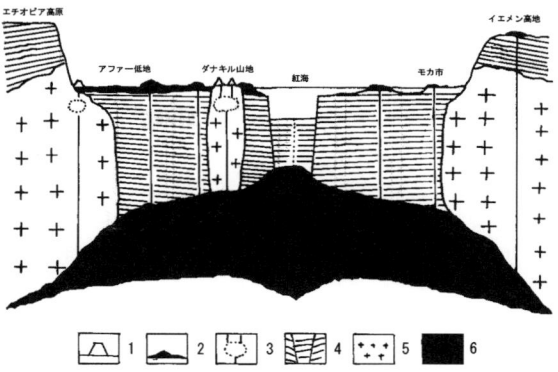

図 5.7-2 紅海の推定模式断面図
1：成層火山，2：溶岩原・楯状火山，3：分化したマグマ溜り，4：中新世以来の玄武岩質溶岩流の累積，5：珪長質大陸地殻，6：上昇アセノスフェア．

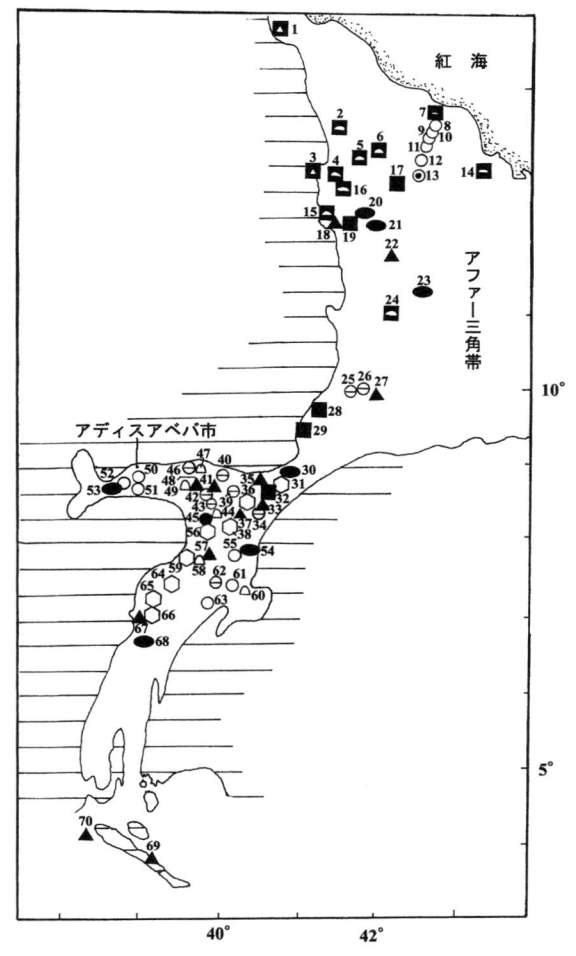

図 5.7-3 エチオピアの型別火山分布図
1-70 の数字は表 5.7-1 の左端の数字と対応．

ぶ．エチオピアの第四紀火山の大部分はアファー三角帯とエチオピア裂谷の内部に噴出する．その地溝帯を限って数百-1000 m の比高をもつ断層崖が直線的に連なるが，その外側にはより古い時期に噴出した溶岩や火砕物が平坦面を形成し，侵食の進んだ成層火山も存在する（図 5.7-1）．アフリカ大陸とアラビア半島を分離させ，さらにアフリカ大陸の東部と西部を分離させようとする割れ目の形成は，4500 万年前から始まり（図 5.7-2），それ以降，現在まで間欠的に火山が噴火した（図 5.7-3，表 5.7-1；Megrue *et al*., 1972；Mohr, 1978, 1983）．

アファー三角帯は，その西で比高 1000 m を超

第 5 章　アフリカ大陸の火山地形 / 97

表 5.7-1 エチオピアの火山一覧

火山名	型	比高 (m)	底径 (m)	火山名	型	比高 (m)	底径 (m)
Afar Triangle				35 Gebre-Araba	Sc	380	6000
1 Alid	L3	1000	20000	36 Welenchiti	C	500	20000
2 Erta Ale	L2	1000	65000	37 Nazareth	Ma	460	7000
3 Pruvost	L3	1000	27000	38 Gadamsa	C	400	6000
4 Alaita	L2	1550	48000	39 Bokan	A2	700	13000
5 Afrera	L2	130	29000	40 Cherer	A2	974	18000
6 Tat'Ali	L2	600	55000	41 Debra Zeit	Sc	100	20000
7 Dubbi	L2	1000	24000	42 Worabeti	A2	500	8000
8 Ramlo	A4	1900	28000	43 Garebobeno	A2	338	6000
9 Bidu	A4	1660	36000	44 E. Garebobeno	Do	200	5000
10 Asbasa	A2	1000	8000	45 Zuquala	A1	1300	16000
11 N. Ouma	A4	1240	22000	46 Wochacha	A2	1400	20000
12 Ouma	A4	1050	16000	47 Furi	Do	800	8000
13 Dubolu	A3	1130	11000	48 Guoshu	Sc	500	8000
14 Assab	L2	1000	30000	49 Gedga-Dera	Do	300	8000
15 Dabbayra	L2	1100	38000	50 Densi	A4	1100	20000
16 S. Alaita	L2	1000	30000	51 Kaba	A4	830	20000
17 Gomera	L1	1000	22000	52 Wonchu	A4	1200	30000
18 E. Dabbayra	Sh	700	8000	53 SW Wonchu	SH	700	35000
19 Gaseli	L1	1100	21000	54 Badda	SH1	1800	63000
20 Kobele	SH1	1000	17000	55 Cilallo	A4	1800	30000
21 N. Loggia	SH1	280	20000	56 Bora	C	500	20000
22 Kurub	Sh	260	8000	57 Tulu-Gudo	Sc	100	2500
23 Dome Ale	SH1	730	19000	58 Alutu	Do	600	14000
24 Gabullema	L2	1100	24000	59 Zwai	C	200	17000
25 Ayelu	A2	1600	9000	60 Inkolo	Do	100	16000
26 Abida	A2	930	25000	61 Kakka	A4	1400	30000
27 E. Abida	Sh	150	15000	62 Kubsa	A2	1500	20000
28 Derabale	L1	390	30000	63 Dulo	A	700	1000
29 Debado	L1	150	12000	64 Shalla	C	100	17000
Ethiopian Rift Valley				65 Corbetti	C	570	14000
30 Fantale	SH1	967	14000	66 Awasa	C	300	50000
31 Galiboldi	Cf	400	20000	67 Budemeda	Sc	100	6000
32 Alybeno	L1	176	33000	68 Buillame	SH1	500	22500
33 Boseti Bericcia	Sh	818	6000	69 Kura-Bora	Sc	100	40000
34 Boseti Guda	A2	1497	17000	70 Kurbo	Sc	50	10000

え南北にのびる断層崖によって，エチオピア台地と分けられる．北東の紅海に面する海岸線に沿って北西―南東方向にダナキル山地がのびる．これらの断層崖で限られた三角形の低地に噴出した溶岩が新たな陸地を形成し，現在も盛んな火山活動を継続させている．その火山活動は大部分が玄武岩質溶岩を流出させ，溶岩原・楯状火山を形成する．ただダナキル山地を横切るところのみに成層火山が6個噴出している（図2.1-14）．北緯13度以北のアファー低地帯に，Erta Ale, Tat'Ali, Alaitaなど13個の溶岩原が密集する（図5.7-4）．その大部分には楯状火山を伴うが，東西両縁には成層火山を伴う溶岩原が形成されている（図5.7-5）．

エチオピア裂谷は，アファー三角帯の南西隅から南南西方向にのび，ケニアまで達する地溝帯で，全長600 km，最大幅200 kmに及ぶ規模をもち，その内部の大部分は火山噴出物で埋められる．地溝帯内部には同じ方向の正断層崖が平行しながら無数に形成され，現在なお張力場にあることを示す（Mohr, 1987）．火山もこの断層に沿って上昇したマグマによって形成されたことを示す分布である．

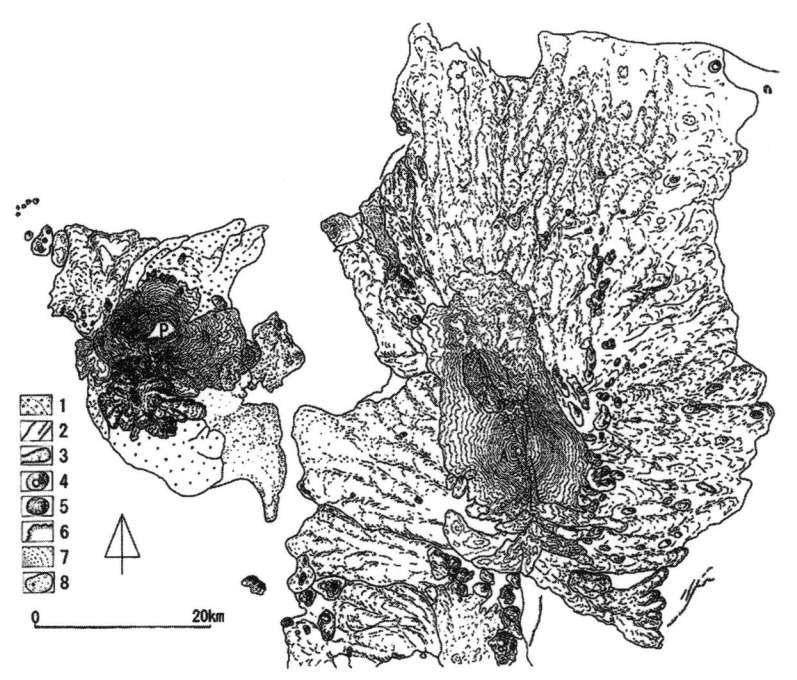

図 5.7-4 エチオピアアファー三角帯 Pruvost 楯状火山（P），Alaita 溶岩原（A）の地形分類図
 1：土石流堆積面，2：正断層崖，3：溶岩原，4：スコリア丘，5：溶岩ドーム，6：カルデラ，7：楯状火山原面，8：スパター丘.

図 5.7-5 エチオピアアファー三角帯 Abida 楯状火山（Ab），Ayelu 成層火山（Ay）のスケッチ

5.7.1 アファー三角帯

アファー（Afar）三角帯には，玄武岩質の 15 個の溶岩原，3 個の楯状火山などが混在する複合火山域が広い面積を占める．東部には成層火山列が南北に並ぶ．これらは平行しながら，成層火山列にはほぼ南北に最大 6 火山が並ぶ（図 2.1-14）．

溶岩原は大きく見て楕円の平面形を示し，正断層群の方向に平行する南北からやや北北西にふれる長軸をもつ．溶岩原は発達するにつれ，中心部に楯状火山が，縁辺部に溶岩ドームが形成されることが多い．それに伴って噴出するマグマは，初期の玄武岩からやがてシリカやアルカリが増加し，マグマの粘性が増して急傾斜の火山体に変化する．日本のような沈み込み帯の火山にくらべ，シリカの増え方よりもアルカリ増加の割合が大きいので，安山岩・デイサイト・流紋岩へと変化せず，粗面岩・流紋岩，場合によっては過アルカリ質のコメンダイト，パンテレライトへと変化する（Treuil and Varet, 1973）．

Erta Ale 溶岩原　Dal Afilla, Borale'Ale, 狭義の Erta Ale, Ale Bagu, Hayli'Gub の 5 個の溶岩原が接合して，径 44-93 km の 1 個の楕円形をした火山地域をなす（図 2.1-11）．これらは全体として 1 本の割れ目から流出したもので，場所によってマグマ噴出量に多少があり，それが地形的に 5 個の火山体を形成したと考えられる．溶岩を流出させた割れ目の存在は溶岩原のほぼ中央部を北北西―南南東方向に走るスコリア丘列から推定される．その割れ目から両側に流出した溶岩流の勾配は 35‰ である．それぞれの溶岩原の中央部には径 2.3-8 km の楯状火山が形成されている．その勾配は 50-88‰ で，割れ目に直交する方向の断面の底径/比高の値は 11-20 である．溶岩原とその上に乗る楯状火山の斜面とは連続するが，その傾斜はかなり異なり，境界線を引くことは容易である．これはマグマの性質や噴火活動様式が比較的短期間に大きく変化したことを示唆する．

Tat'Ali 溶岩原　長軸に沿った正断層崖で南西側

斜面が相対的に落ちている．この溶岩原は地形的に4分できるが，そのうちの2個に楯状火山と溶岩ドームが認められる．楯状火山は山頂に径2-3 km，深さ500 mを超える楕円形カルデラをもつ．溶岩は流紋岩質の黒曜石からなり，軽石質の火砕流や火砕サージなどを放出したらしい．カルデラ形成時に噴出したと考えられる大量の流紋岩質火砕流の分布・年代・体積などについてはまだ十分にわかっていない．

5.7.2　エチオピア裂谷

Densi カルデラ成層火山　首都アディスアベバの西南西70-80 kmに，山頂に径8 km以上のカルデラをもつ3個の成層火山が相接して存在する．Densi 火山は底径20 km，比高約1100 mの規模をもつ成層火山であるが，山頂に二重のカルデラが存在する．古いカルデラ壁は一部しか見えないが，その曲率から径11-12 kmと推定される．この第1期カルデラの中に新たに成層火山が形成された．その底径は11-13 kmで，第1期のカルデラ壁の大半を覆い，北東部では外に溢れ出ている．この新期成層火山の山頂部に第2期カルデラ（径8 km，深さ100-180 m）が形成されているので断言はできないが，標高3900 mあるいは4000 mに近い成層火山体が存在したと考えられる．第2期カルデラには2個の径2 kmの円形湖が，眼鏡のように相接して存在する．両者は火口壁らしい急崖に囲まれマールと考えられる．北山麓に火山体を取り巻くように16個の溶岩ドームが弧を描いて緩斜面上に突出している．その外側に火砕流堆積面と考えられる緩斜面が広がる．第2期カルデラの南部のカルデラ壁は2 kmの間欠けているが，そこに径1 km，比高70 mの溶岩ドームが存在する．

Kaba カルデラ成層火山　Densi 火山のすぐ南に隣接する厚い溶岩流を主体とした底径20 km，比高約830 mの成層火山であるが，火山体中央部を南北に切る西落ち正断層崖で二分され，東西でまったく異なる地形を示す．成層火山の主部は西側にあり，厚さ200 m以上に達する溶岩流と溶岩ドーム状の火山錐が存在したらしい．その標高は3200 mを十分に超えていたであろう．その火山錐の大部分を消失させる火砕流噴出とカルデラ形成が起こった．その結果径8 km，深さ100-150 mのカルデラと，東麓・南麓に火砕流堆積面が形成された．東麓には7個の溶岩ドームが存在する．

Wonchu カルデラ成層火山　南北に並ぶDensi，Kaba 両火山の西に隣接するWonchu 火山は，南北40 km，東西20 kmのかなり大型の成層火山である．山頂に径7-8 km，3.5-5 kmの2個のカルデラが重なって存在する．第1期カルデラ形成以前の成層火山は，外輪山の地形的特徴から推定すると，東西に3個ほど火山錐が並ぶ複合火山で，その標高は現在より約800 m高い4100 m前後であったと考えられる．3個並んだ火山錐のうち，東部のものは溶岩流を隣接するKaba 火山のカルデラ内に流入させている．外輪山の放射谷，定高性のある尾根は，平滑・直線的という特徴から，溶岩流が内在するにせよ，表層数十 mは火砕流・土石流の堆積物で構成されていると考えてよい．第1期カルデラ形成後，その中に新期成層火山が形成された．その火山体は第2期カルデラの形成でかなりの部分が消失したが，残された地形から推定すると，新期成層火山は東西に並ぶ2個の火山錐からなり，それぞれ底径は7 km，比高は300 m程度であったと推定される．新期成層火山の東部火山錐の溶岩流の一部は，第1期カルデラ壁を超えて古期外輪山の斜面上に流下している．第2期カルデラ内には径1.6 kmの火口をもつ比高80 mのタフリングが存在する．南北両麓には15個の溶岩ドーム，1個のスコリア丘が形成されている．

Fantale 楯状火山　アファー三角帯とエチオピア高原の境界のすぐ南に位置し，標高1000 mの地溝底に噴出した底径22 km，比高967 mの楯状火山で，山頂に径2.7-4.3 kmのカルデラをもつ（図5.7-6）．外輪山の主体は厚さ100 mを超す粗面岩質または流紋岩質溶岩流であるが，Fantale 火砕流もカルデラ形成時に噴出し，山麓に堆積面を形成している（Gibson, 1975）．

Galiboldi カルデラ成層火山　東西7 km，南北5 km，深さ150 mの楕円形カルデラと，その周囲を取り巻く底径6-24 km，比高150 m以下の外輪山が，もっとも火山としての地形が明瞭であるが，その北東側に曲率半径の大きいカルデラ壁と

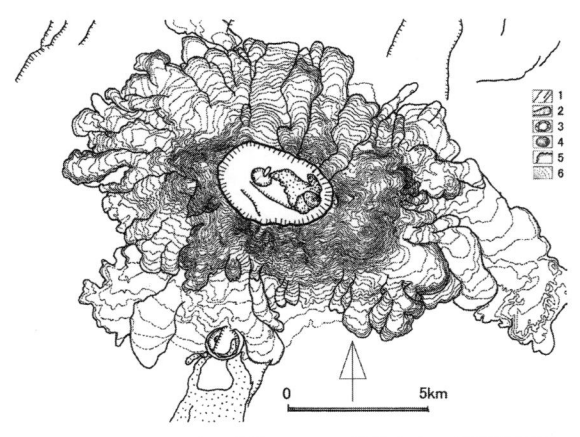

図5.7-6 エチオピア裂谷Fantale楯状火山の地形分類図
1：断層崖，2：溶岩流，3：タフリング，4：溶岩ドーム，5：カルデラ縁，6：成層-楯状火山原面．

図5.7-7 エチオピア首都アディスアベバ周辺のDebra Zeit単成火山群・Zuquala成層火山を南上空より望む
1：Zuquala成層火山，2：Garebobeno単成火山群，3：Debra Zeitスコリア丘，4：Debra Zeitマール群火山，5：Cherer成層火山，6：Guoshu単成火山群，7：Gedga-Dera成層火山，8：Furi成層火山，9：Wochacha成層火山，10：アディスアベバ市街地．

　その外輪山の地形の一部が存在する．Cole (1969) はこれを含めて全体をGaliboldi火山として記載した．彼は地形やカルデラ壁の露頭観察から，ここに8個のカルデラの複合体と6枚以上の火砕流堆積物を想定した．このカルデラ複合体は周囲のほかのカルデラ火山からの火砕流やスコリア丘からの溶岩流などによっても埋積され，全貌はわかりにくくなっていると考えられる．また正断層群により切断・変形を受け，その形成年代もかなり古いことを示している．

　Debra Zeit溶岩ドーム・スコリア丘・マール群　Zuquala, Cherer両火山の間に，北北東—南南西方向に，最大幅3km，25kmの長さでのびる，22個のスコリア丘，9個のマール，1個の溶岩ドームからなる単成火山列が存在する（図5.7-7）．うち4個のマールはデブラツァイト市街地内に存在する．北端に存在するタフリングの火口径は3km近くあり，半分以上のマールの火口径は1kmに達する．溶岩ドームはこの火山群のほぼ中央に位置し，比高約500mの山頂から四周に溶岩を流下させ，底径4kmの小溶岩丘を形成している．南端に近いスコリア丘は噴出時期が1万年前より新しいと考えられる新鮮な地形を保持する溶岩を南麓に流出させている．

　Zuquala成層火山　首都アディスアベバの南約50kmにある，富士山型の典型的な成層火山で（図5.7-7），山頂に径1kmの火口があり，溶岩湖が存在したことを示す溶岩棚が残っている．山頂火口から四周に30本以上の溶岩流が山麓まで流下している．さらにその先には火砕流堆積面らしい緩斜面が広がっている．火山体全体の地形は新鮮で断層に切られていない．

　Gadamsaカルデラ成層火山　コバ湖の東岸に底径6km，比高400mの外輪山と，径8km，深さ100-200mのカルデラをもつ火山体がGadamsa火山である．外輪山と比較してカルデラが大きすぎ成層火山とはいいにくいが，カルデラ縁の輪郭にほぼ平行する等高線の走り方から，カルデラ形成前，単一の比高1200m程度の成層火山の存在が推定されるので，カルデラ火山と認定した．di Paola (1967) は外輪山は流紋岩質の溶岩と軽石層の互層からなることを報告している．外輪山は数本の正断層で切られている（図5.7-8）．

　Boraカルデラ火山　コカ湖のすぐ南にBericcio溶岩ドーム群，Bora火山などの中小型火山が密集する地域があるが，これらを一括してBoraカルデラ火山とした（図5.7-9）．カルデラ壁は東・西部でかなりよく保存されているが，北部はほとんど消失している．したがって不明瞭な点も残るが，溶岩ドームの存在，急崖の曲率などを考慮してカルデラの位置を復元した．それに従えば，カルデラの直径は18-27kmあり，大量のマグマが大規模火砕流としてエチオピア地溝底を広く埋め

たと推定される．カルデラ内に大小 12 個の溶岩ドームが形成された．

5.7.3 エチオピア裂谷東部

Badda 楯状火山 Wonji 地溝の東縁にあり，北北東—南南西にのびる長さ 90 km，幅 35 km の山脈状の楯状火山である（図 5.7-9）．最高峰は北に偏り，その標高は 4215 m で，この山頂部付近には 18 個の圏谷があり，圏谷底の標高はおよそ 3800 m である．この火山の中央部・南部の稜線は標高 3800 m 以下なので圏谷は存在しない．この楯状火山の長軸に直交する斜面の傾斜は 100‰（2000 m/20 km）で成層火山に近い傾斜をもつ．稜線部は二重山稜になる部分，スコリア丘が並ぶ部分など変化に富むが，斜面は一部に厚い溶岩流地形が見られる以外，平滑で薄い溶岩流が繰り返し流下して成長したように見える．ただ，西方の大カルデラ形成時の巨大噴煙ドームからの落下物が表面を覆ったためとも考えられる．

Cilallo カルデラ成層火山 Cilallo 火山は Badda

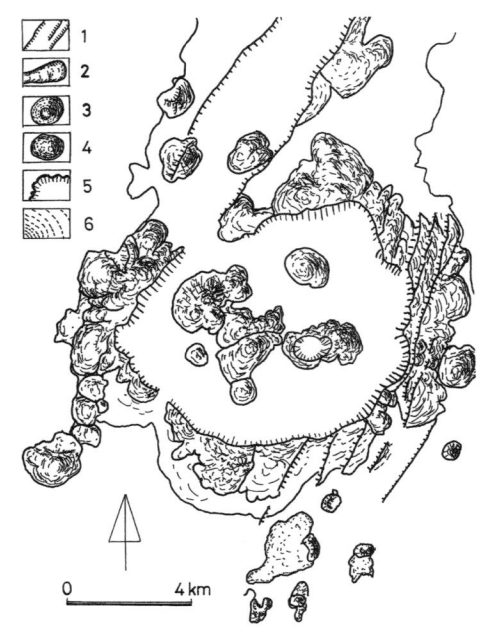

図 5.7-8 エチオピア中部 Gadamsa カルデラ火山の地形分類図
1：正断層崖，2：溶岩流，3：スコリア丘，4：溶岩ドーム，5：カルデラ崖．

図 5.7-9 エチオピア中部 Bora カルデラ火山（Bc），Cilallo 成層火山（C），Badda 楯状火山（B）の地形分類図
1：正断層崖，2：溶岩流，3：スコリア丘，4：溶岩ドーム，5：カルデラ壁，6：成層・楯状火山原面，7：火砕流堆積面，8：カール壁．

火山のすぐ西に接して形成された底径30 km, 比高1800 mの大型成層火山である（図5.7-9）. 山頂には径4 kmのカルデラがあり, その形成以前の標高は現在の4067 mより200-300 m高い4300-4400 mに達していたものと考えられる. 東斜面は古く第1期の成層火山の斜面で, 西側半分は断層運動あるいは火山体の大規模崩壊で消失している. 第2期成層火山はその結果生じた凹地から成長した. di Paola (1967) は, Cilallo火山はすべて玄武岩・粗面岩質溶岩流からなり, 西側の大カルデラ火山からの火砕流が表面を覆っていると報告しているが, 地形判読結果と調和的である.

Kubsa成層火山　山頂に径7 km, 深さ200 mの北西に開いた馬蹄形カルデラをもつ成層火山で, 外輪山の凹凸のある尾根, 不規則に屈曲する放射谷の形状から, 厚さ100 mを超す溶岩流を主体とすると考えられる. 外輪山の東斜面にも深さ100 mほどの馬蹄形凹地があり, 火山体の大規模崩壊が2回は発生したことを推定させるが, 無数の流れ山をもつ岩屑なだれ堆積面が存在するはずの北西・東麓はKakka火山などの噴出物に覆われ見えないため, 断言できない. 山頂カルデラの形成に伴って火砕流が生じた可能性も考えられるが, これも明らかでない. 山頂カルデラ底は南東から北西に傾く緩斜面からなる. これはShallaカルデラ形成時に発生した巨大噴煙ドームがKubsa火山全体を覆い, 噴出物が山頂に落下, 火砕流として山頂カルデラ内を北西方向に流動したことを示すと考えられる.

Zwaiカルデラ火山　ズワイ湖の南西5-25 kmでは, 東に開く弧状の平面形をした比高200 m前後の急崖が約20 km連続し, その西側には西に緩く傾く丘陵が存在する. この地形は東半分が断層運動, 火砕流堆積物の埋積などで消失し, 西半分が残ったと考えられる大型カルデラの一部と思われる. 消失したカルデラの東半分のカルデラ壁を急崖の曲率, カルデラ底と考えられる低地の等高線の走り具合から復元した. それによるとカルデラの直径は18 km, 厚さ100 mを超す溶岩流と火砕流堆積物を主体とするカルデラ火山と考えられる.

Awasaカルデラ火山　Awasaカルデラは径30-40 km, 深さ50-200 mのカルデラと, その周囲

図5.7-10　エチオピア南部Awasa・Corbettiカルデラ火山を北上空から望む
1：Urji溶岩ドーム, 2：Chabbi溶岩ドーム, 3：Corbettiカルデラ壁, 4：Awasaカルデラ壁, 5：Awasaカルデラ, 6：アワサ市街地.

を取り巻く半径50 kmに及ぶ広大な流紋岩またはパンテレアイト質の大規模火砕流台地とからなる. その北西隅に, 径14 km, 深さ100-200 mのCorbettiカルデラが新たに形成された. 後に, Corbettiカルデラ内にChabbiとUrjiの2溶岩ドームが噴出した（図5.7-10）.

Budemedaマール群　Awasaカルデラの周辺に広がる火砕流台地の西縁には, ほぼ南北に並び, 北から順にBudemeda, Mechefera, Tiloと呼ばれる3個のマールが存在する. いずれも径1 km以上, 急崖に囲まれた深さ100-200 mの火口をもち, 1-2万年前以降に形成されたものと推測される. Tiloマール内の湖中には2つの島があり, その1つには径200-300 m, 比高100 m程度のスコリア丘が認められる. これら3マールの南にはほぼ東西に並ぶ, 新鮮な地形を保持するスコリア丘が4個存在する.

Kura-Boraスコリア丘・スパター丘・マール火山群　この単成火山群はエチオピア高原を南に下ってケニア国境に近い平原地帯に出たところに噴出している. そのすぐ南にはHarsabittなどケニア北部の溶岩原群が広がる. Kura-Bora単成火山群は, 古い広域応力場で形成された北西—南東方向にのびる比高500-1000 mの山脈を横切って, ほぼ南北にのびる長さ70 km, 幅20 kmの長方形の広がりをもち, その中に58個のスコリア丘・スパター丘・マールが認められる（図5.7-11）. 火道から流出した溶岩は玄武岩質らしく, 流動性にとみ, 山脈の低所を流下して, 低地の20 km

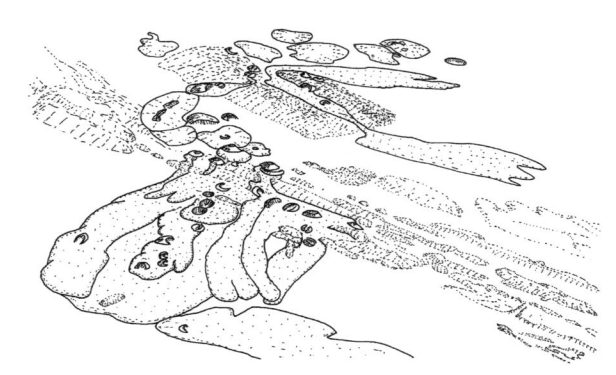

図 5.7-11 エチオピア南部 Kura-Bora スコリア丘・マール単成火山群を南上空から望む

平方の溶岩原を形成している．

5.8 ケニア・タンザニア

エチオピア裂谷中の Awasa カルデラ火山付近からエチオピア-タンザニア国境線付近までの約 300 km の地溝帯には，顕著な火山地形は認められないが，トゥルカナ湖から地溝帯に沿って南へ約 1000 km の間は火山が多く見られる．

幅約 50 km の地溝帯の中心部はもっとも低いため，玄武岩質溶岩流が厚く堆積し，低平な地形をつくる．その平坦な溶岩低地に次の噴火で無数の割れ目が生じ，それに沿ってスコリア・スパター丘列が並ぶ．これが初期の溶岩原の形態で，これが繰り返されるにつれ，マグマ溜り・中心火山が生じ，楯状火山・成層火山などが誕生する．これらの様子はアイスランドの場合とほぼ同じで，溶岩流の平面的区分がほぼ不可能なため，1つの独立した火山を認識できないという問題が起こる．楯状火山やカルデラ火山・成層火山は地形的に比較的容易に独立火山として認めることができるが，地溝中軸部で溶岩原を確定できない．また成層火山や楯状火山がその下の溶岩低地とどのような関係にあるかも不明のままである．ここではとりあえず独立火山として認定できるもののみを扱った．

扱った火山は 46 個で，そのうち溶岩原が 22 個，楯状火山 10 個，成層火山 5 個，カルデラ火山 3 個，スコリア丘・マール単成火山群 6 個であった．溶岩原 22 個中，楯状火山をもつものが 2 個，成層火山・カルデラ火山をもつものがそれぞれ 1 個

図 5.8-1 ケニア・タンザニア地溝帯の型別火山分布
1-46 の番号は表 5.8-1 の左端の数字と対応．

ずつであった（図 5.8-1，表 5.8-1）．

溶岩原

22 個のうち，半分近くは地溝中軸からはずれた平原地帯に形成されたもので，地形として認定が容易なものである．Kilimanjaro 楯状火山の北東部に隣接する Chyulu 溶岩原もその1つで，北西—南東 90 km，北東—南西 37 km の楕円の平

表 5.8-1　ケニア・タンザニア地溝帯の火山一覧

	火山名	型	比高（m）	底径（m）
1	Kakuma	L1	300	2600
2	Elgon	SH1	3000	84000
3	North Island Turkana	Ma	150	2500
4	Middle Island Turkana	Sc	350	8000
5	South Island Turkana	L1	120	2100
6	Emurua Nyangan	L1	350	26000
7	The Barrier	L1	500	21000
8	Kangemonginole	L1	400	30000
9	Silali	L4	638	29000
10	Murua Thae	L1	700	25000
11	Korosi	L1	478	20450
12	Eldalat	L1	1200	19000
13	Menengai	Cv		10000
14	Elementailta	Sc	50	8000
15	Opuru	L1	60	15000
16	Enaiposha Lake	C	500	14000
17	Olkaria	C	400	13000
18	Longonot	SH	900	19000
19	Suswa	SH	500	40000
20	Oltepesi	SH	850	18000
21	Olokia	SH	500	10500
22	Gelai	L2	550	36830
23	Oldoinyo Lengai	A	1900	19000
24	Kerimassi	A	1500	12000
25	Ngorongoro	SH	2500	72000
26	Kitumbeine	SH	2000	34000
27	Tarosero	SH	1600	26000
28	Burko	A	800	33000
29	Losiminguri	A	900	22000
30	Babati Lake	Ma	300	1000
31	Hanang	L3	1650	29000
32	Ch'ew Bahir	Sc	50	12000
33	S Mega	L1	50	28000
34	Mega	L1	50	28000
35	NW Harsabit	L1	850	101000
36	NE Harsabit	L1	50	95000
37	Harsabit	L1	1432	114000
38	E Kulai	L1	250	22000
39	Kulai	L1	1500	38000
40	W Kulai	L1	250	22000
41	Maua	L2	1300	91000
42	Kenya	SH	3800	100000
43	Chyulu	L1	1000	64000
44	Kilimanjaro	SH	4900	100000
45	Leitong	Sh	400	9000
46	Meru	A2	3500	52000

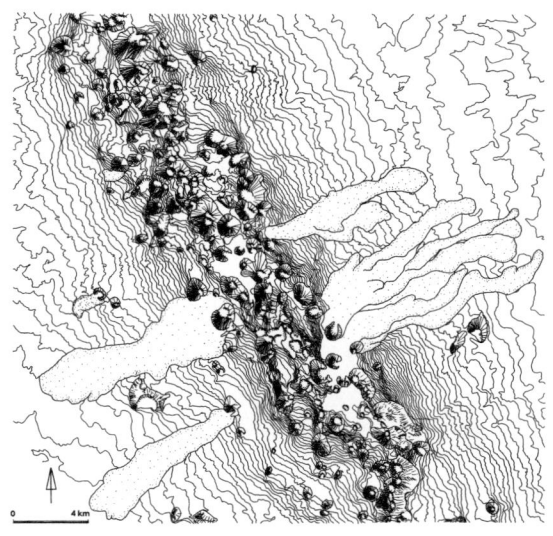

図 5.8-2　ケニア・タンザニア地溝帯 Chyulu スコリア丘列溶岩原の地形分類図

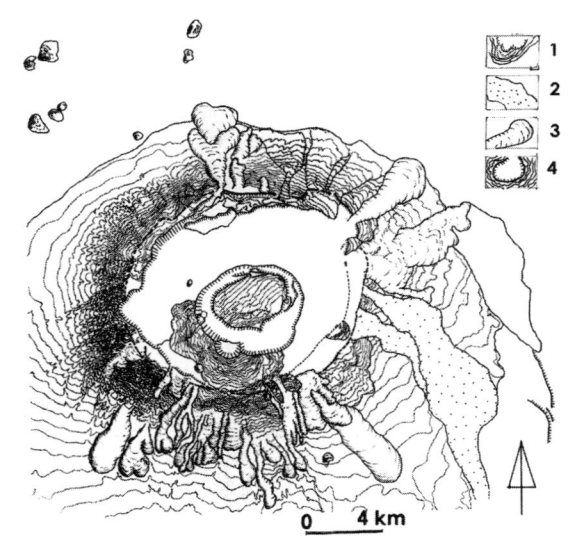

図 5.8-3　ケニア・タンザニア地溝帯 Suswa 楯状火山の地形分類図
1：スパター丘，2：新期溶岩流，3：溶岩流，4：楯状火山原面とカルデラ壁．

面形をもち，長軸に沿って幅 5-8 km，比高 500 m を超えるスコリア丘列が直線的にのびる．そこから両側に溶岩流が 15-20 km の長さで流下し，中心部のもっとも厚いところで比高は 1000 m に達していると推定される（図 5.8-2）．

楯状火山

底径 100 km 近く，比高 3000 m を超える大型楯状火山と，底径 40 km 以下，比高 400-1600 m の中型楯状火山に分けられる．Kenya, Elgon, Kilimanjaro などの大型楯状火山は地溝中軸から約 200 km 離れた場所にあり，玄武岩質溶岩流・スコリアの噴出を主として雄大な裾野を発達させ

ているのに対し，Suswa（図5.8-3），Longonot（図5.8-4）などの中型楯状火山は地溝中軸付近に噴出し，マグマも玄武岩から粗面安山岩，流紋岩，フォノライトと多様で，形成される地形もカルデラ，溶岩ドームなど多彩である．大型楯状火山に分類したNgorongoro楯状火山は径72 km，比高1000-1500 mの大型楯状火山の上に3個のカルデラ，4-5個の成層火山が乗った重複成火山であると著者は解釈している（図5.8-5）．

成層火山

Meru火山が山体大崩壊を起こして山麓に流れ山地形を形成している．Oldoinyo Lengai, Kerimassi成層火山は山頂にカルデラをもち，その中に炭酸塩マグマを噴出させることで知られている（Dawson, 1962; Hay, 1989）．

カルデラ火山

3個あるが，細分類する上でデータが不足する．Menengai火山は径10 km余のカルデラをもち，その中にフォノライト質溶岩ドーム・溶岩流を流出させている．再隆起ドーム・先カルデラ溶岩ドームが認められていないが，とりあえずヴァイアス型カルデラに分類しておく．

5.9 ウガンダ・ルワンダ・コンゴ

アフリカ東縁地溝帯はヴィクトリア湖をはさんで二手に分岐しているが，西側の地溝帯内にウガンダ・ルワンダ・コンゴ国境をまたいで広がるVirunga火山地域がある（図5.9-1）．ここには8個の楯状火山・成層火山が存在する（表5.9-1）が，とりわけ西縁を占める2つの活火山Nyiragongo, Nyamuragiraは，富士山型の秀麗な円錐

図5.8-4 ケニア・タンザニア地溝帯 Longonot 楯状火山の地形分類図
カルデラ内に成層火山が生じている．北西麓には溶岩ドーム群が分布する．1：スコリア丘，2：マール，3：厚い溶岩流，4：薄い溶岩流，5：溶岩ドーム，6：新期成層火山斜面，7：古期成層火山斜面．

図5.8-5 ケニア・タンザニア地溝帯 Ngorongoro 重複成火山のスケッチ
楯状火山上に成層火山，カルデラ火山が乗る．E：Embakai火口，LN：Leone Ngorongoro カルデラ，N：Ngorongoro カルデラ．

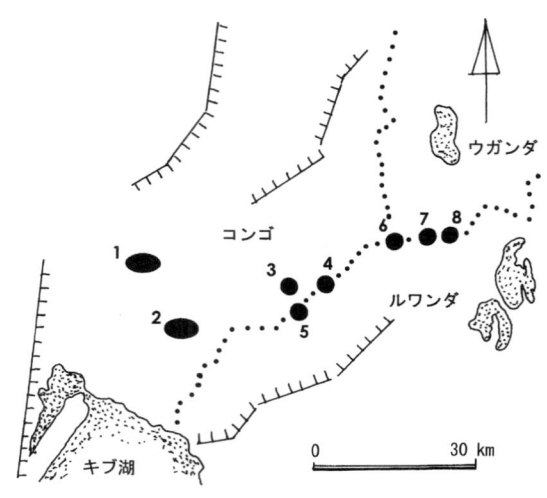

図5.9-1 Virunga 火山地域の型別火山分布
1-8 の数字は表5.9-1の左端の数字と対応．

表 5.9-1　Virunga 火山地域の火山一覧

火山名	型	比高 (m)	底径 (m)
1 Nyamuragira	SH	1500	25000
2 Nyiragongo	SH	1900	25000
3 Mikeno	Al	2900	20000
4 Visoke	Al	2100	17000
5 Karisimbi	Al	3000	26000
6 Sabunyo	Al	2000	17000
7 Mgahinga	Al	1900	15000
8 Muhavura	Al	2500	20000

図 5.9-2　Nyamuragira 楯状火山を南上空から望む（Google Earth より）

形の火山体，山頂に存在する径 1.5-2 km 前後のカルデラ，そのカルデラ内にしばしば湛えられる溶岩湖，山腹から流出する溶岩流など，多くの魅力をもつ楯状火山として知られる．

Nyamuragira 楯状火山　その標高は 3058 m で，麓のキヴ湖からおよそ 1500 m の比高をもつ（図 5.9-2）．火山体の大部分は準長石であるネフェリン・リューサイト結晶を含み，SiO_2 44-58% の流動性に富んだアルカリ岩質のメリライト・ベイサナイト溶岩流からなる（Aoki *et al.*, 1985）.

Nyiragongo 楯状火山　Nyamuragira 楯状火山と隣接し，地形・山体構造・岩石・活動様式など互いに酷似した火山である．1977 年噴火では，1959 年以降山頂カルデラに湛えられていた溶岩湖が突然消失し，火道を満たしていた溶岩が山腹に開いた割れ目から一気に漏出し，61 名の犠牲者が出た（中村・青木，1980）.

第6章 アラビア半島の火山地形

　アラビア半島の火山地形に関する論文は従来から非常に少ない．元来，砂漠が多く調査困難のため研究データが少なかったが，1980年代後半から政治・治安などの問題のためか20年以上にわたって研究報告が激減している．

　本書ではいわゆる世界火山カタログ（van Padang, 1963），数本の論文の簡単な記載と，Google Earth画像判読結果をもとに，地形分類図を作成した研究結果の概要をのべる．

　本書では第四紀に活動した火山を対象としたが，年代が明らかでない火山が多く，地形を残す火山がほぼ第四紀に活動した火山に対応すると考えて取り上げることにした．ただし，取り上げるか否かの判断が難しい火山も少なくなかった．

6.1 アラビア半島の地域概要

　アラビア半島とアフリカ大陸を分ける割れ目—紅海・アデン湾の形成は，およそ3000万年前に始まった（Holmes, 1964；Wilson, 1965；Bohannon, 1986；Pallister, 1987など）が，その際，割れ目の両側に大量の玄武岩質溶岩が流出し，現在断層変位などを受けた溶岩台地あるいは侵食山地として残されている．アラビア半島には，これらの溶岩台地・山地を不整合に覆って，スコリア丘や小型楯状火山などの原地形を保持し，第四紀以降に形成されたと考えられる溶岩原が，半島の西部の紅海岸沿いと，南部のアデン湾岸沿いに18カ所で見出される（図6.1-1，表6.1-1）．これらはその分布から見て，第三紀以来続いた，紅海・アデン湾形成に伴う大規模な割れ目噴火の名残と考えられる．この火山活動は新しいかんらん石玄武岩質溶岩流を主体とし，数十〜数百個のスコリア丘・小型楯状火山・マールなどからなる単成火山群が30個近く認められ，この溶岩原の形成が新しいことを示している．溶岩流の表面は，黒く風化がほとんど進んでいないものから，宇宙線被曝・砂丘通過・湖沼干渇などにより，地表面の褐色化・平滑化・プラヤ形成が進み，溶岩流出後多くの事変を経験した古いものまで多様である．歴史記録にも640，1256，1820年などに溶岩原の噴火記述が残されていて（van Padang, 1963），紅海形成に関与した火山活動が現在もなお進行していることを示唆する．紅海西岸のエジプト・スーダン東部

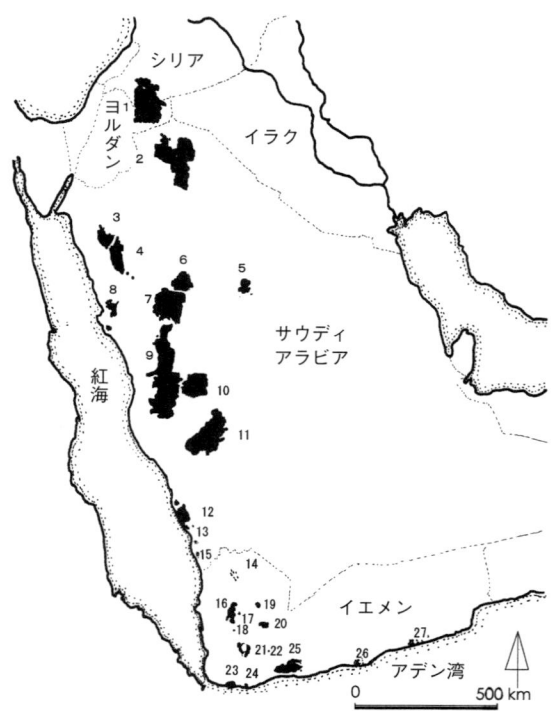

図6.1-1 アラビア半島の第四紀火山分布
1-27の番号は表6.1-1の左端の数字に対応．

表 6.1-1　アラビア半島の火山一覧

	火山名	型	比高 (m)	底径 (m)
1	Druse	L1	180	151000
2	Jawf	Sc	100	174000
3	Raha	L1	440	56000
4	Ishqa	L1	500	104000
5	Ha'il	L1	200	55000
6	Ithnayn	L1	300	72000
7	Khaiber	L3	450	125000
8	Lunaiyir	L1	330	30000
9	Rahat	L4	400	219000
10	E. Rahat	L4	250	87000
11	Makkah	L4	380	124000
12	Oe Quz	L1	275	71000
13	Jizan	Sc	90	10000
14	Birkah	Sc	300	27000
15	Yar	Sc	80	13000
16	Hattab (San'a)	L1	300	30000
17	Zebib	Sh	350	5000
18	Marha	Sc	200	6000
19	Arkub	L1	200	25000
20	Rabeke	L1	500	41000
21	Dhamar	L4	100	45000
22	Esi	a3	480	3000
23	Kharaz	SH	740	19000
24	Aden Sira	Ma	405	7000
25	Es-Sawad	L1	100	65000
26	Belhaf	L	187	25000
27	Al Charah	L1	50	22000

にはこのような新しい溶岩原は認められず，紅海を中軸としたアフリカ大陸-アラビア半島分裂後は，両地域における火山活動は明瞭な非対称分布をなす．これは紅海形成以降，アラビア半島が西進した証拠と考えられる．

アラビア半島の火山はサウディアラビア西部の紅海沿いでは大規模溶岩原を主体とし，規模も大きい．一方，アデン湾側のイエメンでは溶岩原以外に楯状火山・マール・成層火山・大規模火砕流台地（カルデラ火山形成？）が見られ，規模も小さくなる．

以下，アラビア半島に存在する火山地形の特徴について略述する．

6.2　アラビア半島の火山各論

アラビア半島には27個の第四紀火山を認めた．分け方次第で若干の違いがあり，今後変わる可能性はある．

Druse 溶岩原　シリア南西部からヨルダン北東部にかけて，北北西—南南東にのび，径 151 km の範囲を覆う広大な溶岩原である．この溶岩原中軸部の厚さはおよそ 150 m，中軸から両縁に向かって厚さは漸減するとすれば，噴出量は 300 km^3 に達する．この溶岩原は形成時代の違いから2分される．

北部のおよそ 1/4 の面積の溶岩原は，新鮮で最近流出したと考えられる．残りの 3/4 は溶岩流の平面形はほぼ保持されているものの，形成当時存在したはずのスコリア丘・小型楯状火山・溶岩流表面微地形は，気候変化に伴う河流侵食・砂丘通過，湖沼干渇によるプラヤ形成などにより消失している．また西北西—東南東方向にのびる長さ約 50 km の断層が，古い溶岩原を切っている．古い溶岩原上には 10 本以上の新しい溶岩流が存在する．北部の新しい溶岩原では，その中軸部に北北西—南南東方向のスコリア丘列が約 10 km の幅の中に 3-4 列平行して約 50 km のびる．スコリア丘の数は 140 個に達する．これらはいずれも新鮮な火口丘をもち，ここ数千年以内に割れ目噴火したものと推察される．この溶岩原のほぼ中央部，中軸割れ目上に径約 20 km の新しい小型楯状火山が形成されている．これは中央部により新しい溶岩流が流出しており，少なくとも 2 輪廻の噴火で現在の形になったと推定される．この溶岩原全体を見ても，溶岩流流出は 5 期以上に分けられ，形成開始以来，長い時間を経て緩やかに成長し，現在の形にいたったと考えられる．溶岩原中東麓の溶岩流は溶岩じわ・末端崖・側端崖が認められ，数十 m の厚さをもつ粗面安山岩あるいはテフライト質溶岩流である可能性が高い．

溶岩原の主体をなす溶岩流は，中軸部のスコリア丘列から直角方向両側にそれぞれ 30-50 km 流下する，幅 2-10 km の薄く細い無数の玄武岩質溶岩流の集合体である．したがって溶岩原中軸部でもっとも厚く，中軸から両縁に向かって厚さは漸減すると考えられる．

100 万年を超すと考えられる Druse 溶岩原の形成史の中で，噴出したのはアルカリ玄武岩またはベイサナイトなどの苦鉄質マグマに限られ，それによって生じた火山体はスコリア丘と楯状火山，それらから流出した無数の溶岩流のみしか認めら

れていない．長期間，割れ目噴火が繰り返されたにもかかわらず，割れ目の一部に円形火道やマグマ溜りが形成されて粗面岩・フォノライトなどのマグマ分化末期の珪長質マグマが噴出したり，火砕流を放出してカルデラを形成するような事変が起こることはなかった．したがって Druse 溶岩原は，溶岩原成長の第1段階の発達時期に現在あると考えてよい．

Druse 溶岩原のすぐ西隣に平行して相接する溶岩原または楯状火山が存在する．別の溶岩原とも見なせるが，ここでは一括してのべる．この溶岩原は北北西—南南東にのびる長さ 130 km，幅 30-40 km の規模をもち，新しい溶岩流からなる北部と，長さ 65 km，幅 30-40 km の長方形をした南部の古い溶岩原とからなる．中軸部にはスコリア丘が長さ 60 km の列をなす．スコリア丘の地形がなおよく残存するのに，溶岩原を構成する溶岩流の痕跡はほとんど認められない．西側の溶岩原または楯状火山の噴出量は約 200 km^3 と推算され，東西両溶岩原噴出総量は 500 km^3 に達する．

Jawf 火砕丘群　この火砕丘群はナフード砂漠の南縁の，東西 45 km，南北 60 km の範囲内に噴火した 68 個以上の火砕丘と，それらから流出した溶岩流とからなる．これらの火砕丘群は互いに完全に接合しておらず，砂丘砂・第三紀溶岩台地などに囲まれ，孤立していることが多い．将来互いに接合して溶岩原に成長する，いわゆる溶岩原の初期段階にあるものと見なすこともできる．火砕丘の大部分はタフコーンで，径 2 km 以上の火口あるいはカルデラをもつ．底径が 2-3 km，火口径が 500 m 以下のスコリア丘と考えられるものは 2 割程度にすぎない．これらのスコリア丘の大部分は Jawf 火砕丘群地域のほぼ中央部を南北に貫く方向にほぼ直線に並び，この火山地域を形成する主要割れ目がこのスコリア列の地下に存在すると見られる．この主要割れ目の両側 10 km より外側に，火口径 2 km 以上，底径 5 km 以上のタフコーンが存在する．これらは Jawf 火山地域の外縁に局在するという大変特異な分布を示す．その原因は砂漠下の浅所に伏在する地下水と上昇する玄武岩マグマとの接触により生じたものと推察される．この火山地域北東部のジャウフ市付近に見られる地下水汲み上げによる多数の円形農地の存在が，この考えを支持する．なお中央火砕丘列の北端の火山体は 2 個の小型楯状火山からなるが，南側のものはスコリア丘，北側のものはピットクレーターをもつ．

Raha 溶岩原　Ishqa 溶岩原の北西縁にほぼ接するように連なり，北西にのびる溶岩原で，長さ 74 km，幅 37 km，平均層厚約 200 m，体積約 550 km^3 の規模をもつ．スコリア丘や小型楯状火山など火道を示す小型単成火山は認められず，侵食作用により溶岩台地化している．かなり古い時代に活動を停止した死火山とも考えられるが，紀元前 13 世紀に噴火の記述が存在する（van Padang, 1963）．

Ishqa 溶岩原　東西 48 km，南北 170 km の溶岩原で，面積 4200 km^2，平均厚 200 m とすれば，体積は 840 km^3 となる．中央より右側に，292 個のスコリア丘，3 個のマール，5 個の小型楯状火山が列をなし，紅海の割れ目にほぼ平行した弱線に沿って玄武岩質溶岩が流出したことを示す．その溶岩原頂部の標高はおよそ 1500 m，溶岩原周縁の標高は 1000-1100 m に達し，中央部では約 500 m の厚みをもつことがわかる．溶岩原北部に新しい溶岩流が多く見られ，西暦 640 年に噴火の記録がある（van Padang, 1963）．

Ha'il 溶岩原　この溶岩原は紅海からもっとも離れた場所に，第三紀の紅海拡大期に噴出し，現在は断層に寸断され侵食が進んだ，標高 1000-1200 m の高原を形成する洪水玄武岩台地を基盤としている．Ha'il 溶岩原は，径 55 km の範囲内に 50 個ほどのスコリア丘と溶岩流の対が散在する形成途上と考えられる溶岩原で，スコリア丘単成火山群ともいえるが，ここでは溶岩原とした．ほぼ南北に連なるスコリア丘・小型楯状火山，マグマ水蒸気噴火による火砕丘などからなる．溶岩流も認められるが，短く小規模で，最長の溶岩流は 20 km 程度のため，単成火山同士で互いに接合して完全な溶岩原になるまでにはいたっていない．単成火山列は互いにほぼ南北に平行して 5-6 列認められる．火砕丘の火口は径 1 km を超えるものが多く，最大で 2-5 km のカルデラも存在する．その周辺にはサージ堆積面が広がることが多い．これは砂漠下に豊富な地下水の存在を示唆する．

図6.2-1 サウディアラビア Ithnayn 溶岩原の地形分類図
1：スコリア丘，2：新期溶岩流，3：中期溶岩流，4：古期溶岩流．

Ithnayn 溶岩原　ほぼ南北に並ぶ Khaiber, Rahat 溶岩原の最北端に位置する溶岩原で，平面形は円形に近く，その直径は 72 km で，面積 3600 km^2，噴出量約 100 km^3 である（図6.2-1）．周縁部に薄い玄武岩質溶岩流が広く基盤を覆う一方，中心部には 34 個のスコリア丘，径 5-6 km の小型楯状火山が 10 個集合している．火道を示す単成火山の配列が，地下の割れ目を示唆する列をなさず，溶岩原の中心部に集中するのは周辺の溶岩原にくらべ特異である．顕著な張力場にないことを示すのであろうか．溶岩流は表面の色調，互いの境界線の屈曲形態などから，異なった時期・場所に噴出したことが認識され，①黒色でここ1万年以内に噴出したと考えられる新しい溶岩流，②暗褐色で，プラヤが溶岩凹地を埋め，最終氷期を経験したと推定される溶岩流，③その中間の溶岩流と，3つの時代に細分できる．いずれにしろ，12万年前以降に流出した新しい噴出物と推定される．

Khaiber 溶岩原　メディナ市の北東 70 km にある径 125 km の溶岩原で，中央部に南北に走る 149 個の玄武岩質スコリア丘，フォノライト質火砕丘・溶岩ドームなどが，この溶岩原中軸部を北端から南端まで単成火山列をつくって存在する．この単成火山列から東西両側に玄武岩質溶岩流が流下し，最大で 53 km 先までのびている（図2.1-3）．単成火山列が走る中央部は東西両側の溶岩流末端部にくらべ 500 m ほど高くなっていて，中央部ではその分だけの厚さの溶岩が累積していると考えられる．平均厚を 200 m と考えるとこれから計算される Khaiber 溶岩原の総体積は約 2500 km^3 となる．

この溶岩原の主体を構成する玄武岩質溶岩流は，その色調・形態などから 4 区分される．流出年代が古いほど褐色に見え，新しいほど黒色に見える．最新の黒色溶岩流表面には溶岩じわ・堤防・末端崖が認識される．

この溶岩原中央部には 12-13 km 四方の範囲内に白色のフォノライト質マグマに由来すると考えられる 10 個の火砕丘，5 個の溶岩ドーム群が存在する地域がある．最北部に位置する底径 6 km, 比高約 100 m の白色火砕丘は径 3 km のカルデラをもち，東西方向に流下した灰白色軽石質火砕流堆積物が観察される．これと同様の白色火砕丘はほかに 9 個存在する．また褐色がかった底径 1-2 km, 比高 100-300 m の白色溶岩ドームが 5 個，火砕丘群の中に混在する．これは火山列下において，度重なるマグマ上昇によってマグマ溜りが形成され，その中でマグマ分化が行われた結果，白色のフォノライト質マグマが噴出したと推測される．

Lunaiyir 溶岩原　標高 700-900 m の山地に，表面上にプラヤが存在しないことから沖積世に噴出したと推定される玄武岩質溶岩流が 10 本以上集まって形成された溶岩原で，その平面形は蜘蛛が手足を伸ばした形状をもつ．手足に相当するのは，侵食山地内の不規則な谷に沿って流下した溶岩流で，それぞれ 20-30 km の長さをもつ．谷と谷の間には基盤岩石からなる尾根・峰が突出し，まだ溶岩原としての地形が完成されていない初期段階の溶岩原と見なせる．溶岩流出中心には 50 個に達するスコリア丘が形成されている．最新噴火は少なくとも 10 世紀以前に発生したと考えられている（van Padang, 1963）．溶岩流は新旧 2 つ以上に区分される．

Rahat 溶岩原　紅海東岸に近いサウディアラビア中西部メディナ市とメッカ市の間に，北北東—南南西にのびる長さ 300 km, 幅 70 km の溶岩原が存在する．溶岩原中軸部と両縁部の比高が 400

図 6.2-2 サウディアラビア Rahat 溶岩原の小楯状火山を南から見る
　頂部はたぶんスパター丘．山麓の緩斜面は火砕物質らしい．

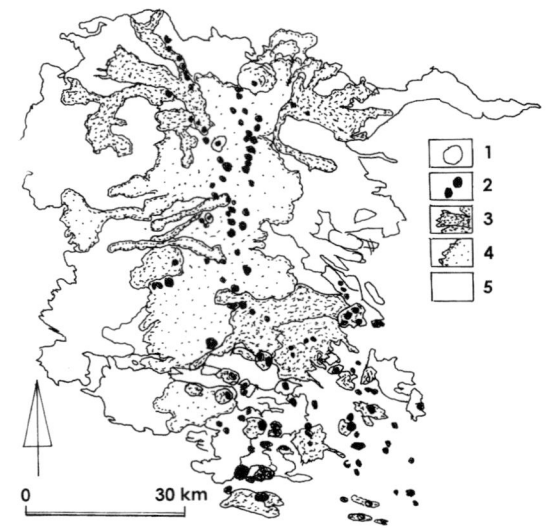

図 6.2-3 サウディアラビア E. Rahat 溶岩原の地形分類図
　1：テフライト〜フォノライト質溶岩ドーム，2：スコリア丘，3：新期溶岩流，4：中期溶岩流，5：古期溶岩流．

m で，平均厚を 200 m とすれば，4200 km³ というアラビア半島火山最大の噴出量となる．溶岩原の南部は古い活動で形成されたため台地化している．北部は新鮮な地形面をもつ黒色溶岩流・小型楯状火山・スコリア丘の集合体からなり，最終間氷期以降の噴火活動で形成されたことを示す．溶岩原の中軸部にスコリア丘列がほぼ 200 km の距離にわたって並び，その数は 441 個に及ぶ．溶岩流は色調・侵食度などにより新旧 2 つ以上，5 期程度に細分できる可能性があるが，不明瞭な箇所も多い．新しい溶岩流は北部に多く，南部に少ない．西方に平行して山脈があるが，それを刻む谷に沿って海岸平野まで流下した古期溶岩流は 100 km 以上の距離を流れた．これは現在，河流侵食により台地化している．

　溶岩原最北端から 40 km 南の中軸部から東半分にかけて，径 3-4 km の楯状火山に似た火山体が密集している地域がある．頂部に径 1 km 以下，比高 130-150 m の溶岩ドームに見える地形が存在する．しかしその溶岩ドームは火砕丘がスパターに覆われたもののようにも見える．中腹の平滑緩斜面は灰色非固結の火砕物からなり，火砕流堆積物か，あるいはスパターの二次流動堆積物からなるように見える（図 6.2-2）．

E. Rahat 溶岩原　Rahat 溶岩原の東 40 km に南北 80 km，東西 60 km の E. Rahat 溶岩原が広がる．その大部分は 130 個以上に達する玄武岩あるいはベイサナイト質スコリア丘とそこから流出した同質溶岩流からなるが，その北部に 2 個のテフライト〜フォノライト質溶岩ドームが存在する（図 6.2-3）．溶岩原に群生するスコリア丘や溶岩ドームなどの単成火山は多くの場合中軸部に列をなして分布し，地下にマグマの通路となる割れ目が存在することを示唆するが，E. Rahat 溶岩原では南北方向にのびる帯状分布が大きく見て認められるものの，北端・南端で複数の列に分岐する．別のいい方をすると，溶岩原の中心部で複数のスコリア丘列が交差する分布を示すとも表現できる．その交差点付近に 2 個のテフライト〜フォノライト質溶岩ドームが存在する．

　溶岩流は新・中・古期に 3 分できるが，より詳細な分類も可能である．中期溶岩流は溶岩原の中心近くに分布し，その到達距離は 10 km 強と短かった．古期溶岩流は 30 km 強に及ぶものが多く，中期の溶岩流にくらべ，より流動的であったと推察される．新期の溶岩流は古期と同様，30 km 前後の到達距離をもつものが多い．

　溶岩流の流動距離はマグマの質量・組成・温度・粘性や斜面勾配などに左右されるが，長い溶岩原の成長史中での流動距離変化は，中期に粘性の高いテフライト・粗面安山岩質マグマの活動があったことを示唆する．このような組成のマグマの出現は，割れ目に沿うマグマの長期にわたる貫入の繰り返しにより，地殻下部で部分溶融が起こり始めている段階に達していることを示唆する．

長期間にわたる溶岩流の累積は，面積 4800 km², 中軸部の厚さ 200 m, 平均厚 100 m, 体積約 480 km³ の溶岩原をつくり上げた．

Makkah 溶岩原　メッカ市東方約 200 km に広がる東西 50 km, 南北 100 km の大型溶岩原である．中軸に南北に連なるスコリア丘列があり，スコリア丘の数は 163 個以上に達する．また 4 個の小型楯状火山も存在する．スコリア丘列の標高は 1500 m に達するが，溶岩原周縁の標高は 1100 m 前後で，中軸部で厚さ 400 m, 平均厚 200 m 近い溶岩の累積があったと考えられる．このことから Makkah 溶岩原の体積は約 1000 km³ と推算される．溶岩流は新旧 2 期に分けられるが，北部に新期溶岩流が多い．

Oe Quz 溶岩原　紅海の沿岸にあり，サウディアラビア-イエメン国境まで 220 km のところにある．ほぼ紅海の伸長方向に沿ってのびた長さ 110 km, 幅 30 km の溶岩原で，90 個のスコリア丘，5 個の小型楯状火山をもつ．これらは明瞭な火山列をなしていないが，大きく見て溶岩原と平行した 2 列の割れ目に沿って噴出したように見える（図 6.2-4）．紅海中に流入した溶岩流の量が明らかでないが，基盤山地との地形的接合状況からこの溶岩原の平均層厚は 100 m を超えないと推察されるので，総噴出量は 330 km³ 前後と考えられる．溶岩原上にはスコリア丘と小型楯状火山のみで，成層火山などの複成火山はなく，溶岩原第 1 期の発達段階にある火山体と見なされる．

Jizan スコリア丘群　Oe Quz 溶岩原から約 100 km 南東の紅海の沿岸にあり，サウディアラビア-イエメン国境まで 150 km の位置にある．この地形は南北に 6 km 離れて噴出した 2 個のスコリア丘と，そこから紅海岸に向かって流下する長さ 5-6 km, 幅 4-6 km, 厚さ 10-20 m の 2 枚の溶岩流とからなる．スコリア丘の火口径はそれぞれ 450-500 m である．

Yar スコリア丘火山群　Jizan スコリア丘群から 12 km 内陸に入った褶曲山地内に噴出した 7 個のスコリア丘と，それぞれから 10 km 弱流下した溶岩流とからなる火山である．スコリア丘は北北西—南南東方向に 2 列平行して噴出した．東列の長さは 7 km, 西列の長さは 4 km で，両列の間隔は 5 km である．両列から流出した溶岩流は褶曲山地から海岸平野まで 1-2 km の幅に広がって流下し，末端では 10 m 前後の崖を形成している．各溶岩流同士の間には隙間が多く見られ，完全に接合し溶岩原にはなっていない．また溶岩同士が重なり合っていることは少なく，ほとんどが 1 枚である．末端崖の比高は 10 m 程度であるので，この火山の面積を 120 km² とすれば，噴出量は 1 km³ という小規模な火山と考えられる．

図 6.2-4　サウディアラビア Oe Quz 溶岩原の地形分類図
1：スコリア丘，2：新期溶岩流，3：古期溶岩流．

Hattab 溶岩原　イエメンの首都サヌアの北から西に広がる南北 88 km, 東西最大 33 km の溶岩原で，南北の伸長方向に沿って 127 個のスコリア丘が列をなす．溶岩原中軸のスコリア丘列と溶岩流末端周辺部との比高はおよそ 300 m あり，流出量を試算すると約 300 km³ となる．

Zebib 楯状火山　底径 5 km の中型楯状火山で，山体中央部に径 3.3 km のカルデラがある．その中に 6 個のスコリア丘があり，その 1 つは歴史時代の噴火で形成されたものらしく，周辺に降下ス

コリア・サージ堆積物が分布している．サージ堆積物は当時の農地・道路を破壊・埋積し，湿地を通過した際に二次爆発を引き起こしている．

Marhaスコリア丘群　サヌア市南11 kmの盆地底に6個のスコリア丘が点在する．その比高は70-200 mで，火口地形は保持されているが，伴われるはずの溶岩流地形は盆地堆積物下に埋没したためか認められない．スコリア丘の形態はかなり形成時とは異なり，火口などは消失している．噴火以後，数十万年以上の歳月を経ていると推察される．

Rabeke溶岩原　マリブ市の北方にある東西61 km，南北21 km，推定最大厚500 mに達する溶岩原で，145個のスコリア丘が北西―南東方向に列をなし，29個のマール・タフコーンが点在する．溶岩原の推定最大厚から見て，かなり長期間活動したと考えられるが，溶岩原の表面はほとんど下刻されておらず，比較的新しい時代まで活動が継続しているらしい．最新と推定される溶岩流はかんらん石玄武岩質で，その数本は沖積段丘の上を流れ，800-1200 BCの頃との推測もある（van Padang, 1963）．

Dhamar溶岩原と火砕流堆積面　ダマール（Dhamar）市が存在する東西40 km，南北25 kmの盆地内に形成された溶岩原で，94個のスコリア丘と20本余の新期溶岩流が認められる（図6.2-5）．個々の溶岩流の流走距離は10 km前後である．溶岩原の大部分は地形的に区分不能なほど平滑化された，長期にわたって風化・侵食作用を被った古期溶岩流である．溶岩原形成途上に大規模な火砕流が発生したらしい．ダマール市の北方60 km，標高2700 m付近の盆地にはフォノライト質火砕流と推定される灰白色の堆積物が平坦面をつくって広く分布する．これを刻む深さ50-100 mの谷が周縁を囲むが，その谷壁の上部約1/3-1/5は灰白色の火砕流堆積物からなり，火砕流堆積物の層厚は20-30 mと推定される．この事実は火砕流堆積物の分布面積が$40×50 km^2$，体積$40 km^3$に達することを示す．同様の火砕流堆積物に埋積されていると考えられる盆地がほかにも数個あり，それらを含めると200 km平方の広大な範囲に広がった噴出量200-400 km^3に達する大規模火砕流が発生したことを物語る．この大規模火砕流の

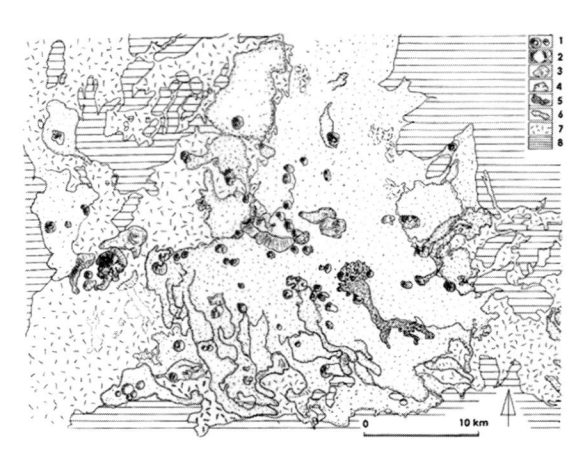

図6.2-5　イエメンDhamar溶岩原・火砕流堆積面の地形分類図

明瞭なカルデラ地形は認められないが，盆地を埋めて平坦面を形成したことが推察される．火砕流噴出前後の溶岩ドームも識別できる．溶岩原上にカルデラ火山が生じたと考えられる．1：スコリア丘，2：カルデラ，3：溶岩ドーム（小成層火山），4：厚い溶岩流，5：新期溶岩流，6：薄い古期溶岩流，7：火砕流堆積面，8：基盤山地．

噴出源となるカルデラの地形ははっきりしないが，分布などからダマール市が存在する盆地内にあると推定される．この火砕流の噴出に先駆けて，Dhamar溶岩原が形成されていたことが，火砕流に覆われたスコリア丘が散在することから知られる．しかしわずかであるが，火砕流堆積面上に形成された，比較的新しいスコリア丘や玄武岩質溶岩流も認められる．スコリア丘は95個を数えるが，最大比高100 mで，大きなものは少ない．

Esi成層火山　標高3030 m，比高480 mの小型成層火山で山頂に径150 m，深さ50 mの火口が存在し，その底に硫気孔がいくつかある．黒雲母・角閃石流紋岩・黒曜岩溶岩流・溶岩ドームを主体とする小型成層火山である（van Padang, 1963）．この火山の存在が上記の大規模火砕流噴出源位置推定の根拠の1つである．

Aden Siraタフリング　イエメンアデン市の港に突出する円形の半島が，海岸に近い浅海底噴火で生じたタフリングである．その半径は7 km，標高405 m，火口径2.8 kmで噴出時の火山地形はよく保存されている．

Es-Sawad溶岩原　イエメンアデン市から北東へ約100 kmのアデン湾岸沿いの標高1700 mを超える高原上にEs-Sawad溶岩原が広がり，その

一部はアデン湾岸まで急崖を流下している．この溶岩原は東西 22 km，南北 20 km の差しわたしがあり，高原の凹凸を埋め尽くしているため，平均層厚は 200 m 以上と推定され，その体積は約 88 km³ を超えると推算した．溶岩原をつくる火道上に形成された火山はスコリア丘のみで，ほぼ東西方向に列をなす．複成火山は存在しないことから，Es-Sawad 溶岩原は初期の発達段階にある溶岩原と見なされる．

Belhaf 溶岩原　アデン市東方 320 km に，東西 22 km，南北 9 km の Belhaf 溶岩原が分布する．この溶岩原西部に東西 14 km，南北 10 km のスコリア丘とそこから流出する玄武岩質溶岩流の集合体があり，東部には互いに独立したマール・小型楯状火山・スコリア丘火山などの小型単成火山が散在する．溶岩原の面積は 260 km²，噴出物の平均厚を 100 m とすると堆積は 26 km³ となる．

溶岩原東部に位置する Bir Ali 火砕丘は東西 5 km，南北 3.5 km，比高 187 m の規模をもち，火口径 1200 m，深さ 120 m の 2 個の爆裂火口をもつ．東火口には緑色水が湛えられているが，西側火口内には 7 個のスコリア丘とそれらから流出した溶岩流が認められる．Bir Ali 火砕丘の西南 13 km の海岸には 4 重のタフコーンがつくる半島がある．

Al Charah 溶岩原　イエメンアルムッカラ市の東方 140 km のアデン湾北岸に沿った細長い海岸平野に約 80 km にわたって 5 個の溶岩原が並ぶ．西から Sarar, Hasana, Musaina'a, Tamnum, Sharkhat と呼ばれる直径 5-10 km の規模の溶岩原で，それらを合わせて Al Charah 溶岩原と呼ぶ．

Sarar 溶岩原はスコリア丘とそこから流出した玄武岩質溶岩流の対が 3 個近接して分布するもので，3 者は 1 辺が 7-8 km の正方形の範囲内にある．その総面積は 50 km²，溶岩流の平均厚を 10 m とすると，流出量はスコリア丘を含め 0.5 km³ となる．

Hasama 火山は，Sarar 溶岩原のすぐ東隣にある．東西・南北とも約 5.5 km に近い正方形をなす小型溶岩原である．溶岩原北部に 6 個のスコリア丘が並び，溶岩流はそこから海岸に向かって流下している．

Musaina'a 火山は南北 7.8 km，東西 10.2 km の小型溶岩原で，海岸平野を扇状に覆っている．火道は溶岩原上には認められず，北の山地内から流下したものと推定されるが，侵食されてしまったためか，見出すことができない．

Tamnum 火山は径 6.8 km のほぼ円形の範囲内に 4 個の小型楯状火山が接合したものである．その 1 つの小型楯状火山頂部には径 630 m の火口が残る．

Sharkhat 火山は Al Charah 溶岩原の最東端に位置し，東西 13 km，南北 7.5 km の楕円形の小型溶岩原であるが，スコリア丘など火道を示す単成火山体はまったく見出されない．

5 個の小型火山からなる Al Charah 溶岩原の面積は 1889 km²，溶岩原の平均厚を 20 m とすると流出量は 35-40 km³ となる．いずれもスコリア丘・小型楯状火山から流出した玄武岩質溶岩流からなり，溶岩ドームやカルデラ火山・成層火山は形成されていないので，初期の L1 溶岩原であると考えてよい．

6.3　アラビア半島の溶岩原とその発達

アラビア半島の第四紀火山は 27 個認められたが，火山タイプの内訳は溶岩原 18 個，大型楯状火山 1 個，スコリア丘火山・マールなどの単成火山群は 7 個，小型成層火山が 1 個であった．これらはいずれも日本列島のようなプレートの沈み込み帯には少ないアルカリ玄武岩質あるいはベイサナイト質マグマに由来する溶岩流が卓越した火山ばかりである．多くの溶岩原では黒色の玄武岩質溶岩流，褐色のスコリア丘，暗灰色の小楯状火山から構成される（図 6.3-1A, B）が，Khaiber 溶岩原の中軸部には灰白色のフォノライト質と推定される火砕流を主体とした火砕丘・溶岩ドームが数個介在する（図 6.3-1C）．灰白色火砕丘頂部には径 3 km のカルデラがあり，カルデラ壁や外輪山は新鮮な地形を保つ．これはフォノライト質マグマの活動によるものと考えられ，玄武岩・ベイサナイト質マグマが長期間繰り返し地殻内に割れ目状に貫入している間に，その中心部にマグマ溜りを形成し，その中でマグマ分化が行われたことを示唆する．いずれも新鮮な地形が保存されてい

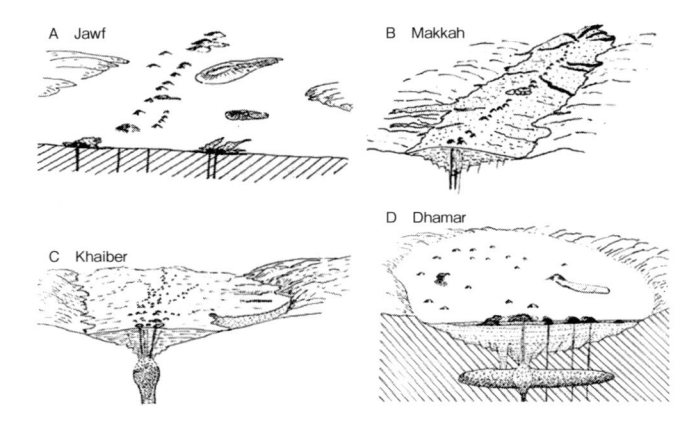

図6.3-1 アラビア半島溶岩原の4つのタイプ・発達史概要図
A：スコリア丘などの小型単成火山が互いに独立して群れをなす溶岩原（Jawf火砕丘群），B：火道上に形成された小火山体がスコリア丘・小型楯状火山など玄武岩質マグマ活動のみで生じた溶岩原（Makkah溶岩原），C：フォノライト質火砕丘・溶岩ドームの小火山体をもつ溶岩原（Khaiber溶岩原），D：輝石角閃石流紋岩質小型成層火山・大規模火砕流を生じた溶岩原（Dhamar溶岩原）.

ることから，最終氷期以降に形成されたごく新しい火山体と考えられる．このような分化したマグマの量は，溶岩原全体の質量の1/200を超えないと思われる．

イエメン西部のDhamar溶岩原ではその形成末期（数万年前頃），流紋岩質と考えられる灰白色火砕流を大量に噴出しており（図6.3-1D），長期間にわたるマントルからのマグマ貫入による地殻下部の溶融が起こった可能性も考慮する必要がある．

これら黒色玄武岩質溶岩原の中に形成された灰白色フォノライト質火山体に注目して，溶岩原の発達を明らかにし，その分類を行うことを試みた．その結果，次の4タイプに溶岩原を分類することができる．
①溶岩原；スコリア丘＋小型楯状火山（Ishqa, Ithnayn, Lunaiyir, Makkahなど）
②溶岩原；スコリア丘＋小型楯状火山＋成層火山（Rahat）
③溶岩原；スコリア丘＋小型楯状火山＋溶岩ドーム＋フォノライト質火砕丘（Khaiber）
④溶岩原；スコリア丘＋小型楯状火山＋流紋岩質火砕流台地（カルデラ火山）＋流紋岩質小型成層火山（Dhamar）

この分類は，アラビア半島の溶岩原が①→②→③→④と発達・進化するように見えるため，そのまま発達史的分類となるように考えられる．しかしながら守屋（1990a, b）は米国西南部に分布する10余個の溶岩原の調査から，上記のような断定的結論にまで導くには慎重さが必要であるとのべている．

アリゾナ州・ニューメキシコ州など米国西南部には10余個の溶岩原が存在する（Luedke and Smith, 1984）が，これらの半数は溶岩原形成後期に安山岩・流紋岩質マグマが噴出し，成層火山・溶岩ドーム・カルデラ火山を形成した（守屋，1990a, b）．このような火山形成史は，米国西南部の地殻が長期間繰り返されたマグマ貫入により加熱された結果生じた可能性が高いと結論づけられるように見える．Raton-Clayton溶岩原のように，最初にデイサイト質溶岩ドーム群が形成された事実から，マントルからの玄武岩質マグマは地殻内に貫入せず地殻底部を加熱し，デイサイト質マグマが上昇して溶岩ドームを形成したというプロセスが組み合わさる可能性も考えられ，より詳細に溶岩原成長史を検討すべきであろう．アラビア半島の火山も，溶岩原の最下部に溶岩ドームが埋没している可能性について今後調査を進める必要がある．ただ守屋（1990a, b）がのべているように，個々の溶岩原の詳細な成長史を明らかにした上でないと明確な結論は得られない．

第7章 中東・極東地域・インド洋の火山地形

　以前，アルプス造山帯と呼ばれたこの地域は，ユーラシア大陸とアフリカ大陸・インド亜大陸が衝突することによって生じた変動帯であるが，このヨーロッパから中国まで東西にのびるいわゆる衝突帯に沿って，少数の火山が帯状に分布する．この変動帯はプレートの沈み込み帯と違って，長期間にわたり南北方向に衝突・分離を繰り返し，複数の小プレートが2大プレートにはさまれて複雑に移動・集散を繰り返した結果と解釈されている．そのためか，この地域の火山は，沈み込み帯の火山のようには一線上に集中せず，幅の広い帯の中に散在する．

7.1 トルコ

　トルコ中央部トゥズ湖の南部から東部にかけて13個の第四紀火山が，北東―南西方向にのびる長さ約400 kmの列をなして分布する．トルコ東半部のワン湖北縁には北東―南西方向にのびる7個の火山が600 kmの火山列をつくる．西部にはKula単成火山群が存在する（図7.1-1）．火山型別に見ると成層火山が半数以上の11個を占め（表7.1-1），沈み込み帯と類似するが，溶岩原が5個，楯状火山が3個，スコリア丘・マールをもつ単成火山群が2個認められ，沈み込み帯と拡大軸・ホットスポット地域の中間的な特徴をもつことがわかる．

　中部アナトリア高原トゥズ湖の南・東岸に成層火山，溶岩原などが13個存在するが，いずれも過去1万年以新に噴火活動を行ったと推察される新鮮な地形をもつ溶岩流などが認められる．東部のワン湖西・北岸にもNemrut（図7.1-2），Suphan（図7.1-3）など新鮮な地形をもつ成層火山が存在する．アルメニアなどの国境に近い北東部にはArarat成層火山（図7.1-4）がある．

　Nemrut火山は多くの溶岩ドームを側火山としてもつ成層火山で，山頂に径7.8 kmのカルデラが形成されている．その中には珪長質の溶岩ドー

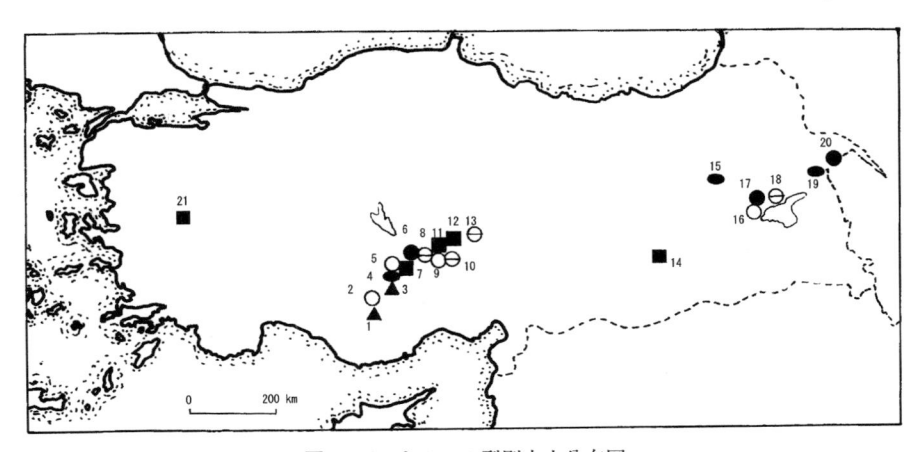

図 7.1-1 トルコの型別火山分布図
1-21の番号は表7.1-1の左端の数字と対応．

表 7.1-1　トルコの火山一覧

火山名	型	比高 (m)	底径 (m)
1　Karaman	Sc	350	4000
2　Kara	A4	1220	20000
3　Meke Golu	Sc	150	21000
4　Salur	SH	965	25000
5　Emirgazi	A4	420	5000
6　Hasan	A1	1950	15000
7　Kutoren	L1	305	24000
8　Uldren	A2	1800	25000
9　Antinhisar	A4	1200	18000
10　Bor	A2	1600	29000
11　Acigol	L1	180	57000
12　Agcaviran	L1	300	19000
13　Erciyes	A2	2800	45000
14　Karaca	L1	881	73000
15　Caylar	SH	1200	51000
16　Nemrut	A4	1200	24000
17　Balanik	A1	1000	18000
18　Suphan	A2	2000	29000
19　Tendiiruk	SH	640	28000
20　Ararat	A1	3800	50000
21　Kula	L1	100	22000

図 7.1-3　トルコ Suphan 火山を南上空より望む
溶岩ドーム，厚い溶岩流が累重する火山体に注目．

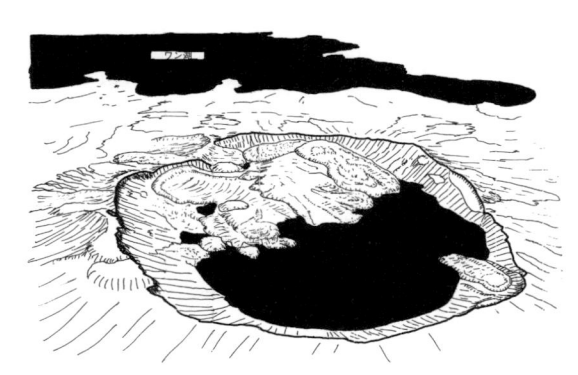

図 7.1-2　トルコ東部ワン湖西岸に噴出した Nemrut 成層火山を北上空から望む
径 7.8 km のカルデラをもつ．後カルデラ火山活動で粗面岩質溶岩ドーム群が形成された．

図 7.1-4　トルコ Ararat 成層火山を南上空から望む
左：Ararat 火山，右：小 Ararat 火山．

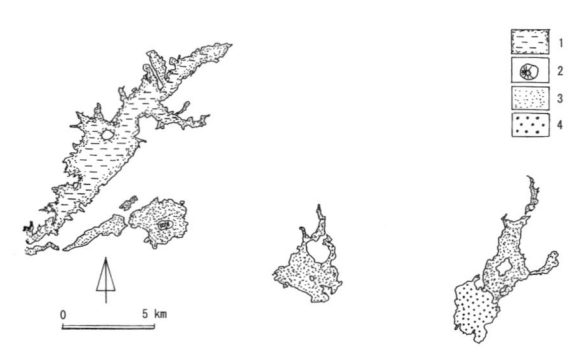

図 7.1-5　トルコ西部 Kula スコリア丘単成火山群の地形分類図
1：ダム湖，2：スコリア丘，3：新期溶岩流，4：古期溶岩流．

ムと厚い溶岩流が 10 余個流出し，カルデラ湖の半分を埋めている．山麓には火砕流堆積面と推定される緩やかな裾野が広がり，第 4 期まで発達した A4 型成層火山と認定したが，溶岩ドームの側火山も多いことから，米国の St. Helens 火山と同じドーム型成層火山と見なすことも可能で，今後検討する必要がある．

Suphan 火山も山頂火口を埋める溶岩ドームをはじめ多数の溶岩ドームがその成層火山体斜面から突出し，さらにそこから厚い溶岩流が急斜面を流下している点で Nemrut 火山と同様ドーム型成層火山にも見えるが，ここでは A2 型成層火山と見なす．ノアの箱舟伝説で知られる Ararat 火山は大小 2 個の成層火山からなる．いずれも地形的には富士山に似た第 1 期発達段階にある A1 型成層火山と見なされるが，側火山としてスコリア

丘以外に溶岩ドームや厚い溶岩流も存在することから，第2期の発達段階に進んだ火山であるとも解釈できる．しかし量的に前者が圧倒的に多いので，A1型成層火山としておく．

トルコ西岸イズミル市のほぼ東方115 km，東西約20 km，南北約10 kmの範囲に，スコリア丘・溶岩流の地形をよく残すKula単成火山群が広がる．ここはアナトリア高原西縁部にあたり，正断層崖が発達した伸長応力場にある．数百mの起伏をもつ丘陵性山地が広がるこの地域で，繰り返し小規模ストロンボリ式噴火が起こり，時間をかけて成長した火山である．図7.1-5は，比較的最近形成された3個の小楯状火山の地形分類図で，いずれも中心にスコリア丘をもつ．その位置に形成された火道から溶岩が四方へ流下し，径2-3 kmの小楯状火山が西北西—東南東方向に6-7 km間隔で並ぶ．基盤山地の突起が頭を出す地形的特徴から，溶岩流の厚さは最大で100 m以下，平均的に見て20-30 m程度と推定される．

以上のようにトルコでは沈み込み帯の火山と似た成層火山が過半数を占める半面，沈み込み帯では見出されない溶岩原も形成されており，衝突帯火山の特徴を示すものとして注目される．

7.2 コーカサス山脈周辺

コーカサス山脈とトルコ・イランの間に位置するグルジャ・アルメニア・アゼルバイジャンから，コーカサス山脈の北を占めるロシアにかけて，約500 kmの距離にわたって，ほぼ北西—南東にのびる火山列が存在し，19個の火山が認められる（図7.2-1，表7.2-1）．この火山列はアルメニア北部で北に向かう列と，西のトルコに向かう列に分岐する．南東端はアフガニスタンへのび，さらにパキスタン・タジキスタンを通過して中国・モンゴルへと続く．火山列は大きく見てユーラシア大陸とアフリカ大陸・インド洋プレートが衝突する境界の変動帯内部にあり，ほぼ東西にのびつつ，南北に波打つように褶曲する山脈に沿って噴出しており，それらの火山高度も3000-5000 m以上に達する．本地域はその傾向がもっともよく表現されている場所である．

アルメニアでは溶岩原・楯状火山やスコリア丘火山（図7.2-2）など玄武岩質マグマの噴出による火山が多く見られる．グルジャ・アゼルバイジャンでは第2期まで進化した成層火山が認められるが，それほど大型でない．

コーカサス山脈中にもElbrus（図7.2-3）など4個の火山が認められるが，氷河に覆われ，その地形が十分に観察できない．しかし広く裾野を広

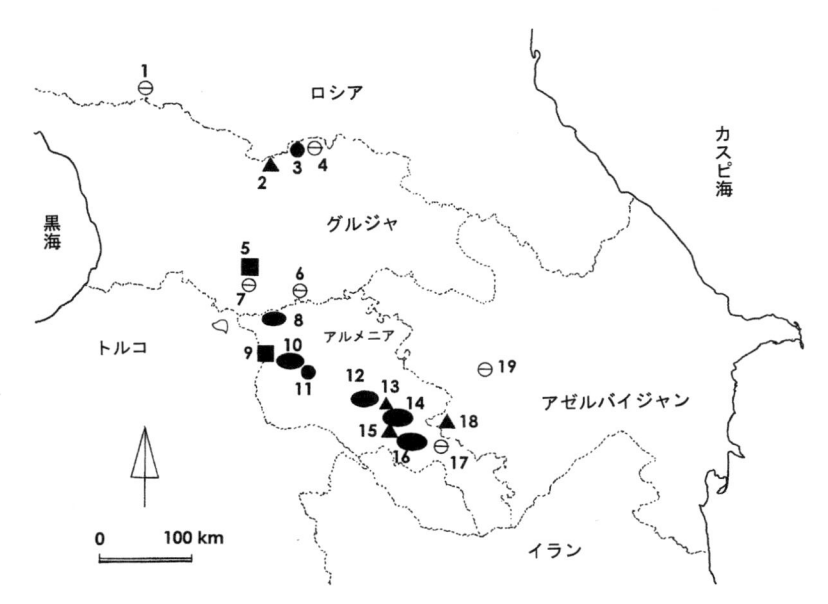

図7.2-1 コーカサス山脈周辺の型別火山分布図
 1-19の番号は表7.2-1の左端の数字と対応．

表 7.2-1　コーカサス山脈周辺の火山一覧

火山名	型	比高（m）	底径（m）
Russia			
1 Elbrus	A2	2100	1800
Goergia			
2 Kabargin oth	Sc	400	2000
3 Keli	A1	1100	12000
4 Kazbeg	A2	2300	11000
5 Dmanisi	L1	850	44000
6 SE Dmanisi	A2	1100	8000
7 Abul	A2	400	7000
Armenia			
8 Spendiarovi	SH	900	22000
9 Maralik	L1	360	33000
10 Aragats	SH	2500	65000
11 Arailer	A1	800	10000
12 Kamo	SH	1900	53000
13 Armaghan	Sc	280	14000
14 Sandukhkasar	SH	300	30000
15 Vayotsasar	Sc	700	10000
16 Archasar	SH	300	40000
17 Goris	A2	2000	35000
Azerbaijan			
18 Porak	Sc	10	6000
19 Bash-Kyshlag	A2	600	15000

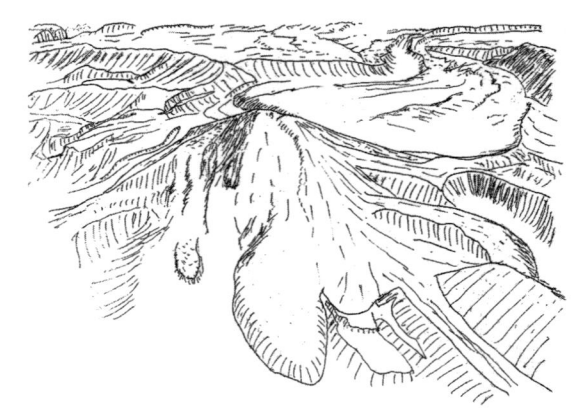

図 7.2-3　ロシア Elbrus 成層火山を南上空より望む

図 7.2-4　アゼルバイジャンバクー油田地帯の泥火山（Google Earth より）
油泥がつくる溶岩流状地形などに注目.

図 7.2-2　アルメニア Vayotsasar スコリア丘単成火山を南上空より望む

げているものはなく，急な火山斜面と溶岩流を流出させていることから見て，第3，第4期まで発達している火山はないと判断した．

楯状火山はアルメニア北部の Spendiarovi 火山，Aragats 火山のように中心から四方へ溶岩が流下し，円形の火山体を形成しているものと，Kamo，Sandukhkasar，Archasar などのように楕円の平面形をもち，長期間にわたる割れ目噴火の繰り返しにより形成されたと考えられるものに分かれる．

ロシアからアルメニア南西部まで500 km続く火山列から，東に300 km離れて泥火山がある．カスピ海沿岸のバクー市の西に広がる油田地帯に10個以上認められる．比高300 m，底径3 kmを超え，小型楯状火山・小型成層火山に酷似する形態・規模をもつ．マール・小楯状火山・カルデラなどの地形や，安山岩質溶岩流に見られる末端崖・堤防・しわなどの形態的特徴は，ケイ酸マグマがつくるものと区別することが非常に困難である（図7.2-4）.

7.3　イラン・アフガニスタン・パキスタン

ヒマラヤ・カラコルム・崑崙・天山山脈からヒンズークシ山脈，アフガニスタン・パキスタン・イラン・トルコにいたる高原・山脈系は，かつてアルプス-ヒマラヤ造山帯と呼ばれた一大変動帯

で，南のインド洋-オーストラリア・アラビア半島・アフリカ大陸プレートと，北方にあるユーラシアプレートとの衝突帯の中にあって，東西に細長くのびるブロックをなす．イラン・アフガニスタン・パキスタン火山地域はそのブロックのほぼ中央にある（図7.3-1，表7.3-1）．その北部国境に沿って，南北に波打つように東西にのびるエルブールス山脈が存在し，その中にSavalan, Damavand（図7.3-2）の2個の成層火山が噴出している．一方パキスタンのバチスターン高原からイラン南部のザグロス山脈に沿ってBazman, Taftanの2成層火山，Nematabad溶岩原（図7.3-3），パキスタンのWow成層火山（図7.3-4），アフガニスタンのDacht-I-Navar成層火山などが山脈に平行に並ぶ．南北2つの山脈にはさまれて，標高1000-2000mのイラン高原が広がるが，その中に小規模なスコリア丘火山が形成されている．

Damavand成層火山 イランの首都テヘランの

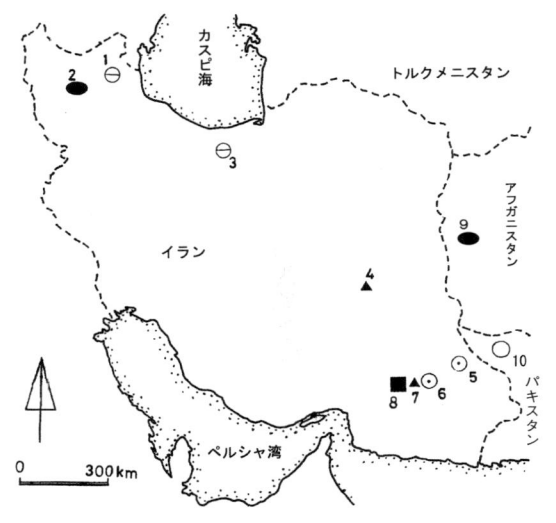

図7.3-1 イラン・アフガニスタン・パキスタンの型別火山分布図
 1-10の番号は表7.3-1の左端の数字と対応．

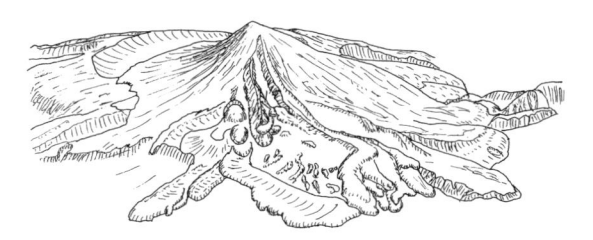

図7.3-2 イランDamavand成層火山を南上空より望む

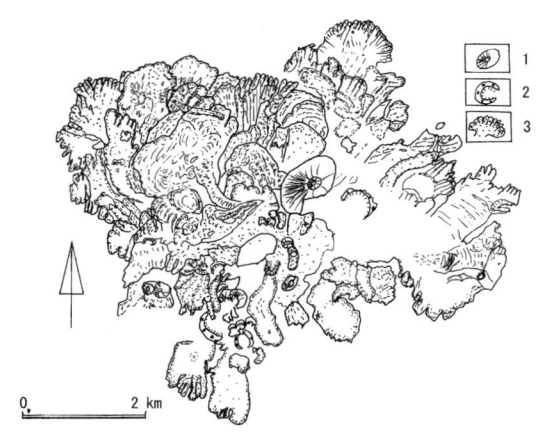

図7.3-3 イランNematabad溶岩原中央部の地形分類図
 1：スコリア丘，2：タフコーン，3：溶岩流．

図7.3-4 パキスタンWow成層火山を北上空から望む
 山頂カルデラの径3.6km，その内部に溶岩ドーム2個，タフコーン1個．

表7.3-1 イラン・アフガニスタン・パキスタンの火山一覧

火山名	型	比高(m)	底径(m)
Iran			
1 Savalan	A2	3300	92000
2 Sharqi	SH	1800	90000
3 Damavand	A2	3200	19000
4 Posada	Sc	545	127000
5 Taftan	A3	2390	47000
6 Bazman	A3	1500	40000
7 Jamal Pa'ir	Ma	250	12000
8 Nematabad	L1	300	33000
Afghanistan			
9 Dacht-I-Navar	SH	400	17000
Pakistan			
10 Wow	A4	1500	15000

東北東約 100 km にある標高 5670 m の Damavand 火山は，底径 19 km，比高 3200 m の規模をもち，角閃石・黒雲母斑晶を含む普通輝石粗面安山岩・粗面岩質の溶岩流・ヴルカノ式噴出物を主体とする成層火山である（図 7.3-2）．山頂に径 300-400 m の火口をもち，そこから流出したと考えられる多くの明瞭な溶岩流地形が認められる．その周辺はヴルカノ式噴火で放出された爆発飛散角礫からなると思われる急で滑らかな斜面から構成されている．Damavand 火山北麓には，その南半分が Damavand 火山によって埋積された，古いカルデラ火山の残骸が存在する（Gansser, 1966）．

Bazman 成層火山　Taftan 火山と並んでイランの東南部に噴出した標高 3490 m の成層火山で，底径 40 km，比高 1500 m の規模をもつ．山頂に直径 1500 m の大火口またはカルデラがあり，ヴルカノ式噴出物が滑らかな急斜面をつくっている．東北斜面には溶岩じわが見事な，新しくて厚い溶岩流が認められる．Gansser（1966）によれば，主成層火山体は角閃石安山岩，山麓のスコリア丘溶岩流はかんらん石玄武岩からなる．

7.4　極東地域

シベリアから中国・モンゴル・朝鮮半島・インドシナ半島にかけてのユーラシア大陸極東部には，スコリア丘など比較的小規模な単成火山群が散在する（図 7.4-1，表 7.4-1）．これらの火山の多くは最近知られたものである．中国には五大連池（Wudalianchi）溶岩原や白頭山（Baitoushan）成層火山など古くから知られた火山が存在する．これらの火山活動は太平洋西縁におけるプレートの沈み込みと無関係で，ホットスポット起源のマグマによって生じたものが多いと考えられる．

7.4.1　シベリア・モンゴル

広大なシベリア・モンゴルにそれぞれ数個の火山が散在する．その大部分が数個のスコリア丘火山の集まりで規模が小さい．衛星写真が撮影されて発見されたものが多く，データは少ない．この地域は高緯度にあり寒冷で，地表面が凍結融解作用で形成される周氷河地形と最終氷期の氷河削剥

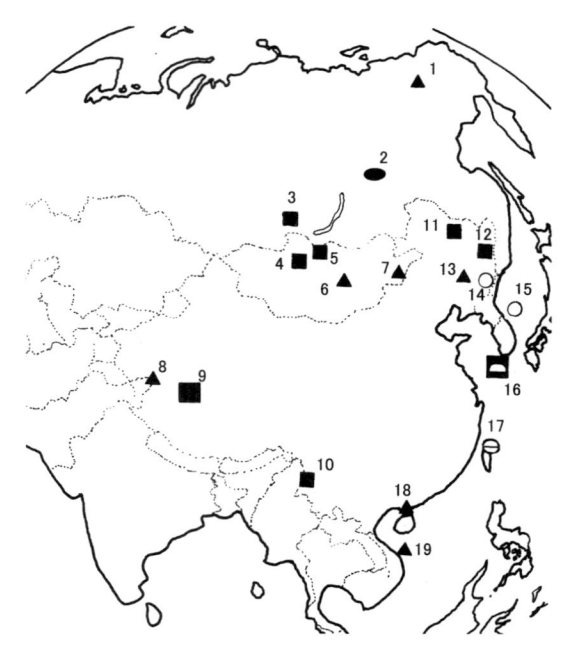

図 7.4-1　極東地域の型別火山分布
1-19 の番号は表 7.4-1 の左端の数字と対応．

表 7.4-1　極東の火山一覧

火山名	型	比高（m）	底径（m）
Russia			
1 Anjuisky	Sc		18000
2 Udokan	SH	300	20000
3 Oka	L1	50	60000
Mongolia			
4 Taryatu-Chulutu	L	100	3000
5 Khanuy Gol	L	200	8500
6 Dariganga	Sc	50	85000
7 Middle Gobi	Sc	50	13000
China			
8 Kunlun	Sc	400	15000
9 Atchin Kul	L1	100	21000
10 Tengchong	L1	700	12000
11 Wudalianchi	L1	50	27000
12 Jingpohu	L1	30	25000
13 Longgang	Sc	30	21000
China/Korea			
14 Baitoushan	A4	1300	37000
15 Ulreung	A4	984	9000
16 Halla	L2	1950	53000
Taiwan			
17 Datun	A2	1090	25000
China-SE			
18 Leizhou Bandao	Sc	6	700
Vietnam			
19 Cu Lao Re	Sc	156	2700

図 7.4-2 ロシア北東端 Anjuisky スコリア丘と溶岩流（Google Earth より）

図 7.4-3 ロシアシベリアの Udokan 楯状火山山頂地溝内の火口と溶岩ドーム（Google Earth より）

図 7.4-4 中国東北地方五大連池溶岩原中の最新溶岩流（Google Earth より判読）

図 7.4-5 中国雲南省 Tengchong スコリア丘溶岩原を北東上空より望む（Google Earth より）

作用で形成されたカールなどの氷食地形からなり，火口・カルデラや溶岩流などの火山地形と判別しがたい場合が多く，写真の精度があがれば火山の数は増加すると考えられる．

シベリアの丘陵地帯に噴出した Anjuisky 火山は数個のスコリア丘からなるが，そこから流出した玄武岩質溶岩流は幅 1-2 km の谷を埋めて 40 km 流下している（図 7.4-2）．同じくシベリアに噴出した Udokan 火山は大型の楯状火山であるが，山頂に地溝状の凹地が存在し，その中に火口・溶岩ドームが見出される（図 7.4-3）．

7.4.2 中国

広大な中国にある火山は少なく，10 個を超える程度の火山が東北地方，雲南省，チベット高原などに散在する．そのほとんどすべては小規模なスコリア丘火山などの単成火山群である（小倉，1935；多田，1942；兼岡ほか，1983；Nakai et al., 1993 など）．

五大連池火山　スコリア丘火山が 10 個たらず集合した小規模溶岩原である．その中の 1 つが 1720 年に噴出し，四方に派出した溶岩流によって河川が堰き止められ，5 個の池沼が形成された（図 7.4-4）．著名な火山のため，日本の研究者も古くから調査・測量などを行っていた（たとえば小倉・松田，1938；島津，1988）．

Tengchong 火山　中国雲南省，ミャンマー国境近くに噴出した 10 個前後のスコリア丘と，長さ約 10 km の溶岩流からなる小規模な溶岩原であ

る．北北東—南南西の一線上に並ぶ割れ目噴火の産物である（図 7.4-5）．またスコリア丘列の中央部にある Dayingshan スコリア丘が 1609 年に噴火したとの古記録も存在する（Nakai et al., 1993）．

崑崙（Kunlun）火山　チベット高原の西部，カシミール周辺の未確定国境線近くに噴出した小規模火山で，数個のスコリア丘・溶岩ドーム，厚い溶岩流からなり，玄武岩質マグマと安山岩質マグマあるいは粗面岩質マグマによるバイモーダルな火山活動が起こったことを示唆する（図 7.4-6）．

Atchin Kul 火山　衝突帯内の東西に平行して走る複数の山脈間の盆地底に噴出した 10 余個のスコリア丘と，それらから流出した玄武岩質と思われる薄い溶岩流が小規模な溶岩原を形成している（図 7.4-7）．1951 年 5 月 27 日に噴火した（Jiaqi, 1988）．

7.4.3　朝鮮半島周辺

朝鮮半島周辺には 3 個の火山がある．中国・朝鮮人民共和国の国境に噴出した白頭火山，半島の東沖の日本海にあって島全体が火山である鬱陵（Ulreung）島，半島南沖東シナ海にある済州（Halla）島も全島火山で構成されている．

白頭火山　標高 2744 m，比高 1300 m，底径 37 km の大型成層火山で，9 世紀には大噴火を起こし，山頂にカルデラ（図 7.4-8）を形成し，軽石

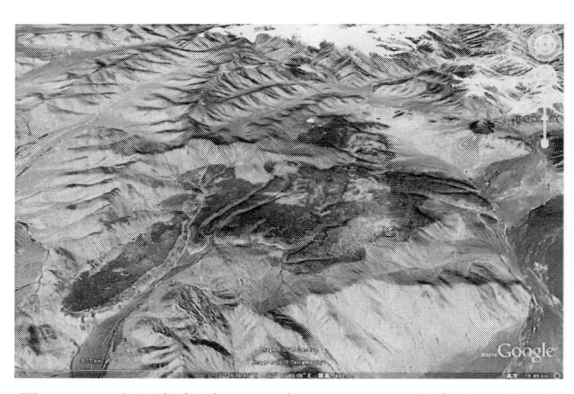

図 7.4-6　中国崑崙（Kunlun）スコリア丘単成火山群を南上空より望む（Google Earth より）

図 7.4-8　中国・朝鮮人民共和国国境に噴出した白頭山成層火山頂部を南上空より望む（Google Earth より）

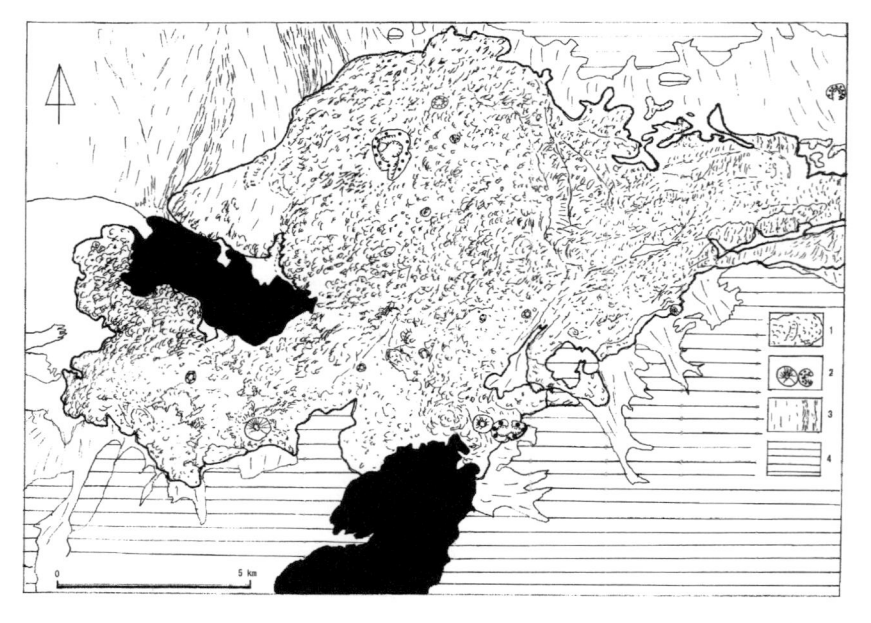

図 7.4-7　中国崑崙山脈 Atchin Kul 溶岩原の地形分類図（Google Earth より判読）
　1：溶岩流，2：スコリア丘・タフコーン，3：扇状地，4：基盤山地．

図 7.4-9 白頭山山頂カルデラ壁最上部の火砕流堆積物 (2005 年奥野充氏撮影)

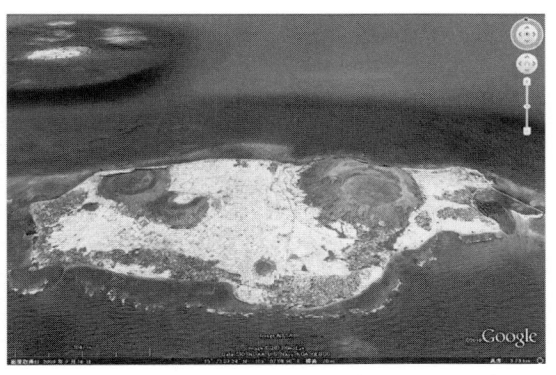

図 7.4-10 ヴェトナム東岸沖西沙諸島 Cu Lao Re 島のスコリア丘を南上空より望む (Google Earth より)

質の大規模火砕流（図 7.4-9）が山頂から山麓までを広く覆った．プリニー式軽石は日本にまで到達している（町田・新井，1992；町田・白尾，1998）．軽石質大規模火砕流噴出・山頂カルデラ形成は，白頭火山が発達段階第 4 期まで到達した成層火山であることを示す．

鬱陵島の火山 日本海，朝鮮半島中東部岸沖 130 km にある標高 984 m，底径 9 km の島で，その中央部に 2 個の火口が存在する成層火山からなる．成層火山体は深く侵食され原面は残っていない．2 個の火口から噴出したと考えられる数枚の大規模プリニー式軽石は日本まで到達し（町田・新井，1992），白山火山頂にも見出されている（東野ほか，2005；Okuno et al., 2010）．成層火山体は侵食が進み，山麓は海底下にあり，火山体発達史は明らかではないが，大規模プリニー式軽石を噴出したカルデラに近い大火口の存在から第 4 期まで発達した成層火山と推定した．

済州島 朝鮮半島南岸沖 110 km にある標高 1950 m，底径 53 km の楕円形の島で，楯状火山とされているが，溶岩原上に楯状火山漢拏山(ハンド)が乗った重複成火山と見なされる．薄い玄武岩質溶岩流が累重して形成された緩やかな斜面上に，Lee (1987) は 360 個以上，長谷中ほか (1998) は 318 個のスコリア丘・小楯状火山・マールなどの単成火山を確認している．これら単成火山群は済州島全体にほぼまんべんなく存在し，スコリア丘が一線上に並び，割れ目の存在を示唆するような分布は見られない．強いて色眼鏡で見れば平行線状にも，放射状にも，同心円状にも見える．その点で済州島火山はホットスポット火山といえるが，島の平面形が楕円であることは気にかかる．

以上のほか，朝鮮人民共和国・韓国国境線沿い，いわゆる北緯 38 度線にほぼ沿うように構造線谷が走り，その底に第四紀玄武岩質溶岩流がつくる段丘・丘陵が散在する．これも溶岩原として扱うべきか迷ったが，火道を示すスコリア丘・マールなどの地形が見出せなかったので，とりあえず火山からはずした．

7.4.4 台湾

西進する太平洋プレートに乗って中国大陸棚に衝突した台湾島の北端に大屯(タートン)（Datun）火山が存在する．3 個の成層火山が北東―南西方向に並ぶ．北東端の火山が最大で，底径 20-26 km，比高 1000 m の規模をもつ．火山体中央部を地溝状の凹地が走り，その中にスコリア丘・タフコーンが存在する．裾野の発達はなく，土石流・火砕流の発生を示唆する緩斜面は存在しない．大屯火山は厚い安山岩質溶岩流と溶岩ドームを主体とする成層火山発達の第 2 期段階にあると考えられる．

7.4.5 ヴェトナム半島

ヴェトナム中部ダナン市南南東 120 km の南シナ海沖の大陸棚縁にある西沙諸島 Cu Lao Re 島火山は径 4 km 弱の小島で，その上に 3 個のタフコーン（図 7.4-10）が存在する．さらに島の北 4.6 km にはマールが 3 個見出される径 1 km の島があり，データはないが周辺の海域を含め 1 個の

単成火山群を形成していると推定される．

　ホーチミン市のほぼ東120 kmの海岸平野に長さ20 km，幅1-3 kmの蛇行した溶岩流らしい形状を示す地形が認められるが，スコリア丘などの火道を示唆する地形が見出せないこと，溶岩流固有の地形が確認できないことから火山と見なさなかった．

7.5 インド洋

　インド洋はインド大陸・オーストラリア・南極・アフリカ大陸に囲まれ，南極とオーストラリア大陸との間の海峡で太平洋と，南極とアフリカ大陸との間の海峡で大西洋と連なる．インド洋は深さ4000-5500 mの海盆が広い面積を占めるが，そのほぼ中央部に3本の海嶺が集まる三重点があり，3方向にプレートが拡大していることを示す（図7.5-1, 2，表7.5-1）．

　拡大するインド洋と周辺大陸との境界では，北東縁のスンダ列島とその延長線上以外はプレートの沈み込みは発生しておらず，太平洋と異なり「環インド洋変動帯」は存在しない．したがってインド洋に存在する火山はいずれも海嶺型・ホットスポット型の火山である．インド洋東部に2本の古海嶺が存在し，インド洋北東部にはいくつかの海台が存在するが，その中には超大陸パンゲア形成以前からテーチス海の一部海底堆積物をのせた古い海台もある（von Rad et al., 1994）．その上に火山島がいくつか存在する．海台の周辺にはホ

図7.5-2　インド洋とその周辺地域に生じたホットスポット火山の軌跡（Duncan and Storey, 1992）
　数字はMa.

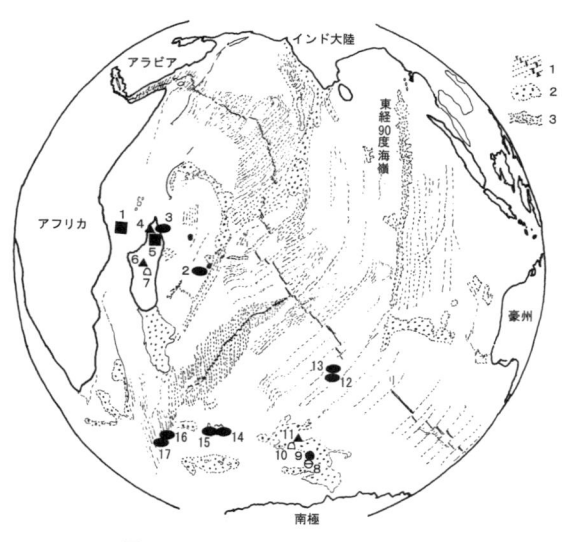

図7.5-1　インド洋の型別火山分布
右上凡例1：拡大軸（太線）とトランスフォーム断層（点線），2：古海台，3：古海嶺．図中の1-17の番号は表7.5-1の左端の数字と対応．

表7.5-1　インド洋の火山一覧

火山名	型	比高（m）	底径（m）
Comoros			
1 Karthala	L2	1083	43000
Reunion			
2 Fournaise	SH	2631	11000
Madagascar			
3 Ambre-Bobaomby	SH	1475	67700
4 Nosy-Be	Sc	214	2000
5 Ankaizina	L1	2878	24000
6 Itasy	Ma	1800	30000
7 Ankaratra	Do	2644	5000
Heard			
8 Big Ben（Heard）	A	2745	23000
9 Anzac	A1	669	6500
10 Macdonald	Do	263	2000
11 Kerguelen	A1	184	14000
12 St. Paul	SH	268	4000
13 Amsterdam	SH	881	8500
14 Possession	SH	934	15000
15 Cochons	SH	775	9000
16 Prince Edward	SH	672	7500
17 Marion	SH	1230	15000

ットスポット起源と推定される比高 3000-4000 m の海山が多く存在し，そのいくつかは火山島あるいは環礁をなす．インド洋西部，アフリカ大陸東部沖にマダガスカル島がある．そこには数個の火山が現在も活動している（図 7.5-1）．

インド洋のコモロ・レユニオン・マリオン・ケルゲレンなどの火山島は大部分がホットスポット起源と推定される巨大円錐火山で，その頂部が海上に頭を出し火山島を形成している．そしてその多くは楯状火山である．またインド大陸の北上，インド洋海底プレートの移動の軌跡がこれらの火山島の位置を出発点とする海山・海台，東経 90 度海嶺などの追跡から明らかになっている（図 7.5-2；Duncan and Storey, 1992）．インド洋の主要な火山のいくつかについて，その地形的特徴を略述する．

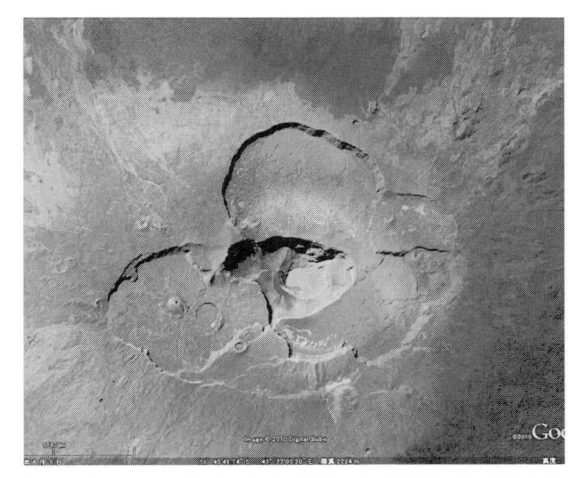

図 7.5-3 コモロ島 Karthala 楯状火山山頂部の花弁状火口群（Google Earth より）

7.5.1 コモロ島溶岩原と Karthala 楯状火山

コモロ島は島の中心に山頂カルデラをもつ標高 2361 m，長さ 64 km，幅 20 km，平均底径 43 km の楯状火山があり，そこから北と南東へのびる 2 本の割れ目上に生じた溶岩原が接合している重複成火山島である．中央楯状火山の南西部海底には平均 4000 m の海盆からそびえる比高 3000 m 以上の海山が 3 個相接して南西方向の列をなして派出している．コモロ島は南北にのびる島南部が南東方向に約 60° 屈曲した芋状の平面形をなすが，海底の地形も考慮するとホットスポット上に形成される三菱形割れ目の接合点に生じた火山体であることがわかる．火山体は主として粗面玄武岩質溶岩流から構成される．

中央楯状火山 Karthala は山頂に高重力型カルデラをもつが，その概形は花弁状で平均直径は 3.5 km である．2 km 弱径のカルデラが 3 個接合したもので，いずれも固化した溶岩湖面をもつ．その中央部には深い陥没カルデラが形成され，最深部には火口湖が存在する（図 7.5-3）．

北方の溶岩原は長さ 37 km，幅 13 km の規模をもち，その中央部を南北に走る緩やかな高まりがあり，多くのスコリア丘が並び，溶岩流が両側に流下している．北端部の輪郭は径 18 km 前後の円形をなし，その中央部に径 4.6 km の大型スコリア丘や多くの新しい溶岩流が認められ，中央

楯状火山とは別個の新たな楯状火山が北部溶岩原上に誕生しかけているように見える．Simkin and Siebert（1990）はこの新たな楯状火山を中央部の Karthala 楯状火山から独立した 1 個の火山と見なし，Grille 火山と呼んでいる．

7.5.2 レユニオン島

この島はマスカレーヌ海台の南端に位置する底径 61 km，標高 2631 m の大型楯状火山で，北西―南東方向にのびる楕円形の輪郭をもち，深さ 4100-4300 m の海底から 6000 m 以上の高さでそそり立つ．その北西部は Piton des Neiges，南東部は Piton de la Fournaise の 2 楯状火山で占められる．

Piton de la Fournaise 楯状火山　南東部を占めるこの火山は底径 40 km，比高 2631 m の，かんらん石玄武岩質の溶岩流を主体とする大型楯状火山であるが，地形的に第 1 期，第 2 期，第 3 期と分けられる 3 つの楯状火山からなる（図 7.5-4）．

もっとも新しい第 3 期の Fournaise 火山は現在毎年のように噴火を繰り返し，ハワイの Kilauea，イタリアの Etna 火山と並んで，世界有数の活火山の 1 つとして知られている．その底径は東西 13 km，南北 9 km で東麓は海中に没している．山頂に径 1 km の主火口（陥没カルデラ）と 2 つの爆裂火口が存在する．斜面は最近流出した溶岩流で広く覆われている．スコリア丘も 172 個数え

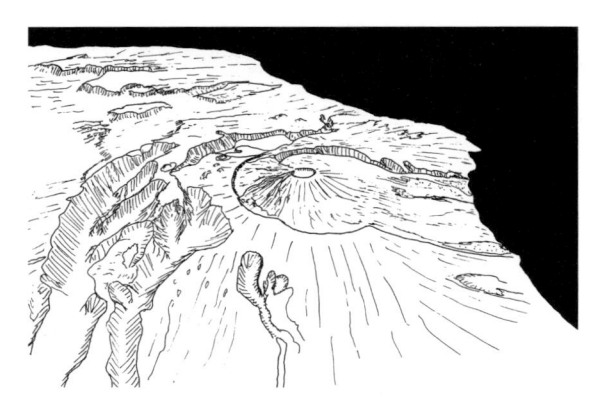

図 7.5-4 レユニオン島 Fournaise 火山を南上空より望む
(Google Earth より作成)

られる．南・西・北麓は第 2 期楯状火山の比高 50-500 m のカルデラ壁ですべて限られている．このカルデラ壁の平面形は典型的な馬蹄形で，第 2 期楯状火山の山体大崩壊が発生したことを示唆する．しかし東斜面上に第 1 期楯状火山の残骸の一部が突出することから第 3 期の Fournaise 火山の溶岩に被覆されて第 2 期の楯状火山体が東斜面下に残存し，馬蹄形凹地は存在しない可能性も考えられる．

第 2 期楯状火山は第 3 期 Fournaise 火山を取り巻いてもっとも広い面積を占める．その西は第 1 期楯状火山のカルデラ壁で限られる．このカルデラ壁は長さ 17 km，比高最大 1000 m を超え，第 3 期 Fournaise 火山を取り巻く第 2 期楯状火山カルデラ壁と同心円状の湾曲をもった分布を示し，第 2 期楯状火山の縁を限っている．第 2 期楯状火山溶岩流は北と南で第 1 期楯状火山カルデラ壁を溢流して第 1 期楯状火山体を覆っている．第 1 期と第 2 期楯状火山のカルデラ壁の中間には，第 2 期楯状火山成長中に形成された長さ 25 km，比高 200 m の顕著な断層崖が認められる．この断層崖も前記の 2 カルデラ壁と調和する同心円状の湾曲を示し，Piton de la Fournaise 火山体が全体的に東の海に向かって地すべり的にすべっていることを示唆する．第 2 期楯状火山も新鮮な地形を広く残し，若い火山であることを示す．スコリア丘は 245 個認められる．火山体の侵食は第 1 期楯状火山カルデラ壁と中間の断層崖の直下にのみ流水による下刻作用による深い谷が形成されている．

Piton des Neiges 楯状火山　標高 3053 m，底径 45 km の大型楯状火山で，その火山体には 38 個のスコリア丘や 5 本の溶岩流堤防など若い地形を保存し，今後も活動を長く行う可能性を示す活火山である．火山体中心部には 3 個のカルデラ状凹地形が背中合わせに形成されている．最初に径 10 km 程度の円形カルデラが生じ，その後流水の侵食作用によりカルデラが拡大，火口瀬が発達したようにも見えるし，下流から頂部に向かってガリーが発達して，ガリーの谷壁が流路側面・最奥部まで侵食したようにも見える．

Piton des Neiges 楯状火山は地形的に単純であるが，構造的にも単純な溶岩累層で（Billard and Vincent, 1974），間にカルデラ形成・火山体大崩壊・長期間侵食など地形や構造を複雑にする事件がほとんど発生せず，マグマが比較的短期間に集中して上昇・噴出したことを示すと考えられる．また岩石学的にも大部分が玄武岩であるが，火山体中央部に質量的にごく微量（$1/10^{4-5}$）の粗面岩が流出している．この点でハワイの火山と類似し，インド洋・大西洋のほかの海洋島火山と異なることを示している．

7.5.3　マダガスカル島

マダガスカル島北半部には 5 個の火山が認められる．最北部には底径が 68 km，標高が 1475 m の規模をもつ Ambre-Bobaomby 大型楯状火山が存在する．全体的に緩やかな溶岩流を主体とすると思われる楯状火山が，南北に長く裾を引く楕円の平面形を示し，その中に数十個のマールが点在する．

その南西に数個のスコリア丘と，それらから流出した溶岩流からなる Nosy-Be 単成火山群が存在する．

その南に Ankaizina 溶岩原が存在する．これはスコリア丘・マールなど小型単成火山とそこから流出した溶岩流によって 2000 m を超える山地を覆うように形成された初期発達段階にある中規模溶岩原である．以上，北部の火山では玄武岩質マグマの活動によって火山が形成されている．

一方，少し離れたマダガスカル島中部ではマールを主体とする Itasy 単成火山群，溶岩ドームを主体として形成された Ankaratra 単成火山群が

図 7.5-5　インド洋ハード島 Big Ben 成層火山を南上空より望む（Google Earth より作成）

分布する．

7.5.4　ハード島

ハード島はインド洋南部，南極大陸に近いケルゲレン海台に形成された火山体である．ケルゲレン海台は，インド洋3海嶺の三重点と南極大陸の中間に，ほぼ南北5000 km，東西500 km の広がりと，平均深度4000-5000 m のインド洋海盆から2000-2500 m の高さをもつ古い海台で，ハード島はその中部に位置する．南緯53度で火山体の大部分は氷雪に覆われ，不明な点も多い．ハード島は Big Ben と Anzac の2成層火山が接合したもので，その西に複数の溶岩ドームからなる小火山体が存在する．

Big Ben 火山　ハード島の主要部分をなす底径23 km，標高2747 m の成層火山で，山頂に径5 km のカルデラが存在し，その中に溶岩ドームらしい高まりがある．外輪山上には複数枚の厚い粗面岩質溶岩流と薄い玄武岩質溶岩流とが認められる（図7.5-5）．カルデラ形成時にはフォノライト軽石質火砕流も噴出し，平滑で緩やかな火砕流堆積面を形成したらしい．したがって Big Ben 成層火山はアルカリ火山岩質ではあるが，地形的に第4期まで発達した段階の成層火山といえる．

Anzac 火山　ハード島北西部にある Anzac 火山は主要部の Big Ben 火山と細い地峡で接する．その主体は富士山型の成層火山（標高717 m，底径6.5 km）で，大部分が薄いアルカリ玄武岩で構成される．1枚1枚の溶岩流内部の溶岩堤防・末端崖・溶岩じわがよく観察できる（図7.5-6）．これらの結果からこの火山は第1期の発達段階にある成層火山と見られる．

図 7.5-6　インド洋ハード島 Anzac 火山を南から望む（Google Earth より作成）

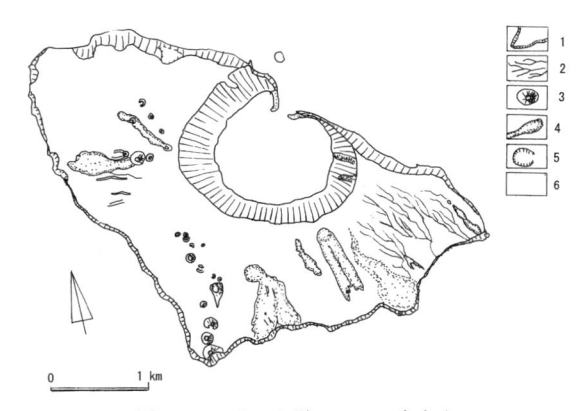

図 7.5-7　インド洋 St. Paul 島火山
1：海食崖，2：楯状火山斜面を刻む浅い放射谷，3：スコリア丘，4：溶岩流，5：火口，6：棚状火山斜面．

7.5.5　ポセッション島

ポセッション島は南西インド洋海嶺の南1054 km にある，水深4000 m の海底から約3500 m そそり立つクローゼット海台上に形成された円錐形火山体で，底径15 km，比高934 m の規模をもつ．ポセッション島火山の地形は全体として侵食が進んだ楯状火山を示すが，その上に新しい数個のスコリア丘が形成され，そこから流出した溶岩流が侵食谷底を埋めて平坦面を形成している．スコリア丘は火口の保存状況もよく，溶岩流もしわや末端・側端崖の地形が明瞭で，ごく最近形成されたものと推定される．

7.5.6　セントポール島

St. Paul 島は全体が1つの火山で，インド洋南

東海嶺から南西へ10 km離れた地点に位置する．その平面概形は東西・南北の2辺が3 kmの直角二等辺三角形に近く，その斜辺の中央に円形の湾（火口）があり，一見蝶の絵柄に見える特徴的な島である（図7.5-7）．島の最高地点は径1.2 kmの爆裂火口縁上にあり，その標高は268 mである．外輪山斜面は溶岩流・スパター・スコリア丘などで形成されているが，4本の明瞭な割れ目火口列が認められる．これら外輪山表層を構成する噴出物は厚さ20-50 mであるが，火口壁では下部まで垂れ下がって，火口形成後に噴出したことを物語る．その下位には厚さ180 mを超える白色無層理の流紋岩質火砕流堆積物が火口壁に露出し，外輪山の主要構成物であることを示唆する．火口径からこの白色軽石の噴出量は数 km^{3}程度に達したものと推定される．火口の北東側斜面がまったく欠けているのは，この爆発的噴火のため北東側火山体が大崩壊したものと考えられている（van Padang, 1963）．

第 8 章 太平洋とその周辺の火山地形

8.1 カムチャツカ半島

8.1.1 概説

千島・カムチャツカ弧とアリューシャン弧は，カムチャツカ半島中部オゼルノイ半島付近でほぼ直角に会合する．この会合点付近で太平洋プレートは西方のカムチャツカ半島南半部下には沈み込むが，アリューシャン弧下には沈み込んでいないため，火山は会合部以北のカムチャツカ半島北半部には認められず，半島南半部にのみ存在する．半島南半部の北部には3本の，南部には1本の火山列が見られる．またこの会合部にハワイ海山列が沈み込んでいる．

カムチャツカ半島の火山・地質構造については旧ソ連・ロシアの研究者による多くの文献・資料が存在するが，入手できたものはそのごく一部にすぎない．空中写真を入手できず，旧ソ連時代に刊行された20万分の1地形図を主に利用したので，精度の点で十分でない．そこで補助としてGoogle Earth 画像・文献を使用した（Erlich et al., 1979）．

地形学的に火山と認定されたカムチャツカ半島の火山数は222個（図 8.1-1，表 8.1-1）で，そのうち，成層火山は A1 型火山 82 個，A2 型火山 38 個，A3 型火山 5 個，A4 型火山 11 個，発達段階を特定できない A 型成層火山 1 個，カルデラ火山内部に形成される小型成層火山は 6 個で，成層火山総計は 143 個と全体の 2/3 弱の 64% を占める．大カルデラ火山は 10 個，溶岩ドーム群からなる単成火山群は 9 個，スコリア丘から流出した玄武岩溶岩流からなる単成火山群は 22 個，溶岩原は 32 個，楯状火山は 6 個である．単成火山群と溶岩原との判定基準は微妙なので，この個数は大幅変動もあり得る．

沈み込み帯に溶岩原が存在する事実は，カムチャツカ半島の火山の1つの特徴である．ただアイスランドのような拡大軸，アフリカ・北米大陸内部ホットスポット地域のような溶岩原とはいくつかの点で異なっているようである．長さ数十 km の割れ目からの玄武岩質溶岩流の流出，スパター丘・スコリア丘列の形成はなく，底径 4-8 km，比高 300-400 m の中小規模の楯状火山か成層火山が 100 個前後集合する場合が多く見られる．似た例は米国カスケード火山列，メキシコ中央火山地溝帯にも認められる．ただこの判定は 20 万分の1地形図読図を主とするため，上述のように断定するには問題が残る．これらの規模の火山は単成火山と見なすか，複成火山と見なすか，密集する場合と互いに距離をあけて散在する場合で，どれを1個と数えるかという点で判断に迷うケースが多く，今後空中写真の入手・判読などを実現してさらに検討する必要がある．

カムチャツカ半島の火山は島弧に沿った帯状分布を示し，場所によって，判読の仕方によって，2-5 列に分かれるが，ここでは東の第1列と西の第2列に2大別した（図 8.1-1）．太平洋岸の第1列は半島南端から中部のオゼルノイ半島北部までほぼ 770 km 連続分布するのに対し，第2列はオゼルノイ半島北部とカハタネ川を結ぶ線より南に 340 km の間にのみ存在する．火山の各タイプを火山列別に見ると，火山フロントに近い第1列の成層火山は 80/111 個で第1列火山全体の 72% を占める．カルデラ火山は 9 個で 8%，溶岩ドーム火山，スコリア丘火山はそれぞれ 6, 9 個を占める．溶岩原・楯状火山は少なく，それぞれ 5 個，2 個である．第2列の火山は，A1 型成層火山と

表8.1-1 カムチャツカ半島の火山一覧

火山名	型	比高 (m)	底径 (m)
1 Moshkovskaya	A1	500	2000
2 Baba	A1	1000	8000
3 Kambalny	A1	2100	8000
4 Koshelevsky	A4	1800	16000
5 Ust'-ozernoy	A3	800	8000
6 Klyuchevskaya	A2	900	9000
7 Yavinsky	A3	700	10000
8 Kurile Lake	C	600	60000
9 Il'insky	A2	1500	8000
10 Zheltovsky	A2	1900	11000
11 Goliginsky Ridge	Sc	100	6000
12 Ostraya	A4	900	10000
13 E. Ostraya	A4	600	8000
14 Gelanikaya	A1	500	6000
15 Golingoskaya	Sc	100	5000
16 Sahach	L	100	10000
17 Ksudach	A4	1000	30000
18 Ozernaya	A1	300	4000
19 Skalistaya	A2	900	10000
20 Bolshie Iggolki	Sc	400	4000
21 Igolki	A2	800	10000
22 Vukuya	Sc	400	4000
23 Zheltaya	A1	700	5000
24 Sypuchaya	A1	1712	20000
25 Khodutkinsky	A2	900	8000
26 Khodutka	A2	1900	10000
27 Svetly	A1	1900	6000
28 Ostry	A2	500	8000
29 Sabau	L	700	45000
30 Asacha	A4	1300	27000
31 Mutnovsky	A2	2200	16000
32 Falshivy	A1	900	4000
33 Gorely	A4	1300	28000
34 Tolmachev	A1	800	7000
35 Ustup	C	400	21000
36 Opala	a2	1300	6000
37 Bolshaya	A2	1100	40000
38 Udochka	A1	700	8000
39 Atnaya	A4	500	10000
40 Tolmachev Lake	L	700	17000
41 Vilyuchik	A1	2200	8000
42 Kozelsky	A1	2200	35000
43 Avachinsky	A3	2700	30000
44 Koryaksky	A2	3500	30000
45 Arik	A2	1600	10000
46 Aag	A2	1300	14000
47 Vershinnsky	A1	1200	7000
48 Ozenzur	Sc	400	1700
49 Zhupanovsky	A2	2700	29000
50 Zhupanovskie Vostryaki	A1	1100	18000
51 Bakening	A1	1100	7000
52 Kurgannaya	Sc	500	4000
53 Bolshoy Razvalenny	A1	800	7000
54 Karymsky 1	C	800	42000
55 Puroz	A1	1800	8000
56 Academy of Sciences	a1	400	12000
57 Karymsky Lake	a4	600	8000
58 Rozba Lennaya	a1	400	3000
59 Karymsky 2	C	200	7000
60 Karymsky 3	C	800	19000
61 Ploskaya	Do	300	3000
62 Stena	A1	700	19000
63 Berezovy	A1	500	8000
64 Maly Semyachik 1	C	800	30000
65 Nazkos	Sc	300	6000
66 Maly Semyachik 2	C	500	30000
67 Maly Semyachik	a2	1300	12000
68 Dvor	a1	900	12000
69 Karymsky	A1	900	4000
70 Bolshoy Semyachik	C	900	80000
71 Bolshoy Semyachik Ploskaya	Do	400	4000
72 S. Baraniy	Do	400	4000
73 Baraniy	Do	400	6000
74 Srednyaya	Do	400	3000
75 Zybchamaya	Do	900	7000
76 Kikhpinych	A2	1600	2000
77 Krasheninnikov	A4	200	36000
78 Uzon	A1	1000	18000
79 Uzon Caldera	C	1100	46000
80 Taunsits	A1	1400	13000
81 Unana	A1	1400	14000
82 Kronotsky	A2	3400	24000
83 Shmidt	A1	1600	23000
84 Gramchen	A1	1700	11000
85 Komarov	A2	2200	20000
86 Konradi	A1	1100	11000
87 Kizimen	A2	2000	6000
88 Iul't	A2	700	4000
89 Konechinaya	A2	600	4000
90 Skarsmaya	A2	1200	18000
91 Doriv	L	300	27000
92 Malaya Udina	A1	1000	7000
93 Bolshaya Udina	A2	2500	17000
94 Ostry Tolbachik	A2	3500	52000
95 Gorny Zeb	A2	1000	5000
96 Plosky Tolbachik	SH	800	65000
97 Ovalnaya Zimina	A2	1800	9000
98 Dalnyaya Ploskaya	SH	1000	68000
99 Bezymianny	A2	1600	13000
100 Kamen	A1	3500	8000
101 Klyuchevskoy	A1	3600	16000
102 Srednyaya	A1	3000	14000
103 Ploskaya Blizhnyaya	A1	2900	18000
104 Zarechny	A1	1200	7000
105 Lharchinsky	A1	1400	14000
106 Kharchukskoy	L	300	50000
107 Shiveluch	A3	3300	58000
108 Hangar	A2	1000	13500
109 Plosky	A1	600	8000
110 Kimitina	Sc	500	5000
111 Kobalan	Do	300	4000

火山名	型	比高 (m)	底径 (m)	火山名	型	比高 (m)	底径 (m)
112 Lauchan	A2	1000	8000	168 Bliznets	A1	200	5000
113 Prodolny	A1	1100	15000	169 Vodorazdelny	A1	300	5000
114 Lauchachan	A2	800	12000	170 Kalgauch	A1	800	4000
115 Akhtang	L	1000	13000	171 Maly Chekchebonai	A1	700	17000
116 Chernik	A4	1500	31000	172 Perevalovy	A4	800	18000
117 Ichinsky	Do	3400	20000	173 Kalgnitunup	A1	600	4000
118 Ochchamo	A2	1400	12000	174 Kebenei	SH	1200	19000
119 Kozyrevka	A1	400	10000	175 Medvezhy	Sc	200	6000
120 Bolshoy Kozyrevsky	A1	400	10000	176 Zeutongei	L	1000	16000
121 Romanovska	Sc	300	9000	177 Sedankinsky	Sc	300	8000
122 Bolshaya Romanovska	L	200	10000	178 Sredniv	Sc	700	3000
123 Tynua	L	200	11000	179 Gorny Institut	L	300	10000
124 Payalpan	A2	400	6000	180 Redotych	Sc	400	3000
125 Bolshoy Ayalpan	A2	1000	8000	181 Tuzovsky	A1	500	5000
126 Etopan	SH	400	10000	182 Rassoshin	Sc	400	9000
127 Maly Payalpan	A2	700	10000	183 Tvitunup	L	300	12000
128 Niolkande	Do	600	6000	184 Shlen	A	900	20000
129 Nosichan	A1	800	5000	185 Kunkhilok	A1	1200	6000
130 Uksichan Caldera	C	700	83000	186 Lyzyk	Sc	300	2000
131 Uksichan	A1	800	12000	187 Uchkoren	Sc	300	4000
132 Chingeingein	L	400	13000	188 Titila	A1	1000	9000
133 Kupol	L	900	33000	189 Rassoshin	L	300	10000
134 Nubalykich	Sc	800	7000	190 Mezhdusopochny	A1	700	15000
135 Kulkev	Sc	500	9000	191 Odnostoronity	A1	1200	27000
136 Bolshoy	L	1000	43000	192 Ozernoy	A1	1100	11000
137 Kekuknaisky	L	1000	35000	193 Elovsky	A1	900	7000
138 Buduli	L	1000	16000	194 Kamenisty	A1	1000	8000
139 Kekurny	Sc	700	7000	195 Ozernovsky Potok	A1	800	7000
140 Chavycha	L	400	17000	196 Uka	A1	700	8000
141 Eggella	L	700	20000	197 Alngei	A1	1000	7000
142 Ol'ka	L	400	10000	198 Tekletunup	A1	600	7000
143 Yanpat	L	300	10000	199 Nachikinsky	A2	1200	27000
144 Kruglem'ky	L	400	12000	200 Bely	A1	500	4000
145 Kopkan	L	300	19000	201 Kaikenei	A1	100	7000
146 Krainy	L	500	17000	202 Keveneitunip	A1	500	5000
147 Bunaniya	Sc	400	6000	203 Khuvkhoitun	A1	2200	11500
148 Anaun	L	1100	16000	204 Snezhnaya	A1	900	12000
149 Soornaya	L	100	13000	205 Kevenei	A1	900	10000
150 Bolshaya Keterana	A2	1400	22000	206 Kutina	A4	1300	16000
151 Skaluoya	SH	900	37000	207 Ostry	A1	1700	10000
152 Maly Keterana	Sc	300	5000	208 Itktunup	A2	1400	10000
153 Vetrovoy	L	500	52000	209 Tunipilyakum	A1	800	4000
154 Osalinaya	L	600	14000	210 Atlasov	A1	1200	8000
155 Bolshoy Chekbonai	SH	900	16000	211 Novograblenov	A1	600	5000
156 Tigilisky	L	500	2000	212 Sergeev	A1	1300	8000
157 Verkhovoy	L	800	17000	213 Mutny	A1	700	9000
158 Msly Alney	A1	1500	14000	214 Ploskaya	A1	1000	12000
159 Polovinny	A1	1000	14000	215 Khailyulya	A2	1100	27000
160 Alney-Chashakondzha	A3	1900	19000	216 Snegovoi	A1	1200	13000
161 Kireunsky	A1	1300	19000	217 Langtutkin	A1	1000	10000
162 Chorny	A1	1200	9000	218 Lamutsky	A1	700	7000
163 Dvukhyuatochny	A1	1000	5000	219 Iettunup	A1	1100	11000
164 Tsentralny	L	400	7000	220 Severny	Sc	400	7000
165 Kastryulny	A1	400	2000	221 Kakhtana	A1	500	7000
166 Zaozerny	A1	600	3000	222 Voyampolsky	L	600	13000
167 Oleniy	A1	300	2000				

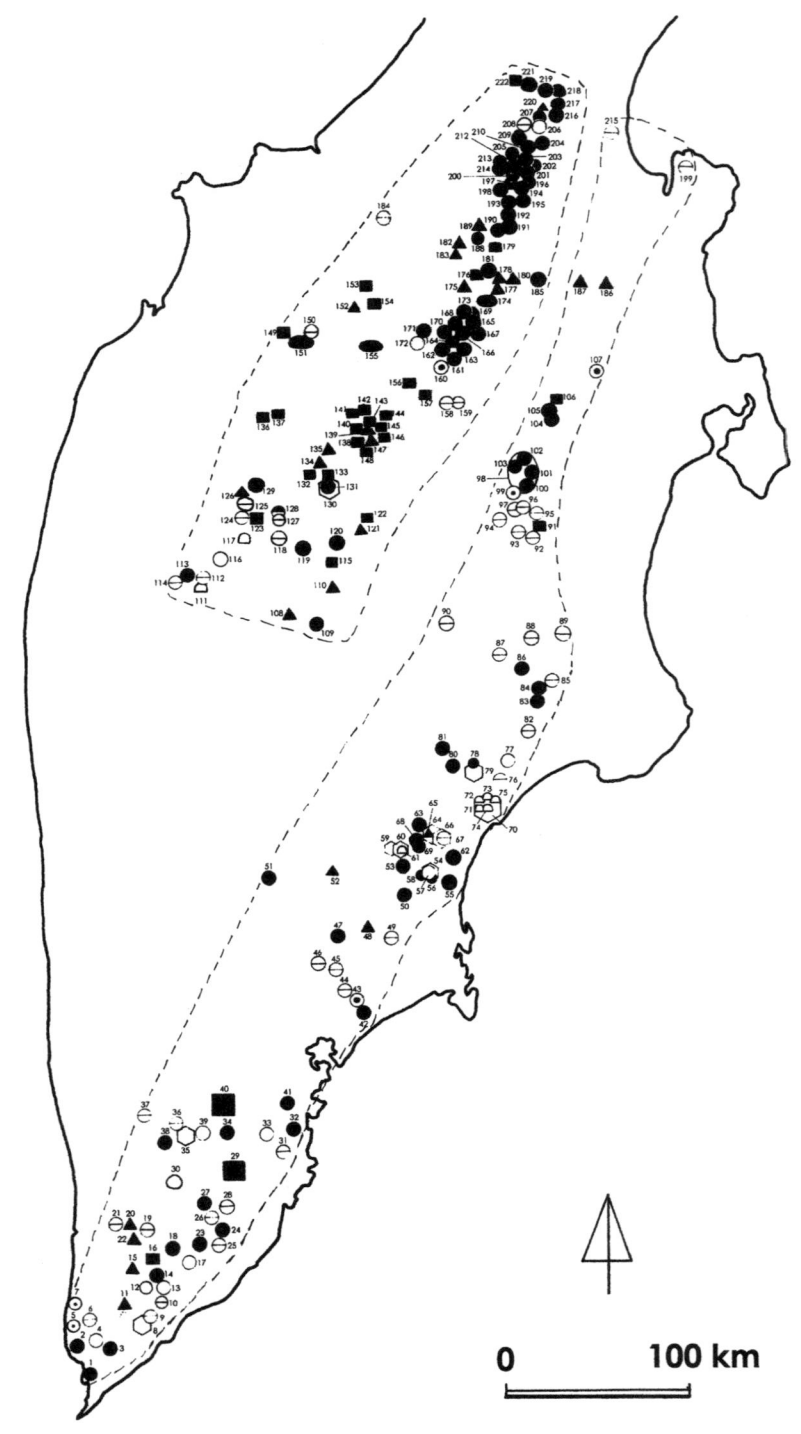

図 8.1-1　カムチャツカ半島の型別火山分布図
1-222 の番号は表 8.1-1 の左端の数字に対応.

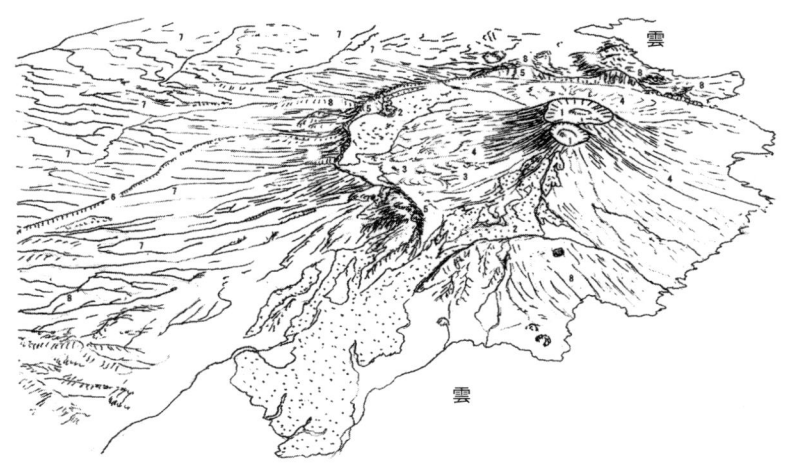

図 8.1-2 Krasheninnikov 成層火山を南上空より望む
1：火口と溶岩ドーム，2：土石流堆積面，3：溶岩流，4：新期成層火山原面，5：カルデラ壁，6：断層崖，7：火砕流堆積面，8：古期成層火山侵食尾根．

図 8.1-3 Avachinsky 成層火山を南上空より望む
1：Kozelsky 成層火山，2：Avachinsky 成層火山，3：Koryaksky 成層火山，4：Arik 成層火山．

スコリア丘を主とする単成火山群が圧倒的に多く存在し，南部に若干のA1型以外の成層火山，カルデラ火山が認められるにすぎない．とくに第2列の火山は北端に近づくにつれ，玄武岩質の溶岩流を主体とする火山に占められるようになる．

第1列の火山の配置はほぼ100 kmの幅の中に5-6個，最大8個の火山が島弧方向に直角に並ぶという特徴が顕著である．同様の火山配列はプレートが海溝に直角方向に沈み込んでいるインドネシアジャワ島，コスタリカのPoas, Bravasなどの成層火山にも見られ，日本の東北地方の火山の指状分布（Tamura et al., 2002）とそのマグマ上昇過程とも考え併せて興味深い．第1列中部では後期型の成層火山やカルデラ火山が集中する．第1列北部には楯状火山の上に5個の成層火山がのる重複成火山 Dalnyaya Ploskaya が存在する．

第1火山列はカムチャッカ半島の南端から全長770 kmの長さにわたって団塊状に分布する．そのうちいくつかは島弧-海溝系に直交する方向にのびる．これらは標高1000-1500 mの太平洋岸に沿う褶曲山地上に噴出し，Krasheninnikov 成層火山（図8.1-2），Avachinsky 成層火山（図8.1-3），Uzon カルデラ火山（図8.1-4），Kurile 湖カルデラ火山（図8.1-5）など，ほぼ成層火山・カルデラ火山に限られる．

第2火山列は太平洋岸に沿う褶曲山地にすぐ西に接して並行する地溝内に噴出した火山列で，成層火山・カルデラ火山以外にSabau（図8.1-6）などの溶岩原・楯状火山も存在する点で，日本列島の火山と異なる．

第2火山列は地溝の西にあって南北にのびる標高1500-2000 mの山脈上に噴出するものが多く，高緯度のこともあって氷河に覆われ，最終氷期の氷河で激しく侵食されるなど，地形が判別しにくい火山体が多い．しかしそのほとんどは発達段階第1期の成層火山またはスコリア丘火山・溶岩原で，玄武岩質マグマの噴出によるものが多い．第2火山列の一番大きな特徴は，第1火山列とは異なり，カムチャッカ半島南端まで火山列がのびておらず，中間部で突然断ち切られるように終わっていることである．これは沈み込みスラブに断裂境界が存在し（Fedotov et al., 1991），それを境にスラブの沈み込み速度が変わるためと考えられている．

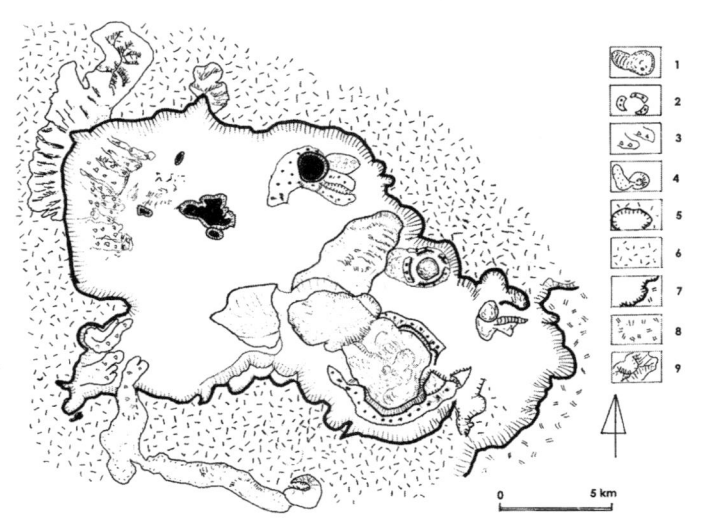

図 8.1-4 Uzon カルデラ火山の地形分類図
1：溶岩ドーム，2：マール，3：崖錐，4：スコリア丘，5：新カルデラ壁，6：新火砕流堆積面，7：古カルデラ壁，8：古火砕流堆積面，9：基盤山地．

図 8.1-5 Kurile 湖カルデラ火山のスケッチ
1：Atnaya 成層火山，2：Tolmachev 成層火山，3：火砕流堆積面，4：カルデラ壁，5：溶岩ドーム．

8.1.2 各火山の地形

Uzon カルデラ火山　それほど大きくない起伏の侵食山地内で，少なくとも2回の大規模火砕流の噴出が起こり，広大な火砕流堆積面が生じ，噴出中心にはカルデラが2回にわたって形成された（図 8.1-4）．新カルデラは旧カルデラの3-4 km 西にずれたため，旧カルデラの東縁崖と火砕流台地が残った．その後カルデラ内では数カ所で小規模な噴火活動が再開し，マールや流紋岩質溶岩ドームが形成された．現在も激しい地熱活動が続いている．

Dalnyaya Ploskaya 楯状火山　第1火山列北部にある．楯状火山の上に5個の成層火山が乗る重複成火山である．底径 68 km，比高約 1000 m の規模をもち，中心部には径 35 km を超えるカルデラが形成されている（図 8.1-7）．カルデラの上にBezymianny, Kamen, Klyuchevskoy, Srednyaya, Ploskaya Blizhnyaya 成層火山がそびえる（図 8.1-8）．

Bezymianny 火山は底径 13 km，標高 2859 m，比高 1600 m の中型成層火山で，1956年噴火の際に火山体大崩壊を起こし，岩屑なだれが南東麓に流下した．続いて山頂に形成された馬蹄形凹地内に溶岩ドームが生じ，その後長く溶岩ドーム崩壊に伴う火砕流を繰り返し発生させた．第2期の発達段階にあると見なされる．

Kamen 火山は，底径 8 km，標高 4579 m，比高 3500 m の若干の氷食作用を受け，現在も山頂は氷河に覆われた非常に急峻な成層火山で，第 1 期の発達段階にあると考えられる．

Klyuchevskoy 火山は，底径約 16 km，標高 4688 m，比高 3600 m の富士山に似た見事な裾を

図 8.1-8 Bezymianny, Kamen, Klyuchevskoy, Srednyaya などの成層火山群
1：Klyuchevskoy 成層火山，2：Kamen 成層火山，3：Bezymianny 成層火山，4，5：Ploskaya Blizhnyaya 成層火山，6：Ovalnaya Zimina 成層火山．

図 8.1-6 Sabau 溶岩原の地形分類図
1：溶岩流，2：スコリア丘，3：タフコーン．

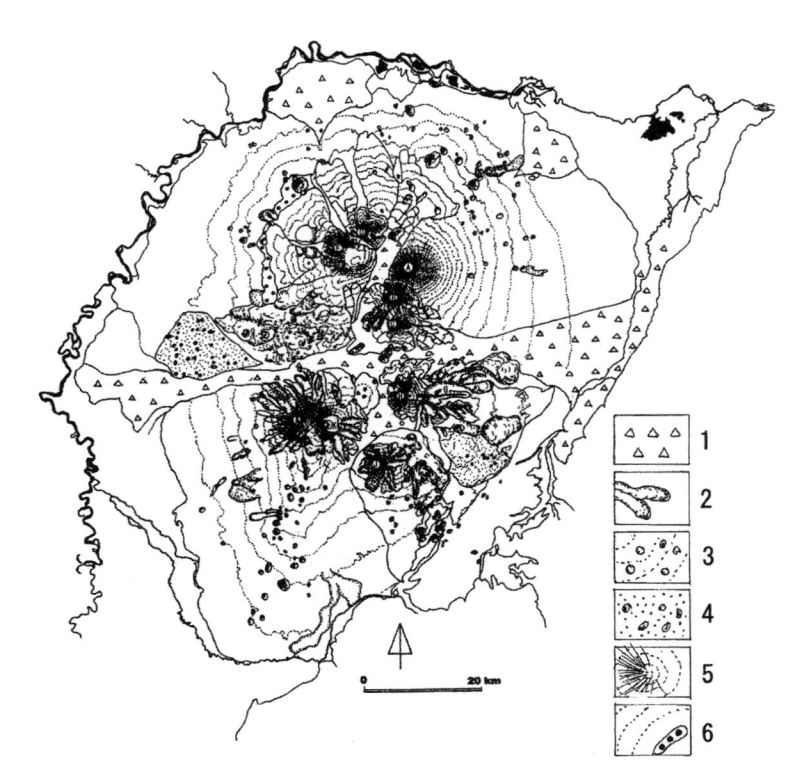

図 8.1-7 Dalnyaya Ploskaya 楯状火山，Plosky Tolbachik 楯状火山の地形分類図
1：融氷土石流堆積面，2：溶岩流，3：スコリア丘と楯状火山原面，4：岩屑なだれ堆積面，5：成層火山原面，6：楯状火山高重力型カルデラ床．

第 8 章　太平洋とその周辺の火山地形 / 137

ひく第1期発達段階にある成層火山で，しばしば噴火する活火山でもある．山頂部北斜面に小さな氷河が存在する．山麓には40個を超すスコリア丘とそこから流出した溶岩流が認められる．

Srednyaya 火山は底径 14 km，標高 4052 m，比高 3000 m の成層火山である．標高 3000 m より上部は氷河に覆われ，氷舌は標高 1000 m 近くまで谷を下っており，火山体を詳細には観察できないが，山麓の地形を見る限り第1期の発達段階にあると考えられる．

Ploskaya Blizhnyaya 火山は底径約 18 km，標高 3903 m，比高 2900 m の成層火山であるが，標高 3000 m 前後まで氷雪に覆われ地形はわかりにくくなっている．北斜面を流下する氷舌は標高 1000 m 以下まで達している．山頂の傾斜はやや緩くドーム状になっている．氷帽をかぶっているため山頂部地形の詳細はわかりにくいが，径 4 km のカルデラがあり，その南寄りにスコリア丘が形成されているのではないかと推定される．成層火山西斜面，標高 2500 m 前後には，溶岩ドームとそれが斜面を流下した厚い溶岩流と推定される側火山が 2-3 個認められる．これは Ploskaya Blizhnyaya 火山が第2期の発達段階に達したことを示す可能性が高いが，最終氷期に氷雪の下で流出したため，冷却による溶岩の粘性が短時間に増加したことも考えられるので，ここではとりあえず発達段階第1期の成層火山とした．

Plosky Tolbachik 楯状火山（重複成火山） Plosky Tolbachik 楯状火山（比高 800 m，底径 65 km）は，同じ重複成火山である Dalnyana Ploskaya 楯状火山のすぐ南に接する，規模・形態ともほぼ似た火山である．この Plosky Tolbachik 楯状火山の上に，Tolbachik，Udina，Zimina 成層火山が乗る．

Tolbachik 成層火山の西麓には南北に連なる緩斜面が存在し，Tolbachik 成層火山の末端との境界はほぼ南北に一直線で，カルデラ壁が断続する．その境界を北に延長すると Dalnyana Ploskaya 楯状火山西カルデラ壁とぴったり一致する．この点で Dalnyana Ploskaya 楯状火山と Plosky Tolbachik 楯状火山とは1つのカルデラを共有する，すなわち両者は1つの火山であると考えることもできる．とすれば Dalnyana Ploskaya 楯状火山と Plosky Tolbachik 楯状火山を合わせたカルデラの直径は，東西 40 km，南北 60 km という Yellowstone カルデラに匹敵する規模になる．それとは別に，両者の接する場所には裾合谷ともいうべき谷がほぼ東西に一直線にのび，Bezymianny と Zimina 火山が接する鞍部での標高が 1500 m に達しているが，これを境に Dalnyana Ploskaya 楯状火山と Plosky Tolbachik 楯状火山とは 2 分できるという考え方もある．ここでは両者を 2 分して取り扱う．

Tolbachik 成層火山は標高 3672 m，比高 2800 m，底径 17 km の中型火山で，頂部は 2 峰に分かれる．ともに氷雪に覆われ，西の主峰は南東斜面が氷食あるいは噴火によって深くえぐり取られ，急崖となっている．東峰は山頂部径 3 km ほどが平坦で，氷雪下にカルデラが潜んでいると考えられる．平坦部の西に径 1 km の新鮮な爆裂火口があるが，そこにはスコリア丘または溶岩ドームが隠れているであろう．

南麓には溶岩原に近い地形をもつ楯状火山が広がる．Tolbachik 成層火山頂下から南に 35 km の距離まで，約 20 km の幅で広がる．その中心に数十個のスコリア丘が南北に並び，地下に噴火割れ目が存在することを示す．その中心部では近年もたびたび噴火が起きていることもあって，地表には広い範囲で黒色溶岩流が露出している（Fedotov and Markhinin, 1983）．

Krasheninnikov 火山 カムチャツカ半島南部太平洋岸に近い，第1火山列に属する東西 38 km，南北 24 km の底径をもつ成層火山で，山頂に径 11 km の円形カルデラをもつ．その外輪山の標高は 700 m 前後で，平均勾配 700/200,000 (0.0035) の火砕流堆積物からなると考えられる平滑な緩斜面が広がる．この外輪山上部には根元を断ちきられた溶岩流の末端部の地形を示す高まりが放射状に 8 本認められ，カルデラ形成以前に氷食を受け，放射状の U 字谷に刻まれた成層火山が存在したことを示すものと判断される．4 万年前と考えられるカルデラ形成時に噴出したと推定される火砕流堆積面の面積は約 1000 km^2 で，平均厚を 50 m とすれば噴出量は 50 km^3 となる．日本では成層火山から噴出する火砕流の体積は 10 km^3 前後，カルデラの直径は 3-4 km であるので，それにく

らべると大規模である．カルデラ内には標高1956 m，比高1150 m，底径7-8 kmの後カルデラ成層火山が存在する．その山頂は南北2峰に分かれ，それぞれが径1，1.2 kmの火口をもつ．この後カルデラ成層火山の北麓には径1 kmのスコリア丘が存在する．外輪山の西麓にはほぼ南北に並行して走る正断層が3本認められる．

上記の地形学的観察から推定されるように，この火山の発達史は，①玄武岩質溶岩流を主体とする成層火山体，②デイサイト質火砕流の大量噴出とカルデラ形成，③カルデラ内の安山岩質成層火山の形成，という経過をたどったことが地質学的にも知られている（Ponomareva et al., 1991）．

8.2 千島列島

千島列島は，北海道からカムチャツカ半島までの1150 kmの距離間に連なる20個以上の島，70個以上の火山からなる（図8.2-1，表8.2-1）．島の大部分は火山島で太平洋プレートの沈み込みで生じた．火山のタイプの決定は主として旧陸地測量部（現国土地理院）の5万分の1地形図によった．

千島列島の検討した火山数は75個，そのうち富士山に似た第1段階までしか発達していない成層火山はAlaid火山（図8.2-2）をはじめ19個，パラムシル島のChikurachki火山（図8.2-3）のように厚い溶岩流・溶岩ドームで特徴づけられ第2段階まで発達した成層火山は35個，軽石質火砕流噴出期まで到達した第3段階の成層火山は1個，山頂カルデラをもち軽石・降下軽石を放出し第4期まで発達した成層火山は8個（図8.2-4），直径10 km前後のカルデラとその周囲に広い火砕流堆積面をもつ大カルデラ火山は5個（図8.2-5, 6），溶岩ドーム群火山は1個，玄武岩溶岩流を伴うスコリア丘単成火山群は4個，溶岩原は2個であった．これらの火山のタイプは日本列島における火山タイプとほぼ同じで，その存在比も似通っている．

千島列島全体にわたって，第3，4期まで発達した成層火山がほぼ平均的に存在する．これは日本列島について守屋（1979）が指摘した第3，4期まで発達した成層火山が会合部に限られるとい

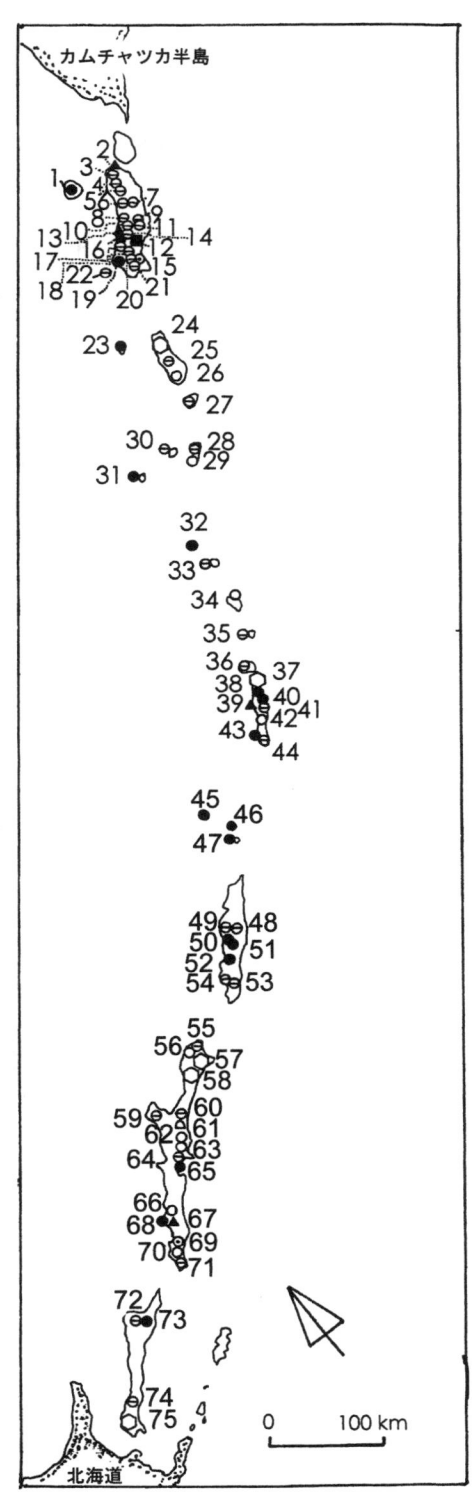

図8.2-1 千島列島の型別火山分布図
1-75の番号は表8.2-1の左端の数字に対応．

表 8.2-1　千島列島の火山一覧

火山名	型	比高 (m)	底径 (m)
1 Alaid	A1	2339	15000
Paramushir			
2 Shiomi Bay	Ma	35	2000
3 Vetrenyi	A2	1037	7000
4 Ebeko	A1	1136	11000
5 Bogdanovich	A2	1152	15000
6 S. Bogdanovich	A2	1184	33000
7 SE. Bogdanivich	A2	954	12000
8 Feersman	A2	1051	5000
9 Takahira	A2	894	12000
10 Hiraoka	A2	280	4000
11 Kushigatake	A2	444	7500
12 Kumagawa	L1	200	11000
13 Sannoheyama	Sc	345	4000
14 Amehuriyama	A2	530	5500
15 Myoko	L1	384	9000
16 Chikurachki	A2	1815	7500
17 Lomonosov	A2	1471	8000
18 Arkhangeliskii	A2	1411	13000
19 Fussa	A1	1730	8500
20 N Karpinsky	A2	1263	6500
21 Karpinsky	A2	1345	33000
Shirinki			
22 Shirinki	A2	747	3500
23 Makanru	A1	1169	8000
Onnekotan			
24 Nemo caldera	C	541	15000
25 Shestakov	A2	551	7500
26 Tao-Rusyr	A4	634	17000
27 Kharimkotan	A2	1212	9000
Shiashkotan			
28 Sinarkkov	A2	934	9500
29 Kuntomintar	A2	828	6500
30 Ekarma	A2	1170	6000
31 Chirinkotan	A1	742	1200
32 Raikoke	A1	551	1100
33 Matua	A2	1485	7000
34 Rasshua	A4	956	8000
35 Ushishir	A2	400	2000
36 Ketoi	A2	1138	9000
Simushir			
37 Uratman	C		
38 Prevo Peak	A1	1380	8000
39 Nakadomari	Sc	324	6000
40 Suekiro	A1	646	3500
41 Ikanmikot	A2	536	3000
42 Zavaritsky	A4	623	15000
43 Goryashchaya	A1	1331	4000
44 Milne	A2	1528	9000
Chernye Brat'ya Is.			
45 Brouton	A1	800	3300
46 Chirpoi	A1	742	4750
47 Brat Chirpoev	A1	722	4500
Urup			
48 Veselaya	A2	1218	5000
49 Kolokol	A2	1308	5500
50 S Kolokol	A1	1329	3500
51 Borzova	A1	1109	5000
52 Rudakov	A1	545	4000
53 Krishtofovich	A2	1402	8500
54 W Krishtofovich	A2	1320	7500
Iturup			
55 Demon	A2	1200	5500
56 Kamui	A4	1322	14500
57 Medvezh'ya caldera	C	485	14000
58 Tsirk	C	510	8500
59 Chirip	A2	1588	13500
60 Grozny Ridge	A2	956	9000
61 Bransky	Do	1184	16500
62 Tebenkov	A4	1207	8000
63 Machakh Crater	A4	1158	7000
64 Grozny	A2	980	6000
65 Motonupuri	A1	792	5000
66 Stokap	A4	1665	14500
67 Kimomma	Ma	30	3000
68 Atosanupuri	A1	1205	7000
69 SW Urbich	A3	774	6000
70 L'vingaya Past	A4	402	14500
71 Berutarube	A2	1221	12000
Kunashir			
72 Smirnov	A2	1182	8000
73 Tyatya	A1	1822	17500
74 Mendeleev	A2	888	11000
75 Golovnin	Cf	548	17000

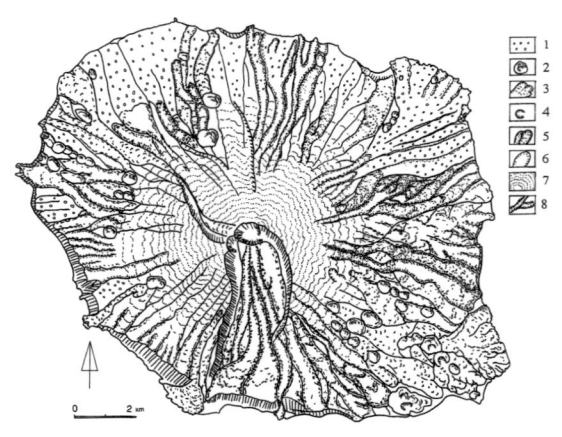

図 8.2-2　Alaid 火山の地形分類図
1：溶岩原，2：スコリア丘，3：新期溶岩流，4：火口，5：中期溶岩流，6：侵食崩壊斜面，7：成層火山原面，8：古期溶岩流．

図 8.2-3 千島列島パラムシル島南部 Chikurachki 火山（手前）と Fussa 火山（遠景）

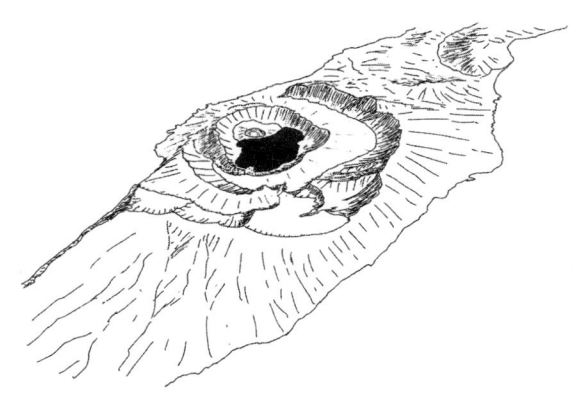

図 8.2-4 千島列島シムシル島中央部 Zavaritsky 火山

8.3 日本列島

　日本列島は5つの島弧からなり，4枚のプレートがぶつかり，沈み込む変動帯にある．沈み込み帯特有の成層火山・カルデラ火山など100余の活火山，200を超える原地形を残した第四紀火山が活動する，世界でも有数の火山地域である．この火山活動は基本的に太平洋プレートの沈み込みと，インド・ユーラシア大陸の衝突（たとえば Tapponnier et al., 1986）に始まる東アジア地塊の東進（Armijo and Tapponnier, 1989）→縁海・島弧の形成という大陸側の変動がからんで，複雑な火山活動の変遷が繰り広げられ，現在の活動はその一環またはその余波と見られる．

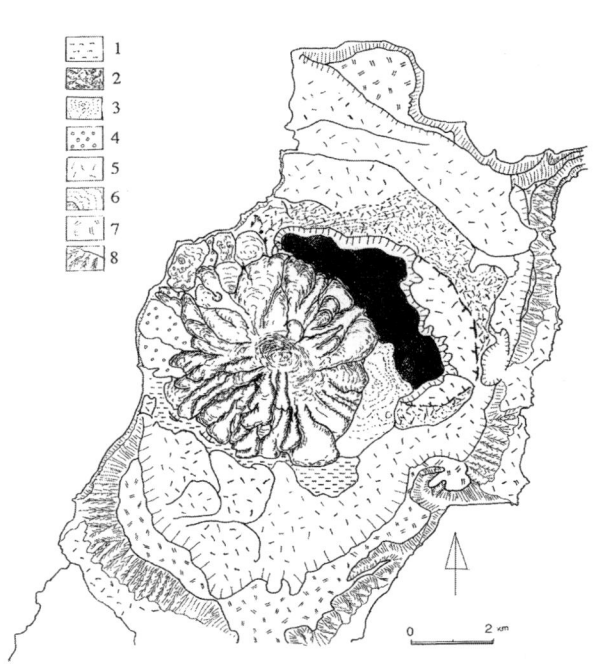

図 8.2-5 千島列島オンネコタン島 Nemo カルデラ火山の地形分類図
　1：湿原，2：最新溶岩丘，3：外輪山斜面，4：土石流堆積面，5：火砕流堆積面，6：成層火山原面，7：古期火砕流堆積面，8：海食崖.

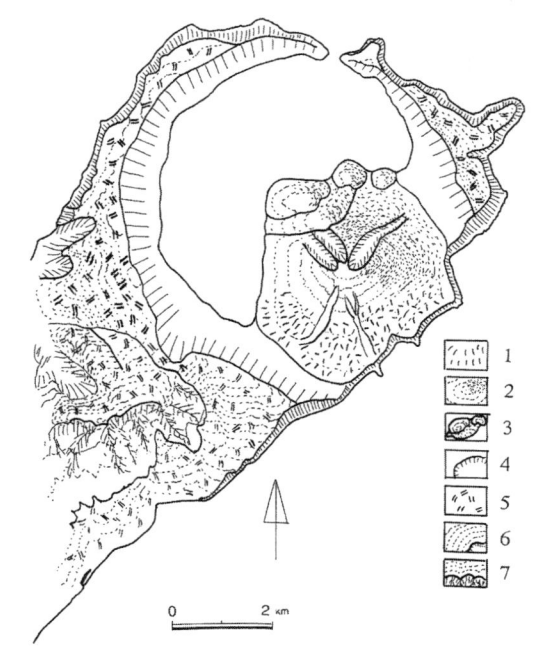

図 8.2-6 千島列島シムシル島 Uratman カルデラ火山の地形分類図
　1：崖錐，2：新期成層火山原面，3：溶岩ドーム，4：カルデラ壁，5：火砕流堆積面，6：古期成層火山原面，7：海食崖.

第8章　太平洋とその周辺の火山地形 / 141

8.3.1 日本列島下のマグマの生成-上昇-噴出

日本列島下のマグマの生成，上昇，噴出過程については多くの研究があり（たとえば柵山・久城，1980；高橋，1990；巽，1995；高橋，1997など），多くのモデルが提出されているが，およそ次のようなシナリオが多くの研究者の共通認識に近いと考えられる．

日本列島の火山は，太平洋プレートの沈み込みによりマントル中まで運び込まれた岩石中の水分が火山フロント内側で放出され，それが上昇してかんらん岩からなる高温のマントルウェッジの一部を融解し，それによって生じたマグマが地表で噴出して形成された．マグマ中には水分を多く含むため，爆発的噴火を行い，成層火山・カルデラ火山をつくる．また日本列島の大部分は強い圧縮応力場に置かれているため，マグマの上昇は容易ではなく，形成されたジグザグの割れ目を伝わって複数のマグマ溜りを通過する（高橋，1997）．そのかたわら，周囲の岩石を取り込み同化し，以前に上昇してすでに半固結化したマグマと混合するなどの過程を経て，当初とまったく異なった安山岩質マグマに変質して地表に現れるとも考えられている．とくにモホ面直下まで上昇した玄武岩マグマはより軽いため，強圧縮場に置かれた地殻中に貫入することが難しく，そこで停滞し，地殻に熱だけ伝達して，地殻下部の部分融解を引き起こし，流紋岩，安山岩マグマを大量に生産して，カルデラ火山，成層火山の形成の主因となるとの考えもある（高橋，1990）．また，プレートとともに斜めに沈み込む岩石中に含まれる角閃石・雲母などの含水鉱物のうち，はじめに雲母類が分解して水分を放ち，フロント付近の火山生成の主因となり，続いてより内弧側の地下深部まで引き込まれた岩石中の含水鉱物のうち，角閃石が次に分解して水分を放出し，鳥海山など内弧側の火山を形成する（巽，1995），と考えられているが，西南日本弧の火山はプレートの沈み込みとは無関係でマントルからの高温物質の上昇で生じたとの考えも出されている（Iwamori, 1989）．

地震波トモグラフィーの手法を用いて地下の温度構造を知り，マグマ溜りの存在を明らかにする研究が1990年代に進み，磐梯（植木，1990），日光（長谷川・松本，1997；Adachi et al., 1999），立山（勝俣，1996），御嶽（勝俣，1996；吉田ほか，1997）などの火山で成果が上げられた．立山ではS波反射面，比重1.4の物質の存在などが示唆され，1つの可能性として発泡しかけたデイサイト・流紋岩質マグマ溜りの存在や，近い将来の大規模火砕流の発生が心配される．

8.3.2 火山体の分類・発達史

日本列島には，溶岩原・楯状火山は小型のものを除いて存在せず，成層火山115個，カルデラ火山11個，小型カルデラ火山3個，溶岩ドーム群火山15個，スコリア丘単成火山群9個が認められた．成層火山は第1, 2, 3, 4段階のものがそれぞれ15, 52, 8, 24個であった．富士・伊豆大島のような第1発達段階の成層火山は意外に少なく，古い赤城・榛名のような第4発達段階の成層火山が多い．カルデラ内の小型成層火山はa1, a2, a3, a4型がそれぞれ5, 4, 0, 7個と，発達した有珠・樽前のようなa4型が多い（図8.3-1，表8.3-1）．

成層火山

成層火山は大きく見ると，4つの発達段階に分けられ，その発達時期に応じて4つに細分できる（守屋，1979）．第1期の発達段階にある成層火山は，富士火山のように単純な円錐形をもち，玄武岩-安山岩質の溶岩流・スコリアをハワイ・ストロンボリ・サブプリニー式噴火で放出する．山頂に火口をもち，そこから麓まで平滑で連続的な斜面が広がる．山麓にスコリア丘をつくることが多い．羊蹄・岩手・岩木・八丈・開聞など「○○富士」と呼ばれる火山がこの発達段階にある．第2期には安山岩質の厚い溶岩流をヴルカノ式噴火と平行して流出し，より急峻な山体をつくるが，この時期の初めまたは第1期の末頃に山体大崩壊が発生し，山頂に馬蹄形カルデラが形成され，崩壊物質が山麓に扇状に広がって流れ山地形をつくることが多い．第3期にはプリニー式噴火や火砕流噴火などの爆発的噴火が頻発し，山体上部は破壊され，山麓に火砕流・土石流堆積面が広く形成されるようになる．浅間・北海道駒ケ岳などがこの例である．第4期には，火砕流噴出と関連した山頂小カルデラの形成と，その内部でのプリニー式

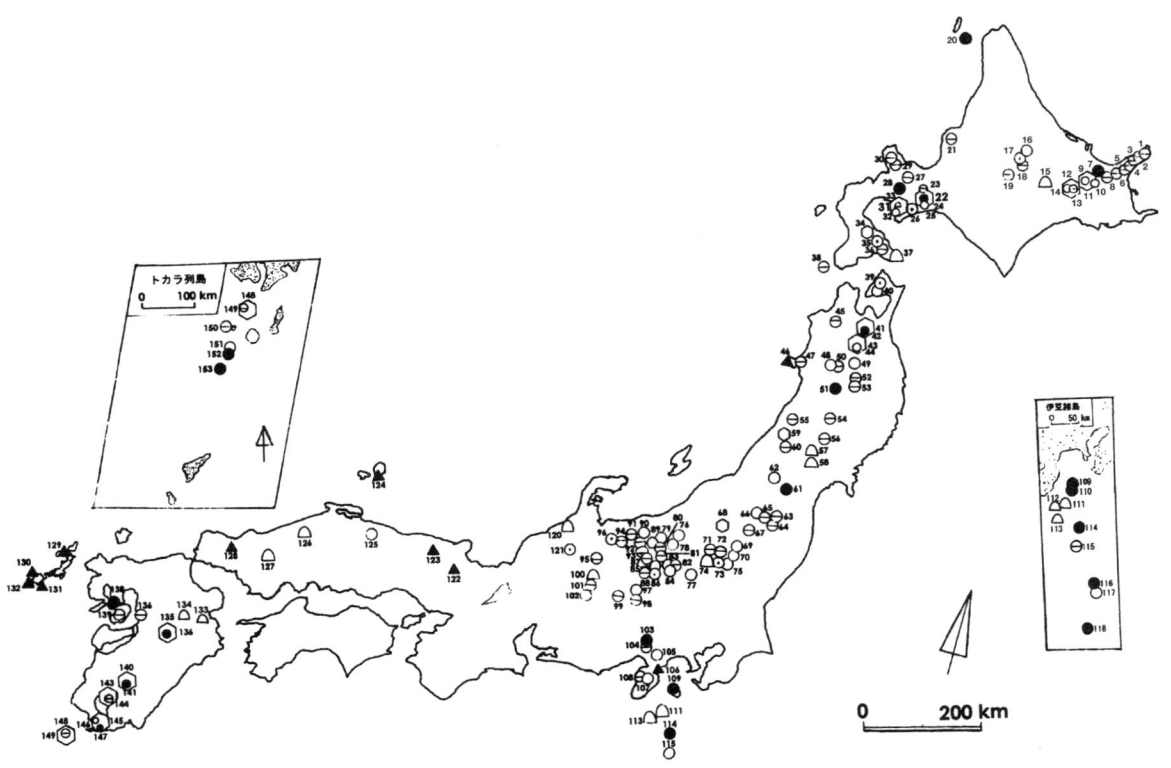

図 8.3-1　日本列島の型別火山分布図
1-155 の番号は表 8.3-1 の左端の数字に対応.

噴火，溶岩ドーム形成などが起こる．赤城・榛名・高原・那須（図 8.3-2）などの火山がその例と考えられる．成層火山はいずれも上述のコースをたどってその一生を終えると考えられるが，第2期で止まっている火山も多く，第3，4期まで発達しないという考え（高橋，1997）もある．

カルデラ火山

カルデラ火山は日本列島では北の屈斜路・八甲田（図 8.3-3）・十和田（図 8.3-4）から南の鬼界カルデラまで 11 個数えられ，伊豆-小笠原弧にもいくつかの海底カルデラが発見されている（Yuasa et al., 1991；湯浅，1995 など）．これらの火山は数回の大規模珪長質火砕流噴火を起こし，噴出中心に径 10-24 km の大カルデラを，その周辺には広大な火砕流堆積面をつくっている．その後，桜島・有珠山・雌阿寒岳のような体積 10 km³ 以下の小型成層火山をつくる．その成因については，初期の大量珪長質火砕流の起源となるマグマの成因とからんで議論が多い．玄武岩質マグマに満たされたマグマ溜り中の結晶分化作用だけで説明することは困難で，地殻下部の部分溶融による安山岩〜流紋岩質マグマの存在が推定されている．

単成火山群

小型単成火山群は目潟・戸室・神鍋・青野・阿武・隠岐・壱岐・五島火山など約 30 個数えられ，日本海沿岸に多い．太平洋側の東伊豆単成火山群は，プレート三重点付近の特異な環境下で生じたと考えられる．

単成火山群の大部分はスコリア丘であるが，戸室・青野・然別など溶岩ドーム群火山もある．これらのそれぞれの体積は 1 km³ 前後であるが，阿武火山は 10 km 平方程度の範囲内に数十個のスコリア丘と溶岩ドームが共存し，ここ 30 万年ほどの間に次々と誕生した（宇都・小屋口，1987）．それらの総体積は 40 km³ 程度で，平均的な大きさの成層火山 1 個分にあたる．

第 8 章　太平洋とその周辺の火山地形 / 143

表 8.3-1　日本列島の火山一覧

火山名	型	比高 (m)	底径 (m)
千島弧南西部			
1 Shiretoko	A2	1182	11000
2 Iwoyama	A2	1562	11000
3 Rausu	A2	1650	11500
4 Tenchoyama	A2	300	8000
5 Onnebetsu	A2	1350	11500
6 Unabetsu	A2	1419	10000
7 Shari	A1	1544	14000
8 Etobi	A2	729	8000
9 Kutsharo	Cf	300	100000
10　Mashu	a4	400	23000
11　Atosanupuri	a4	450	9000
12 Akan	Cf	300	50000
13　O-Akan	a2	950	7000
14　Me-Akan	a4	780	8000
15 Shikaribetsu	Do	970	11000
16 Niseikaushuppe	A2	1300	15000
17 N Taisetsu	A3	1200	26000
18 S Taisetsu	A2	700	11000
19 Tokachi	A2	1500	22500
東北日本弧			
20 Rishiri	A1	1713	15000
21 Shokanbetsu	A2	1491	30000
22 Shikotsu	Cf	600	50000
23　Eniwa	a2	1050	5000
24　Fuppushi	a1	850	5000
25　Tarumai	a4	1000	16000
26 Kuttara	A3	534	8000
27 Shiribetsu	A2	800	7000
28 Yotei	A1	1550	14000
29 Niseco	A2	1200	16000
30 Raiden	A2	1200	15000
31 Toya	Cf	200	60000
32　Usu	a4	700	7000
33　Nakajima	do	400	3000
34 Nigorikawa	cd	100	10000
35 Komagatake	A3	1133	16000
36 Yokotsu	A2	1060	20000
37 Esan	Do	618	5000
38 Oshima Ohshima	A2	737	3000
39 Mutsu-Hiuchi	A3	781	11000
40 Osore	A4	878	18000
41 Hakkoda	Cf	300	70000
42　Odake	a1	1584	3500
43 Towada	Cf	300	60000
44　Goshikidai	a4	650	6000
45 Iwaki	A2	1500	15000
46 Megata	Ma	8	2500
47 Kanpu	A2	354	4500
48 Moriyoshi	A4	1150	14000
49 Nanashigure	A4	700	21000
50 Yakeyama	A2	800	8000
51 Akita-Koma	A1	1000	6500
52 Hachimantai	A2	1000	10000
53 Iwate	A2	1800	20000
54 Yakeishi	A2	1100	10000
55 Chokai	A2	2230	27000
56 Kurikoma	A2	1091	13000
57 Takahinata	Do	250	4500
58 Narugo	Do	250	3700
59 Hijiori	cd	100	7000
60 Gassan	A2	450	18000
61 Zao	A1	1400	9000
62 Shirataka	A4	600	8000
63 Azuma	A2	1500	27000
64 Adatara	A2	1300	20000
65 Bandai	A2	1300	11000
66 Nekoma	A4	1100	10000
67 Futamata	A2	600	4500
68 Numazawa	cd	500	4000
69 Nasu	A4	1400	10000
70 Takahara	A4	1194	14000
71 Oze-Hiuchi	A2	681	6000
72 Nikko-Shirane	A2	300	4500
73 Nantai	A3	1284	7000
74 O-Manako	Do	600	4000
75 Nyoho	A4	1500	13500
76 Iiji	A4	700	5500
77 Akagi	A4	1000	29000
78 Naeba	A4	700	17000
79 Kenashi	A4	1150	14000
80 Omeshi	A2	800	85000
81 Shiga	A2	300	35000
82 Komochi	A2	1000	9000
83 Onoko	A4	900	8500
84 Haruna	A4	1390	26000
85 Kusatsu-Shirane	A4	876	15000
86 Asama	A3	1500	21000
87 Azumaya	A2	1032	17000
88 Eboshi	A2	1600	14000
89 Takayashiro	A2	851	7000
伊豆-小笠原弧			
90 Myoko	A4	1200	14000
91 Niigata-Yakeyama	A2	350	5500
92 Kurohime	A2	1050	7500
93 Iizuna	A2	1000	11000
94 Hakuba-Oike	A2	800	7000
95 Washiba	A2	200	3000
96 Tateyama	A3	1000	10000
97 N. Yatsugatake	A4	1608	34000
98 S. Yatsugatake	A2	1480	25000
99 Kirigamine	A2	500	9500
100 Yakedake	Do	500	6500
101 Norikura	A2	1100	13000
102 Ontake	A4	2000	20000
103 Fuji	A1	3776	40000
104 Ashitaka	A1	1505	15000
105 Hakone	A4	1438	20000
106 Izukogen	A4	579	8000

火山名	型	比高 (m)	底径 (m)
107 Amagi	A4	1405	20000
108 Daruma	A2	981	15000
109 Izu-Oshima	A1	736	12000
110 Izu-Toshima	A1	500	3000
111 Izu-Niijima	Do	500	7000
112 Shikinejima	Do	100	3000
113 Kozushima	Do	520	5500
114 Miyakejima	A1	813	9000
115 Mikurajima	A2	800	7000
116 Hachijo-Nishiyama	A4	700	10000
117 Hachijo-Fuji	A1	854	7000
118 Aogashima	A2	400	4000
119 Izu-Torishima	A2	400	2000
西南日本弧			
120 Tomuro	Do	247	2000
121 Hakusan	A2	1500	11500
122 Takura	Sc	150	3000
123 Kannabe	Sc	100	3500
124 Oki-Togo	Sc	80	3000
125 Daisen	A4	1711	31000
126 Sambe	Do	700	5000
127 Aono	Do	400	3500
128 Abu	Sc	100	6000
琉球弧			
129 Ojikajima	Sc	259	3100
130 Miiraku	Sc	183	2500
131 Hukue	Sc	300	2700
132 Tomie	Sc	100	1000
133 Yuhu-Tsurumi	Do	884	8000
134 Kuju	Do	787	11500
135 Aso	Cf	400	100000
136 5dake	a1	1100	13500
137 Kinpu	A2	635	11500
138 Tara	A1	1076	25000
139 Unzen	A2	1359	22500
140 Kakutou	Cf		
141 Kirishima	a1	1273	21500
142 Imuta	A2	500	5500
143 Aira	Cf		
144 Sakurajima	a2	1109	9500
145 Ata	Cf		
146 Ikeda	a4	333	9500
147 Kaimon	a2	922	3500
148 Kikai	Cf		
149 Iodake	a1	704	5000
150 Kuchinoerabujima	A2	649	5000
151 Kuchinojima	A4	500	4000
152 Nakanoshima	A1	600	5000
153 Suwanosejima	A1	799	7000

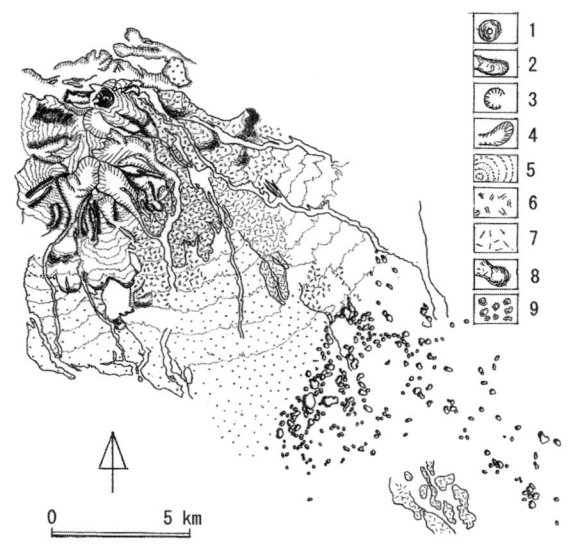

図 8.3-2 那須火山の地形分類図
1：溶岩ドーム，2：新期溶岩流，3：火口，4：侵食崩壊地，5：成層火山原面，6：新期火砕流堆積面，7：古期火災流堆積面，8：古期溶岩流，9：岩屑なだれ堆積面.

図 8.3-3 八甲田カルデラ火山の地形分類図
1：溶岩流，2：成層火山原面，3：カルデラ壁，4：火砕流堆積面，5：地すべり地形.

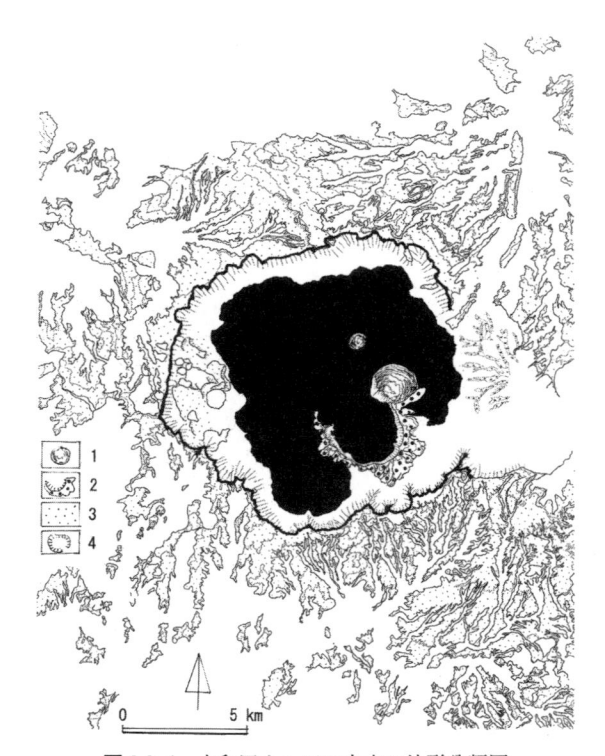

図 8.3-4 十和田カルデラ火山の地形分類図
1：溶岩ドーム，2：新期成層火山原面，3：火砕流堆積面，4：カルデラ壁．

8.3.3 マグマ噴出量・火山体の規模

　地表に到達したマグマの量（噴出量）は，火山活動の程度を示す量として重要であるが，火山体の体積がほぼ噴出量に対応するものとして使用される場合が少なくない．しかし，かなりの噴出物が爆発的噴火で遠方に運び去られること，火山体をつくった噴出物のかなりの部分が侵食で運び去られることで，火山体の体積は噴出量をかなり下回ると考えられる．赤城火山体は 130 km³ の体積をもつが，プリニー式噴火と侵食作用で 50 km³ 以上の構成物質が失われ，噴出量は 200 km³ を超えていたと考えられる．日本でも有数の豪雪地帯（侵食量が大きい）の大起伏山地に噴出した白山は，40 万年間の活動でわずか 16 km³，最大厚 400 m の小ぶりの火山体しか残していないが，山体中央部の侵食カルデラの地形や地質学的特徴から，比高 1000 m 以上，標高 3500 m 近い円錐形成層火山が少なくとも 2 回建設され，その全噴出量は 100 km³ を超えていたと考えられる．しかし白山のように現存量が噴出量の 1/5 から 1/10 程度に減少している例は少なく，大部分の火山は赤城山同様，現存量は噴出量の数割減程度であろうと思われる．

　菅・藤岡（1990）は伊豆−小笠原弧北部の火山岩量を海底地形図から推定しているが，大島・三宅島などは海面下に陸上の 10 倍以上の火山体が存在して，それぞれの体積は 415 km³，519 km³ と見積られている．そのような火山体が火山フロントに沿って 19 個，背弧海盆中に体積 10 km³ 以下の小型火山が 250 個認められる．第三紀火山が大部分と考えられる西七島海嶺の火山を除き，控えめに見積っても，伊豆−小笠原弧の第四紀火山の噴出量は 3000-4000 km³ に及び，これまで約 5000 km³ とされてきた日本列島全体の第四紀火山の噴出量に匹敵し，噴出量は大幅に増大すると考えなければならない．このような不確定要素があるので，正確な数値はいえないが，おおまかにここ 50 万年間の日本列島で噴出したマグマの量は 7000-8000 km³ 程度であろうか．

　個々の火山について見ると，成層火山では海溝の三重点付近に富士・八ヶ岳・伊豆大島・三宅島などの大型火山が集中する．成層火山は噴火を繰り返すことによって，大きな火山体に成長するが，1 回ごとの噴出物の量はそれほど多くない．それに対し，カルデラ火山から 1 回の噴火で放出される珪長質火砕流の堆積物は，100 km³ を超えるものが少なくない．2.5 万年前に鹿児島湾北部で噴出した入戸火砕流は 400 km³ の体積をもつ（Aramaki, 1984）．単成火山群では，個々のスコリア丘・溶岩ドームは小規模であるが，群をなすと阿武単成火山群（10 km³），東伊豆単成火山群（30 km³）のように，平均的な成層火山・カルデラ火山とそれほど差違はなくなる．

8.3.4 火山の寿命，噴火活動の年代

　日本では 1960 年代から 80 年代にかけての大規模国土開発によって全国に多くの大露頭が出現したことや，年代測定用加速器導入などによる ¹⁴C 年代値の精度・処理速度向上，K-Ar 法測定技術の進歩などにより，それまで空白であった 3 万年前から 50 万年前までの年代のデータが大量に得られるようになった．そのため，噴火の周期，火山の寿命，活動の盛衰などを定量的に議論できる

ようになった．第四紀火山の多くは，まだ寿命がついておらず，将来も長く活動を維持すると考えられるので，寿命を議論することは難しい．また，活動開始時期が明らかでない火山も少なくなく，火山の寿命を細かに議論することは時期尚早かもしれないが，それを含んだ上でのおおまかな議論をしてみよう．

鳥海 55 万年前，蔵王 70 万年前，東吾妻 50 万年前，安達太良 55 万年前，磐梯 70 万年前（梅田ほか，1999），那須 40 万年前，女峰 60 万年前，草津白根 60 万年前，箱根 50 万年前，御嶽 75 万年前（松本・小林，1999），雲仙 50 万年前と，これまで火山としての地形をよく残し，第四紀火山と呼ばれてきたものの多くは，70 万年前後以前から活動を開始している．しかし同様の地形をもつ利尻 20 万年前，妙高 30 万年前（図 8.3-5）などは意外に新しい年代値が得られている．浅間 9 万年前，富士 8 万年前など非常に新鮮な火山体をもつものは，やはりその誕生も新しい．一方，地形面は消失したが，定高性のある放射状の尾根や谷，山頂部の侵食火口あるいは侵食カルデラ（Karatson et al., 1999）などの火山としての形態をなお残す博士（250-280 万年前；小林・猪俣，1986），葉山（360-420 万年前；斉藤・亀井，1995），多良（41-106 万年前；小形・高岡，1991）などの古い成層火山は，その活動期間がそれぞれ数十万年で，40 万-300 万年前以上の範囲に散らばっている．これは少なくともここ 300 万年間，成層火山が絶えず形成され続けたことを示す．

侵食作用により火山原面が消失し深い放射状谷・稜線のみからなる骸骨状火山は，すでに寿命がついていると考えられてきたが，活動を再開した例が最近北海道で見つかっている．東大雪丸山は 100 万年以上前に活動を終えたと考えられていたが，明治時代の噴火活動を示す新聞記事が発見されたことから研究が進み（荒牧ほか，1993 など），ここ数千年間に何回かの水蒸気噴火を行った跡が明らかとなった．このような長い活動休止期をはさんだ噴火活動は 1 つの火山の継続的活動と見なすかについては議論がある．

カルデラ火山は比較的古くから活動していた阿蘇が 27 万年前，霧島が 30 万年以上前，十和田 20 万年前などと，成層火山にくらべ一般的にやや若く，およそ 30 万年前に活動を始めた．カルデラ内に形成された小型成層火山も恵庭 1.5 万年前，樽前 9000 年前，有珠 1.5 万年前，桜島 2.2 万年前，池田・開聞 4000-5700 年前と，いずれも 2 万年ほど前以降に誕生したばかりである．しかも発達も速く，2 万年間でかなりの小型成層火山は晩期にまで達しており，前述の大型成層火山にくらべ短命らしい．

単成火山群は東伊豆が 14 万年前，阿武が 30 万年前から現在まで，壱岐は 60-430 年前までの 370 年間，年に 47-84 m³ の割合で噴出活動を断続的に行ってきた（佐野，1995）．これは単成火山群がこれまで考えられてきたより（守屋，1983a），かなり長い活動期間をもっていることを示す．

8.3.5 噴火周期と噴火様式の変化

^{14}C 年代値が近年大幅に増加し，多くの火山で最近数万年間の詳細な噴火史が編まれるようになって，噴火の周期，噴火様式の変遷についても議

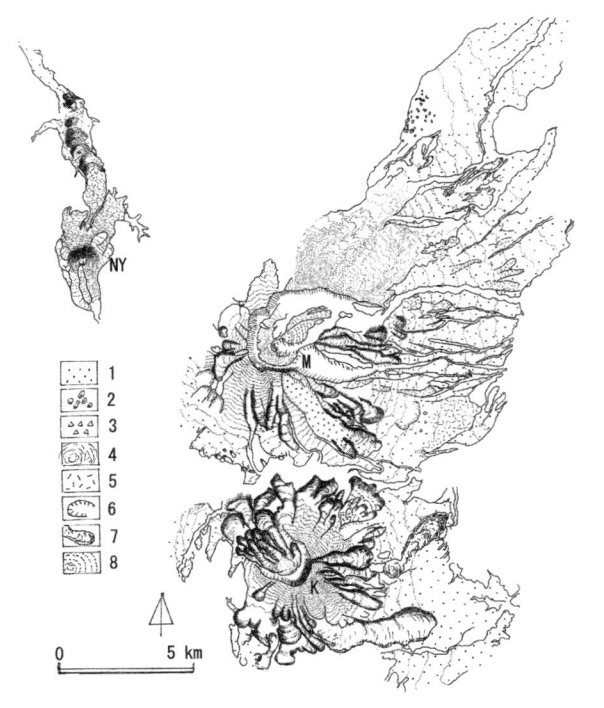

図 8.3-5 新潟焼山・妙高・黒姫火山の地形分類図
1：火山麓扇状地，2：流れ山（岩屑なだれ堆積面），3：地すべり地形，4：溶岩ドーム，5：火砕流堆積面，6：カルデラ，7：溶岩流，8：成層火山原面．K：黒姫山，M：妙高山，NY：新潟焼山．

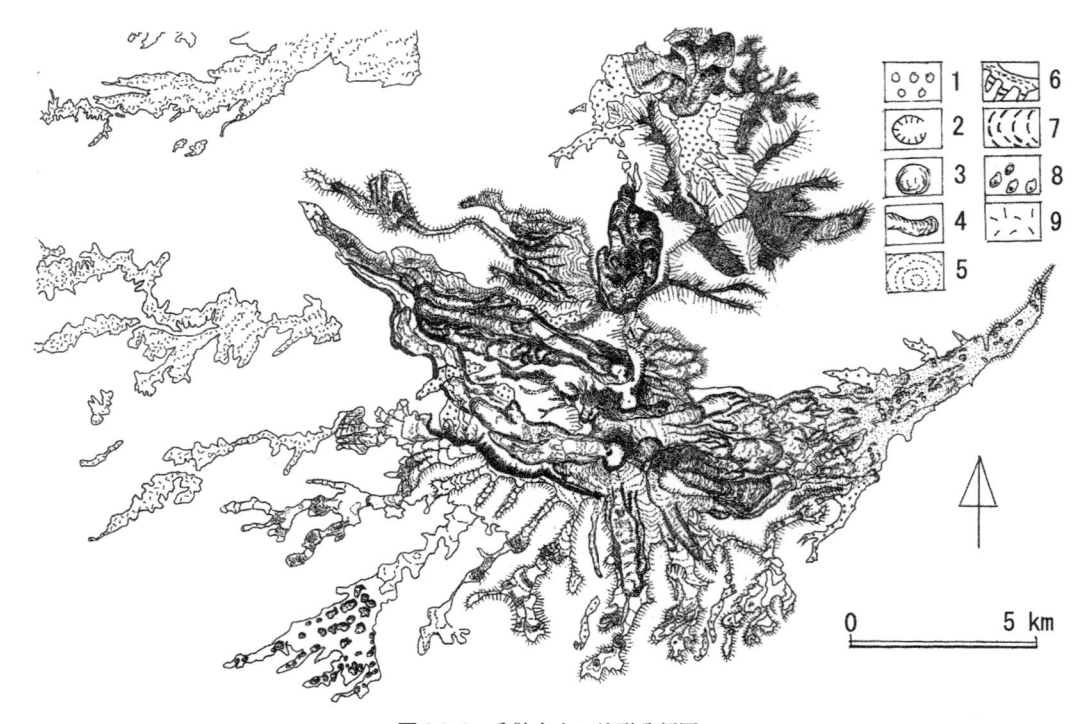

図 8.3-6 乗鞍火山の地形分類図
1：土石流堆積面，2：火口，3：溶岩ドーム，4：溶岩流，5：新期成層火山原面，6：中期成層火山原面とカルデラ，7：古期成層火山原面，8：岩屑なだれ堆積面，9：火砕流堆積面.

論できるようになってきた（守屋，1984；小山・吉田，1994）．伊豆大島・三宅島・富士などの玄武岩質マグマが噴出する第1期の成層火山は30-100年に1回の割合で噴火し，白山・乗鞍（図8.3-6）などの安山岩質マグマを噴出する第2期の成層火山は500-1000年おきに噴火するものが多い．第3期の浅間・北海道駒ケ岳，それにカルデラ内の小型成層火山である桜島は500年に1回程度プリニー式噴火を行うが，その間に多くの水蒸気噴火やヴルカノ式噴火が発生する．立山の場合，地震波探査から明瞭なS波反射面が認められ，比重が1.4程度の水よりわずかに重い物質が地下数kmにあることが推定されている（勝俣，1996）．この軽い物質が大量のガスが発泡しかけたマグマ溜り上部であれば，大量の火砕流噴出を警戒しなければならないことになる．赤城・榛名・高原などの第4期の段階の火山は，1万年に1回，噴火するかしないかである．またその噴火も水蒸気噴火である場合が多く「死期」に近いことを感じさせる．

カルデラ火山の後カルデラ期段階にある小型成層火山の噴火周期は一般に短い．雌阿寒・有珠・樽前・阿蘇中岳・桜島など，数十年おきに噴火する活発な活火山である．開聞岳は4000年前から8世紀まで300年おきに噴火していたが，8世紀以降，1000年以上にわたって休んでいる無気味な火山である．浅間はここ1万年たらずの間に，17回のプリニー式噴火を行ったが，5世紀以降プリニー式噴火の間にヴルカノ式噴火が頻発するように噴火の性格が変わりつつある（竹本ほか，1995）．

伊豆大島はここ1.5万年間に107回の噴火を起こした（Nakamura, 1964；田沢，1980）が，その周期・噴出量はまったく一定ではなく，2000-3000年周期の活動の盛衰が認められている（田沢，1981）．富士も同様で，ここ1.1万年間に2回の静穏期をはさんで，3回の活動期が存在した（宮地，1988）．

8.3.6　1000万年前〜現在の火山活動史

　太平洋からのプレートが一定速度で，一定方向に日本列島に沈み込んでいれば，火山活動も一定の噴出率・噴火様式で行われ，成層火山やカルデラが積み重なっているはずである．近年日本の火山岩の噴出年代値が急増し，その実態がおぼろげながらわかりはじめた．その結果によると，日本列島では1200万年前までに日本海拡大に伴うグリーンタフ火山活動は終了し，その後は現在まで断続的に火山活動が起こったように見える．また東北日本では活動域が時代により変化したともいわれる（守屋，1983a；吉田ほか，1995）．日本列島全域にわたって詳細なデータが得られた段階にはまだいたっていないので検討の余地は残るが，ここ1000万年間，一定の火山活動が続いた事実はなさそうである．とくに100万年前を境に火山タイプや活動の規模に大きな変化が見られる地域が少なくない．

　北見・大雪・十勝地域，羊蹄山周辺地域，仙岩地域，会津-白河地域，碓氷峠-沼田（上信）地域，上高地周辺（北アルプス南部地域）では，300万-100万年前に噴出量が100 km³を超える大規模な珪長質火砕流が何回も噴出し，総噴出量がゆうに1000 km³を超えるカルデラ火山集合体が形成された．当時の地形の大部分は侵食・堆積により消失したが，広大な火砕流台地の一部，カルデラの一部がなお残る．これら大規模火砕流の噴出後，しばらくの間火山活動はおさまり，50万年くらいの静穏期を経て，50万年ほど前から安山岩質マグマの上昇に伴う成層火山・カルデラ火山などの形成が始まる．これがこれまで第四紀火山と呼ばれたもので，地形をよく保存する．

　東北日本では1000万年前以降，全域に点在していた成層火山が時代とともに減少しながら，いくつかの火山群に分かれ，偏在化していく傾向が指摘されている（吉田ほか，1995；梅田ほか，1999）．このような複雑な火山活動の歴史をたどったのは，ここ1000万年以降，本州弧に千島弧（木村，1981）や伊豆-小笠原弧（貝塚，1972）が衝突したり，東北日本弧に日本海側からユーラシアプレートが沈み込みを始めた（中村，1983；小林，1983）ことなどが関係しているのかもしれない．

8.3.7　日本列島を5島弧別に分けて見た火山型の特徴

　上記のように，日本列島の火山全体をまとめて考察したが，千島弧南西部・東北日本弧・伊豆-小笠原弧・西南日本弧・琉球弧の5島弧別に分けて見たとき，どのような特徴が見られるかを略述する．

　千島弧南西部に属する東北海道の火山は，知床岳から十勝岳までの19火山で，利尻火山は孤立したホットスポットの火山（石塚・中川，1999）という考えもあるが，とりあえず東北日本弧に属することにした．19火山のタイプは，成層火山が12個，カルデラ火山が阿寒・屈斜路の2個（後カルデラ小成層火山は各2個，計4個），溶岩ドーム火山は然別火山群の1個で，典型的な沈み込み帯の火山の型別とその割合を示す．

　東北日本弧は70火山で，成層火山が51個，カルデラ火山が7個（肘折・沼沢・濁川の小カルデラ火山を含む），溶岩ドーム火山4個で，火山タイプとその割合は沈み込み帯の典型といえる．

　伊豆-小笠原弧には妙高から南の伊豆鳥島まで30火山が噴出，火山列をつくる．その型別内訳は成層火山26個，溶岩ドーム4個で，カルデラ火山は存在しない．それにかわって伊豆大室山を代表とする玄武岩質スコリア丘・溶岩流と流紋岩質溶岩ドームが混在して噴出する伊豆単成火山群（伊豆高原）が，伊豆バーが本州に衝突する場所に出現する．また富士・伊豆大島・三宅島という玄武岩質スコリア・溶岩流を大量に噴出する3個の巨大成層火山の存在も，伊豆単成火山群出現と関連性をもつ特異現象と考えられる．

　西南日本弧では，石川県の戸室山・白山から始まって山口県阿武単成火山群にいたるまで9火山が数えられるが，その型別内訳は白山・大山の成層火山2個，戸室・三瓶・青野の3溶岩ドーム群，4個に及ぶ神鍋・阿武などのスコリア丘群で，一般的な沈み込み帯の火山内訳の成層火山80-90%，カルデラ・単成火山群10-20%とくらべ大きな差異が認められる．

　琉球弧の火山は由布-鶴見火山群から南の諏訪の瀬火山群まで25個の火山があり，その型別内訳は成層火山8個，カルデラ火山5個（後カルデラ小成層火山6個），溶岩ドーム火山2個，スコ

リア丘単成火山群4個となる．

以上から日本列島を構成する5島弧のうち，4島弧は成層火山・カルデラ火山・溶岩ドーム火山3種の火山型からなり，成層火山の比率が80-90%に達するというほかの沈み込み帯の傾向と一致する．その中で西南日本弧だけは玄武岩質溶岩流を主体とする単成火山群が過半数を占め，成層火山はわずか2個にすぎない．

8.4 マリアナ諸島

マリアナ弧は伊豆-小笠原弧の南に連なり，東に強く湾曲した長さ約2000 kmの海洋弧である．マリアナ諸島は北半部の10島が火山島で，南半部のサイパン・テニアン・グアム島などが非火山島である．弧のほぼ中央部に約500 kmの長さで10島が並ぶ（図8.4-1，表8.4-1）．諸島の中央付近に位置するPagon島のみがPagon，Kutake Yashiiの2火山からなり，残りは1個の火山が1つの島をつくる．11個すべて成層火山で，第1発達段階にあるのはAsuncion, Guguan火山など3個，第3段階はAlamagan火山など2個，第4段階はMaug, Anatahan火山など6個である．Maug火山は径2 km, Agrihan火山は2.5 km（図8.4-2），Pagon火山は6.7 km，Kutake Yashii火山は3 km（図8.4-3），Anatahan火山は2.4 km（図8.4-4）のカルデラをもつ．山麓が海面下なので火砕流を噴出させたか否かは不明である．カルデラ径はいずれも10 km以下なので，カルデラ火山ではなく第4発達段階にある成層火山と見なした．Alamagan火山は溶岩流を主体とする成層火山でカルデラ地形は存在しないが，全表面が厚さ数十 mの火砕流堆積物で覆われてい

表8.4-1 マリアナ諸島の火山一覧

火山名	型	比高(m)	底径(m)
1 Farallon de Pajaros	A1	256	2000
2 Maug Island	A4	185	2000
3 Asuncion Island	A1	450	3000
4 Agrihan	A4	926	8000
5 Pagon	A4	456	10000
6 Kutake Yashii	A4	529	5000
7 Alamagan	A3	679	4000
8 Guguan	A4	228	3000
9 Sarigan	A3	253	3000
10 Anatahan	A4	770	6000
11 Farallon de Medinilla	A1	69	1000

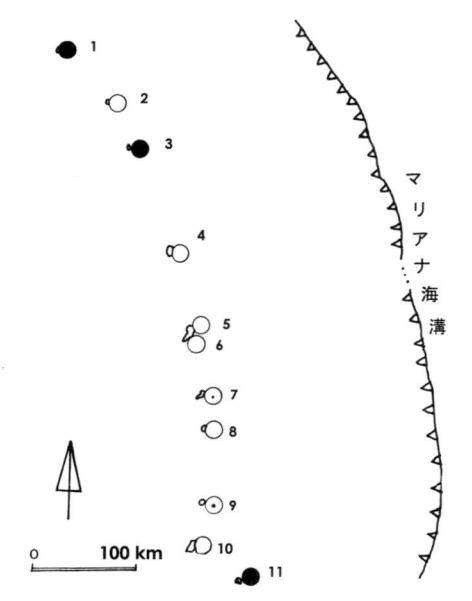

図8.4-1 マリアナ諸島の型別火山分布図
1-12の番号は表8.4-1の左端の数字に対応．

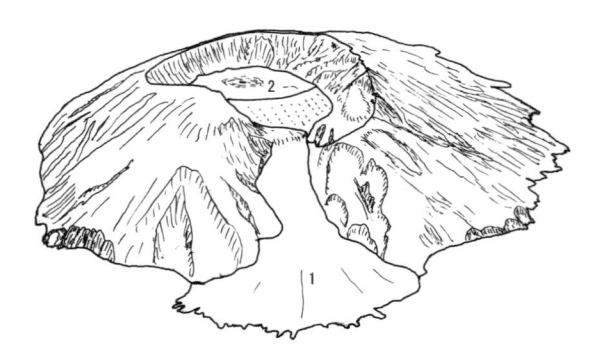

図8.4-2 マリアナ諸島Agrihan火山のスケッチ
1：山頂カルデラ内から流出した溶岩流がつくった扇状地．
2：カルデラ内に形成された火砕丘．

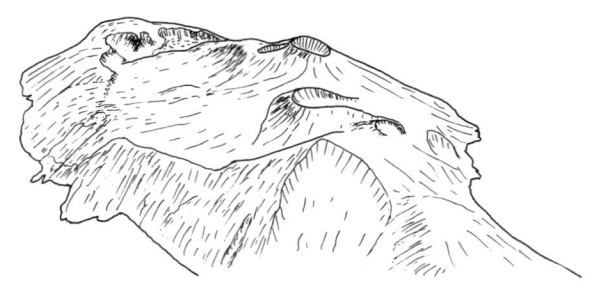

図8.4-3 マリアナ諸島Kutake Yashii火山のスケッチ

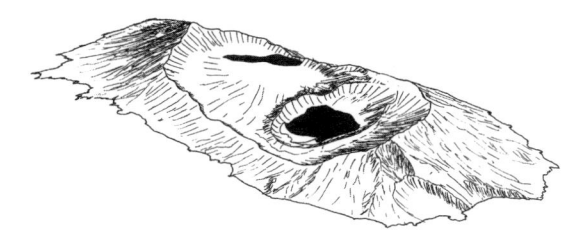

図 8.4-4 マリアナ諸島 Anatahan 火山のスケッチ

図 8.4-5 マリアナ諸島 Alamagan 火山の表面構造
P：火砕流堆積面, C：溶岩流表層部のクリンカー, L：緻密溶岩.

る（図 8.4-5）.

8.5 フィリピン諸島

8.5.1 概説

インド大陸とユーラシア大陸の衝突で東に押し出されたブルネイ・スラウェシの諸島と，それらを取り巻く海域を含んだ東に大きく突出するユーラシアプレート，太平洋プレート，インド-オーストラリアプレート3者の衝突・沈み込みにより，複雑に入り組んだ島弧・海溝・火山列・地震帯系がフィリピン諸島からインドネシア諸島にかけての地域一帯に形成された．

フィリピン諸島は，5個の縁海—フィリピン海・南シナ海・スル海・セレベス海・モルッカ海に囲まれ，縁海プレートの沈み込み・拡大などにより複雑なテクトニクスが展開されている．火山もそれに影響され，沈み込み帯に多い成層火山・カルデラ火山だけでなく，拡大軸・ホットスポットなどに見られる溶岩原・楯状火山など，多様な火山が形成されている（図 8.5-1，表 8.5-1）.

台湾からフィリピン北部に連なるバブヤン諸島にはいくつかの成層火山頂部が海面上に頭を出している．これらはルソン島北部の Cagua 火山が南端となり，そこから Pinatubo 火山など西岸山地内の成層火山列まで約 500 km の無火山帯が存在する．バブヤン諸島の火山は，南シナ海の拡大に伴って，台湾島南からミンドロ島までのびるマニラ海溝に沿って東方に沈み込むプレート運動により形成されたと考えられている（Catane et al., 2005）．一方，台湾島の中国大陸衝突で一時衰えた北部フィリピン海溝の沈み込みが，再び活発化したことによるとの考えもある（木村，2002）．マニラ市南からルソン島は東に向きを転じ，それに沿って火山が存在するが，マニラ市東方の Taal カルデラ火山，Banahao 成層火山などは，フィリピン海溝北端とマニラ海溝南端を結ぶトランスフォーム断層上に位置する．Isarog, Mayon, Bulusan, Lobi などの火山は東方のフィリピン海プレートがフィリピン海溝からルソン島下へ沈むことで生じたと考えられている．また西方，内弧側の火山帯の延長はルバング島北からマスバテ島・ネグロス島へと連なり，ミンダナオ島西部のN. Malindan, Malindan 火山に達する．これら2本の火山列以外にミンダナオ島中央部からブルネイ北東端に向かって南西方向に走る火山島列が存在し，スル海・セレベス海にはさまれたホロ諸島へと続く．これはミンダナオ島内では楯状火山，火山島列では溶岩原にグルーピングされる単成火山群列である．東方の火山帯はルソン島からレイテ島を通り，ミンダナオ島西部の火山に連なる．ミンダナオ島には東方のフィリピン海溝からの太平洋プレートの沈み込みと，南のスル海拡大の影響を受けて形成された楯状火山・成層火山が分布する．

8.5.2 フィリピン諸島の火山タイプ

フィリピン諸島には 81 火山を認めたが，なお認定数が増加する可能性は高い．認識された火山のうち，成層火山 58 個，カルデラ火山 2 個，スコリア丘火山 4 個，溶岩ドーム火山 3 個，溶岩原 4 個，楯状火山 10 個が存在し，火山体の種類は多様である．

成層火山のうち，Mayon 火山は富士山型の第1期発達段階にある．Isarog, Iriga 火山は火山体大崩壊が発生し厚い溶岩も流出している第4期発

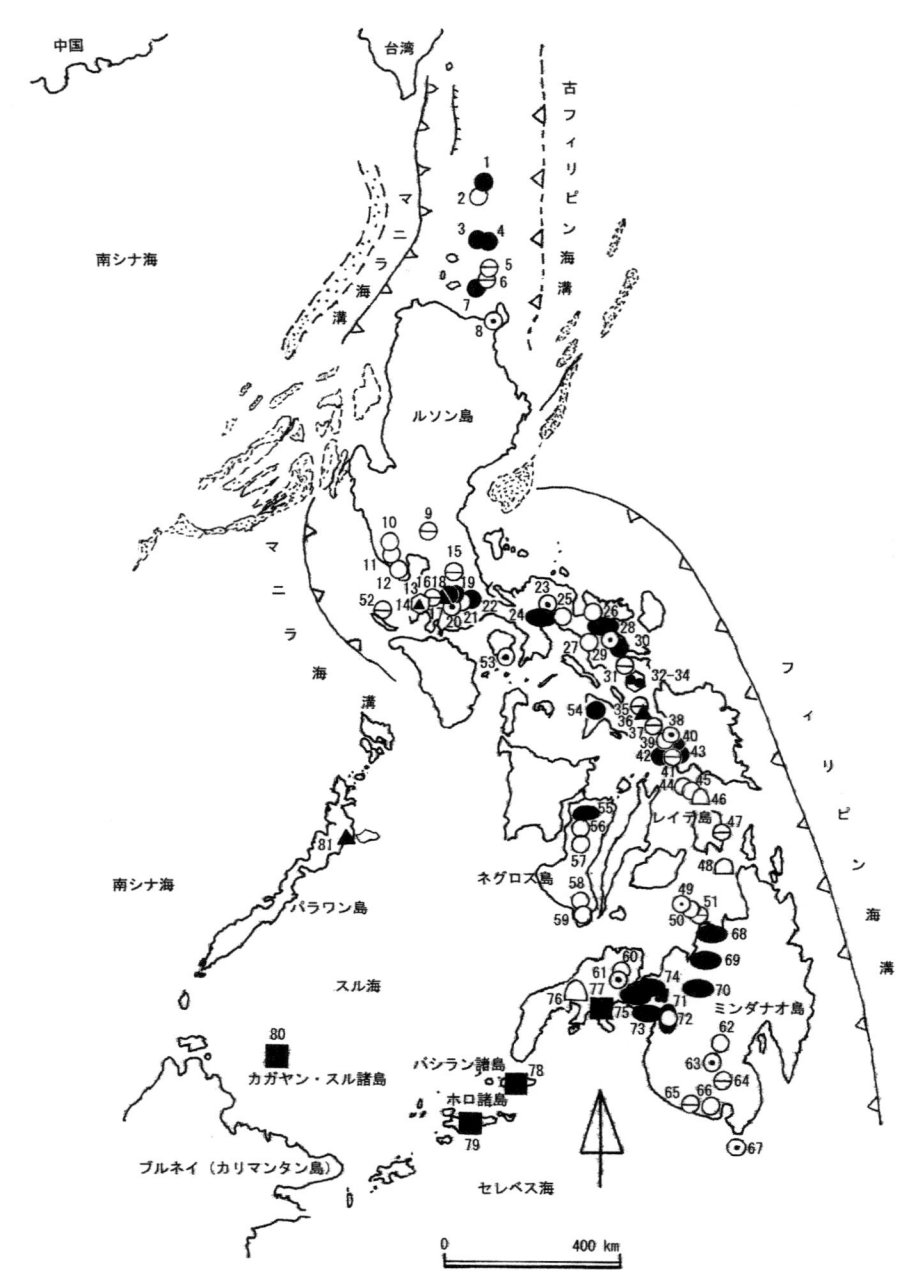

図 8.5-1　フィリピン諸島の型別火山分布図
1-166 の番号は表 8.5-1 の左端の数字に対応.

達段階にある火山，Pinatubo 火山も成層火山体形成後，軽石の大量噴出を繰り返す第 4 期発達段階にある火山と見なせる地形・発達史をもつ.

2 個のカルデラ火山はいずれもルソン島に存在する．Taal 火山は径約 20 km のカルデラをもち，その周辺には広大な火砕流台地が広がる．カルデラ中には玄武岩質マグマによるスコリア丘やタフリングからなる火山島があり，ヴァイアス型でなくじょうご型カルデラ火山と考えられる．Bulusan カルデラ火山は近年しばしば活動する Bulusan 成層火山を後カルデラ火山とするカルデラ火山で，Bulusan 火山を取り巻く明瞭なカルデラ壁

152 / 第Ⅱ部　各論

表 8.5-1　フィリピンの火山一覧

火山名	型	比高 (m)	底径 (m)
Batan			
1　Irada	A1	1009	6000
2　Matarem	A4	500	12000
3　Babuyan (Is.)	A1	688	5000
4　Pangasun	A1	1080	10000
Camiguin			
5　Minabui	A2	828	11000
6　Nagtapulan	A2	671	10001
7　Camiguin	A1	712	7000
Luzon			
8　Cagua	A3	1120	15000
9　Arayat	A2	1026	10000
10　Pinatubo	A4	1740	35000
11　Natib	A4	1273	34000
12　Mariveles	A4	1362	25000
13　Taal caldera	Cf	100	25000
14　　Volcano Is.	Ma	400	7000
15　Sembrano	A2	743	10000
16　Maquiling	A2	900	10000
17　San Pablo	Ma	100	8000
18　Atimba	A1	654	3000
19　Nagcarlang	A1	600	4000
20　San Cristobal	A3	1400	14000
21　Banahao	A4	1140	30000
22　Lucban	A1	1450	8000
23　Labo	A3	1544	23000
24　S Labo	SH	1109	28000
25　Culasi	A4	959	22000
26　Isarog	A4	1936	34000
27　Iriga	A4	1050	9000
28　Malinao	SH	1500	27000
29　Masaraga	A3	1326	10000
30　Mayon	A1	2462	25000
31　Juban	A2	730	10000
32　Bulusan caldera	Cf	490	25000
33　　Bulusan	a1	1565	10000
34　　Jormajan	a1	550	3000
35　Camandag (Is.)	A2	432	4000
36　Imbangcavayan	Sh	453	6000
37　Maripipi (Is.)	A2	924	7000
Biliran			
38　Panamao	A3	1066	9000
39　Guiauasan	A4	1320	14000
40　Camalobaboan	A1	1048	8000
41　Giron	A2	1015	13000
42　Caraycaray	A1	437	5000
43　Sayoa	A1	1266	8000
Leyte			
44　Janagdon	A4	1120	25000
45　Lobi	A4	1300	17000
46　Mahagnoa	Do	400	6000
47　Capalian	A2	920	10000
Panaon			
48　Nelangcapan	Do	687	5000
Camiguin			
49　Hibok-Hibok	A3	1300	10000
50　Mambajao	A4	1525	15000
51　Ginsiliban	A2	679	14000
52　Ambil (Is.)	A2	645	5000
Marinduque			
53　Marlanga	A3	1157	9000
Masbate			
54　Maanahao	A1	697	12000
Negros			
55　Silay	SH1	2440	40000
56　N Negro	A4	1856	23000
57　Canlaon	A4	2500	39000
58　Lake Balinsasayao	A4	1780	20000
59　Mandalagan	A4	1820	13000
Mindanao			
60　N Malindang	A4	1700	38000
61　Malindang	A3	2404	33000
62　Talomo	A4	2500	25000
63　Apo	A3	2938	43000
64　Sibulan	A2	1392	15000
65　Matutum	A2	1800	20000
66　Parker	A4	1100	30000
67　Balut (Is.)	A3	862	9000
68　Balatukan	SH	2440	40000
69　Sumagaya	SH	2464	35000
70　Katangrad	SH	2896	55000
71　Kalatungan	SH3	2880	53000
72　Piapayungan	A4	2815	27000
73　Butig	SH	2316	25000
74　Bacolod	SH3	1300	29000
75　Pagayawan	SH	1226	18000
76　Pagadian	Do	1532	15800
77　Bullbu	L2	400	77740
78　Basilan (Is.)	L3	519	36000
79　Jolo (Is.)	L2	448	33300
80　Cagayan Sulu (Is.)	L3	236	16850
Palawan			
81　Taytay	Sc	180	6000

をもつ．ただ火砕流台地は侵食のためか明瞭でない．

楯状火山はルソン島，ネグロス島，ミンダナオ島に形成されており，ミンダナオ島中央部に7個が集中する．ミンダナオ島の中北部の Balatukan 火山は，底径40-50 km，標高2440 m の玄武岩質溶岩流を主とする楯状火山で，滑らかな緩斜面上に30-40個のスコリア丘が存在する．山頂には直径約10 km の円形カルデラがあり，その内部にかつての溶岩湖の存在を示す数段の平坦面がある．同じミンダナオ島南部の Butig 火山は，玄武

岩質溶岩流を主とすると考えられる緩やかな斜面からなる楯状火山が主体をなし，それが正断層によって切られている．断層上に60個以上のスコリア丘が列をなしている．一部には小溶岩原，溶岩ドーム，タフリングも認められる．一般にフィリピン諸島の楯状火山は，平面形が楕円のKilimanjaro, Cameroon 火山に似た形態をもつ．

ミンダナオ島西部サンボアンガ半島の付根付近には，Bullbu単成火山群が存在する．これは50km平方前後の範囲に，27個の小楯状火山・スコリア丘・マールなどとそれらから流出した溶岩流からなる小起伏地である．これらは侵食の程度に差違が認められ，10万年以上の時間をかけて形成されたものと考えられる．サンボアンガ半島からブルネイ北東端までスル諸島が連なるが，その中に小楯状火山を主とする玄武岩質単成火山からなるバシラン諸島・ホロ諸島が存在する．ブルネイ北岸沖約100 km のスル海上に噴出したカガヤンスル諸島も，10個の玄武岩質小楯状火山，スコリア丘を主体とする火山島である．

サンボアンガ半島の付根のBullbu単成火山群のほぼ北西に相接するように，15個の溶岩ドームが集合したPagadian溶岩ドーム群火山が存在する．Bullbu火山との境界は不明瞭で，その付近では小楯状火山・溶岩ドームが混在する．

8.5.3 フィリピン主要火山の地形

Irada, Matarem 火山　バターン島は北東—南西方向（19 km）にのびたダンベルに類似する平面形をもつ海洋火山島で，西から東シナ海プレートが沈み込むことによって生じた．島の中央部はダンベルの取手部分にあたる幅2 kmの地峡をなし，その北東側の膨らんだ部分はIrada火山が，南西側の膨らんだ部分はMatarem火山が占める（図8.5-2）．Irada火山は標高・比高1009 m，底径6 kmの成層火山で，その円錐火山体頂部は5方向からの谷頭侵食でカルデラ状に低くなり，それを埋めるように新たな小火山体，スコリア丘が2個形成されている．山頂部にスコリア丘が形成されていること，成層火山原面上に厚さ50 mを超える安山岩-デイサイト質溶岩流の地形が認められないことから発達段階第1期の成層火山と判定した．

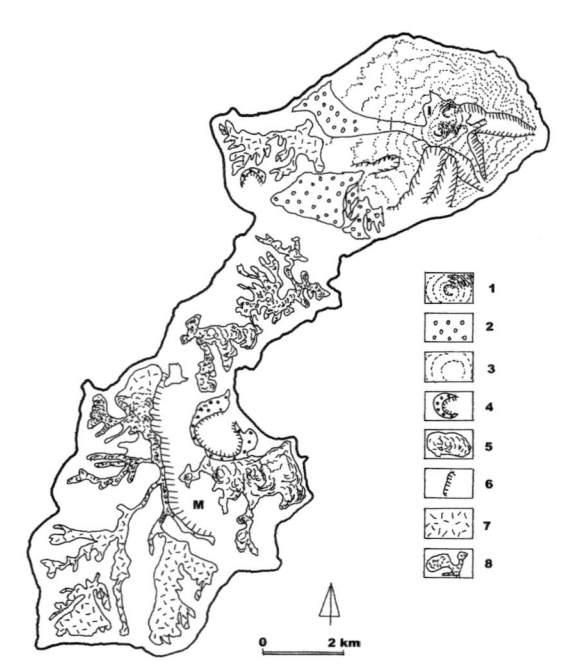

図8.5-2　フィリピンバターン島 Irada 火山（I），Matarem 火山（M）の地形分類図
　1：新期成層火山，2：土石流，3：Matarem 成層火山斜面，4：マール，5：溶岩平頂丘，6：カルデラ壁，7：火砕流堆積面，8：外輪山溶岩．

Matarem火山の中央部にはほぼ南北方向にのびるカルデラ壁があり，その西に放射状に広がり溶岩流と火砕流とからなると考えられる侵食外輪山斜面，カルデラ壁の東，すなわちカルデラ内に新たに形成されたドーム状の溶岩流，径約1 kmの火口をもつマールが後カルデラ火山として存在する．南北方向にのびるカルデラ壁の南北両端を東に同じ曲率で延長すると，半径5-6 kmの円形カルデラが描かれる．カルデラ壁西の外輪山斜面が溶岩流・火砕流堆積面から構成されることは，カルデラ形成以前に成層火山が存在したことを意味し，カルデラ半径が5-6 kmという事実を合わせると，Matarem火山はカルデラ火山ではなく発達段階第4期まで進んだ成層火山と見なした方がよさそうである．

ただし，島中央部の取手部分を構成する溶岩流が後カルデラ火山で，島北東部膨らみ部分の西部の台地が火砕流堆積面と推定されるなら，カルデラ壁を北にのばすと，島中央部取手部分の西海岸線上を通り，島北東膨らみ部分の土石流・火砕流

堆積面の間を通過して，Matarem成層火山火口直下を通過することになり，バターン島南部は東西20 km，南北15 kmの大型カルデラ火山の西外輪山の一部をなす，という考えも成り立つことになる．

Pinatubo火山　ルソン島中部マニラ市北西90 kmのPinatubo火山は，比高1740 m，底径50 kmの成層火山で，非常に長く緩やかな斜面が山頂近くから山麓まで連続する．その構成物は火砕流堆積物と土石流堆積物が互層したもので，地形・火山層位ともに複雑な様相を呈する．これは軽石を大量に放出した1990年噴火に匹敵する規模の噴火が，少なくとも10回以上繰り返されたことを示唆する．1990年噴火後に中腹に堆積した膨大な軽石は豪雨のたびに運び去られ，山麓に広大な扇状地を形成した．1晩の雨で深さ50 m，幅500 mの谷が新たに形成されるという，日本では考えられない規模とスピードで火山体が侵食される．日本の成層火山の裾野は火砕流・土石流の広い平滑緩斜面で構成されることが多いが，気候の差によってフィリピンでは裾野の火砕流・土石流堆積面は短期間に刻まれ，丘陵性の斜面に変化する．図8.5-3では，丘陵性の侵食が進んだ斜面と斜面の間の谷を埋めるように平滑緩斜面が形成されていることがよく観察できる．なお山頂のカルデラは1990年噴火で形成されたが，それ以前そこには溶岩ドームが存在した．

Banahao火山　ルソン島マニラ市南東約100 kmにある標高・比高1140 m，底径30 kmの成層火山である．山頂に南にのびる深さ900 m，幅2 kmの谷がある．これは火口が侵食で拡大したものと考えられる．長さ4-6 km，幅400 m-1 km，厚さ50-200 mの溶岩流50本近くが火山体の表面の大部分を覆っているが，それらの溶岩流の一部は火砕流らしい堆積物によって覆われている．山麓は長さ20 kmに達する広大な火山麓扇状地で占められている（図8.5-4）．

北東山頂～山腹斜面には，深さ100 m，幅1-2

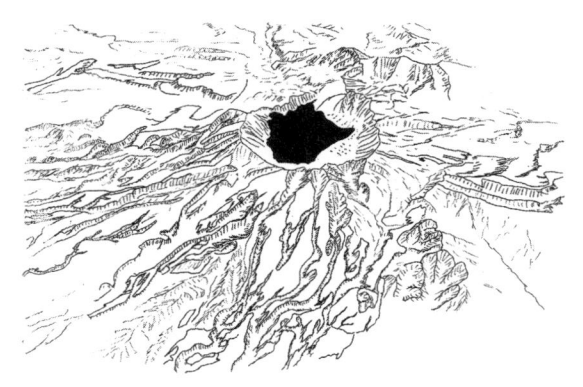

図8.5-3　フィリピンルソン島Pinatubo火山のスケッチ

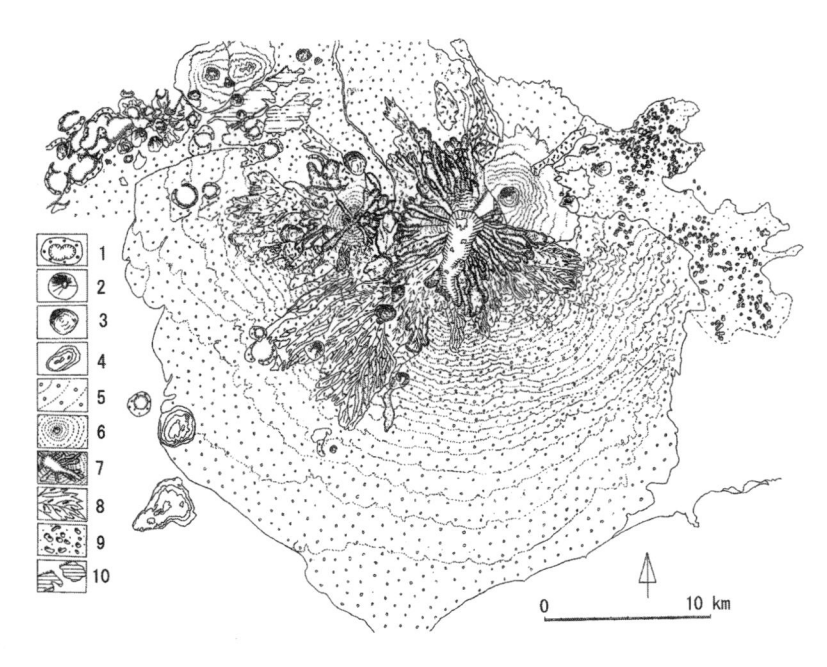

図8.5-4　フィリピンルソン島Banahao火山の地形分類図
1：タフリング，2：スコリア丘，3：溶岩ドーム，4：小型成層火山原面，5：土石流堆積面，6：大型成層火山原面，7：Banahao成層火山原面，8：Banahao火砕流堆積面，9：岩屑なだれ堆積面，10：基盤山地．

kmの馬蹄形凹地がある．東麓には流れ山地形が明瞭に存在し，両者を合わせると火山体頂部の大崩壊が起こり，岩屑なだれが東麓に流下したと推定される．ただ両者の間には新しい寄生火山であるBanahao De Lucban成層火山（標高1875m）が形成されたためわかりにくくなっている．その山頂には底径1km，比高375mの溶岩ドームがあり，山麓に長さ5kmの火山麓扇状地が発達している．

Banahao火山の西麓に標高1470mのSan Cristobal火山がある．山頂部に火口はなく溶岩ドームで占められ，中腹にも20本近い厚さ50-100mの溶岩流が認められる．また火砕流堆積面らしき地形も認められ，Banahao火山と似た地形的特徴をもつ火山である．西麓には長さ10kmの火山麓扇状地が広がる．

San Cristobal火山の北西には東北東—西南西にのびる幅約4kmの小火山列がある．この火山列に平行して3-4本の断層崖が認められる．東北東端には底径4km・比高400-500mの2つの小火山錐があり，西南西に向かってスコリア丘が3個，マールが20余個並んでいる．

Labo火山 ルソン島中部にある比高1544m，底径23kmの成層火山である．山頂部には侵食により原形をほとんど失った溶岩ドームがあり，その南西側に比高100mの火口壁が一部残されている．その外輪山斜面もかなり侵食が進んでいるものの，原形は北西・南西・南東麓側になお残っていて，当時の成層火山体の形態の復原を可能にしている．山頂溶岩ドームの北～東側には北西・南西・南東側の成層火山原面よりやや低い位置に，傾斜・表面の平滑面などが似たような成層火山原面が発達している．これは北西・南西・南東側に残存する古い成層火山体が北東に大崩壊して馬蹄形凹地を形成した後，新しい成層火山体が馬蹄形凹地を埋めて成長し，その末期に山頂の溶岩ドームが形成されたことを物語る．北東～東麓にかけて大崩壊の結果生じたと考えられる岩屑なだれ堆積物が流れ山をつくって広く分布していることもこの考えを裏付ける．

北東・東・南東中腹には侵食の進んだ溶岩ドームと思われる高まりが14-15個あり，一部ではそこから溶岩が流出している．これらは侵食の程度から見て，新期成層火山より古い時期に形成された可能性が高い．このような古い溶岩ドームの麓側には，古い火山麓扇状地が侵食に取り残されて存在し，新しい火山麓扇状地がそれらの間に広く発達している．古い火山麓扇状地は軽石質火砕流堆積物がかなりの部分を構成する可能性があるがよくわからない．Labo火山は以上のような地形的特徴から，第3期発達段階にある成層火山と考えられる．

Iriga火山 ルソン島中部にあるIriga火山は，底径9km，標高・比高1050mの成層火山である．この成層火山は大きく見て，古・中・新の3期に分けられる．古期成層火山体は北～西に，中期成層火山体は西～南に一部のみ残存している．新期成層火山体は主に東半部を占めているが，このときの火道は古・中期の火道に対して1km足らず東に寄っていたらしい．新期成層火山体上には，溶岩流の地形がよく残っている．その長さは4-5km，幅200-1000m，厚さは50m前後である．この成層火山は山体大崩壊を起こし，南東に開く馬蹄形カルデラ（幅2km，長さ4km，最大深400m）とその前方に広がる流れ山をもつ岩屑なだれ堆積面を形成した．馬蹄形カルデラ内にはその前後の活動で溶岩ドーム（厚さ100m）・火砕丘・爆裂火口がつくられている（図8.5-5）．

流れ山は南東麓に広がるものとは別に南西麓に

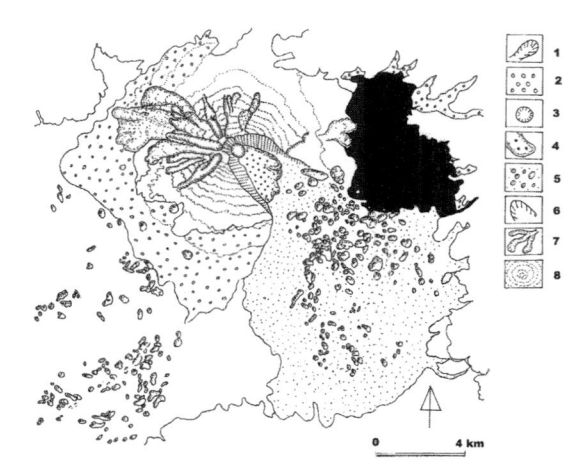

図8.5-5 フィリピンルソン島Iriga火山の地形分類図
1：崩壊侵食斜面，2：火山麓扇状地，3：火口，4：泥流堆積面，5：岩屑なだれ堆積面，6：馬蹄形カルデラ，7：溶岩流，8：成層火山原面．

も広く認められ，別の山体大崩壊が起こったことを示唆する．これに対応する馬蹄形カルデラは認められないが，馬蹄形カルデラ壁の一部と思われる東西方向にのび南落ちの比高 100 m たらずの急崖が西斜面上に見出される．この崖は古期成層火山体を切って形成され，中期成層火山体に埋められていて，両者を分ける事変であったと考えられる．一方，新しい山体大崩壊は新期成層火山をも切っていて，前記のように最新の事変であると考えられる．なお東麓ブーヒ湖岸には3つのマールが形成されていて，側火山の活動でマグマが湖水と接触しマグマ水蒸気爆発が起こったことを示している．火山麓扇状地は南・西・北麓にあるが，長さ 2 km たらずで，基盤の起伏を十分に埋め切れず，十分に発達しているとはいえない．この火山がまだ若いことを示している．

Bulusan 火山 ルソン島中東部にある Bulusan 火山は，直径 12-15 km，深さ 200 m のカルデラと，その北東部半部に後カルデラ活動によって噴出した Bulusan 成層火山とからなる．カルデラの外側，とくに西側には定高性のある丘陵地が存在し，カルデラ形成に関連した大規模火砕流の堆積面の名残であると考えられる．

Bulusan 成層火山（標高 1565 m）は北東の Sharp 峰（同 1215 m）とともに底径 10 km，比高 1500 m の円錐火山体をなす．厚さ 100 m を超す溶岩流が 20 本前後山頂部より流下しており，その山体はほとんど厚い溶岩流または溶岩ドームで構成されていると推定される．Bulusan 火山体の西麓のカルデラ床には 2 個の溶岩ドームが存在する．いずれも底径 3 km，比高 500-600 m の中型の規模をもち，基部に数枚の溶岩流が存在する．カルデラ南東壁から 3 km 東には直径 1.5 km・比高 100 m の新鮮な形態をもつ溶岩ドームがある．

Bulusan 成層火山の北東および北西麓，カルデラの外側では，火山麓扇状地が広がる．この主体はその傾斜から土石流堆積物であると考えられるが，火砕流堆積物が一部にはさまれる可能性もある．

Hibok-Hibok 火山 ミンダナオ島北端沖 15 km にあるカミギイン島は，ほぼ全島が安山岩質溶岩ドームまたは厚い溶岩流，ドーム崩壊型火砕流堆積物で構成されている（図 8.5-6）．大きく見て北

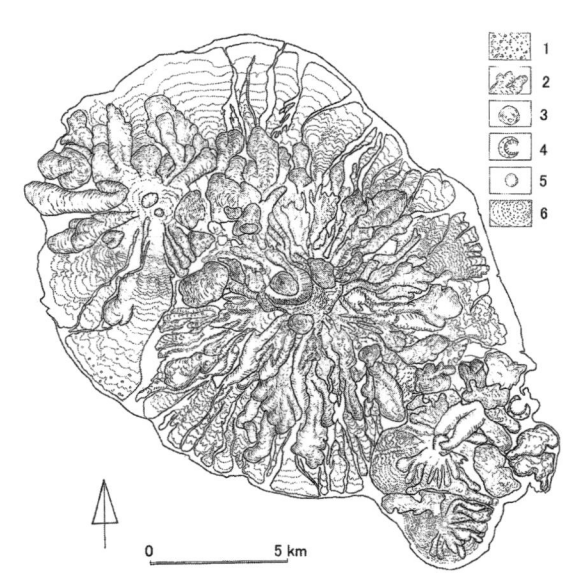

図 8.5-6 フィリピンカミギイン島 Hibok-Hibok 火山の地形分類図
1：火砕流堆積面，2：溶岩流，3：溶岩ドーム，4：タフコーン，5：火口，6：成層火山原面．

西—南東方向に Hibok-Hibok（標高 1386 m・比高 1300 m，底径 10 km），Mambajao（標高・比高 1525 m，底径 15 km），Ginsiliban（標高・比高 679 m，底径 14 km）の3個の火山が相接して並ぶ．南東端の Ginsiliban 火山は一見溶岩ドーム火山ではなく富士山型の成層火山に見えるが，厚い溶岩流に覆われているため，発達段階第2期の成層火山と考えられる．

1948-53 年に Hibok-Hibok 火山頂で溶岩ドーム形成と破壊による火砕流の発生が起こり，1951年 12 月 4，6 日の火砕流では約 500 名の死者が出た．その噴火様式・経過は雲仙火山 1990-95 年噴火とほぼ同じであった（Macdonald and Alcaraz, 1956）．

Butig 重複成楯状火山 ミンダナオ島中部ラナオ湖の南には 12 km 平方の範囲内に，少なくとも 23 個の火道を示す溶岩ドーム・スコリア丘・タフリングがある．それらから流出した溶岩流が集まって小規模な溶岩原をつくっている．

溶岩ドームはいずれも小さく低平である．溶岩原の南部にある最大の Musuda 溶岩ドームは底径 2.1 km，比高 120 m で頂部にスコリア丘（底径 500 m，比高 150 m）が乗る．北東隅の標高

372 m 山は底径 2 km, 比高 50 m である. ほかの溶岩ドームもいずれも平坦丘で, 頂部にスコリア丘をもつものがある. 溶岩ドームは溶岩原の縁に分布する. スコリア丘は小規模で, 最大で底径 1 km, 比高 140 m, 大部分が底径 500 m 以下, 比高 100 m 以下である. 流出する溶岩流も幅 2 km 以下, 長さ 5 km 以下, 厚さ 80 m 以下（30 m 平均）で, 23 火道を合計した噴出量は 2 km^3 程度である.

ラナオ湖南の溶岩原の南 10 km に玄武岩質マグマによる小楯状火山と 4 個のスコリアまたはスパター丘が集まった小火山がある. 流出した溶岩流を含め 10 km 平方の範囲を占める. この火山を最大のスコリア丘の名から Butig 火山と呼ぶ. 小楯状火山は底径 7 km, ほぼ円形で比高 300 m, 頂部に直径 300 m の火口がある. 顕著なスコリア丘はのっていない. 底径/比高は 23 で, 標準的な小楯状火山の値を示す. 西・北西麓に薄い溶岩原が広がっている. これらは溶岩凹陥地など玄武岩質溶岩流に特有の微地形をもち, 非常に新しい時代に流出したものである.

小楯状火山の南麓を取り巻くように 4 個のスコリア丘があるが, それらの底径は 1.2-2 km, 比高 100-200 m で, いずれも頂部に火口をもつ. また基部から長さ 5 km たらずの薄い溶岩流を流出させている.

以上のようにこの地域では, いずれも地形的な特徴から玄武岩質あるいは玄武岩〜安山岩質マグマをスコリア丘・楯状火山・溶岩流・溶岩ドームという小型火山として, 多数の火道から流出させるという, 島弧型というより大陸型というべき火山からなっている.

Balatukan 火山　ミンダナオ島北部にある Balatukan 火山は, 北西—南東 45 km, 北東—南西 30 km, 標高・比高 2440 m の大型火山である. 山頂には直径約 15 km のカルデラがあり, その深さは東部で 1500 m ある. その平面形は大きく見て中央部の直径 9 km の円形カルデラと東南にはりだす直径 3 km のカルデラが合体したものである. カルデラ壁の内側には幅 600-700 m の平坦面があり, かつての溶岩湖の名残である溶岩棚と考えられる（図 2.2-7）. したがってこのカルデラは高重力型陥没カルデラと推定される. カルデラ内にはなお高度の異なる数段の平坦面がある. これらはいずれもそれぞれこの高度に異なる時期に形成された溶岩湖面と考えられるが, 中には同じ高度のひと続きの平坦面が地すべりで高度が異なってしまったという可能性もある.

カルデラの外側の斜面は山頂近くでは急傾斜で 30° 以上あるが, 一般に 6-10° の緩やかな勾配をもつ. このような火山体の緩やかな斜面は, 主に薄くて細い玄武岩質溶岩流が集合して構成されているらしい. その一部は北斜面でよく観察される. また中腹〜山麓にかけて 20 個ほどのスコリア丘が点在し, それらから各々薄い溶岩流が流下して, 斜面をつくっている.

山体を刻む谷は非常に深く, 谷頭の平面形は半円形で, 玄武岩質溶岩流を主体とすることがわかる. この事実に, 山頂の高重力型陥没カルデラの存在・溶岩湖の形成・スコリア丘の存在を考え合わせると, 成層火山というより楯状火山と呼んだ方がふさわしい. この火山の比高/底径は 0.06 で, 成層火山に近い楯状火山といえる.

Pagadian 溶岩ドーム火山群と Bullbu 溶岩原　フィリピンミンダナオ島南部のドゥマンキラス湾周辺には, 15 溶岩ドームが集中する Pagadian 溶岩ドーム火山群と, 27 小楯状火山・スコリア丘・マールが 30-40 km 平方の範囲に散在する Bullbu 溶岩原が互いに近接し, その境界付近に溶岩ドーム・小楯状火山が混在する.

Pagadian 溶岩ドーム火山群地域には, 比高 300-1500 m, 径 2-7 km の溶岩ドームが点在する. これはいずれも頂部の凹地など形成当時の原地形をそのまま残す新しいもので, おそらくここ 1 万年以内に形成された可能性が強い.

Bullbu 溶岩原中の Bullbu 火山は標高 566 m, 底径 8 km の小楯状火山で, 山頂に比高 200 m のスコリア丘が 2 個東西に並ぶ. Bullbu 火山のすぐ南東に隣接して Imbing 小楯状火山がある. これは底径 7 km, 比高 400 m で, 山頂部に比高 200 m のスコリア丘が数個南東—北西に相接して並ぶ. この小楯状火山の南西斜面には 2 個のマールと 1 個の複合スコリア丘が形成されている.

Talomo・Sibulan 火山　ミンダナオ島 Talomo 火山は山地と平野の境界に噴出した成層火山で, その主体は直径 25 km, 標高 2670 m, 比高約

2500 m の円錐形火山体である．山頂部に直径3-4 km の円形カルデラがあり，北東の深い火口瀬と連続し，おたまじゃくし状の平面形を呈する．火口が侵食で拡大したものにしては大きすぎ，形も整った円形をもつので，かなりの規模の軽石噴火を行った結果生じた小カルデラと考えられる．山頂から約1 km 北の山腹には外側に凸の長さ4 km，比高 20 m の断層崖またはカルデラ壁状の崖が存在する．これは既存の溶岩流を切っていて断層崖と考えられるが，小カルデラ形成時の山頂部陥没の1つの表現であるかもしれない．

溶岩流は山頂のカルデラ壁から3-5 km の範囲に流下しているが，比高 50-100 m の末端崖が地形的に識別できる程度で，溶岩じわ・堤防などの微地形はなく，その上をさほど厚くない火砕流堆積物に覆われているように見える．東麓には長さ10 km 以上の火山麓扇状地が広く分布している．また海岸から5 km の低平地では3個のマールが形成されている．

Talomo 火山のすぐ南には Sibulan 火山がある．これは直径 15 km，比高 1392 m の成層火山で，中央部に直径4 km・深さ 800 m のカルデラがあり，東に開いている．外輪山斜面は侵食により平滑斜面は失われ，尾根のみが残っているが，かつての地形を想定することは不可能である．この成層火山体は後カルデラ活動期の中央火口丘で，その西に直径8 km のカルデラの西半部が存在し，その西カルデラ壁が Sibulan 成層火山体西麓を限っている．このカルデラの外輪山は長さ 3-4 km の斜面をもつが，溶岩流を主体とする成層火山体であったらしい．その西麓には軽石質火砕流堆積面らしき平坦面あるいは定高性をもつ丘陵地は認められず，古期カルデラの形成が大規模火砕流の噴火を伴ったか否かについてはわかっていない．

Sibulan 火山に接してすぐ西北に非常に平坦な台地が存在するが，これは地形的に見て非常に新しく，Sibulan 火山の形成よりずっと後に生じたものである．その新しさ，高度分布から見ると，Tamolo 火山の形成によって Sibulan 火山北麓を東流していた河川がせき止められ，湖水をつくった名残と考えられる．

カガヤンスル島の小楯状火山群 カガヤンスル (Cagayan Sulu) 島は4つの小楯状火山が接合し

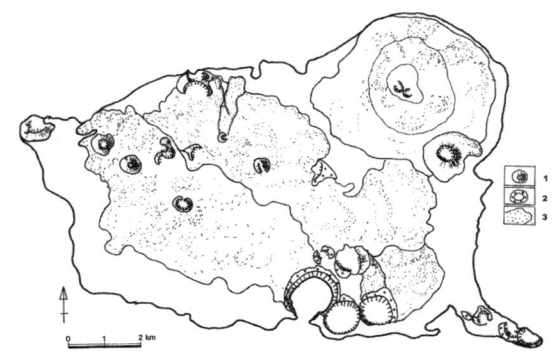

図 8.5-7 フィリピン Cagayan Sulu 島の地形分類図
1：スコリア丘，2：タフコーン，3：溶岩流．

た小火山島で，7つのタフリング，15のスコリア丘を伴う（図 8.5-7）．北東端の小楯状火山 Ledon は底径5 km，比高 312 m のほぼ円形の平面形をもつ典型的な小楯状火山で，山頂に径 200 m の火口が2個ある．

Ledon 火山のすぐ西に東西5 km，幅2 km の楕円形の小楯状火山（標高 247 m）があり，南南東に長さ5 km，幅2 km で薄い玄武岩質と思われる溶岩原が流出している．その西に北西―南東7 km，北東―南西3 km の細長い小楯状火山というより溶岩原ともいえる低平な火山（標高 70 m）がある．その上に5個のスコリア丘がある．

カガヤンスル島の南端には3個の直径1 km 前後のタフリングが相接して並ぶ．すぐ北には2個のスコリア丘があり，玄武岩質マグマが海水と接触してマグマ水蒸気爆発を起こした結果と考えられる．

8.6 サンギヘ・ハルマヘラ諸島とスラウェシ島北部ミナハサ半島

フィリピンミンダナオ島南端からは，サンギヘ諸島・スラウェシ島北部のミナハサ半島へとのびる火山列と，タラウド諸島・ハルマヘラ諸島・マルク諸島に連なるものと，2本の火山列が存在する．2火山列の間にモルッカ海峡が通り，西にセレベス海，東に太平洋がある．2本の火山列はモルッカ海峡プレートが両火山列下に沈み込むことによって形成されたと考えられている（Cardwell *et al.*, 1980）．これはセレベス海・太平洋両側から

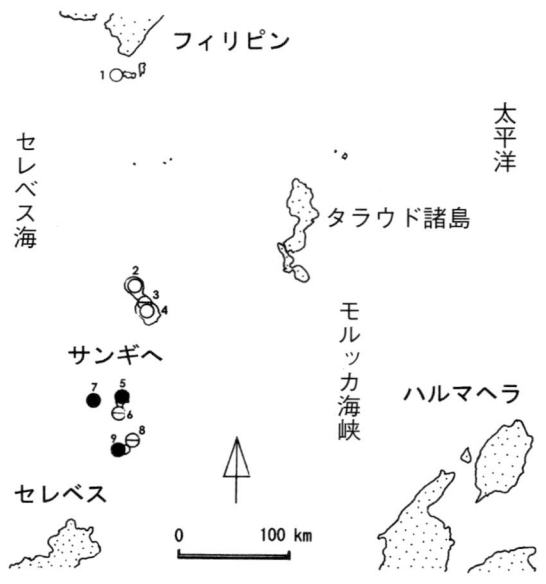

図 8.6-1 サンギヘ諸島の型別火山分布図
1-9の番号は表8.6-1の左端の数字に対応.

表 8.6-1 サンギヘ諸島の火山一覧

火山名	型	比高 (m)	底径 (m)
Varet Is.			
1 Katingam	A4	871	3700
Sangihe Is.			
2 Naha	A4	1249	14000
3 Tuhun	A2	600	8000
4 Tamako	A4	890	19000
Siau Is.			
5 Pulau Siau	A1	1786	8000
6 Tamada	A2	1134	4000
7 Makarehi	A1	228	2000
8 Thulandang	A2	790	11000
9 Ruan	A1	725	8000

の拡大・圧縮により，モルッカ海峡が短縮していることを意味する．このようなプレートの運動は，フィリピン諸島—大小スンダ列島—ニューギニア島を結ぶ三角地帯が太平洋・インド洋の大プレートにはさまれ，さらにインド大陸・ユーラシア大陸衝突の余波であるインドシナ半島など北西方向からの横圧力も加わり，衝突・回転・拡大・衝上・沈み込みなどが複雑に絡み合いつつ進行している場所の一角をこの地域が占めているために引き起こされていると考えてよい．

サンギヘ諸島南部3島とフィリピン南縁のヴァ

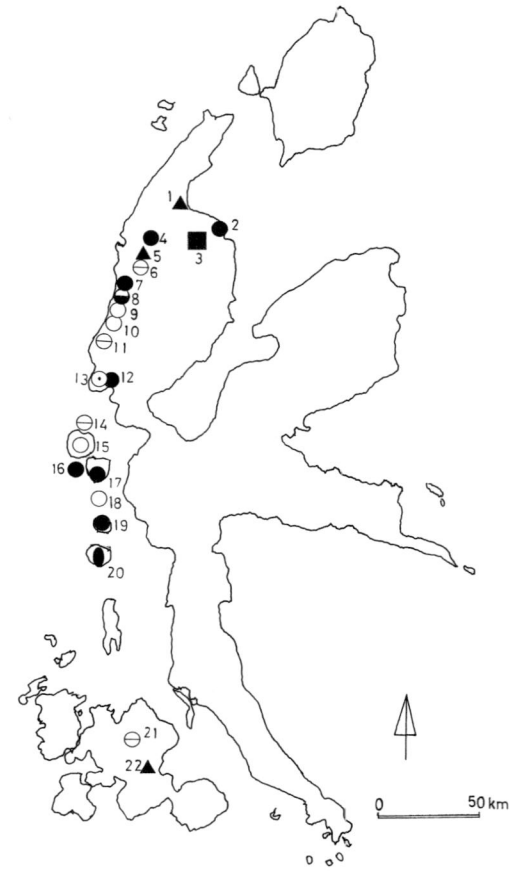

図 8.6-2 ハルマヘラ諸島の型別火山分布図
1-22の番号は表8.6-2の左端の数字に対応.

レット島に合計9個の火山が存在する．これらはモルッカ海峡の東西短縮を引き起こしている．その西部からのプレート沈み込みが起こることにより形成された島弧に乗る．これらの火山はいずれも成層火山で，第1期から第4期まで発達した火山の個数がそれぞれ3，3，0，3である（図8.6-1，表8.6-1）．

ハルマヘラ諸島西縁に沿っては22個の火山が認められる．これはわずかに西に湾曲した，長さ280 km，1列の弧をなす火山列で，西岸沖の海溝からのプレート沈み込みで形成されたと考えられる．溶岩原1個，楯状火山1個，成層火山が15個，溶岩ドーム火山1個，単成火山群が4個で，カルデラ火山は存在しない．成層火山は玄武岩質噴出物が多い第1期まで発達した成層火山が7個，第2，3，4期まで発達した成層火山はそれぞれ4，

1，3個である（図8.6-2，表8.6-2）．

火山列中央部に進化した第3，4期型成層火山が集まり，南北両端に向かってより玄武岩質の第1，2期型成層火山，さらには溶岩原・楯状火山・単成火山群が出現する．全体的に一般的な沈み込み帯の火山としては苦鉄質マグマが卓越しているように見える．

ハルマヘラ火山弧ほぼ中央部にJailolo, Bobopajo成層火山が東西に並ぶ（図8.6-3）．Jailolo火山は富士山に似る典型的なA1型火山である．Bobopajo火山は一見火山体大崩壊を起こしたA2型火山に見えるが，中央凹地は馬蹄形カルデラではなく円形カルデラで，火砕流噴出も行ったA3型火山と見なされる．

スラウェシ島ミナハサ半島沖には，フィリピン南部サンギヘ諸島から続く海溝が存在し，そこからモルッカ海峡プレートが沈み込むことによって生ずる火山が，スラウェシ島ミナハサ半島北部に20個認められる（図8.6-4，表8.6-3；表中25個の火山があるが，12-15の4個の火山はTondanoカルデラ火山中の小型火山なので数に入れない）．このうち75%にあたる15個が成層火山であり，これに各2個のカルデラ火山・溶岩ドーム群火山を含めると95%に達し，典型的な沈み込み帯型火山

表8.6-2　ハルマヘラ諸島の火山一覧

	火山名	型	比高 (m)	底径 (m)
1	Golea	L	297	13000
2	Ruko	A1	858	6000
3	Dukono	Sh	1240	4000
4		A1	919	4000
5	Tokuoku	Ma	20	3000
6	Pasilulu	A2	1256	15000
7	Baru	A1	1472	18000
8	Matangtengin	cd	840	6000
9	Sasu	A4	920	10000
10	S Sasu	A4	1079	8000
11	Peot	A2	1252	6000
12	Jailolo	A1	960	6000
13	Bobopajo	A3	489	5000
14	Hiri	Do	626	3000
15	Ternate	A4	1568	11000
16	Maitara	A1	249	2000
17	Tidore	A1	1713	10000
18	Mare	A2	208	3000
19	Moti	A1	817	6000
20	Makian	SH	956	11000
21	Batjan cetral	A2	918	6000
22	Sajoang	Ma	443	8000

図8.6-3　ハルマヘラ諸島Jailolo (J), Bobopajo (B) 成層火山を西上空より望む

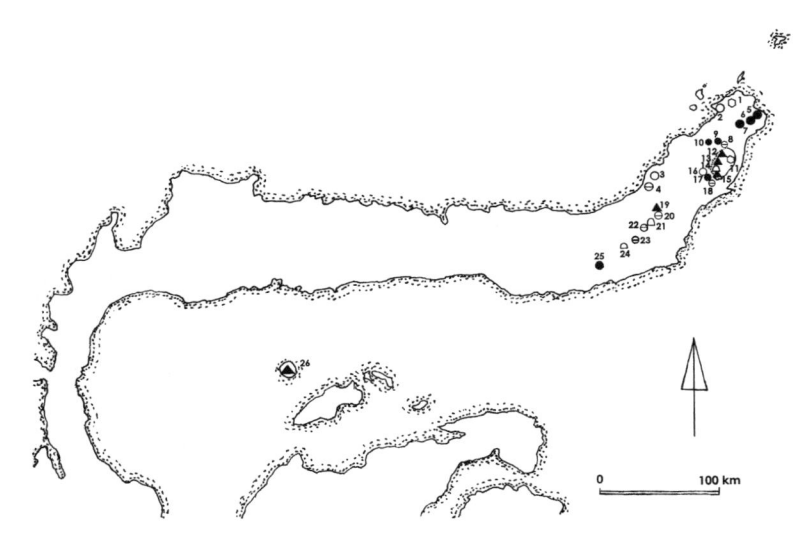

図8.6-4　スラウェシ島ミナハサ半島北部の型別火山分布図
1-26の番号は表8.6-3の左端の数字に対応．

第8章　太平洋とその周辺の火山地形／161

表8.6-3 スラウェシ島ミナハサ半島北部の火山一覧

火山名	型	比高 (m)	底径 (m)
1 Bongkone	C	525	8000
2 Tunpa	A4	623	9500
3 Lolombulan	A4	1000	16000
4 Sinonsayang	A2	998	10000
5 Tongkoko	A1	1149	13000
6 Duasudara	A1	1332	9000
7 Klabat	A1	1995	20000
8 Masarang	A2	480	6000
9 Mahau	A1	500	5200
10 Lokon-Empung	A1	1580	15000
11 Tondano	Cf	400	45000
12 Linou	Ma	60	1700
13 E linou	Sc	180	2400
14 SE Linou	Sc	70	1300
15 Langowan	Ma	100	1600
16 Sempu	A1	1400	10000
17 Soputan	A1	1200	20000
18 SE soputan	A2	1500	9000
19 Peigar	Ma	70	1260
20 Manimporo	A2	950	13500
21 Iloloi-Sinsingon	Do	500	5000
22 Ambang	A2	1250	10000
23 Molong	a2	800	6000
24 Knail	Do	550	2000
25 Mongogonipa	A1	700	5000
Unauna			
26 Colo	SH	507	11000

12-15の4個の火山はTondanoカルデラ中の小型火山.

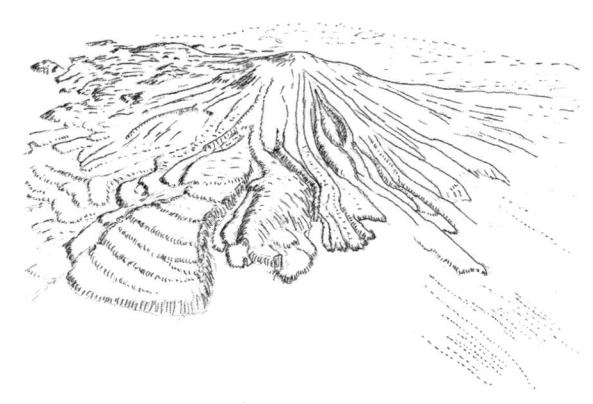

図8.6-5 スラウェシ島ミナハサ半島北部Klabat成層火山を南上空から望む

5),Soputanなどの第1期発達段階にある成層火山が8個,Ambang,Manimporoなどの第2期発達段階にある成層火山が5個で,計13個と若い成層火山が87%を占め,モルッカ海峡側に多い.後期発達段階まで達したのは,Tunpa,Lolombulanのわずか2個にすぎず,セレベス海側に分布している.Empung火山の2003年噴火,Soputan火山の2004-2008年噴火は,いずれもストロンボリ式噴火を行って玄武岩質のスコリア丘を形成し,黒色溶岩を流出させている.

カルデラ火山は2個で全体の10%と,日本列島やほかの沈み込み帯地域の火山の割合と調和する.Bongkoneカルデラ火山は径3-6 kmの中小規模カルデラをもつが,その周囲に顕著な火砕流台地をもたない点で,カルデラ火山と断定するには若干の無理がある.外輪山は急峻で,比高も300-500 mあり,成層火山頂に形成されたカルデラと見なす方が正しいかもしれない.それに対し,Tondano火山のカルデラは南北23 km,東西15 kmの大きさをもち,カルデラの周囲に噴出中心から少なくとも20 kmを超える距離に広大な火砕流台地が広がっていて,典型的なカルデラ火山と認定できる.ただし,カルデラ西縁はやや不明瞭であるが,東縁は直線的な断層崖で区切られ,火山性地溝である可能性も否定できない.カルデラ内には複数の溶岩ドームとマールが存在する.

単成火山群はIloloi-Sinsingon,Knail火山の2カ所で見出されるが,いずれも溶岩ドーム群で,その周辺にあるマールもドーム溶岩と地下水とが接触した結果生じたものである可能性が高い.

8.7 ミャンマー・アンダマン海・大小スンダ列島

ミャンマー・アンダマン海の火山は,スマトラ島からヒマラヤ山脈東端に続く一連の沈み込み帯・衝突帯に沿って噴出した(図8.7-1,表8.7-1).

大小スンダ列島は,スマトラ・ジャワ・バリ・ロンボク・スンバワ・フローレス・ソロール・バンダなどの列島からなり,第四紀火山がほぼ連続する.いずれも南側のインド-オーストラリアプレートの沈み込みが火山形成の主因と考えられて

地域といえる.唯一の例外として,小楯状火山であるウナウナ島Colo火山はミナハサ半島南の海溝が存在しないトミニ湾内に存在し,沈み込みとは異なるプレート環境下で生じたと推定される.

成層火山を発達史的に見るとKlabat(図8.6-

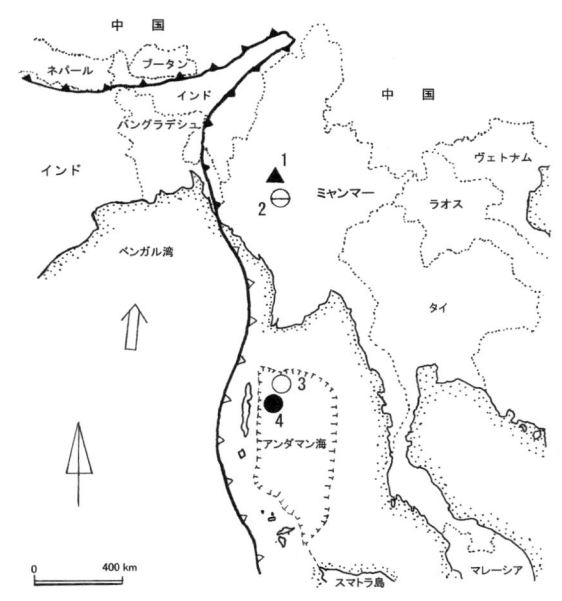

図 8.7-1 ミャンマー・アンダマン海の型別火山分布図
1-4の番号は表8.7-1の左端の数字に対応．白三角付太線は沈み込み帯，黒三角付太線は衝突帯を示す．

表 8.7-1 ミャンマー・アンダマン海の火山一覧

火山名	型	比高 (m)	底径 (m)
Myanmar			
1 Monywa (Lower Chindwin)	Ma	24	1200
2 Popa	A2	1000	15000
Andaman			
3 Narcondan	A4	687	3900
4 Barren	A1	267	6500

いる．

8.7.1 ミャンマー・アンダマン海

ミャンマーの北端はヒマラヤ山脈と接するが，それから南に，ヒンドスタン平原をはさんで，西に湾曲しつつ，エーヤワディー（イラワディ）川河口近くのヤンゴン平野に達するパトカイ・アラカン山脈が，曲線を描いてミャンマー弧の西縁を限る．この弧のすぐ西外縁に沈み込み帯または衝突帯が存在すると考えられている．その弧状山脈のすぐ内側に平行してチャドウィン川・エーヤワディー川が流れ，パトカイ・アラカン山脈の接合部付近で合流するが，その周辺に Popa 成層火山と Monywa 単成火山群が存在する．ここは地震帯とも重なり（Seno and Eguchi, 1983），インド-オ

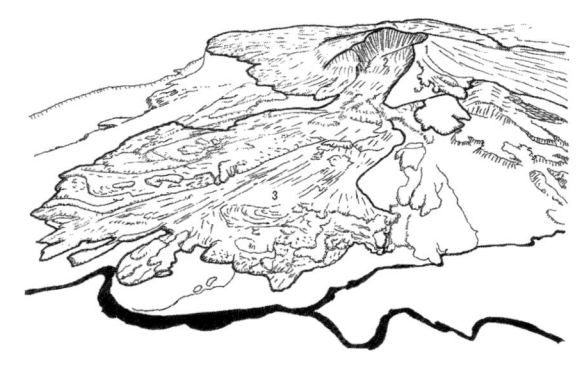

図 8.7-2 ミャンマーチャドウィン川中流部に噴出した Popa 成層火山
円錐火山（1）が大崩壊し（2），岩屑なだれが麓に流下した（3）．

ーストラリアプレートとユーラシアプレートとの境界線上に位置する．

ミャンマー弧の南端は，ヤンゴン平野付近で海洋弧であるアンダマン弧と会合する．その西縁には顕著な海溝は認められず，アンダマン諸島・ニコバル諸島が連なる．これらの諸島は非火山性の前弧で，ミャンマーのパトカイ・アラカン山脈，スマトラ島西南沖のシムルー島・ムンタワイ諸島に連なる．内弧側に顕著なアンダマン縁海が広がり，その中に Narcondan, Barren 火山が2個，海上に頭を出す．これらの火山の両側に弧の方向に平行する顕著な断層崖が南北に走り，北はミャンマーの火山，南はスマトラ島の大スマトラ断層へと連続する．

Popa 成層火山 標高 1518 m，比高 1000 m，底径 15 km の成層火山で，山頂に北西開きの馬蹄形凹地（図 8.7-2）が形成され，北西麓には山頂から崩落・流動した岩屑なだれ堆積面が見出される．その表面微地形は磐梯火山 1888 年岩屑なだれ堆積物のものと酷似し，流れ山以外に，岩屑なだれが山麓に扇状に広がる際に形成されたと考えられる割れ目が数本認められる．そのような地形の保存度から，この火山体の大崩壊は数百年あるいは 1000 年ほど以前に発生したものと推測される．また Popa 成層火山の山麓には，岩屑なだれ堆積面以外に，顕著な火砕流・土石流の堆積面の発達が認められず，成層火山発達の第2期の段階にあるものと推定される．

Monywa (Lower Chindwin) 単成火山群 Popa

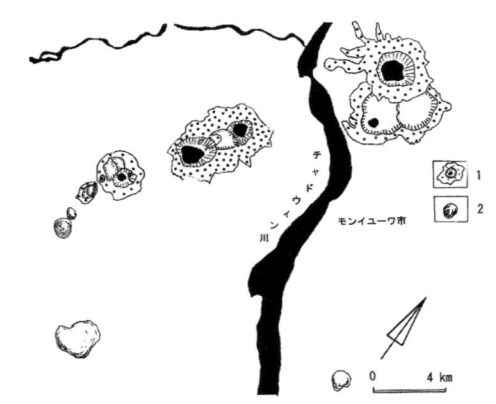

図 8.7-3 Monywa 単成火山群の地形分類図
1：タフコーン, 2：溶岩ドーム.

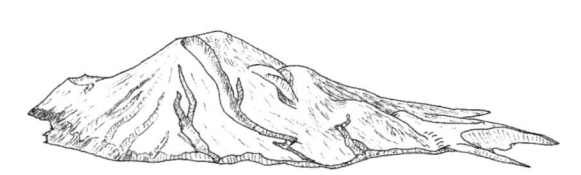

図 8.7-4 インド洋アンダマン諸島東 Narcondan 火山を南上空より望む

図 8.7-5 スマトラ島 Marapi 成層火山を北西上空から望む

成層火山の北北西 150 km のモンイユーワ市周辺に，マール・溶岩ドームなどが 10 個以上弧を描いて並ぶ単成火山群が認められる（図 8.7-3）．市の北西にあるマールは 3 個あり，南北一線上に並ぶ．

Narcondan 成層火山　アンダマン諸島北端の東 130 km の深さ 1200-1300 m のアンダマン縁海底から成長し，海面上に頭を出したこの火山は，島としては標高 687 m，底径 3.9 km であるが，海底から見れば比高 2000 m 弱，底径 30 km の立派な成層火山である（図 8.7-4）．

島中央部に主峰の Narcondan 成層火山体がそびえるが山頂に爆裂火口はなく，北斜面に浅い馬蹄形凹地が存在し，その中に火砕丘・溶岩ドームに見える高まりが認められる．

南北麓には中央部に急崖，外側にやや緩い斜面をもつ古い山体があり，主峰形成前に径約 3 km のカルデラが存在したことを示唆する．

Barren 成層火山　アンダマン諸島から東 85 km，Narcondan 火山南南西 150 km の地点に Barren 成層火山は噴出した．大スマトラ断層に続く断層崖のすぐ東の深さ 1200 m の海底から円錐形火山体を成長させ，海面上に標高 267 m，底径 6.5 km の円形火山島を形成した．島中央部に径 2 km，3 km の二重のカルデラ壁が認められ，径 2 km のカルデラ内には比高 130 m のスコリア丘が存在し，北に玄武岩質と推定される薄い溶岩を流出させている活火山である．二重カルデラは伊豆大島・三宅島と同様の陥没型カルデラと考えられる．これらの事実からこの火山は第 1 期の発達段階にある成層火山と見なされよう．

8.7.2　スマトラ島
インド-オーストラリアプレートがスマトラ島に対して横ずれしつつ斜めに沈み込んでいるため，スマトラ島南西岸に沿って平行に走る左ずれ断層が形成され（Katili and Hehuwat, 1967；加藤，1989），火山も 1 列のみ断層の内弧側に噴出している．火山数もスマトラ島火山列 1640 km の中に 29 個と少なく，火山同士の間隔も平均 56 km と開いている．成層火山は Marapi 火山（図 8.7-5）など 23 個，カルデラ火山は Toba（図 8.7-6），Maninjau 火山（図 8.7-7）など 5 個で，溶岩原・楯状火山・単成火山群は存在しない．成層火山は発達段階別に見ると，第 1 期が 7 個，第 2 期が 10 個，第 3 期が 3 個，第 4 期が 3 個で発達進化した A3，A4 型火山は 6 個と少ない（図 8.7-8，表 8.7-2）．

8.7.3　ジャワ島
赤道に沿ってほぼ東西にのびるジャワ島は，真南からのインド-オーストラリアプレートの沈み込みのために南北方向に強く圧縮されている．そ

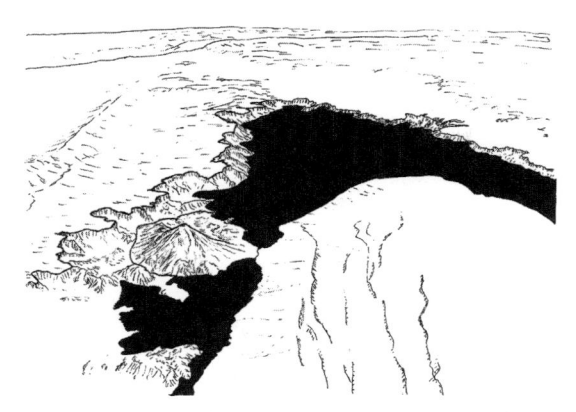

図 8.7-6 スマトラ島 Toba 湖カルデラ火山北部を南上空より望む

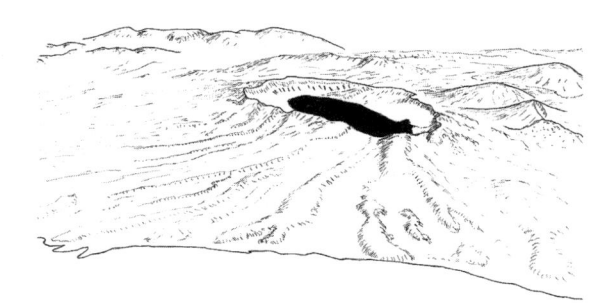

図 8.7-7 スマトラ島 Maninjau カルデラ火山を南上空から望む

表 8.7-2 スマトラ島の火山一覧

	火山名	型	比高 (m)	底径 (m)
1	Pulau Weh	Do	618	8000
2	Silawaih Agam	A3	1669	35000
3	Geureudong	A4	2100	30000
4	Telong	A4	1200	13000
5	Isak	C	1100	111000
6	Kembar	A1	91	1100
7	Sinabung	A2	400	6000
8	Toba	C	600	120000
9	Lubukraya	A2	1300	13000
10	Solimarapi	A3	633	23000
11	Talakmau	A3	2300	37000
12	Maninjau	C	1100	69000
13	Singgalang	A1	2100	13000
14	Tandikat	A1	2100	13000
15	Marapi	A2	1900	21000
16	Sago	A2	1500	40000
17	Talang	A2	1400	10000
18	Kerinci	A1	2400	17000
19	Tujuh	A2	1200	24000
20	Tabahbaru	C		17000
21	Bukit Dawn	A1	1400	6000
22	Kaba	A1	1200	6000
23	Dempo	A2	2400	38000
24	Besar	A2	1000	35000
25	Marge Bajur	A2	1300	27000
26	Ranau	C		
27	Umbulan Muaradua	A4	1000	15000
28	Tauggamus	A1	1894	19000
29	Radjabasa	A2	1219	12000

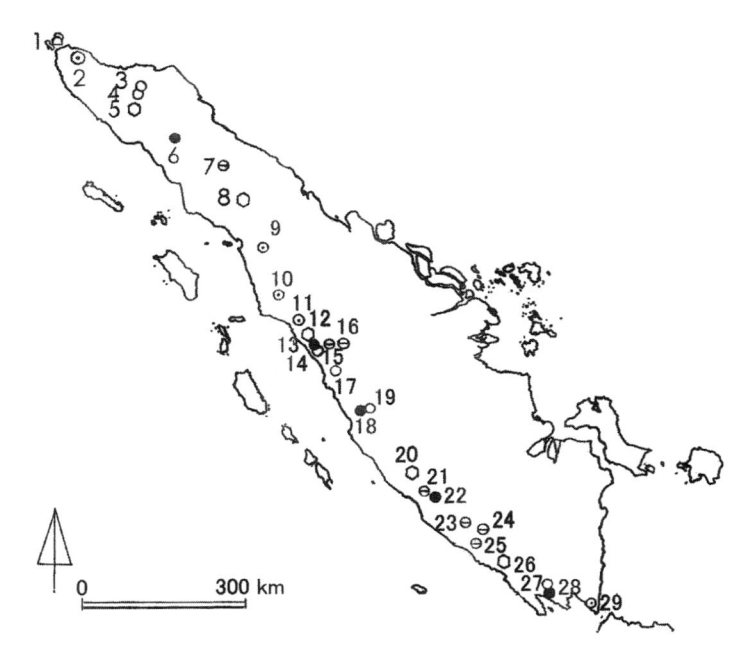

図 8.7-8 スマトラ島の型別火山分布図
1-29 の番号は表 8.7-2 の左端の数字に対応.

第 8 章　太平洋とその周辺の火山地形 / 165

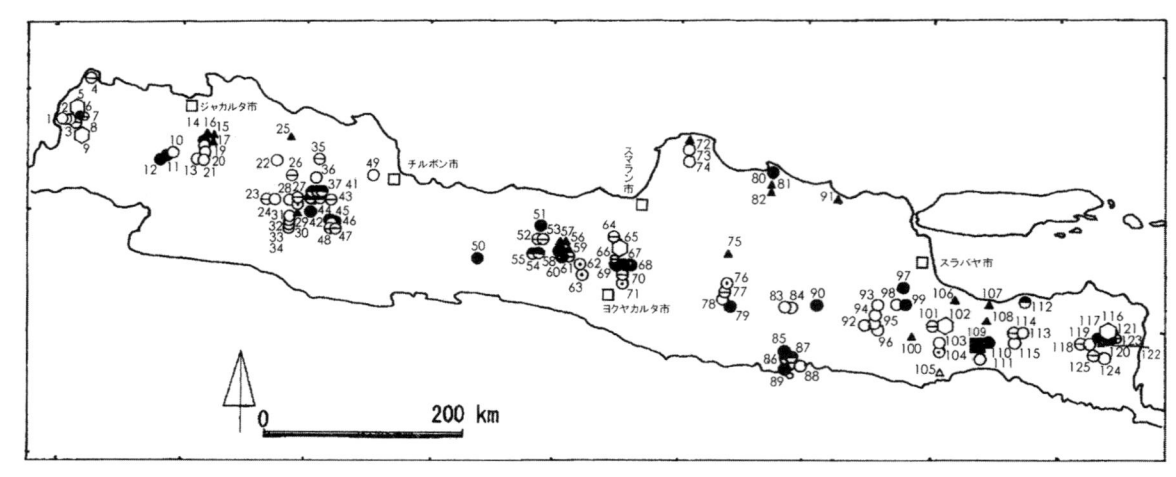

図 8.7-9 ジャワ島の型別火山分布図

1-127 の番号は表 8.7-3 の左端の数字に対応.

表 8.7-3 ジャワ島の火山一覧

火山名	型	比高 (m)	底径 (m)
1 Tjongtjot	A4	500	7000
2 Sakokoer	A4	960	11000
3 Aseupan	A4	980	11000
4 Gede	A2	595	12000
5 Danoe	C	308	80000
6 Parakasak	a1	690	7000
7 Karang	a2	1280	22000
8 Poelasari	A2	670	12000
9 Kempoel	C	300	80000
10 Salak	A4	1500	22000
11 Perbakti	A2	1200	9000
12 Endoet	A1	970	4000
13 Pangrango	A4	2200	20000
14 Baloekboek	Sh	100	2000
15 Lame	Sc	150	2000
16 Tjipakhaoek	Sc	200	3000
17 Soengging	Sc	500	4000
18 Soebang	A1	500	3000
19 Limo	A2	600	7000
20 Gegerbenjang	A2	900	6000
21 Gede	A4	2700	26000
22 Tangkoebanprahoe	A4	1800	20000
23 Bosboet	A2	400	9000
24 Malabar	A4	1200	30000
25 Palasaro	Sc	100	1000
26 Manglajang	A2	1200	10000
27 Sanggar	A2	1200	7000
28 Prahoe	A3	400	5000
29 Geber	A3	400	4000
30 Kiamis	Sh	400	4000
31 Kendang	A4	1000	13000
32 Djaja	A4	800	6000
33 Poentang	A4	600	4000
34 Papandayan	A4	1400	15000

火山名	型	比高 (m)	底径 (m)
35 Sangiangtaradje	A2	1000	12000
36 Kareumbi	A4	1180	12000
37 Pipisan	Do	150	4000
38 Kaledong	Do	400	3000
39 Mandalawangi	Do	750	5000
40 Haroeman	Do	300	3000
41 Masigit	Do	800	6000
42 Tjikoeraj	A1	2000	14000
43 Sedakeling	A2	1300	10000
44 Sadahoeri	A1	200	2000
45 Tjandramerta	A1	600	4000
46 Telagobodas	A2	1500	25000
47 Siang	A2	1200	16000
48 Poetri	A2	1000	15000
49 Tjiremai	A4	2500	35000
50 Slamet	A1	1800	20000
51 Perbata	A1	770	6000
52 Brama	A2	880	6000
53 Ragadjembangan	A2	770	5000
54 Telagalele	Do	300	3000
55 Pawinihan	Do	300	3000
56 Sipandoe	Ma	300	3000
57 Boetak	Ma	400	3000
58 Nagasari	A1	450	3000
59 Pangonan	Ma	200	3000
60 Bisma	A2	1060	8000
61 Koenir	A2	960	7000
62 Sendoro	A2	2000	24000
63 Soenming	A1	2370	26000
64 Oengaran	A2	1250	16000
65 Ambarawa	C	400	60000
66 Menjir	A1	1300	10000
67 Telamaja	A1	1300	5000
68 Gadjahmoengkoer	A1	700	2000
69 Andong	A1	1200	4000
70 Merbaboe	A2	2400	25000

166 / 第Ⅱ部　各論

火山名	型	比高 (m)	底径 (m)
71 Merapi-Yogyakarta	A3	2200	45000
72 Pasokan	Sc	200	7000
73 Genoek	A4	717	7000
74 Soetaremgga	A4	1400	40000
75 Selopoendoetan	A3	3200	58000
76 Banaeran	Sc	80	15000
77 Sidorampin	A2	600	5000
78 Djobolaragan	A4	1400	15000
79 Boego	A1	500	6000
80 Lasem	A1	806	10000
81 Poetjak	Sc	460	7000
82 Soetak	Sc	400	7000
83 Patakbanjeng	A4	1300	19000
84 Liman	A4	2060	48000
85 Soewoer	Do	400	1000
86 Sinambe	Do	400	15000
87 Tanggoel	Do	400	2000
88 Indrokjlo	A4	462	4000
89 Koembokarno	A1	494	3000
90 Klotok	A1	420	3000
91 Bektihardjo	Ma	60	3000
92 Keloed	A4	1000	36000
93 Boklordboeboeh	A4	1600	33000
94 Koekoesan	A4	800	8000
95 Kawi	A4	1350	14000
96 Boetak	A4	2300	31000
97 Penanggoengan	A1	1150	11000
98 Andjasmoro	A4	1200	8000
99 Ardjoeno	A1	2100	42000
100 Boering	Sc	250	8000
101 Ketjiri	A2	1000	12000
102 Bromo	C	1400	47000
103 Koekoesan	A4	1400	29000
104 Semeru	A3	2300	34000
105 Oemboelsari	Sc	432	3000
106 Ranoeklindoengan	Ma	63	2000
107 Sombo	Sc	300	8000
108 Gloegoe	Sc	80	2000
109 Klakah City	L	100	23000
110 Lamongan	A1	1050	20000
111 Gambir	A4	550	18000
112 Loeroes	Do	463	4000
113 Argapoera	A4	1880	13000
114 Tamankermg	A2	900	13000
115 Tjemarakandang	A4	1100	25000
116 Ringir	C	300	54000
117 Soeket	a2	1550	7000
118 Gadoeng	A2	1600	8000
119 Raoeng	A4	1600	11000
120 Pandejan	Sc	600	9000
121 Papak	a1	500	3000
122 Kawahidjen	a1	1200	13000
123 Merapi-Ringir	a2	1800	12000
124 Rante	a2	1800	9000
125 Pendil	a2	1500	7000

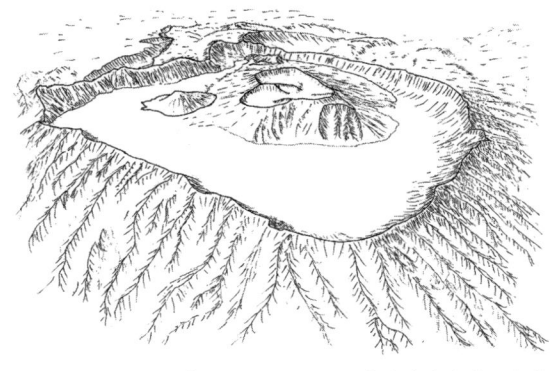

図 8.7-10 ジャワ島 Bromo カルデラ火山を南上空から望む

図 8.7-11 ジャワ島 Semeru 成層火山を南上空から望む S：Semeru 火山，B：Bromo 火山．

のためジャワ島が伸長する東西方向に並行して山脈-平野列が形成され，火山はそれらに直交する南北方向に列をなす．この火山列の間隔は平均約 50 km でジャワ島には 20 列存在する．個々の火山列の長さは 50-100 km で，プレートの沈み込みに伴う強い圧縮で地殻内に生じたレンズ状の割れ目に沿ってマグマが上昇してきたために生じたものと考えられる．南北方向にのびる火山列は一般的に見て北部に小型の単成火山が多く，南に行くにしたがい成層火山で占められるようになる．カルデラ火山はその中間に位置する（図 8.7-9，表 8.7-3）．このような島弧方向に直交する火山列は，Tamura *et al*.（2002）が見出した東北日本火山の指状分布をより強調したものに見える．

火山のタイプは溶岩原 1 個，大型楯状火山 0 個，Bromo カルデラ火山（図 8.7-10）などカルデラ火山 5 個，Semeru（図 8.7-11），Merapi（図 8.7-12），Keloed（図 8.7-13）など成層火山 80 個，小型成層火山 8 個，溶岩ドーム火山 11 個，小型

単成火山（スコリア丘・火砕丘・小型楯状火山）は 20 個，合計 125 個であった．成層火山が小型を含め全体の 7 割を占める．

海溝とジャワ島にほぼ平行して，2 列の火山帯が認められる．南側の海溝に近い第 1 列は西から東までほぼ火山が存在する．ジャワ島北岸の中央部スマラン市から東約 200 km のスラバヤ市の間の海岸線は，50 km ほど北へジャワ海に向けて張り出しているが（図 8.7-9），その海岸線に沿って第 2 列目の 7 個の火山（うち 4 個は玄武岩質単成火山）が分布する．7 個の火山は 3 グループに分かれ，それぞれが南北に列をなし，約 50 km 間隔で東西に並ぶ．両者の間は東西にのびる谷や海が連なる．

8.7.4 バリ島・ロンボク島・スンバワ島・アピ島

この 3 島はジャワ島とフローレス島の中間にあって，プレート環境はほぼ両島と同じと考えられる．3 島の火山はいずれも両島の火山帯の延長線上にある．

バリ島には 12 個の火山が認められ，タイプ別に見ると成層火山 4 個，カルデラ火山 3 個，カルデラ内の小型成層火山 5 個に分けられる（図 8.7-14，表 8.7-4）．成層火山のうち Agung 火山をはじめすべて A1 型火山である．カルデラ火山は Batour，Bratan 火山など，カルデラ形成以降も小型成層火山を活動させているので，日本と同様じょうご型カルデラ火山と判定されよう．

ロンボク島には 3 成層火山が存在する．2 個が A4 型，1 個が A2 型であるが，そのうちの 1 個が活発に活動する Rinjani 火山で，山頂に火口湖が存在する（図 8.7-15）．

スンバワ島には 8 個の成層火山が存在するが，そのうち A4 型まで進化したものが 2 個，A2 型まで発達した成層火山は 6 個であった．このうち島の中北部にある Tambora 成層火山（図 8.7-

図 8.7-12　ジャワ島ヨクヤカルタ市北方の Merapi 成層火山を南西上空から望む
手前は古期成層火山体．

図 8.7-13　ジャワ島 Keloed 成層火山を南上空から望む

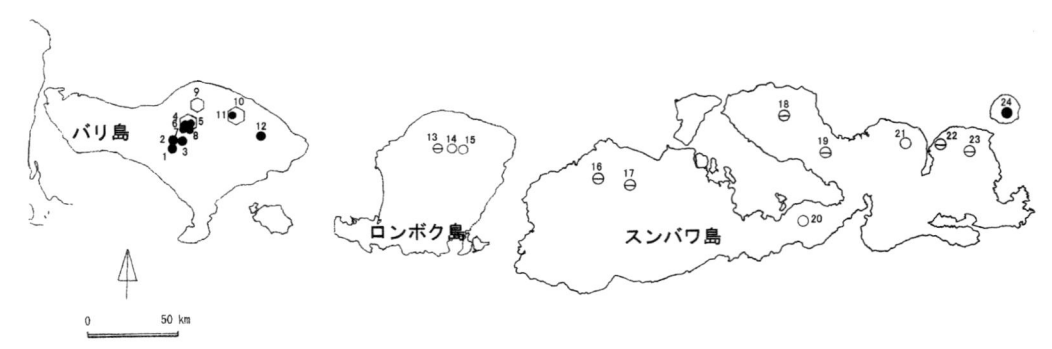

図 8.7-14　バリ島・ロンボク島・スンバワ島・アピ島の型別火山分布図
1-24 の番号は表 8.7-4 の左端の数字に対応．

表 8.7-4 バリ島・ロンボク島・スンバワ島・アピ島の火山一覧

火山名	型	比高 (m)	底径 (m)
Bali			
1 Batukaru	A1	1700	19000
2 Sengajang	A1	1300	5000
3 Adeng	A1	1100	5000
4 Bratan	Cf	2000	8000
5 Tapak	a1	700	3000
6 S Tapak	a1	600	3000
7 Lesong	a1	600	3000
8 Pohen	a1	1400	12000
9 Lalang	Cf	800	18000
10 Batour caldera	Cf	2151	33000
11 Batour	a1	500	6000
12 Agung	A1	2567	27000
Lombok			
13 Ruanlakn	A2	1345	16000
14 Rinjani	A4	3478	42000
15 Nangi	A4	2309	28000
Sumbawa			
16 NW Sumbawa	A2	1684	35000
17 Sumbawa	A2	1642	32000
18 Tambora	A2	2645	42000
19 Ramoe	A2	1128	26000
20 Laboe Djaboe	A4	616	20000
21 Sake	A4	1497	30000
22 Bima	A2	598	13000
23 Ntoke	A2	1312	18000
Api			
24 Sangeang	A1	1893	13000

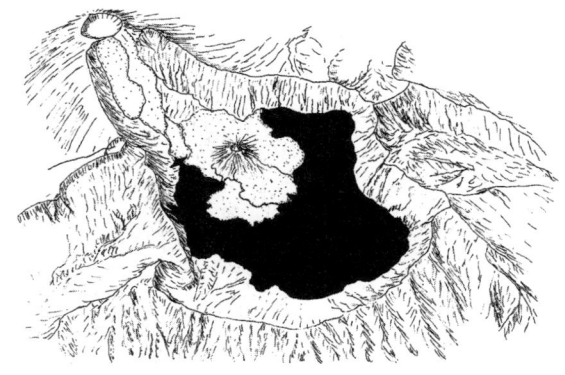

図 8.7-15 ロンボク島 Rinjani 火山頂部のスケッチ

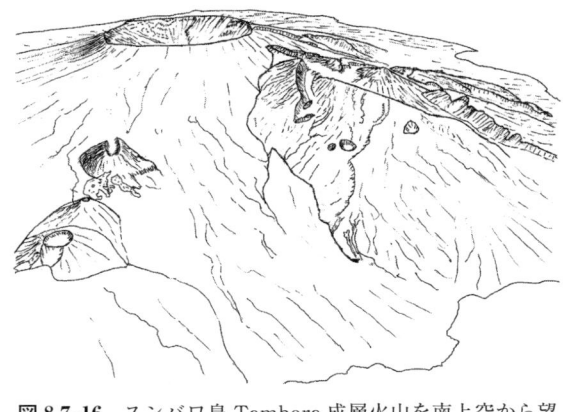

図 8.7-16 スンバワ島 Tambora 成層火山を南上空から望む

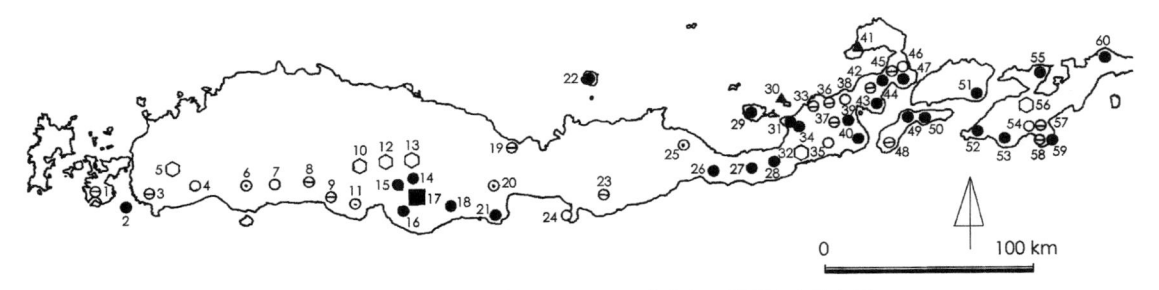

図 8.7-17 フローレス島・ロンブレン島などの型別火山分布図
1-60 の番号は表 8.7-5 の左端の数字に対応.

16) は 1815 年に大噴火を起こした.

8.7.5 フローレス島・ロンブレン島など

フローレス島とその東にあるロンブレン島などの諸島を含め，東西約 600 km の火山島列が続く．そこには 60 個の火山が認められる．その内訳は成層火山 51 個，カルデラ火山 6 個，スコリア丘火山 2 個，溶岩原 1 個である（図 8.7-17，表 8.7-5）．唯一の溶岩原は火山フロントに近いところにある．成層火山の発達の程度を示す A1, A2, A3, A4 型火山の個数はそれぞれ 27, 13, 4, 7 で，若い成層火山と古い成層火山との比は 4：1

表 8.7-5　フローレス島・ロンブレン島などの火山一覧

火山名	型	比高 (m)	底径 (m)
1 Pulau Rintja	A2	658	13000
2 Gili Motang	A1	427	4000
3 W Wai Sano	A2	657	6000
4 Wai Sano	A4	1309	21000
5 Goang	C	1014	20000
6 Roea	A3	1867	52000
7 Poco Mandasawu	A4	1900	14000
8 Rana Kah	A2	1557	16000
9	A2	897	5000
10 Maudoes	C	1960	29000
11 Keli	A4	731	12000
12 Kepoh	C	600	12000
13 Waroekia	C	900	16000
14 Inielika	A1	1784	8000
15 Inierie-Jnielika	A1	2170	28000
16 Inierie	A1	2169	8000
17 Gisi	L	1100	14000
18 Ebulobo	A1	2002	8000
19 Watoeapi	A2	662	8000
20 Boa-ndai	A3	1204	13000
21 Manoeran	A1	2002	9000
22 Palu	A1	875	7000
23 Sukaria	A1	1630	20000
24 Iya	A3	609	6000
25 Maumere	A3	1376	20000
26 Koting	A2	915	10000
27 Kodia	A1	737	8000
28 Luah	A1	1328	16000
29 Egon	A1	1642	5000
30 Pulau Babi	Sc	311	2000
31 Talibura	A1	504	6000
32 Nangahale	C	500	9000
33 Henggi	A2	600	9000
34 E Talibura	A1	817	6000
35 Werng-detoeng	A4	1353	20000
36 E Henggi	A2	632	6000
37 E Ilimuda	A2	1077	5000
38 Wairunu	A4	601	5000
39 N Lewotobi	A1	789	7000
40 Lewotobi	A1	1647	13000
41 Labao	Ma	74	1000
42 Leroboleng	A1	1077	15000
43 S Leroboleng	A1	840	7000
44 Riang-kotang	A1	730	4000
45 W Muloba-hang	A2	953	6000
46 Muloba-hang	A4	586	9000
47 Riang-kami	A1	1344	7000
48 Lamawolo	A2	696	10000
49 Tapowalo	A1	159	8000
50 Aplame	A1	767	8000
51 Iliboleng	A2	1548	12000
52 Wotanglolong	A1	962	8000
53 Ililabeleka	A1	1567	1000
54 Moelan	A4	964	20000
55 Lebotolo	A1	1412	12000
56 Kalikassa	C	550	7000
57 Labala	A1	857	7000
58 Lamanoena	A2	921	5000
59 Iliwerung	A1	933	6000
60 Peuara	A1	1457	9000

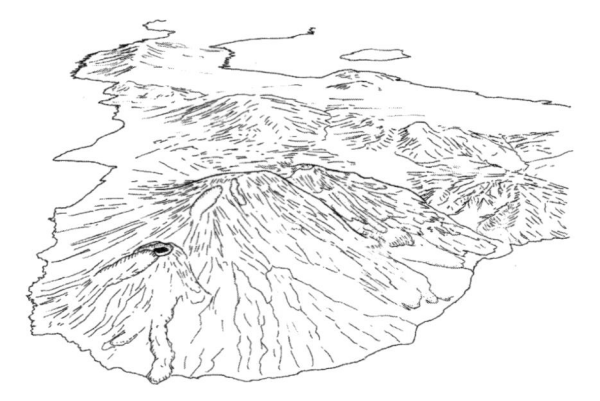

図 8.7-18　フローレス島 Lewotobi 火山（手前）

となる．また島の東に若い成層火山が多い（図 8.7-18）．島の幅が広い西部では古い成層火山が多く，カルデラ火山も 4 個認められる．

8.7.6　マリサ島周辺・バンダ諸島

フローレス島・ロンブレン島の東に続くマリサ島およびその東の小島に，4 個の火山が認められるが，いずれも第 1 発達段階の成層火山である（図 8.7-19, 20，表 8.7-6）．

これら火山列島の東西の連なりは，さらに東へアロール島・ウェタール島へと約 400 km の距離にわたってのびるが，それらの島々に火山は認められない．ただこの火山列上にあるウェタール島から 53 km 北に外れた地点に，第 2 期の発達段階にある Komba 成層火山が噴出している．

この火山列が東西から北，さらには西に向かって 180°，弧を描きつつ反転するバンダ諸島には，5 個の火山が形成されている．それらはいずれも成層火山で，発達段階の内訳は第 1 期，第 4 期が各 2 個，第 2 期が 1 個，第 3 期は 0 個である．

8.8　パプアニューギニア・ソロモン・バヌアツ・トンガ地域

インド大陸とユーラシア大陸の衝突で東に押し出されたフィリピン・ブルネイ・スラウェシ・インドネシアの諸島と，それらを取り巻く海域を含み，東に大きく突出するユーラシアプレートのさらに東のパプアニューギニア・バヌアツ・トンガ地域には，太平洋プレート，インド-オーストラ

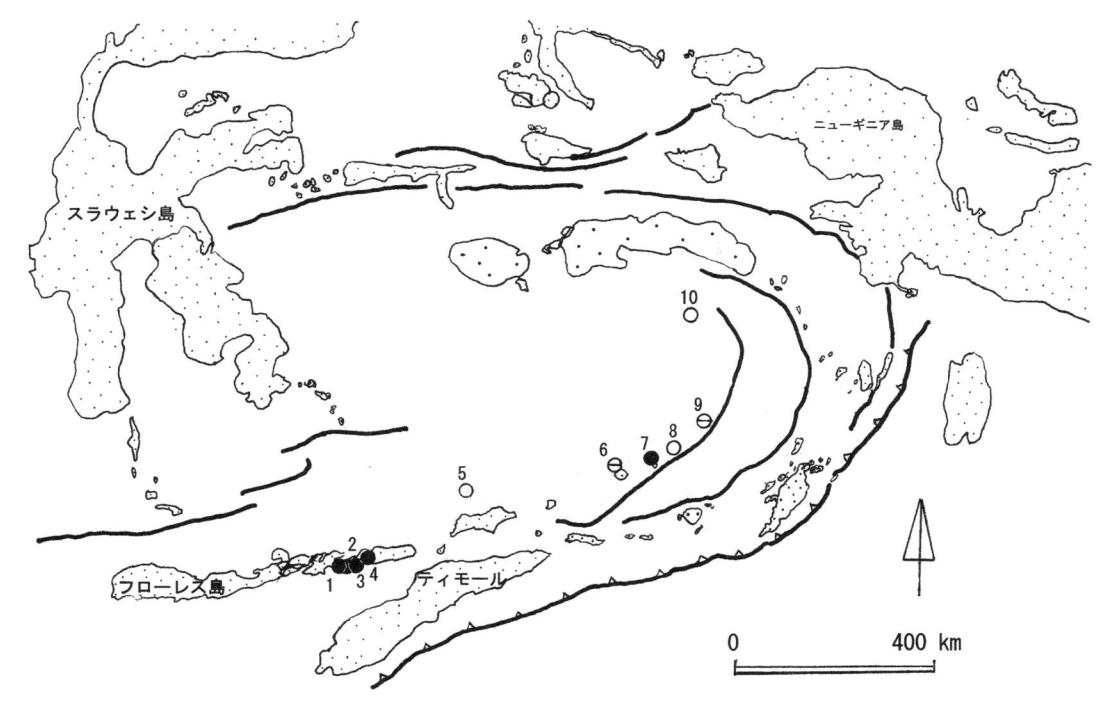

図 8.7-19 マリサ島周辺およびバンダ諸島の型別火山分布図
1-10 の番号は表 8.7-6 の左端の数字に対応.

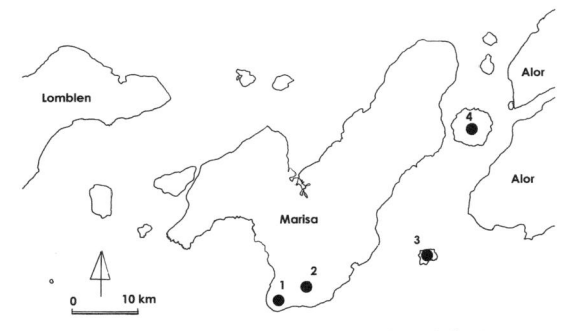

図 8.7-20 マリサ島周辺の型別火山分布図
1-4 の番号は表 8.7-6 の左端の数字に対応.

表 8.7-6 マリサ島周辺およびバンダ諸島の火山一覧

火山名	型	比高 (m)	底径 (m)
Marisa			
1 Pulu	A1	871	3700
2 Sirung	A1	1305	7000
3 SW Alor	A1	355	2000
4 NW Alor	A1	957	6000
Komba			
5 Komba	A2	632	2700
Banda			
6 Wirlali (Damar)	A1	868	4200
7 Teon (Teun)	A2	725	4200
8 Nila (Nila)	A4	781	5500
9 Serua (Serua)	A1	641	3400
10 Banda Api	A4	640	7000

リアプレートの衝突・沈み込みにより，複雑に入り組んだ島弧・海溝・火山列・地震帯系が形成された．またこの地域の東方には巨大なマントルプルームによって生じた（丸山・磯崎，1998）とされる隆起域が広く存在し，複数のホットスポット起源海山列が存在する．

8.8.1 パプアニューギニア北岸沖・ニューブリテン島地域

パプアニューギニア北岸からニューブリテン島北岸，およびその沖合いにかけて，南に緩く湾曲しながら東西にのびる全長 800 km の火山弧が存在する．これはニューブリテン島南岸沖の海溝から北へ沈み込むソロモン海のプレートの動きで形成されたと考えられる．29 個の火山が認められ，

18個の成層火山，9個のカルデラ火山，1個の溶岩原（単成火山群），カルデラ内の小成層火山1個に細分される（図8.8-1，表8.8-1）．18個の成層火山は13個のA1型，2個のA2型，3個のA4型成層火山に細分される．パプアニューギニアの火山帯は29個の火山のうちカルデラ火山が9個と1/3近くを占めること，成層火山18個のうちA1型が13個と3/4近くを占めるという特徴が認められる．

ニューブリテン島の北東部，ビスマルク海に面した海岸沿いに，Bamus, Ulawun, Lolobauの3火山が相接して並ぶ（図8.8-2）．

Bamus火山は山頂に径12.5kmのカルデラをもつ標高・比高2200mの成層火山で，カルデラ形成時に噴出したと考えられる大量の火砕流が山麓に広い緩斜面をつくっている．カルデラ内にはタフコーン・マール・小型成層火山が形成され，小型成層火山からは溶岩流が流下している点で，じょうご型カルデラと考えてよい．カルデラ径が日本の成層火山頂に形成されるものより大きすぎる．

Ulawun火山は新旧2期の成層火山体からなる．旧期の火山体は西腹と北東・東腹に残り，山頂には径5km前後のカルデラが存在していたことを

表8.8-1　パプアニューギニアの火山一覧

	火山名	型	比高 (m)	底径 (m)
1	Blup blup	A1	402	4000
2	Kadovar	A1	240	2000
3	Bam	A1	685	3000
4	Manam	A1	1807	10000
5	Ulman	A1	1400	23000
6	Bagabag	A2	392	7000
7	Long	C	1244	22000
8	Tolokiwa	A1	1372	8000
9	Umaboi	A4	1548	38000
10	Sakar	A1	992	7000
11	Talawe	A1	1824	22000
12	Tanngi	A2	1481	22000
13	Schrader	C	1202	39000
14	E Schrader	C	1091	24000
15	Garove	C	350	10000
16	Malala	C	400	16000
17	Gorb	A1	1155	8000
18	Gulu	L	546	9000
19	du Faure	A1	728	12000
20	Mululu	A4	1314	10000
21	Buvus	C	200	19000
22	Rago	C	1918	20000
23	Hargy	C	800	25000
24	Galloseulo	a1	1020	7000
25	Bamus	A4	2200	24000
26	Ulawun	A1	2334	21000
27	Lolobau	A1	932	11000
28	Likuruanga	A1	800	8000
29	Rabaul	C	2088	16000

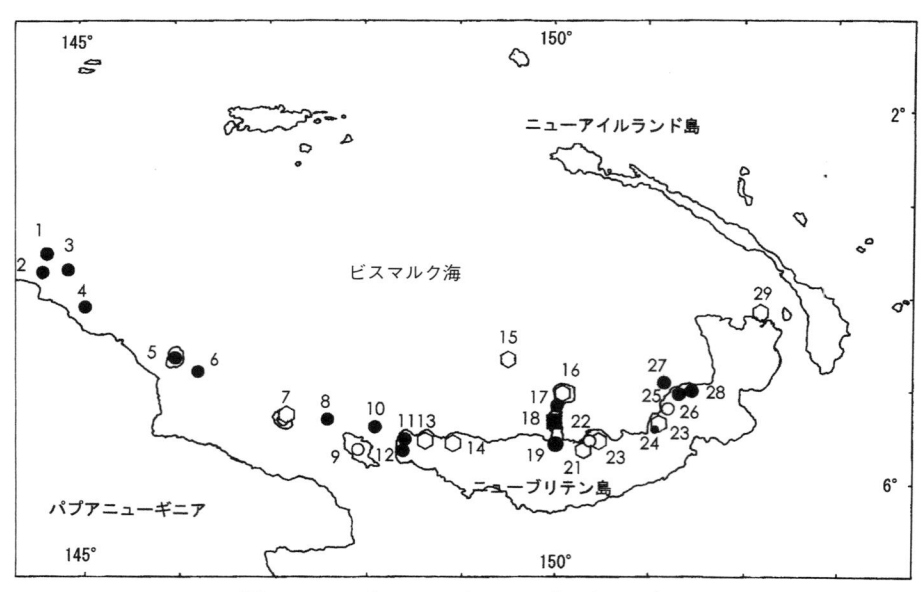

図8.8-1　パプアニューギニアの型別火山分布図
1-29の番号は表8.8-1の左端の数字に対応．

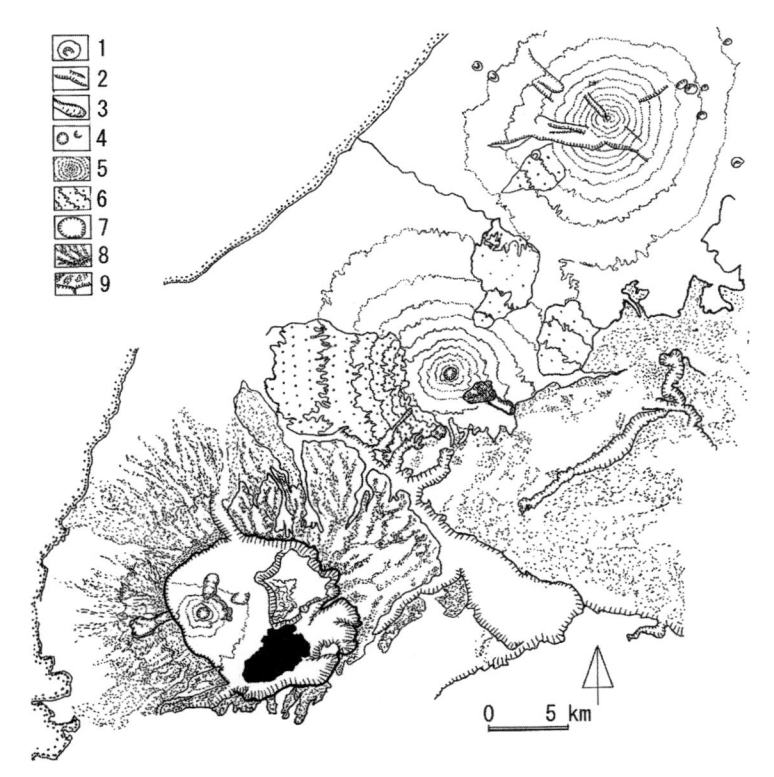

図 8.8-2 ニューブリテン島北東部 Bamus, Ulawun, Lolobau 3 火山の地形分類図
1：スコリア丘，2：断層崖，3：溶岩流，4：火口，5：成層火山原面，6：新期成層火山原面，7：カルデラ壁，8：Bamus 火砕流堆積面，9：古期火砕流堆積面．

示す．新期の成層火山体はそのカルデラを埋めて成長し，新たに富士山型の円錐形火山体を築いた．その南東腹に溶岩ドームと厚い溶岩流が形成されている．

Lolobau 火山は基本的に富士山型の円錐形成層火山であるが，山頂の南を東西に横切る断層によって切られ，頂部が相対的に低下している．東・西麓には数個のスコリア丘が認められる．

ニューブリテン島の北東端には Rabaul カルデラ火山が存在する．東西 8 km，南北 15 km のカルデラとそれを取り巻く火砕流台地，カルデラの中と縁に新たに形成された 5 個のスコリア丘とからなる（図 8.8-3）．近年までしばしばこのスコリア丘周辺から噴火が発生している．

8.8.2 パプアニューギニア東部・ダントルカストー諸島地域

パプアニューギニア東部およびダントルカストー諸島地域には 14 火山が認められる（図 8.8-4，表 8.8-2）．そのうち成層火山が 7 個，楯状火山 1 個，溶岩原 1 個，スコリア丘単成火山群 3 個，溶岩ドーム群火山 2 個であった．成層火山 7 個のうち，発達段階が第 1 期のものはなく，第 2 期のものは 1 個，第 3 期のものが 2 個，第 4 期のものが 4 個と，発達段階の後期ほど増加する．沈み込み帯では，このような例はほかにない．

14 個の火山の地理的分布の特徴としては，西に成層火山が多く，東にスコリア丘単成火山群・溶岩ドーム群火山が集まるという偏りが目立つことと，火山帯全長 1200 km の中で中間部 400 km が無火山であるという点である．

Hagen 火山　標高 3778 m，比高 1978 m，底径 26 km の成層火山で，南外輪山斜面がよく保存され，その南に最長 23 km の火砕流・土石流堆積物からなる火山麓扇状地が広がる．山頂部には北開きにカルデラが存在し，その中に南北に 2 個の新成層火山が形成された．それらはその後深く侵食されたが，定高性のある放射状稜線，台地化された扇状緩斜面から当時の地形をある程度復元できる．東麓には 2 個の小成層火山が側火山として存在する．複雑に刻まれた山頂部では原形をとどめる溶岩ドームが 2 個見出される．以上からこの

火山は第4期まで発達した成層火山であると考えられる．

　Giluwe楯状火山　標高2000mを超える山地上に噴出し，標高4368m，長径34km，短径22kmの楕円の平面形をもち，比高1918mの楯状火山である．中腹・山麓斜面は火山の原地形を保持するが，山頂部標高3700m以上では急峻な山稜・岩塔が並び，最終氷期の激しい氷食作用を受

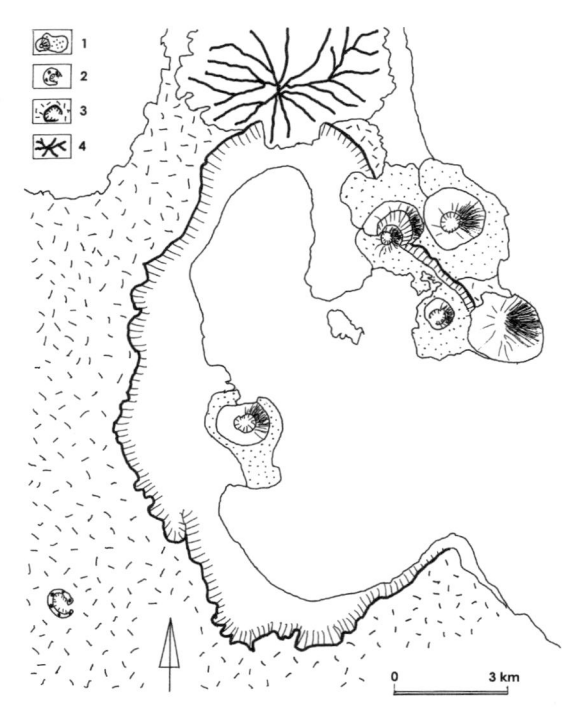

図8.8-3 ニューブリテン島北東端Rabaulカルデラ火山の地形分類図
　1：スコリア丘と溶岩流，2：タフリング，3：カルデラ壁と火砕流堆積面，4：侵食火山体．

表8.8-2 パプアニューギニア東部・ダントルカストー諸島地域の火山一覧

火山名	型	比高 (m)	底径 (m)
East Papua New Guinea			
1 Hagen	A4	1978	26000
2 Giluwe	SH	1918	28000
3 Crater Mtn.	A4	2100	45000
4 Tivi	A4	2084	20000
5 Yelia	A2	1400	9000
6 Lamington	A4	1380	43000
7 Hydrographers	A3	1915	38000
8 Victory	A3	1891	30500
9 Waiowa	Sc	640	31500
10 Managlase	L1	150	22000
D'Entrecasteaux Is.			
11 Iamelele	Do	177	8100
12 Mapamoiwa	Do	578	8600
13 Deidei	Sc	459	10000
14 Dobu	Sc	259	3300

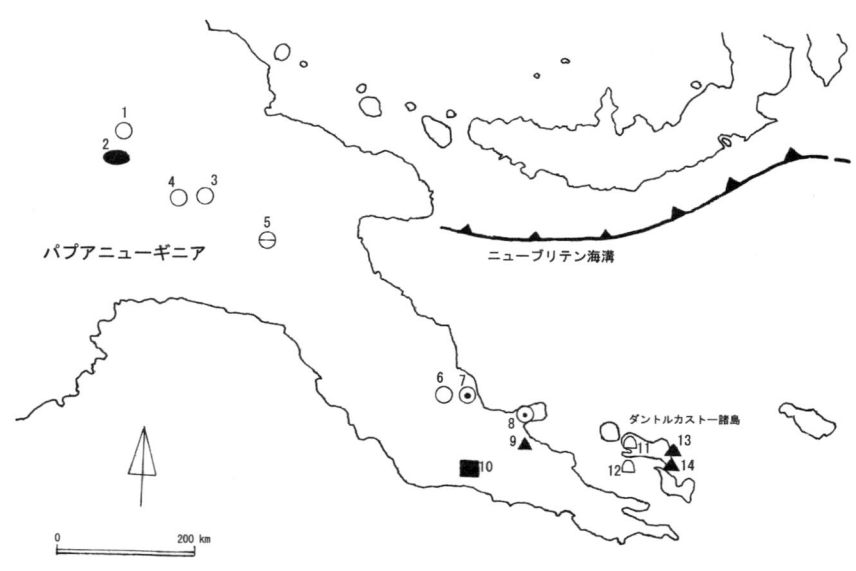

図8.8-4 パプアニューギニア東部・ダントルカストー諸島地域の型別火山分布図
　1-14の番号は表8.8-2の左端の数字に対応．

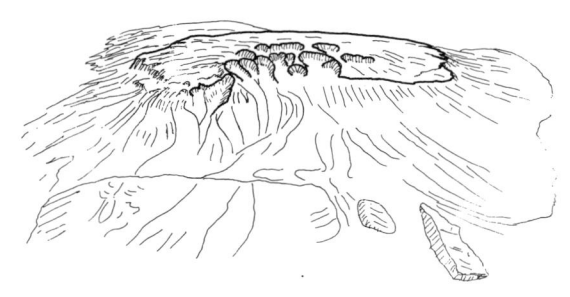

図 8.8-5 パプアニューギニア東部の Giluwe 楯状火山を東上空より望む

けた様相を呈する（図 8.8-5）.

Crater Mtn. 成層火山 標高 3233 m, 比高 2100 m, 底径 45 km の大型成層火山で, 中心より北に成層火山体が存在し, 南部には溶岩流に覆われた裾野がある. 成層火山中心部には径 13.4 km の大カルデラが存在し, 体積数十 km³ の火砕流を噴出したことを示唆する. カルデラ内と南カルデラ縁に 2 個の小成層火山が形成されている. これらの事実を合わせると, この火山は第 4 期まで発達した成層火山と見なされるが, その頂部に形成されるカルデラとしては, 直径が大きすぎるようである.

Tivi 成層火山 Crater Mtn. 成層火山の西南西 35 km に噴出した標高 2484 m, 比高 2000 m, 底径 20 km の成層火山で, 山頂部に径 5 km のカルデラが 2 個相接して形成されている. 裾野は 8 km 前後の長さで火山体中心を取り巻くが, 土石流・火砕流堆積物の互層からなると推定される.

Yelia 成層火山 標高 2000 m 前後の基盤山地上に形成された比高約 1400 m, 底径 9 km の成層火山で, 山頂に溶岩ドームが形成されている. 山頂から山麓まで直線的な急斜面からなり, 裾野の発達が悪い. これらの地形的特徴は, この火山が発達段階第 2 期にあることを示す.

Lamington 成層火山 標高 1680 m, 比高 1380 m, 底径 43 km の規模をもつ大型成層火山で山頂に径 1 km 前後の大火口があり, 溶岩ドームに満たされている. 火山体は急斜面からなる中心部と, 緩斜面からなる裾野（たぶん火砕流・土石流堆積面）に明瞭に区分される. 1951 年噴火で火砕流が発生し, 約 3000 人が犠牲となった（Taylor, 1958）. これらから, この火山は第 4 期の発達段階にあると考えられる.

Hydrographers 成層火山 Lamington 成層火山の東に相接して形成された標高・比高 1915 m, 底径 38 km の成層火山である. 南北に裾野がのび, 火砕流を噴出した発達段階第 3 期にあたる成層火山であると考えられる.

Victory 成層火山 標高・比高 1891 m, 底径約 30 km の成層火山で, ほぼ全山が火砕流など火砕物で覆われ, 溶岩流地形は認められない. 山頂には 2 個の溶岩ドームが南北に相接して並び, その接合部に 1 個の爆裂火口が存在する. また東麓には径 810 m のタフコーンが認められる. 顕著なカルデラ地形は認められないので, この火山は発達史的に見て第 3 期の段階にある成層火山といえる.

Waiowa 単成火山群 ソロモン海に面して, 海岸沿いに長さ 50 km にわたる奥行き約 13 km の平滑な海岸平野があり, その中にスコリア丘・タフコーン・小楯状火山などの単成火山が点在する. それが Waiowa 単成火山群である. この火山地域の内陸縁は断層三角面が並ぶオーエン-スタンレー断層系で, ウッドラーク拡大軸の西延長がダントルカストー諸島を経て, パプアニューギニアの半島西部下にのび, この火山帯の形成に関与していることを示唆する.

Managlase 溶岩原 Waiowa 単成火山群の南西約 90 km にこの溶岩原が存在する. およそ 20 km 平方の範囲にわたって標高 50-150 m の小起伏面が広がる. この小起伏面上に溶岩堤防・スコリア丘らしい地形が随所に認められるが, 断定はできていない. 小起伏面の形成が火山起源以外には考えにくいので, とりあえず溶岩原としたが, 今後の検討を要する.

ダントルカストー諸島の溶岩ドーム・スコリア丘単成火山群 ダントルカストー諸島中央部のフェルグソン島とその周辺の小島には, 小規模な流紋岩質溶岩ドーム群と玄武岩質スコリア丘群とがそれぞれ 2 個ずつ, 計 4 カ所に見出される. これらの小規模単成火山群の起源も, 前述の Waiowa 単成火山群同様に, ダントルカストー諸島下に推定されるウッドラーク拡大軸の延長に由来する可能性がある（Benes et al., 1994）.

8.8.3 ソロモン諸島

ソロモン諸島の火山の形成は，北西ニューヘブリディーズ海溝から南ビスマルクマイクロプレートの下へ，インド-オーストラリアプレートに属するソロモンマイクロプレートとウッドラークマイクロプレートが沈み込んだ結果，形成されたと考えられる．ただ北西ニューヘブリディーズ海溝からの沈み込み帯全体にわたって火山が発生しているのではなく，沈み込むインド-オーストラリアプレートの中央部にウッドラーク拡大軸があり，それが約 500 km の距離にわたって北西ニューヘブリディーズ海溝からソロモン諸島下に沈み込み，その約 500 km の距離の場所にだけ火山が集中する（図 8.8-6）．

ソロモン諸島の火山は 8 個ある．そのうち成層火山が 4 個，溶岩ドーム群火山が 3 個，玄武岩質スコリア丘火山が 1 個である．さらに成層火山は発達段階第 1 期のものが 1 個，第 4 期のものが 3 個であった（表 8.8-3）．これはニューヘブリディーズ海溝に活動的な海嶺が沈み込んでいることと関係しているようである（Benes et el., 1994）．

Babase 火山　ソロモン諸島の最北西端というより，むしろソロモン諸島から位置的にはずれたニューアイルランド島の東沖約 80 km に噴出したこの火山は，径 2.3 km のカルデラと，それを取り巻く標高 186 m 以下の外輪山（径 4.7 km の円に近い外形をもつ）とからなる．外輪山のカルデラ縁は平均的に 100 m 前後の高度を示すが，4 カ所で 50 m 以上ドーム状に突出する．これはカルデラ形成以前に成層火山ではなく，溶岩ドーム群が存在していたことを示唆する．

Nonda（Vella Lavella）島成層火山　標高 794 m，底径約 19.5 km の侵食が進んだ成層火山である．火山体の北東麓の海岸線は沈降によりリアス海岸

表 8.8-3　ソロモン諸島の火山一覧

火山名	型	比高 (m)	底径 (m)
1 Babase	Sc	186	4700
2 Nonda（Vella Lavella）	A4	794	19500
3 Simbo	Do	316	5000
4 Veve	A4	1750	29000
5 Vangunu	A4	1050	15800
6 Baruku	A1	317	2300
7 Savo	Do	453	6500
8 Santa Ane	Do	152	4500

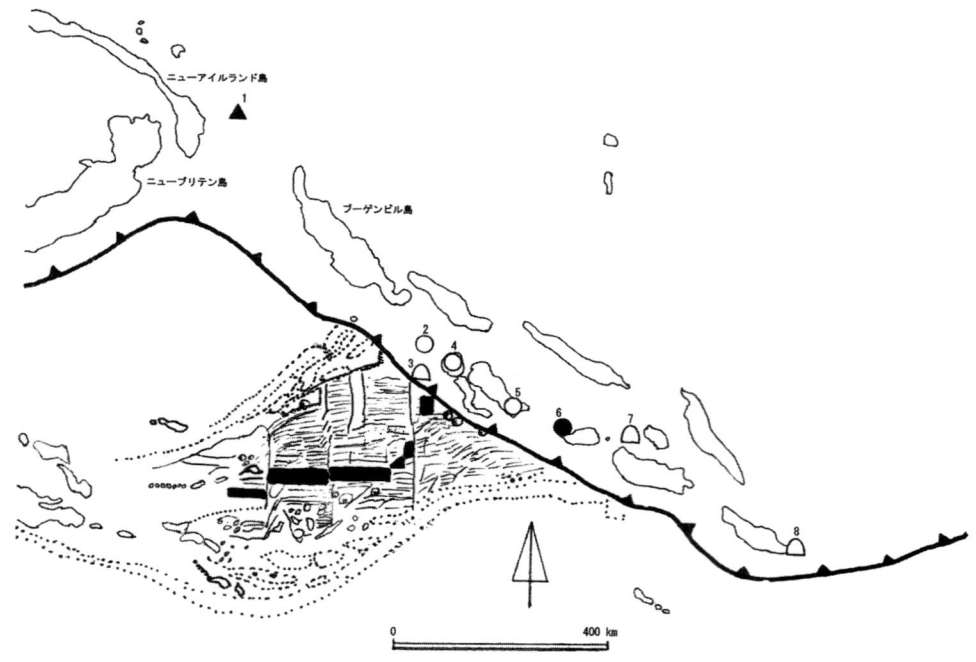

図 8.8-6　ソロモン諸島の型別火山分布図（海底地形は Benes et el., 1994；Google Earth による）
1-8 の番号は表 8.8-3 の左端の数字に対応．

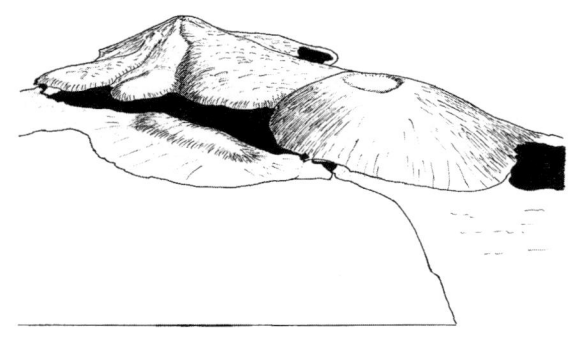

図 8.8-7 ソロモン諸島 Simbo 溶岩ドーム群火山を北東から望む

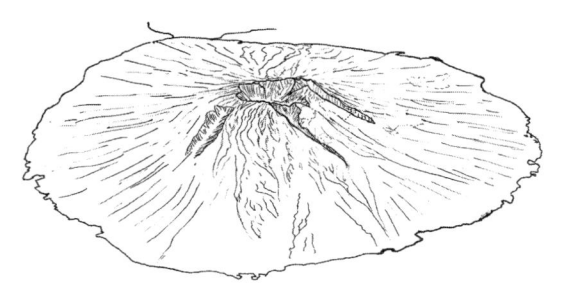

図 8.8-8 ソロモン諸島 Veve 成層火山を北上空から望む

図 8.8-9 ソロモン諸島 Baruku 島火山を南東上空から望む

になっている．山頂には径3kmのカルデラが存在する．北西・南東側の中腹・山麓斜面は緩く火砕流・土石流の堆積面であると推定される．発達史的には第4期の成層火山と考えられる．

Simbo 溶岩ドーム群火山　南北7.5 km，東西2 km の細長いシンボ島に少なくとも5個の溶岩ドームが存在する．いずれも完新世に形成されたと考えられる新鮮な地形を保持している（図8.8-7）．それらの規模は比高が316 m 以下，底径が500 m-1.3 km の範囲に入り，日本の溶岩ドームと比べても平均的な大きさといえる．

Veve 成層火山　コロンバンガラ島をつくるVeve 火山は，山頂に径4.1 km の円形カルデラ，南西麓に径7.6 km の側火山をもつ典型的な成層火山（比高1750 m，底径29 km）であるが，北北西—南南東方向にややのびる（図8.8-8）．山頂カルデラも同じ2方向に谷が開き，南南東麓には比高20-30 m の溶岩末端崖をもつ安山岩質溶岩流が認められ，中腹火口の存在が推定されることから，この方向に構造線が火山体下を走る可能性が高い．

カルデラの外輪山斜面はほぼすべて火砕流で，それに付随する土石流堆積物からなると思われる．以上のデータからこの火山は成層火山発達史の第4期段階まで達していると見なされる．

Vangunu 成層火山　ヴァングヌ島を構成するこの火山は，比高1050 m，底径15.8 km で，Veve 火山よりひとまわり規模が小さいが，ほぼ同様の地形をもつ成層火山である．山頂に2個のカルデラ（径4 km）があり，裾野には火砕流・土石流堆積面が広がる．Veve 火山同様，第4期まで発達した火山と見なされる．

Baruku 島火山　島の東西径が2.8 km，南北径が1.9 km で，カルデラ径が1.6 km と，火山体頂のごく一部のみが海上に顔を出しているにすぎない（図8.8-9）．成層火山発達段階第1期の円錐形火山は山頂火口が1 km 以下で，1.6 km 径のカルデラでは火砕流を出した第3期の成層火山を思わせるが，Baruku 島火山の場合はカルデラ底が海面とほぼ同高度であるため，マグマ水蒸気噴火を起こしやすく，発達段階第1期の玄武岩質火山でも1.6 km 径のカルデラを形成する可能性は否定できない．とりあえず第1期発達段階にある成層火山の頂部としておく．

Savo 溶岩ドーム群火山　サヴォ島は南北7.1 km，東西5.8 km の楕円に近い平面形を示す．最高峰は453 m の高度をもち，10個前後の溶岩ドーム群から成り立つ．島の北部には扇状の斜面が存在し，溶岩ドーム形成時に火砕流が発生したことを示唆する．

Santa Ane 溶岩ドーム群火山　サンタアネ島は東西4.2 km，南北4.9 km の D字形の平面形を示し，1個の溶岩ドームと4個のマールとからなる（図8.8-10）．溶岩ドームは標高152 m，底径1.5 km の平頂丘で流紋岩質であると推定される．マール

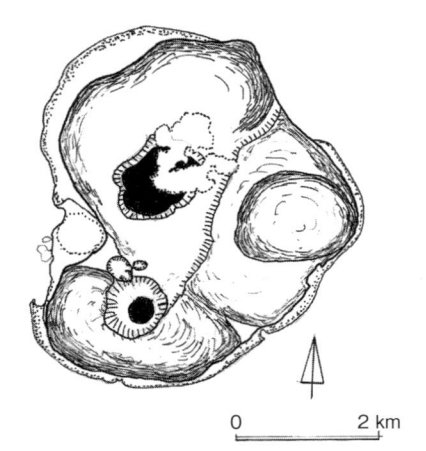

図 8.8-10　ソロモン諸島 Santa Ane 火山の地形分類図

は4個のうち，北の Wairafa マール，南の Waipiapia マールの2個は溶岩ドーム起源と考えられる．それは，火口壁が急で，外側斜面はほぼ平らだが末端で急になるという地形的特徴からの推定である．中央の火口を埋めてしまえば，東の溶岩ドームとほぼ同様の地形が復元される．同じ3個の溶岩ドームが形成されたが，のちのマグマ水蒸気噴火で西の2個は中央に火口が生じ，マールに変わったのであろう．

8.8.4　バヌアツ諸島

パプアニューギニア島からソロモン諸島にかけては海溝が連なり，南側のインド-オーストラリアプレートが太平洋プレート下に沈み込むプレート境界となっている．ソロモン諸島の東で海溝は向きを南南東にかえ，全長 1380 km のニューヘブリディーズ海溝となる．ここではインド-オーストラリアプレートが太平洋プレート下に沈み込み，海溝の 90 km 内弧側に島弧火山列をつくる（図 8.8-11，表 8.8-4）．

この島弧には30火山が認められ，そのうち成層火山が21個，溶岩ドーム群火山が3個，楯状火山が5個，スコリア丘を主とする単成火山群が1個である．玄武岩質の溶岩を主とする楯状火山・スコリア丘火山が 20% を占めるのは他では見られない．その原因としてニューヘブリディーズ海溝の中央部のやや北寄りに，西から縁海型のダントルカストー海嶺が衝突している点を挙げることができる（Collot and Fisher, 1991）．その衝突

表 8.8-4　バヌアツ諸島の火山一覧

	火山名	型	比高 (m)	底径 (m)
1	Tinakura	A1	789	3000
2	Naunonga	A2	771	18500
3	Ureparapara	A4	685	7700
4	Tikopia	A3	361	2800
5	Vanua Lava	SH	803	23200
6	Gaua	A4	717	19000
7	Mera Lava	A1	998	4900
8	Aoba	SH	1428	27000
9	Sakao	SH	1078	37000
10	Halos	A1	1293	6400
11	Namuka	A2	784	10000
12	Mangarisu	Sc	475	7100
13	Tongariki	A3	511	2800
14	Buninga	Do	212	1200
15	Tongamea	A1	620	4000
16	S Tongamea	A2	404	2300
17	Sangafu	A1	479	3100
18	Makura	Do	283	1540
19	Mataso	A3	433	1700
20	Emako	A3	423	3100
21	Utanlang (Nguna 島)	A3	354	2500
22	Farealape	A1	578	3300
23	Marow	A2	441	3000
24	Unakapu	A3	234	1600
25	Moso	SH	601	31600
26	Narvin	A	738	33200
27	Fatuna	Do	647	3300
28	Tukosmera	SH	1084	27500
29	Aneghowhat	A	734	7000
30	Umetch	A	707	7000

地点付近に，楯状火山・スコリア丘火山が集中する．また火山列が衝突帯付近で1列から4列に変わる点も今後精査する必要がある．

Naunonga 島火山　標高 771 m，底径 18.5 km の成層火山で，山頂に東開きの馬蹄形カルデラ（幅 2.5 km，奥行き 2 km）が存在する．島の東半分は不規則な起伏をもつ緩斜面で，おそらく火山体大崩壊で生じた岩屑なだれ堆積面と考えられる．残存する西斜面は急で，山麓に火砕流・土石流の堆積面が存在しないことから，この火山は成層火山の第2期発達段階にあるものと見なした．

Ureparapara 島火山　標高 685 m，底径 7.7 km の円形に近い平面形をもち，急斜面で囲まれた成層火山であるが，山体中央からやや東に偏った頂部に径 6 km の円形カルデラが存在する．径 6 km のカルデラの存在から数 km³ の珪長質火砕流が噴出したものと推定されるが，海中に堆積した

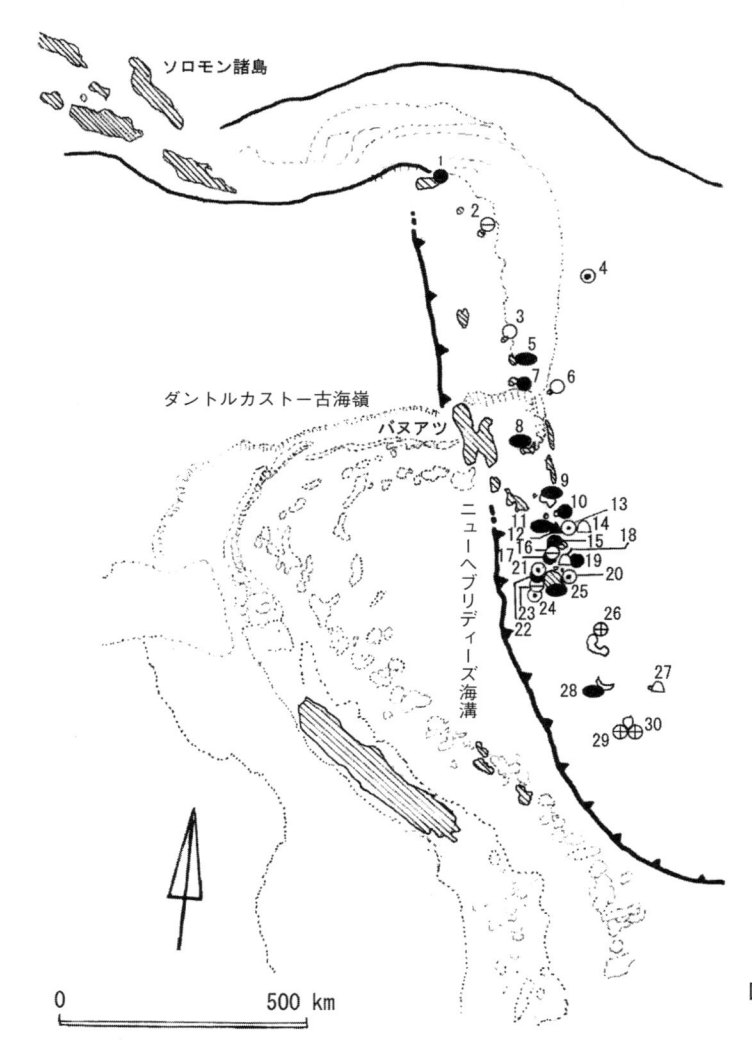

図 8.8-11 バヌアツ諸島の型別火山分布図
1-30 の番号は表 8.8-4 の左端の数字に対応.

ためか，その堆積面は認められない．とりあえず成層火山の第4発達段階にあるものとしたが，今後の検討が必要である．

 Vanua Lava 島楯状火山　標高 803 m, 底径 23.2 km の円に近い平面形をもつ楯状火山で，東山麓には数個のマールが存在する．

 Gaua 島成層火山　バンクス諸島ガウナ島には径 6 km のカルデラをもつ標高 717 m, 底径 19 km の成層火山があり，その山頂カルデラ内にはカシューナッツ型湖沼と小成層火山 Gharat がある．

 Aoba 島楯状火山　長径 38 km, 短径 15 km の北東—南西にのびる楕円形の楯状火山である．標高 1428 m の山頂には，径 2.6 km の高重力型と考えられるカルデラが存在する．楯状火山特有の緩斜面上には，多数のスコリア丘が側火山として認められる（図 8.8-12）．

 Sakao 島楯状火山　三菱型の平面形をもつ標高 1078 m, 底径 37 km のサカオ島を構成する楯状火山で，火山体に3本の割れ目火道があることを示唆する．頂部に火口があり，島西岬には8個のマールが認められる．

 Mangarisu 単成火山群　3個のスコリア丘と6個のタフコーンが接合し，長径 8.5 km, 短径 5.7 km のマンガリス島を形成した．島は 300-400 m の高原状を呈し，最高峰は標高 475 m で単成火山1個の平均底径は 2 km であった．

第 8 章　太平洋とその周辺の火山地形 / 179

8.8.5 トンガ-ケルマデック諸島

トンガ-ケルマデック諸島の火山は，北東進するインド-オーストラリアプレート下に太平洋プレートが沈み込むことによって生じた島弧型火山で，全長 2600 km，最深 8200 m のトンガ-ケルマデック海溝から西へ約 250 km 離れて南北に火山列を形成する（図 8.8-13，表 8.8-5）．ここでは 10 個の火山が存在する．その内訳は成層火山が 7 個，楯状火山 2 個，単成火山群が 1 個である．

Malau（Niuafo'ou）島楯状火山 マラウ島はトンガ弧の北端，トンガ海溝から 500 km 離れた内弧に噴出した標高 158 m，底径 8 km の玄武岩〜安山岩質溶岩流（SiO_2 54%）を主体とする楯状火山である（図 8.8-14）．火山体中央部に径 5.5 km の円形カルデラが存在し，それを取り巻く外輪山は平均幅 1.5 km，高度 150 m の平滑であるが楯状火山としては急な斜面からなる．カルデラ

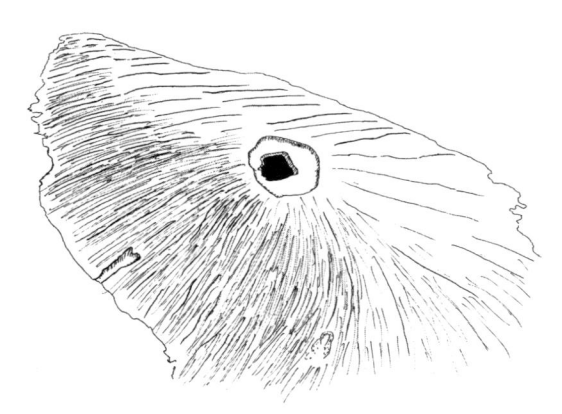

図 8.8-12 バヌアツ弧中央部 Aoba 島楯状火山を西上空から望む

表 8.8-5 トンガ-ケルマデック諸島の火山一覧

火山名	型	比高 (m)	底径 (m)
Tonga			
1 Malau (Niuafo'ou)	SH	158	8000
2 Tafahi	A1	541	2400
3 Niuatoputapu	SH	260	7400
4 Fonualei	A2	129	2200
5 Hunga	Ma	164	2150
6 Late	A1	470	4600
7 Kao	A1	1000	4200
8 Tofua	A4	506	8600
Kermadec			
9 Raoul	A4	516	5000
10 Cheeseman	A1	72	700

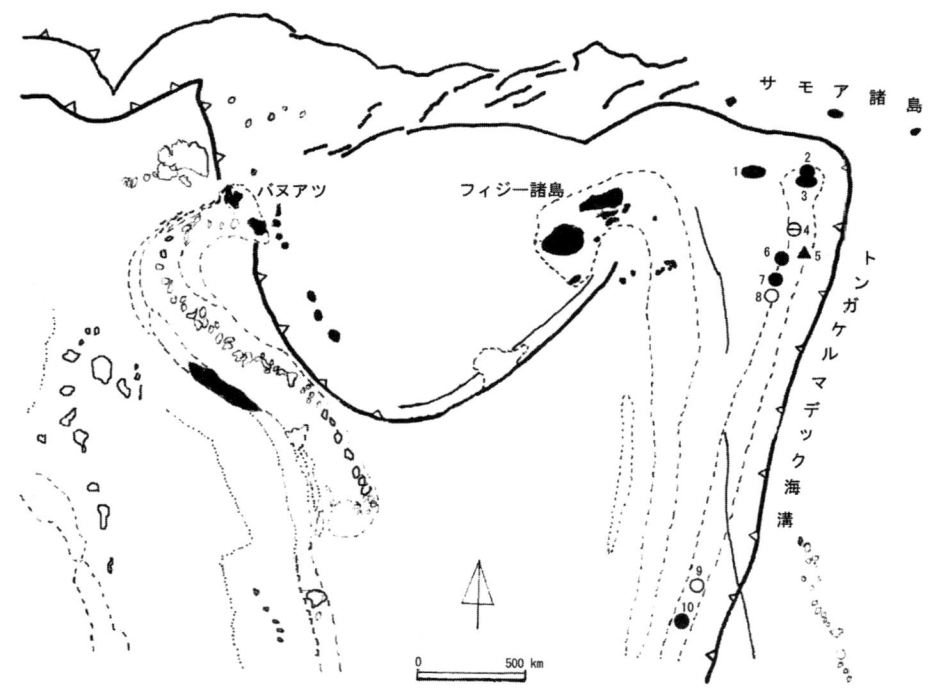

図 8.8-13 トンガ-ケルマデック諸島の型別火山分布図
1-10 の番号は表 8.8-5 の左端の数字に対応．

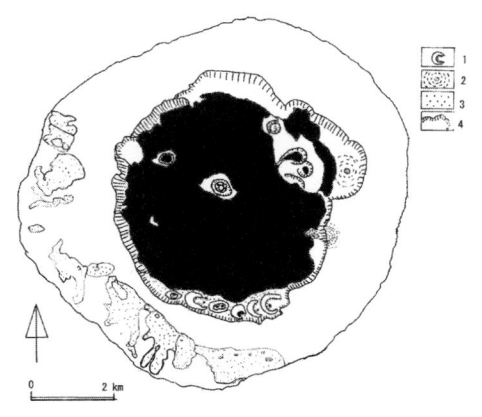

図 8.8-14 トンガ Malau 島楯状火山
1：スコリア丘，2：小楯状火山，3：玄武岩質溶岩流，4：カルデラ壁．

図 8.8-15 トンガ Fonualei 島成層火山

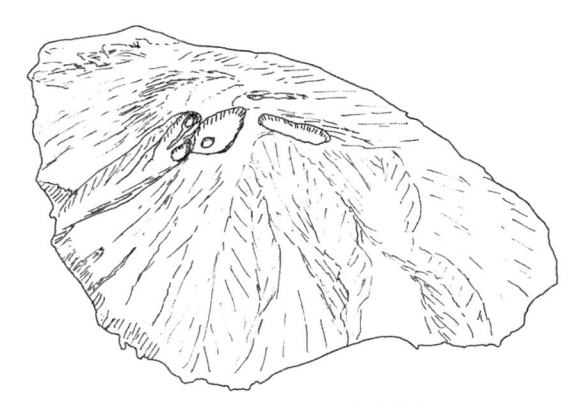

図 8.8-16 トンガ Kao 島成層火山

壁直下のカルデラ湖面各所にスコリア丘，タフコーン，それらから流出した溶岩流が環状に形成されており，カルデラ陥没後にその環状断層沿いに玄武岩質マグマが上昇したことを示唆する．カルデラ壁の外側の西外輪山斜面中腹にもスコリア丘が環状に並び，薄く広がる溶岩流が斜面を流下し，二重三重の環状断層が存在することを示唆する．19世紀以来およそ20年周期の噴火を行っており，カルデラ湖北東部のスコリア丘は 1886 年噴火で，西外輪山のスコリア丘列の大部分は 1912, 1929 年噴火で生じた（Richard, 1962）．

Tafahi 島成層火山　標高 541 m, 底径 2.4 km の急峻な円錐形成層火山体の頭部が海上に現れたもので，第1期発達段階の成層火山と見なしてよさそうである．

Niuatoputapu 島楯状火山　東西 3.5 km, 南北 6.5 km の北にとがった細長い三角形の平面形をもつ島で，外縁はサンゴ礁に囲まれる．最高所が約 260 m で，島全体が楯状の平滑で緩やかな斜面からなる．ガリーや谷地形はまったく認められず，スコリア丘などの突起も認められない．とりあえず，表面が侵食されたそれほど古くない楯状火山と判断した．

Fonualei 島火山　底径 2.2 km, 標高 129 m の山頂に径 1.3 km のカルデラが存在し，そのカルデラを玄武岩〜安山岩質溶岩流が埋め，2個の小楯状火山を形成している（図 8.8-15）．南側の外輪山は侵食された急斜面で，北側外輪山は緩やかで平滑な斜面からなる．外輪山はカルデラ形成以前，成層火山であったか，楯状火山であったか明らかでない中間的な地形をもつ．

Hunga 島単成火山　トンガ諸島の中で唯一，前弧側にはずれて形成された火山である．活動中のホットスポット海山が沈み込んだためであろうか．トンガ火山列の 67 km 東にあり，海溝からの距離は 120 km にすぎない．島の南部が沈降し，溺れ谷が北へ湾入している．島全体にわたって標高 164 m 以下の低平な丘陵性侵食地形が広がるが，その中にマール，スパター丘などの火山地形を示す単成火山が点在する．

Late・Kao 島成層火山　この2島の火山は底径が 4-5 km, 標高が 500-1000 m の規模をもつ成層火山で，形態も円錐形の富士山型で，成層火山の第1発達段階にあたるものと推察される（図 8.8-16）．

Tofua 島成層火山　標高 506 m, 底径 8.6 km の

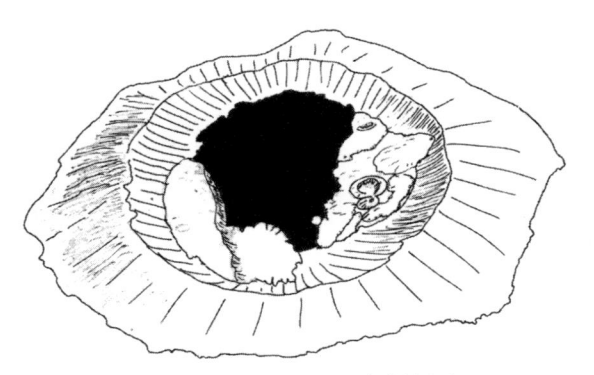

図 8.8-17 トンガ Tofua 島成層火山

成層火山で，山頂に径 5.8 km の円形カルデラがあり，カルデラ壁直下に径 1-2 km の小楯状火山が 4 個形成されている．これらの地形は Malau 火山と酷似し，楯状火山とも第 4 発達段階にある成層火山ともいえる．とりあえず成層火山としたが，どちらとも判断しかねる両者の中間的存在である（図 8.8-17）．

　Raoul 島成層火山　ケルマデック海溝からの太平洋プレートの沈み込みによって，海溝の西 200 km に噴出した火山島である．水深 2000 m から盛り上がった比高約 1000 m の円錐形成層火山体で，その頭部が海面上に突出している．その平面形は T 字形で径 2.8 km のカルデラが存在する．

8.9　ニュージーランド

8.9.1　概説

　ニュージーランドの第四紀火山は北島にのみ存在する．南島には第三紀に噴出し，現在では侵食で原面を失い骸骨状態になった 2 個の古い火山が認められるだけである．第四紀火山は Taupo 火山帯のカルデラ火山・成層火山・溶岩ドーム・タフリング，西方の Egmont 成層火山，北方の Auckland，Bay of Islands のスコリア丘を主体とする単成火山群である（図 8.9-1，表 8.9-1）．

　これらは，北島の東方沖でヒクランギ海溝をつくって北島の下に沈み込んでいる太平洋プレートの働きによってもたらされたと考えられている（Cole, 1979）．この沈み込みは北島の南東部で途切れ，それより南では沈み込みは起こっていないとされているが，火山もその西方延長線から南で突

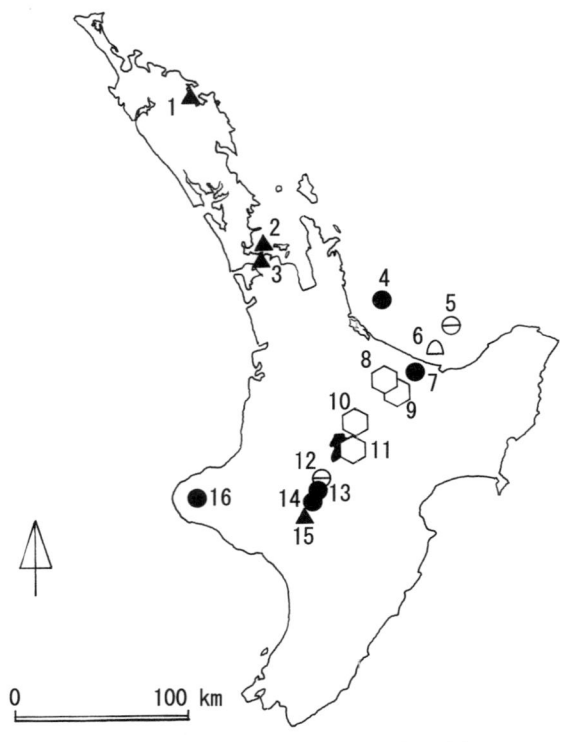

図 8.9-1　ニュージーランドの型別火山分布図
1-15 の番号は表 8.9-1 の左端の数字に対応．

表 8.9-1　ニュージーランドの火山一覧

	火山名	型	比高 (m)	底径 (m)
1	Te Puke	Ma	70	3000
2	Rangitoto	Sh	260	5500
3	Auckland	Sc	133	30000
4	Mayor Is.	A4	313	5000
5	White Is.	A2	316	2000
6	Whale Is.	Do	352	1750
7	Edgecumbe	Ad	730	4000
8	Rotorua	C	50	25000
9	Okataina	C	300	28000
10	Maroa	Cv	300	50000
11	Taupo	C	130	80000
12	Tongariro	A2	1400	17000
13	Ngauruhoe	A1	700	4000
14	Ruapehu	A1	200	35000
15	Ohakune	Ma	40	1000
16	Egmont	A1	2000	55000

然途切れている．その南端は Ruapehu 成層火山，Egmont 成層火山である．これら北島の第四紀火山の地形的特徴，火山型，発達史などについて述べる．

8.9.2 ニュージーランド北島周辺

ニュージーランドの主要な火山地域であるTaupo火山帯には顕著な正断層群が発達しており，日本列島と違って，張力場に火山が存在することを示している．ここでは東からプレートがニュージーランドの下に沈み込んでいて，Taupo火山帯は海溝からやや離れた，ケルマデック背弧盆の南の延長にあたる張力場に生じたために日本とは異なった様相を示すと考えられる（Cole, 1979）．

Taupo火山帯は4-5個のカルデラとそこから噴出した大規模酸性火砕流堆積物（図8.9-2）が主体をなし，その周囲に安山岩-デイサイト質の成層火山・溶岩ドームがはさむように存在する．カルデラの地形は現在噴出物に覆われ，明瞭ではないが，カルデラ内に流紋岩質の溶岩ドーム群が流出している．これらTaupo火山帯は100万年ほど前から活動を開始し，以降無数の大規模火砕流を噴出しているが，最近1万年でもすでに6回噴火していて，最後の噴火は1800年前であるので，近い将来の大噴火が心配されている．

内弧側にあたるアイランズ湾やオークランド市街地には玄武岩質溶岩原が形成され，その一部にRangitoto小楯状火山（図8.9-3）が生じている．火山フロントに沿っては，北から，安山岩-デイサイト質成層火山であるWhite Island，デイサイ

図8.9-2　1800年前に噴出したニュージーランド北島Taupo火砕流堆積物
数多くの黒色炭化木片が含まれる．

図8.9-3　ニュージーランドオークランド市沖に形成されたRangitoto小楯状火山

図8.9-4　ニュージーランド北島Rotoruaカルデラ火山地域内のTarawera流紋岩質溶岩ドーム（左の高まり）とそれを切る1886年噴火で形成された割れ目

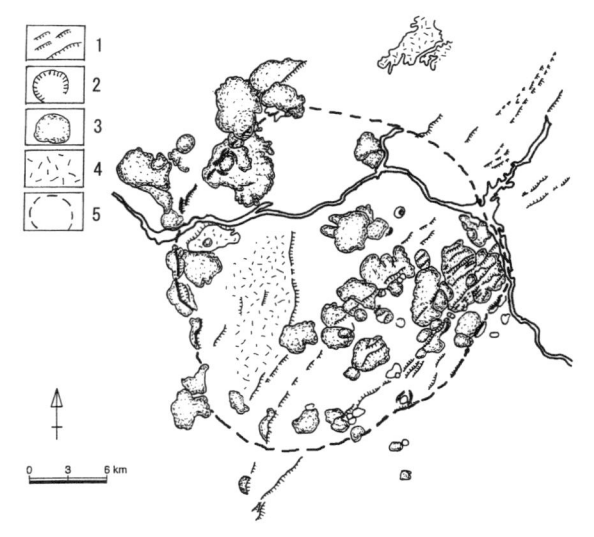

図8.9-5　ニュージーランド北島Maroaカルデラ火山の地形分類図
1：正断層崖，2：爆裂火口壁，3：溶岩ドーム，4：火砕流台地，5：推定埋没カルデラ壁．

図 8.9-6 ニュージーランド北島の Ruapehu (遠方), Ngauruhoe (手前) 成層火山

ト溶岩ドームである Whale Island, 安山岩質成層火山である Edgecumbe ドーム型成層火山がほぼ一直線上に並ぶ．その南に流紋岩質火砕流堆積物・溶岩ドームなどからなるカルデラ火山, Okataina, Rotorua (図 8.9-4), Maroa (図 8.9-5), 上記の Taupo が並ぶ．南端に Tongariro, Ngauruhoe, Ruapehu (図 8.9-6) などの玄武岩〜安山岩質成層火山が並ぶ．これらはいずれも第1期あるいは第2期発達段階に相当する時期までしか発達していない．内弧側にある Egmont 火山も同様で，富士山型の円錐形の火山体を保持する．

8.10 オーストラリア

オーストラリアには北東部と南東部に2つの溶岩原が認められる（図 8.10-1）．これらの溶岩原に関して10万分の1地形図と Google Earth 画像から情報を得たが，ここでは主に Johnson (1989) の情報にしたがってのべる．

オーストラリア北東部のクイーンズランド州クックタウン市付近から，ケアンズ市を経て，タウンズビル市周辺にいたる，全長およそ700 km の海岸に近いグレートディヴァイディング山脈東斜面に，第四紀に噴出した6個の溶岩原 Piebald, Atherton, McBride, Chudleigh, Nulla, Sturgeon が存在する（図 8.10-2；Johnson, 1989）．これらの溶岩原は径20-100 km の規模をもち，800万年ほど前から活動を開始しているものが多いが，その表面には小楯状火山・スコリア丘・タフコー

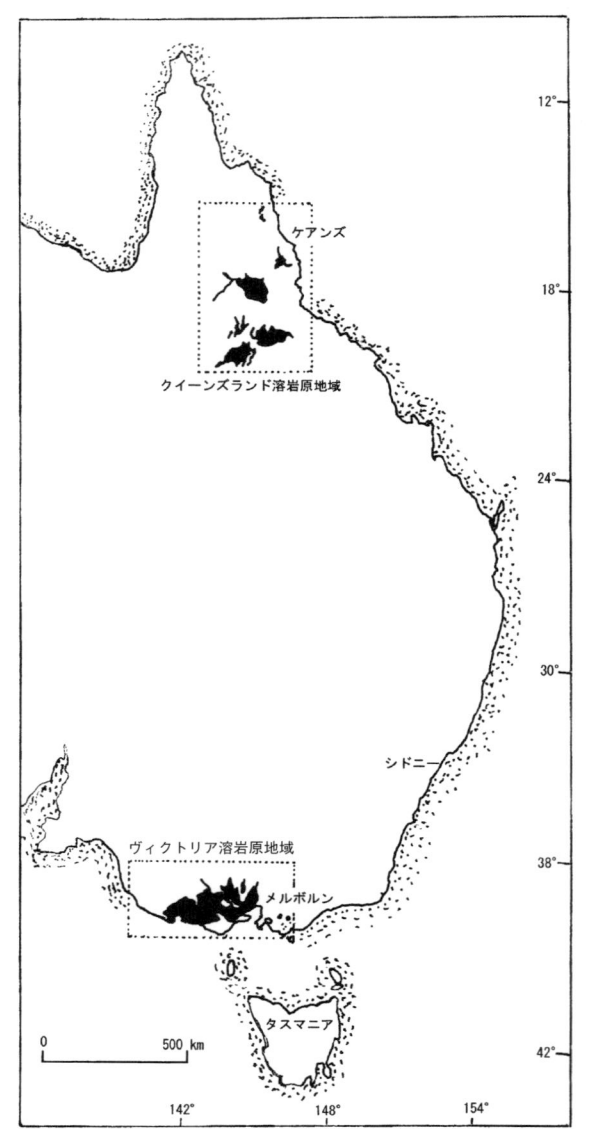

図 8.10-1 オーストラリアの火山地域位置図 (Johnson, 1989 を修正)

ン・マールなどの単成火山，溶岩トンネル天井陥没の地形などがよく保存され，10万年前以降の形成であることを示す．

オーストラリア南東部ヴィクトリア州のメルボルン市北方から西方にかけては，東西430 km, 南北190 km の範囲に147個のスコリア丘，42個のマールが分布し，その間には溶岩流が広く認められる（図 8.10-3；Johnson, 1989）．この分布範囲やスコリア丘・マールの個数から知られる火道の

数から，この地域全体を1つの溶岩原と見なして差し支えないと考える．スコリア丘はメルボルン市の北方に多く，マールは海岸に近い南方に多い．これらの形成年代は新鮮なスコリア丘やマールの地形から，10万年前以降と考えられる．溶岩流のみという記載も多く，すでにスコリア丘やマールは削剥・埋積により消失し，溶岩流のみが現在まで残存したことを示すと考えられる．10万分の1地形図・衛星画像ではこの溶岩原中に上記のスコリア丘など単成火山を除いて楯状火山・成層火山・カルデラ火山は認められないので，ヴィクトリア溶岩原地域は第1期まで発達した初期段階のものと判断される．

8.11 東太平洋

沈み込み帯が多い西太平洋と対照的に，東太平洋には火山島は極端に少ない．ハワイ諸島，ガラパゴス諸島，ラパヌイ（イースター）島などごく少ない数に限られる．これらはいずれもホットスポットの火山で，その多くは溶岩原・楯状火山であると考えられるが，海面上に露出した火山体頂部だけを見ると，流紋岩・粗面岩・フォノライトなどの分化が進んだ火山岩からなる成層火山も少なくない（図8.11-1, 表8.11-1）．

8.11.1 ハワイ諸島

北太平洋のほぼ中央にあるハワイ諸島は，典型

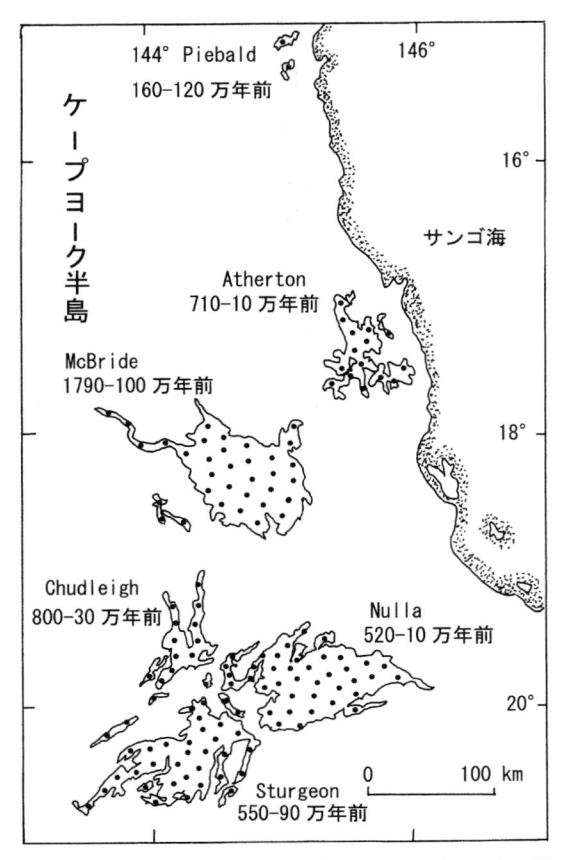

図8.10-2 オーストラリア北東部クイーンズランドの溶岩原分布と年代（Johnson, 1989を一部修正）

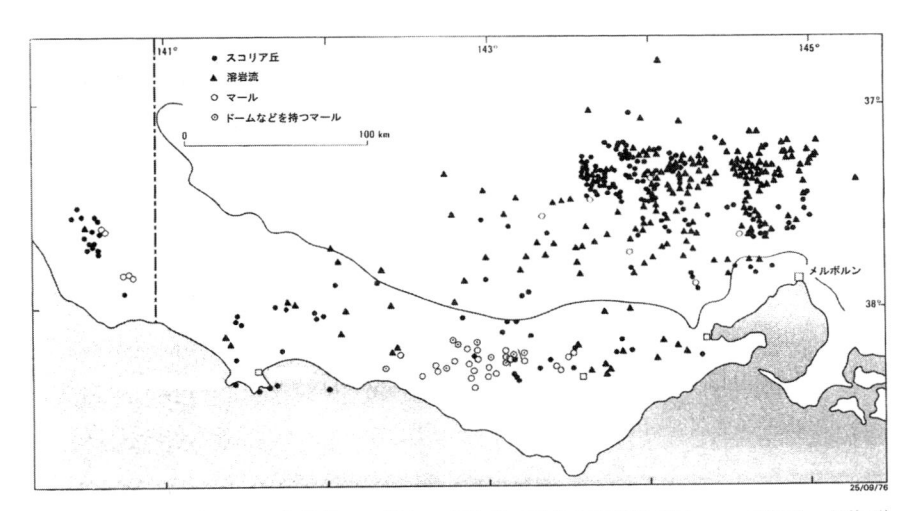

図8.10-3 オーストラリア南東部メルボルン市北方〜西方の溶岩原（Johnson, 1989を一部修正）

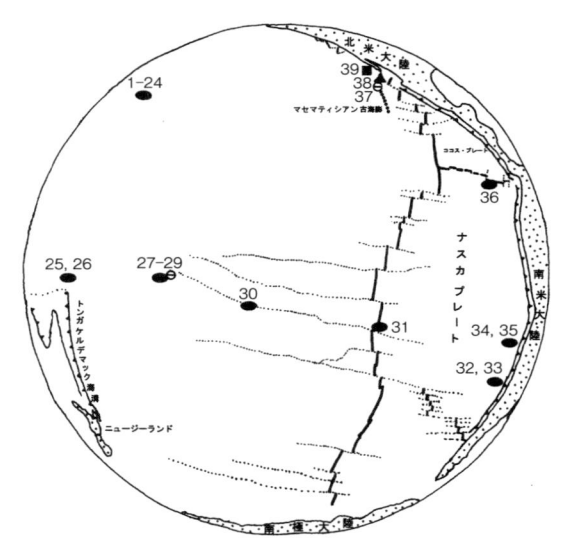

図 8.11-1 東太平洋の火山島位置図

1-39 の番号は表 8.11-1 の左端の数字に対応．1-24：ハワイ諸島，25, 26：サモア諸島，27-29：タヒチ諸島，30：アダムスタウン島，31：ラパヌイ（イースター）島，32, 33：ファンフェルナンデス島，34, 35：デスヴェンチュラドス諸島，36：ガラパゴス諸島（詳しくは図 8.12-16，表 8.12-2 参照），37：ソコロ島，38：サンベネディクト島，39：グアデループ島．

的なホットスポット起源の火山として知られる．ホットスポットにもっとも近いとされるハワイ島から北のニーハウ島まで8個の火山島が存在し，24個の火山を認めた（図 8.11-2）．そのうち 14 個が玄武岩質溶岩流を主体とした大型楯状火山で，残り 10 個がスコリア丘・マール・小型楯状火山など，後楯状火山期の過アルカリ岩質単成火山である．

　北西—南東方向に並ぶハワイ諸島の中で，最北端のカウアイ島がもっとも侵食されている古い火山で，南東端のハワイ島はほとんど侵食作用が及んでいない若い火山である事実は古くから知られていたが，最新の火山であるハワイ島内部だけでも，南東端の Kilauea 火山がもっとも若く，Mauna Loa 火山がそれに次ぎ，Hualalai, Mauna Kea, Kohala 火山の順で古くなることも，明らかとなった．

ハワイ島

　ハワイ島を構成する Kilauea・Mauna Loa・Hualalai・Mauna Kea・Kohala の 5 火山は，いずれも典型的な大型楯状火山である．Kilauea・

表 8.11-1 東太平洋の火山一覧

火山名	型	比高 (m)	底径 (m)
Hawaii			
1 Kilauea	SH	1225	48000
2 Mauna Loa	SH	4079	61000
3 Hualalai	SH	2521	28000
4 Mauna Kea	SH	4148	86000
5 Kohala	SH	1657	28000
Maui			
6 Haleakala	SH	3030	76000
7 West Maui	SH	1715	40000
8 Kaho'olawe	SH	447	22000
9 Lanai Hale	SH	1027	33000
Molokai			
10 Molokai	SH	1512	60000
11 Kalaupapa	Sh	1210	30000
Oahu			
12 Koolau	SH	824	55000
13 Waianea	SH	1205	21000
14 Honouliuli	Sc	466	6000
15 Salt Lake	Ma	146	4000
16 Punchbowl	Ma	131	1000
17 Diamond	Ma	229	2000
18 Koko Head	Sc	361	4000
19 Mokapu Penins	Ma	205	4000
Kauai			
20 Kauwaikini	SH	1571	43000
21 Kilohana	Sh	344	11000
22 Koloa	Sc	99	4000
Ni'ihau			
23 Ni'ihau	SH	342	9000
24 Lehua	Ma	181	2000
Samoa			
25 Silisili	SH	1858	44000
26 Fito	SH	1113	48000
Tahiti			
27 Orohena	SH	1634	32000
28 SE Tahiti	SH	1107	17000
29 Mehitia	A1	387	1500
30 Adamstown	A3	310	2200
Rapa Nui			
31 Terevaka	SH	601	11300
Juan Fernandes			
32 Alejandro	A	1261	15000
33 Robinson Crusoe	A4	552	16700
Los Desventurados			
34 San Felix	Sc	158	2000
35 San Ambrosio	Sc	437	2100
36 Galapagos (表 8.11-2 参照)			
Villagigedo			
37 Socorro	A2	1000	13500
38 San Benedicto	ScDa	296	3320
39 Guadalupe	L	1201	21200

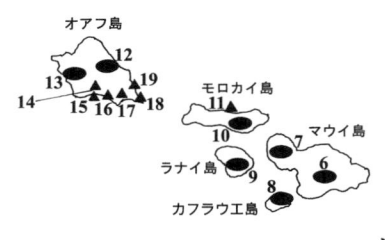

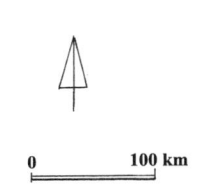

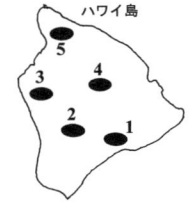

図8.11-2 ハワイ諸島の型別火山分布図
1-24の番号は表8.11-1の左端の数字に対応.

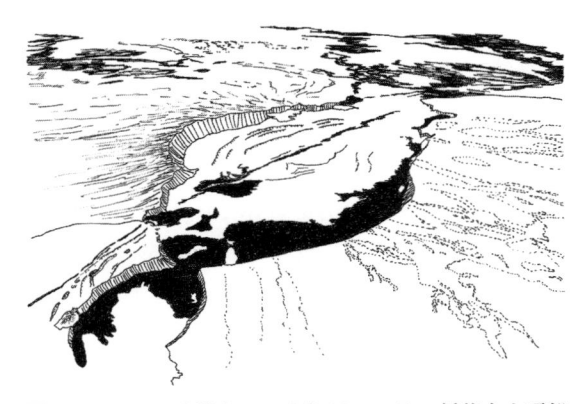

図8.11-3 ハワイ諸島ハワイ島 Mauna Loa 楯状火山頂部のピットクレーター

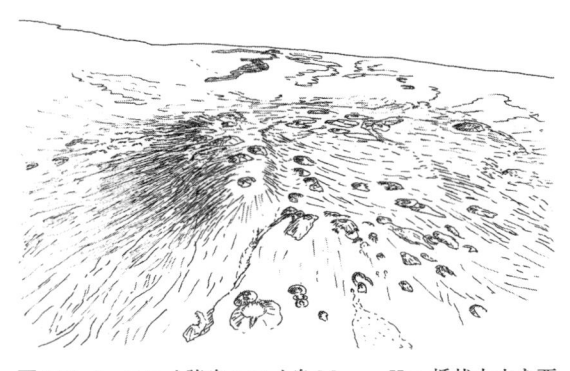

図8.11-4 ハワイ諸島ハワイ島 Mauna Kea 楯状火山を西上空より望む

Mauna Loa 火山では，山頂にマグマの地下への逆戻りによるいわゆる高重力型陥没カルデラが形成されている．そのカルデラあるいは山頂から3方向にリフトゾーンと呼ばれる割れ目が形成され，そこから溶岩が流出あるいは陥没し，ピットクレーター列が形成されている（図8.11-3）．噴火様式は高温のマグマのしぶきを火口から数十〜数百mの高度まで噴火柱を立てて噴出し，しぶきは高温のまま着地して溶岩流として斜面を流下する，いわゆるハワイ式あるいはアイスランド式噴火が主である．そのため火山体は平滑な溶岩流の緩やかな斜面となっている．スコリア丘やマールはほとんど形成されていない．

少しホットスポットから離れた Hualalai・Mauna Kea 火山ではマグマ噴出の速度などが減少し，ストロンボリ式噴火が多くなり，スコリア丘が火山体斜面に多く見られるようになる（図8.11-4）．しかし過アルカリ質マグマはハワイ島の火山では見出されず，マウイ島を越えて，ホットスポットから320 km離れたモロカイ島 Kalaupapa 半島で初めて認められる（図8.11-5）．

オアフ島

オアフ島では過アルカリ質マグマによる小型単成火山が多く見られる．ワイキキの浜からよく見える Diamond Head 火砕丘，欧州戦線で散った日系兵士が眠る Punchbowl 火砕丘，Koko Head クレーター，Hanauma Bay マール（図8.11-6）など，いずれも過アルカリ質マグマによる小火山である．

一方，約500万年前にオアフ島がホットスポット上に存在した時期に形成された大型楯状火山は，現在海水・河川の侵食作用により変形し，2個の大型楯状火山の接合部分にあたる緩斜面のみが原形を残す．

カウアイ島

最北端のカウアイ島の概形をつくる大型楯状火山は1個で，山頂のカルデラ地形と山麓の緩斜面の一部はわずかに原形をとどめるが，「ハワイのグランドキャニオン」と称されるほどの深い（800 m）峡谷に穿たれている．島南部の広い侵食谷底には過アルカリ岩質小楯状火山が存在する．これらは，ホットスポットから離れるにしたがって，噴火様式・マグマの性質などが変化することを示す．

8.11.2 サモア諸島

サモア諸島は，太平洋のほぼ中央部，トンガ列島・海溝の北端部のすぐ北東の水深約5400 mの海洋プレート上に噴出し，西北西から東南東に並ぶマタウトゥ・サワイ・ウポル・トゥトゥイラ・タウの5島から構成される．

最西端のマタウトゥ島は標高123 m，底径11 kmの緩やかな小島で，その中部から南部にかけて径2 km以下のマールが約10個点在するのが認められる．

西から2番目のサワイ島は東西50 km，南北38 kmの菱方の平面形をもち，ほぼ全面玄武岩質の流動性に富む溶岩流に覆われている典型的な楯状火山と考えられる．島中央部のやや北西よりに最高峰，標高1858 mのSilisili火山があり，南向きの緩やかな斜面には2本の平行した，谷底が平滑で広い馬蹄形谷が存在する．これらの谷は地形的に見て侵食によるものではなく，溶岩湖からマグマが地下または火山体側方へドレインバックしたことによる一種の陥没カルデラであると推定される．島中央部から東西方向に計203個のスコリア丘・マール・タフコーンの小型単成火山が形成されている（図8.11-7）．

中央のウポル島はほぼ東西にのび，その中軸に数十個の火口が列をなす楯状火山から構成される．中軸火口列のほぼ中央部に標高1113 mのFito楯状火山が存在し，島の尾根を形成する中軸火口列から南北両側に溶岩流が形成したと考えられる緩

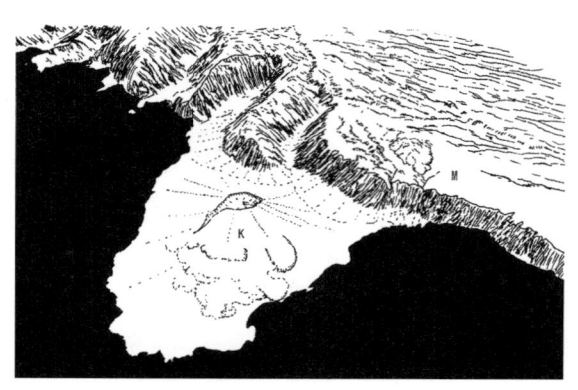

図8.11-5 ハワイ諸島モロカイ島の楯状火山原面（M）と，過アルカリ岩質溶岩流を主とする小楯状火山からなるKa-laupapa半島（K）を北上空より望む

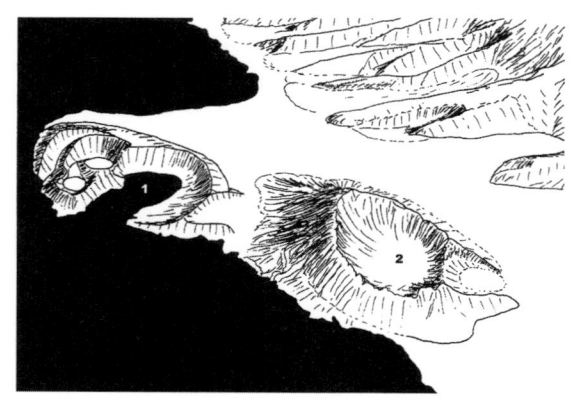

図8.11-6 ハワイ諸島オアフ島のHanauma湾（1），Kokoクレーター（2）を北東より望む

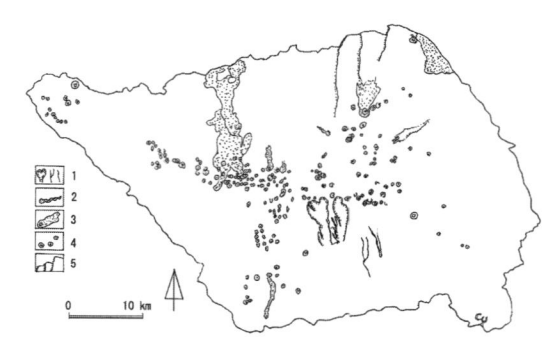

図8.11-7 サモア諸島サワイ島Silisili火山の地形分類図
1：ガリー・侵食谷，2：溶岩トンネル・陥没凹地（谷），3：溶岩流，4：スコリア丘，5：正断層崖．

斜面が海岸線にのびる．この斜面はかなり多くの侵食谷に刻まれていて，サワイ島より形成年代がやや古いことを示す．

東端から2番目のトゥトゥイラ島は標高620 m以下の低い侵食山地が主体をなし，円形の湾など，過去の火口・カルデラのような火山地形の名残を示す地形がわずかに見出されるにすぎない．

最東端のタウ島は急峻な成層火山体からなり，頂部に円形カルデラが存在し，それを2回溶岩が満たしたが，その後火山体の半分が地すべり的に崩壊している．

以上5島の地形侵食の程度は，西から東，あるいは東から西へと規則的に変化せず，いずれも若い火山であることを示している．つまりこの一線上にならぶ5島を1組のホットスポット火山とすることはできないことを意味する．

8.11.3 仏領ポリネシアソシエテ諸島のモーレア島・タヒチ島

ここには西北西―東南東方向にモーレア島1火山・タヒチ島2火山の3火山が並ぶ．これら3火山はいずれも火山原面は消失し，定高性を示す放射状の稜線のみが残存する古い楯状火山である（図8.11-8）．火山体の侵食の度合いから，西北西端の火山がもっとも古く，南東端がもっとも新しいことがわかる．さらに最東端のMehitia成層火山はタヒチ島から124 km離れて，深さ3900-4200 mの海底から屹立した円錐形火山体の頂部が海面上に顔を出したもので，標高387 m，底径1.5 kmの頂部に径200 mの火口をもつ急峻な第1期発達段階の成層火山と推定される（図8.11-9）．大きく見てこれらの火山列を一連のホットスポット火山とすれば，さらに東方に太平洋海膨が存在

することから，現在Mehitia成層火山が存在する位置から北西に海洋プレートは移動し，その結果東から西へ順に古くなる火山列が形成されたと考えられる．

8.11.4 アダムスタウン島

この島は太平洋海膨の拡大軸の中心から西へ1790 kmの位置に，深さ3400-3700 mの海底から成長し，海面上に底径2.2 km，標高310 mの火山島，すなわち深海底から底径32 km，比高3900 mの急峻な円錐火山体をつくりあげた．アダムスタウン島の西にはほぼ東西に約30 kmの間隔で一線状に並ぶ同規模の円錐形海山が20個以上存在し，逆に東方に1個の海山が存在する．したがってアダムスタウン島はホットスポット起源と考えられる．

この火山は北東―南西方向にややのびた輪郭をもつが，その中央に径1.3 kmのカルデラが存在し，外輪山表層30-40 mは灰白色で，成層構造が明瞭なマグマ水蒸気噴火の噴出物が認められる（図8.11-10）．

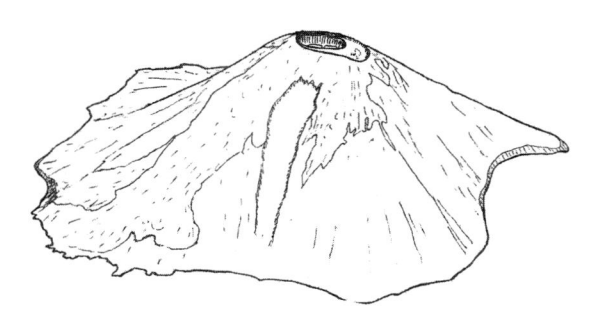

図8.11-9 タヒチ島東のMehitia成層火山
山頂火口より噴出したスパターが着地後二次流動し，溶岩流として山麓まで達しているかに見える．

図8.11-8 仏領ポリネシアタヒチ島の古楯状火山

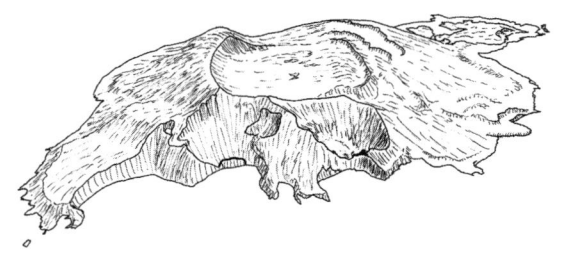

図8.11-10 南東太平洋アダムスタウン島をつくる成層火山を南東上空から望む
山頂火口が2個（600 m径，300 m径）存在する．

図 8.11-11 ラパヌイ島楯状火山の地形分類図
1：Terevaka 小楯状火山，2：Oronga スパター丘頂部の火口，3：Poike 小楯状火山と溶岩ドーム列，4：スパター丘とスコリア丘．

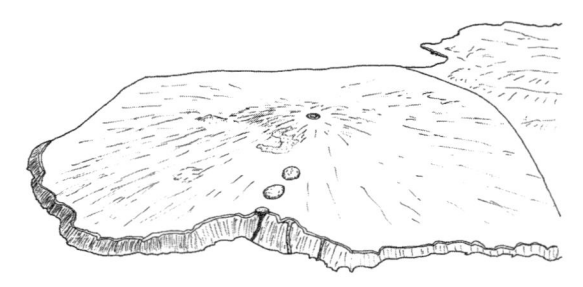

図 8.11-13 ラパヌイ島 Poike 小楯状火山と北麓溶岩ドーム列

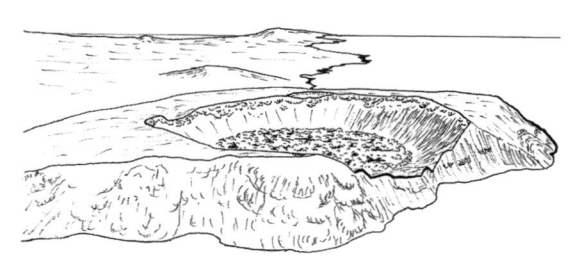

図 8.11-12 ラパヌイ島南西隅 Oronga スパター丘の Rano Kao 火口

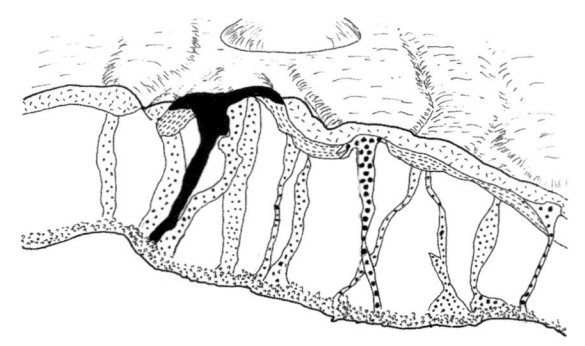

図 8.11-14 ラパヌイ島 Poike 小楯状火山北麓の溶岩ドーム列を切る海食崖の露頭

8.11.5 ラパヌイ（イースター）島

　ラパヌイ（イースター）島は，深海底から成長した巨大楯状火山頂部がわずかに海面上に顔を出した状態の緩やかな起伏をもつ島で，その平面形はおよそ直角二等辺三角形に近い形を示す．二等辺の一辺の長さは約 15 km で，直角の頂点近くに島最高地点の Terevaka 小楯状火山（標高 601 m）がある．残りの 2 頂点に底径各 3 km，標高 400，440 m の Poike（Katiki）小楯状火山，Oronga（Rano Kao）大型スコリア（スパター）丘があり，それらと Terevaka 小楯状火山を結ぶ 2 辺にはスコリア丘列が並び，海面下にザクロ状に割れたリフトゾーンが存在することを示唆する（図 8.11-11）．

　ラパヌイ島南西隅の Oronga スパター丘の頂部には径 1.5 km の円形カルデラがあり，その底に比高 5-10 m の無数の起伏とその凹地に湛えられた小池沼群がつくる奇妙な景観が人を驚かす（図 8.11-12）．これは溶岩湖の表面がわずかに固化した後，少量のマグマが脇に漏れ，10 m 前後マグマ頭位が下がり，その空間に固化した薄い天井が落下した結果，形成されたものと考えられる．

　また島東隅の Poike 小楯状火山の北麓海岸には，中心火道から派出する割れ目に沿って 3 個の溶岩ドームが並ぶ（図 8.11-13）．これらは径 200-240 m，比高 20 m の平頂丘で流紋岩・フォノライト質溶岩からなると推定される．この 3 個のうちもっとも北にある溶岩ドームは海食崖に切られ，白色のドーム溶岩と基盤岩を切る岩脈群（図 8.11-14）が明瞭に認められる．海食崖最上部に白色・褐色 2 層のテフラ層（それぞれ厚さ 20-30 m）が露出する．最新のドーム溶岩とそれに連続する岩脈は 2 層を切って地表に流出している．他の岩脈は，下位の褐色テフラ層を切るが白色テフラ層には覆われるものと，2 層に覆われているものに分けられる．

8.11.6 ファンフェルナンデス諸島

Alejandro 島火山と Robinson Crusoe 島火山
Alejandro 島火山と Robinson Crusoe 島火山は 167 km の距離を隔て，東西一線上に並ぶ．西方にある Alejandro 島火山は，さらに西にある東太平洋海膨まで 2860 km の距離がある．東方にある Robinson Crusoe 島火山は，さらに東方の南米チリサンチャゴ市まで 663 km の距離がある．両島は東西一線上に並ぶ 20 個を超える円錐火山体である海山列にはさまれ，その起源はホットスポットであると考えられる．

Alejandro 島火山は東西 7 km，南北 15 km の規模をもち，西から東に放射状に傾斜する侵食尾根がかつて成層火山であったことを示す．しかし西半分は欠け落ち，急崖で断ち切られている．

Robinson Crusoe 島は南西端のサンタクララ島を含め，北に凸面を向けた三日月型の平面形をもつ島で，南に径約 15 km のカルデラを抱いた外輪山に見える．成層火山頂カルデラとしては大きすぎ，とりあえずカルデラが侵食作用で拡大したとしておくが，問題が残る．

8.11.7 ロスデスヴェントゥラドス諸島

San Felix 島 西の太平洋海膨の拡大軸まで約 3200 km，北東の南米大陸チリのアンフォガスタ市まで 998 km，深さ 3900-4200 m の海底から突出する火山体の頂部である．この火山島の主部は，標高 40 m 以下の表層の凹凸を波浪で侵食された溶岩原を原面とすると推定される平坦面からなり，その構成物は黒〜赤褐色で成層構造をもつことから玄武岩質溶岩流であると考えられる．その西縁隅にスコリア丘（標高 160 m，底径 660 m）が存在する（図 8.11-15）．これらから，この島をつくる火山体は基部から頂部まで玄武岩質マグマの活動で形成されており，陸上に流出していれば溶岩原になっていたであろう．

San Ambrosio 島火山 San Felix 島の東 19 km に San Ambrosio 島（標高 437 m，底径 2.1 km）がある．赤紫色〜黒褐色で成層した火山噴出物（スパター？）からなる蒲鉾状の地形をもち，地表面は平滑である．地形面と地層とは平行しており，スパターがつくる地形と考えたい．海面下には San Felix 島火山と規模・形態が似た円錐火山

図 8.11-15 東太平洋 San Felix 島火山（Google Earth による）

体が存在する．

8.11.8 ガラパゴス諸島

太平洋海膨の中心から 1200 km 東，南米大陸エクアドルの西約 1100 km 沖に位置するガラパゴス諸島は，東太平洋海嶺近くに形成されたフェルナンティナ，イサベラ，サンクリストバルなど 11 個の火山島からなる．

ガラパゴス諸島は深さ 4000 m の海底から 2000 m 前後高い，海台上からさらに 2000 m の火山体を積み上げて海面上に頭を出した．火山体の基盤となる海台はほぼ東西にのびる長さ 1100 km，幅 150-160 km の平面形をもち，東端はエクアドル西岸沖 50-100 km にある南米海溝に沈み込み，西端はガラパゴス諸島フェルナンディナ島でその縁は 4 km/20 km の勾配をもつ海底急斜面で限られる．一方，その背面は比較的平滑で，ハワイのような海山列とは異なった地形を示す．

ガラパゴス諸島には 17 個の火山が存在するが，その内わけは溶岩原 6 個，楯状火山 7 個，単成火山である小楯状火山 4 個で，成層火山・カルデラ火山・溶岩ドーム火山はまったく存在しない．玄武岩質マグマからなる典型的な海洋島群である（図 8.11-16，表 8.11-2）．とくにイサベラ島には似たような形態・規模の楯状火山が 6 個存在する．そのうちの 1 つ，Wolf 楯状火山（図 8.11-17）の山頂には径 5-8 km の高重力型カルデラが存在し，

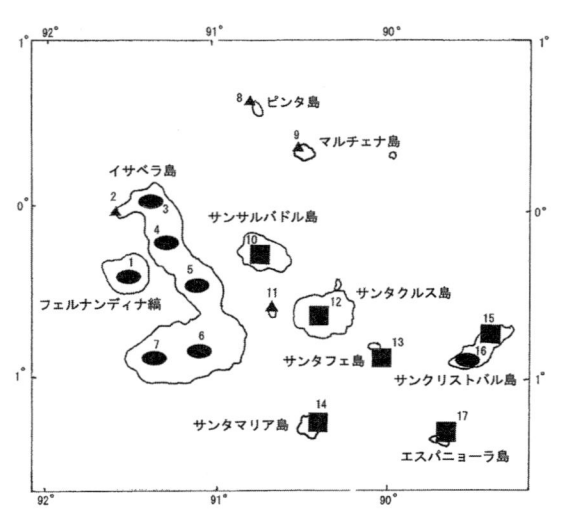

図 8.11-16　ガラパゴス諸島の型別火山分布図
1-17 の番号は表 8.11-2 の左端の数字に対応.

表 8.11-2　ガラパゴス諸島の火山一覧

火山名	型	比高 (m)	底径 (m)
1 Fernandina	SH	1470	29000
2 W Wolf	Sh	872	4000
3 Wolf	SH	1687	20000
4 Darwin	SH	1390	23000
5 Alcedo	SH	1132	21000
6 Sierra Negra	SH	1490	33000
7 Cerro Azul	SH	1690	21000
8 Pinta	Sh	2440	9000
9 Marchena	Sh	2160	12000
10 Bartolome	L	891	11000
11 Guy Fawkes	Sh	445	5000
12 Baltra	L	815	36000
13 Santa Fe	L	256	5500
14 Santa Maria	L	443	16000
15 E. San Crustobal	L	150	26000
16 W. San Crustobal	SH	662	32000
17 Espanola	L	206	9500

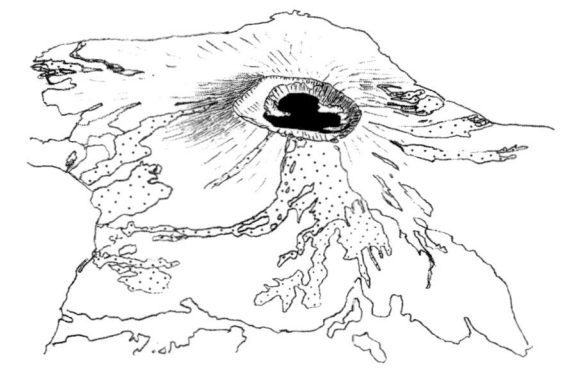

図 8.11-17　ガラパゴス諸島イサベラ島 Wolf 楯状火山を南上空から望む

斜面には新しい玄武岩質溶岩流が多く見られる. フェルナンディナ島では山頂カルデラ床が 1968 年に崩落した (McBirney and Williams, 1969).

　イサベラ島の西北端にある W. Wolf 火山 (仮称) は規模が小さく小楯状火山に分類したが, 円錐状の火山体が海面下に隠れているので, 大型楯状火山に分類した方が真実に近い. イサベラ島の残りの 5 火山, Wolf, Darwin, Alcedo, Sierra Negra, Cerro Azul はいずれも山頂に高重力型カルデラをもつ大型楯状火山である. いずれも新鮮な溶岩流に覆われ, 若く, 活発に噴火するホットスポット直上の火山であることがうかがえる.

　イサベラ島の東にある Bartolome, Guy Fawkes, Baltra などの火山はわずかに侵食谷が刻まれ, その中に新たな火山が生じていることから, 噴火活動の頻度は下がったが, なお断続的に噴火が行われていることがわかり, ハワイ島の Mauna Kea, Kohala 火山と似た発達段階にあると推定される.

8.11.9　ソコロ島

　ソコロ島火山とサンベネディクト島火山を含むレヴィリャヒヘド諸島は, 東太平洋海膨から西へ 590 km, 400 万年ほど前まで活動していたマセマティシアン古海膨拡大軸直上に形成された火山諸島で, ソコロ島火山は深さ 3300 m の海底から成長した底径 49 km, 比高 4300 m の急峻な円錐火山体である. その約 1/4 が海面上に頭を出し, 底径 13.5 km, 比高 1000 m の成層火山を形成している.

　ソコロ島火山は主に安山岩質溶岩流を繰り返し流出して, 海面上の火山体を築いた. その溶岩流の厚さは 40-50 m, 長さは 5-6 km, 幅は 1 km 以下である. 側火山も数個形成されている. 山頂部に爆裂火口地形は存在せず, 溶岩ドームあるいはスパターが火口を覆い, ドーム状の地形を山頂に形成したものと推定される. 厚い溶岩流が火山体表層部を形成し, 火砕流やプリニー式噴出物を放出した大火口や小カルデラを形成した形跡が認

図 8.11-18 メキシコ西岸沖にあるサンベネディクト島火山を南上空から望む

図 8.11-19 メキシコカリフォルニア半島西岸沖のグアデループ島の溶岩流

められないことから，ソコロ島火山は成層火山発達の第2期にあるものと判断される．ただ海面下ではこの成層火山の下に楯状火山や溶岩原を形成するはずの玄武岩質溶岩流が海水に遮られ遠方に流れることができず，枕状溶岩を積み上げ，急峻で形態は成層火山に似た円錐火山体をつくったものと推定される．

8.11.10 サンベネディクト島

ソコロ島から北へ56 km，マセマティシアン古海膨上に形成されたサンベネディクト島火山は，北北東—南南西 4.2 km，西北西—東南東 1.9 kmの底径をもち，4個の小火山体が串団子状に相接して並ぶ．南南西から北北東に向かって，古軽石質火砕丘→新軽石質火砕丘→溶岩ドームをもつマール→古火山外輪山台地の順序で並ぶ．南から2番目の新火砕丘 Barcena は1952-53年の噴火で形成された（Mooser $et\ al.$, 1958）．このとき新軽石質火砕丘基部に生じた割れ目から海中に粗面岩質溶岩が流出し，21本の溶岩流に分岐して溶岩扇状地を形成した（図 8.11-18）．なおこの噴火ではマグマ水蒸気噴火に伴う横なぐり噴煙やスフリエール型火砕流も噴出している．

8.11.11 グアデループ島

グアデループ島はメキシコのカリフォルニア半島西岸沖 333 kmの古海嶺（水深約 1500 m）上に形成された，南北 32 km，東西 8.7 kmの細長い島である．南北にスコリア丘・タフコーンが列をなし，溶岩原の一部と考えられるが，その中に小成層火山体が1個認められる．北部には東に開いた地すべり地形が存在する．その幅・奥行きはともに 7.7 kmである．以上からこの島は溶岩原または楯状火山の頂部であると見なされる（図 8.11-19）．

第9章 アメリカ大陸の火山地形

9.1 アリューシャン・アラスカ弧

米地質調査所発行の縮尺1/63360地形図，Google Earthの画像データ，Wood and Kienle (1990) のデータをもとに，アラスカとアリューシャン列島の火山型別分布図を作成した（図9.1-1，表9.1-1）．火山体のかなりの部分が海底下にあり，裾野の地形の情報が欠けている点，雪氷に覆われ火山体の地形・構造がよくわからない点など，火山のタイプ分類についてはまだ問題が残されているものの，得られた結果をもとにアリューシャン列島，アラスカ半島の沈み込み帯の火山の型別の特徴についてのべる．

アラスカ南西部から西にアラスカ半島がのび，さらにその先端から西にアリューシャン列島が弧を描いてカムチャツカ半島まで続く．これらの島弧のすぐ南には海溝があり，太平洋プレートが島弧下に沈み込む．太平洋プレートは，西に向かうにつれ北に湾曲するアリューシャン列島に対して，北西方向に移動しているため，アリューシャン列島西部では沈み込みは起こらず，火山も存在しない．一方，アリューシャン列島東部ではBuldir火山島からアラスカ半島付け根付近のSpurr火山まで，2500 km以上の距離の島弧火山帯がある．そこにWood and Kienle (1990) は69個の火山を見出しているが，筆者は原地形を残す火山51個を認めた．これらのうち成層火山は45個，小型成層火山2個，カルデラ火山4個と，沈み込み帯の典型ともいえる型別の比率を示す．

成層火山のうち富士山型の玄武岩～安山岩質溶岩流・スコリアからなる円錐形の成層火山は，Pavlof（図9.1-2），Shishaldin（図9.1-3）など22

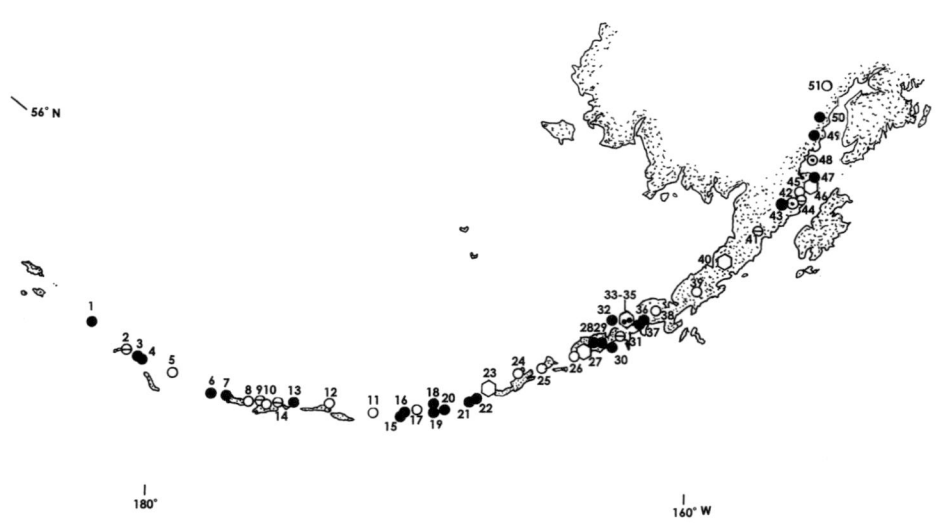

図9.1-1 アラスカとアリューシャン列島の型別火山分布図
1-51の番号は表9.1-1の左端の数字と対応．

表 9.1-1　アラスカとアリューシャン列島の火山一覧

火山名	型	比高 (m)	底径 (m)
1　Buldir	A1	355	2000
2　Kiska	A2	1077	5000
3　Segula	A1	1012	5000
4　Little Sitkin	A1	807	4000
5　Semisopochnoi	A4	1063	6000
6　Gareloi	A1	965	9000
7　Tanaga	A1	1746	9000
8　Kanaga	A4	1746	12000
9　Moffet	A2	445	9000
10　Adagdak	A4	156	4000
11　Pyre（Seguam）	A4	1041	20000
12　Korovin（Akta）	A4	1479	1000
13　Kasatochi	A1	301	2000
14　Great Sitkin	A2	1740	11000
15　Amukta	A1	590	8000
16　Chagulak	A1	264	3000
17　Yunaska	A4	452	10000
18　Herbert	A1	606	8000
19　Carlisle	A1	1577	8000
20　Cleaveland	A1	1165	8000
21　Vsevidof	A1	400	12000
22　Recheshnoi	A1	1381	13000
23　Okmok	C	1073	35000
24　Makushin	A4	1179	13000
25　Akutan	A4	1080	14000
26　Sharichef（Westdahl）	A4	1976	20000
27　Fisher	C	503	40000
28　Shishaldin	A1	2857	11000
29　Roundtop	A1	1871	18000
30　Isanotski	A1	2416	20000
31　Frosty（Cold Bay）	A2	1987	10000
32　Amak	A1	482	5000
33　Emmons Lake	C	1144	25000
34　Emmons	a1	1309	5000
35　Hague	a1	1324	6000
36　Pavlof	A1	1295	8000
37　Pavlof Sister	A1	733	6000
38　Dana	A4	384	7000
39　Veniaminof	A4	2213	21000
40　Aniakchak	C	498	21000
41　Peulik	A2	1455	23000
42　Katmai	A3	590	9000
43　Griggs	A1	1421	6000
44　Snowy	A	2012	12000
45　Kukaku	A4	2318	6000
46　Kaguyak	C	901	11000
47　Douglas	A1	1075	14000
48　Augustine	A3	1207	4000
49　Iliamna	A4	3054	15000
50　Redoubt	A1	3108	11000
51　Spurr	A4	3296	19000

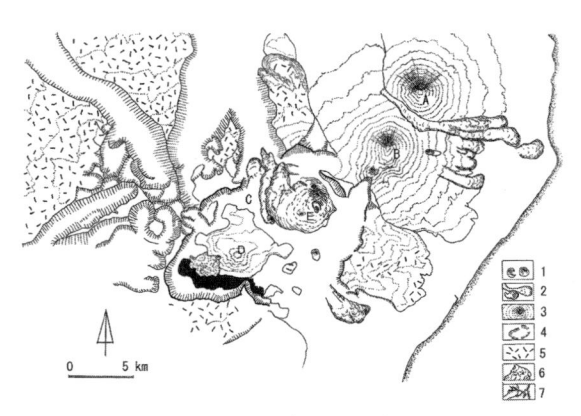

図 9.1-2　アリューシャン列島 Pavlof 成層火山，Emmons Lake カルデラ火山の地形分類図
　1：スコリア丘，2：溶岩流，3：成層火山原面，4：カルデラ壁，5：火砕流堆積面，6：先カルデラ斜面，7：氷食古成層火山体．A：Pavlof Sister 火山，B：Pavlof 火山，C：Emmons Lake カルデラ火山，D：Emmons 後カルデラ成層火山，E：Hague 後カルデラ成層火山．

図 9.1-3　アリューシャン列島の Shishaldin（S），Isanotsky（D），Roundtop（R）成層火山の地形分類図
　1：スコリア丘，2：スパター丘，3：タフコーン，4：溶岩ドーム，5：溶岩流，6：成層火山原面，7：圏谷壁，8：Shishaldin 古期成層火山原面，9：基盤山地．

個，安山岩質の厚い溶岩流や溶岩ドームを主とする成層火山は5個，玄武岩～安山岩質溶岩流・スコリアからなる円錐形の成層火山を形成した後軽石を噴出した成層火山は2個，玄武岩～安山岩質溶岩流・スコリアからなる円錐形の成層火山を形成した後軽石を噴出し山頂にカルデラをつくった火山は Dana 火山（図9.1-4）など15個である．

図 9.1-4 アリューシャン列島 Dana 成層火山の地形分類図
 1：土石流堆積面，2：スコリア丘，3：火砕流堆積面，4：カルデラ壁，5：溶岩流，6：基盤山地．

富士山型成層火山はアリューシャン列島の西半部に分布し，溶岩ドーム・厚い溶岩流の成層火山は西半部にはなく，東半部，それも大部分がアラスカ半島に存在するというかなり明瞭な特徴が認められる．山頂カルデラをもつ赤城山型成層火山は島弧全体にわたって存在し，日本列島の会合部に集中するという特徴と異なることは注目に値する．
 カルデラ火山としたものはウムナーク島北東部を占める Okmok 火山，ユニマーク島の Fisher 火山（図 9.1-5），アラスカ半島中部の Emmons Lake 火山（図 9.1-2），Aniakchak 火山（図 9.1-6, 7）の 4 個である．Okmok 火山は玄武岩質の溶岩流を主とした楯状火山に近い緩やかな斜面をもつ外輪山と，デイサイト質火砕流噴出時に形成された径 9.3 km のカルデラとからなる．Fisher 火山は直径 11–18 km のカルデラをもち，その周囲に 9100 年前に噴出したデイサイト質の火砕流堆積物が広がる．カルデラ内にはスコリア丘・スパ

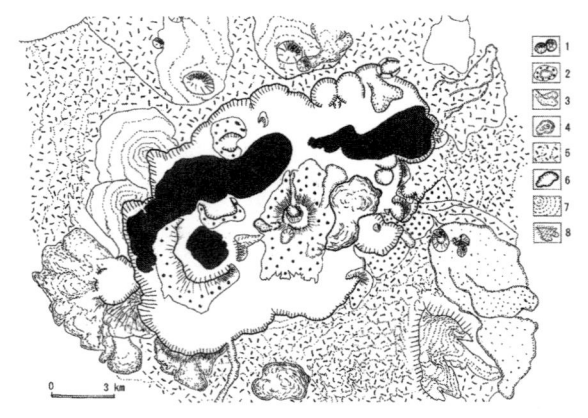

図 9.1-5 アリューシャン列島 Fisher カルデラ火山の地形分類図
 1：スコリア丘，2：タフコーン，3：溶岩流，4：溶岩ドーム，5：火砕流堆積面，6：カルデラ壁，7：小成層火山，8：古成層火山斜面．

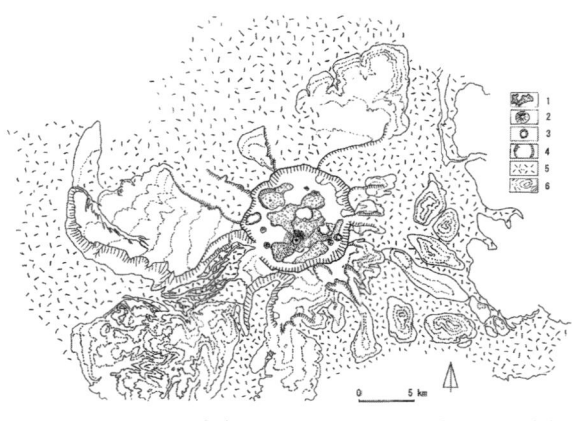

図 9.1-6 アラスカ半島 Aniakchak カルデラ火山の地形分類図
 1：溶岩流，2：スコリア丘，3：タフコーン，4：タフリング，5：火砕流堆積面，6：先カルデラ斜面．

図 9.1-7 アラスカ半島 Aniakchak カルデラ火山を北上空より望む

ター丘が存在する．Emmons Lake 火山は直径 18-11 km のカルデラをもち，更新世末期に 2 度にわたって噴出した流紋岩質の大規模な火砕流堆積物が周辺に広がる．カルデラ形成後の活動は主に玄武岩質マグマによるもので，スコリア丘などが形成された．Aniakchak 火山は直径 10 km のカルデラをもち，3400 年前に噴出した安山岩〜デイサイト質火砕流堆積面が周辺に広がっている．カルデラ内にはスコリア丘，スパター丘，マール，溶岩ドームなどの小型の火山体が存在する（図 9.1-6, 7）．これら 3 個のカルデラは後カルデラ活動から，ヴァイアス型でなく，日本列島と同じじょうご型カルデラと考えられる．ただこれら 3 個のカルデラ火山としたものは，カルデラ形成以前にかなり大きな成層火山体をもっている．この点で日本列島の阿蘇・十和田などのカルデラ火山とは異なり，赤城火山のような後期まで発達した成層火山に似るが，カルデラの直径，火砕流の規模・量などの点で異なる．その意味ではイタリアローマ市近くの Colli-Albani 火山，Vico 火山に似る．

島弧の火山帯から離れたアラスカ内部には，溶岩原が点在している．

9.2 カナダ

カナダの太平洋岸には海溝はなく，地震も少なく，プレートの沈み込みは南部を除いて起こっていないと考えられている．そのためか，カナダ西海岸に沿って安山岩質の成層火山が連なることはない．しかしアラスカからカナダ北部の海岸にほぼ平行して火山が帯状に点在する．これは小規模なアルカリ玄武岩質の溶岩・スコリアからなる溶岩原・楯状火山・単成火山群を主体としており，大陸の下に沈み込んだ海嶺の名残による大陸下でのアルカリ岩質マグマ活動によるものとの考え（Souther, 1970）がある．カナダ中部から南部の火山は列をなさず，東西にふれている．これはトランスフォーム断層により東西に変位した海嶺が沈み込んだパターンを反映していると考えられる．南西岸のバンクーバー市の近くに Garibaldi など 3 個の成層火山が存在するが，これは米国の高カスケード火山列の最北端にあたり，イクスプロ

ラープレートの沈み込みによると考えられる．

文献，とくに Wood and Kiele（1990）を中心に，Google Earth 画像データを加えた情報をもとにして検討した結果，15 個の火山を認めた．そのデータの分析からはカナダの火山は溶岩原 2 個，楯状火山 2 個，成層火山 3 個，カルデラ火山 1 個，単成火山群 6 個，溶岩ドーム火山 1 個に分けられた（図 9.2-1，表 9.2-1）．

溶岩原の 1 つ Wells-Gray-Clearwater 溶岩原は比較的小規模で，単成火山群の範疇に属させた方がよいかもしれない．Edziza 溶岩原は楕円形の溶岩原の上に，比高 1000 m，底径 12.5 km の楯状火山・成層火山が形成された重複成火山であることがわかった．溶岩原上でも最近スコリア丘の形成が活発に行われている．

Iskut-Unuk River 溶岩原 アルカリ玄武岩質のスコリア丘と対となる溶岩流 8 個からなる．そのうち若いスコリア丘は 3700，8800 年前に形成された（Wood and Kienle, 1990）．

Edziza 溶岩原 Souther（1970）は次のように Edziza 火山の活動史を略述している．Edziza 火山地域は 700 万年前から活動を始め，現在まで活

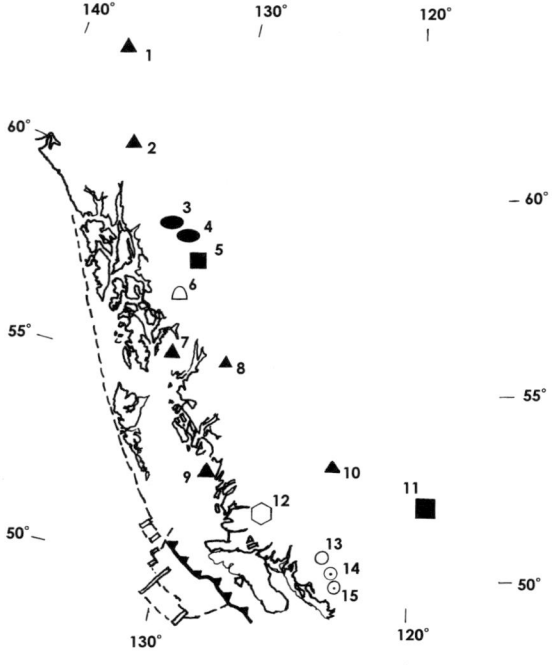

図 9.2-1 カナダの型別火山分布図
1-15 の番号は表 9.2-1 の左端の数字に対応．

表 9.2-1　カナダの火山一覧

火山名	型	比高 (m)	底径 (m)
1 Volcano Mountain	Sc	325	1500
2 Alligator Lake	Sc	300	3300
3 Heart Peaks	SH	300	17000
4 Level Mountain	SH	400	49000
5 Edziza	L1	1800	22000
6 Hoodoo Mountain	Do	1300	7000
7 Iskut-Unuk River	L	30	14000
8 Tseax River	L	50	16000
9 Milbanke sound group	Sc	335	2300
10 Nazko	Sc	120	1000
11 Wells-Gray-Clearwater	L1	100	40000
12 Silverthrone	C	2600	20000
13 Meager	A4	2000	
14 Garibaldi Lake	A3	300	10000
15 Garibaldi Mountain	A3	1900	8000

図 9.2-2 カナダ Edziza 溶岩原上に乗る楯状火山（重複成火山）

動を続けているが，その間アルカリ玄武岩質の溶岩原の形成が主であった．その間に粗面岩質の成層火山・カルデラ・溶岩ドームなども形成された．Edziza 成層火山は約 100 万年前に活動したが，現在も火山体を残している．その麓には Eve スコリア丘など若いスコリア丘が多く存在する．そのもっとも新しいスコリア丘は 1300 年前より新しい（Wood and Kienle, 1990）．

Google Earth 画像の地形観察からは，東西 20 km，南北 70 km の火山下で南北にのびる割れ目の存在を示唆する溶岩原が形成され，それが氷食を受けながら並行して現在までスコリア丘から玄武岩質溶岩が流出する活動を繰り返している．割れ目の中央部では両端にくらべ相対的にマグマ供給量が大きく，より頻繁に活動を続けるうちに地下浅所にマグマ溜りが生じて楯状火山・成層火山を形成し，その山頂には径 2.2 km のカルデラも形成されたという火山発達史が読み取れる（図 9.2-2）．カルデラ形成の際に火砕流が噴出したか否かについては判読できなかった．

この発達史が正しければ，Edziza 火山は第 3 発達段階の重複成火山と見なされる．

9.3　米国

9.3.1　概要

米国の火山は 4 つの地域（カスケード火山列，カリフォルニア州南部，スネーク川流域，南西部）に分かれ，それぞれ特徴的な火山，火山地域を形成する（図 9.3-1, 2，表 9.3-1）．

米国本土の西部カスケード，シエラネヴァダ山脈の東縁に火山が南北に並ぶ．2 つの山脈はメンドシノトランスフォーム断層の陸上延長線上付近を境に互いにずれているが，これを境に火山のタイプ・規模・噴出量が大きく異なる．北を北西部高カスケード火山列，南をカリフォルニア州溶岩原地域と呼ぶ．メンドシノトランスフォーム断層延長線より北ではファンドゥフーカプレートがカスケード山脈下に沈み込んでいるが，メンドシノトランスフォーム断層延長線の南のシエラネヴァダ山脈付近では沈み込んでいないと考えられている．北のシエラネヴァダ山脈付近では多くの火山が存在し，10 個ほどの大型成層火山が認められる．しかしその周囲や基盤には大量の玄武岩溶岩があり，日本やほかの島弧の火山とはやや異なる．ここではプレートの沈み込みが起こっていると考えられるようになったものの，顕著な海溝は認められず，東に向かって深くなる深発震源面も長く見つからなかった．これはプレート拡大軸が近く，プレートができて間もないために，沈み込みプレートが薄く，温度も高いことが原因と考えられてきたが，1987 年に震源面が見出された．いずれにしろ日本のように東南太平洋からはるばる 1 億年かけて移動してきて，厚く冷えたプレートが沈み込んでいる場所とは，同じ沈み込み帯でも異なる点は多いと考えられる．また大陸内部にはホットスポットがあって，地殻下部が溶融して，大陸地殻が持ち上げられているとの考えもあり，一般

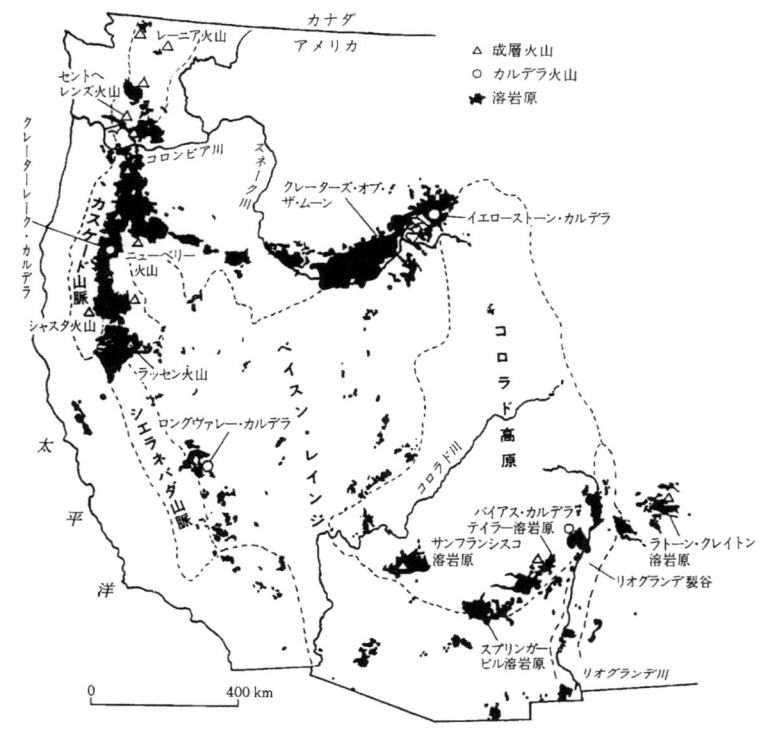

図 9.3-1 米国西部の 500 万年前以降の火山分布（Luedke and Smith, 1984 を一部修正）

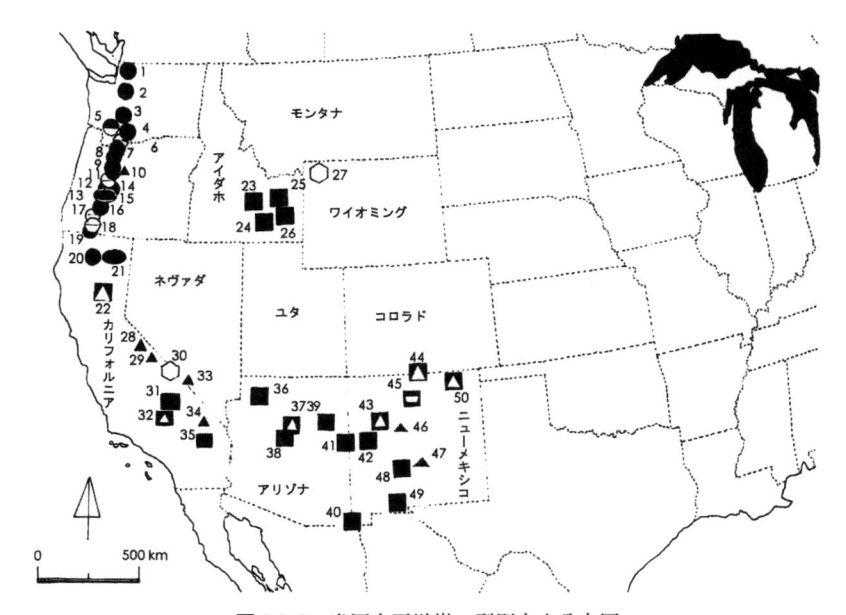

図 9.3-2 米国太平洋岸の型別火山分布図
1-50 の番号は表 9.3-1 の左端の数字に対応.

的な島弧にくらべ，大量の玄武岩質マグマが供給されやすい状態にあると思われる．

大型成層火山はカスケード山脈の北部では玄武岩〜安山岩質の溶岩・スコリアの互層からなる円錐火山体をなすが，そのうち St. Helens 火山のみはデイサイト質の溶岩ドーム群の上に玄武岩〜安

第9章 アメリカ大陸の火山地形 / 199

表 9.3-1　米国の火山一覧

火山名	型	比高 (m)	底径 (m)
High Cascades			
1　Baker	A1	2500	26000
2　Glacier Peak	A1	2000	12000
3　Rainier	A1	3338	22000
4　Adams	A1	2131	60000
5　St. Helens	Ad	1811	21000
6　Hood	A2	2400	20000
7　Jefferson	A1	1800	9000
8　Washington	Sh	650	8000
9　Belknap	Sh	500	9000
10　Black Crater	Sc	700	5000
11　N & M Sisters	A1	1500	14000
12　South Sister	Ad	1700	13000
13　Bachelor	A1	900	7000
14　Broken Top	A1	1000	8000
15　Newberry	SH2	1100	40000
16　Bailey	A1	800	9000
17　Thielsen	A2	1100	15000
18　Crater Lake	A4	500	44000
19　Macloughlin	A2	1200	13000
20　Shasta	A2	2600	27000
21　Medicine Lake Highland	SH2	1000	55000
22　Lassen	L3	1500	40000
Snake River Plain and Yellowstone			
23　Craters of the Moon	L1	50	54000
24　Wapi Center	L1	180	19000
25　Cerro Grande	L1	200	20000
26　Hell's Half Acre	L1	200	20000
27　Yellowstone	Cv	2400	80000
Middle-South California			
28　Mono Craters	Do	650	11000
29　Inyo Domes	Do	190	9000
30　Long Valley	Cv	900	60000
31　Big Pine	L1	360	22000
32　Ubehebe Craters	Sc	100	2000
33　Coso Range	L3	300	27000
34　Rainbow Craters	Sc	150	18000
35　Arlington	L1	670	10000
South-West Conterminous			
36　Grand Canyon	L1	800	51000
37　San Francisco	L3	900	116000
38　Mormon	L1	300	62000
39　Springerville	L1	800	57000
40　Geronimo	L1	50	28000
41　Catron	L1	50	48000
42　Zuni-Bandera	L1	350	53000
43　Taylor	L3	1546	50000
44　Taos	L3	750	80000
45　Hemez	L4	1700	70000
46　Alberquerque	Sc	100	7000
47　Carrizozo	Sc	50	41000
48　Jornada del Muerto	L1	100	19000
49　Potrillo	L1	300	65000
50　Raton-Clayton	L3	600	97000

山岩質の溶岩・スコリアが薄く覆った構造をもつ．カスケード山脈南部では大小の火山が互いに接して，連続的に分布する．大型の成層火山の主体は北部のそれとほぼ同じであるが，山頂を通る弱線に沿って流紋岩質溶岩ドーム群と玄武岩質スコリア丘・溶岩流がほぼ同時期に生じているという，バイモーダルな火山活動を示す特徴的な地形が認められる．

これらの大型成層火山の周辺に中型の成層火山が50個ほど存在する．Newberry 火山と Medicine Lake Highland 火山は山頂に小カルデラや流紋岩質溶岩ドームをもつ中型の楯状火山である．Newberry 火山では小カルデラの形成に関連して火砕流が発生している．これらは大型の成層火山より東方に位置している．

メンドシノトランスフォーム断層の東方延長線より南では火山数・噴出量はずっと少なくなり，小規模な玄武岩質溶岩原や流紋岩質溶岩ドーム群が散在する．唯一のカルデラ火山 Long Valley は，ヴァイアス型カルデラである．成層火山がまったく存在しないのが大きな特徴で，沈み込み帯でないことを裏書きしているように見える．

アイダホ州からワイオミング州にかけて広がる Craters of the Moon 溶岩原～Yellowstone カルデラ火山地域は，第三紀にこの地域周辺に広大なコロンビア川溶岩台地を残した大規模な洪水玄武岩質溶岩流出イベントの名残と考えられている．厚さ2000-3000 m に達するコロンビア川溶岩台地の上に，厚さ数百 m 以下のスネーク川溶岩原が広がる．さらにその上に Craters of the Moon 溶岩原ほか，Wapi Center，Cerro Grande などの溶岩原が薄く乗っている．その東に相接して Yellowstone カルデラ火山が存在する．これはロッキー山脈内にあり，200万年前と60万年前に形成された径 60×80 km のカルデラをもち，その外側にかつて広大な面積を占めた火砕流堆積面が形成された．その1つに Huckleberry-bridge 火砕流と呼ばれる巨大噴火の噴出物が知られる．

米南西部にはアリゾナ・ニューメキシコ州を中心に13個の溶岩原が存在する．これらのうち8個は L1 型溶岩原で，残り5個のうち成層火山をもつ L3 型溶岩原は San Francisco，Taylor，Taos，Raton-Clayton の4個，最後の1個は

Vallesカルデラをもつ Hemez L4型溶岩原である。このVallesカルデラは，1000万年以上の長寿命をもつHemez火山の最終産物である（Self et al., 1986）。

9.3.2 カスケード火山列

カスケード火山列はカナダバンクーバー市の北東85 kmにあるGaribaldi火山から始まって，カリフォルニア州北部のLassen火山までの全長1000 kmを超える火山列である．このカスケード火山列は，ファンドゥフーカプレートの沈み込みによって生じた島弧型の安山岩質成層火山からなるとされてきた（たとえばDuncan, 1982）．しかし量的に見て85%は玄武岩質溶岩が占め，安山岩質成層火山が占める割合はカスケード火山列の中ではさほど大きくない（McBirney, 1978）．

これらの火山は大きく見て古生代～中生代の堆積岩類とそれらを貫く花崗岩類・超塩基性岩類からなるカスケード山脈の上に乗る（Strand, 1963）が，厳密にはそれは北半分のSt. Helens火山までにいえることで，Adams火山からほぼ南のLassen火山まではカスケード山脈とその東方に広がるグレートベイズンの境界に形成された地溝内に噴出している．これらAdams, Hoodなどの南半分の火山には，山体を切る断層，割れ目，それに沿って形成されたスコリア丘，流紋岩質溶岩ドームなどが顕著に認められ，St. Helens以北の火山と際だった差違を示す．そしてその基盤に鮮～更新世の玄武岩台地が広がる点も異なっている．以上の理由からSt. Helens火山以北とAdams火山以南を二分した方がよいのかもしれない．

Shasta, Medicine Lake Highland火山とLassen火山との間で火山の分布がいったん途切れる．そしてこれより南には大型成層火山は出現しなくなり，Mono Craters, Inyo Domesのような流紋岩質溶岩ドーム列や火砕丘列などの小型火山群生地域へと移行する．これはちょうどカスケード山脈とシエラネヴァダ山脈が食い違いながら接している部分にあたる．またこの食い違う境界線の西方への延長は太平洋底のメンドシノトランスフォーム断層に連なる．

Rainier火山　比高3338 m，底径22 km，体積約100 km³の大型成層火山で，大部分が安山岩

図9.3-3　米国ワシントン州 Rainier 成層火山を南腹の景勝地パラダイスから見る

質の溶岩流・スコリアからなる．山頂に近い急斜面には氷河が発達し，圏谷地形をつくっている．山腹・山麓には氷堆石堤をもつ氷礫を主とした緩斜面が広がる．この緩斜面をつくる堆積物の中には，火砕流堆積物や噴火の際，氷河が融け大規模な火山泥流となって流下したと思われる堆積物が含まれる（Crandell, 1971）．

これまでの文献（Fiske et al., 1963など），野外調査，空中写真観察などから，溶岩流やスコリアを繰り返し噴出して成長を続けてきた比較的単純な発達史・構造をもつ火山で，日本の第四紀火山の発達史的分類から見れば富士山に似た第1発達段階にある成層火山に対応する（図9.3-3）．

St. Helens火山　1980年噴火の際，山頂部が大崩壊して馬蹄形凹地が山頂に生じ，山容が一変したが，それ以前は富士山型の典型的な円錐形火山であった（Christiansen and Peterson, 1981）．しかしその発達史・内部構造は日本の円錐形成層火山とかなり異なる．4万年前にデイサイト質溶岩ドームの形成→玄武岩～安山岩質溶岩流・スコリアの噴出による円錐火山の成長→デイサイト質火砕流堆積面・溶岩ドームの形成→1980年大崩壊，という発達史が考えられている（Mullineaux and Crandell, 1981）．これは日本の第四紀火山のA2型火山（守屋，1979）の発達史に似るが，地形はA1型火山に似る（図9.3-4, 5）．またデイサイト質溶岩ドームが成層火山の形成に先がけていくつも生じている点も異なっている．そこでSt. Helens火山を日本の成層火山と別の発達系列をもつ

図 9.3-4 米国ワシントン州 St. Helens 成層火山を南上空から望む（Google Earth による）

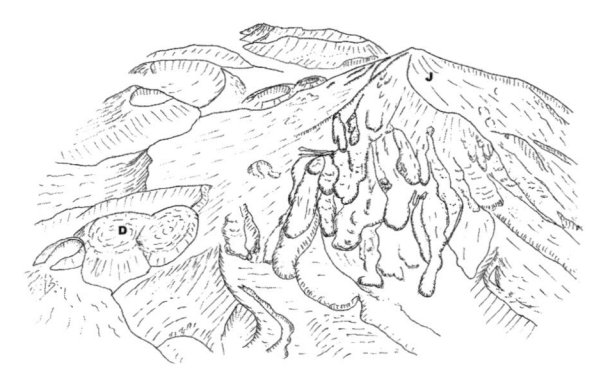

図 9.3-6 米国オレゴン州 Jefferson 成層火山を南東上空から望む

図 9.3-5 St. Helens 成層火山を北上空から見たスケッチ

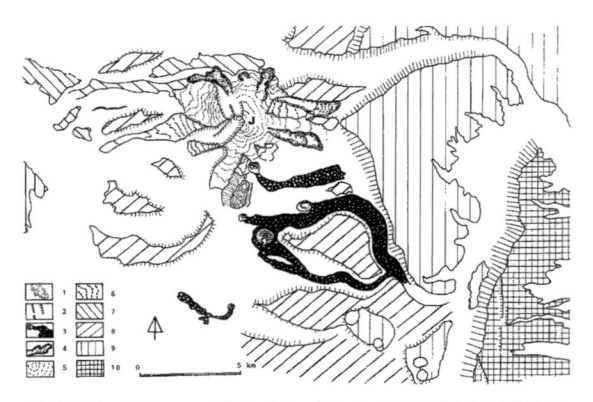

図 9.3-7 Jefferson 成層火山（J）とその周辺の地形分類図
1：溶岩ドーム，2：正断層崖，3：玄武岩質溶岩流，4：安山岩質溶岩流，5：新期成層火山原面，6：古期成層火山原面，7：最新期溶岩台地，8：新期溶岩台地，9：古期溶岩台地，10：最古溶岩台地．

火山と考え，溶岩ドームから成長を始める点に注目してドーム型成層火山（Ad）という名称を設け，新たな分類項目を設定した（守屋，2008）．これはヴィアス型カルデラとじょうご型カルデラの違いを成層火山にも適用したもので，火山発達初期に大陸地殻の部分溶融により流紋岩質マグマが噴出し，溶岩ドームが形成され，続いてマントル溶融物質と大陸地殻溶融物質との混合物が噴出し，溶岩ドーム群を覆い隠し，一見 A1 型成層火山に似た St. Helens 火山を形成した，というシナリオを想定している．

Jefferson 成層火山 カスケード火山列の中で玄武岩質溶岩流が成層火山を取り巻くように分布するのは，Three Sisters 火山，Newberry 火山周辺であるが，その北端に Jefferson 火山が位置する．火山体の中心を南北に正断層崖が走り，東の地塊が落ち込んでいる．頂部は東開きの馬蹄形凹地となっており，かつて山体大崩壊が発生したか，氷食作用が働いたことを示す．山麓には末端崖の比高 50-100 m の厚い安山岩質溶岩流が数多く認められる（図9.3-6）．南麓の断層崖に沿って 2 個の溶岩ドームと 1 個のスコリア丘が相接して一線上に並ぶ．南―南東麓には 5 個のスコリア丘から薄い玄武岩質溶岩流が流出し（図9.3-7），Jefferson 火山が Three Sisters 火山．Newberry 火山のグループに属することを示唆する．

Three Sisters 火山 3 個の中型火山（North, Middle and South Sisters）が南北に連なったもので，いずれも頂部はかなり氷食を受けているが，中腹・山麓には原地形が残っている．これらの円錐形火山はいずれも塩基性安山岩質の溶岩流・スコリア丘が，互層してつくりあげたものらしい

図 9.3-8 米国オレゴン州 Three Sisters 成層火山を南東上空から望む（Google Earth による）

火山の頂部を切る断層に沿って，南では流紋岩質溶岩ドーム列が形成される一方，反対側では玄武岩質溶岩流が割れ目より流出している．

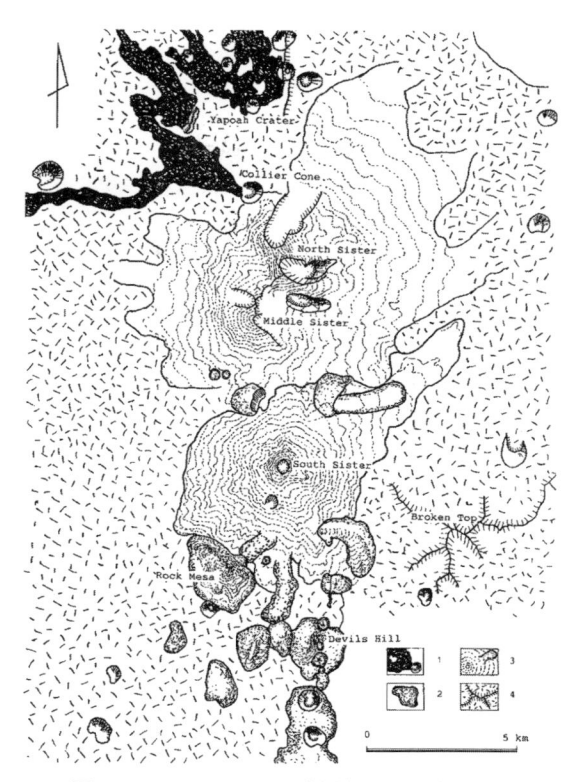

図 9.3-9 Three Sisters 成層火山の地形分類図
1：スコリア丘と玄武岩質溶岩流，2：流紋岩質溶岩ドーム，3：流紋岩質溶岩流と成層火山原面，4：氷河で削剥された古い火山（Broken Top）．

(Williams, 1944).

山体中央部には南北に走る正断層崖（東落ち）が認められ，それに沿って南麓では7個の新鮮な地形を保持する流紋岩質溶岩ドーム（比高 20-50 m，底径 300-600 m）が，北麓では玄武岩質の溶岩流がほぼ同時期に流出しているのが認められる（図 9.3-8, 9）．

山腹～山麓からは玄武岩質溶岩流が各所で流出し，広い裾野をつくっている．その中にはスコリア丘，タフコーン，爆裂火口，小型楯状火山などがある．これらの中には Three Sisters 火山の寄生火山か独立火山か，地形的には判定しにくいものもある．Three Sisters 火山の東方にも，Hood 火山と同様に南北にのびる西落ち断層崖があり，東の台地と西の山地の間に地溝をつくっていて，その中に Three Sisters 火山が生じている．

Newberry 火山 カスケード火山列から 70 km 東にはずれたところに位置する．比高 1100 m，底径約 40 km，体積 100-200 km^3 の火山で，他の成層火山にくらべ全体的にやや偏平な山体をもつ．これは山頂にカルデラ（径 7 km，深さ約 300 m）が存在することにもよるが，外輪山そのものもかなり緩やかで，カルデラ形成前には成層火山ではなく，むしろ楯状火山（Higgins, 1973）に近い山体が存在したためのように見える．

山頂カルデラ内には流紋岩質の軽石丘，溶岩流，溶岩ドーム，玄武岩質のスコリア丘，溶岩流が認められる（Williams, 1935）．北西カルデラ壁に沿っては爆裂火口列が生じている．

東西外輪山斜面には火砕流堆積物が見出され（Macleod et al., 1981），このカルデラがキラウエア型ではなくクラカトア型かヴァイアス型であることを示している．しかし外輪山南北斜面上にはスコリア丘や割目から流出した玄武岩質溶岩流が多く認められ，楯状火山と呼ぶのがもっとも妥当な山体が存在したことを示している．このように玄武岩質溶岩流を主体とした楯状火山の頂部に酸性火砕流が噴出し，カルデラが生ずる例はカナリア諸島の Tenerife 火山やアフリカ大陸中央部の Tibesti 火山地域の Voon 火山などに見られる．

Crater Lake 火山 Williams (1942) は，カルデラ形成以前に氷食を受けた Mazama 成層火山が存在し，およそ 6000 年前に約 28 km^3 のデイサイト質軽石を噴出し，陥没して直径 9-10 km の円形に近いカルデラが形成され，その後カルデラ

図 9.3-10　米国オレゴン州 Crater Lake 火山
湖中のウィザード島はスコリア丘（右）と溶岩流（左）からなる．

内西部に Wizard スコリア丘が生じた（図 9.3-10），という形成史を編んだ．この火山は地形的にも Williams がいうとおり，成層火山の頂部にカルデラが形成されたもので，カルデラ火山ではなく，第4発達段階に達した成層火山である．Crater Lake カルデラは，連動して噴出した軽石が流紋岩質ではなくデイサイト質であること，カルデラ形成後に流紋岩質溶岩ドーム・再生ドームが噴出せず，かわりに玄武岩質スコリアが生じていることから，ヴァイアス型カルデラではなく，じょうご型カルデラと見なされる．

　Shasta 火山　北カリフォニアにある比高 2600 m，底径 27 km，体積 400 km^3 の大型成層火山で，玄武岩～安山岩質溶岩流スコリアを主体とする（Williams, 1932）．山頂近くに Shastina と呼ばれる寄生火山，山麓には Black Butte と呼ばれる角閃石デイサイトの溶岩ドーム（比高 600 m，底径 2.5 km）がある．山体中心を通って南北にのびる正断層があり，それに沿って約20個の流紋岩質溶岩ドーム（比高 200-400 m，底径 1-1.5 km）が中腹から山麓にかけて生じている．溶岩流は比較的細長く，山頂あるいは中腹から斜面を流下して山麓までのび，比高 50 m 程の末端崖をつくるもの（安山岩質）と，山麓で流出し，幅広く広がった薄い（10 m 以下）溶岩流とに，かなり顕著に分けられる．北西山麓にはかなり巨大なものを含め大小さまざまな流れ山がおびただしい数で認められる．さらに北西に 50 km ほどものび，体積は 26 km^3 という世界最大の岩屑なだれ堆積物である（Crandell et al., 1971）．これはかつて Shasta 火山が大崩壊して生じたと考えられているが，その起源の馬蹄形凹地は山頂に見られない．新しい噴出物で覆いかくされたに違いない（図 9.3-11）．

図 9.3-11　米国カリフォルニア州 Shasta 成層火山の地形分類図
　1：溶岩ドーム，2：安山岩質溶岩流，3：玄武岩質溶岩流，4：岩屑なだれ，5：成層火山原面．

　Medicine Lake Highland 火山　Newberry 火山と同じようにカスケード火山列から東に数十 km 離れて存在する．山頂にカルデラ状の凹地があり，山腹・山麓斜面は薄く平滑な玄武岩質溶岩流が大部分を占め，楯状火山に見える（Mertzman, 1977）．一方，山頂部のカルデラ周辺には大小・新旧さまざまの流紋岩質～安山岩質溶岩流およびドームが群立している（Eichelberger, 1981）．カルデラ状凹地はこれら溶岩ドームに囲まれた，たまたま溶岩ドームが生じていない場所にすぎないという考えや，キラウエア型のカルデラが生じた後，その環状割れ目に沿って流紋岩質マグマが上昇し，環状の溶岩ドーム群を生じたという考えがありうる．いずれにしろ Medicine Lake Highland 火山は頂部に複数の流紋岩質溶岩ドームをもつ楯状火山であることは間違いない．

　Lassen 火山　カスケード火山列の最南端に形成されたこの火山は，Lassen 成層火山を中心と

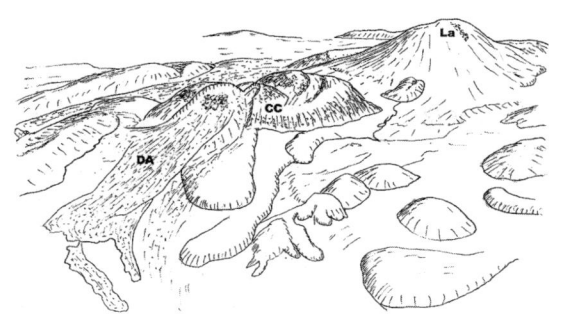

図 9.3-12 米国カリフォルニア州 Lassen 火山を北西上空より望む

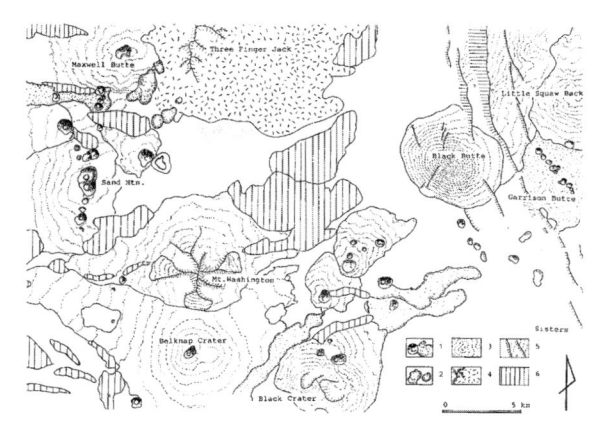

図 9.3-13 米国オレゴン州の中小型成層火山群の地形分類図
1：スコリア丘・溶岩流，2：溶岩ドーム，3：成層火山原面，4：氷食火山体，5：正断層崖，6：基盤山地．

して，周囲に玄武岩質溶岩流・スコリア丘や流紋岩質溶岩ドーム，数百万年以前に形成された大規模成層火山の残骸などが分布する溶岩原（径 40 km）と考えられる．Lassen 成層火山は比高 1500 m，底径 7 km の中型成層火山で，東側の火山体は大崩壊を起こし，馬蹄形凹地をなしている．山頂には火口が存在し，そこから溶岩が南に溢流している．これは 1914-17 年噴火の際，流出したものと思われる．そのとき北斜面を火砕流も流下している．Lassen 成層火山の北麓には相接するように Chaos Crag 溶岩ドームが存在するが，その北端で約 1000 年前に大崩壊した岩屑なだれは幅 800 m で，3.5 km 北に流下した（図 9.3-12）．

小型〜中型成層火山と楯状火山　カスケード火山列の中部〜南部には記載した主要成層火山にまざって小型〜中型の成層火山，あるいは楯状火山，あるいは両者の中間型の火山が数十個散在する（図 9.3-13）．Crater Lake カルデラの北にある Timber Crater，上クラマス湖の西にある Brown Mtn., Robinson Butte や，Mt. McLoughlin, Three Sisters 火山の周辺にある Mt. Washington, Black Butte, Little Squaw Back, Black Crater, Belknap Crater, Sand Mtn., そして Shasta 火山の北に並ぶ The Whale back, Deep Mtn., Mt. Hebron, Goosenest などがその例である．これらは底径 10-15 km，比高 500 m 前後で，大きく見て円に近い平面形をもつ，比較的単純な円錐形火山である．しかしたとえば Belknap Crater のように緩やかな溶岩流斜面を主体として，山頂や中腹にスコリア丘をもつものや，Timber Crater のように山頂スコリア丘と厚さ 60 m，長さ 5 km，幅 1.5 km 程の舌状溶岩流を 2 本流出させているもの，上クラマス湖の西岸にある Mt. Harriman のように山麓に 17 個の（流紋岩質）溶岩ドームをもつものなど，多様性に富んでいる．

9.3.3 カリフォルニア州南部

メンドシノトランスフォーム断層延長線より南では，Inyo Domes, Mono Craters, Long Valley カルデラ，Big Pine, Ubehebe Craters, Coso Range, Rainbow Craters などの 10 個弱の火山がシエラネヴァダ山脈の東縁に沿って点在するだけで，カスケード山脈とは異なる．また火山のタイプも Long Valley カルデラ火山以外は玄武岩質溶岩原か流紋岩質溶岩ドーム群，あるいは両者の混合型の火山地域のみで，成層火山がまったく存在しない点でもカスケード火山列とは異なる．メンドシノトランスフォーム断層延長線以南ではプレートが沈み込んでいないことの表れで，カリフォルニア湾奥から北に細かくトランスフォーム断層で切られた海嶺の名残の活動を示しているのかもしれない．

Long Valley カルデラ火山　シエラネヴァダ山脈の北東縁にあり，東西 36 km，南北 19 km の楕円形のカルデラをもち，70-80 万年前に大量の流紋岩質火砕流を噴出して周囲に広大な火砕流台地をつくった．北，南のカルデラ壁のすぐ外側にカルデラ壁で切られた溶岩ドームが存在し，先行す

図 9.3-14　米国カリフォルニア州 Long Valley カルデラ西縁の Inyo Domes 中の 148 ft 溶岩ドーム

図 9.3-15　米国カリフォルニア州 Big Pine 溶岩原中のスコリア丘
左手の斜面はシエラネヴァダ山脈.

る溶岩ドーム活動があったことを示す．カルデラ内には再生ドームが存在し，その周辺に流紋岩質溶岩ドームも存在することから，典型的なヴァイアス型カルデラと考えられる．

　Inyo Domes, Mono Craters 溶岩ドーム火山群　Long Valley カルデラと一部重なるように，この単成火山群が存在する．Inyo Domes は 8 個の流紋岩質溶岩ドームが Long Valley カルデラの西縁部に南北に並ぶ．これらは黒曜岩で流動性に富み，あまり盛り上がらず，横に薄く広がっている．噴出年代が若いので（Wood, 1977），流動過程を示す地形がよく残っている（図 9.3-14）．
　Mono Craters は流紋岩質溶岩ドームが東に凸にわずかに湾曲しながら，ほぼ南北に連なる長さ 14 km の溶岩ドーム列で，形成年代はここ数千年と新しい．いくつかの溶岩ドームの頂部には爆裂火口が存在する．この溶岩ドーム列の湾曲は直径 15 km のカルデラ縁の一部で，この溶岩ドーム列は将来形成されるカルデラの先行溶岩ドーム群であるとの考えもある（Bacon, 1983）．これらの小型火山群のすぐ南，Long Valley カルデラ内には，新しい玄武岩質溶岩流とスコリア丘が噴出し，バイモーダルな火山活動の特徴を示し，周辺に存在する正断層崖群と合わせて，この地域が張力場に置かれていることを示す．
　Big Pine 単成火山群　Long Valley カルデラ火山の南のビッグパイン町の周辺，シエラネヴァダ山脈とベイズンアンドレンジ間の谷の両側斜面基部に玄武岩マグマが噴出し，数個のスコリア丘が形成され，そこから溶岩流が流下して，谷底に溶岩原をつくっている（図 9.3-15）．カリフォルニア州南部の Rainbow Craters（図 9.3-16），Coso Range 溶岩原はこのような玄武岩質溶岩原に流

図 9.3-16　米国カリフォルニア州 Rainbow Craters スコリア丘単成火山群のスケッチ

紋岩質溶岩ドームが混在した火山地域である．
　Ubehebe Craters 火山は，地表に上昇した玄武岩質マグマが地下水と接触してつくったタフリングである．

9.3.4　スネーク川流域

　米国北西部には古くから知られたコロンビア川溶岩台地が広がる．現在侵食・地殻変動を受け原形はかなり変容したが，その広大な平坦面は残されている．その厚さが 3000 m を超えるといわれるが，コロンビア川が溶岩台地を深く刻んでいる（図 9.3-17）．
　オレゴン州からアイダホ州を横断してワイオミング州北西縁に達する全長 1000 km，幅 50–100 km の，南に弧を描いた大きな火山帯がある．カスケード火山列とは Newberry 火山付近でその

図 9.3-17 米国ワシントン州コロンビア川溶岩台地の玄武岩質溶岩累層

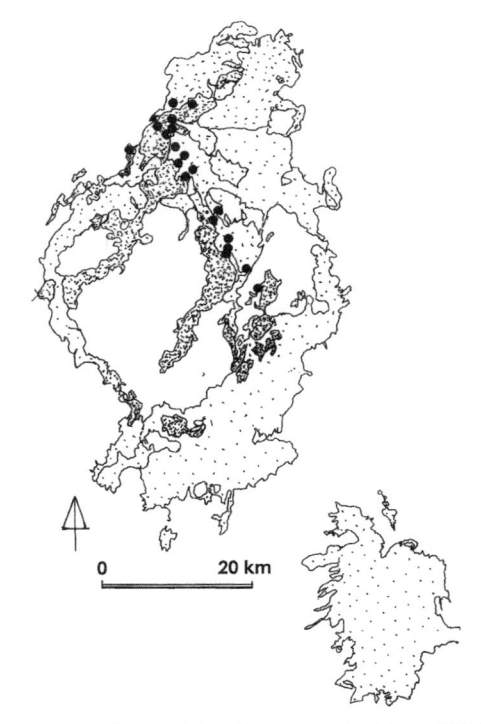

図 9.3-18 米国アイダホ州 Craters of the Moon 溶岩原の地形分類図
黒点はスコリア丘・スパター丘など.

図 9.3-19 Craters of the Moon 溶岩原のスパター丘

西端が結合する.東端はロッキー山脈に接し,そこに巨大な Yellowstone カルデラ火山を形成している.この大陸縁とほぼ直交する方向にのびる火山帯は,島弧の火山帯とは明らかに異なる.これらの火山の大部分は玄武岩質の溶岩流からなる溶岩原で,Snake River 玄武岩質溶岩原という名で呼ばれている.この溶岩原は第三紀末から第四紀にかけて流出したものであるが,とくに新しい溶岩原がアイダホ州東半部に 4 カ所ほど見出されている (Greeley and King, 1977; Greely, 1982).そのうち最大の溶岩原が Craters of the Moon 溶岩原である.このような火山帯の成因として,この火山帯が変形しながら全体として西進するグレートベイズンブロックの北縁にあたり,そこでは横ずれが起こり,その一部が離れて,その間隙にホットスポットからのマグマが貫入したとの考えがある (Christiansen and Mckee, 1978).

Yellowstone カルデラ火山と Craters of the Moon 溶岩原の間には広大な溶岩原が連なるが,それらの玄武岩質溶岩原の中に流紋岩質の溶岩ドームが点在する.その形成時期はまちまちで,玄武岩質マグマ噴出と平行して流紋岩質マグマが噴出し,バイモーダルな火山活動が起こっていることを示す.この火山地域には安山岩質成層火山はまったく存在せず,玄武岩質溶岩流スコリア丘からなる溶岩原,ヴァイアス型カルデラ火山からなっている.

Craters of the Moon 溶岩原　長さ 85 km の割れ目から流出した大量の玄武岩質溶岩流からなる.割れ目に沿って約 25 個のスコリア丘,スパター丘が並ぶ(図 9.3-18, 19).割れ目から流出した玄武岩質溶岩流は,噴出源近くではパホイホイ溶岩(図 9.3-20)であることが多く,その上に溶岩流出で破壊されたスコリア丘の断片である崩漂岩塔(仮称,rafted block;図 9.3-21)が多く認められる.North Crater スコリア丘はその西部斜面を基部からの溶岩流出で失い,馬蹄形に凹んでいるが,すぐ続きの北側斜面も破壊しかけて階段状に

第9章　アメリカ大陸の火山地形 / 207

図9.3-20 Craters of the Moon 溶岩原のパホイホイ溶岩

図9.3-21 Craters of the Moon 溶岩原の Rafted block

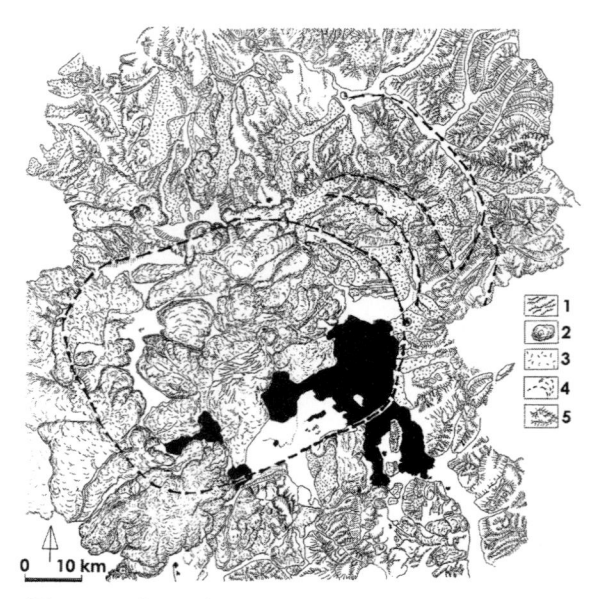

図9.3-22 米国ワイオミング州 Yellowstone カルデラ火山の地形分類図
1：正断層崖，2：流紋岩質溶岩ドーム，3：火砕流堆積面，4：推定カルデラ壁，5：侵食尾根．

図9.3-23 Yellowstone カルデラ火山の火口瀬が外輪山を刻んでカルデラ外に流出する Artist Point Canyon

なっている．この North Crater スコリア丘から流出した溶岩流は Blue Dragon と呼ばれ，東と西に分流し，30 km 近く離れた地点まで達している．この流出は約 2000 年前という ^{14}C 年代値が出されている（Kuntz et al., 1986）．Craters of the Moon 溶岩原は 1 万 5000 年前から 2000 年前の間に 8 回の噴火が起こったことが知られていて（Kuntz et al., 1986），噴火が近い時期にあると考えられる．

Yellowstone カルデラ火山　Snake River 玄武岩が分布する火山帯の最東端に位置する Yellowstone カルデラ火山は，流紋岩質の火砕流・円頂丘溶岩を大量に噴出して，地球最大のカルデラを形成した（図 9.3-22）．この火山の活動史は 3 期に分けられ，200 万年前の第 1 期には世界最大と考えられる体積 3400 km^3 の Huckleberry-bridge 火砕流が流出した．120 万年前の第 2 期には Mesa Falls 火砕流が噴出し，60 万年前の第 3 期には Lava Creek 火砕流や玄武岩質溶岩が流出している．最後に流紋岩質黒輝石流岩円平頂丘がカルデラを埋めて広大な台地をつくった（Christiansen and Blank, 1972）．これらのカルデラ内の溶岩ドーム群間の凹地に Yellowstone 湖などが形成されている（図 9.3-23）．カルデラを埋める大量の流紋岩質溶岩ドームの形成は，このカルデラがヴァイアス型であることを示す．このような大量の流紋岩質マグマの噴出は，地下でバソリスとも考えられる巨大な酸性マグマ溜りの存在を示唆する．さらに地震波速度異常からも地下 100 km 以上の深さまで，高い熱的異常帯が存在することが知ら

れている (Eaton et al., 1975；Iyer, 1984). その数1万を超える温泉噴気地帯の存在は，地下浅所の高温マグマの存在を裏づける.

9.3.5 米国南西部

米国アリゾナ州からニューメキシコ州にかけて，第三紀末から現在まで活動した大小約20の溶岩原が存在する．コロラド州，ユタ州に広がる広大なコロラド台地は，アリゾナ州・ニューメキシコ州の北部まで達している．その西，南にはベイズンアンドレンジが広がり，両者の境界に沿って，ちょうどコロラド台地南縁を縁どるようにRaton-Clayton, Taos, Hemez, Taylor, Zuni-Bandera, Springerville, San Francisco など20個ほどの火山地域が分布する (Oetking et al., 1967；Kelley et al., 1982；Baldridge et al., 1983；Luedke and Smith, 1984).

これらの火山地域の大部分は数十〜数百のスコリア丘とそこから流出した玄武岩質溶岩流が集合して生じた溶岩原である．一部に流紋岩質火砕流を大量噴出した Valles カルデラ (Smith and Bailey, 1968), 安山岩質〜玄武岩質の溶岩・火砕岩からなる成層火山〜楯状火山やデイサイト質溶岩ドームが形成された Taos 溶岩原 (Moore et al., 1976), 成層火山が形成された Taylor 溶岩原 (Crumpler, 1982) などがある.

San Francisco 溶岩原

アリゾナ州中央部のコロラド高原とベイズンアンドレンジの境界付近に形成された東西100 km, 南北60 km の溶岩原で，約400の火道が集合している（図9.3-24）．その大部分は玄武岩質スコリア丘で，そこから流出した溶岩流が互いに接合して溶岩原をつくっている．全体的に西部のスコリア丘が古く，東部は火口も残る新鮮な形態をもつ新しいスコリア丘が多い．とくに900年前に噴出した Sunset Crater, Strawberry Crater, SP Crater などのスコリア丘は生々しい地形を保持する.

この溶岩原の特徴は，その中央部に San Francisco 成層火山が存在することである（図9.3-25）．標高2000 m の台地の上に比高900 m の高さで突出するこの成層火山は，山頂に東開きの馬蹄形凹地があり，山体大崩壊に起因するとの考えもあるが，凹地中央に高い尾根があって凹地を二分しているため侵食拡大火口である可能性もある．これについては東麓にあるべき岩屑なだれ堆積面が新しいスコリア丘や溶岩流に覆われ，わからなくなっているので，ボーリング調査をしないかぎり，どちらの考えが正しいか結着はつけられない.

San Francisco 成層火山の斜面には安山岩質の厚い溶岩流や火山麓扇状地が発達し，一般的な島弧の成層火山と酷似する地形的特徴をもつ.

この成層火山の麓には Elden, O'Leary Peak など8個の流紋岩質溶岩ドームが取り巻く．Elden 溶岩ドームは底径5 km, 比高700 m の規模を

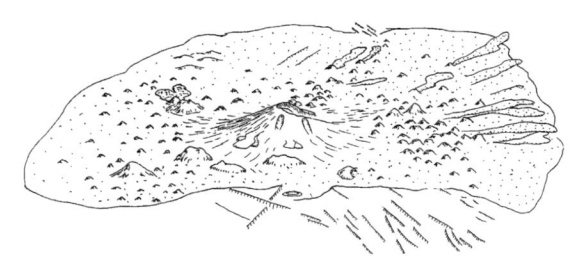

図 9.3-24 米国アリゾナ州 San Francisco 溶岩原を南上空から見たスケッチ
中央に San Francisco 安山岩質成層火山，その周辺に8個の流紋岩質溶岩ドーム，その外側に玄武岩質スコリア丘が群立する.

図 9.3-25 東から見た San Francisco 溶岩原
左端に Elden 流紋岩質溶岩ドーム，山頂に冠雪をもつのが San Francisco 成層火山，右にスコリア丘が見えるが，その中で一番高いのが O'Leary 溶岩ドーム.

図 9.3-26 東方から見た San Francisco 溶岩原の中心部の主要火山群
左遠方：San Francisco 成層火山，左中央：Sunset スコリア丘，右遠方：O'Leary 溶岩ドーム，右手前：Strawberry スコリア丘．

もち，San Francisco 成層火山の南東部に存在する．東半分は欠け落ち，浅い馬蹄形の凹地が存在し，雲仙岳眉山 1792 年のような大崩壊が起こったことを推定させる．San Francisco 成層火山の北東にある O'Leary 流紋岩質溶岩ドームは底径 3 km，比高 600 m で，北から北東へ流下する厚く幅の広い溶岩流を伴っている．

San Francisco 溶岩原は，このように中央部に安山岩質の成層火山が，そのまわりに流紋岩質の溶岩ドームが，さらにその外側に玄武岩質のスコリア丘が配置される顕著な分布形態を示す（図 9.3-26）．このような配置は San Francisco 溶岩原が 300 万年ほど以前に活動を開始して以来，次第に形づくられてきたものと考えられる．中央部の安山岩質成層火山は最後の 100 万年間でつくられ，流紋岩質溶岩ドームはそれより以前から徐々に形成されてきた．このような San Francisco 溶岩原の形成史からは，数百万年かけて継続的に玄武岩マグマが地殻を貫通する過程で，地殻の一部が加熱され，マグマ溜りを形成するようになり，それによって流紋岩質溶岩ドームが生ずるようになり，地殻の溶融が進むか，玄武岩マグマとのミキシングが進むかで安山岩マグマがつくられ，100 万年前に成層火山が形成されるようになったとの解釈が理解しやすい．

このようなマグマ溜りの形成は強い張力場では起こりにくいと考えられる．San Franciscio 溶岩原上には顕著な張力場を示す正断層崖やスコリア丘の直線的配列などは認められない．南の古い台地上には北西―南東方向の正断層崖が発達し，かつて張力場にあったことが推定されるが，San Francisco 溶岩原では新しい噴出物に覆われ，わからなくなっている．このことからは，溶岩原はその形成初期に張力場にあり，割れ目に沿って玄武岩マグマが上昇して，スコリア丘が生じやすい環境にあったが，その後応力場が中立に変化したためマグマ溜りが形成され，成層火山が生ずるような環境になったと考えられる．

Springerville 溶岩原

アリゾナ州中東部，ニューメキシコ州境近くに広がる面積 2500 km^2 の溶岩原である．この溶岩原は二畳紀の堆積岩類からなる標高 2000-3000 m の高原地域に形成されている．南には 8 Ma 前に活動した成層火山 White Mountain（Merrill and Pewe, 1977）を中心とする第三紀火山地域が広がる．この地域は冬季に若干の積雪を見るが，小雨地域のため流水による侵食は微弱で，凍結融解・風による面的侵食作用がわずかに働くのみで，第三紀以来の火山活動の跡を示す地形がよく残っている．

Springervelle 溶岩原の大部分は溶岩流が占めるが，大小，新旧，さまざまなスコリア丘が 300 個近く存在する．それ以外に 5 個のタフリング・タフコーン，2 個の楯状火山が存在する（図 9.3-27）．これらの形態・規模・分布，噴火活動度，広域的な構造運動の関連などについてのべる．

この火山地域はここ 300 万年の間に，既述のごとく，各 100 km^3 の溶岩流・降下スコリアを噴出したので総噴出量は 200 km^3 前後となる．したがってその活動度は 0.07 km^3/1000 年となり，日本の第四紀成層火山の活動度（守屋，1979）の約 1/10 になる．スコリア丘など Springerville 火山地域の大部分の噴火中心が 1 輪廻噴火で生じた

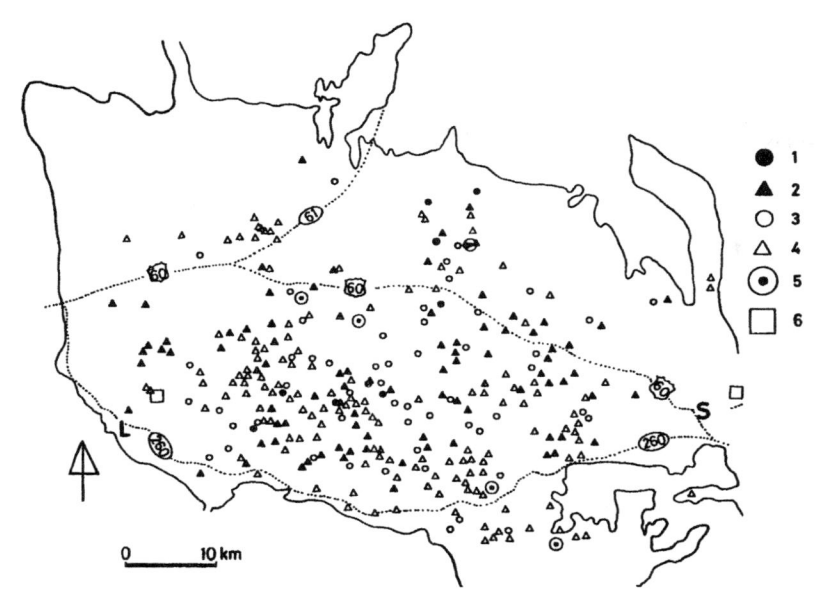

図 9.3-27 米国アリゾナ州 Springerville 溶岩原の地形分類図
1：火口をもつスコリア丘，2：馬蹄形火口をもつスコリア丘，3：小楯状火山，4：火山麓扇状地．

単成火山とすれば，およそ300万年間に300回前後の噴火が起こったことになる．これは白山や乗鞍など日本の中部地方に噴出した成層火山の活動周期 500-1000 年（小林ほか，1982）にくらべ1桁長い．

　Springervile 火山地域は北西—南東方向の断層によって切られていると考えられる（Eaton, 1980; Aubele and Crumpler, 1983）が，この方向はコロラド台地を取り巻く境界線の方向とほぼ一致する．地形的にこのような変動を示すものとして，数個のスコリア丘が北西—南東方向の断層によって切られているように見えること，スコリア丘の密集地域が北西—南東方向にのびていることがあげられるが，Zuni-Bandera, Taylor などの火山地域に見られるような顕著な断層系・割目系，スコリア丘の直線的配列などは，この地域に認められない．この事実は，この火山地域が北西—南東方向と北東—南西方向に連なる2つの「火山帯」の交点に存在することと無関係ではないだろう．

　Tanaka et al. (1986) は，San Francisco 火山地域において新しい噴出中心ほど東に遍在する事実を北米大陸がホットスポット上を西進するため，と解釈した．Springerville 火山地域においても同様の解釈が成立すると Aubele et al. (1987) は主張している．

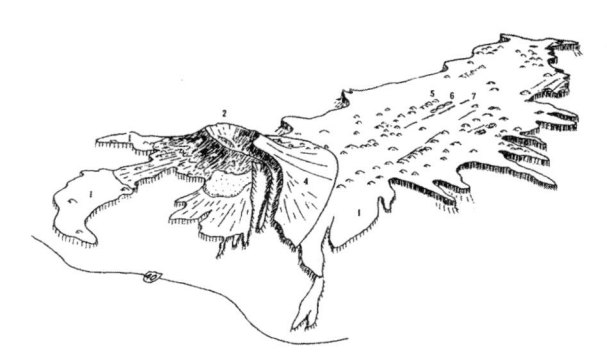

図 9.3-28 米国ニューメキシコ州 Taylor 溶岩原とその上に噴出した Taylor ドーム型成層火山
1：Taylor 溶岩原，2：Taylor 成層火山，3：溶岩流，4：火砕流？斜面，5：スコリア丘，6：マール，7：正断層崖．

Taylor 溶岩原

　Taylor 溶岩原は周辺から 300-600 m 高く，急崖に囲まれた玄武岩台地を主体とする（Lipman and Moench, 1972; Crumpler, 1982 など）．その台地上には北北東—南南西方向に走る平行した比高 10-20 m の正断層崖と，ほぼそれに沿って分布する 163 個以上のスコリア丘，13 個のタフリング，6 個以上の小楯状火山が認められる．この点はほかの溶岩原とほぼ共通した特徴を示すが，異なるのは Taylor 成層火山体が溶岩台地の中央部よりやや南西寄りに存在することである（図 9.3-28）．

　Taylor 成層火山　米国西南部の火山のうち，ア

図9.3-29 Taylor成層火山をZuni-Bandera溶岩原付近から望む

図9.3-30 Taylor溶岩原上に乗るTaylor成層火山から噴出したデイサイト質降下軽石層（厚さ80 cm）

リゾナ州のSan Francisco成層火山と並ぶ底径16 km, 比高820 m, 体積80 km^{3}の大型成層火山である（図9.3-29）. 山頂には直径約5 km, 深さ400 mの凹陥地がある. これから東南に排水するウォーターキャニオンの深い谷が存在する. その凹陥地は一見山頂部の大崩壊によって生じた馬蹄形カルデラに見えるが, 山麓に向かって開いていないし, 山麓にも流れ山をもつ岩屑流堆積面も認められない. あるいは陥没カルデラと考えるには, 凹陥地中央部に向かって周囲の壁から尾根が張り出しすぎる. 以上からこの凹陥地は, それほど大きくない爆裂火口が侵食で拡大したものと思われる.

この山頂の凹陥地の外側には厚い溶岩流が急な斜面をつくっている. この斜面にはかなり深い放射谷が刻まれているが, なお残された末端崖の比高から, 溶岩流の厚さは100-300 mあったことが知られる. その外側, 下部斜面はより薄い溶岩流, 火砕流, 土石流などの堆積面で, 山麓に近づくにしたがって勾配が緩くなる.

北と西南斜面にはスコリア丘以外に流紋岩質溶岩ドームと地形的に酷似した高まりが10個ある. これはスコリア丘が侵食作用で変形したものである可能性もあるが, シエラネヴァダのShasta, Three Sistersなどの成層火山の中腹に見られるものと酷似しているので, ここではとりあえず溶岩ドームとしておく.

この成層火山と周辺の溶岩流をつくる玄武岩質溶岩流との新旧関係は, 場所によって異なる. その境界では, ①より平坦に近い玄武岩質溶岩流の上に成層火山斜面が乗っている場合, ②玄武岩質溶岩流を切る谷の壁に成層火山斜面がアバットしている場合, ③成層火山斜面に玄武岩質溶岩流がアバットしている場合, があるが, 多くの場合は①②で成層火山の方が新しく, 溶岩台地の主体が形成された後に成層火山が生じたことを物語っているように見える. しかしこれは成層火山体形成末期についてのみ問題にしているので, その初期については地形からはわからない. Crumpler (1982) は, Taylor成層火山は4.3 Maに流紋岩質溶岩ドーム群の形成→安山岩質溶岩, 火砕岩による下部成層火山体の形成→2.5 Maにデイサイト質火砕流・降下軽石（図9.3-30）の噴出→1-2 Maにデイサイト質溶岩噴出で成層火山体上部形成という形成史をもつ, とした. そしてこの成層火山の成長に平行してベイサナイト→アルカリ玄武岩→ソレアイト玄武岩の溶岩原が形成され, 後に台地化したとのべている. これが事実ならTaylor成層火山は200万年以上もの間活動し, 日本の成層火山より数倍長い寿命をもつことになる.

Zuni-Bandera溶岩原

ニューメキシコ州アルバカーキー市の西約100 kmのグランツ市の南に広がる面積2500 km^{2}の広大な溶岩原である（図9.3-31）. この中でもっとも新しいMcCartys溶岩流が700年前（Nichols, 1946）に流出し, 40 km北上してインターステート40号線が走る谷を埋めている. このほかBandera Craterから流出したBandera溶岩流など, 10万年前より新しい活動によると思われる

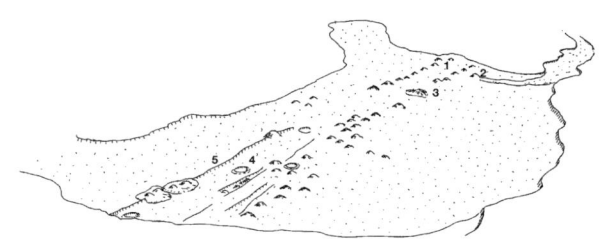

図 9.3-31 米国ニューメキシコ州 Zuni-Bandera 溶岩原の模式スケッチ

160万年前に活動を開始した若い溶岩原で，火道上には単成火山のみ存在する．1：Bandera Crater スコリア丘，2：McCartys 溶岩流，3：Rindija 小楯状火山，4：Sokno 湖タフリング，5：正断層崖．

若い溶岩流が多い．また測定された K-Ar 年代のうち最古の溶岩は 1.38 Ma (Luedke and Smith, 1978) で，西南部の火山地域の中ではアリゾナ州の San Francisco 火山地域とともにもっとも若い活動的な火山地域であり，将来南西部で噴火するとすればここはもっとも可能性の高い地域といえよう．噴火中心は少なくとも103個数えられ，その内訳はスコリア丘92個，タフリングとタフコーン計5個，小楯状火山6個である．その多くは溶岩原の中央よりやや西よりに北東—南西方向に約 5 km の幅できれいに並び，溶岩原を縦断している．その南西半分には顕著な正断層が数列平行して走り，幅 8 km，長さ 15 km の地溝をつくっている（Ander and Huesitis, 1982）．以上のうち特徴的ないくつかのスコリア丘，小楯状火山などについてのべる．

McCartys 溶岩流 南西部の火山では最新と考えられているこの溶岩流は，Zuni-Bandera 火山地域の東縁部近くから流出し，周囲に広がりつつ北上して，40 km 流下した．末端まで溶岩塚，プレッシャーリッジ，縄状溶岩などが生々しく残るパホイホイ溶岩流である（Nichols, 1946）．まだこの溶岩流上には植生が十分に侵入せず，黒色の溶岩が広がる異様な風景は開拓者たちに強い印象を与え，El Malpais（Maxwell, 1982）と呼ばれてきた．

Bandera Crater スコリア丘・溶岩流 このスコリア丘は McCartys 溶岩流についで火山地域では2番目に若い活動によって形成された．その新しさはスコリア丘の斜面がなお 35°以上の勾配を保つこと，急な馬蹄形火口壁の存在，そこから流出した溶岩流中に見られる微地形などに明瞭に見られ，とくに溶岩トンネルの天井の陥没状態の生々しさは昨日起こったばかりと思われるほどである．同様の機構で生じた陥没孔の1つの底に夏季にも凍結している池が存在し，Ice Cave として知られている．またスコリア丘の馬蹄形火口につきものの崩漂岩塔もこの溶岩流上には多く見出される．Bandera Crater と似た新鮮な地形を保持するスコリア丘はほかにも，Cerro Alto，Cerro Pomo，Cerro Brillante，Cerro Negro など50個近く存在する．

Sokno Lake タフリング Zuni-Bandera 溶岩原の中央部からやや南寄りにあるこのタフリングは直径 1 km，深さ 30-60 m の火口をもち，周囲に比高 20-30 m の環状丘をつくっている．底は平坦で現在一部に浅い湖がある．似たようなタフリングは Cerro Alto スコリア丘の南 2 km の場所にあり，その形態規模は Sokno Lake タフリングとほぼ同じである．このほか通常のスコリア丘に概形は似ているが火口がやや大きい（直径 500 m）タフコーンが3個以上存在する．

Cerro Rendija 小楯状火山 Zuni-Bandera 溶岩原のほぼ中央部に存在する直径 3.5 km，比高 130 m の小楯状火山で，頂部に小さなスコリア丘（底径 400 m，比高 50 m）と南北にのびる一線（長さ 1 km）上に6個の小火口が連なる．北東中腹から南東麓に向かって斜めに傾斜を下る小凹陥地の屈折した列が認められる．これは小楯状火山から流出した溶岩流にまで続き，山頂から 4.5 km の地点まで追うことができる．この小凹陥地は溶岩トンネルの天井が陥没して生じたもので，河川流路と酷似した屈曲パターンを示す．

Catron 溶岩原

ニューメキシコ州とアリゾナ州境に近い北東—南西方向 60 km，北西—南東方向 30 km のほぼ長方形の範囲に，65以上のスコリア丘，タフリング，小楯状火山が点在する火山地域である．これらの大部分は玄武岩質マグマの噴出で生じた単成火山であるが，互いに接合せず独立分離していることが多い．しかし，ここでは溶岩原としておく．この火山地域のスコリア丘の多くはかなり侵

食され，緩やかな傾斜に変わり，火口をもつものも少ない．周囲に流出した溶岩流も当初の表面微地形は消失し，周囲から侵食されて台地化しているものが多い．したがってこれらの大部分は100万年前以前に形成されたと考えられる．しかしCatron火山地域北部のRed Hill（Red Cone）スコリア丘（底径1 km，比高150 m）とそれから北へ流下した溶岩流（長さ10 km，平均幅1 km，厚さ数m）のように溶岩じわなどの微地形を残すなど非常に新しい（数万年前以新？）と思われるものも若干存在する．

その中で顕著なのは，この火山北麓にあるZuni Salt Lakeタフリング（マール）である．これは直径2 km，深さ50 mの円形爆裂火口で，周縁部に厚さ30 mの拠出物が緩やかな環状火砕丘をつくっている．堆積物中にはボムサグをつくる火山弾，斜交葉理をもつサージ堆積物が存在することから，マグマ水蒸気爆発が起こったことが推定される．この火口が生じた後にそのほぼ中央に2個のスコリア丘が生じている．これはそのとき，水が消失していたことを示している．なお火口の北麓には裂目噴出したスパターがへばりついている．これと火口中央部のスコリア丘とを結ぶ一線は北北東方向となり，この火山地域に見られる一般的な活構造の方向と一致する．この形成年代は22900±1400 y.B.P（Luedke and Smith, 1978）である．タフリングはこのほか5カ所で見出されるが，この火山地域の中央部，国道60号線のすぐ南にうち2個がある．それぞれの火口内にはスコリア丘が生じている．

Catron火山地域には継続的に北北東—南南西方向の正断層崖が認められる．これは数本平行することもあり，比高は20-30 m以下である．Cerro de la Mulaは頂部に乗ったスコリア丘もろとも2本の断層（比高50 m）によって切断され，頂部が地溝内に落ち込んだ小楯状火山（底径5 km，比高160 m）である．頂部には2個のスコリア丘がある．

Hemez溶岩原

ニューメキシコ州リオグランデ峡谷のすぐ西に位置し，約3000 km²の面積をもつ．大量の珪長質火砕流の噴出（Smith and Bailey, 1966）によって特徴づけられ，ほかの南西部の溶岩原とは大きく異なる．その活動史は15 Ma前（Self et al., 1986）にまでさかのぼり，長期間にわたるマグマの地殻への貫入の繰り返しが，地殻浅部に巨大な珪長質マグマ溜り（Smith, 1979; Hildreth, 1981など）を成長させたと想像される．すぐ北には，やや時代的に古いがSan Juanの大規模珪長質マグマの活動地域（Lipman, 1975）が存在し，なぜここに大量の珪長質マグマが生ずるのか，地学的に大きな問題を提出している．

この溶岩原の地形をもっとも特徴づけるのが，Vallesカルデラとその周囲に広がる広大な火砕流堆積面である（図9.3-32）．この両者の存在でわかりにくくなっているが，以前に存在した2つの火山体，Keres火山とPolvadera火山がカルデラの南と北にある．そのほか東麓と南麓に玄武岩台地が形成されている．

Keres火山体（10-7 Ma） Vallesカルデラの南斜面にある古い火山体で，10 Maから7 Maの間に形成された．その火山体は南北に走る断層・侵食によりもとの姿を失っているが，比高1200 m以上あり，南麓には火山岩屑からなる広大な火山扇状地が存在することから，大型の成層火山であったと推定される．その初期には流紋岩質溶岩が流出し，続いて玄武岩が山麓に流出し，さらに安山岩質溶岩デイサイト質溶岩が山体中心部をつくった（Smith et al., 1970）．その地形をそれぞれの発達段階ごとに再現することは不可能であるが，

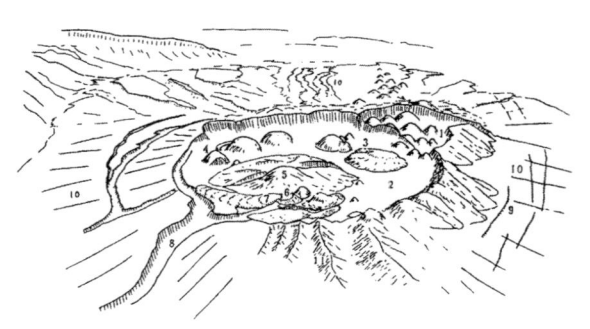

図9.3-32 米国ニューメキシコ州Hemez溶岩原上に乗るVallesカルデラ火山を南上空より望む
1：Toledoカルデラ，2：Vallesカルデラ，3：Medio流紋岩質溶岩ドーム，4：San Antonio Mtn. 流紋岩質溶岩ドーム，5：Redondo Peak再生ドーム，6：El Cajeteタフリング，7：Banco Bonito流紋岩質溶岩流，8：San Diego渓谷，9：正断層崖，10：Bandelier Tuff火砕流堆積面，11：基盤山地．

現在のシエラネヴァダの Medicine Lake Highland, Newberry などのような流紋岩質溶岩ドームなどが山体中心部に，山麓に洪水玄武岩質溶岩流が存在する火山体，あるいは安山岩質円錐火山体とその山麓に生じた流紋岩質溶岩ドームおよび玄武岩質洪水溶岩流からなる Shasta, Three Sisters などの成層火山に似たものであった可能性が強い．

Polvadera 火山体（6.6-5.0 Ma） Valles カルデラの北〜北東に残存するデイサイト質溶岩ドーム群を主体とした比高 1700 m 以上の火山体で，南半分は Valles カルデラの形成によって欠けている．6.6-5.0 Ma 前に活動したためか，Keres 火山体にくらべて地形はよく保存されていて，個々の溶岩ドームを地形的に認識できる．

玄武岩質溶岩原（2.5-2.0 Ma） Hemez 溶岩原の南縁と南東縁に，玄武岩質溶岩流からなる溶岩原が存在する（図 9.3-33）．南縁の溶岩原は Santa Ana Mesa と呼ばれ，径 15 km の円形に近い平面をもつ．南北に並ぶ 2 列の火口，スコリア丘群が認められ，その数は 30 個以上に達する．この溶岩原は Hemez 溶岩原の中央部を南北に貫く地溝の上にあり，南北に平行して走る数本の正断層崖によって切られている．南東縁の Cerros del Rio 溶岩原は南北 35 km，東西最大幅 20 km あるが，その北西部が火砕流堆積物に覆われているので，より広範囲に広がっていたと考えられる．その中には 48 個のスコリア丘などの噴出中心が数えられる．西縁に玄武岩質安山岩溶岩からなる小楯状火山が 1 つ認められるが，これは下位火砕流堆積物を覆っている．Hemez 溶岩原の北麓にも，小規模ながら玄武岩質溶岩流が認められる．これらの溶岩流はおよそ 2.5-2.0 Ma を中心に流出したものらしいが，一部はより新しい時期まで活動していたらしい．

流紋岩質火砕流の噴出とカルデラの形成（1.45-1.12 Ma） Keres 火山体と Polvadera 火山体の中間，地溝の中央部で 1.45-1.12 Ma（Heiken *et al.*, 1986）の間に 2 回にわたる大規模な流紋岩質火砕流の噴出が起こり，その中心にカルデラが生じ，その周囲に広大な火砕流台地が形成された．この 2 回の噴出物は Bandelier Tuff と総称されている

図 9.3-34 Valles カルデラ火山から流出した巨大火砕流である Bandelier Tuff の大露頭
谷底から約 300 m．

図 9.3-33 Hemez 溶岩原東部を切るリオグランデ峡谷
リオグランデ河をはさんで右手前は Banderier 火砕流堆積面．対岸は玄武岩質溶岩原台地．中央に小楯状火山が見える．いずれも Hemez 溶岩原を構成する地形．

（図 9.3-34）が，古い方が Otowi 火砕流堆積物，新しい方が Tshirege 火砕流堆積物と呼ばれている．主に両錐石英，サニディンを含んだ軽石からなる．また Otowi 火砕流噴出前には Guaje 降下軽石，Tshirege 火砕流の直前には Tsankawi 降下軽石が噴出している．両火砕流堆積物は厚いところで 200-300 m に達する大規模なものである．この噴出の結果，Otowi 火砕流の後には Toledo カルデラ，Tshirege 火砕流の後には Valles カルデラが生じた．両者は互いに重なり合っていて，古い Toledo カルデラはその北東半分が残存するにすぎない．Toledo カルデラ内部には 9 個の流紋岩質溶岩ドームが，カルデラの底を埋めて残存する．この南西部のものは，Valles カルデラ壁によってたち切られている．また Toledo カルデラ底には Tshirege 火砕流堆積物が大地をつくって存在する．

Valles カルデラ中の環状溶岩ドーム群と再生ドーム（潜在丘）(1.0-0.5 Ma) Valles カルデラ形成後，およそ 50 万年間かけてカルデラ内部に 17 個の流紋岩質溶岩ドーム，1 枚の流紋岩質溶岩流，2-3 個の火砕丘，再生ドーム（潜在丘）が生じた．再生ドームは南北 9 km，東西 12 km，比高 750 m の山地で，正断層によって縦横に切られている．全体的に見るとこの山地の中央部が北東—南西の地溝に縦断され，その北西および南東に向かって裂け広がっているように見える．この山地とたぶん Keres 火山体の一部と思われる安山岩質溶岩，Bandelier Tuff，Valles カルデラ底に堆積した二次堆積物などからなる高まりは，一度陥没して平坦化したカルデラ底が再びドーム状に盛り上がったものと解釈されている (Smith and Bailey, 1968)．これは一種の潜在ドームとも考えられる．この形成に伴ってその周辺部に環状の溶岩ドームが形成された．その見事な配列は環状岩脈，中央部の円形ブロックからなるシリンダー構造の存在を想起させる．環状溶岩ドームのうち，北にある 5 個は底径約 3 km，比高 300-500 m の典型的な溶岩ドームの形態をもつが，東の Cerro del Medio や南のものは四周へ流動して溶岩流をつくっている．南西部の火口瀬 Jemez River の流出口付近にある Banco Bonito 溶岩流はその典型的なもので，タフリングである El Cajete 火口から流出したが，火道にはドームをつくっていない．溶岩ドーム形成に先立ってタフリングが形成された場所もいくつか存在する．北西部の San Antonio Mountain 溶岩ドームのすぐ北東側に隣接する溶岩ドーム（標高 9951 ft）の北側基部にある緩斜面，南東部の Cerros del Abriga 溶岩ドームの南西基部の緩斜面などがその例である．

Taos 溶岩原

ニューメキシコ州の中北部からコロラド州南部にかけて Taos 溶岩原が広がる．これをつくる溶岩流は 300 m 以上の厚さで南北にのびるリオグランデリフトの北部を埋め，長さ 120 km，幅 25 km の平坦な溶岩原をつくっている（図 9.3-35）．その一部はリフトに沿って南西に流出し，Hem-

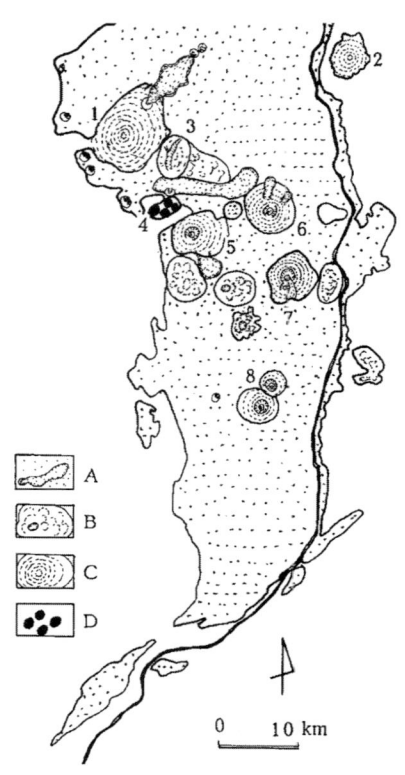

図 9.3-35 米国ニューメキシコ州 Taos 溶岩原の地形分類図

小型の成層火山を複数もつ L2 型の溶岩原．A：溶岩流，B：小楯状火山，C：成層火山，D：流紋岩質溶岩ドーム．1：San Antonio 成層火山，2：Ute Mtn 成層火山，3：La Segita 小楯状火山，4：No Agua 流紋岩質ドーム，5：Aire 成層火山，6：Olla 成層火山，7：Montoso 成層火山，8：Taos 成層火山．

図9.3-36 Taos溶岩原を300mの深さまで刻むリオグランデ河

ez溶岩原の北東端近くまで達している．その面積は1500 km² 以上に及ぶ．リオグランデの地溝を埋めたこの溶岩原は平坦で，ほかの溶岩原に数多く認められるスコリア丘はほとんど認められず，北西の周縁山地の麓にわずかに存在するにすぎない．この平坦な溶岩原の中央部よりやや東寄りにリオグランデ河が深さ・幅ともに300 m の狭い峡谷を刻んで流れている（図9.3-36）．その谷壁には数十枚の玄武岩質溶岩流が水平に累重しているのが認められる．このことからは，ほかの溶岩原のスコリア丘（比高100-300 m）が溶岩流（厚さ5-10 m）中に埋没することがほとんどなかったのとは異なり，ここでは300 m を超える溶岩流の累重によって，大部分のスコリア丘が埋没してしまい，周縁部分の高所に噴出したスコリア丘のみが埋積されずに地表に頭を残したものと考えられる．

平坦な溶岩原上には約20個の安山岩質デイサイト質中型成層火山や溶岩ドーム，玄武岩質小楯状火山が突出している（Lipman and Mehnert, 1979）．これらはすべて溶岩形成後に生じたものではなく，比高が大きいために埋め残されたものもある．また小楯状火山は La Segita 火山のように地形的に非常に新しいものが多い．これらの噴出物が玄武岩質でスコリア丘が生じてもよいのに，いずれも小楯状火山であるのは，厚く累重した溶岩流中をマグマが通過し，上昇する際にガス圧が減少したことを示すのかもしれない．

この溶岩原の形成は450万-250万年前の間の約200万年間に行われた（Ojima et al., 1967）．上記の溶岩原上に突出するいくつかの火山体の地形について述べる．

San Antonio Mountain（成層火山）　Taos 溶岩原の北西隅にある標高3283 m，比高720 m，底径10 km の成層火山である．Lipman and Mehnert (1979) によれば，デイサイト質の溶岩からなっている．この火山体はドーム状の断面をもち，平均斜度は10°，急な中腹で17°である．山頂部は2峰に分かれるが，火口をもった単独峰が侵食によって2分されたように見える．斜面には緩く浅い（10 m 前後）放射谷が認められるが，全体的に滑らかである．とくに山麓部の二次堆積物からなると思われる緩斜面（3-4°）にはほとんど谷が存在しない．これらの山体全体の滑らかさは凍結融解作用に基づく面的侵食によってもたらされたと考えられる．なお南東斜面に見られる幅1 km 弱，深さ100 m 前後の半円形の横断面をもつ谷は，過去の氷期の氷食谷である可能性が高い．この火山体には溶岩流地形など火山の原地形を示すものはほとんど認められない．北東麓にスコリア丘があることと，そこから北東に流下した比較的厚い（末端で40 m）山岩であることも合わせて，San Antonio 火山の寄生火山というより，別の火山活動によるものと考えた方がよい．San Antonio 火山の年代値が3.1 Ma，この溶岩流の年代値が2.2 Ma (Lipman and Mehner, 1979) と0.9 Ma も年代値に差があることも，その考えを支持している．

Ute Mountain　底径10 km，比高780 m，底径/比高12.8 のかなり急傾斜の成層火山で，Taos 溶岩原の北東部，リオグランデの東岸の溶岩原のはずれに存在する．山麓は数m以下の浅い谷が刻んでいるものの，非常に平滑な二次堆積物の緩斜面（1-6°）からなる．一方，山腹から山頂にかけては17°のかなりの急傾斜からなるが，100 m を超す深い放射谷に刻まれ，原形は失われている．北麓に7個の小突起（比高数十 m，底径500-800 m）が認められ，いずれも寄生火山と思われるが，スコリア丘か溶岩ドームか地形的には判定できない．この火山は Lipman and Mehnert (1979) によれば San Antonio 火山と同じ流紋岩質デイサイトを主体としている．同様の岩質をもつ火山体は，

このほかにも Guadaloupe Mountain など 4 個認められる．これらは火山地域の周縁部に分布していることが Lipman and Mehnert (1979) により指摘されている．

Cerro de la Olla（成層火山） Taos 火山地域のほぼ中央部にあるこの火山体は，底径 10 km，比高が 550 m，底径/比高が 18 の成層火山と小楯状火山の中間型の火山体で，主として玄武岩質安山岩から形成されている（Lipman and Mehnert, 1979）．その山体はほぼ円錐に近く，斜面には深さ 10 m 程度の浅い小谷が認められるにすぎず，San Antonio, Ute などの火山にくらべ，やや新しいことを示している．年代値は 2.3 Ma（Lipman and Mehnert, 1979）で，山頂には火口地形（径 450 m，深さ 20 m）が残存している．

Cerro Montoso 火山はひとまわり Cerro de la Olla 火山より小規模（底径 8 km，比高 300 m）であるが，似たような形態をもつ火山である．山頂に径 1 km 弱の火口があり，その中に溶岩ドームと思われる小丘（底径 300 m，比高 70 m）が認められる．Cerro del Aire, Cerro de los Taoses も同様に山頂に火口，小丘をもち，成層火山と小楯状火山の中間の形態を示す．山体を構成する溶岩も玄武岩質安山岩である（Lipman and Mehnert, 1979）．

La Segita Peaks（小楯状火山） San Antonio 火山のすぐ東隣りにある偏平な火山（斜度 2-3°）で，そこから流出した溶岩は東西 12 km，南北 6 km のほぼ長方形の範囲を占める．その西寄りに T 字形の割れ目火口（最大幅 850 m，深さ 50 m，1 分岐の長さ 1.7-2.1 km）があり，その南端から幅約 1 km，長さ 9 km，厚さ 10-20 m の溶岩流が東へ流出している（図 9.3-37）．これに似た小楯状火山は Taos 溶岩原の中心部近くに 4-5 個認められる．

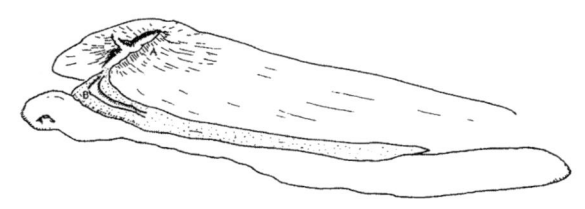

図 9.3-37 Taos 溶岩原中の Segita 割れ目噴火によるスパター丘列

Raton-Clayton 溶岩原

ニューメキシコ州の北東隅，ロッキー山脈の東斜面に広がる面積 3820 km² の溶岩原である．その一部はわずかにコロラド州にまたがっている．その中には 63 以上の噴出中心が認められ，それらからそれぞれ 1 枚以上の溶岩流が流出している．それらは数百万年間に断続的に噴出したもので，互いに重なり合い，接し合って広大な溶岩流を形成している．しかし数百万年間には侵食も平行して行われるため，溶岩流の中ではすでに侵食され台地化したもの（たとえば Masa Larga）から，それらを切る侵食谷底を埋め，表面微地形を残す Caulin Mountain のような新しいものまでさまざまである（図 9.3-38）．Collins (1949) はこれらを 3 つの時期に分けている．

これら溶岩流の上に Eagle Tail Mesa のような小楯状火山や，Sierra Grande, Palo Branco Mountain, Laughlin Peak などの安山岩，デイサイト質の成層火山が点在している．

Mesa Larga（溶岩台地） 総延長 7.5 km，周囲からの比高 120 m，幅 200 m の L 字形の平面形をもつ溶岩台地である．厚さ 5-10 m の薄い溶岩

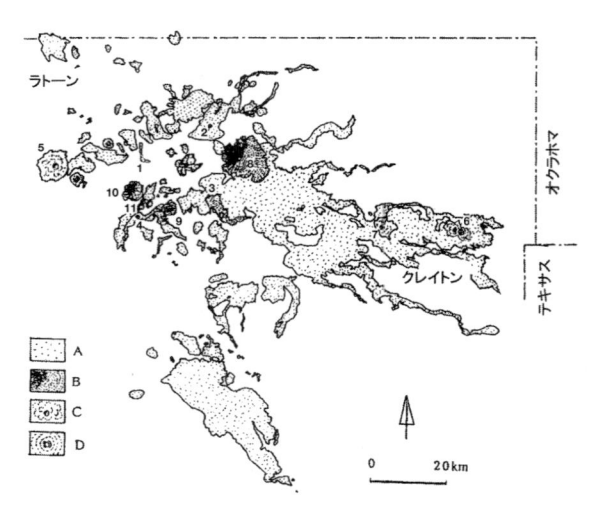

図 9.3-38 米国ニューメキシコ州 Raton-Clayton 溶岩原の地形分類図
A：溶岩原，B：成層火山，C：小楯状火山，D：溶岩ドーム．1：Mesa Larga 溶岩台地，2：Capulin スコリア丘，3：Malpie 火口，4：The Crater，5：Eagle Tail 小楯状火山，6：Rabbit Ear 小楯状火山，7：Dora 小楯状火山，8：Shierra Grande 成層火山，9：Palo Blanco 侵食溶岩ドーム，10：Laughlin 古溶岩ドーム，11：Pine 溶岩ドーム．

流が1枚，キャップロックとして存在する．その平面形と合わせて，かつて谷中を流下した細長い溶岩流が堅硬なために高く残った「逆転地形」と考えられる．

Capulin Mountain（スコリア丘）　4500-10000 ^{14}C年前（Baldwin and Muehlberger, 1959）に形成されたRaton-Calyton火山地域でもっとも新しいスコリア丘（比高350 m，底径1.8 km）と，そこから流出した面積約60 km^{2}の玄武岩質溶岩流とからなる（図9.3-39）．スコリア丘は西壁が低い円形火口をもつ．Raton-Clayton火山地域にはこのほかMaloie Mountain, The Craterなどの溶岩堤防・溶岩じわ・溶岩末端崖・崩漂岩塔などの微地形を残す新しい溶岩流が5本見られる．

Rabbit Ear Mesa（小楯状火山）　Raton-Clayton溶岩原の東部，クレイトン市街の近くにある東西15 km，南北10 kmの小楯状火山である．東西方向の一直線上に7 kmにわたって6個のスコリア丘が並び，それらから流出した溶岩流がこの小楯状火山を形成した．比高は約200 m，底径/比高は1/50-75である．山頂部には2つのカルデラが東西に並ぶ．東側のカルデラの直径が1.2 km，深さ30-40 m，西側のカルデラは直径1.9 km，深さ10-20 mである．両者とも内部にスコリア丘をもつ．西側のスコリア丘がRabbit Ear Mountainで，その北側から流出した溶岩流はカルデラ壁を超え，小楯状火山の北斜面を末端まで流下している．小楯状火山の斜面には深さ30-40 mの谷が多く刻まれ，形成後かなりの時間が経過したことを物語っている（少なくとも100万年以上）．Rabbit Ear Mesa小楯状火山の東20 kmには底径7 km，比高210 mのMt. Doraと呼ばれる，ほぼ同様の規模・形態をもつ小楯状火山がある．山頂に径1 km弱の火口があり，その中にスコリア丘が形成されている．小楯状火山の斜面には深さ10 kmほどの放射谷が20本以上認められているが，溶岩流の末端崖を示す地形が残されている．その年代はやはり100万年以前と考えられる．

Sierra Grande（成層火山）　Raton-Clayton溶岩原のほぼ中央部に位置する底径15 km，比高600 mの成層火山である．富士山型の単純な円錐形を示すが，山体全体が30 m以上の深さの谷に刻まれ，火口をはじめとする原地形は残っていない．しかし山麓には数個の溶岩ドームと思われる小突起が認められる．Stormer（1972）によれば，溶岩の大部分は含紫蘇輝石普通輝石安山岩質で，その年代は190万年前である．

Raton-Clayton溶岩原の形成史　上記の地形的特徴，Stormer（1972）ほかの地質学的・岩石学的調査結果を考え合わせると，次のような形成史が考えられる．①800万年前に火山地域西部にほぼ南北にデイサイト質の溶岩ドーム群が噴出した．これは下部地殻の角閃岩層の部分溶解で生じたマグマに由来すると考えられている．②350-100万年前の間にアルカリ玄武岩質の溶岩流が大量に流出し，この火山地域の概形をつくった．この時期に中央部にSierra Grande安山岩質成層火山，東部にアルカリ岩質の小楯状火山が形成された．③数十万年前から現在までの間に，火山地域の西半分にCapulin Mountainなどのスコリア丘，玄武岩質溶岩流がいくつか生じた．

Carrizozo溶岩流

ニューメキシコ州中央部よりやや南東寄りに存在するこの火山地域は，単一の活動によって生じた単成火山である．1個のスコリア丘とそこから流出した全長76 kmに及ぶ薄い玄武岩質溶岩流からなっている．北東から南西へ弱くS字状に屈折しながら流下しているが，最大幅8 km，もっともくびれたところで2 kmの幅がある．その流出は約1000年前と新しく，玄武岩質溶岩流出時の微地形，微構造が完全に保持されている．そ

図9.3-39　Raton-Clayton溶岩原のCapulin Mountainスコリア丘
900年前に噴火・形成された．

の表面はパホエホエで，縄状の部分もよく見られる．溶岩塚，プレッシャーリッジ，shark tooth（鮫歯状溶岩刃），squeeze ups（溶岩しぼり出し）なども典型的なものが観察される．溶岩流の平均的な厚さははっきりわからないが，5-8 m と考えられる．一般に周囲からの比高が 10 m 前後あるが，それは側端崖すなわち溶岩堤防の高さで，両端の溶岩堤防の内部は溶岩条溝になっていて，それより 5 m ほど低い．平均厚をかりに 5 m としても，その体積は $2.0 km^3$ におよぶ．Raton-Clayton そのほかの溶岩流をつくる個々の溶岩流の規模にくらべ，Carrizozo 溶岩流は 1 桁以上大きい．この火山地域は将来活動を繰り返し，ほかの溶岩原のような溶岩原に成長するか否かについてはよくわからない．

Potrillo 溶岩原

ニューメキシコ州の中南縁，テキサス州エルパソ市の西約 50 km に Potrillo 溶岩原がある．その一部はメキシコ領内にまたがる．米国内にある溶岩原の面積はおよそ $1000 km^2$ である．この溶岩原は火道を示す 200 個以上のスコリア丘，2 個のタフリング，それらから流出した溶岩流が接合した結果生じた溶岩原である．溶岩原の主体の West Potrillo Mountains には 100 個を超えるスコリア丘が認められる．これらの比高は最大で 300 m，底径は 300-1000 m ほどで，円形火口，急斜面をもち，比較的最近形成されたと思われるものから，火口を失い単なる小突起にすぎない古いものまでさまざまあり，この West Potrillo Mountains が長い時間をかけて徐々に形成されてきたことを物語る．

溶岩流についても同様のことがいえる．末端崖，側端崖や崩漂岩塔が残存し新しい溶岩流と考えられるものから，表面の微地形は失われ，かなりの部分を新しい溶岩流に覆われ，その分布や流出源も不明瞭で非常に古い時代に流出したと考えられるものまで多様である．West Potrillo Mountains の火山噴出物の年代データはないが，年代が知られたほかの火山地域の類推から 2-3 Ma 前から 0.2-0.1 Ma 前の間にこれらのスコリア丘，溶岩流は生じたものと思われる．1 万年前より新しい時期に形成された Capulin Mountain や McCartys

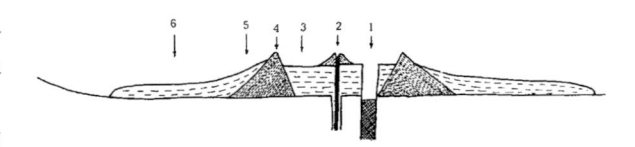

図 9.3-40 米国ニューメキシコ州 Potrillo 溶岩原，Aden クレーターの模式断面図（守屋，1990a）
1：ピットクレーター，2：スパター丘，3：溶岩湖，4：スコリア（スパター）丘，5：溶結スパター斜面？，6：溶岩流．

溶岩流のような溶岩塚，プレッシャーリッジなどを残存させた溶岩流は認められない．

Aden Crater は West Potrillo Mountains の北東 5 km にある奇妙な小火山体である（図 9.3-40）．1 万 1000 年前に形成されたため，当初の地形がそのまま残されている．中央部に直径 400 m の火口があり，大部分は溶岩湖が固化した平坦面からなる．火口中央部に比高 10 m，底径 100 m のスパターコーンと直径 100 m，深さ 50-60 m のピットクレーターがある．これらを囲んで比高 10 m 程度の火口壁が存在するが，これはスパターからなる．その外側斜面には急なスパターコーンの斜面（40°前後）があり，その外側に長さ 250 m，傾斜 10°の緩傾斜が，さらに外側にはほぼ水平な溶岩流の表面が広がる．傾斜 10°の緩斜面と溶岩との境界は非常に明瞭である．Hoffer（1976）によれば，傾斜 10°のこの緩斜面は溶岩流とあるが，スパターの二次流動によって形成された可能性もある．Aden Crater から流出した溶岩流は薄いが東～東南に向かって広がっている．その表面は流出時の微地形をそのまま残していて，溶岩塚，凹陥地，プレッシャーリッジなどがよく観察される．

Kilbourne Hole，Hunts Hole は Potrillo 火山地域東部にある，地形的によく目立つ 2 個のタフリングである．両者は南北に 2.6 km 離れて存在する．北方にある Kilbourne Hole はやや大きく直径は 2.2-3.8 km，深さ 130 m ある．その輪郭は円形からほど遠く，いくつかの湾入が見られる．一部は火口壁が地すべり的に崩壊したためと見られるが，大部分爆発が数カ所で起こって生じた火口が接合したためと考えられる．この火口の外側には低く緩やかな環状の高まりが連なる．その比高は 30-40 m，外側斜面の傾斜は 2°前後にすぎな

い．Hoffer（1976）によれば，この環状丘は3つの堆積物からなる．それは下位から降下火砕物，ベースサージ堆積物，泥流堆積物である．これらタフリングをつくった爆発的噴火の堆積物の下位に数 m の厚さの玄武岩質溶岩流が存在する．Hunts Hole は直径 1.8 km，深さ 70 m の円形に近いタフリングである．まわりには比高 15 m の環状丘がある．これら2個のタフリングは北方から流下した Afton 溶岩流を貫いた爆発により生じ，溶岩流の上に抛出物を堆積させている．この溶岩流の年代は10万-14万年前であるので，Kilbourne Hole，Hunts Hole は10万年より新しい時期に生じたことになる．

9.3.6 米国南西部溶岩原の分類と成因

以上のような主要溶岩原の地形的記載をもとに，溶岩原は1〜4の4つのタイプに分類されることを守屋（1990）は提案した（図9.3-41）．

① A 型溶岩原：Springerville, Zuni-Bandera, Catron, Potrillo など，溶岩流の上にスコリア丘，タフリング，タフコーン，小楯状火山などの単成火山のみが火道上に存在する玄武岩質溶岩原である．

② B 型溶岩原：Taylor 火山地域がこれに属し，玄武岩質溶岩原の上に安山岩質成層火山が存在するものである．

③ C 型溶岩原：安山岩質成層火山と流紋岩質溶岩ドームが上に乗る玄武岩質溶岩原である．San Francisco, Taos, Raton-Clayton 溶岩原がこれにあたる．

④ D 型溶岩原：Hemez 火山地域でその主体は珪長質火砕流堆積物の台地とその噴出中心に生じた直径 20 km を超える大カルデラである．その内外には多数の流紋岩質ドームが存在する．この火山地域の北・東・南縁に玄武岩質溶岩原が存在するが，その面積も大きなものでなく，Hemez 火山地域では従の位置を占める．

以上をまとめると（溶岩原）→（溶岩原≫成層火山・溶岩ドーム）→（溶岩原＝成層火山）→（溶岩原≪カルデラ・火砕流台地・溶岩ドーム）と溶岩原の割合が A 型→D 型につれ減少していることがわかる．これは噴出物の化学組成でいいかえると（玄武岩）→（玄武岩≫安山岩・流紋岩）→（玄武岩＝安山岩・デイサイト）→（玄武岩≪流紋岩）となり，A 型→B 型につれ玄武岩の全体に占める割合が減少していることを意味する．

なぜこのように玄武岩以外の珪長質岩が噴出する火山地域と玄武岩のみを噴出する火山地域に分かれるのか，珪長質岩噴出火山地域でもその量比差がなぜ生ずるのかについてはまだよくわかっていない．玄武岩の成因について上部マントルあるいは地殻下部の溶融が考えられている（たとえば Olsen et al., 1987）．珪長質岩については下部地殻物質の部分溶解によるもの，玄武岩がマグマ溜りをつくり，その中で分化作用が行われた結果生じたもの，という両極端の考えがある．もっとも珪長質岩の比率が大きい Hemez 火山地域で大量の珪長質マグマが火砕流として噴出し，大カルデラが生ずるまでには，800万年以上の間，断続的に火山活動が行われ，その間に玄武岩・安山岩・デイサイト・流紋岩が噴出し，溶岩原・成層火山・溶岩ドームなどが形成された．この事実は 1000 万年の長い年月にわたって繰り返し地殻内に貫入した玄武岩質マグマが，その付近の地殻を加熱し，大量の酸性火砕流を噴出しうる巨大な珪長質マグマ溜りを生じさせたことを示唆する．

それでは玄武岩質溶岩原のみからなる火山地域

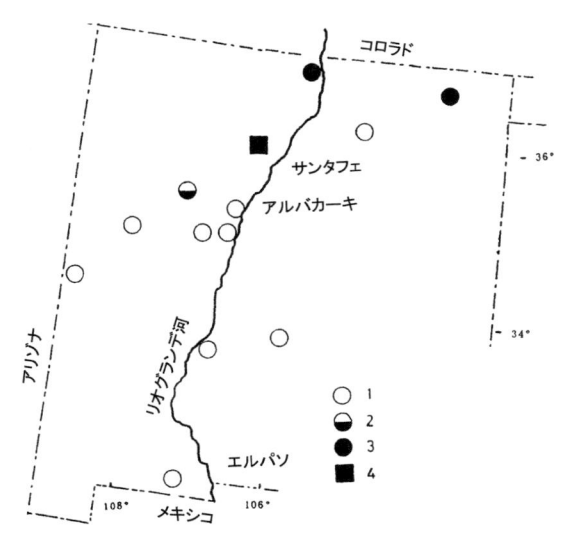

図 9.3-41 米国ニューメキシコ州溶岩原の発達史的分類
（守屋，1990）
1：小型単成火山のみが乗る溶岩原，2：成層火山が乗る溶岩原，3：成層火山・溶岩ドームが乗る溶岩原，4：カルデラ火山が乗る溶岩原．

では新しい時代に火山活動が始まったばかりで，珪長質岩を噴出した火山地域は古くから活動してきたかというと必ずしもそうではない．玄武岩質溶岩原からなる Potrillo, Carton などは 300-400 万年前から活動しているし，珪長質岩を噴出して成層火山，溶岩ドームを生じさせた Taos, Raton-Clayton などの火山地域もやはり 300-400 万年の活動にすぎない．アリゾナ州中東部の Springerville 火山地域は 300 万年前から成長を続けている玄武岩質溶岩原のみからなるが，800 万年以前には安山岩・デイサイトからなる成層火山 White Mountains がすぐその南に隣接して存在する．

　これらのことを考え合わせると，初期に玄武岩のみを噴出して溶岩原をつくり，やがて時代を経るにつれ，地殻上部にマグマ溜りが形成されるか地殻下部の部分溶解が起きて，珪長質マグマが噴出し，成層火山，溶岩ドームが生ずるようになったという火山地域の発達の図式は簡単には認められない．いいかえると Zuni-Bandera や Potrillo など A 型の火山地域にやがて成層火山・溶岩ドーム，さらにはカルデラが生ずる，あるいは Taos, Taylor などの火山地域にカルデラを生じて D 型の Hemez 火山地域に似た火山地域になる，とはいいきれない．各火山地域の相違は発達段階の違いに基づくものとは必ずしも断言できない．むしろ個々の火山地域の特性である地殻の厚さ，応力場，上部マントルの熱的性質などが火山地域の相違に大きく関わっていると思われる．

9.4　メキシコ

　メキシコ中央部を東西に走る長さ 1000 km，幅 20-80 km の地溝帯（メキシコ中央火山帯 Trans Mexican Volcanic Belt）に沿って 2500 に及ぶ大小の火山が分布する．

　メキシコ西岸沖 200-300 km の東太平洋海膨で生産されたリヴェラプレートとココスプレートが，中央アメリカ海溝をつくって北米大陸の下に沈み込む（Aubouin et al., 1982；Urrutia-Fukugauchi and Morton-Bermea, 1997）．これらのプレートはタマヨ，リヴェラ破砕帯などトランスフォーム断層によって分断され，複雑な形で中米大陸下に沈み込む．タマヨ破砕帯はメキシコ中央火山帯に，リヴェラ破砕帯はコリマ地溝帯に連続するかのようにのびている（DeMets and Stein, 1990）．中央アメリカ海溝はこの火山帯の南で途切れ北方へは続かないことも，この複雑なプレート構造の 1 つの表れであろう．

　メキシコ中央火山帯の火山は，このプレートの沈み込みに起因する島弧型の火山と考えられている（Nelson and Gonzalez-Caver, 1992）が，海溝と火山帯とは斜交し，火山フロント下の和達-ベニオフ帯の傾斜も東に向かうにつれ緩くなる（図 9.4-1）ことなどから，環太平洋のほかの沈み込み地域と同様のプレート環境にあるとは断言できない．岩石化学のデータからは東西方向にのびるカルクアルカリ岩系と北北西－南南東方向にのびるアルカリ岩系がメキシコ中央部で交錯しているとの考えも提出されている（Gunn and Mooser, 1970；Cantagrel and Robin, 1979；Verma and Nelson, 1989）．

　メキシコ中央火山帯には 2900 を超える大小の火山が存在するが，ここでは 96 火山に分類した（表 9.4-1，図 9.4-2）．その内訳は成層火山 40 個，カルデラ火山 6 個，溶岩原 18 個，楯状火山 3 個，溶岩ドーム火山 17 個，スコリア丘火山 12 個である．スコリア丘・小楯状火山は低地に，溶岩ドーム・成層火山の多くは基盤山地の周辺に分布する．これらの火山の地形・構造・岩石・規模・分布・年代などについてのべる．

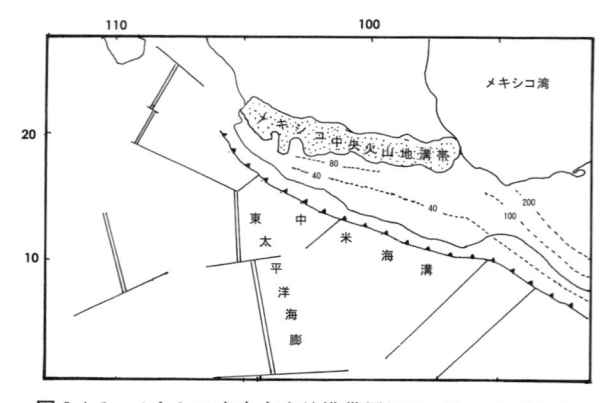

図 9.4-1　メキシコ中央火山地溝帯周辺のプレートテクトニクス環境（Nelson and Gonzales-Caver, 1992 を簡略化）
　点線（km）：ベニオフ帯深度，二重線：拡大軸，実線：トランスフォーム断層．

表 9.4-1　メキシコの火山一覧

火山名	型	比高 (m)	底径 (m)	火山名	型	比高 (m)	底径 (m)
1 San Andres	Sh	200	4000	55 Tenango de Arista	Do	500	13000
2 San Juan	A2	1140	9000	56 Volcan Holopetec	Sc	200	11200
3 Coatepec	A2	400	4800	57 Hualtepec	Cv	1130	40000
4 Maidoro	Sc	160	5000	58 Nopala	SH	480	11000
5 Tepic	cd	200	9000	59 El Capulin	A2	650	10000
6 Navajas	A4	800	20000	60 Las Palomas	A2	700	10000
7 Sanganguey	A2	1340	12000	61 Templo	A2	800	13000
8 Laguna Santa Maria	L4	200	25000	62 Idolo	A2	500	950
9 Tepetiltic	A4	1100	11000	63 Catedral	Do	500	12000
10 Estiladero	L2	800	35000	64 Jalatlaco	L3	300	14000
11 Cos Ocotes	Do	350	4000	65 La Corona	A2	1150	12000
12 Grande San Pedro	A2	700	5500	66 Zempoala	A4	1190	12000
13 Ceboruco	A4	1100	14000	67 Texoxocod	L	500	50000
14 El Puerto	Do	500	4000	68 Gordo	L	1000	20000
15 Tequila	Ad	1740	15000	69 Tres Padres	A2	800	11000
16 La Primavera	Cv	1400	70000	70 Los Pitos	Ad	1050	10000
17 La Gloria	Do	200	10000	71 El Jihuingo	Do	1000	11000
18 Cantaro	A4	1480	24000	72 Otumba	L	200	11000
19 N Colima	A3	2690	45000	73 Patlachico	Do	350	40000
20 V. Colima	A3	2210	43000	74 Zoquiapan	A2	1770	40000
21 E Guadalajara	L3	500	32000	75 Papayo	Sc	300	10000
22 S Laguna Chapala	L3	550	49000	76 Izta Popo	Do	100	5000
23 Grande de Cabados	A1	800	11000	77 Iztacchihuatl	A2	2800	30000
24 Volcan Grande	A1	1000	11000	78 Popocatepetl	A4	1600	40000
25 Patamdan	A4	900	13000	79 Aguatepec	L1	100	15000
26 Michoacan	L3	130	80000	80 Casas del Monte	A4	740	11000
27 N Laguna Cuitzeo	L	600	40900	81 Volcan de Paila	L	250	23000
28 Zinaparo	Do	800	9500	82 Apan	L	150	12000
29 S Laguna Cuitzeo	L	600	27300	83 Las Mesas	Do	250	30000
30 Los Lobos	Do	300	40000	84 Tlaxco de Morelos	L	200	22000
31 La Gavia	SH	1050	24000	85 Ayotla	L	200	15000
32 Culiacan	A1	1000	17500	86 Coaxapo	L	100	10000
33 Azufres	Cv	800	50000	87 Malinche	Ad	2100	40000
34 Puertocito	Sc	800	9500	88 Cuexcontzl	Sc	80	9000
35 Dome Range	Do	400	25000	89 Tlamacas	Sc	210	9500
36 El Chilacayote	Sc	900	8000	90 Los Humeros	Cv	100	40000
37 Cimatario	Do	500	10000	91 Pizarro	A2	900	4500
38 Trinidad	Sh	350	9000	92 Itzoteno	Sc	600	8600
39 Amealco	Cv	650	40000	93 Cofre de Perote	A2	1950	32500
40 El Cereo	Sc	300	14000	94 Las Cumbres	A4	1500	25000
41 Altamirano	Do	1060	18000	95 Orizaba	A2	3300	35000
42 Calvario	A2	950	9000	96 Tuxtlas	SH	1588	71000
43 Tequisquiapan	Do	300	16000				
44 El Cerrito	Sc	80	9000				
45 La Pananado	A2	990	22000				
46 La Chiaraneca	A2	300	16000				
47 Canada del Gallo	Do	200	4000				
48 Polotitlan	L1	200	20000				
49 Las Atarjea	Do	260	6000				
50 Jocotitlan	Ad	1300	15000				
51 La Guadalupana	A2	710	10000				
52 Santuario	Ad	400	9000				
53 San Antonio	A4	1030	25000				
54 Toluca	A4	2060	41000				

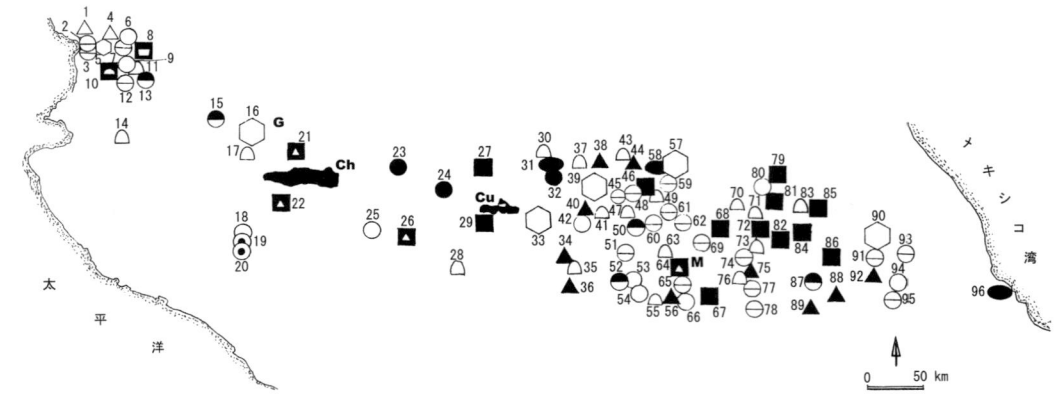

図 9.4-2　メキシコ中央火山帯の型別火山分布図
1-96 の番号は表 9.4-1 の左端の数字に対応．Ch：チャパラ湖，Cu：クィツェオ湖，G：グアダラハラ，M：メキシコシティ．

9.4.1 成層火山

Colima, Popocatepetl, Toluca, Orizaba などの大型成層火山（比高 2000-3000 m，底径 40-50 km，体積 100 km³ 以上），Sangayguey, Ceboruco, Grande, Jocotitlan などの中型成層火山（比高 500-1000 m，底径 10 km 前後，体積 10 km³ 前後）など 20 数個の成層火山がある（表 9.4-1）．大型成層火山は火山帯の南部に見られ，中型成層火山は北側に多く認められる．

Popocatepetl, Orizaba などの大型成層火山は標高 5000 m を超え，山頂に氷河が発達する．また中腹斜面は氷期に形成された深い圏谷・U 字谷に刻まれ，もとの地形はわかりにくくなっているが，何回もの侵食期にはさまれた火山体形成期をもつ複雑な発達を遂げたことがわかる（Siebe et al., 1993；Carrasco-Nunez et al., 1993；Palacios, 1996）．山麓には広い火山麓扇状地や火砕流堆積面，火山体の大崩壊があったことを示す岩屑なだれ堆積物がつくる流れ山をもつ地形が分布する．またスコリア丘や溶岩ドームが存在することも多い．

Popocatepetl, Toluca など大型成層火山の多くは，赤城・榛名火山のような発達段階の進んだ火山と考えられる（Robin and Boudal, 1987）が，Ceboruco, Grande などの中型成層火山の多くは，富士山・羊蹄山に似た発達初期の段階の火山と考えられる．Malinche 火山のように複数の溶岩ドームを主体とし，その周辺に広い火山麓扇状地・火砕流堆積面をもつ成層火山（Abrams and Siebe, 1994）や，侵食が進んだ成層火山の頂部に小楯状火山がのる Tequila 火山のような，日本では見られない特殊な火山も見出される．山体大崩壊を起こした成層火山が少なくない（Siebe et al., 1992）．

中央火山帯の北西部から中央部にかけて Las Navajas, Sangayguey, Ceboruco, Grande などの中型成層火山が分布する（Nelson and Herge, 1990；Nelson and Carmichael, 1984）．玄武岩～安山岩質の溶岩流を主とする火山体で山頂部に小火口をもち，小規模な火砕流堆積面・溶岩ドーム・スコリア丘などを伴うことも多い．

Nelson and Livieres（1986）によれば，この地域は鮮新世以降張力場にあり，アルカリ火山活動が起こっていたが，30 万年前カルクアルカリ火山活動に変化するとともに安山岩とデイサイトが噴出し，これらの火山群が生じた．

Ceboruco 火山　Ceboruco 成層火山の表層地質や発達史は，Nelson（1980）によりほぼ明らかにされている．それは筆者が空中写真・地形図判読から知った結果とほぼ一致する．Ceboruco 成層火山（標高 2280 m，比高 1500 m，底径 16 km，体積 32 km³）はメキシコの歴史に噴火記録が残る 9 活火山のうちの 1 つで，最後の噴火は 1870-75 年に起こった．標高 1100 m 前後の盆地の周囲は，盆地底から 200 m 高い台地をつくって第三紀に噴出した大規模火砕流堆積物が広がる．山頂に同心円状の二重のカルデラが存在し，それによ

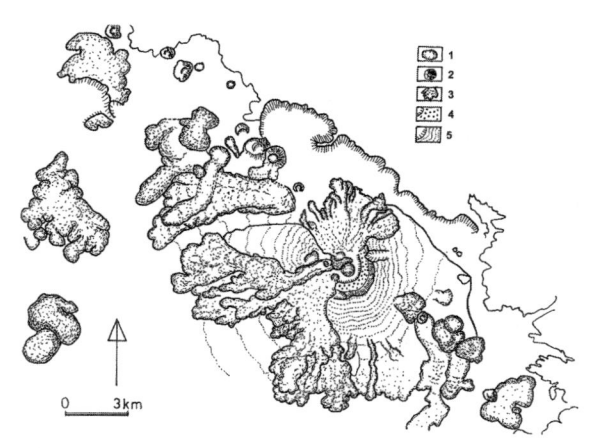

図 9.4-3 メキシコ西部 Ceboruco 成層火山の地形分類図
1：溶岩ドーム，2：スコリア丘，3：溶岩流，4：火砕丘（新期成層火山原面），5：古期成層火山原面．

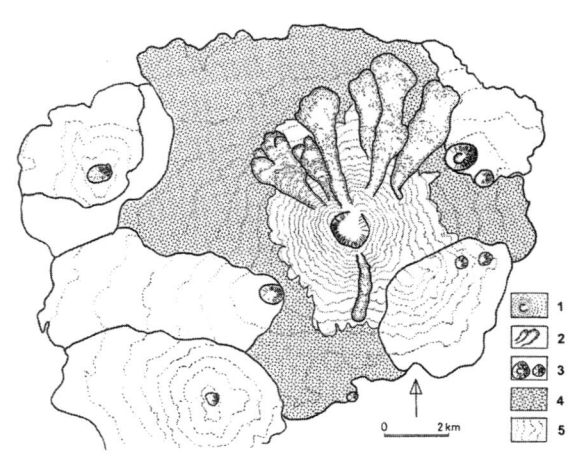

図 9.4-4 メキシコ Grande 成層火山の地形分類図
1：新期成層火山原面，2：溶岩流，3：スコリア丘，4：古期成層火山原面，5：小楯状火山溶岩ドーム．

り火山体形成期は3期に分けられる．第1期には含紫蘇輝石安山岩質溶岩流とスコリア・スパターからなる標高 2700 m の成層火山が形成された．その総量は 60 km³ に及ぶ．N60W 方向の弱線に沿って側噴火が起き，La Pichancha, Cevoruguito 安山岩質溶岩流，Cerro Pochetero 流紋岩ドーム，Cerro Pedregoso, Destiladero 流紋岩質デイサイトドームが形成された．

第1期末の 1000 ¹⁴C 年前に体積 5 km³ の Jab 降下軽石と Marquesado 火砕流を噴出し，径 3.7 km の外縁カルデラが生じた．このカルデラ形成で，3.4 km³ の山体が失われたが，軽石噴出物量は 2 km³ にすぎない（図 9.4-3）．

①第1期：Dos Eguis デイサイト質溶岩ドームが外縁カルデラを埋めて噴出し，その頂部から Copales 溶岩が流下して南西麓を覆った．その量は 1.4 km³ である．続いて内縁カルデラ（径 1.5 km）が形成されたが，この際に火砕流などは噴出せず，陥没カルデラと考えられている．

②第2期：内縁カルデラ床に El Centro ドームが形成された．Coapau, El Norte 安山岩質溶岩流が北に，Ceboruco 安山岩質溶岩流が南に流出した．これらの総量は 3-4 km³ に達する．

1870 年2月18日から地震活動が再開されたが，そのとき，体積 1.1 km のデイサイト溶岩流が5ヵ月にわたって流下した（Nelson, 1980）．

Grande 火山 標高 2700 m，比高 900 m，底径 10 km，比高/底径＝0.09 の成層火山と楯状火山の境界付近の地形をもつ，富士山に似た中型円錐火山である．山頂に径約 1 km，深さ約 100 m の火口をもち，その南北の斜面上には山頂火口から流出したと考えられる 6-7 枚の溶岩流（長さ 2-4 km，幅 300-1500 m，厚さ約 20 m）が流下し，標高 2000-2300 m の山麓斜面に 6 個以上のスコリア丘が噴出している（図 9.4-4）．火山体断面は山頂付近での 22°から，山麓の 3°まで連続的に変化し，山頂火口から放出された溶岩流・火山灰層が連続的に堆積して現在までに成長したものと考えられる．円錐火山体斜面には浅い放射谷が刻まれているが，その侵食量が少なく，山麓に顕著な火山麓扇状地は形成されていない．山頂で顕著な火砕流噴火が発生すると，火砕流は急斜した上部斜面にはほとんど堆積せず，緩くなった下部斜面に厚く堆積するために，上部面に不連続な扇状地状の火砕流堆積面が形成される．この火山では前述のように連続的な斜面が山頂から山麓まで連なり，不連続線は存在しない．したがって Grande 火山は富士山同様，まだ火砕流噴出期まで成長していない第1期の成層火山体に相当すると見なしてよい．

Tequila 火山 西北西―東南東方向に伸長軸をもつ楕円の平面形で，標高 2920 m，底径 30 km の成層火山である．伸長軸上に多くの火道が分布し，軸に沿って割れ目が連続していることを暗示

する．火山体中心部には比高約1000m，底径7km，頂部に火口をもつ円錐火山体が存在する．その北西・北東・南東麓には，細かい無数の放射谷で侵食された緩斜面が存在し，中心部の円錐火山は新旧2期の火山体が重なっていることを示す．南西麓にはさらに古い時代に形成されたと考えられる深い谷に刻まれた尾根からなる斜面が存在し，少なくとも発達史は3期に区分される．その南東部には小成層火山体が接する．中心部を占める最新の火山体は成層火山に近い楯状火山で，山頂から北東に開く馬蹄形の凹地をもつ．しかし山麓に行くに従い凹地の幅は狭まり，火山体大崩壊で形成されたものではなく，山頂円形火口が北東部の侵食谷と合体したものと判断される．この火口内には溶岩ドームが形成されている．円錐火山の外側には火山麓扇状地・溶岩流が広く分布する．溶岩流は山麓の全方位にあるが，とくに北西・南東麓に多い．いずれも末端崖の比高が50mを超え安山岩質であることを示す（図9.4-5）．北西・南東麓に北西―南東方向の溶岩ドーム列が連なる．スコリア丘は北東・南西麓に点在する．

　Colima火山　メキシコ中央火山帯西部には3本の地溝が会合する場所が存在する（Allan, 1986）が，その南のColima地溝内には3個の成層火山が南北に相接して並ぶ．北からCantaro, Nevado de Colima, Volcan Colima（Fuego）の3火山で，南に向かって若くなる．

　1）Cantaro火山　この火山（標高2900m，比高1500m，東西23km，南北12km）の山頂は北・西・東南麓から深く河谷により侵食され，中腹以下の斜面も無数の侵食谷に刻まれて原地形はほとんど消失し，放射状に山麓に広がる定高性のある尾根の存在が，かつて標高3500-3800m程度の成層火山を形成していたことを示す．1万年前より新しい時期に西麓において玄武岩マグマによるスコリア丘の形成，溶岩の流出が発生したことがわかる．

　2）Nevado de Colima火山　東西5km離れた新旧2個の成層火山からなる．西火山体は頂部に東西にのびる地溝状凹地をもち，その周囲から火砕流・土石流堆積面が西に緩く傾きながら広がる．東火山体は西火山体頂部地溝状凹地の一部を覆い，その東方に溶岩流を主とする山体を広く展開する．その頂部には東西4km，南北6kmのカルデラが存在し，その外側にも二重，三重に弧状断層崖が認められ，四重カルデラをもつ複雑な構造の火山と考えられる．東麓には侵食の進んだ火砕流堆積面や岩屑なだれ堆積面が存在する．

　山頂カルデラは円形カルデラと幅の広い谷状凹地が複合した平面形をなし，火砕流噴出によるカルデラ形成が起こったこと，それ以前に火山体大崩壊が発生していたことを示すと考えられる．この円形カルデラ中には溶岩流出が繰り返し起こり，カルデラを埋め立て，さらには夏の広い谷中に流入している．これら溶岩流の火道はカルデラの西部にあり，そこには非常に急峻な溶岩ドームが屹立する．

　Robin et al.（1987）は，この火山について下記のような発達史を提唱している．

① NevadoⅠ：安山岩溶岩流出（60万年前）→デイサイト火山灰流（カルデラ1，径7-8km形成）→溶岩ドーム・火砕物→カルデラ2（径3-3.5km）

② NevadoⅡ：20万年前開始→カルデラ2→溶岩流出→カルデラ3（径4-5km）→降下火砕流

③ Paleofuego：？万年前開始→5万年前溶岩流→カルデラ4（径4-5km）→降下火砕物

④ NevadoⅢ：厚い安山岩溶岩流

⑤ Fuego：カルデラ4　中央火口丘（径1500m），溶岩流出・破壊の連続（火砕流＋プリニー式）

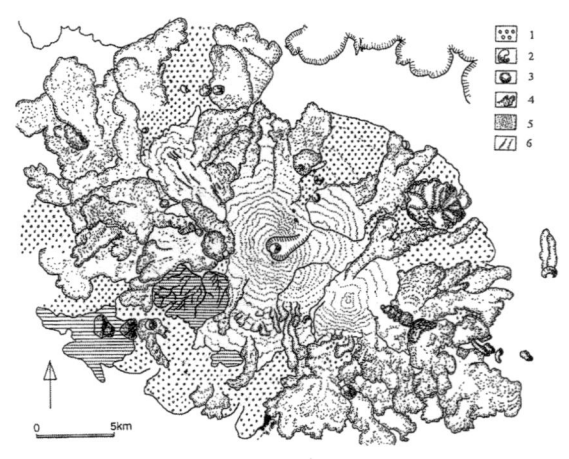

図9.4-5　メキシコTequila成層火山の地形分類図
1：岩屑なだれ堆積面，2：スコリア丘，3：溶岩ドーム，4：溶岩流，5：成層火山原面．

3) Volcan de Colima 火山　この火山は Nevado de Colima 火山のすぐ南に隣接する標高 3400 m，底径 40 km の大型成層火山で，現在しばしば噴火する活火山である．山体中心部に径 6 km，南開き半円形の急崖が存在する．これは標高 3700 m に達したと推定される富士山型の成層火山が南に大崩壊して生じた滑落崖である．その南腹斜面には無数の流れ山をもつ広大な岩屑なだれ堆積面が分布する．その大崩壊の後噴火活動が再開し，溶岩流を繰り返し流出して，馬蹄形凹地を埋めて新しい溶岩丘が形成された．その頂部には現在溶岩ドームが生じており，常に噴煙をあげ，しばしば火砕流が発生するなど，噴火活動が活発に継続している．南麓には広大な土石流堆積面が分布し，その間の一部には火砕流堆積面と考えられる侵食が進んだ緩斜面が残存する（図 9.4-6）．

上記の地形判読から次の火山体発達史が組まれる．

① 第 1 期：古期成層火山形成，山頂は現在の Volcan de Colima 溶岩ドームの 1-2 km 北にあった．
② 第 2 期：成層火山体大崩壊，岩屑なだれ火山体の南半部を被覆，南西腹に二次崩壊らしい凹地．
③ 新期成層火山形成，山頂から火砕流・溶岩流・溶岩ドーム，火砕流・土石流が山麓に流下，岩屑なだれ堆積面低部を被覆した．

南西腹の二次崩壊らしい凹地については，別の機会に詳述したい．

9.4.2　カルデラ火山

La Primavera, Los Humeros (Ferriz and Mahood, 1984), Amealco などの直径 10 km を超えるカルデラと体積数十 km³ に達するカルデラ形成に関連する火砕流堆積物をもつ大カルデラ火山，Santa Maria 火山など直径 3-5 km のカルデラ，体積数 km³ の火砕流堆積物をもつ小カルデラ火山，地形が侵食作用でほとんど失われたが地質構造などから大カルデラ火山と考えられる Azufres 火山 (Dobson and Mahood, 1985 ; Ferrari et al., 1991 ; Pradal and Robin, 1994)，など 10 数個のカルデラ火山が中央火山帯に認められる．これらの火山は火山帯の北縁付近に分布する．

大カルデラ火山はいずれも，カルデラ形成前に環状の小規模火山の形成，大規模酸性火砕流の噴出 (Mahood et al., 1985)，カルデラ内の環状溶岩ドーム群の形成という発達史をもつ典型的なヴァイアス型のカルデラである．これらの大カルデラ火山の地形はかなり明瞭である．La Primavera 火山は 9.5 万年前に大規模火砕流を噴出し，その後最近までカルデラ内に溶岩ドームが次々と形成されている．小カルデラ火山は中規模火砕流を噴出後は顕著な活動は起こしていない．

La Primavera カルデラ火山　グアテマラ市西に隣接するこのカルデラ火山は，径 15-20 km のカルデラとその周辺に多く分布する流紋岩質火砕流堆積物がつくる平滑な台地，カルデラ内外に噴出した 50 個近い溶岩ドーム群からなる．カルデラ陥没は 2 回とも考えられている (Yokoyama and Mena, 1991)．

溶岩ドームは形成時の表面微地形を保持するも

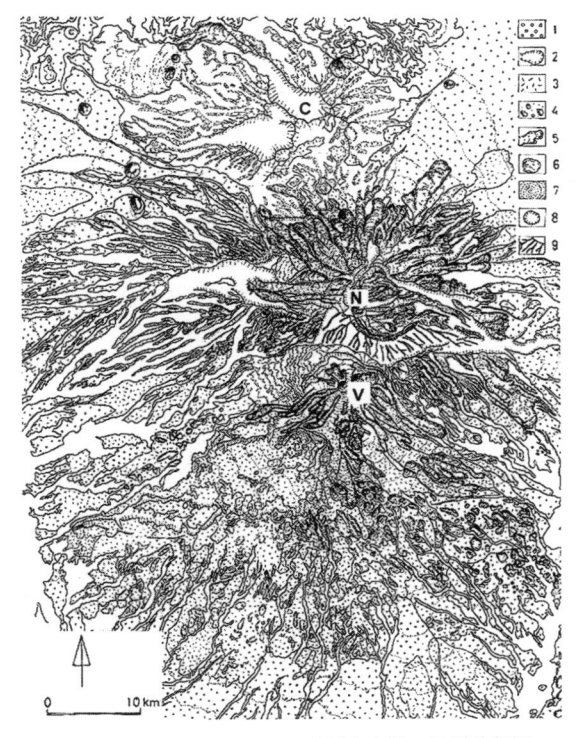

図 9.4-6　メキシコ Colima 成層火山群の地形分類図
1：土石流堆積面，2：地すべり滑落崖と谷壁，3：火砕流堆積面，4：岩屑なだれ堆積面，5：溶岩流，6：溶岩ドーム，7：成層火山原面，8：カルデラ壁または火口壁，9：侵食された外輪山斜面を示唆する尾根線．C：Cantaro 成層火山，N：Nevado de Colima 成層火山，V：Volcan de Colima 成層火山．

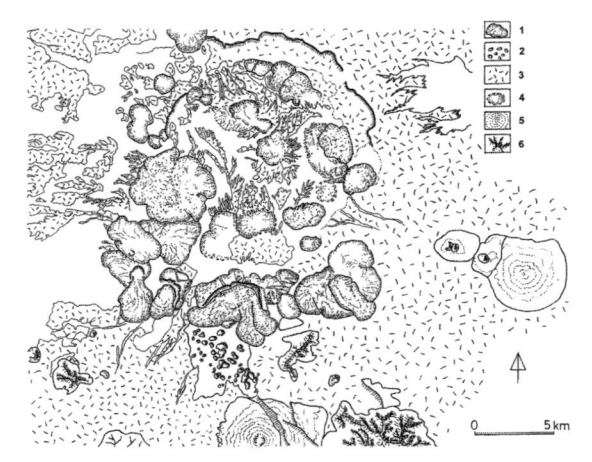

図 9.4-7 メキシコ La Primavera カルデラ火山の地形分類図
1：新期溶岩ドーム・溶岩流，2：岩屑なだれ堆積面，3：火砕流堆積面，4：古期溶岩ドーム，5：成層火山原面または小楯状火山原面，6：侵食丘陵．

図 9.4-8 メキシコ Amealco カルデラ火山の地形分類図
1：溶岩ドーム，2：スコリア丘，3：溶岩流・正断層崖，4：火砕流堆積面，5：岩屑なだれ堆積面，6：小楯状火山原面・成層火山原面．

のと，火山灰に被覆され表面微地形が見えなくなっているものとに分けられる．これはカルデラ形成後，複数回にわたる溶岩ドーム形成が行われたことを示す．最南部に5組の最新溶岩ドーム群が東西方向に相接して並ぶ．いずれも新旧2組の溶岩ドーム・溶岩流からなり，両者は爆裂火口あるいは滑落崖のどちらかと推定される急崖で境される．特に中央部の溶岩ドームにはその南部に流れ山地形が認められ，初期の溶岩ドームが南に大崩壊したことを示す（図9.4-7）．Mahood（1980,1981）によれば，この大規模なカルデラ火山の形成は，14.5万年前のアルカリ岩系の溶岩ドーム→9.5万年前の Tala 火砕流（体積 20 km^3）→径 11 km の陥没カルデラ→2 中央溶岩ドーム・古期環状溶岩ドーム群→7.5万年前の新期環状溶岩ドーム群→6-3万年前のカルデラ南縁溶岩ドーム群という経過をたどったと考えられている．

Amealco カルデラ火山 この火山はメキシコ市北西 130 km に存在し，直径 10-11 km の円形カルデラをもつ．その周縁には火砕流堆積面が 1800 km^2 以上の範囲に広がる．層厚は 30-100 m，体積 80 km^3 以上に及び，噴出時は 130 km^3 以上に達していたと推定される．関連する降下テフラに，K-Ar 年代値 3 Ma が出されているが，地形的には少なくとも 0.5 Ma より新しく見える．その堆積面の一部は東西にのびる正断層崖で切られている．その大噴火前にも成層火山が存在したらしいことはカルデラ縁に沿って外に傾く急斜面の存在が示す．カルデラ内には，玄武岩～安山岩質溶岩流・スコリアの噴出，安山岩質溶岩流の流出があり，小型の成層火山が形成されたが，間もなく南に向けて大崩壊し，崩落物質はカルデラ壁が存在しない南の平原に流下して流れ山地形を形成した．その後さらに小規模な火砕流が噴出し，カルデラから南に流出した．

カルデラ陥没後，安山岩，デイサイト溶岩がカルデラ縁と中央部に 200 m の厚さで噴出し，2.5 km ほど広がった．カルデラ内部に 8 個の溶岩ドームが異なった時期に生じた（図9.4-8）．それらの総量は約 8 km^3 であった．その後安山岩質溶岩流・スコリアが噴出し，その総量は 4 km^3 以下と推定されている（Verma et al., 1991）．

9.4.3 溶岩ドーム火山

中央火山帯には，デイサイト～流紋岩質マグマによる独立した溶岩ドームが卓越する場所がある．図 9.4-9 の地域はその1例で，メキシコ市の北東約 100 km にあり，Jihuingo 溶岩ドームを始め数個の溶岩ドームが見られる．Jihuingo 溶岩ドーム（図9.4-9）はそのものだけで比高 700 m，底径 4-5 km，体積 3×10^9 m^3 の規模に達し，西縁から流出した長さ 5 km，幅 2 km，厚さ 300 m

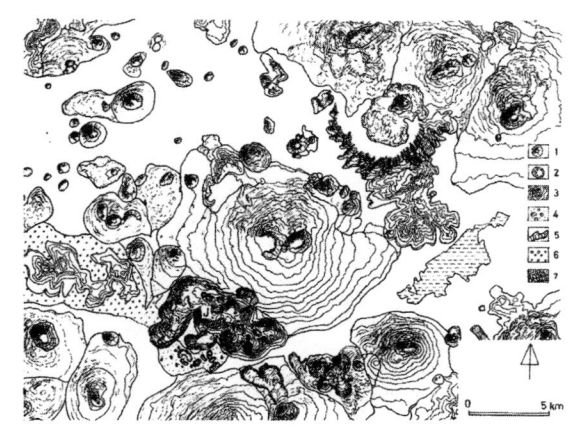

図 9.4-9　メキシコ Jihuingo 溶岩ドーム・小型単成火山群の地形分類図
　1：スコリア丘，2：溶岩ドーム，3：小楯状火山，4：岩屑なだれ堆積面，5：溶岩流，6：土石流堆積面，7：基盤山地．

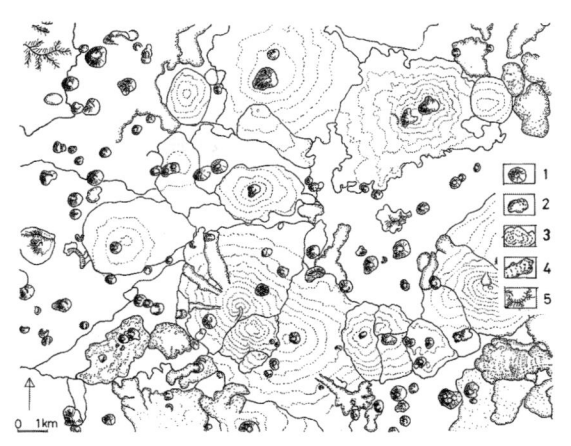

図 9.4-10　メキシコ東部ミチョアカン火山地域の単成火山群・小型楯状火山群の地形分類図
　1：スコリア丘，2：溶岩ドーム，3：小楯状火山，4：溶岩流，5：基盤山地．

の溶岩流を加えると総体積は $5\times10^9\,\mathrm{m}^3$ に及ぶ．溶岩流が流出した場所には径 500 m，深さ 100 m の爆裂火口が存在し，また南麓に流れ山が小規模ながら認められ，溶岩ドーム成長時にドーム崩壊が発生したことを示唆する．Jihuingo 溶岩ドームの北東 13 km には径約 6 km の円形カルデラの存在を示す北開きの半円形をした急崖が存在する．その外側の外輪山は急傾斜であることから成層火山斜面ではなく，5 個以上の溶岩ドーム集合体の側斜面であったと推察される．

9.4.4　小楯状火山

ミチョアカン地域を中心とした火山性地溝帯内には，底径 5 km 前後，比高 200-500 m，体積 $10^{8-9}\,\mathrm{m}^3$，平均傾斜 10°以下の小規模な楯状火山が多数存在する（Hasenaka, 1994）．火道から 360°全方位に向けて流下した細長い玄武岩質の溶岩流を主体とする．頂部にスコリア丘が存在し，火道の位置を示すことが一般的であるが，古いものは侵食が進んで消失し，緩く滑らかな山容となる．

メキシコ中央火山帯には小楯状火山が 567 個数えられる．とくにその中央部のミチョアカン地域の低地には半分近くが密集して存在する．小楯状火山は日本では五島列島福江島に 3 個見られるだけで，島弧の火山帯にはあまり認められないのが一般のようである．その点で，この地域にこれだけ多くの小楯状火山が存在することは，マグマの発生がプレートの沈み込みによるだけでなく，ほかの要因，たとえばメキシコ湾の拡大に伴う高温物質の湧き上がり（Nelson and Gonzalez-Caver, 1992）などを考える必要がある．岩石化学的にもカルクアルカリ岩だけでなく，アルカリ岩も噴出することが知られ（Gunn and Mooser, 1970），単純な沈み込み帯の火山地域ではないと考えられてきた．その意味で小楯状火山の研究は今後重要と思われる．

ここには約 10 個の小楯状火山，24 個の溶岩ドーム，32 枚の溶岩流，44 個のスコリア丘，1 個のタフリングが認められる．

最大の小楯状火山は Aguila スコリア丘が乗るもので，底径 9-14 km，比高はスコリア丘をのぞいた場合に 600 m，加えると 900 m になる．ほかの小楯状火山も規模はともかく地形的特徴はあまり変わらず，成層火山に近い楯状火山の形態をもつ（図 9.4-10）．溶岩ドームの底径は 1-4 km，比高は 100-400 m でそれほど大きなものはなく，平均的な大きさをもっている．溶岩流は厚さ 20 m 以下の薄い玄武岩質と思われるものと，50-100 m の厚さをもち，台状地形を示す安山岩質と思われるものとがある．いずれもスコリア丘から流出している．スコリア丘の大部分は頂部に火口を保持している．比較的新しい噴火で生じたものと思われるが，火口地形を失い，伴っていた溶岩流も認められなくなった古いスコリア丘もある．

さまざまなタイプの火山が共存することは，それに対応して玄武岩から安山岩・デイサイト・流紋岩までマグマの性質も多様であることを意味し，数多い火道に沿ってほとんど無秩序に上昇し，噴出したことは明らかである．

9.4.5 スコリア丘火山

火山性地溝帯全体にわたってほとんどすべての地域にスコリア丘火山は分布し，その数は1500個を超える．メキシコ中央火山帯では溶岩の大量噴出はなく，独立した長さ数 km，幅 1-2 km，厚さ 50 m 以下の小規模な1枚の溶岩流と1個のスコリア丘になることが多い．例として 1943-36 年に新たに形成された Paricutin 火山が挙げられる（Inbar et al., 1994; Yokoyama and Mena, 1991）．このことは，この地域がアイスランドやハワイ島のようなプレート拡大軸やホットスポットではなく，マグマ供給がそれほど大きくない別の地下構造・プレート運動過程があることを示唆する．その地形的特徴は Hasenaka and Carmichael（1985）が，もっとも多く分布するミチョアカン地域のスコリア丘について記載している．

9.4.6 溶岩流火山

メキシコ中央火山帯西部の中規模成層火山が集中するハリスコ地域に散在する小型単成火山の一部に，独立した溶岩流のみからなる小火山がある（Hasenaka and Carmichael, 1985）．図 9.4-11 にはその1例として El Puerto 火山の溶岩流を示した．この溶岩流は厚さ 100 m 前後，長さ 3-5 km，幅 1-2 km の規模をもち，火道は溶岩流そのものに覆われているため位置は明瞭でないが，わずかに窪んでいることからそれと推定される．窪みを取り巻く高まりはそのまま溶岩堤防に連続する．この窪みは溶岩流出最盛期に火道上でドーム状に盛り上がっていた溶岩が，終了末期に地下へ逆流したためか，あるいはマグマ上昇停止とともに火道上の溶岩が側方へ流出したために形成されたと考えられ，すでに述べたスコリア丘火山と溶岩ドーム火山の中間的存在と考えられる．その溶岩は厚さや溶岩じわ，溶岩堤防などの表面地形から大部分が安山岩質と思われる．

9.4.7 広域応力場，火山型，分布

これまでに述べたように，プレートの沈み込み帯に普遍的な成層火山・カルデラ火山と，プレート拡大軸・ホットスポットに多いスコリア丘火山・小楯状火山との共存が，メキシコ中央火山帯の大きな特徴である．この点で環太平洋地域のほかの火山地域と異なり，単なる島弧型火山帯ではなく，大陸の断裂，拡大軸のジャンプなどに伴うマントル高温物質の湧き上がりも起こっている地域であることを示唆する．基盤山地周縁部に成層火山が，低地にスコリア丘火山・小楯状火山が存在することは，大陸の断裂やマグマの上昇のメカニズムに地殻の厚さが大きく関与していることを暗示する．成層火山も日本列島の成層火山より多様で，マグマの発生・上昇の過程が単一でなく，複数の過程が錯綜していると考えられる．

メキシコの成層火山は，次の5つのタイプに分類される（図 9.4-12）．

① 玄武岩〜安山岩質の溶岩流・火砕物の互層からなる典型的な円錐形成層火山（Grande 火山）
② 溶岩ドーム列をもつ成層火山（Ceboruco 火山）
③ 侵食された成層火山の頂部に小楯状火山が形成されたもの（Tequila 火山）
④ 溶岩流・火砕流・岩屑なだれ堆積面，火山麓扇状地，カルデラなどの地形をもつ赤城・榛名型の成層火山（Colima 火山）
⑤ 溶岩ドーム群とその周囲に広がる緩斜面（Malinche 火山）

①のタイプの典型例である，富士山に似た単純

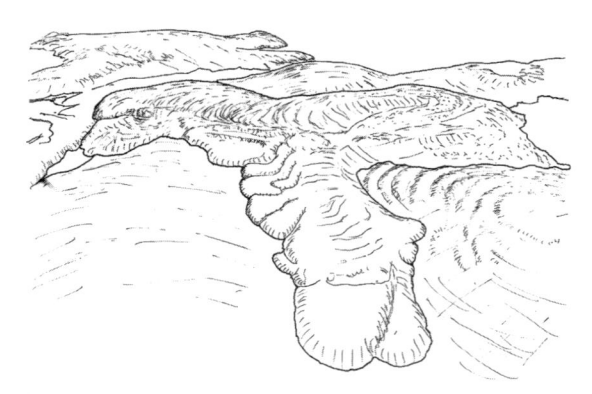

図 9.4-11 メキシコ西部 Jalisco 地域に見られる溶岩流単成火山群のスケッチ

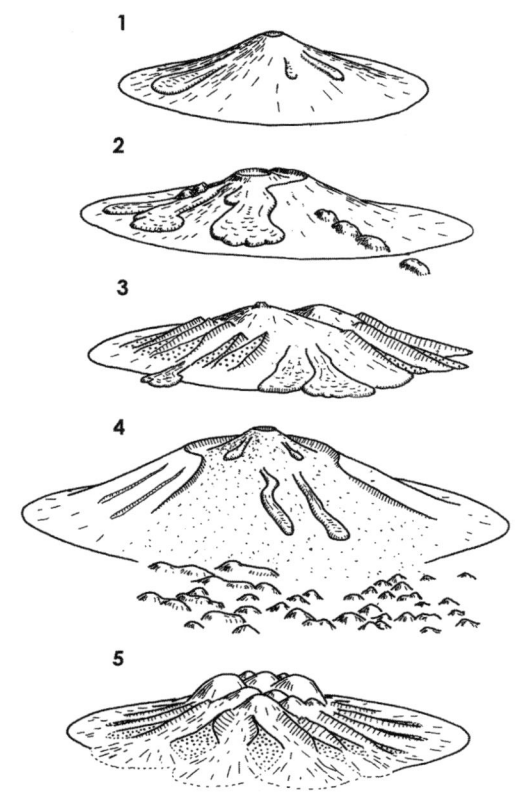

図9.4-12 メキシコの成層火山の5つのタイプ
1：第1期成層火山（Grande型），2：山頂を通る溶岩ドーム列をもつ第2期成層火山（Ceboruco型），3：侵食された山頂に新たに小楯状火山が乗る第3期成層火山（Tequila型），4：第4期成層火山（Colima型），5：累重溶岩ドームとその侵食で形成された火山麓扇状地からなるドーム型成層火山（Malinche型）．

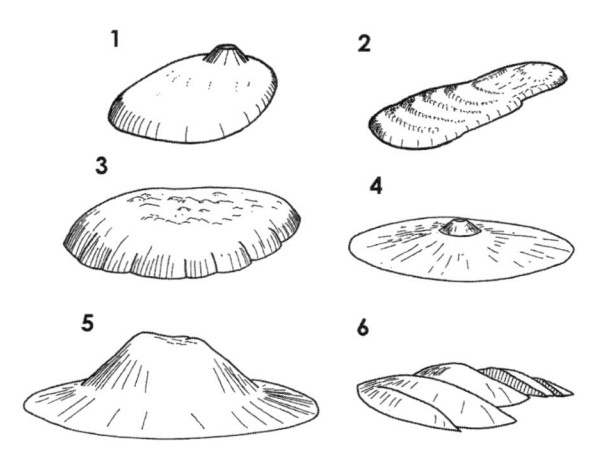

図9.4-13 メキシコの単成火山の6つのタイプ
1：スコリア丘と薄い玄武岩質溶岩流，2：溶岩ドーム，3：厚い安山岩質溶岩流，4：小楯状火山，5：スパター丘，6：マール．

な円錐形の地形をもつGrande火山は，小楯状火山が成長して次第に富士山の地形に進化する途中の過程にある火山と見なすことも可能である．さらに①のタイプの成層火山がColima，Toluca火山のような後期型大型成層火山に進化する，日本列島で見られるような系統性が存在するかどうかについては，今後岩質など地形以外のデータを加えた検討を必要とする．①のタイプの成層火山は小型楯状火山と地形的に区別しにくい場合があり，両者は1つの進化系列の中に含まれるものかもしれない．この後の検討を要する．

②のタイプの成層火山はアメリカ合衆国カスケード火山列 Three Sisters火山などにも見られ，張力場の成層火山に特有と考えられる．メキシコ中央火山帯西部の広域応力場との関連を考える必要がある．

③のタイプの成層火山は進化過程の後期に楯状火山が生ずることを意味し，日本列島のような強い圧縮場ではこのような存在は考えられない．

④のタイプにあたるColima火山は地溝内に噴出し，張力場に生じたと考えられるが，日本によく見られる中心噴火が卓越した大型成層火山で，広域応力場と火山の関係を検討する上で重要な火山といえる．

⑤のタイプは米国のカスケード火山列北部のSt. Helens火山，ニューメキシコ州のTaylor火山などに見られるもので，火山体の核に流紋岩質溶岩ドームが累積して存在し，それを玄武岩〜安山岩質溶岩流・スコリアなどが被覆する構造をもつ．日本の成層火山と逆の進化過程を示し，沈み込み以外に大陸地殻の溶融など2つの異なったマグマ源を想定するなど，今後議論を重ねる必要があろう．

単輪廻噴火で形成される小型単成火山には，スコリア丘火山・溶岩ドーム火山・溶岩流火山・小楯状火山，マール火山などがある（図9.4-13）．これらは大型複成火山である成層火山・カルデラ火山・楯状火山・溶岩原の「部品」として，それらの中に組み込まれることや，大型火山発達過程の特定の段階に形成されることが多いが，メキシコ中央火山帯では独立して存在することが圧倒的に多く，火山の個数で見ると，成層火山・カルデ

ラ火山などの大型火山に対して，小型単成火山の存在比は98％に達し，日本列島の小型単成火山の約20％にくらべるといかに多いかがわかる．

また日本列島の火山は島弧-海溝系の地形にほぼ平行して，2, 3列の帯状構造をなして分布するが，海溝から遠い日本海側に小型単成火山が多く，太平洋側には成層火山・カルデラ火山が一般に見られる．メキシコ中央火山帯では東西方向に火山が帯状配列したり，南から北に向かって，火山のタイプが系統的に変化するようなことはない．ただカルデラ火山はメキシコ中央火山帯の北限に集中する傾向がある．

このメキシコ中央火山帯は中米大陸にほぼ平行して北北西—南南東方向にのびるシエラマドレ山脈を斜めに横切ってほぼ東西にのびる．全体が標高 1000-2000 m の高原をなすが，基盤の地形はこの火山性地溝帯内で沈降したシエラマドレ山脈中の細かい山列と盆谷列の繰り返しを反映して，北北西—南南東方向にのびる数列の高まりとその間の低地からなる．安山岩・デイサイト質の成層火山・溶岩ドームはこの基盤の高まりの周縁に，玄武岩質の小楯状火山・スコリア丘火山は基盤の高まりの間にある低地に多く分布する．火山性地溝帯のほぼ中央部には顕著な正断層群が発達し，地溝帯をつくる．その西部では地溝が西と南に分岐する．以下メキシコ中央火山帯内に存在する火山分布の特徴を列記する．

①カルデラ火山は，メキシコ中央火山帯の北限付近に沿って点在する．
②成層火山は，コリマ地溝を境に西と東で，分布形態・規模・発達史などの点で大きく異なる．コリマ地溝の西側では，テピック-サコアルコ地溝（Granados, 1992）北限に沿ってほぼ東西方向に Las Navajas, Ceboruco, Tequila などの中型成層火山が列をなす．コリマ地溝以東では，Colima 火山群，スコリア丘・小楯状火山が密集するミチョアカン地域西縁の小型成層火山，Jocotitlan-El Calvario-Toluca 火山列, Catedral-Rajas-Salazar-Corona-Zempoala 火山列, Tlaloc-Telapon-Iztaccihuatl-Popocatepetl 火山列, Cumbres-Orizaba 火山列などが，南北に平行して7本の成層火山列をつくる．
③溶岩ドーム火山は，東西にのびるメキシコ中央火山帯のほぼ中間にあたるモレリア市付近に多く見られる．ここは火山帯の南限が100 km ほど北に張り出し，火山帯がくびれている場所で，火山噴出物で埋めきれなかった基盤山地からなる．溶岩ドームはこの基盤山地の北東・北西両縁に沿って帯状に存在する．この溶岩ドーム列は基盤山地の北東側のものが顕著で，長さ 150 km，幅 25 km の帯の中に 161 個の溶岩ドームが並んでいる．溶岩ドームはそのほか，La Primavera, Amealco, Azufres などのカルデラ火山地域に多く見られる．
④小型楯状火山やスコリア丘火山など玄武岩質の小型単成火山は，チャパラ湖-モレリア市間の径約 130 km の円形地域を占める Michoacan 小楯状火山地域に密集してもっとも多く存在する．次に密集する地域はメキシコ市南方，Corona 成層火山列と Popocatepetl 成層火山列との間の盆谷内に径 50 km の範囲で広がる．Popocatepetl 成層火山列北から Orizaba 成層火山列北にかけて東西 180 km，南北 70 km の地域では小型楯状火山・スコリア丘・流紋岩質溶岩ドームが密集して混在する．

9.5　グアテマラ

大西洋中央海嶺からのプレート拡大により，北米・南米両大陸は西方へ移動するが，両大陸の中間にある中米地域では，カリブ海プレート東縁で，西大西洋海底をつくる南米プレートの一部が，小アンティル列島・海溝を形成しつつ西へ沈み込んでいる．一方，太平洋側では東南太平洋海膨から拡大する東側のプレートが，米大陸の西縁で海溝を形成して沈み込んでいる．したがって西進する南北両大陸にはさまれた中米を含めたカリブ海プレートは，その南縁と北縁をともに東西方向に走るトランスフォーム断層で限られ，南北米両大陸と異なった地殻応力場を形成する．グアテマラからパナマまで連続する中米火山列は，このような大西洋・太平洋両側の沈み込みの違いに基づく複雑なプレート運動に影響され，断層などにより多くの細かいセグメントに分断され，地域的に異なった火山タイプを示す（表 9.5-1）．基本的に，より近い太平洋側からのプレートの沈み込みの影響

表 9.5-1　グアテマラの火山一覧

	火山名	型	比高 (m)	底径 (m)
1	Tacana	A2	1700	20000
2	Sibinal	A2	1200	16000
3	Canxul	Do	500	9500
4	Tuinima	A4	1000	10000
5	Tajumulco	A2	1700	10000
6	Serchil	A2	1400	16000
7	San Marcos	C	500	13000
8	Esquirulas palo Gordo	A2	400	3000
9	Ixtoje	A4	1400	15000
10	Cajola Chiquito	C.	600	20000
11	Quetzaltenango	C	500	
12	Ostuncalco	C	500	10000
13	Talcicil	A2	700	10000
14	Lacondon	A2	1200	8000
15	Chicabal	A2	900	8000
16	Siete Orejas	A2	800	12000
17	Quemado	Do	800	6000
18	Totonicapan	C	600	40000
19	Chuatroj	Do	500	4000
20	Santa Maria	A2	1700	6000
21	Zunil	A2	600	5000
22	Tzanjuyub	A2	1300	10000
23	St. Tomas Pecul	A4	2100	10000
24	Pasaquiyub	A2	1400	6000
25	Panan	A	1600	10000
26	Atitlan	C	300	100
27	San Pedro	Do	1500	8000
28	Toliman	A2	1600	9000
29	Atitlan stratovolcano	A1	2500	14000
30	El Soco	A2	800	6000
31	Parramos	A4	600	9000
32	El Tigre	A2	900	12000
33	Acatenango	A2	2000	14000
34	Fuego	A1	1800	16000
35	El Portar	A2	500	7000
36	Agua	A1	2600	15000
37	El Rejon	A2	600	8000
38	Carmona	A2	900	7000
39	Cerro Pachall	A2	400	6000
40	Amatitlan	C	500	60
41	Anima	Do	300	4000
42	El Pepina	A2	900	7000
43	Cerro Grande	A1	900	6000
44	Pacaya	A1	500	4000
45	San Jose Pinula	Sc	100	6000
46	Redondo	Sc	120	2000
47	Alto	Sh	415	3000
48	Don Gregorio	Sh	500	6000
49	Jumaytepeque	Sh	200	5000
50	Lajitas	Sc	200	4000
51	Pinula	A2	900	10000
52	Ayarza	A3	500	11000
53	Muralla	Sc	350	2500
54	Campana	A4	700	12000
55	Las Tres Cruces	A4	1300	16000
56	La Torre	Do	800	10000
57	La Cruz	A4	700	10000
58	Tecuamburro	A4	1500	17000
59	Barberena	Sc	100	6000
60	Los Esclavos	Sc	12	4000
61	Tierro Blanca	Ma	80	2000
62	Consulta	A2	1500	17000
63	Moyuta	A2	1200	13000
64	El Salitrillo	Sc	160	6000
65	Coguaco	A2	900	20000
66	Amayo	Sh	700	7000
67	Las Pagas	Sc	60	3000
68	Jutiapa	Sc	300	7000
69	Lomitas	Sh	200	7000
70	Grande	Sh	250	4000
71	Pipiltepeque	Sc	100	2000
72	Lagunilla	Sc	30	2000
73	El Zapote	Sh	140	1000
74	Comapa	A2	600	12000
75	Loma Larga	Sh	100	8000

が強く，海溝から200 km離れた内陸に火山列が形成され，海溝側から内陸側に向かって火山列を横断する方向に火山タイプが異なる一方で，縦断方向にも顕著な違いが見られる点が大きな特徴である．グアテマラの第四紀火山列は，断層系・基盤地形などから縦断方向に6つのグループに分けられる（図9.5-1）．

9.5.1　各火山の記載

Canxul 溶岩ドーム火山　基盤山地の脊梁部に沿った急崖の東端のすぐ北方にある7個の溶岩ドームと，それらから流出した比高200-300 mの末端崖をもつ厚い溶岩流からなる径9.5 km，比高500 mの溶岩ドーム火山である．溶岩流を流出させた南西端に溶岩ドーム群の中心部には径1.5 km, 深さ200 mの火口が形成され，かなりの広い範囲に軽石を降下させたことを暗示する（図9.5-2）．

Chicabal 成層火山　ほぼ東西に並ぶLacondon火山とSiete Orejas火山の間のやや南に寄った位置に形成された成層火山で，山頂に南西開きの馬蹄形カルデラをもつ．その最大幅は8 kmに達し，大規模な山体崩壊を起こしたことを示す．その崩壊物質はこの火山の南から南西の平野部の広い地

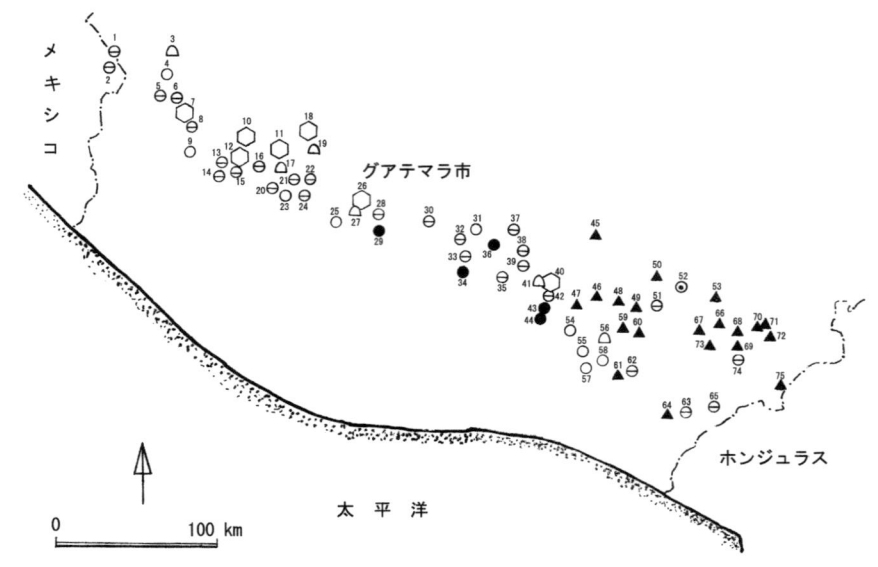

図 9.5-1 グアテマラの型別火山分布図
1-75 の番号は表 9.5-1 の左端の数字に対応.

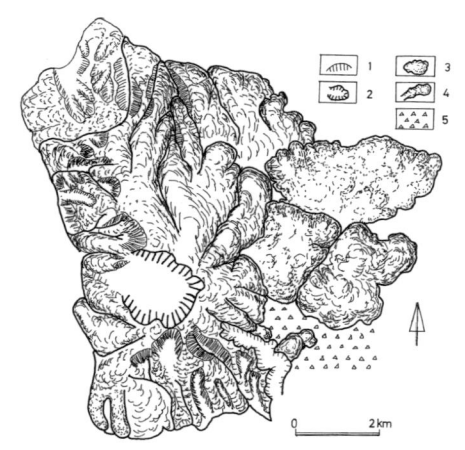

図 9.5-2 グアテマラ Canxul 溶岩ドーム火山の地形分類図
1：侵食崖，2：火口壁，3：溶岩ドーム，4：厚い溶岩流，5：ドーム崩壊型火砕流堆積面.

域を埋め，無数の流れ山をもつ岩屑なだれ堆積面を生じさせた．山体大崩壊直後，山頂には馬蹄形凹地が形成されたが，その後の噴火により凹地を埋めながら，新しい成層火山が成長した．それは溶岩流と火砕物を交互噴出するブルカノ式噴火を繰り返しながら比高 700 m を超す新期成層火山体が形成された．その山頂には径 1 km の火口が形成され，溶岩流は山頂火口から最大 5 km 流下している（図 9.5-3）.

Quemado 溶岩ドーム火山 少なくとも 8 個の溶岩ドーム（Conway et al., 1992）およびそれらから派出した 20 本前後の厚い溶岩流と，径 1, 2.5 km の 2 個の火口からなる．溶岩ドーム群は径 7-8 km の範囲内に密集し，中心部よりやや西に寄った最高地点（標高 3197 m）は周辺低地から比高 800 m にあり，4 個の溶岩ドームが累重している（図 9.5-3）．最高地点のすぐ西に径 1 km の火口がある．その溶岩は角閃石・黒雲母を主体に石英・かんらん石・輝石をわずかに含む安山岩である（Williams, 1960）.

この火山の形成史は 4 期に分けられる．I, II 期は溶岩ドーム群形成期で，III 期の約 1150 年前に火山体大崩壊と岩屑なだれ，続いて横殴りの爆風や火砕流が発生し，その結果形成された馬蹄形火口内に溶岩ドームが突出した．IV 期は 1818 年に溶岩流出とテフラ放出が起こった（Conway et al., 1992）.

Santa Maria 成層火山 1902 年 10 月の爆発的噴火（Rose, 1973a）で，それまでの円錐形火山体（径 6 km, 比高 1700 m）の南西斜面に長さ 3 km, 幅 1.3 km, 深さ 300-400 m の馬蹄形火口が生じ，一時的に火口池も生まれた（Mooser et al., 1958）. 1922 年から，その底部に Santiaguito 溶岩ドーム

図 9.5-3 グアテマラ西部 Quetzaltenango カルデラ火山周辺の地形分類図
1：溶岩流，2：成層火山原面，3：火口壁，4：カルデラ壁，5：新期火砕流堆積面，6：スコリア丘，7：溶岩ドーム，8：火山麓扇状地，9：中期火砕流堆積面，10：侵食崖，11：岩屑なだれ堆積面，12：古期火砕流堆積面．C：Chicabal 成層火山，Cj：Cajola カルデラ火山，L：Lacandon 成層火山，O：Ostuncalco カルデラ火山，P：Pasaquijuyub 成層火山，Qm：Quemado 溶岩ドーム火山，Qz：Quezaltenango カルデラ火山，SM：Santa Maria 成層火山，SO：Siete Orejas 成層火山，Ta：Talcicil 成層火山，To：Totonican カルデラ火山，Tz：Tzanjuyub 成層火山，Z：Zunil 成層火山．

が出現し（Williams, 1960；Rose, 1972, 1973b, 1987），80年以上経過した現在も成長中である（図9.5-3）．溶岩ドームの南西斜面から溶岩が流出し，徐々に先端をのばしつつあり，1973年には小湖沼に到達して火砕サージが発生した（Rose, 1973c）．

Atitlan カルデラ火山 グアテマラ火山列のほぼ中央にある，東西21 km，南北18 kmの阿蘇カルデラを凌駕する規模のカルデラで，カルデラ縁から四方に数十 kmから100 km以上の広い範囲に火砕流台地を形成した（Williams, 1960；Koch and McLean, 1975；Hahn et al., 1979）．この地域の火山活動は1400-1100万年前（Ⅰ期），1000-800万年前（Ⅱ期），100-0万年前（Ⅲ期）に3回あった．現在のカルデラや火砕流台地の地形はⅢ期の活動，8.4万年前の大噴火（Rose et al., 1980）によるもので，Los Chocoyosと呼ばれる流紋岩質の火砕流とプリニー式噴出物（H fall）を合わせて，体積240 km³以上の軽石が放出された（Newhall, 1987；Newhall et al., 1987；Rose et al., 1987など）．地形的に二重のカルデラ壁が追跡される．

カルデラ形成後，南部にSan Pedro, Tolimanの2小型成層火山が生じた．カルデラ南縁の位置にはカルデラ形成以前からAtitlan成層火山が存在していたが，以後も継続的に成長し，その北斜面はカルデラ内に流入した溶岩流などカルデラ形成期以後の噴出物で構成されている（Rose et al., 1980）．

カルデラ西南部には山頂に径3 kmの小型円形カルデラをもつPanan成層火山があるが，その噴出中心は明らかにカルデラの外にあり，山体の北東部はカルデラ壁に切られているので先カルデラ火山である（図9.5-4, 5）．

北外輪山には成層火山が以前に存在したことを示す証拠は認められない．平らな火砕流堆積面上に突出するスコリア丘・溶岩ドームと考えられる地形が5-6個見出され，内弧側の小火山群地域と推定される．

San Pedro 小型成層火山 Atitlanカルデラの南西部に噴出したSan Pedro火山は安山岩質溶岩流を主体とする円錐形成層火山（底径8 km，比高1500 m）で山頂は溶岩ドームで構成され，火口は存在しない．溶岩ドームの東に小断層崖があるが，これは溶岩ドーム形成後に西側がずり落ちて形成されたものであろう．溶岩流の末端崖の比高は100 m前後で，安山岩質溶岩流一般に見ら

Toliman 小型成層火山　Atitlan カルデラの南東縁に形成された 2 峰の円錐形成層火山（底径 9 km，比高 1600 m）で，主として溶岩流の累重で成長した．とくに北斜面には明瞭に識別できる厚さ 50-100 m の安山岩質溶岩流が 40 本以上観察される．その中には溶岩堤防やしわがはっきり認識可能な溶岩流もある．山頂には直径 250 m の火口が存在する．北麓の Cerro Oro は底径 800 m，比高 290 m の安山岩質溶岩ドームで，そこから流出し Atitlan 湖に流入した溶岩流は，湖成堆積物との関係から 2000-3000 年前に形成されたと考えられている（Newhall, 1987）．

Atitlan 成層火山　標高 3537 m，底径 14 km，比高 2500 m，体積約 125 km^3 のグアテマラでも有数の大型成層火山で，Atitlan カルデラ火山の南カルデラ縁に存在する（図 9.5-4, 5）．カルデラ縁上の山頂火口から流出した溶岩流は，北へはカルデラ内に流入し，南へは外輪山斜面を流下する．この溶岩流はごく新しい時期に流出したもので，ほとんど侵食を受けていないが，それとは別に現在の山頂火口とほぼ同じ位置に収斂し，カルデラ壁に切られる放射谷が南外輪山表面の大部分を占めていることから，上記のように Atitlan 成層火山はカルデラ形成前から活動していたと考えてよい．

Atitlan 成層火山は安山岩質のマグマ活動による溶岩流出と爆発的噴火による火砕物の放出が平行して起こり，安山岩質テフラが火山体を厚く覆っている（Newhall, 1987）．1468 年以降，1856 年までに 11 回の爆発的噴火を起こし，1827 年噴火では犠牲者も出ている（Mooser *et al.*, 1958）．

Acatenango 成層火山　El Tigre 成層火山のすぐ南にグアテマラ有数の大型成層火山 Acatenango がある．その南はさらに大型の活火山 Fuego がそびえ，Acatenango 火山の南斜面の発達を妨げている（図 9.5-6）．

この火山の山頂部は 2 個の火山錐に分けられ，南峰がより高く標高 3960 m に達する．両峰ともに径 100-200 m の小火口をもつ．火山体の北側は溶岩流が多く認められ，より南側は火砕物が多い．溶岩流は山頂から 7 km までの地点に流下している．その最大幅は 300-800 m，末端崖の比高は 50-100 m で，安山岩質溶岩流の地形と考えら

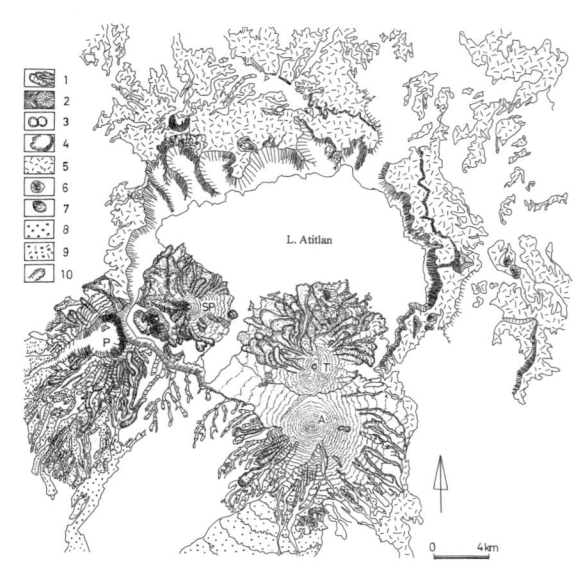

図 9.5-4　グアテマラ Atitlan カルデラ火山の地形分類図
1：溶岩流，2：成層火山原面，3：火口壁，4：カルデラ壁，5：火砕流堆積面Ⅲ，6：スコリア丘，7：溶岩ドーム，8：火山麓扇状地，9：火砕流堆積面Ⅱ，10：侵食崖．A：Atitlan 後カルデラ成層火山，P：Panan 成層火山，SP：San Pedro 後カルデラ成層火山，T：Toliman 後カルデラ成層火山．

図 9.5-5　グアテマラ Atitlan カルデラ内の Atitlan 成層火山（左奥），San Pedro（右），Toliman 小型成層火山（左手前）を北から望む（Google Earth による）

れる傾向と一致する．

南西麓には山頂に火口をもつ 2 個のスコリア丘（底径 1 km，比高 300, 400 m）が並び（Williams, 1960），その基部から流動性の高い溶岩が流出している（図 9.5-4, 5）．

Atitlan カルデラ中に形成された 3 個の後カルデラ成層火山の中で，San Pedro 成層火山がもっとも早く活動を開始したことがテフラ層序から知られている（Newhall, 1987）．

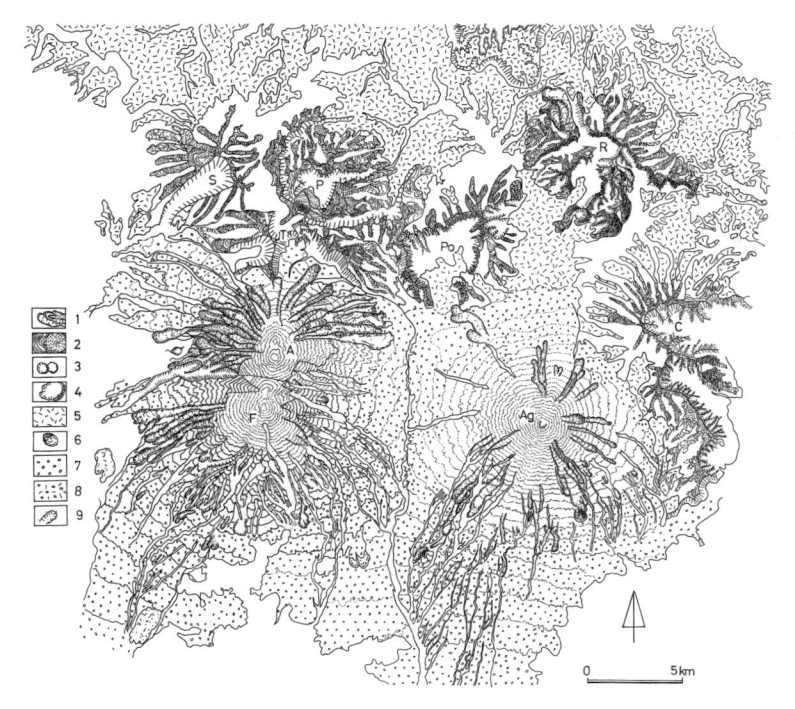

図 9.5-6 グアテマラ Agua (Ag), Fuego (F), Acatenango (A) 成層火山周辺の地形分類図
1：溶岩流，2：成層火山原面，3：火口壁，4：カルデラ壁，5：火砕流堆積面Ⅲ，6：溶岩ドーム，7：火山麓扇状地，8：火砕流堆積面Ⅱ，9：侵食崖．C：Carmona成層火山，P：Parramos成層火山，Po：El Portar成層火山，R：Rejon成層火山，S：Soco成層火山．

れる．

　西麓には長さ 7-8 km の火山麓扇状地が広がるが，火砕流の堆積を示す地形は認められず，その構成物は土石流堆積物と考えられる．

　Fuego 成層火山　グアテマラ有数の活火山で，山頂周辺は火砕流や爆発的噴火放出物の転動・堆積によって，侵食谷がほとんど認められない火山原面が広がる．中腹以下の斜面には深さ数十〜100 m の放射谷が無数に刻み込まれており，成層火山体上部の新期成層火山斜面と古期成層火山斜面に区分できる．その境界は北で高く 3200 m 前後，主峰頂部付近から急に下がって 2200 m 付近にあり，新期成層火山の噴出物や転動堆積物が古期成層火山の放射谷の中に流入している（図 9.5-6）．

　古期成層火山斜面の下方に溶岩流の末端崖（20-50 m）が認められるが，火山体全体にわたって溶岩流地形は顕著ではない．それは，溶岩流が流下しても，火砕流や爆発的噴火で生じた抛出物やその転動堆積物に覆われ，溶岩流本来の地形が埋没したためであろう．成層火山斜面の下方は火山麓扇状地と連続的に連なる．火山麓扇状地は北をのぞいて火山体の周囲全体に広がる．

1524 年以来，50 回以上の噴火記録がある (Mooser et al., 1958)．そのうち溶岩流・火砕流が発生する噴火がかなりの回数にのぼり，1974 年噴火でも斜面を流下する火砕流が目撃・撮影された (Davies et al., 1978)．

　Agua 成層火山　標高 3760 m，比高 2600 m，底径 15 km，比高/底径 0.173 の富士山をひとまわり小さくした円錐形の典型的な成層火山である（図 9.5-6）．山頂には北に開いた径 300 m，深さ 80 m の円形火口が存在し，その外側に緩く傾斜した斜面が取り巻き，古い火口（径 500 m）を埋めた火砕丘が存在することを示す．山頂火口は前述のように北に開くが，そこでは火口壁だけでなく火砕丘斜面も欠け，さらにその外側の急斜面も削げたように幅 500 m，深さ 40-60 m の浅く窪んだ皿状谷となっている．その下流には数本の溶岩流が見られる．この様子は山頂火口を埋め，火砕丘をつくり，さらに外側急斜面を被覆したスパターが，北斜面のみを二次流動した結果と解釈することが可能である．山頂火口から西 300 m 下の地点から，古い斜面が比高 40-45 m の崖をつくって山頂急斜面から突出する．同様の古い斜面は南，南東側斜面にも山頂下 400-500 m の高さに

見られ，標高3300-3350m付近に径1.5kmほどのより古い火口があり，それを埋めて比高300mの山体上部火砕丘が形成された可能性が高い．山体上部火砕丘は斜度が700‰と非常に大きく，平滑な斜面形状と合わせてスパターがこの火砕丘の大半を占めると考えてよい．

溶岩流地形は41本認められるが，いずれも最大幅600m，平均幅200m，長さ7km以下，最大厚100m，平均厚20-40mで中型の規模をもち，末端崖・堤防の安山岩質溶岩流特有の形態をもつ．多くは火山体を20-40mの深さで刻む放射谷中に流入している．末端崖が中腹・山麓斜面上に多く認められるが，山頂火口までその溶岩流地形を追跡できるものは少なく，前述の北斜面上部を削った溶岩流（スパター二次流動？）のみが山麓から山頂火口まで連続的に追える．山体上部では新期噴出物で覆われたか，削剥されたものと思われる．

Amatitlanカルデラ火山　直径11-14kmのカルデラ，その外側のとくに北側に広がりグアテマラ市街地を乗せる火砕流台地，カルデラ内から南外輪山上まで連続する後カルデラ火山列，の3つの地形単元からなる（図9.5-7）．

1) カルデラと火砕流台地　カルデラの南縁は後カルデラ火山に覆われ，北西縁は侵食で消失しているが，ほかは100-300mの比高でよく連続する．その東側ではカルデラ縁のすぐ東にほぼ平行して同じような壁が連続する．これは以前のカルデラでその外側は古い成層火山と思われる急な斜面からなる．Newhall（1987）は3回の大軽石噴火があり，14万年前と8万年前に噴出したあとの2回の噴火が現在も地形的に認識できる二重カルデラを形成したと報告した．

2) Anima溶岩ドーム群　カルデラの北西部に噴出し，新鮮な地形を保持する10個の溶岩ドーム群をAnima溶岩ドーム群と呼ぶ．その最高峰はLimon溶岩ドーム（標高1680m）である．

3) El Pepina小成層火山　カルデラの中央部から南部までの半分以上を占める安山岩質の小型成層火山で，火山体の中央部にほぼ南北に並ぶ3個の爆裂火口（径1.5-2.5km）が存在する．その直径などからマグマ水蒸気噴火によるものと推定される．それから山麓までには幅200-300m，長さ

図9.5-7　グアテマラAmatitlanカルデラ火山周辺の地形分類図
1：溶岩流，2：成層火山原面，3：火口，4：カルデラ，5：火砕流堆積面，6：スコリア丘，7：溶岩ドーム．Car：Carmona成層火山，Am：Anima後カルデラ溶岩ドーム群，EP：El Pepina後カルデラ成層火山，CG：Cerro Grande後カルデラ成層火山，Pc：Pacaya後カルデラ成層火山．

2-3km，厚さ50-100mの安山岩質溶岩流が25本以上識別できる．その頂部の大部分は，3個の爆裂火口の形成で失われたが，El Pepina付近には溶岩ドームの一部と思われる地形が存在する．

4) Cerro Grande成層火山　山頂部は急な溶岩ドームに見えるが，山麓まで連続する斜面は厚さ10-20m程度の安山岩〜玄武岩質溶岩流で形成されているようで，山頂直下の急斜面が浅く崩壊している地形が認められ，スパター丘ではないかと考えられる．

5) Pacaya成層火山　近年噴火活動が活発な成層火山で，玄武岩〜安山岩質溶岩流やスパター・スコリアから構成されている（図9.5-7）．山頂部には2個のスコリア丘と大型の火砕丘がある．山頂から南南西に開いた馬蹄形のカルデラ壁が連続する．馬蹄形の凹地は比高100m程度の崖で限

られ，その底は新たな溶岩流で埋められている．

Ayarza 成層火山 東西 13 km, 南北 11 km の底径，比高 500 m の成層火山であるが，山頂に東西 7 km, 南北 5 km, 深さ 400 m のカルデラをもつ．地形的にカルデラは東西 2 個の円形カルデラに分けられる（図 9.5-8）．両者は形態的に同時に形成されたものと判断される．その規模から見て，かなり大量の軽石を放出する大規模噴火の後形成されたものと考えられる．外輪山斜面には多くの溶岩流地形が認められるが，ほかの斜面は全体的に緩く傾斜し，浅い谷に細かく刻まれており，火砕流堆積面も存在したことがわかる．

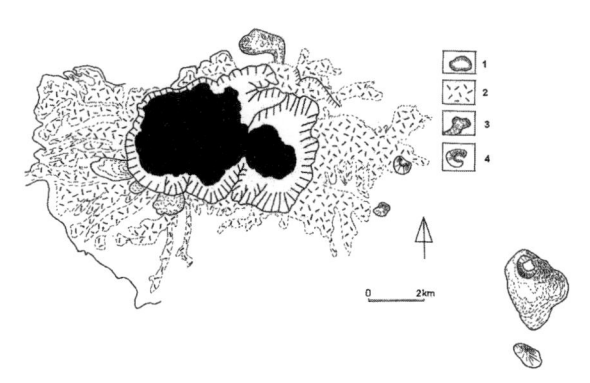

図 9.5-8 グアテマラ Ayarza 成層火山の地形分類図
1：カルデラ，2：火砕流堆積面，3：溶岩流，4：スコリア丘．

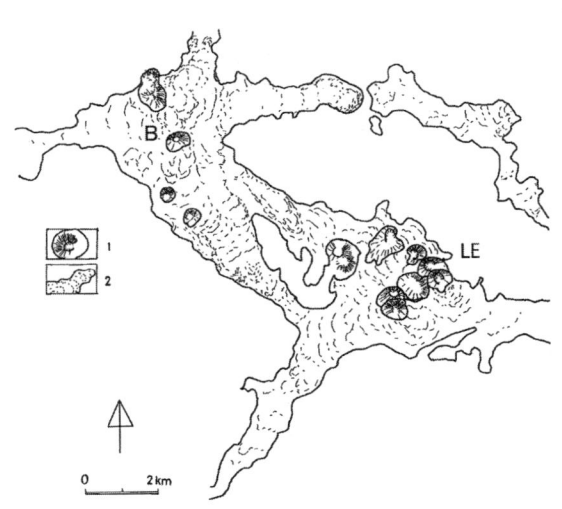

図 9.5-9 グアテマラ Barberna スコリア丘単成火山群の地形分類図
1：スコリア丘，2：玄武岩質溶岩流．B：Barberena スコリア丘，LE：Los Esclavos スコリア丘．

Barberena スコリア丘火山 Los Vego（東西径 700 m, 南北径 1300 m, 比高 120 m）など 4 個のスコリア丘を中心に，放射状にのびる 5 本の谷を玄武岩質溶岩流が埋積している．この Barberena 溶岩原はその南東部で，似たような Los Esclavos スコリア丘火山と接している（図 9.5-9）．

Amayo 小楯状火山 底径 7 km, 比高 700 m の成層火山に近い急な山体を示す小楯状火山で，山頂に径 700 m, 比高約 100 m のスコリア丘をもつ．その南—東麓に 8 個のスコリア丘と 1 個のマールがあり，東麓の 2 個のスコリア丘と 1 個のマールは地形がよく保存されていて，最近の噴火を示唆する．

9.5.2 地形・発達・分布の特徴と火山タイプの分類

グアテマラに存在する 75 個の第四紀火山のタイプは，成層火山（第 1-4 期）・カルデラ火山・溶岩ドーム火山・単成火山（小楯状火山・スコリア丘火山・マール火山）の 4 つに分類できる（図 9.5-10）．火山タイプごとにグアテマラの第四紀火山の地形・発達史・地理的分布の特徴をのべる．

成層火山の発達史的分類

成層火山は地形発達史的に次の 4 つに分類される．

①薄い溶岩流とスコリア質火山灰の放出を繰り返して形成される，富士山型の典型的な円錐形成層火山（例：Agua, Fuego 火山）．

②円錐形成層火山体の頂部からさらに安山岩質の厚い溶岩流が繰り返し流出し，ときには溶岩ドームが形成され，より高く急峻な円錐火山体が形成される．それは不安定で噴火・地震などをきっかけに大崩壊し，馬蹄形カルデラが形成された磐梯山型の成層火山（Carmona, El Soco, Siete Orejas, Chicabal）．

③火砕流の噴出とともに，頂部に円形カルデラが生じ，山麓に広い火砕流堆積面が生じた成層火山（Ayarza）．

④円形カルデラ内に溶岩ドーム・小成層火山が生じた成層火山（Tecuamburro, Parramos）．

これらの火山はそれぞれ，成層火山の発達段階を示し，個々の成層地形に到達すると考えられる

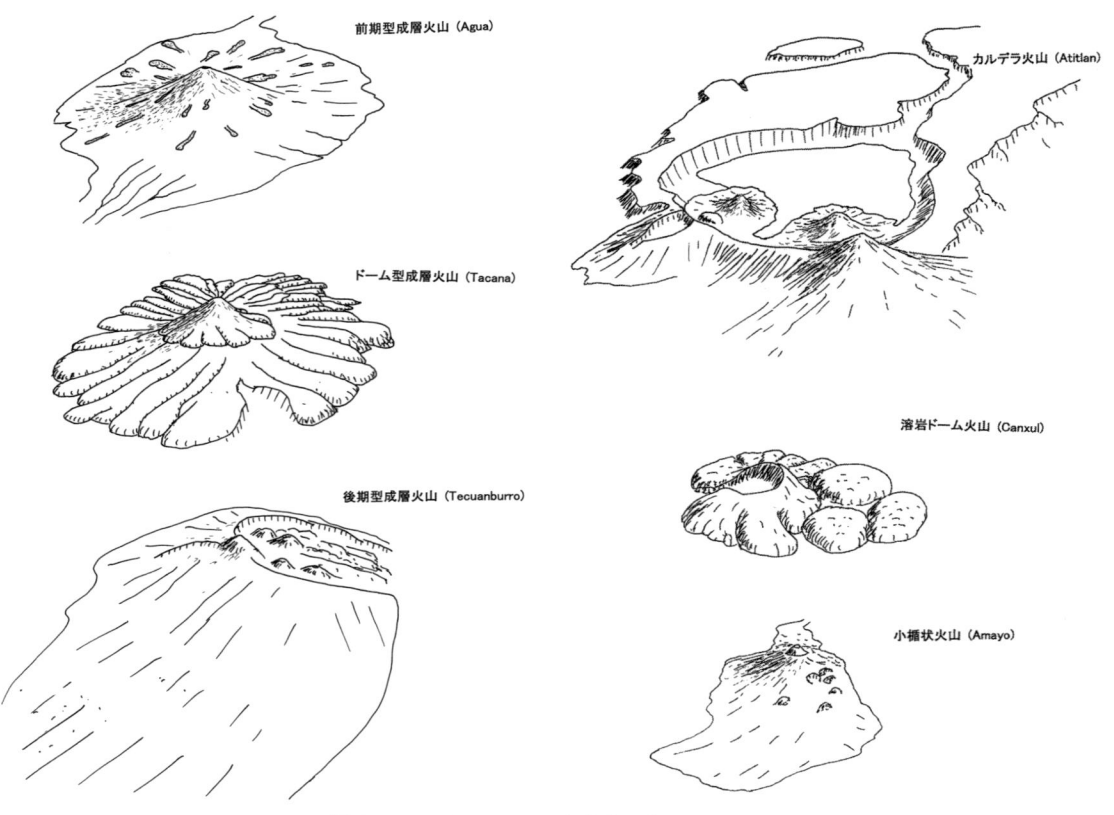

図 9.5-10 グアテマラに存在する火山のタイプ

（守屋, 1979, 1983a). 現在, 第1期にある Agua, Fuego 火山は, 富士山のような秀麗な円錐形を示すが, いずれは第2期, 第3期を経て, カルデラが山頂部に形成されるなど複雑な地形・内部構造をもつようになる. 一方, Tecuamburro 火山はかつて Fuego 火山のような見事な円錐形火山体を誇示していた.

カルデラ火山と後カルデラ火山

大規模な火砕流の噴出とともに径 10 km 以上のカルデラを形成するカルデラ火山の例は Atitlan, Amatitlan 火山が典型で, それ以外に Ostuncalco, Quetzaltenango, Totonica-pan などのカルデラ火山が存在する. そのほか Ayarza 火山のように, 火砕流を噴出して径 6 km のカルデラを形成しているものもあるが, 溶岩流を主とする成層火山体が外輪山を構成するので, 第3期まで発達した成層火山と考えた. Tajumulco 火山のように径 9-11 km のカルデラ状地形をもつが, 火砕流を噴出した形跡がない火山など, カルデラ火山と紛らわしいものがある. Tajumulco 火山の周辺には似たような火山がほかにも数個あり, カルデラ壁に見える弧状の急崖は, 断層崖が地すべりなどにより変形したものの可能性もあり, 今後なお検討する必要がある.

溶岩ドーム火山と後カルデラ溶岩ドーム

このタイプの火山は複数の溶岩ドームと厚い溶岩流が集合して形成されたものであるが, 火口が存在し, 爆発的噴火とともに火砕流や降下火山灰を放出したことを示唆する. しかし放出物の地形は顕著に現れず, ごく少量のテフラを放出したにすぎないと判断されるため, 成層火山とは別の火山タイプとした. グアテマラ火山列北西部内弧側の Canxul 火山, 南東部内弧側の La Torre 火山がその例として挙げられる. Quemado 火山も複数の溶岩ドームからなるが, 周辺に複数のカルデラが隣接し, 互いに重なり合っている地形的特徴

から，カルデラ壁や外輪山が消失した後カルデラ火山の可能性もありうるが，ここではとりあえず溶岩ドーム火山とした．

単成火山

グアテマラ火山列南東部内弧側にスコリア丘火山，小楯状火山，マール火山から構成される小型単成火山が多く見られる．この付近にはカリブ海プレート内に存在する主要断層系の1つが走り，派生した複数の断層が多くの火山を切り，また小型単成火山をつくっている．

タイプ別火山の分布

グアテマラの第四紀火山をタイプ別に分類し，その分布図を作成した（図9.5-1）．その結果，いくつかの分布上の特徴が明らかになった．

火山列はその伸長方向に直交する断層系により6-7ブロックに切断されているように見える．切断部には約10 kmの無火山域がある．これに境され，火山フロントが10 km前後互いにずれている場所にある（Carr et al., 1982）．

侵食の程度の差違から，火山によってかなり活動年代が異なる可能性があり，その年代により異なった火山のタイプが卓越した可能性も考えられ，年代差をも考慮した分布の特徴を今後明らかにする必要がある．

成層火山は全長450 kmのグアテマラ火山列の中を通して，ほぼ万遍なく分布する．北西部では一般に火山列の幅が10 km程度と狭く，1-3個の火山が火山列に直交する方向に並ぶのみであるが，Amatitlanカルデラ火山より南西部では端に向かって広がり，5-6個横断方向に並んで，幅は100 kmを超える．また単成火山が非常に増え，とくに太平洋周縁断層系の内陸側の大部分が単成火山で占められる．この地域のもっとも海溝寄りには第4期まで進化した成層火山が固まって分布する．カルデラ火山は7個のうち6個が北西部に存在し，Amatitlan火山のみが南西部にある．これらはいずれも内陸側に存在する．

9.6 エルサルバドル

エルサルバドルにはナスカプレートの沈み込みに伴うマグマ活動により23個の火山が噴出している．これらは大きく見て2列に分かれ，グアテマラからホンジュラス・ニカラグアに連なる西北西—東南東方向の火山列の一部をなす（図9.6-1）．火山タイプは玄武岩質の小楯状火山・スコリア丘火山・マール火山からなる単成火山群が3個，カルデラ火山はIlopango火山の1個，残り19個は成層火山である（表9.6-1）．成層火山が全体の85%を占め，残りはカルデラ火山と単成火山のみで，溶岩原・楯状火山を噴出させていない点は，日本列島に似た典型的な沈み込み帯の火山の特徴を示している．

成層火山を第1，2，3，4期の発達段階別に分けると，その個数は7，3，3，6となり，第1期成層火山が半分近くを占める半面，第4期の成層

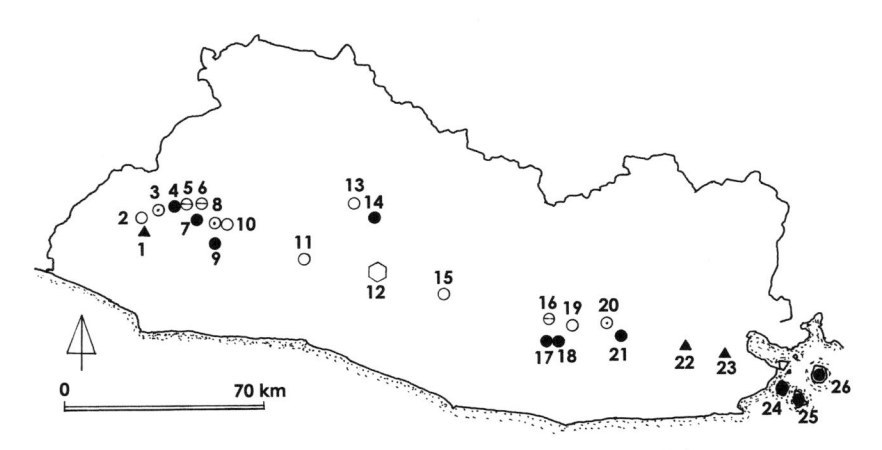

図9.6-1 エルサルバドル・ホンジュラスの型別火山分布図
1-26の番号は表9.6-1の左端の数字に対応．

表 9.6-1　エルサルバドル・ホンジュラスの火山一覧

火山名	型	比高（m）	底径（m）
El Salvador			
1　Cresta	Sc	50	8000
2　Ninfas	A4	900	5000
3　Laguna Verde	A3	700	6500
4　Rana	A1	1000	7000
5　Aguila	A2	700	4000
6　Olimpo	A2	900	4000
7　Naranjos	A1	800	4500
8　Santa Ana	A3	900	16000
9　Izalco	A1	650	6000
10　Coatepeque	A4	500	20000
11　San Salvador	A4	1500	23000
12　Ilopango	C	2100	39000
13　Guazapa	A4	1000	12000
14　Montepeque	A1	400	4000
15　San Vicente	A4	1900	22000
16　Tecapa	A2	1000	25000
17　Teburete	A1	700	4000
18　Usulutan	A1	1100	10000
19　El Tigre	A4	1000	11000
20　Pacayal	A3	1900	5000
21　San Miguel	A1	1760	22000
22　Aramuaca	Sc	40	2500
23　Yayanlique	Sh	500	7000
Honduras			
24　Conchaguita	A1	494	3000
25　Evaristo	A1	467	5000
26　Tigre Is.	A1	619	5000

図 9.6-2　エルサルバドル Santa Ana 成層火山（Google Earth による）
　左の円錐形火山は Izalco 火山.

図 9.6-3　エルサルバドル Izalco 成層火山（Google Earth による）

火山も 6 個とかなりの数を占めている．ほかの沈み込み帯の成層火山とくらべ第 2 期の火山が少ないのが，エルサルバドル成層火山の 1 つの特徴といえる．守屋（1979）は第 1, 2 期を合わせて前期型成層火山，第 3, 4 期を合わせて後期型成層火山と呼び，後者が島弧会合部に，前者が弧状部に多いことを指摘したが，図 9.6-1 で見る限りエルサルバドルでは両者混在し，日本列島とは異なっていることを示している．

Santa Ana 火山　エルサルバドルの西方にあって，10 個の火山が密集する火山域が存在するが，その東部に位置する成層火山である．また東に隣接して径 7 km のカルデラをもつ Coatepeque 成層火山があり，東斜面を流下した Santa Ana 火山の噴出物の一部はそのカルデラ内に流入している．Santa Ana 火山は標高 2356 m，比高 900 m，底径 16 km の中型成層火山（図 9.6-2）で，山頂に四重の爆裂火口が存在する．その最大径は 1.4 km 程度でカルデラとはいえない大きさである．山麓には火砕流・土石流からなると推定される，緩く広大な斜面が形成されている．溶岩流は山頂付近から噴出したものは薄いが，北麓に流下したものは比高 100 m の末端崖をもち，安山岩・デイサイト質の厚い溶岩流であると考えられる．以上の事実から Santa Ana 火山は第 3 期の発達段階にある成層火山と認定できる．

Izalco 火山　Santa Ana 火山の南中腹に形成された標高 1965 m，比高 650 m，底径 6 km の円錐形の典型的な成層火山で，現在もしばしば噴火を行う活発な活火山である（図 9.6-3）．薄い玄武岩質溶岩流出とスコリア・火山砂噴出を同時または交互に行うヴルカノ式噴火を毎年のように行ってきた．火山体の下方に溶岩流が，山頂火口に近い

図 9.6-4 エルサルバドル Coatepeque カルデラ火山（Google Earth による）
左は Santa Ana 火山.

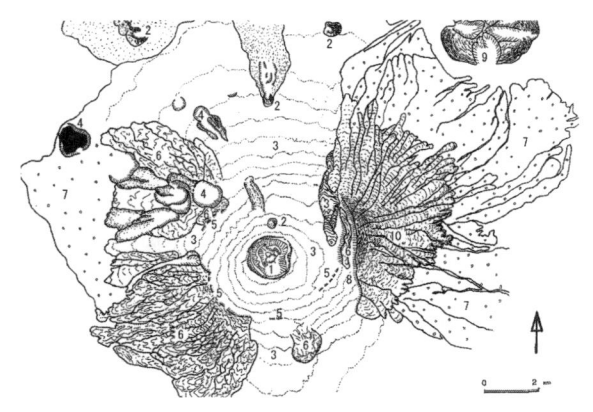

図 9.6-5 エルサルバドル San Salvador 成層火山の地形分類図
1：溶岩湖棚をもつ山頂火口，2：溶岩ドーム，3：新期成層火山斜面，4：爆裂火口，5：新期カルデラ壁，6：中期成層火山の溶岩流，7：火山麓扇状地，8：古期カルデラ壁，9：寄生溶岩ドーム，10：古期成層火山斜面．

斜面にテフラが堆積することによって，現在の成層火山原面の地形が形成されてきた．

Coatepeque 火山 径 7 km のカルデラをもつ Coatepeque 成層火山は標高 1000-1500 m，比高 500 m の外輪山からなり，カルデラ形成以前は標高 2000 m を超す円錐形の成層火山が存在したと考えられる（図 9.6-4）．末端崖比高 150-200 m の，安山岩～デイサイト質と考えられる溶岩流が 6 本，外輪山上を流下している．この事実は以前の成層火山が発達段階の第 2 期まで進んでいたことを示す．外輪山下方にはカルデラ形成時に噴出したと思われる火砕流堆積物の堆積面と推定される緩斜面・台地が広がる．カルデラ内には径 1 km 以下の溶岩ドームが 4 個噴出している．以上から Coatepeque 火山は第 4 期の発達段階にある成層火山と見なされる．

San Salvador 火山 エルサルバドルの首都サンサルバドルは San Salvador 火山の山麓緩斜面上に発達する．標高 1960 m，比高 1500 m，底径 23 km の成層火山（図 9.6-5）で，その形成時期は 4 期に分けられる．第 1 期は火山体の東半分を占める古期成層火山の斜面で，その表面は多くの放射谷に刻まれているが，明瞭な溶岩流地形なども存在する．この斜面の西縁はほぼ南北に残るかなり直線的な 2 段の急崖からなる．この崖の成因として地溝・滑落崖・崩落崖・カルデラ壁などが考えられる．この崖を境に西には第 1 期成層火山の残骸は地形的には認められないが，現在とほぼ同じ面積をもつ規模の円錐形火山が存在したことが推定される．第 2 期には上記の急崖から 3-4 km 西に離れた，現在の山頂火口付近に火山体中心をもつ第 2 期成層火山体が出現した．これは第 1 期の東斜面を構成する溶岩流より，幅広く短く厚い溶岩流であった．第 2 期の火山体の頂部で火砕流が発生し，四方へ流れ山麓に広く堆積して，土石流とともに火山麓扇状地を形成した．山頂には直径 5 km 以上の直径をもつカルデラが形成された．最終段階で玄武岩質安山岩溶岩流からなる噴火が山頂カルデラで発生し，第 3 期に形成されたカルデラをほぼ埋めて外側に流下している．山頂火口内には溶岩湖が過去に存在したことを示す溶岩棚らしき 2 段の地形が認められる．その火口底最深部には火砕丘が 1 個存在する．ただ溶岩棚に見える階段状地形はかなり細かい侵食谷に刻まれ，堅硬な溶岩ではなく侵食に弱い火砕物からなるようにも見える．北火口壁の 2 カ所に見られる白色部の存在は，割れ目からの硫気化合物の噴出・昇華を推測させるため，火口壁構成物は玄武岩質溶岩やスパターではなく，安山岩・デイサイト質火砕物ではないかとも考えられる．上記の事実を考えあわせると San Salvador 火山は第 4 期まで発達した成層火山と推定される．なお山頂火口から西—北麓にかけて，一直線上に並ぶ爆裂火口・スパター列・スコリア丘・マール・溶岩流などの列が 3 本存在する．

図 9.6-6 エルサルバドル Ilopango カルデラ火山を南上空より望む (Google Earth による)

図 9.7-1 ホンジュラス Tigre 島火山 (Google Earth による)

Ilopango 火山　エルサルバドル中央部に形成された径 8-11 km のカルデラとその周辺地域に広がる厚い火砕流堆積物の台地からなるカルデラ火山である (図 9.6-6). この火山は西北西―東南東方向にエルサルバドルを縦断する地溝帯内に生じており, 基盤構造に支配され, その平面形は円形より長方形に近い. このカルデラ形成と火砕流大噴出は AD260±114 ^{14}C 年とされている (Sheets, 1983) が, 地形的に火砕流はカルデラ凹地に逆に流入したと見える個所もあり, AD260 年噴火以前にも大規模火砕流噴火があり, AD260 年にはカルデラ凹地が存在したように見える. 1879-80 年噴火でカルデラ湖底中央部に噴火が生じ溶岩ドームが形成された (Mooser et al., 1958).

9.7　ホンジュラス

ホンジュラスの火山は, フォンセカ湾内に噴出した Conchaguita, Evaristo, Tigre 島の 3 火山のみで, いずれも第 1 期にある若い中型成層火山である. エルサルバドルからニカラグアに連なる火山列の一部をなすので, エルサルバドル火山の一員として扱う.

Tigre 島火山はフォンセカ湾内に噴出した 3 火山のうち, もっとも東に位置する火山である. 標高・比高 619 m, 底径 5 km で山頂に径 0.5-0.7 km の火口が存在する. 山麓に流下した溶岩流の厚さは 40 m 以上あり, 溶岩ドームも存在する (図 9.7-1). これらのデータから Tigre 島火山は第 1 期の発達段階にある成層火山であることが推定される.

9.8　ニカラグア

ニカラグアの火山はグアテマラからコスタリカまで続く島弧型火山帯の一部をなす. その火山フロントは中央アメリカ海溝から 170 km の距離にあり, 海岸から 20-50 km 内陸側にある凹地帯内に火山列をなす. 沈み込みスラブの傾斜は火山フロント付近で 70 度以上に達する (Carr et al., 1982). 火山列の方向に直交する正断層・割れ目火山群が目立つが, 沈み込みスラブの分断と関係あるとみなされる (Stoiber and Carr, 1973). これら 30 個の火山の地形分類図を 5 万分の 1 地形図判読から作成し, それをもとに火山体の発達を推定し, 火山のタイプを決定した (図 9.8-1, 表 9.8-1). ニカラグアの火山は地形的に成層火山 (前期型・後期型・ドーム型), カルデラ火山, 楯状火山 (大型・小型), 小型火山 (スコリア丘・マール・溶岩ドーム) に分類できる (図 9.8-2).

成層火山

第 1, 2 期成層火山は San Cristobal, San Jacinto, Hoyo, Momotombo, Mombacho, Concepcion, Maderas などの 12 火山で, 玄武岩, 玄武岩質安山岩の溶岩流・スコリアからなる富士山型の円錐形火山体をもつが, スコリア丘をもつことも多い (図 9.8-3, 4). Mombacho 火山は南

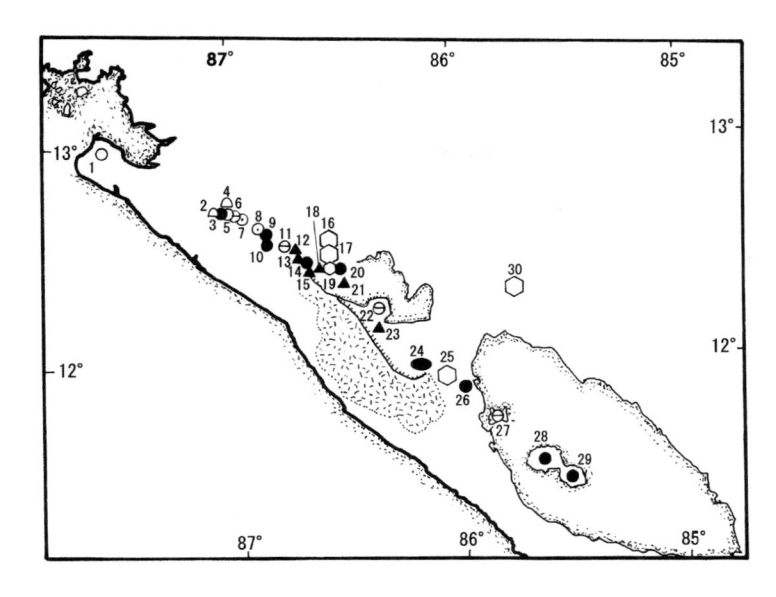

図 9.8-1 ニカラグアの型別火山分布図
1-30 の番号は表 9.8-1 の左端の数字と対応.

表 9.8-1 ニカラグアの火山一覧

	火山名	型	比高 (m)	底径 (m)
1	Cosiguina	A4	847	20000
2	Chonco	Do	1105	15000
3	San Cristobal	A1	1781	20000
4	Moyotepe	Do	600	4000
5	Casila	A4	800	6000
6	La Pelona	A2	800	18000
7	Los Portillos	A3	600	4000
8	Telica	A3	800	11000
9	San Jacinto	A1	800	3000
10	Santa Clara	A1	400	2000
11	Rota	A2	700	4000
12	Cerro Negro	Sc	600	3000
13	Las Pilas	Sc	900	8000
14	Hoyo	A1	1000	10000
15	Asososca	Sc	40	6000
16	Comarca	C	140	30000
17	Sabana Grande	C	350	30000
18	Palonos	Sc	400	2000
19	Montoso caldera	C	200	5000
20	Momotombo	A1	1297	9000
21	Momotombito	Sc	389	2000
22	Cuape	A2	518	12000
23	Najapa chain	Ma	100	14000
24	Masaya	SH	600	25000
25	Apoya	C	50	25000
26	Mombacho	A2	1500	10000
27	Isla Zapetera	A2	600	2000
28	Concepcion	A1	1600	14000
29	Maderas	A1	1300	5000
30	Las Lajas	C	400	30000

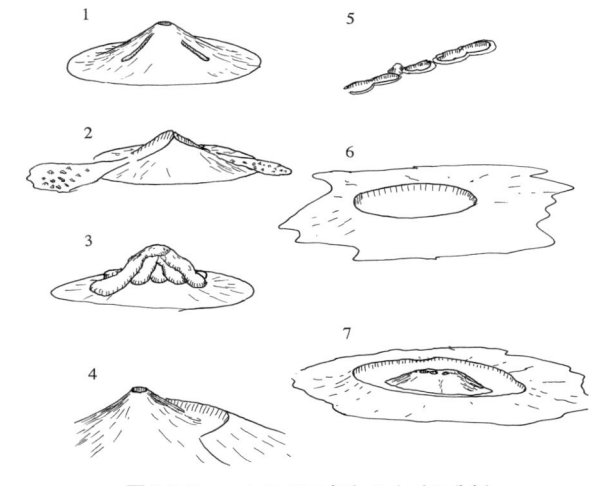

図 9.8-2 ニカラグア火山タイプの分類
1：第1期成層火山，2：第2期成層火山，3：溶岩ドーム型成層火山，4：第3期成層火山，5：タフリング列，6：カルデラ火山，7：高重力型カルデラをもつ溶岩原.

北2つの馬蹄形凹地とその麓に広がる岩屑なだれ堆積面をもつ（図 9.8-5）．第3，4期成層火山は Cosiguina（図 9.8-6），Casila, Los Portillos, Telica の4火山で，山頂に径数 km のカルデラ，山麓に火砕流・土石流の堆積面が存在することが多い．Zapetera 島火山は湖中にあるため，山麓の火砕流・土石流堆積面の存否が不明であるが，山頂カルデラ・溶岩ドームの存在から A2 のタイプに分類した（図 9.8-5）．溶岩ドーム火山は，溶

第 9 章 アメリカ大陸の火山地形 / 245

図 9.8-3 ニカラグア Chonco, Cristobal, Casila 成層火山を南から望む

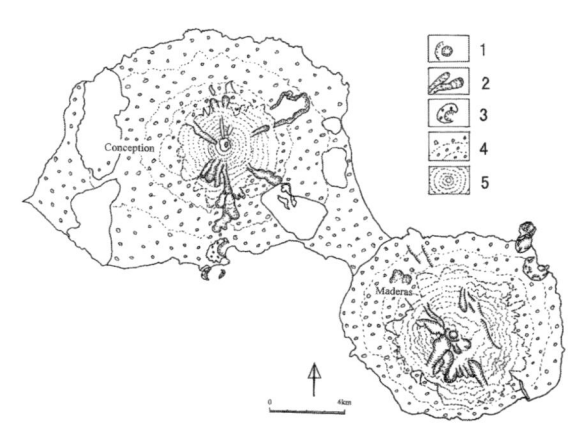

図 9.8-4 ニカラグア Conception, Maderas 成層火山の地形分類図

図 9.8-5 ニカラグアの大崩壊を2度起こした Mombacho 成層火山（左）と Zapatera 島成層火山を南上空から望む

図 9.8-6 ニカラグア Cosiguina 成層火山を南上空から望む（Google Earth による）

岩ドームと厚い溶岩流を主体に場合によって，火砕流堆積面がその周囲に広がるもので，Chonco, Moyotepe 火山がこれにあたる.

カルデラ火山

Montoso（カルデラ径 4-5 km）と Apoyo（5-7 km）(Sussman, 1985) の2カルデラ火山は地形的に明瞭であるが，残り2個のカルデラ火山は侵食と新しい火山体に覆われ不明瞭で，円形・弧状のカルデラ壁と思われる急崖，侵食が進んだ火砕流堆積面から，その存在から推定される．Las Pilas 火山の北東にある Comarca（仮称）カルデラは径 10 km の円形の平坦地形が，火砕流堆積物からなると思われる定高性をもつ丘陵でかこまれる．Las Pilas, Hoyo 火山の東には，カルデラ壁と思われる半円形の急崖があり，その東外側，また反対側の Pilas 火山の西にも火砕流台地が丘陵化したものがある．したがって地形・地質から Las Pilas, Cerro Negro などの火山をすっぽり包む径 15 km のカルデラが伏在していると考えられる．さらに Las Pilas, Cerro Negro 火山の下により新しい侵食の進んでいない火砕流堆積面があり，Las Pilas 火山直下に径 6-7 km のカルデラが存在していることを暗示している（図 9.8-7）.

楯状火山

Masaya 火山は径 5-11 km のカルデラ内に形成された，かんらん石玄武岩からなる楯状火山 (Ui, 1972; 図 9.8-8) で，現在もしばしば噴火する活火山である．Masaya カルデラは地形的に明瞭な外輪山をもたず，カルデラ形成以前に存在した溶岩原または楯状火山の中央部が溶岩流出によって陥没して形成されたと考えるのは若干無理が

図 9.8-7 ニカラグア Hoyo, Momotombo 成層火山と Comarca などのカルデラ火山
1：La Palmera カルデラ，2：La Palmera 火砕流堆積面，3：Sabana カルデラ，4：Sabana 火砕流台地，5：Hayo 火山麓扇状地，6：Cerro Negro スコリア丘，7：Hayo 成層火山，8：Asososca マール列，9：Montoso カルデラ，10：Momotombo 成層火山，11：湖岸平野，12：マナガ湖．

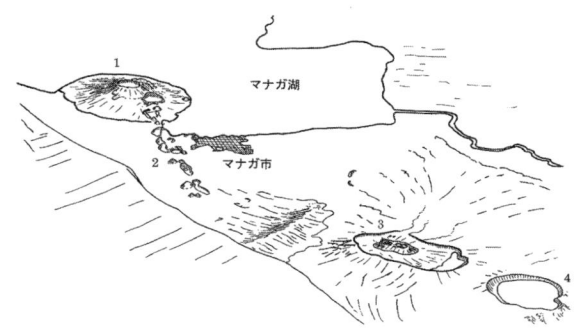

図 9.8-8 ニカラグアの首都マナガ市周辺に分布する火山
1：Apoyeque 成層火山，2：Najapa 単成火山列，3：Masaya 楯状火山，4：Apoyo カルデラ火山．

あり，むしろ火砕流噴出に伴う陥没で形成されたカルデラ火山のカルデラ，Masaya 火山はその後カルデラ火山と考えた方がよいかもしれない．カルデラ西部に2個のスコリア丘，1個のタフコーンが存在する．これ以外に Santa Clara, Cerro Negro など，玄武岩質溶岩流とスコリア丘とからなる小型楯状火山としてもよい火山があるが，ここでは成層火山として扱った．

小型火山

マナガ市のすぐ西に長さ 15 km，幅 3 km の Najapa 割れ目火口群がほぼ南北に並ぶ（図 9.8-8）．これは8個のスコリア丘，20個前後のマール・タフリング・タフコーンからなる．Hoyo 火山の南麓から南南東に長さ 10 km の割れ目火山群がある．その北端に Asososca スコリア丘があり，その南に Asososca タフリングなど4個の爆裂火口群が並ぶ．Montoso 火山はスコリア丘と溶岩流からなる小型火山であるが，Montoso カルデラの寄生火山である解釈も可能である．

火山タイプから見たニカラグア火山列の特徴

中米の沈み込みスラブがいくつかのセグメントに分かれ，それが火山の形態・噴火様式・分布などに関与していることが以前から指摘されてきた（Stoiber and Carr, 1973）．セグメントの境界付近で大規模軽石噴火が起こるという指摘は，ニカラグア火山列の中央部の新旧のカルデラ火山が4個密集する事実で裏付けられる．またニカラグア火山列北部では玄武岩質マグマが卓越するという指摘は，A1 型火山やスコリア丘火山の存在から妥当と考えられるが，流紋岩〜デイサイト質の溶岩ドームやドーム型成層火山の存在は，問題が簡単でないことを示唆する．

ニカラグア火山の地理的分布の特徴

ニカラグアの火山はグアテマラからパナマまで続く島弧型火山帯の一部をなし，中米太平洋岸沖 100 km に連続する中米海溝からのココスプレートの沈み込みに伴う島弧型の火山帯と見なされる．これらの火山帯の位置は連続的ではなく，途切れたりずれたりしていて，沈み込みプレートがいくつかのセクターに分かれていることの反映と考えられている．海岸に沿って低山地があり，その内陸側に凹地帯が平行する．火山はその凹地に噴出し，山地に噴出する東北日本の火山とは異なる．凹地ののびに平行した顕著な断層崖は認められず，背弧盆であるか断定できない．のびに直交する南北方向の断層が目立つが，その成因は明らかでない．

9.9 コスタリカ

ココスプレートの沈み込みで形成された火山が15個，西北西—東南東方向に火山列をつくる．そのうち13個が成層火山，残り2個は Mogote

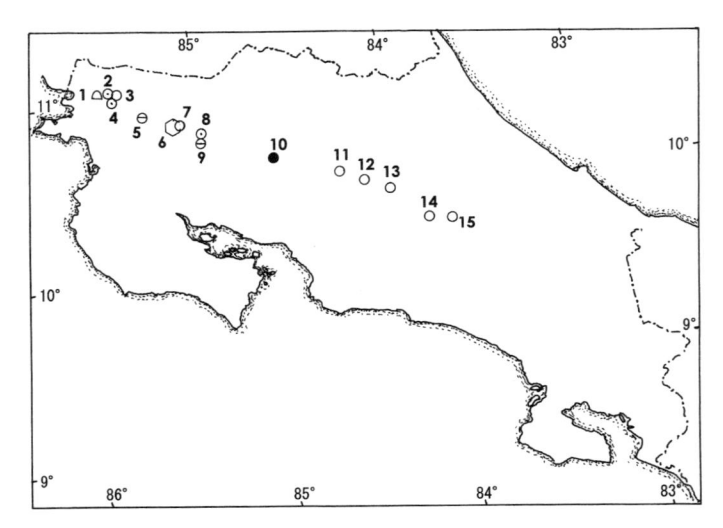

図9.9-1 コスタリカの型別火山分布図
1-15の番号は表9.9-1の左端の数字に対応.

表9.9-1 コスタリカの火山一覧

火山名	型	比高(m)	底径(m)
1 El Hacha	Do	400	5000
2 Orosi	A3	800	4000
3 E Orosi	A4	900	12000
4 Cacao	A3	1400	18000
5 Rincon de la Vieja	A2	1600	23000
6 Mogote	C	300	11000
7 Miravalles	A2	1800	13000
8 Tenorio	A3	1700	20000
9 Tierras Morenas	A2	700	5000
10 Arenal	A1	1200	8000
11 Pelon	A4	1500	40000
12 Poas	A4	2200	38000
13 Barva	A4	2300	35000
14 Irazu	A4	2500	48000
15 Turrialba	A4	2800	38000

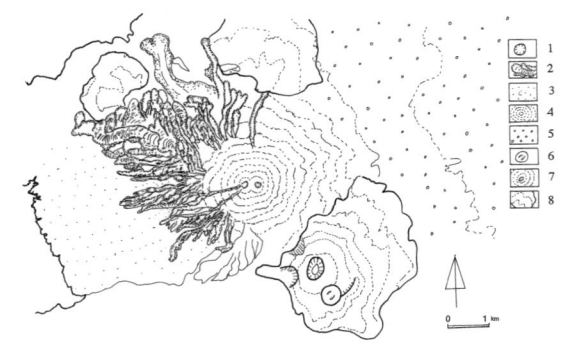

図9.9-2 コスタリカArenal成層火山の地形分類図
1：火口壁，2：安山岩質溶岩流，3：火砕流堆積面，4：成層火山原面，5：火山麓扇状地，6：スコリア丘，7：Chatoスコリア丘の斜面，8：基盤山地.

図9.9-3 コスタリカArenal成層火山を東麓から望む

カルデラ火山とEl Hacha溶岩ドーム火山である．溶岩原・楯状火山・スコリア丘火山など玄武岩質単成火山群は皆無で，沈み込み帯火山の特徴をよく示している（図9.9-1，表9.9-1）．成層火山を発達段階別に見ると，火砕流を放出するなどして第3，4期まで発達した成層火山が9個，第1，2期までしか発達していない成層火山が4個と，マグマ分化が進んだと見られる火山が多い．火山列中央部に他火山から孤立してArenal火山がある．これは第1期の発達段階にあるコスタリカ唯一の富士山に似た円錐形成層火山（図9.9-2,3）で，近年もしばしば噴火する活火山である．その北西部の9火山はそれぞれ東西方向の火道列をもち，

図 9.9-4 コスタリカ Rincon de la Vieja 成層火山（1），Guayabo カルデラ火山（2）を南上空から望む
3：溶岩流，4：溶岩ドーム，5：土石流堆積面，6：岩屑なだれ堆積面．

図 9.9-5 コスタリカ Miravalles 成層火山（1），Mogote カルデラ火山（2，3）を南上空から望む
3：Guayabo 外輪山，4：Gotade Agua 外輪山，5：Giganta 外輪山，6：Los Chiqueros カルデラ，7：Cabro Moco 外輪山，8：Rio Zapote カルデラ，9：土石流堆積面，10：岩屑なだれ堆積面．

火山体も東西に長くのびる（図9.9-4）．火山型も多様である．それに対し，東南半部の残り5火山はすべて，第4期の発達段階に達した複雑な地形を示す火山である．それぞれが複数火道をもち，南北にのびた長さ20-40 km，幅10-15 km の5列の火山連峰を形成している（図9.9-5）．Arenal 火山を境に東西の火山列でこのような差違が認められるのは，沈み込むスラブのセグメント化（Carr and Stoiber, 1977）の表れかもしれない．

9.9.1 各火山の地形

全15火山のうち主な11火山の地形的特徴を簡潔にのべる．

Rincon de la Vieja（Santa Maria）火山　東西25 km，南北20 km，比高1600 m，標高1916 m の，第2期まで発達した大型火山である．その中心部を含め大部分は山頂から流下した溶岩流からなり，その数は表面に見えるものだけで100を超える．山頂には6個のスコリア丘，6個の爆裂火口が存在する．スコリア丘のうち Santa Maria が最大で，この火山全体の名称もこれからとった．スコリア丘，爆裂火口，溶岩流のいずれも地形は新鮮で，近い過去の噴火で生じたこと示す．山頂火口列の南には最大幅3.5 km の南開きの侵食凹地が存在する．そこに山頂から新しい溶岩流が流れ下っている（図9.9-4）．その凹地の下には大きな火山麓扇状地が広がる．火口列東部にも北に開いたらしい凹地（幅は約3 km）が認められるが，新しい溶岩流にすっかり埋められている．

Mogote カルデラ火山　径11 km，深さ100 m のカルデラとその外に広がる開析された火砕流堆積面とからなる．平坦なカルデラ床上に広がる湿原・湖沼の1つ，Mogote 湖の名をとって Mogote カルデラ火山と名づけた．火砕流堆積面はカルデラ南部ではカルデラ壁から20 km 以上離れたところまで広がっている．落差は500 m で平均傾斜は1/40 となる．分布面積は約200 km^2，平均厚を50 m とすると，体積は10 km^3，北麓などにも分布したとすれば20-30 km^3 の噴出量があったと考えられる．外輪山として残されている部分が小さいため，カルデラ形成前の地形はよくわからないが，起状に富むことから，カルデラ形成噴火以前に一大成層火山が存在していたのではなく，中小型火山が群生していたと考えた方がよさそうである（図9.9-5）．

Miravalles 火山　Mogote カルデラの東半分を埋めて成長したこの火山の地形・構造は複雑で，少なくとも新旧5個のカルデラが形成され，その都度，その上に新たに成層火山が生じた．Mogote カルデラの外側，南東部で，最初に Gota de Agua 成層火山が成長を始めた．これは溶岩を流出させながら大きくなったが，その最大成長時に山体大崩壊を起こし，岩屑なだれが南麓を襲った．その後火砕流噴火もあり，山頂にカルデラが形成された．それを Gota de Agua カルデラと呼ぶ．このカルデラは径10 km に及ぶが，外輪山南部

が残存するだけなので詳細は明らかでない．Gota de Agua カルデラの内部，北東よりに新たに Giganta 成層火山がつくられた．その成層火山体の標高は 2000 m 前後に及んだと推定される．このカルデラの北側の外輪山は，その部分の地形図が空白なためよくわからないが，空白部周囲の等高線から推定等高線を引くと，径 6 km 程度の円形のカルデラが存在することがわかる．さらに Giganta カルデラ内の南部と北外輪山上及び西斜面上に 3 個の小型成層火山が形成された．西外輪山斜面上の成層火山（Cabro Moco）山頂に Los Chiqueros カルデラ（径 4 km）が，Giganta カルデラ南部と北カルデラ壁上に噴出した 2 個の成層火山の間に Rio Zapote カルデラ（径 4 km）が生じた．最後に Miravalles 成層火山が噴出し，溶岩流をたえず流下させ，火山体を大きくした．

Miravalles 火山は安山岩質溶岩流（幅 300-400 m，長さ 4-6 km，厚さ 70-80 m）が 20 本以上認識できる．山頂に径 500 m の爆裂火口が，山頂のすぐ東に比高最大 100 m の湾曲した急崖があり，山頂部が，南西方向に大崩壊しかけ，辛うじて止まったことを示すと考えられる．

Tenorio 火山　径 20 km，比高 1700 m，標高 1916 m の溶岩流を主体とする成層火山である（図 9.9-6）．山頂には径 300 m，深さ 100 m の円形爆裂火口がある．山頂から放射状に流下する溶岩流は山体上部で幅 200-300 m，厚さ 60-80 m ほどであるが，下に行くほど幅広く厚くなり，末端では幅 1 km を超え，厚さも 100 m を超すものが少なくない．各々の溶岩流の地形はよく残されている．北北東中腹から北麓にかけて，溶岩ドームが 4 個認められる．北東麓，南西麓には火砕流，土石流の堆積面が広がる．

この火山はアレナル地溝の北西端に位置し，山体の一部は断層崖で切られている（図 9.9-6）．火砕流は溶岩流より噴出したもので，山頂から 10 km 前後流下している．それほど大規模なものでもなく，成層火山形成初期に溶岩ドームが崩壊して発生したメラピ型火砕流であるかもしれない．

Tierras Morenas 火山　Tenorio 火山の南南東に相接して Tierras Morenas 火山がある．南西中腹の町の名をとって名づけた．山頂に径 2 km のカルデラがあり，そのカルデラ南東麓，北麓に沿って新たに形成された 3 個の小型溶岩丘が並ぶ．この火山の最高峰は Jilcuero 溶岩丘で，標高は 1221 m である．山頂カルデラは火口原を流れる河川名をとって San Lorenzo カルデラと呼ぶ（図 9.9-6）．外輪山は古く，かなり侵食が進んでいるが，溶岩流を主体として形成されたと推定される．アレナル地溝内に噴出したため，東西両斜面は段層崖で切られている．南西麓には広い緩斜面が広がり，火砕流，土石流が流下したことを示すが，その上に流れ山が多く存在し，岩屑なだれが発生したことを物語っている．

アレナル地溝と古い火山　アレナル地溝は幅約 12 km，長さ 30 km，深さ 300 m の北西―南東方向にのびる地溝で，平行して走る 10 余本の正断層で限られている．地溝の両外側は外に傾く．大きく見て数十条の溶岩流が，地溝から流出し，両外側へ溢流したように見える．アイスランドの裂け目噴火の溶岩流と類似する．ただ溶岩流の起状は大きく，玄武岩質ではなく安山岩質と考えられる．地溝内では溶岩はブロックに破砕され，不規則な径 1 km 前後の丘が多数認められる．

Arenal 火山　アレナル地溝の南東端に噴出した標高 1633 m，比高 1200 m，径 8 km の典型的な円錐形成層火山で，コスタリカ富士ともいうべき美しい姿を示している．山頂火口からしばしばストロンボリ式噴火を行って溶岩を流出し，溶岩流の末端がしばしば崩壊して，火砕流となって流下することも観察される．溶岩流，火砕流の微地形がよく観察される．山麓にはヴルカノ式噴火による灰黒色火山礫層が厚く堆積している．東麓には径 25 km，比高 400 m の Chato 火砕丘があり，

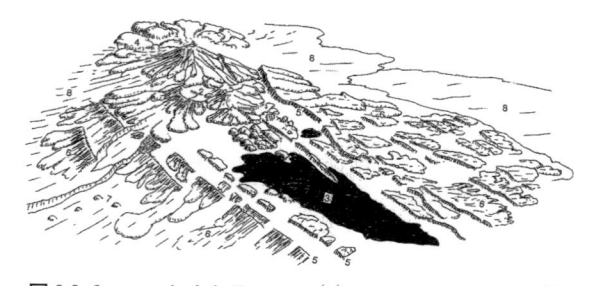

図 9.9-6　コスタリカ Tenorio（1），Tierras Morenas（2）成層火山，アレナル地溝（3）を南上空から望む
4：溶岩ドーム，5：正断層崖，6：古期成層火山斜面，7：岩屑なだれ堆積面，8：土石流堆積面．

爆裂火口（径600m）に水が湛えられている．

Pelon火山　北からPlatanar, Chocosuela, Porvenir, Polon, Naranjo, Rio-Toroの6個の成層火山が複合したもので，最高峰Cerro Pelon峰（2320m）の名をとって，この複合火山をPelon火山と呼ぶ．南北30kmにわたる一線上に火道が並ぶ複合火山帯で，底径は南北60km，東西20km，標高2320m．北麓は火山麓扇状地が海岸までのびている一方，南麓は標高700mの高原，西麓は標高600-1300mの山地に限られ，東麓はPoas火山列に限られている．南部には山頂カルデラをもつ成層火山が2個相接している．最南端の山頂カルデラをもつ成層火山は，南麓の都市Naranjoの名をとってNaranjo火山と呼ぶ．山頂に径3km，深さ50m前後のカルデラがあり，Rio Toroが北東カルデラ壁を破って流出している．平坦なカルデラ床はこの火口瀬の侵食で半分ほど消失している．中央火口丘は形成されなかったらしい．このカルデラはRio Toroカルデラと呼ぶ．外輪山斜面はカルデラの西〜南に発達するが侵食が進み，放射状の尾根が当時の原形を示しているにすぎない．上部の急斜面は溶岩流あるいはそれと互層する火砕物からなると考えられる．下部は徐々に緩くなり，火砕流，土石流からなると考えられるが，地形からは明瞭に区別できない．分布面積は$7 \times 12 \text{km}^2$，比高約1000mである．径3kmのカルデラの形成時には1km^3の体積の軽石が放出されたと考えられるが，地形からはよくわからない．

Rio Toroカルデラの北西に相接して径5-6km，深さ50m前後のカルデラがある．平坦なカルデラ床がまだ残るが，半分以上の面積が数本の河川で50-100mの深さの谷へと刻まれている．そのうちの最大の河川Rio Tapascoの名をとって，Tapascoカルデラと呼ぶ．カルデラ内には中央火口丘は形成されていない．カルデラの西側は侵食され，カルデラ壁は消失している．外輪山は東にのみ発達し，侵食作用を受けているが，原面は一部残されている．不明瞭ではあるが火砕流台地と考えられる．この外輪山斜面を切って長さ6km，比高50-100mの東落ちの断層崖が2本，北北西—南南東方向にのびている．

2個のカルデラの北には溶岩流を主体とする南北にのびる成層火山があるが，その中心山頂部に南北にのびる幅3km，長さ10km，深さ500-600mの地溝上の凹地あるいは谷があり，その急崖に沿って西側に3個，東側に2個，計5個の成層火山体が形成され，これら全体が前記2個のカルデラを含め，Pelon火山体をつくっている．

この地溝状凹地は単なる侵食，あるいは山体大崩壊によって形成された馬蹄形カルデラではなく，東に平行して走る断層崖，北麓に南北に並ぶスコリア丘などの小型単成火山の存在，東隣りのPoas, Barvas両火山も南北の火道の配列をもつ複合火山であることを考え合わせると，この火山体下に南北にのびるマグマの通路すなわち割れ目の存在を示すものと推定される．5個の成層火山がいずれもこの急崖の上に火道をもち，流出した溶岩流は両側に流下していることも，この考えを裏付ける．

地溝西側を限る崖の北部に噴出したPlatanar火山は，標高2183m，径8-9km，比高300-500mの溶岩流を主体とする成層火山で，山頂に径600mの爆裂火口をもつ．火山体表面に見られる溶岩流は，長さ5-10km，幅300-500m，厚さ50m前後のものが多く，50本以上に達し，その大部分は安山岩質と考えられる．北麓に長く流下しているが，東の地溝内にも数本の溶岩が流入している．

Porvenir火山（2260m）は，Platanar火山のすぐ南に接して噴出した溶岩流を主とした成層火山で，山頂に2個の大小の爆裂火口が重なって存在し，最近の活動を物語る．一部の溶岩は地溝内に流入しているが，大部分は西に流下し，8-10kmの距離にまで達している．いずれも幅200-400m，厚さ50m程度の溶岩流である．

Poas火山　南北60km，北西15kmの平面形をもち，長さ20kmの南北一線上に並ぶ6個の爆裂火口が示す火道がつくった4個の成層火山体が接合した複合火山である（図9.9-7）．南北麓には各々10-20kmの長さの火山麓扇状地が広がり，その中に流れ山も認められることから，成層火山体の大崩壊が起こったことがわかるが，対応する馬蹄形凹地は新たな成層火山の成長により埋積され不明になっている．Poas火山体の主峰は複合火山体の最南端を占め，2708mの標高をもつ．

山体頂部には径 5 km のカルデラが生じたが，侵食や新たな中央火口丘の成長で外輪山のかなりの部分が失われ，火口原はその南西にわずかな平地を残しているにすぎない．

外輪山斜面は深さ 100 m を超える放射谷が無数に発達し，火山原面の地形を推定することは難しいが，尾根の傾斜から山腹には山頂カルデラ形成時に噴出したかなりの規模の火砕流が堆積して，比較的緩やかな斜面をつくっていたらしいこと，外輪山上部は急傾斜で，溶岩流の累積で成層火山体の主部が形成されたらしいことを示している．山頂カルデラの中央部からやや南西よりに溶岩丘が中央火口丘として形成されたが，そこから外輪山を超えて 15 本前後の溶岩流が流出している．溶岩丘の頂部には径 700 m，深さ 100 m の円形の爆裂火口が開き，Poas 湖がたたえられている．この頂部は溶岩ドームの形態をもつ．

山頂カルデラの北西部は侵食あるいは爆発による馬蹄形凹地による形成で深く刻まれ，失われたが，その凹地を埋めて新たに溶岩が流出し，東西両斜面に流下した．その火道には Poas 火口が形成されている．この火口底には硫黄分を含んだ強酸性の空色の湖水をたたえた火口湖（図 9.9-8）が存在し，噴気が各所から上がっており，近年しばしば水蒸気噴火を行っている．周辺の斜面には，この噴出物が何枚も，火山黄白色変質火山灰薄溝層として，土壌層にはさまれて縞状に露出している．

北山腹には 2 個の中型成層火山体が南北に並ぶ．南の火山体は無数の溶岩流を流出させた安山岩質の成層火山であるが，北の火山体（Congo 火山，標高 2014 m）はより平滑な斜面からなり，薄い溶岩流，火砕物の互層からなる火山体に見える．山麓の緩斜面とも連続的で，富士山のような典型的な円錐形成層火山であったと考えられる．ただ山頂に侵食で拡大した爆裂火口らしい 2 個の深い

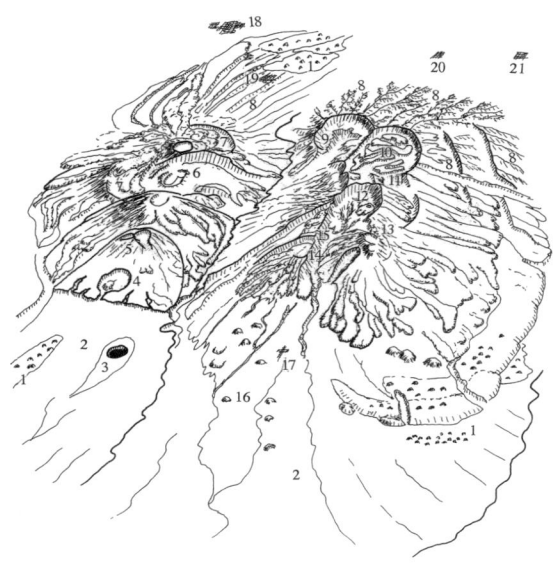

図 9.9-7　コスタリカ Poas（左），Pelon 成層火山を北上空から望む

1：岩屑なだれ堆積面，2：土石流堆積面，3：Rio Cuarto マール，4：Hule マール，5：Cerro Congo スコリア丘，6：Poas 成層火山，7：Poas カルデラ，8：火砕流堆積面，9：Toro カルデラ，10：Tapasco カルデラ，11：Pelon 溶岩ドーム，12：Porvenir 溶岩ドーム，13：Platanar 溶岩丘，14：Chocosuela 火山，15：Viojo 溶岩ドーム，16：スコリア丘，17：アグスサルカス，18：アラフエラ，19：グレシャ，20：ナランホ，21：サンラモン．

図 9.9-8　コスタリカ Poas 成層火山頂部カルデラ内のタフコーンでの噴気活動

谷がその山容を崩している．この Congo 火山の北麓に径 2 km，深さ 100 m のマールがある．内部に径 500 m，比高約 200 m のスコリア丘，そこから流出した溶岩流が認められる．新鮮な地形を保ち，ここ数千年以降の活動で生じたものと思われる．この北麓はたぶん断層崖と思われる比高 100-150 m の西北西—東南東方向の崖で限られ，それから北には，海岸平野まで緩やかな火山麓扇状地が広がる．その中に，径 800-900 m の Rio Cuarto マールが存在する．

Barva 火山　南北 50 km，東西 20 km，標高 2880 m の成層火山であるが，その山頂に東開きの馬蹄形火口（長さ 4.5 km，幅 2.5 km，深さ 100-150 m）がある．その西半分は平坦な火口底を残し，径 2 km の円形カルデラがあったと考えられ，それが東の馬蹄形凹地と合体したものと推定される．馬蹄形火口の大部分は新たな溶岩錐，溶岩流で埋められている．溶岩流は谷中を 10 km 流下している．山頂から 300-500 m 下の北斜面に径 2.5 km の円形火口がある．火口北縁は侵食などで欠けているが，平坦な火口底の存在から円形火口で閉じていたことがわかる．その中には 2 個の火砕丘があり，山頂から流下した 2 本の溶岩流が通過している．

山頂には径 500 m 以下の小溶岩丘，火砕丘が 3 個相接して東西に並ぶ．そこから南北に溶岩流が流下している．山頂から流下する溶岩流は幅 200-300 m，長さ 2-5 km，末端崖の比高 100 m 前後のものが多く，安山岩質と考えられる．その表面は平滑で，火砕物が薄く覆っていると推定される．南麓は火砕流，土石流堆積物から構成されると思われる緩斜面が 7-8 km の長さで広がる．北斜面には南北一線上に並ぶ 5 個の火道から流出した凸凹の少ない玄武岩質と思われる溶岩流が流出，南北にのびた山体をつくっている．北麓には岩屑なだれ堆積面と考えられる流れ山を残す緩斜面が認められる．東斜面は深く刻まれ，地形面はほとんど残っていない．

山頂から北東 10 km の地点には Cacho Negro 火山がある．これは 5 km の溶岩流を主とした小型成層火山で，山頂に 1 km 強の爆裂火口がある．溶岩流は幅 300 m 前後，長さ 2-5 km，厚さ 50 m 弱で約 20 本確認できる．この成層火山の東には火砕流，土石流堆積物からなると考えられる緩斜面が 5 km ほどの長さで広がる．山頂から 7-8 km 南東に Cerro Tibro 火山がある．径 7-8 km，比高 500 m，標高 2179 m の開析の進んだ火山で，山頂には径 2-2.5 km，深さ 300-400 m の爆裂火口が拡大した侵食カルデラがある．火道を示すスコリア丘，火口などは南北にのびる 18 km の線上に 16 個認められ，Barva 火山は 20 km ほどの南北の割れ目に沿って噴出したマグマで形成された複合火山である．Cacho Negro と Tibro 火山は Barva 火山に含めず，すぐ東に南北に並ぶ 1 火山列と見なす方がより合理的かもしれない．Barvas 火山は小カルデラ，火砕流堆積面などの存在から第 4 期まで進化した成層火山と見なせるが，北斜面に存在する玄武岩質マグマの複合火山体の存在は赤城山とは異なり，日本にはないタイプである．強いて挙げれば西斜面に側火口列が並ぶ鳥海火山，北は横岳から南は編笠山まで 10 余個の成層火山・溶岩ドームが並ぶ八ヶ岳連峰，浅間—烏帽子火山列などがこれに類似している．このような火口列は火山体の下に長さ 20 km 以上の火山列に直交または斜交した地殻の割れ目の存在を暗示しており，沈み込むスラブの割れ目と関係しているかもしれない．

Irazu 火山　南北 70 km，東西 25 km のさしわたしをもち，比高 2500 m の大型成層火山である．山頂にはほぼ東西に約 10 km の長さにわたって爆裂火口などの火道が 1 列に並ぶ．中央部には Hoya と呼ばれる径 1.5 km のカルデラ内に径 500，600 m の 2 個の爆裂火口が存在する．火口の深さは 150-200 m あり，緑色の湖水が湛水している．噴気が各所から上がっている．火口壁には降下火山灰，火山礫層が厚い層をなす様子が明瞭に認められ，ヴルカノ式噴火が最近も継続していることを物語る．これらの層はいくつもの不整合をもち，複雑な構造を表し，過去に噴火が繰り返されたことを示す．

これらの火口のすぐ東には山頂の稜線から北に向かって 4 km，東西 3.5 km の円形に近い凹地がある．この底は平坦でなく，深さ 500-600 m の 3 本の谷と，その間の尾根が南北に走り，侵食カルデラと考えられるが，はじめは円形カルデラで平坦な底面をもっていたものが，侵食で深く刻ま

た可能性もある．爆裂火口の東にも同様の凹地が北に馬蹄形をなして存在する．西側の凹地に比べやや大きく，幅5km弱，長さ6kmである．深さ約500mの谷が2本あり，その間に谷からの比高300mの尾根がある．したがって馬蹄形ではあるが，山頂大崩壊によって形成されたものではなく，谷の侵食，拡大によると考えられる．北麓の緩斜面上に流れ山が存在しないこともこの考えに調和的である．爆裂火口あるいは円形カルデラであったものが，侵食拡大した可能性はある．この凹地の南西部の幅広い底をもつ谷は，山頂のスコリア丘から流出した溶岩流が，凹地に流入したことを示していると考えられる．

山頂火口から1-2kmの距離までの斜面はガリ侵食による細かい「ひだ」が数多く刻まれていて，軟らかい表面物質すなわち最後に降下した火砕物質に覆われていると推定され，山頂爆裂火口壁に見られる堆積物の組成構造と調和的である．中腹，山麓にも厚い火砕物が現地調査で観察されるが，その厚さは10m程度と考えられる．地形的に降下火砕物の被覆にもかかわらず，溶岩流の地形が隋所に見られる．この火山は基本的に幅200-500m，長さ5-10km，厚さ50-100mの安山岩質溶岩流とヴルカノ式噴火で生じた降下火山灰，降下火山礫の互層からなると思われる．

山頂から南麓にかけてほぼ10kmにわたって17個のスコリア丘，ランパート，爆裂火口が一線上に並ぶ．そしてそれから流出した玄武岩質溶岩流が扇状の小起状堆積面をつくって，南麓の緩斜面まで到達している．スコリア丘などの地形が新鮮であることから，ここ数万年～数千年の活動で形成されたものであろう（図9.9-9）．

北斜面に，細かく無数の谷地形をもつ台地がある．これは山麓で広がり，山頂に向かって狭くなる扇状の平面形をもち，まわりの谷や山頂から流下した溶岩流などにより100m以上高い崖で限られ，溶岩流を主体とする山頂付近をつくる初期の成層火山より古い年代に形成された地形であることを示す．大きく見ると溶岩流が集合した地形をもっていて，玄武岩の盛んな流出が起こった成層火山形成期のものと考えられる．

南北麓には火砕流あるいは土石流の流下，堆積で形成されたと考えられる緩斜面が広く存在する．

図9.9-9 コスタリカ Iraz (1)，Turrialba (2) 成層火山を南上空から望む
3：スコリア丘，4：玄武岩質溶岩流，5：火砕流堆積面，6：土石流堆積面，7：安山岩質溶岩流，8：カルタゴ市，9：プライソ，10：トゥリアルバ．

南麓ではこの平坦面上にカルタゴ，サンホセなどの都市が成立している．

Turrialba火山　Irazu火山のすぐ東に隣接している大型成層火山で，その地形もよく似ている．標高は3329m，比高約2800m，南北55km，東西20kmのさしわたしがある．山頂部から北東にマンゴーフルーツ状の平面形をもち，深さ500mの凹地がえぐられている（図9.9-9）．その南西端，もっとも山頂に近い凹地内に5個の爆裂火口（径400m以下）が南西—北東方向に重なって並ぶ．その位置から流出した溶岩流が3本凹地底を埋め，さらに谷を14km下って北麓の火山麓扇状地にまで達している．この溶岩流は谷壁によって規制されることもあるが，幅400-800m，厚さ50-100mで，安山岩質と考えられる．山頂に近い5個の爆裂火口はこの溶岩流の火道にあたり，流出と平行して起こった水蒸気爆発またはヴルカノ式噴火で形成されたと考えられる．マンゴーフルーツ状の凹地は一見山体大崩壊で形成された馬蹄形カルデラに見えるが，山頂から遠ざかるにつれ開かずに逆に閉じていること，下流の火山麓扇状地上に流れ山地形が認められないことから，馬蹄形カルデラではなく，爆裂火口の侵食拡大によるものと思われる．山頂から南西2.3kmには径300m，比高50mの2個のスコリア丘が並び，凹地の5個と合わせ，南西—北東方向4kmの距離の一線上に7個の火道が並ぶ．

成層火山体の大部分は溶岩流で覆われている．

溶岩流は山頂部の南西—北東方向の約7kmの一線上に並ぶ火道から流出し，放射状に斜面を流下した分布を示している．多くの溶岩流は幅300-400m，長さ5-15km，厚さ50-100mで安山岩質と考えられる．前述のマンゴーフルーツ状の凹地のほか，北，西斜面に3個の深いしゃもじ状の谷（凹地）が存在し，それらに溶岩流が流入・堆積している．この事実は，違う年代に流出した溶岩流が似たような地形や性格をもつことを示す．山麓に火砕流あるいは土石流の堆積物が広い火山麓扇状地をつくる．これらの多くは溶岩流に被覆され，また谷によって刻まれ台地化している．この事実は火砕流の噴出，土石流の発生が盛んに起こったのは溶岩流出以前のことであることを示す．

9.10 パナマ

中米地峡はパナマでもっとも幅が狭まり，北西—南東に長くのびる．国土の大部分は山地で，海岸沿いに狭い平野が散在する．その山地上に西からBaru（Chiriqui）成層火山，El Valleカルデラ火山の2個の火山が噴出している（図9.10-1，表9.10-1）．

Baru（Chiriqui）成層火山 パナマ-コスタリカ国境の西22km，標高2986mのCerro Picacho山を主峰とし2500m以上の山並みが連なる中米アンデス山地の南斜面上に噴出した標高3474m，比高約2200m，底径約40kmの大型成層火山で，山頂に南北6.5km，東西4.5km，深さ200-300mの楕円形カルデラをもつ．この楕円形カルデラの西半分は，その後発生した火山体大崩壊で生じた西開きの馬蹄形カルデラの形成によって消失した．楕円形カルデラ内には，馬蹄形カルデラが形成される以前に噴出した新期成層火山の東半部が残存する．馬蹄形カルデラ内には溶岩ドームが形成され，その中心にBaru火山体の最高峰がある．この溶岩ドームは複数の厚い溶岩流やドームの複合体で，一部に深い谷が形成され，侵食期が存在したことを示唆する（図9.10-2）．

地形から読み取れるBaru火山の発達史は，以下の5つの時期に大分できる．①古期成層火山形成期：厚さ200mに達する安山岩質溶岩流を主体とし，最高期には標高4500mに達する火山体

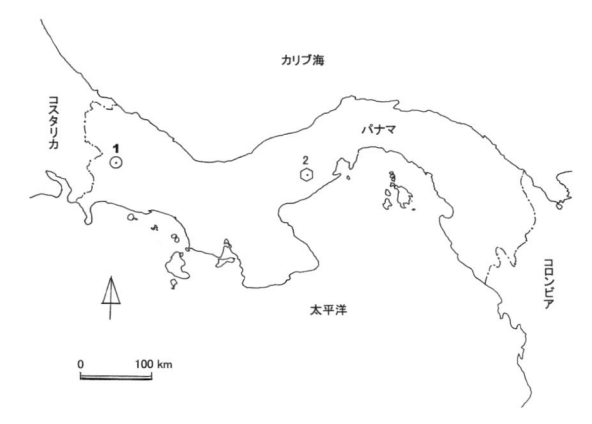

図9.10-1 パナマの型別火山分布図
1-2の番号は表9.10-1の左端の数字に対応．

表9.10-1 パナマの火山一覧

火山名	型	比高（m）	底径（m）
1 Baru	A4	2200	40000
2 El Valle	C	100	35000

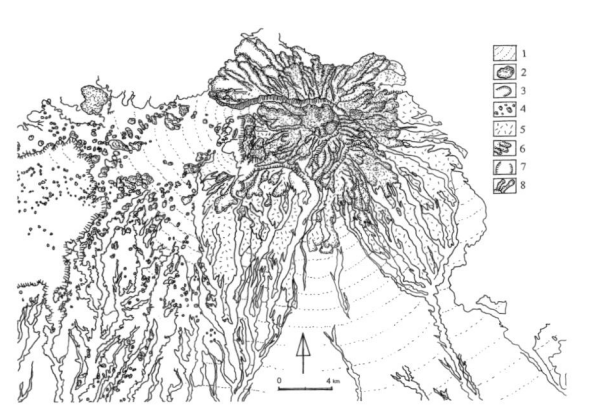

図9.10-2 パナマBaru（Chiriqui）成層火山の地形分類図
1：土石流堆積面，2：溶岩ドーム，3：馬蹄形凹地，4：岩屑なだれ堆積面，5：火砕流堆積面，6：新期溶岩流，7：カルデラ壁，8：古期溶岩流．

が形成された，②火砕流噴出・楕円形カルデラ形成期，③新期成層火山形成期，④新期成層火山体大崩壊・馬蹄形カルデラ形成期，⑤溶岩ドーム形成期：山頂カルデラ内に4個の溶岩ドームが形成された．

El Valleカルデラ火山 中米アンデス山地内の標高1000m付近の山頂に噴出したカルデラ火山で，直径約6km，深さ100-200mのカルデラと，そ

の南側に広がる火砕流堆積面とからなる．火砕流は太平洋まで達し，その噴出量は 20 km^3 を超えたと推定される．火砕流堆積面は河流で侵食され丘陵化している．熱帯多雨林地域に存在し日本より激しい河流侵食が行われたとすると，およそ数万～10万年前に火砕流噴出→カルデラ形成が行われたと考えられる．この事件に先立って成層火山が形成されたという地形的証拠は認められない．

9.11 小アンティル諸島

太平洋と異なり，大西洋西岸では，中央海嶺で生まれた西大西洋海底をつくる南米プレートの一部が南北米大陸下に沈み込むことなく，南北米大陸を西に押し続けているが，南北米大陸の境界部に中米地峡が形成されていなかった6000万年前頃の白亜紀に，太平洋プレートがその間隙から大西洋に進入した結果，現在のカリブ海，小アンティル弧状列島を形成する沈み込み帯が生じた．なお，中米地峡が完全に閉じたのは，中新世の2000万年前以降である（Burke et al., 1984；Ghosh et al., 1984；Duncan and Hargraves, 1984 など）．

海溝から弧状列島までの距離は280-380 kmで，最北端のサンマルタン島から最南端のグレナダ島までは全長785 kmで，9個の主要島からなる．前弧には Barbados 島など非火山島も存在する．内弧の島は大部分が火山島で，グアデループ島では Soufriere 火山，マルティニク島の Mt. Pelee 火山など著名な活火山が認められる．

ここでは25個の火山の型を推定した．成層火山が16個，カルデラ火山が1個，溶岩ドーム火山が6個，スコリア丘火山とマールが1個ずつであった（図9.11-1，表9.11-1）．

The Mountain 火山　小アンティル諸島の最北端に位置する径4.5 kmのサバ島全体を形づくる The Mountain 火山は，安山岩質溶岩流を主体とする成層火山の上部が海面上に顔を出したもので，その周囲を11個の溶岩ドームが取り囲む．海面下の地形は不明であるが，おそらく発達段階第2期の成層火山と考えられる．

Quill 火山　セントユースタティアス島南部に形成された成層火山である．石灰岩と第三紀火山岩からなる基盤岩上に噴出した厚さ400 m以下

図9.11-1　小アンティル諸島の型別火山分布図
1-25の番号は表9.11-1の左端の数字に対応．

の火砕岩を主とする標高・比高601 m，底径4 kmの成層火山で，北西中腹に溶岩ドームと推定されている高まりがある．山頂には径760 m，深さ328 mの爆裂火口が存在する．噴出物はシリカ57.38%の角閃石輝石安山岩質で，海水との接触によるマグマ水蒸気噴火を主体として成長してきたと考えられ，発達段階第1期にある成層火山と見なされる．

Liamuiga 火山　セントキッツ島北西部を占める Liamuiga 火山は標高・比高1157 m，底径8.4 kmの成層火山で，山頂に径800 mの爆裂火口が存在する．この火口を取り巻く3つの火砕岩からなる高まりが，径1.4 km程度の大火口あるいは小カルデラの存在を示唆する．山麓には厚い玄武岩～安山岩質降下火砕物が分布し，さらに山頂から斜面をつくるルーズな降下火砕物と爆発飛散転動堆積物が雨水とともに土石流となって流下し，火山麓扇状地を形成している．中腹・山麓には溶岩ドームが存在する．以上からこの火山は第2期の発達段階にあるものと判断される．なお，1692,

表 9.11-1　小アンティル諸島の火山一覧

火山名	型	比高 (m)	底径 (m)
Saba			
1　The Mountain	A2	887	4500
St. Eustatius			
2　Boven	Do	184	940
3　Signal Hills	Sc	210	1500
4　Quill	A1	601	4000
St. Kitts			
5　Liamuiga	A1	1157	8400
6　SE Liamuiga	A2	758	6000
7　Ottleys Hill	A2	828	7500
Nevis			
8　Nevis Peak	A4	720	11000
Montserrat			
9　Centre Hills	A3	1141	7000
10　Soufriere Hills	A4	1054	3500
11　SE Soufriere Hills	Do	915	3400
Guadeloupe			
12　Soufriere	A4	1467	20000
13　Abymes	Do	293	3000
14　Chameau	Do	300	1500
St. Barthelmy			
15　Vitet	Do	281	1500
Dominica			
16　Diables	A4	850	7000
17　Diablotins	A4	1414	20000
18　Troi Pitons	A4	1324	15000
19　Grande Soufriere Hills	A1	1023	5000
20　Angles	A1	849	4500
21　Patates	Do	405	3000
Martinique			
22　Mt. Pelee	A3	1227	13000
St. Lucia			
23　Qualibou	C	777	21000
St. Vincent			
24　Soufriere	A4	1178	9500
Grenada			
25　St. Catharine	Ma	300	8000

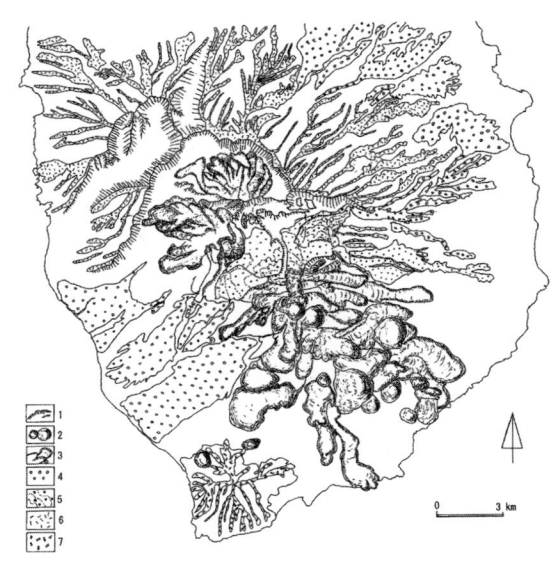

図 9.11-2　小アンティル諸島グアデループ島 Soufriere 火山の地形分類図
　1：カルデラ壁，2：溶岩ドーム，3：溶岩流，4：土石流堆積面，5：火山麓扇状地，6：火砕流堆積面，7：古期成層火山原面を示す尾根．

1843 年に噴火した活火山でもある．

　Nevis 火山　ネヴィス島全体を占める Nevis 火山は，標高 985 m，比高 720 m，底径 11 km の成層火山で，第三紀火山岩からなる標高 300-600 m の基盤山地上に噴出した．山頂に径 1.5 km 前後の二重火口があり，その内部と北東外輪山上に 2 個の溶岩ドームが存在し，山麓には火砕流・土石流からなる緩斜面が広がる．この火山の発達段階は第 4 期と推定される．

　Soufriere de Guadeloupe 火山　グアデループ島の南端に形成された Soufriere de Guadeloupe 火山は，標高・比高 1467 m，底径 20 km の成層火山である（図 9.11-2）．山頂にカルデラがあり，外輪山斜面下部には火砕流・土石流堆積面が存在し，カルデラ形成時に火砕流噴火があったことを示唆する．外輪山上部斜面は定高性のある放射状稜線からなり，カルデラ形成以前の成層火山の地形を示す．カルデラ内には 3 個の後カルデラ火山が存在する．これらは北西―南東方向に相接して並び，地形的に北から南に若くなる．北西・中央の火口丘は，厚い安山岩質と思われる溶岩流が累重して形成された小型の成層火山で，南東の火口丘はデイサイト質と考えられる溶岩ドームと厚い溶岩流が群生したものである．それらの周辺に広い火砕流・土石流堆積面が広がり，中央火口丘形成時にも火砕流噴火があったことを示す．以上から Soufriere de Guadeloupe 火山は成層火山第 4 期の段階まで発達したと推定される．

　Mt. Pelee 火山　1902 年火砕流噴火で 2 万 8000 名の生命を奪った Mt. Pelee 火山は，マルティニク島北端に噴出した標高 1397 m，底径 13 km の成層火山である．山頂に比高 250 m，底径 1 km の溶岩ドームがあるが，これは 1902-03 年噴火時の溶岩ドーム上に 1929-30 年噴火で生じた溶岩ド

図 9.11-3 小アンティル諸島マルティニク島 Mt. Pelee 火山を南上空より望む
少なくとも 4 つの成層火山原面が判別される.

ームが乗ったものである．成層火山斜面は形成期の差により 4 区分される．いずれの斜面も凹凸の少ない平滑斜面で，溶岩流地形は観察されず，火砕流・土石流・爆発飛散転動堆積物により斜面は構成されていると推定される．山頂溶岩ドームを取り巻く外輪山の南西に開く壁は，一見火山体大崩壊で形成された滑落崖に見えるが，馬蹄形の凹地内に外輪山より古い斜面が見出されることから，山頂火口と 2 本の放射谷が侵食により拡大・合体したことによって生じたものと考えられる．1902 年 5 月の噴火では噴火柱崩壊型の火砕流が発生したこと，溶岩ドーム形成が見られることなどから，Mt. Pelee 火山は第 3 期まで進化した成層火山と判断した（図 9.11-3）.

St. Catharine 火山　小アンティル弧状列島の最南端にあるグレナダ島は，北北東—南南西にのびる長さ 30 km，幅 15 km，標高 830 m の楕円形に近い島で，楯状火山が侵食されたらしい低い山地に 11 個のスコリア丘，29 個のマール・タフコーンが散在する．このような島は沈み込み帯には少なく，どちらかといえば楯状火山が侵食されたあと，ホノルルシリーズと呼ばれる小単成火山群が形成されるハワイ諸島の火山の地形・構造・発達と似る．これはグレナダ島が小アンティル弧の最南端に位置し，トランスフォーム断層に移化する場所に存在することによる可能性が高い．同様の疑問は杉村・阿部（1972）がすでに岩石学的見地からのべている．

9.12　コロンビア

コロンビア国内の 5 万分の 1 地形図は等高線間隔が 50 m であるため，日本の 5 万分の 1 地形図とくらべ精度がかなり落ちること，空中写真は現在入手不可能で，Google Earth 画像もほとんどの火山頂部は雲に覆われ地形観察が困難であることなどによって，詳細が十分に把握されていないが，コロンビア地質調査所刊行の小冊子「火山要覧 Catakogo de los Volcanes Activos de Colombia」を主体にして略述する.

コロンビア国内のアンデス山脈はほぼ北部で 5 本に分岐するが，火山が噴出する北端の首都ボゴダ市付近からエクアドルまでの間は，ほぼ 3 本の山脈，東西コルディエラと中央山脈が平行して走り，主に中央山脈の頂部に火山が並ぶ．海溝から火山までの距離は約 300 km である．これらの火山は西方のココスプレートの南米大陸下への沈み込みによって形成された.

北東—南西方向にのびるアンデス中央山脈北端部に Bravo, Ruiz, Tolima, Galeras など 12 個の火山が噴出している．そのすべてが成層火山である．9 個の成層火山のうち，第 2 発達段階にある火山が 2 個，第 3 段階まで発達した火山が Ruiz 火山など 5 個，第 4 期まで達した成層火山が 5 個である（図 9.12-1，表 9.12-1）.

Bravo 火山　標高 3000 m 級の山地上に形成された比高約 1000 m，底径 15 km の成層火山で，山頂に 300-400 m の火口が存在する．その周囲を径 8 km，比高 200 m 前後のカルデラ壁が取り巻き，その外側に比高 500-600 m の斜面をもつ外輪山と見られる地形が断続する．これらの地形は新旧 2 つの成層火山が重なり，東麓に土石流・火砕流堆積面も認められることから，第 4 段階まで発達した A4 型成層火山と推定される.

Ruiz 火山　標高 4000 m 前後の山地上に形成された標高 5300 m，比高 1300 m，底径約 20 km の活火山で，1985 年には噴出した火砕流が山頂氷河を溶かして大規模土石流に発達し，50 km 離れた東麓の扇状地上のアルメロ市を厚さ 10 m の土砂で埋没させ，2 万 1000 名の犠牲者を出した．山頂北部には径 1 km の火口が存在するが，その周囲 3 km は平坦な氷原となっており，氷河下に

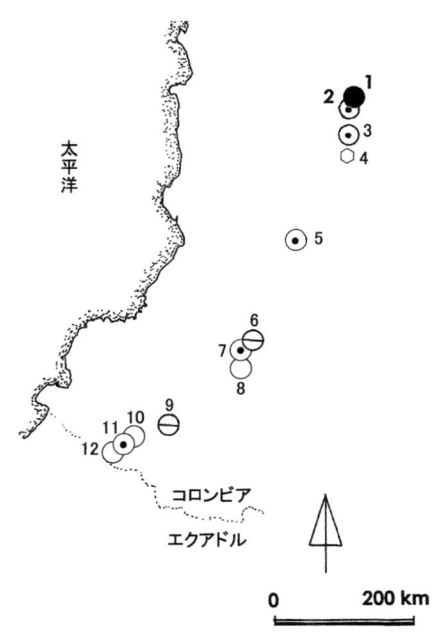

図 9.12-1 コロンビアの型別火山分布図
1-12 の番号は表 9.12-1 の左端の数字に対応．

表 9.12-1 コロンビアの火山一覧

火山名	型	比高(m)	底径(m)
1 Bravo	A4	1000	15000
2 Ruiz	A3	1300	20000
3 Tolima	A3	1600	14000
4 Machin	A4	570	6000
5 Huila	A3	1800	16000
6 Purace	A2	1800	15000
7 Sotara	A3	1000	13000
8 Dona Juana	A4	2500	30000
9 Galeras	A2	1200	20000
10 Azufral	A4	1000	10000
11 Cumbal	A3	1200	10000
12 Chiles	A4	1000	14000

盆状のカルデラが隠れていると見てよい．北・東・南斜面には幅2km，長さ3-4kmのU字谷が刻まれている．東・西斜面上には径1km程度のスコリア丘が認められる．裾野の発達が比較的良好なこと，山頂に径3kmのカルデラ地形が推定されることから，かなりの量の火砕流を噴出し，第3段階まで発達した成層火山と見なすことができる．

Tolima 火山　標高3600mの中央アンデス山脈上に噴出したこの火山は，標高が5215m，比高1600m，底径約14kmの急峻な円錐形火山であるが，南に緩斜面がのびている．山頂から標高4800m前後までは氷河に覆われ，火山体を形成する噴出物は溶岩流・火砕流が主で，1985年のRuiz火山噴火同様，火砕流が氷河を溶かして発生する大規模土石流災害が心配される火山である．円錐形の火山体と，南麓の火砕流・土石流堆積物からなる緩斜面の存在から，Tolima火山は第3期の発達段階にある成層火山と認定されよう．

Machin 火山　標高2650m，比高400m，直径2km強の小型カルデラ火山で，カルデラを埋めて径1.5km，比高700mの溶岩ドームが形成されている．カルデラ形成時に軽石質火砕流が流出している．

Huila 火山　標高3500mの中央アンデス山脈上に噴出した標高5265mの成層火山で，山頂から標高4250m付近までは氷河に覆われる．比高1800m，底径16kmで，山頂には馬蹄形凹地が認められるが，そのほかの地形の詳細は明らかでない．急峻な山地にあるため裾野の発達は悪いが，噴出物が溶岩流・土石流であること，その岩質が角閃石・黒雲母を含んだ安山岩・デイサイトであることから，第3期まで発達した成層火山であると推定される．断定するにはさらなるデータ収集が必要である．

Purace 火山　狭義のPurace火山は比高1800m，底径15km前後の急峻な中規模成層火山であるが，南東7kmにある同じ規模・形態をもつAzucar火山と，その間に並ぶ径500mの山頂火口を抱く6個の成層火山を含め，Purace火山と呼ぶ．噴出物のSiO_2は58-61%という典型的な安山岩である．19世紀以降20回以上の噴火活動が知られる活火山である．山麓に火砕流・土石流からなる緩斜面はなく，厚い溶岩流地形が観察されることから第2期の発達段階にあるA2型成層火山と考えられる．

Sotara 火山　標高3400-3600mの中央アンデス山脈上に噴出したこの火山は，標高4580m，比高約1000m，底径13kmの成層火山で，山頂に二重の馬蹄形カルデラ壁がある．山麓には岩屑なだれ堆積物が見出され，山体大崩壊が発生したことは間違いない．火山体には溶岩流・火砕流・土石流が分布し，大起伏の基盤山地の中でかなり広く，長い火砕流・土石流堆積面が存在することか

ら，第3期の発達段階にある成層火山と見られる．

Dona Juana 火山　比高 2500 m，底径 30 km の大型成層火山で，山頂に径 4 km のカルデラがあり，その中に溶岩ドームが存在する．噴出物は溶岩流・溶岩ドーム・火砕流で，それらの岩質は SiO_2% 57-63% の角閃石・黒雲母安山岩・デイサイトである，という情報から，第4期の発達段階にある成層火山であるといえる．なおこの火山は 1906 年に溶岩ドーム形成と火砕流・ラハールの発生が起こり，60 名が犠牲となった．

Galeras 火山　標高 3000 m 前後の山地上に形成された標高 4276 m，比高約 1200 m，底径 20 km の成層火山で，16 世紀以降 20 回以上の噴火記録をもつ活火山でもある．火山体の東半分は成層火山の原地形を残すが，西斜面は馬蹄形カルデラが形成され，激しく侵食されている．山頂のすぐ西の馬蹄形カルデラ最奥部に新しい火口が生じ，そこから溶岩流が約 5 km 流下している．火山体全体として裾野の発達はわずかで顕著な火砕流の発生はなかったらしいこと，厚い溶岩流が北へ流下していること，噴出物の SiO_2% は 55-58% で玄武岩質安山岩であること（Fajury et al., 1989）を考え合わせると，第2段階まで発達した A2 型成層火山と推定される．

Azufral 火山　標高 4070 m，比高約 1000 m，底径約 10 km の成層火山で，山頂に 2 km のカルデラがある．カルデラ内にはタフコーンと溶岩ドームが東に寄って形成され，西側のカルデラ壁との間にヴェルデ湖が水をたたえる．山麓の地形に関する情報がないので断言できないが，噴出物の SiO_2 が 60-70% であることと合わせると，発達段階第4期の成層火山と推定される．

Cumbal 火山　標高 4764 m，比高 1200 m，底径 10 km 弱の中規模成層火山である．山頂に径 200-250 m，深さ 100 m の火口が存在する円錐形の火山体が存在するが，その周囲を馬蹄形カルデラ壁らしい急斜面が囲む．噴出物中には火砕流堆積物も含まれ，SiO_2 が 60-65% の安山岩〜デイサイト質なので，マグマの粘性も高まり，火山体大崩壊を引き起こしていることを考慮すると，第3期の発達段階にあると推定される．

Chiles 火山　標高 4748 m の山頂に馬蹄形カルデラをもち，その凹地内の溶岩ドームが形成された成層火山で，火砕流やプリニー式噴火による堆積物の存在，噴出物中の SiO_2% が 58-69% と幅広いことから，第4期の発達段階まで到達した成層火山と見なせよう．

9.13　エクアドル

エクアドルには 26 個の火山が認められるが，そのうち 22 個が成層火山で，残りはカルデラ火山 2 個，溶岩ドーム火山とスコリア丘単成火山群各 1 個である（図 9.13-1，表 9.13-1）．成層火山の発達段階別の個数は，第1期5個，第2期10個，第3期2個，第4期4個で，他に侵食が進み発達段階が判別不能な火山が1個ある．カルデラ火山・溶岩ドーム火山も沈み込み帯の火山にはよく伴われるので，典型的な島弧型の火山地域であると見なされる．

Cotopaxi 火山　活火山 Cotopaxi は首都キトの南東約 40 km にあり，標高 5880 m，比高 1800 m，底径 20 km の成層火山である（図 9.13-2）．富士山型の典型的な成層火山で山頂には深さ 240 m，径 600 m の火口がある．山頂から標高約 4600 m までは形成時の原形をほぼ保ち，ここ数千年の噴火活動で成長中と考えられる新期成層火山体である．その中腹，標高 5000-5600 m にかけては急傾斜であるが，より山頂に近い部分では緩傾斜になり，直径 1.8 km ほどの小カルデラが埋没しているように見える．標高 4600 m 以下の斜面は深さ 50-100 m の放射谷に刻まれたやや古い成層火山体斜面で，山体上部の平滑斜面と対照をなす．これは山体上部斜面が新しい噴出物で氷食地形が埋められ，噴出物が届かない中腹斜面に氷河作用に伴う地形が残されていると考えられる．モレーンと推定される地形が卓越する標高 4100-4500 m 付近より低い部分には，火山麓扇状地に似た平滑で緩傾斜の裾野が広がる．これは融氷原と考えられる．

火山体の北西部には4本の溶岩流が認められる．もっとも東寄りの溶岩流は火口から 5 km の距離まで流下し，末端崖の比高は 120 m あるが，残り3本は 7 km の距離まで流下し，末端崖の比高は 50 m 以下である．

南西麓には，現在の山頂部から連続する成層火

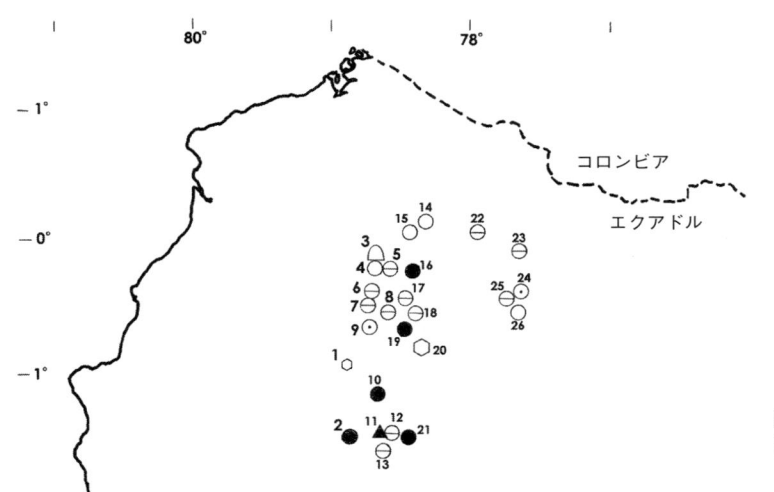

図 9.13-1 エクアドルの型別火山分布図

1-26の番号は表9.13-1の左端の数字に対応．

表 9.13-1 エクアドルの火山一覧

火山名	型	比高 (m)	底径 (m)
1 Loma Cuano Loma	Cs	200	13000
2 Chimborazo	A1	2300	20000
3 Bravo	Do	1362	8000
4 Guagua Pichincha	A4	2176	12000
5 Rucu Pichincha	A2	1600	14000
6 Aracazo	A2	1400	20000
7 Punta Alto	A2	1800	14000
8 Ruminahui	A2	1700	19000
9 Iliniza Sur	A3	2200	15000
10 Milinloma	A1	1450	15000
11 Punalica	Sc	1048	10000
12 Huista	A2	862	10000
13 Igualata	A2	1670	20000
14 Fuya Fuya	A4	1900	30000
15 La Marca	A4	1350	13000
16 Ilalo	A1	600	9000
17 Caballo Cunga	A2	1300	14000
18 Sincholagua	A2	1300	19000
19 Cotopaxi	A1	1800	20000
20 Yucsiloma	Cf	200	70000
21 Tungurahua	A1	2300	12000
22 Nevado Cayambe	A2	2800	17000
23 Reventador	A2	1500	14000
24 Yanavacu	A3	1337	11000
25 Rande Azucar	A	1602	15000
26 Sumaco	A4	2192	19000

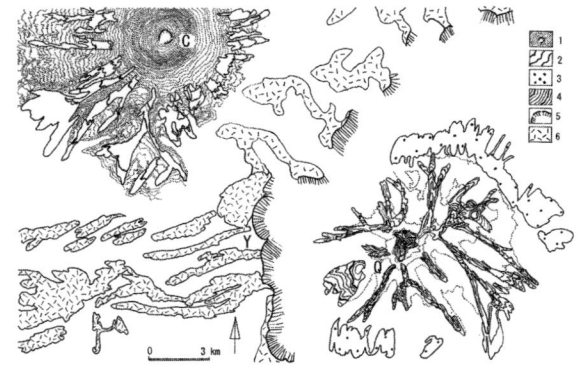

図 9.13-2 エクアドルの Cotopaxi (C), Yucsiloma (Y), Quilindana (Q) 火山の地形分類図

1：Cotopaxi 成層火山原面，2：古期 Cotopaxi 成層火山原面，3：Quilindana 土石流堆積面，4：Quilindana 後カルデラ小型成層火山，5：Yucsiloma カルデラ壁，6：Yucsiloma 火砕流堆積面．

成層火山　Cotopaxi 火山の南西麓に，径南北 23 km，東西 17 km，深さ 200-400 m の阿蘇カルデラとほぼ同規模の Yucsiloma カルデラ火山が存在する．カルデラ内部には径 10-11 km，比高 1100 m の氷食谷に削られ放射状稜線のみを残す Quilindana 後カルデラ成層火山が存在し，カルデラ外側には標高 4200 m 以下の火砕流台地・丘陵が広がり，Cotopaxi 火山の基盤をなす（図 9.13-2）．

Sincholagua 成層火山　Cotopaxi 火山の北東には裾野を接して Sincholagua 火山が存在する．東西 16 km，南北 20 km，標高 4893 m，比高約

山原面より 100 m 前後高い放射状尾根・台地として，より古い成層火山原面が残存する．これは現在の火山体の下に氷河によって侵食された古い成層火山が存在することを示す．

Yucsiloma カルデラ火山と Quilindana 後カルデラ

1300 m の成層火山であるが，幅 1.5 km の氷食谷 10 余本が山体を削り，原形は失われている．氷食谷の間に残った尾根の定高性が，かつての成層火山体の面影を残しているにすぎない．

　Tungurahua 火山　標高 5023 m，比高 2300 m，底径 12 km の急峻な富士山型の典型的な成層火山で，山麓の緩斜面はまったく発達していない．急斜面も平滑で厚い溶岩流は認められない．発達段階第 1 期の成層火山と見て間違いない．

9.14　ペルー

　ペルーの火山は，国土の南東隅に偏在する．長大な南米海溝に沿ってナスカプレートが沈み込むことによって，300 km 強内陸のアンデス中央山脈上に火山列をつくる．その火山列はチリー・ボリビアの国境から 400 km ほど北西に進んだあたりでとぎれ，それから 1600 km 離れたエクアドル中部まで無火山地帯となる．ここで海溝・ベニオフ帯がそろっていながら火山がないのは，プレートの沈み込みが低角度すぎ，マントルウェッジが形成されないためと理解されている（James, 1971）．この無火山帯の西南端には地上絵で有名なナスカ市があるが，その付近にナスカ海嶺が沈み込み，海溝も浅くなっていること，無火山帯の北西端，エクアドルの首都キトの西岸付近にガラパゴス島からのびるカーネギー海嶺が沈み込んでおり，この 2 つの海嶺が沈み込むスラブに切れ目をつくり，沈み込み角度を変化させていると考えられている．

　このようなプレート環境の下，ペルーには 20 個の火山が認められ，そのうち，成層火山 16 個，溶岩ドーム火山 2 個，スコリア丘火山 1 個で，島弧型火山が 9 割を占める典型的な島弧型火山地域である．溶岩原が 1 個，ドーム型成層火山は 2 個存在する（図 9.14-1，表 9.14-1）．

　Llajuapampa スコリア丘火山　火口を含め新鮮な原地形を保持する 4 個の新しいスコリア丘と，頂部にわずかな火口とおぼしき浅い凹地を残す侵食を受けた古いスコリア丘，それに長さ 14 km，幅 5 km の薄い玄武岩質溶岩流とからなる小規模な単成火山群である（図 9.14-2）．この火山と同様の玄武岩質単成火山群は，すぐ北隣の Pampa de Ayo 火山や Coropuna 火山北部の溶岩原などが知られ，この地域の下に沈み込むナスカ海嶺が，これら単成火山群の出現と密接に関連しているものと考えられる．

　Puye Puye 溶岩ドーム火山　火山原面が侵食で

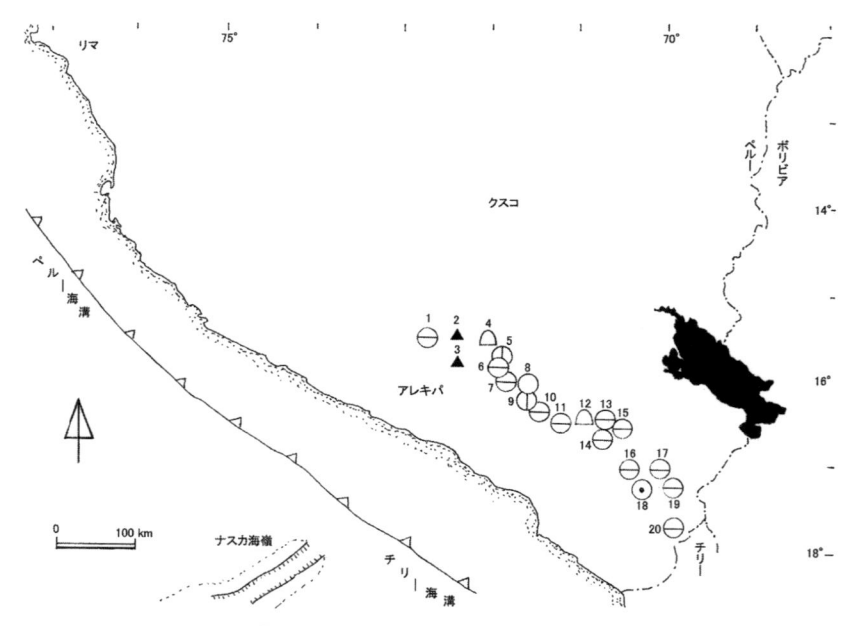

図 9.14-1　ペルーの型別火山分布図
1-20 の番号は表 9.14-1 の左端の数字に対応．

表 9.14-1　ペルーの火山一覧

火山名	型	比高 (m)	底径 (m)
1　Coropuna	A2	1500	100000
2　Pampa de Ayo	L1	20	21000
3　Llajuapampa	Sc	1204	5000
4　Puye Puye	Do	1300	18000
5　Sabancaya	Ad	1500	10000
6　Ampato	A3	1888	14000
7　Ananta	A2	1215	9000
8　Arrieros	A4	1000	15000
9　Chachani	Ad	3300	33000
10　Misti	A2	1800	19000
11　Pichu Pichu Coronado	A2	1100	19000
12　Huaynamalo	Do	350	2300
13　Huayllane	A2	800	14000
14　Ubinas	A2	1135	10000
15　Paco	A2	1250	14000
16　Chucahananta	A2	1200	19000
17　Tutupaca	A2	1500	19000
18　Yucamane	A3	1550	17000
19　Lopez Extrena	A2	1200	10000
20　Inciensocucho	A2	300	7500

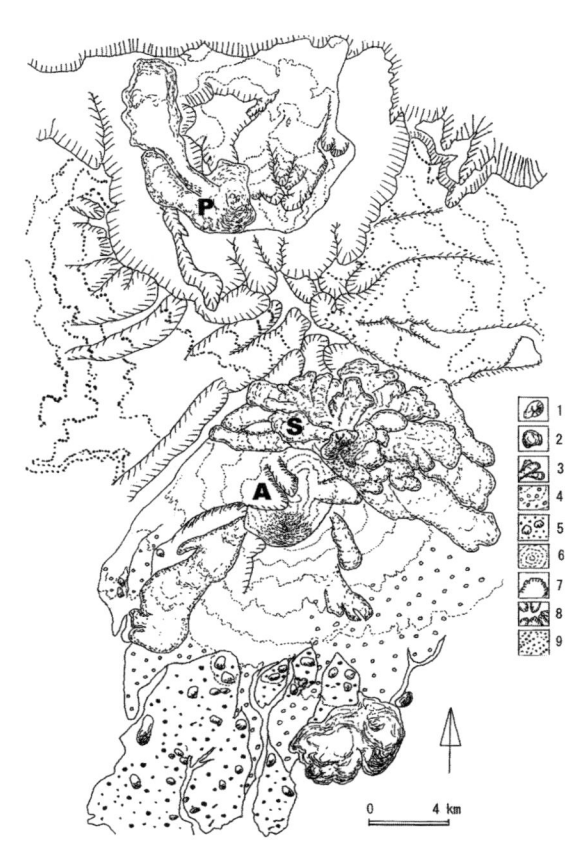

図 9.14-3　ペルー Puye Puye (P), Sabancaya (S), Ampato (A) 火山の地形分類図
1：スコリア丘, 2：溶岩ドーム, 3：溶岩流, 4：火山麓扇状地, 5：岩屑なだれ堆積面, 6：成層火山原面, 7：カルデラ壁, 8：圏谷, 9：古い成層火山原面.

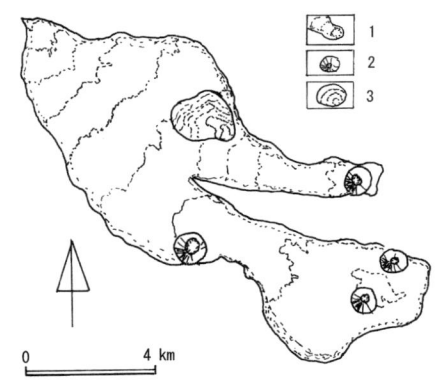

図 9.14-2　ペルー Llajuapampa スコリア丘単成火山群の地形分類図
1：溶岩流, 2：スコリア丘, 3：古いスコリア丘.

消失した古い成層火山の北面に生じた長さ12 km, 幅12 km の馬蹄形凹地底に形成された溶岩ドーム火山である．火道上に形成された溶岩ドームとその基底から流出した厚さ100 m, 長さ9 km に達する溶岩流が2組隣接する．溶岩流の末端崖・側端崖・溶岩じわなどの微地形がはっきり観察される（図9.14-3）．

Sabancaya ドーム型成層火山　Puye Puye 火山の南に存在する古い成層火山の南面に生じた安山岩質の厚い溶岩流の累積によって1500 m の比高と10 km の底径をもつ中規模のドーム型成層火山である．山頂部には径300 m 程度の爆裂火口が存在する（図9.14-3）．

Ampato 火山　Sabancaya 火山のすぐ南に相接して形成された成層火山である．山頂部には比高500 m, 底径4-5 km の溶岩ドームと，その基底から南西に8 km 流出した幅3 km の末端崖，比高50 m を超える厚い溶岩流が認められる．山麓緩斜面の発達は悪く，火砕流・土石流の流下に伴って形成される緩やかな火山麓扇状地斜面は存在しない．代わりに流れ山をもつ岩屑なだれ堆積面が南麓に広く認められ，かつて南に向けて火山体が大きく崩壊したことを示し，大量の土砂・岩塊が広く南麓を覆っている．南麓には径5 km の溶岩ドームが形成されている（図9.14-3）．

第9章　アメリカ大陸の火山地形 / 263

Arrieros 火山　径 4 km のカルデラと比高 1000 m, 底径 15 km の外輪山からなる小型成層火山である. カルデラ形成以前には比高 600-700 m の円錐形成層火山であったと推定される. この成層火山体の周囲には火砕流堆積面と思われる緩斜面が存在する. それは西麓に広く分布し, さらに南に接する Chachani 火山の西麓を限る谷沿いを流下したことを示す河岸段丘状の堆積面を残す (図 9.14-4). 上記の事実から Arrieros 火山は第 4 期まで発達した成層火山と見なすことができる.

　Chachani 火山　11 個の溶岩ドームと 20 本余の厚い溶岩流の地形が目立つドーム型成層火山である. 溶岩ドーム・溶岩流を薄く覆って一部に成層火山原面が形成されている場所もあるが, その原面上にも平滑でなく突起が随所に認められ, 溶岩ドームが薄い土石流・メラピ型火砕流の堆積物下に隠れていることを推定させる. これらの堆積物は火山体の南南西に幅 13 km, 長さ 9 km の火山麓扇状地を形成している (図 9.14-4).

　Misti 火山　Chachani 火山の南東麓に接して Misti 火山がある. 比高 1800 m, 底径 19 km の富士山に似た円錐形成層火山で, 山頂に径 500 m, 800 m の二重火口があり, 北東・南西麓に裾を広げている. 火山体中腹から放射状に少なくとも 17 本の溶岩流が流下しているが, それ以外に山麓には目立つ地形は存在しない. これらを勘案すると, Misti 火山の主体をなす見事な円錐形成層火山体は第 1 期発達段階の成層火山に見えるが, 溶岩流の厚さが 50-100 m で, 玄武岩でなく安山岩であると推定される (図 9.14-4). この事実は, 現在の Misti 火山が発達史的に見て第 2 段階に移行を始めた時期にあることを示すと考えられる. これは遠からず山体大崩壊が発生する可能性を秘めていることを意味する.

　Ubinas 火山　標高 4500 m の高原上に噴出した標高 5600 m, 比高 1100 m, 底径 10 km 弱の中型成層火山である. 山頂に径 500 m, 1000 m の二重火口が存在し, 北麓には 11 枚の厚い溶岩流が流出し, 小規模ではあるが火山麓扇状地も形成されている. 溶岩流の末端崖の比高が 50-150 m であることから安山岩質であることが推定される. 山頂火口の南縁直下の東西にのびる幅 4 km の滑落崖が存在し, 火山体大崩壊が発生したことを示す. その後, 山頂火口南縁滑落崖直下に新たに開いた火口から溶岩が流出し, 火山体大崩壊で形成された馬蹄形凹地を埋めて溶岩丘が成長して, ほぼ山頂火口と同じ高さまでになった (図 9.14-5). これらの事実を総合すると, Ubinas 火山は第 2 発達段階にある成層火山と考えてよい.

　Yucamane 火山　この火山の周辺には, 最終氷期以前に主噴火活動を行い, その後激しい氷食を受け, 火山体中央部は放射状圏谷集合体となって当時の火山地形を復元できないまでになった標高

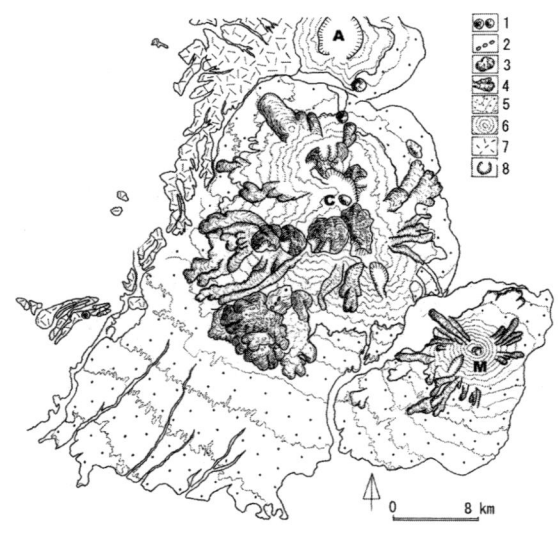

図 9.14-4　ペルー Arrieros (A), Misti (M), Chachani (C) 火山の地形分類図
1: スコリア丘, 2: 割れ目火口列, 3: 溶岩ドーム, 4: 溶岩流, 5: 火山麓扇状地, 6: 成層火山原面, 7: 火砕流堆積面, 8: カルデラ壁.

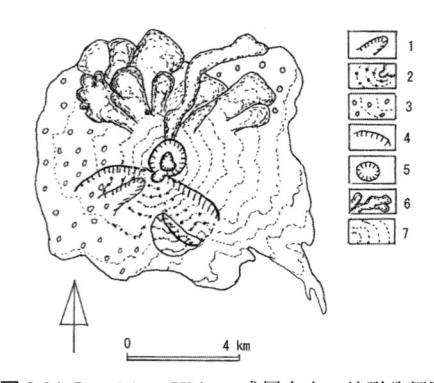

図 9.14-5　ペルー Ubinas 成層火山の地形分類図
1: 侵食谷, 2: 後期成層火山, 3: 土石流堆積面, 4: 滑落崖, 5: 火口, 6: 溶岩流, 7: 前期成層火山原面.

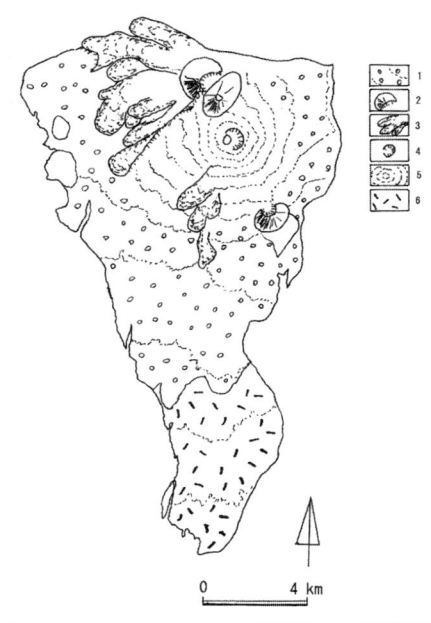

図 9.14-6 ペルー Yucamane 成層火山の地形分類図
1：土石流堆積面，2：スコリア丘，3：溶岩流，4：火口，5：成層火山原面，6：火砕流堆積面．

5000 m 級の旧成層火山体が数多く存在する．その中で Ubinas 火山は最終氷河消失後に主活動を行った火山である．20 km 北西の Tutupaca 火山の主活動は最終氷期以前で，主火山体の表面は圏谷・モレーン地形に変化しているが，その終末期に山頂溶岩ドーム群が形成されたことを示す地形が残存する．

Yucamane 火山は，山頂から南東麓にかけて 4 個のスコリア丘が 7 km の長さにわたる一線上に形成されている．その中央部にあり，もっとも高く大きいスコリア丘の名をとってこの火山の呼称とした．中腹から山麓にかけて少なくとも 5 本の厚い溶岩流が認められるが，いずれも末端崖比高が 100-150 m に達するもので，安山岩質溶岩流と推定される．山麓には長さ 2 km 足らずの緩斜面が認められ，大部分は土石流堆積面であるが，一部に火砕流堆積面と思われる緩斜面が存在する（図 9.14-6）ので，Yucamane 火山は第 3 発達段階に達した成層火山であると推定される．

9.15 ボリビア

ボリビアの火山は北部の 6 個と南部の 58 個に

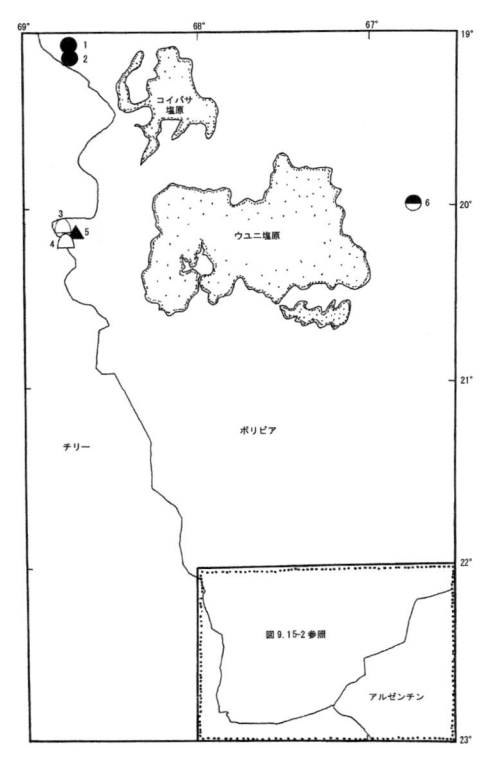

図 9.15-1 ボリビア北部の型別火山分布図
1-6 の番号は表 9.15-1 の左端の数字に対応．

ついて整理・検討を行った（図 9.15-1, 2，表 9.15-1）．残りの火山については可能な限り早く整理して補足していきたい．

ボリビアはチリー海溝・アンデス山脈系が深く屈曲した大陸弧の会合部にあたり，アンデス山脈中，幅が 700 km ともっとも広く，山脈頂部には幅 250 km，長さ 500 km の地溝帯アルティプラノが存在する．重力測定によれば，会合部付近では地殻が 70 km まで厚化している（Cummings and Schiller, 1971）．

ボリビアの火山のうち，アルティプラノ東西両縁に形成されているものは，玄武岩～安山岩質のマグマ活動により，スコリア丘・スパター丘や薄い溶岩流からなる成層火山が多い（図 9.15-3, 4）が，アルティプラノ内では，安山岩～デイサイト質溶岩ドームや末端崖の比高が 100-300 m に達する厚い溶岩流が積み上がったドーム型成層火山と，地形的に単成火山と考えられる溶岩ドームあるいはそれらが隣り合って群生した溶岩ドーム群（図 9.15-5）が 92% を占める．

表 9.15-1 ボリビアの火山一覧

火山名	型	比高 (m)	底径 (m)
1 Cumayaru	A1	1300	11000
2 Cumi	A1	1000	7000
3 Huanara	Do	270	3300
4 Sillillica el Diego	Do	600	2000
5 Batea Hondona	Ma	400	13500
6 Cuzco	Ad	1200	15000
7 Medano	Do	434	3000
8 Linzor	Do	520	3000
9 Chillanhuar	Do	460	4000
10 Chillahuito	Do	588	3000
11 Huaylla Jarita	Do	875	6000
12 Cerro Chico	Do	434	4000
13 Quebrada Aguadita	Do	74	5000
14 Abra Amarilla	Do	700	6000
15 Pupucita	Do	754	7000
16 Cerro Negro	Do	1110	7000
17 S Chillahuito	Do	454	3000
18 Kapina	Do	796	5000
19 Rincon Grande	A1	970	12000
20 V Chico	A1	675	6000
21 Letrato	Ad	1095	14000
22 Lomas Rincon Grande	Do	606	5000
23 Chiilla	Ad	1349	11000
24 Laguna Colorada	Ad	1000	7000
25 Sanabria	Ad	1000	10000
26 Aquaditas	Do	480	10000
27 Palta Orkho	Do	377	10000
28 Loromita	Do	560	4000
29 Quetena	Ad	1530	10000
30 Soniquera	Ad	1472	41000
31 San Antonio	Ad	1005	10000
32 Uturuncu	Ad	1558	18000
33 Mancha Huarakhana	Ad	391	6000
34 Mama Khumu	Ma	100	4000
35 Khastor	Ad	500	8000
36 Tucunqui	Do	544	9000
37 Chinchi Jaran	Cv	100	60000
38 Laqueyte Orkho	Ad	889	14000
39 Layra Orkho	Ad	1100	11000
40 Vicunitayoi	Ad	2100	20000
41 Toral	Do	585	10000
42 Loromayu	Ma	100	4000
43 Bravo	Ad	964	13000
44 Cojina	Do	500	7000
45 Puntas Negras	Do	792	6000
46 Piedras Grandes	Ad	947	8000
47 Chajnantor caldera	Cv	200	35000
48 Chainantor	Do	851	5000
49 Cerro Chainantor	Do	612	4000
50 Lomas Chajnantor	Do	328	7000
51 Zapaleri	Ad	956	9000
52 Rolivia	Do	312	3000
53 Braima	Ad	656	7000
54 Sairecabur	A2	1100	12000
55 Licancabur	Ad	1800	8700
56 Juliques	A3	1400	9000
57 Nelly	Ad	1276	15000
58 Laguna Verde	Ad	1121	7000
59 Sandancito	Do	438	4000
60 Aguas Calientes	Do	1200	16000
61 Puripica Chico	Do	814	6000
62 Amargo	Ad	765	11000
63 Tres Cumbres	Ad	880	8000
64 Guayaques	Ad	964	10000

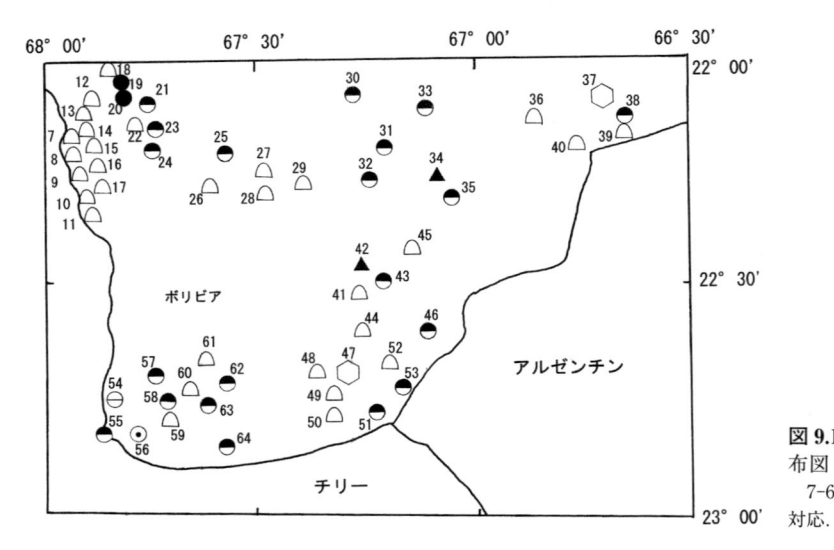

図 9.15-2 ボリビア南部の型別火山分布図
7-64 の番号は表 9.15-1 の左端の数字に対応.

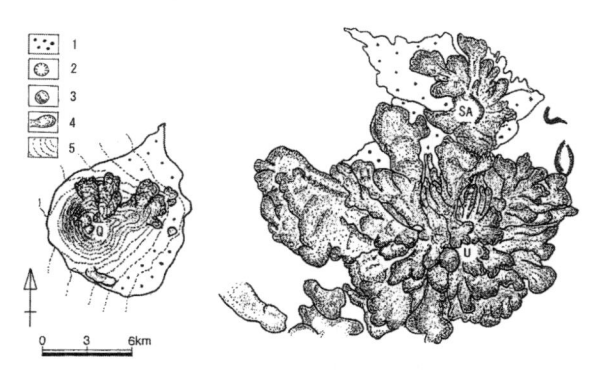

図 9.15-3 ボリビア南部 Uturuncu ドーム型成層火山（U）周辺の地形分類図
 1：土石流・ドーム崩壊型火砕流堆積面，2：火口，3：溶岩ドーム，4：溶岩流，5：成層火山原面. SA：San Antonio ドーム型成層火山，Q：Quetena ドーム型成層火山.

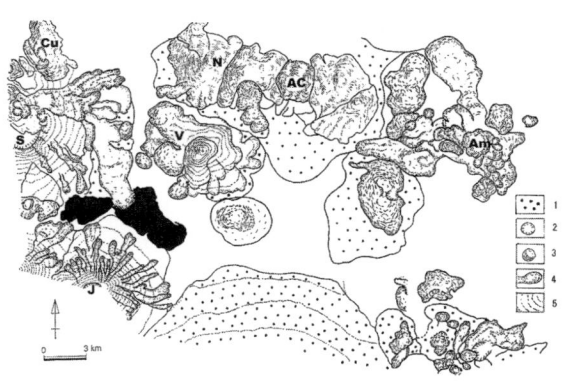

図 9.15-5 ボリビア南部ミラ，オルス地域の火山地形分類図
 1：火山麓扇状地・火砕流堆積面，2：火口，3：溶岩ドーム，4：溶岩流，5：成層火山原面. AC：Agua Calientes 火山, Am：Amargo 火山, Cu：Curiquinca 火山, J：Juriques 火山, N：Nelly 火山, S：Sairecabur 火山, V：Laguna Verde 火山.

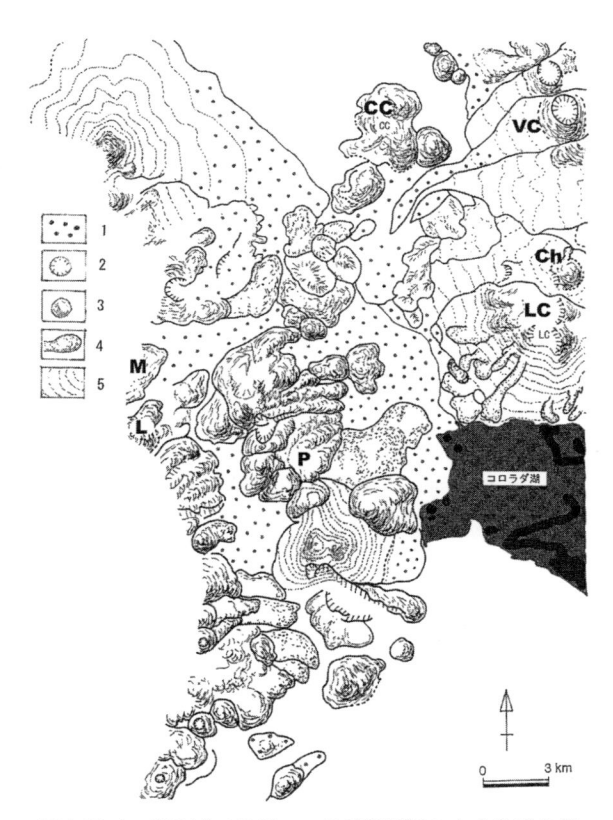

図 9.15-4 ボリビア南部コロラダ湖周辺の火山地形分類図
 1：火山麓扇状地，2：火口，3：溶岩ドーム，4：溶岩流，5：成層火山原面. CC：Cerro Chico 火山, Ch：Chiilla 火山, L：Linzor 火山, LC：Laguna Colorada 火山, M：Medano 火山, P：Pupucita 火山, VC：Volcan Chico 火山.

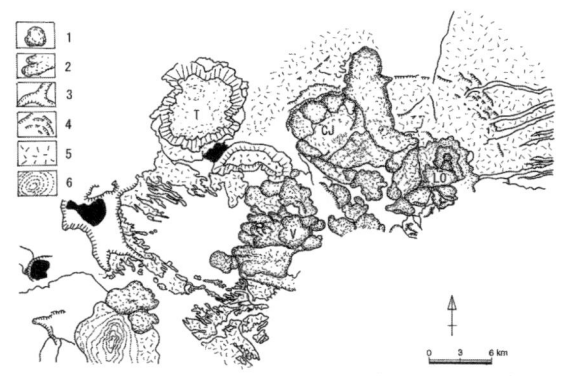

図 9.15-6 ボリビア南部アルティプラノ高原上の Panizos カルデラ火山周辺の地形分類図
 1：溶岩ドーム，2：溶岩流，3：割れ目侵食崖，4：断層崖・カルデラ崖，5：火砕流堆積面，6：成層火山侵食面. T：Tucunqui 火山, CJ：Chinchi Joran 火山, LO：Layra Orkho 火山, V：Vicunitayoi 火山.

　溶岩ドームのほかに数は少ないが，径 20 km を超す巨大カルデラと広範囲に分布する火砕流堆積面が 3 個見出される（図 9.15-6）．後カルデラ期の溶岩ドーム群がカルデラを一部覆い隠し，不明な部分が見られるものの，大規模な火砕流噴火が繰り返されたことは，その地形を見れば明らかである．その活動年代は溶岩ドーム火山にくらべやや古く，ほとんどが 100 万年以前の噴出で，第三紀にかかるものもある．
　ボリビアの火山のうち，特徴的ないくつかの火

山の地形について略述する．

　Uturuncu 火山　ボリビア南部の標高 6142 m，比高 1558 m，底径 18 km の厚い溶岩流と溶岩ドームが累積して形成された成層火山である（図 9.15-3）．山頂部には 5 個の溶岩ドームが存在するが，そのいずれにも爆裂火口は認められず，高粘性の溶岩がしぼり出される活動のみであったとの印象を与える．溶岩流は標高 4500 m 前後の小突起のアルティプラノの上に流出し，4-5 段積み重なっている．1 枚の溶岩流の末端崖の高度は 200-350 m である．

　San Antonio 火山　Uturuncu 火山のすぐ北に接して存在する San Antonio 火山は，底径 10 km，比高 1005 m の小型火山であるが，厚い溶岩流を四周に流下させた 1 個の溶岩ドームと見られ，本質的には Uturuncu 火山と変わらない構造をもっている（図 9.15-3）．異なる点は山麓に明瞭な火山麓扇状地が広く分布することである．

　Quetena 火山　Uturuncu 火山西方 25 km の Quetena 火山も，規模・形態とも San Antonio 火山に酷似している（図 9.15-3）．その北方 20 km の Soniquera 火山も厚い溶岩流と溶岩ドームが数枚積み重なった Uturuncu 火山に酷似した火山である．

　Volcan Chico 火山および周辺の溶岩ドーム群　チリー国境東で南緯 22° から 22°15′ の範囲には，コロラダ湖を取り巻く多くの火山が存在する．Cerro Chico, Chiilla, Pupucita, など，その大部分は単成溶岩ドームである．Volcan Chico, Medano, Linzor, Laguna Colorada 火山は，火山体基部に溶岩ドーム・厚い溶岩流が存在し，その上位に数本の溶岩流・山頂火口，そこから噴出したらしい小規模な火砕流堆積物からなる斜面が覆う（図 9.15-4）．

　Laguna Verde 火山とその周辺の火山地形　西方のチリー国境から東に向かって南北方向に平行して 3 本の火山列が走るが，それらの間に 2 本の谷をはさむ．西側の火山列に沿って次の 3 火山が並ぶ（図 9.15-5）．

　Curiquinca 火山はボリビア南西隅のチリー国境近くにある成層火山の頂部に径 3-5 km，比高 700 m の溶岩ドームがのったもので，ドーム頂部に径 1 km の二重火口がある．ドーム型成層火山とは逆の発達史をもつので，今後の調査目標となる火山である．

　Sairecabur 火山は Curiquinca 火山のすぐ南にある成層火山であるが，山頂に径 4-5 km のカルデラが存在する．外輪山の比高は 1100 m で裾野は発達していない．細く薄い（厚さ 10 m）溶岩流である．カルデラ内には複成スコリア丘から小型成層火山に成長し，頂部に 2 個の火口が存在し，北火口から厚さ 50 m 前後の溶岩流が外輪山を超えて 8 km 流下している．

　Juriques 火山は山頂に径 1.5 km のカルデラがある比高 1400 m の成層火山で，四方に厚さ 50 m 前後の溶岩流を流下させている．裾野の発達は悪く，火砕流を噴出させた形跡は認められない．

　上記の 3 火山は南北に走る火山列に沿って並ぶ成層火山で，南北にのびる西側の谷に隔てられて，すぐその東にある火山はすべて溶岩ドームからなる火山である．Nelly, Agua Calientes 火山は東西にのびる 15 km の割れ目から，7 個の溶岩ドームが盛り上がったものである．その溶岩ドームの最大比高は 1300 m に近い．

　Laguna Verde 溶岩ドーム火山は Nelly 火山のすぐ南に隣接する．この火山は 1 火道から少なくとも 3 回高粘性溶岩が流出して形成された三重のお供え餅のようなドーム型成層火山である．

　Amargo 火山は Agua Calientes 火山のすぐ東に形成されたドーム型成層火山で，1 火道から少なくとも 5 回以上の高粘性溶岩の流出で比高 765 m の山体が形成された．

　Panizos カルデラ火山北半部の火山地形　ボリビア南部，アルゼンチン国境をまたいで，径 26 km の Panizos カルデラ火山が存在する．カルデラ周辺には広大な火砕流台地が広がる．カルデラ内には，ボリビア領内ではすべて溶岩ドームが占める．Panizos カルデラは後カルデラ火山が溶岩ドームであるという点でヴァイアス型カルデラに分類される．カルデラ壁は絶壁をつくって一気に底まで下るのではなく，弧を描く三重から四重の同心円状断層崖によって，カルデラ中心部が徐々に階段状にさがっている（図 9.15-6）．

9.16 チリー

チリーはペルー国境から南米大陸南端まで全長4200 kmにわたる国土をもつが，それに平行してチリー海溝もほぼ連続的に連なる．南米大陸南端から1000 kmあまり北のチリー海嶺が沈み込むところで海溝は途切れ，それより南では火山はわずか数個と，無火山帯に近い火山数に激減する．それより北の南緯27°と33°の間，約730 kmの区間も無火山帯になっている．この理由についてはすでに9.14で，スラブが低角度で沈み込むために，エクアドル-ペルー間1600 kmの無火山帯が形成されるという解釈をのべたが，両隣のスラブと沈み込み角度を変えて区切るには，エクアドル-ペルー間ではカーネギー海嶺とナスカ海嶺が，チリーの南緯27°-33°区間ではホットスポットであるサンフェリックス諸島・ファンフェルナンデス諸島から端を発する海山列の存在が関与していると考えられる．南米大陸南端1020 kmの区間も数個の火山のみ見つかり，事実上無火山帯に近い．

ペルー・チリー・ボリビア3国が合する国境からチリー南端まで長さ3700 kmの間，アンデス山脈の稜線に沿って火山が連なる．したがってチリー国境を超え，ボリビア・アルゼンチンに両股かけて広がる火山も少なくない．そこでチリー・ボリビア国境とボリビア・アルゼンチン国境にまたがる火山はいずれもボリビア側に含め，それ以外はチリー・アルゼンチンの火山として扱う．チリー国内に分布する火山117個を整理し図表に示した（図9.16-1，表9.16-1）が，地形図・空中写真など資料不足により未確定の火山があり，今後早急に整理・確定したい．とりあえず検討した117火山の地形的特徴をのべる．

117個の火山のうち，72個が成層火山で，そのうち第1期までしか発達していない成層火山が36個でちょうど50％になる．発達初期に流紋岩質溶岩ドームが累重するドーム型火山は5個見られた．カルデラ火山は1個，溶岩ドームが11個，溶岩原が5個，単成火山が22個，楯状火山が6個であった．

チリー火山の特徴を示すいくつかの火山について略述する．

表9.16-1　チリーの火山一覧

	火山名	型	比高 (m)	底径 (m)
1	Alpajeres	A2	744	7000
2	Isuluga	A3	1348	12000
3	Nieve	A2	1110	8000
4	Alconcha	Sc	300	8000
5	Palpapa	A2	1450	19300
6	Alicanqullena	A1	2200	15000
7	Chipapa	L	250	10000
8	Chipapa Este	SH	600	10000
9	Canpanlio	Sh	500	8000
10	Amincha	Sh	450	4000
11	Co. Alconcha	A1	1050	7000
12	Mina	A2	1700	8000
13	Polan	A1	1400	8000
14	Azufres Pulan Viejo	A4	500	7000
15	Purdu	A1	800	9000
16	Chela	A4	1900	17000
17	Chaihuiri	A1	850	6000
18	Ollagua	A3	1718	19000
19	Peineta Chijlipichina	A1	1027	9000
20	Palpana	A4	2600	27000
21	Cuevas	A1	1200	7000
22	Ceboller	A1	1700	10000
23	Cebollar Viejo	A1	8000	4000
24	Polapi	A1	2150	22000
25	Palmlloneito	A2	900	8000
26	Carasilla	A4	1400	12000
27	Cascasca	Do	1100	4000
28	Coloraado	SH	500	10500
29	Negro	A1	1000	11000
30	San Pedro	A2	2500	20000
31	Pabellen	Do	1000	6000
32	San Pablo	A3	1100	16000
33	Cupo	A4	2100	30000
34	Incai	Cf	943	20000
35	Genoveva Quelena	L1	717	13000
36	Chascon	A2	950	4000
37	Agua Amarga	Sc	350	6000
38	Agua Amanga	Sc	500	9000
39	Asparo	A1	500	2000
40	Pacana	Sh	570	9000
41	Alitar	SH	796	12000
42	Giants	SH	700	11000
43	Rayado	SH	1200	14000
44	E. Rayado	L	828	10000
45	N. Colachi	Sc	1360	7000
46	Colachi	Do	950	7000
47	Negro de Pujsa	A1	535	3000
48	Tunilsa	A2	2200	25000
49	Verele	A1	1500	7000
50	Saltar	A1	900	7000
51	Lascar	A2	1740	20000
52	NE. Lascar	Do	150	2000
53	Acamruo	A1	1400	6000
54	Rocas	A1	800	6000

火山名	型	比高 (m)	底径 (m)
55 Pili	A1	1200	7000
56 Rocas Corona	Do	900	8000
57 Aguas Callanlas	A1	600	10000
58 Rio Negro	A1	500	6000
59 S. Rio Negro	A1	800	5000
60 Purifican	Sc	535	6000
61 N. Arenoso	L1	250	19000
62 Arenoso	Sh	710	7000
63 Muerto	Sh	594	6000
64 Chamaca	Sh	380	5000
65 Puripica	Sc	747	5000
66 Ofja Aita	Sc	546	5000
67 N. Coquena	Ma	30	4000
68 Coquena	A2	459	5000
69 Chiliauch	A1	1186	7000
70 E. Chiliauch	Ad	1100	27000
71 Augua Calientes	Do	900	11000
72 Miscanti	A1	1500	6000
73 Puntas	Do	800	24000
74 S. Miscanti	A2	1000	6000
75 N. Azufreras Tayajto	Ad	1400	13000
76 N. Murchota	A1	2700	20000
77 SW. Tuyajia	A1	400	4000
78 Tuyajig	Ad	1750	4000
79 Azufreras Tuyajto	A1	1375	9000
80 Murchota	A1	525	5000
81 Caichinque	Sh	400	6000
82 Medano	Ad	1500	6000
83 E. Medano	A2	825	6000
84 Siete Ilermanas	A4	1128	17000
85 Santa Rosa	A2	985	9000
86 W. Pastillites	Sh	773	6000
87 Pastillites	Ad	790	9000
88 Paslilles	A2	877	11000
89 W. Villalobos	A2	778	6000
90 Villalobos	A2	544	4000
91 Volras Antueo	A1	1500	12000
92 Callaqui	A1	1900	16000
93 Tulguaca	A1	1700	15000
94 Ollulmay	A1	1400	10000
95 Sierra Nevada	A1	1700	30000
96 Llaima	A1	2100	20000
97 Lluelewelle	Sc	500	9000
98 Villarrica	A1	2000	21000
99 Tralaguapi	Do	601	8000
100 Trigue Pullu	Sh	100	5000
101 Carran	SH	808	13000
102 Casablanca	L	450	13000
103 S. Casablanca	A4	250	11000
104 Caule	Sc	100	9000
105 Puyellue	A4	1335	11000
106 Isla Fresia	Sc	100	9000
107 Fiucha	A2	1110	13000
108 Osorno	A1	2039	18000
109 W. Hornopiren	A2	940	24000
110 Landekany	Do	300	1500
111 Nw. Pinto Concha	A4	1420	8000
112 N. Pinto Concha	Sc	642	6000
113 Hornopiren	A1	1087	10000
114 Hiequi	Do	700	4000
115 Percelong	Do	700	2000
116 Chilco Nurvo	Ma	20	6000
117 Corcovado	A2	1250	18000

　Ollagua火山　4000m前後の高地に形成された標高5668m, 底径19km弱の円錐形で平滑な成層火山原面をもつ. 山頂には径300-500mの3個の爆裂火口があり, その一部を破壊して長さ1-2km, 幅500-1500mの圏谷が3個形成されている. この成層火山原面を覆って末端崖比高50m, 幅2km以下, 長さ5km前後の厚い安山岩質と思われる溶岩流が少なくとも17本認められる. 中腹から山麓にかけて比高400m以下, 底径2km以下の溶岩ドームが7個, 北北西—南南東方向に形成されている. 西麓には流れ山をもつ岩屑なだれ堆積面が広がり, 山頂から中腹にかけての西斜面には幅2kmの緩やかな凹斜面が存在し, 火山体大崩壊が発生したことを物語る（図9.16-2）. 山麓には顕著な土石流・火砕流堆積面は認められず, 上記の事実からこの火山体は第3期の発達段階にある成層火山と見なしたが, ドーム型成層火山である可能性も否定はできない.

　Lascar火山　第三紀末の大規模火砕流が形成した標高4000m前後の堆積面上に噴出したLascar火山は, 東北東—西南西方向に長軸をもつ平滑で急峻な楕円錐形の主火山体をもつ. 山頂の5火口も3kmにわたって同方向に並ぶ（図9.16-3）. 東端火口から北に流出した溶岩流は, その末端崖比高が20m前後で, ほかの溶岩流もその幅が1km以下, 長さ10km前後と薄く細長いので, 玄武岩〜安山岩質の組成をもつと推定される. 一方, 厚い主山体を構成する噴出物に覆われ中腹から山麓にかけて末端崖のみを地表に露出させている溶岩流は, 幅が広く厚い. 南東麓には火砕流堆積面と思われる緩斜面が主山体と土石流堆積面の中間に広がる. 南北麓には溶岩ドームが各1個存在する. これらの事実を合わせて考慮すると, 第1期から第2期にさしかかった成層火山と見なせる.

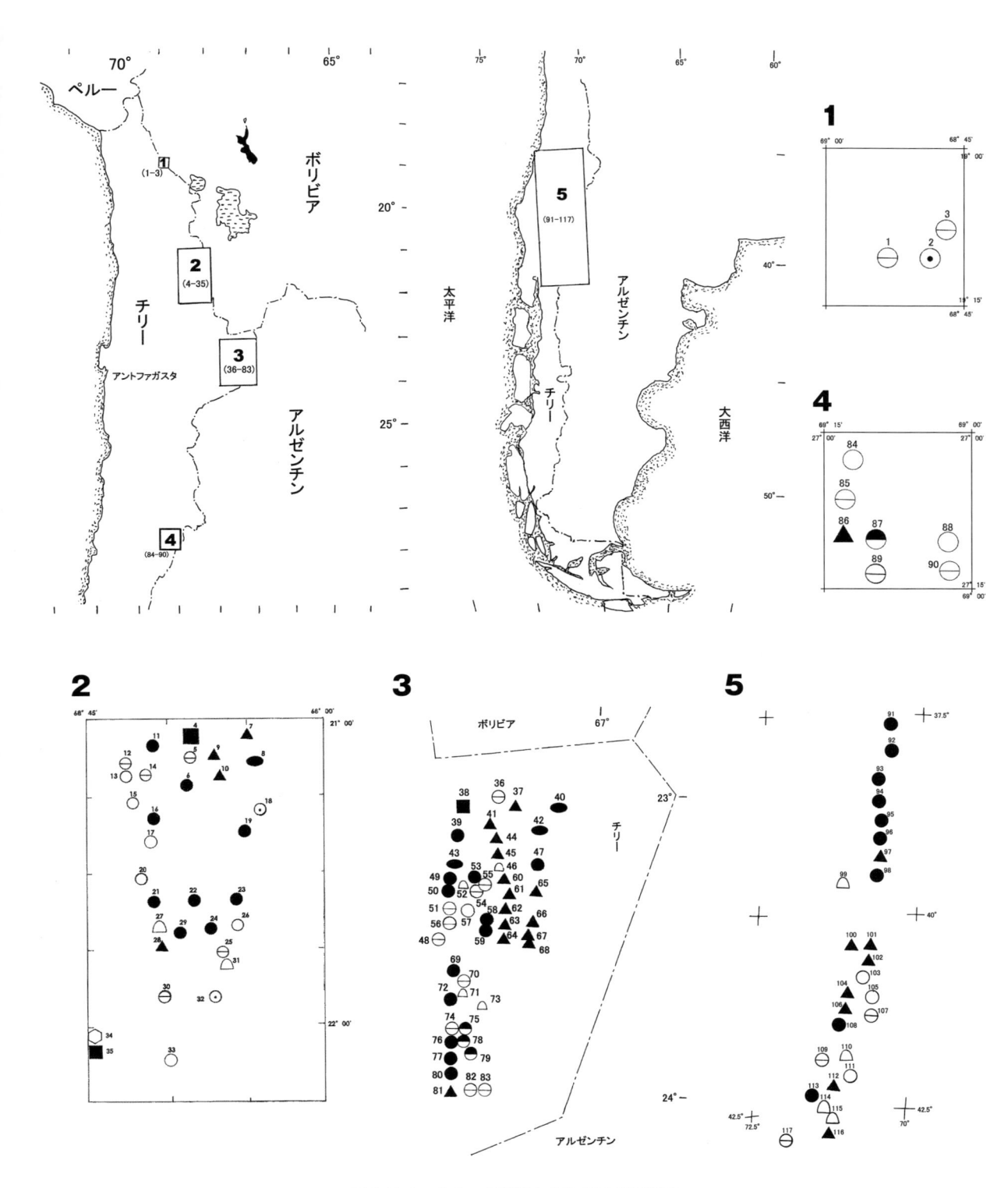

図 9.16-1　チリーの型別火山分布図の評定図
1-117 の番号は表 9.16-1 の左端の数字に対応.

第 9 章　アメリカ大陸の火山地形 / 271

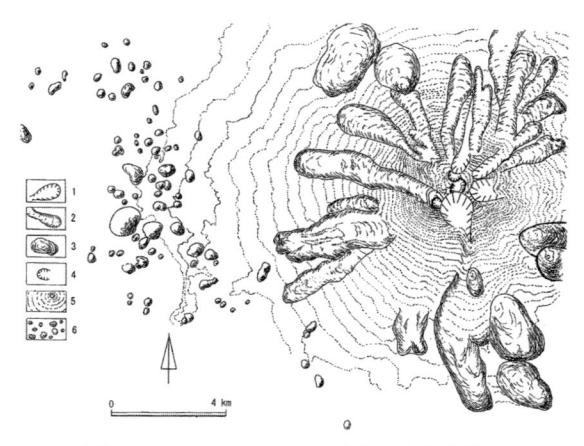

図 9.16-2 チリー Ollagua 火山の地形分類図
1：氷食谷, 2：溶岩流, 3：溶岩ドーム, 4：爆裂火口, 5：成層火山原面, 6：岩屑なだれ堆積面.

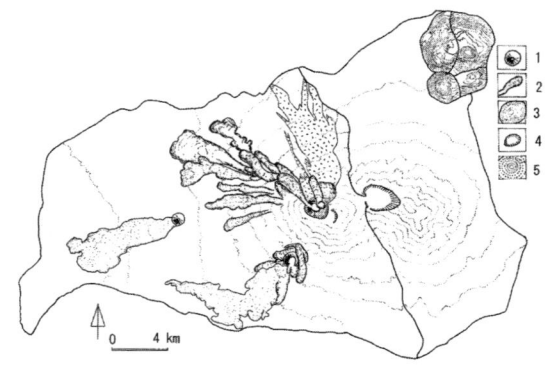

図 9.16-4 チリー San Pedro, San Pablo 火山の地形分類図
1：スコリア丘, 2：溶岩流, 3：溶岩ドーム, 4：火口・カルデラ, 5：成層火山原面.

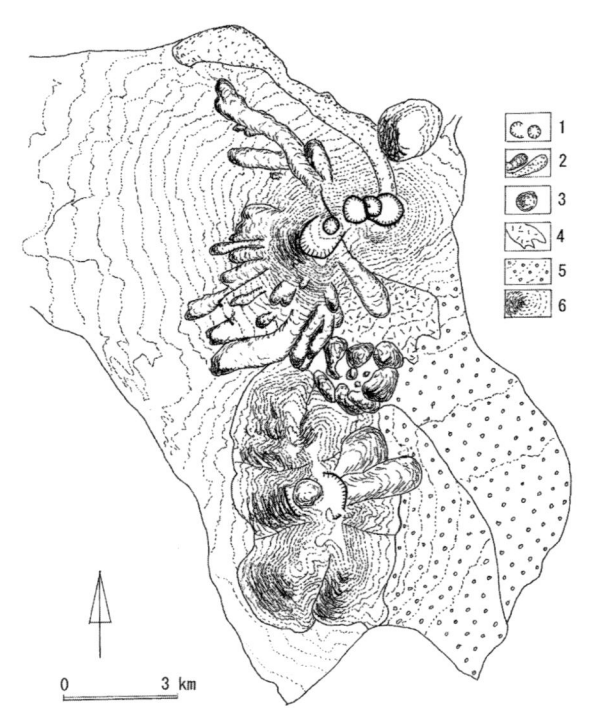

図 9.16-3 チリー Lascar（上），Rocas Corona（下）火山の地形分類図
1：火口, 2：溶岩流, 3：溶岩ドーム, 4：火砕流堆積面, 5：土石流堆積面, 7：成層火山原面.

Rocas Corona 火山　Lascar 火山のすぐ南に接する．最初に1本の火道から中央溶岩ドームが形成され，続いて南北両側に2個ずつ計4個，厚い溶岩がせり出し，溶岩ドームとも厚い溶岩流とも区別しかねる高まりが寄り添って Rocas Corona 火山を形成した．中央ドームでは，さらに頂部から2本の厚い溶岩流が北東斜面を流下し，最後に径 1.5 km の小カルデラが形成され，その中に径 750 m の溶岩ドームが頭をのぞかせた（図 9.16-3）．Rocas Corona 火山はアンデス山脈の火山の中でもっとも典型的な溶岩ドーム火山といえる．

San Pablo 火山　中部アンデス山脈アルティプラノのやや西方に寄った標高 4000 m 前後の高原上に噴出した，標高 5520 m，底径 16 km を超すかなりの規模の成層火山である．その後西隣りで成長した San Pedro 火山によって，この火山のほぼ半分が覆い隠された．山頂から標高 4700 m 前後の高度まで U 字谷が発達し，最終氷期にかなりの氷食作用を受けている．後氷期に入って山頂のすぐ西側でかなりの規模の噴火（たぶんプリニー式噴火）が発生し，径 2.5 km のカルデラが生じた（図 9.16-4）．山麓には火砕流堆積面と推定される緩斜面が広がる．以上から San Pablo 火山は第3期の発達段階にある成層火山と考えられる．

San Pedro 火山　前述の通り，この火山は San Pablo 火山の西腹に形成されたので，頂部は火山体の東に偏在し，西方に 40 km の裾野が展開する．山頂には4個の火口が重なる．東端の最古の火口は径 1 km 余と推定されるが，西半分は次のカルデラ形成で破壊され，東端の火口壁のみが残る．この火口壁の外輪山上には浅い U 字谷が刻まれ，火口壁の形成時期は最終氷期末であったと

考えられる．次に古い火口は径1750mでカルデラと呼んだ方がよい．このカルデラ壁は浅いU字谷を斜めに鋭く切っているので，後氷期の噴火で形成されたことは間違いない．カルデラ壁の外輪山にあたる北西から西にかけての斜面を，6本の比高50m前後の末端崖をもつ安山岩質溶岩流が流下しているが，このカルデラ形成と時期的に非常に近いものと思われる．これらと同時に火砕流が流出したという証拠は見つかっていない．カルデラの中に比高200m，底径1.2kmの火砕丘が新たに誕生し，その頂部に3番目の径500mの火口が生ずる．同時に火砕丘の基部から末端崖比高100m以上の溶岩流が流出し，斜面を2.5km流下した．この厚い溶岩流はデイサイト質と推定されるが，それと同様の厚さ・形態をもつ溶岩流が第3火口南から東方へ向け流下している．南西中腹にもデイサイト質らしい厚い溶岩流が，火道上に溶岩ドームを残して流下している．山頂火口群から9km離れた西麓緩斜面上に標高3545m，比高83m，底径1kmのPorunaスコリア丘と，そこから9km西方へ流下する薄い玄武岩質に近い組成をもつ溶岩流がある（図9.16-4）．

Puntas溶岩ドーム火山群とその周辺の火山地形 ボリビア・チリ・アルゼンチン3国境地点から南南西110kmの付近に，南北50m，東西20kmの長方形の概形をもつ安山岩〜デイサイト質溶岩原ともいうべき溶岩ドーム密集地帯がある（図9.16-5）．ここはアルティプラノのほぼ中央部にある標高4400-4500mの起伏の少ない高原地帯で，そこに25-27本の火道から安山岩〜デイサイト質マグマが地表に盛り上がり，周囲に流下して溶岩ドームと厚い溶岩流が1つの連続体を形作っている．溶岩ドームの高原からの比高は800-1200mで，ここの溶岩ドームが，1回または数回の噴火で現在の高さ・大きさに成長したものと考えられる．これら溶岩ドームと厚い溶岩流のみからなるように見えるこの火山地帯にも，火砕丘・爆裂火口が各1個あるが，それ以外火口・カルデラ・火砕丘・成層火山原面など，爆発的な噴火が発生したことを示す火山地形はまったく存在しない．ほとんどすべて溶岩ドーム火山であるとしてよい．25個を超える溶岩ドーム群に対して，その中の最高峰であるPuntas溶岩ドーム火山

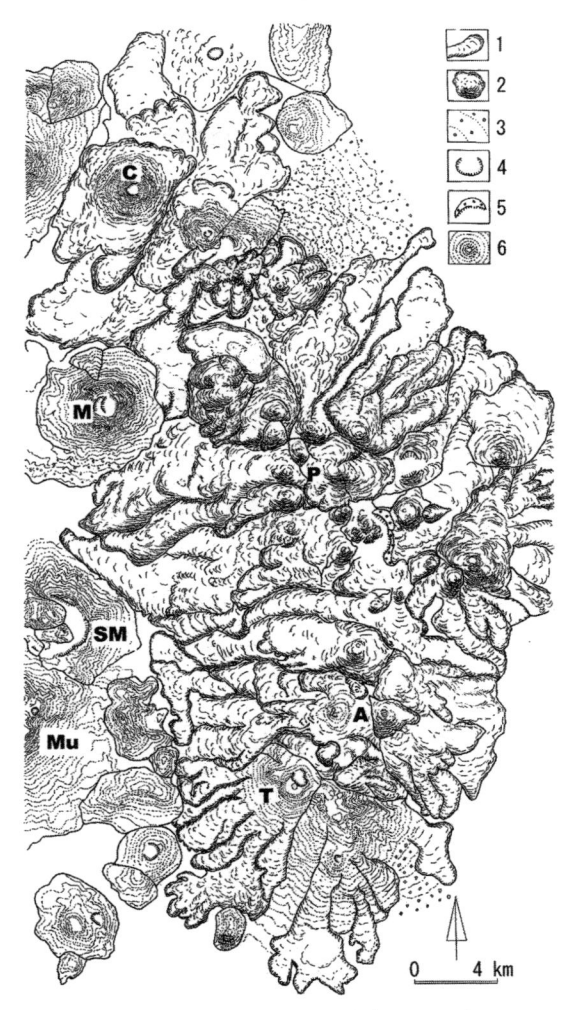

図9.16-5 チリ・アルゼンチン溶岩ドーム群の地形分類図
1：溶岩流，2：溶岩ドーム，3：火山麓扇状地，4：火口，5：火砕丘・マール，6：成層火山原面．A：Azuferas Tuyajto，C：Chiliauch，M：Miscanti，Mu：Murchota，SM：S. Miscanti，T：Tuyajig.

（5665m）の名をとり，Puntas溶岩ドーム火山群と呼ぶ．ただこの楕円形の概形をもつ溶岩ドーム火山群の南北端には，Chiliauch, North Azufreras Tuyajto, Tuyajigなどの火山のように，わずかに山頂近くに成層火山原面をつくる，たぶんヴルカノ式噴火放出物とその転動堆積物が薄く（数十m）のる溶岩ドーム火山がいくつか存在する．

溶岩ドーム火山群のすぐ西に接してMiscanti, South Miscanti, Murchotaなどの成層火山列が

ほぼ南北に走る．これらは比高 800-1000 m，底径 6-8 km の中小型成層火山で，規模的に Punta などの溶岩ドーム火山群と大差ないが，成層火山原面が火山体を覆い，溶岩ドームが内部から突出しているようなことはない．玄武岩〜安山岩質マグマの爆発的噴火を主として形成された火山と同様の地形をもつ．

9.17 南サンドウィッチ諸島（スコチア弧）

太平洋側の南極プレートが，南極半島突端部と南米大陸南端部の間を抜けて西大西洋の南米プレート内に突入し，スコチア弧を形成している．南サンドウィッチ諸島はスコチア海溝の内側に形成された火山弧で，北からザヴォコフスキー，ヴィソコイ，ヴィンディケーション，キャンドルマス，ソーンダース，モンターグ，ブリストル，ベーリングスハウゼンの 8 個の火山島からなる（図 9.17-1，表 9.17-1）．南サンドウィッチ諸島に関する地形情報は非常に少なく，Google Earth 画像でも 4 島は雲や雪の下で十分なデータは得られていない．国際火山学会刊行の火山カタログ (Berninghausen and van Padang, 1960) などの情報を加え略述する．

得られたデータからは，南サンドウィッチ諸島の火山はいずれも成層火山と考えられるが，キャンドルマス，ソーンダース，ブリストル島の火山はカルデラ火山である可能性も存在する．

Zavodovski 火山　標高 551 m，底径 5 km の円錐形成層火山からなる島で，中腹にスコリア丘が存在する．山頂から南西にやや下った位置に火口が存在する．火山をつくる岩石は玄武岩〜安山岩であることを合わせると，この火山は第 1 発達段階にある成層火山と認定されよう．

ヴィソコイ島 Hodson 火山　ヴィソコイ島は標高 1006 m，底径 6.5 km の Hodson 成層火山からなる．山頂には火口が存在し，火山体は単純な円錐形で，ほぼ玄武岩質溶岩流を主とするので，第 1 期発達段階にある成層火山と考えて不都合はなさそうである．

Candlemas 島火山　径 10 km のキャンドルマス島に 3 個の火山体が存在する．1 つは標高 650 m，径 1 km の火口をもつ成層火山で，もう 1 つは標

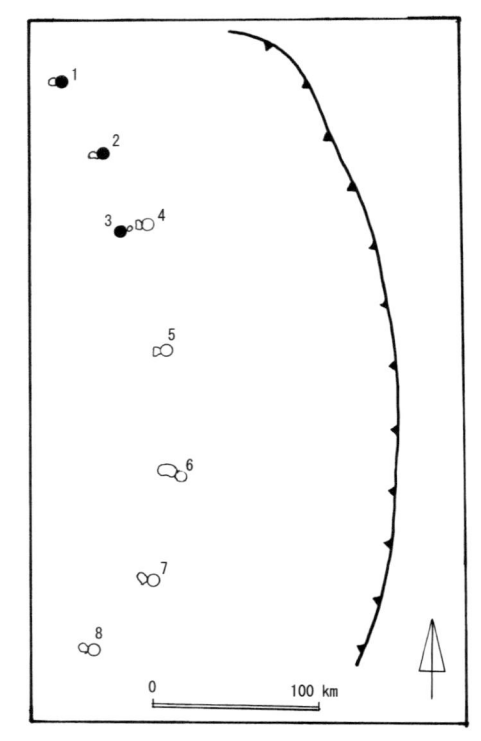

図 9.17-1　南サンドウィッチ諸島の型別火山分布図
1-8 の番号は表 9.17-1 の左端の数字に対応．

表 9.17-1　南サンドウィッチ諸島・南極半島の火山一覧

火山名	型	比高 (m)	底径 (m)
Southern Sandwich Islands			
1 Zavodovski	A1	551	5000
2 Visokoi (Hodson)	A1	1006	6500
3 Candlemas	A4	550	3000
4 Vindication	A1	248	1200
5 Saunders (Michael)	A4	990	19000
6 Montagu	A	1277	11000
7 Bristol (Darnley)	A1	991	7000
8 Bellingshausen	A4	161	10000
Antarctica			
9 Deception	A4	576	14000
10 Erebus	SH	3794	40000

高 230 m の峰，3 つめは 5 個のスコリア丘とそれから流出した玄武岩質溶岩流とからなる小単成火山群である．その南に接して径 1 km のマールが存在する．これらの地形は新鮮で，ごく最近の噴火で形成されたものと考えられる．上記 2 個の峰が単成火山群を取り囲むカルデラの外輪山という見方もある (Berninghausen and van Padang, 1960) が，議論するにはデータが不足する．

ソーンダース島 Michael 火山　ソーンダース島は長径 10 km の北西—南東方向にのびた楕円形の島で，北西端に標高 990 m の Michael 成層火山が存在する．その山頂には溶岩ドームがのる．

Montagu 島火山　この火口からは近年噴煙が認められている．

ブリストル島 Darnley 火山　ブリストル島は一辺が約 7 km の正方形に近い平面形をもち，その中央部に標高 991 m の Darnley 火山があり，山頂には火口が存在する．19 世紀以後 5 回以上の噴火記録がある．岩石は玄武岩で，比高/底径 = 0.16 と急峻な火山体であるので，第 1 期発達段階の成層火山である可能性が高い．南隅に標高 580 m の峰，西隅に 300 m の氷峰が存在し，全島氷雪に覆われ，地形の詳細は不明である．

Bellingshausen 島火山　大小 5 個以上の島が両端 18 km の長さで東西に，そして南にわずか湾曲した緩い弧を描いて分布する．これらはデイサイト・安山岩・玄武岩からなり，カルデラの外輪山の一部をなすと考えられている．5 個の島が描く弧の曲率から見て，想定されるカルデラの直径は 20 km をはるかに超える巨大なものになる．それに安山岩・玄武岩も見出されており，成層火山の存在も想定されるので，その山頂に形成されるカルデラは 5 km 前後と考えられる．結論を出すにはさらなるデータ集積が必要である．

9.18　南極大陸

南極半島西岸突端部には，南東太平洋からの南極プレートが，長さ 600 km の海溝をつくって南極プレート内にある南極半島下に沈み込んでいるように見える．地震も数少ないが発生している．そのためか，南極半島突端の東西岸沖に Deception など 4 個の火山が存在する．それとは別に南極大陸西岸（太平洋岸）にはロス海の Erubus など数個の火山が存在するが，ここには海溝は存在せず，沖合海底のトランスフォーム断層が海岸とほぼ平行していることから，プレートの沈み込みは起こっているとは思われず，南極大陸下にひそんでいるトランスフォーム断層に直交する短い海嶺・ホットスポットの活動によるものと推定される（図 9.18-1，表 9.17-1）．

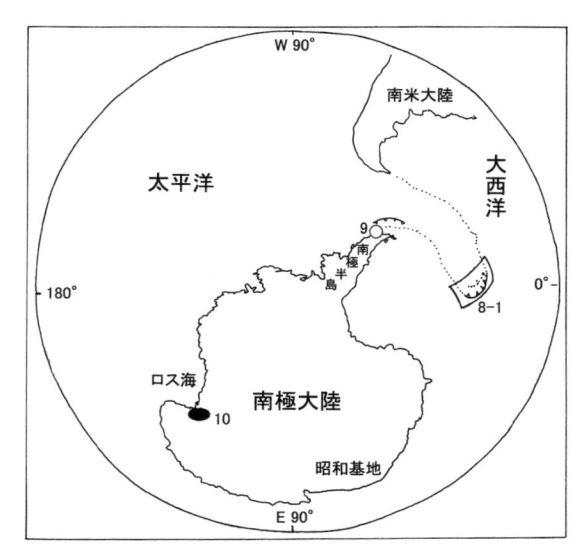

図 9.18-1　南極大陸周辺の型別火山分布図
1-10 の番号は表 9.17-1 の左端の数字に対応．

これらの火山の大部分は厚い雪氷と雲にさえぎられ，地形の詳細は不明であるが，比較的地形情報が得られている Deception, Erubus 火山についてのべる．

Deception 島火山　南米大陸最南端ホーン岬と南極半島のドレーク海峡は約 1000 km の距離があるが，この海峡を太平洋側のプレートが通過して大西洋側に深く侵入したために，スコチア弧や南サンドウィッチ諸島が生まれた．このドレーク海峡の南側，南極半島の突端近くに南シェトランド諸島があり，その中に Deception 島火山がある．そこには太平洋から大西洋に侵入し，スコチア弧をつくった細長いプレートの南を限るトランスフォーム断層が通る．Deception 島火山を含む南シェトランド諸島に平行して約 200 km 北西に長さ 600 km の海溝があり，太平洋からのプレートはこの海溝から南東に沈み込んでいるように見える．ただ海溝は南極半島からの土砂で埋められ，地震もわずかなため，現在はそれほど活発に沈み込んでいないとも取れる．

Deception 島火山は径 14 km の円形に近い外形をもち，径 10 km のカルデラをもつ．外輪山の南東部が開いてカルデラは内湾となっている（図 9.18-2）．外輪山の標高は氷雪のため詳細不明であるが，およそ 500 m 弱である．カルデラ壁の

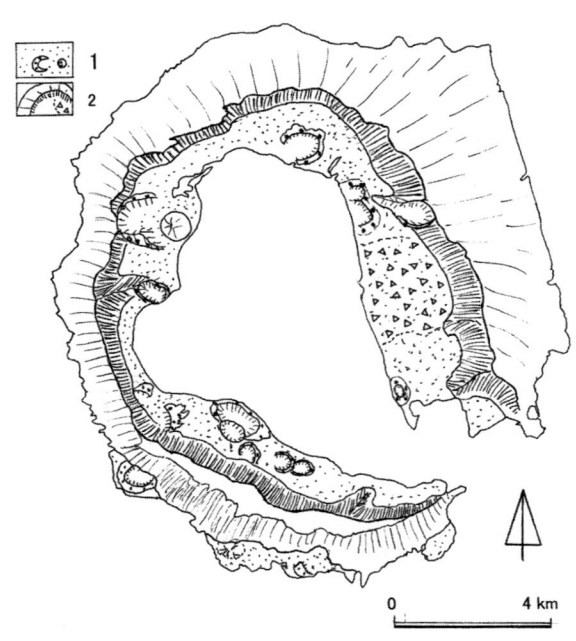

図9.18-2 南極半島 Deception 島火山の地形分類図
1：スコリア丘と溶岩流，2：カルデラ壁，外輪山と地すべりブロック（三角印）．

直下には後カルデラ活動の玄武岩質噴出物で構成される幅1-2 kmの平地が内湾を取り巻き，マール・スコリア丘など単成火山が認められる．外輪山をつくる噴出物中に粗面安山岩質軽石が含まれる（Berninghausen and van Padang, 1960）．

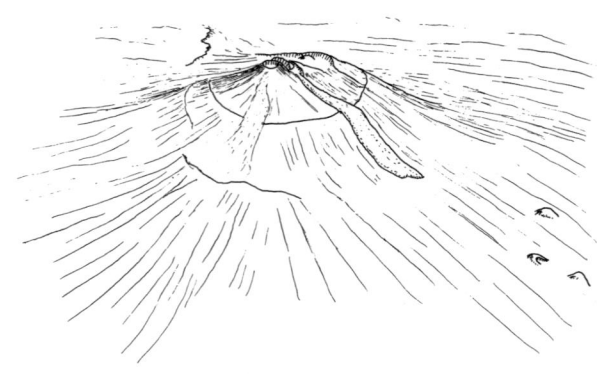

図9.18-3 南極大陸 Erubus 火山のスケッチ

Erubus火山　ロス海とロス棚氷との境界付近にあるロス島西半部をなす標高・比高 3794 m，底径約 40 km の活動的な成層火山（図 9.18-3）で，山頂に三重火口があり，近年もその中に溶岩湖を形成したり，爆発的噴火を起こしたりする．外側には 10-13 km の直径をもつカルデラが存在する．噴出物は玄武岩・粗面岩で，火口壁には軽石層も見出される．これらから第4期まで発達した成層火山とも楯状火山とも見なせるが，ここでは楯状火山とした．

文献

A

Ablay, G. J. and Kearey, P. (2000) : Gravity constraints on the structure and volcanic evolution of Tenerife, Canary Islands. *J. Geophys. Res.*, 105, B3, 5783-5796.

Abrams, M. J. and Siebe, C. (1994) : Cerro Xalapaxco : an unusual tuff cone with multiple explosion craters, in central Mexico (Puebla). *J. Volcanol. Geotherm. Res.*, 63, 183-199.

Adachi, Y., Sato, H., Muro, K, Hasegawa, A. and Matsumoto, S. (1999) : Three-dimensional thermal structure of the crust beneath the Nikko volcano group, Japan. *Bull. Volcanol. Soc. Japan*, 44, 183-190.

Allan, J. F. (1986) : Geology of the northen Colima and Zacoalco grabens, Southwest Mexico : Late Cenozoic rifting in the Mexican Volcanic Belt. *Geol. Soc. Amer. Bull.*, 97, 473-485.

Almond, D. C., Ahmed, F. and Khalil, B. E. (1969) : An Excursion to the Bayuda Volcanic field of Northern Sudan. *Bull. Volcanol.*, 38, 549-565.

Amato, A. *et al.* (1994) : The 1989-1990 seismic swarm in the Alban Hills volcanic area, Central Italy. *J. Volcanol. Geotherm. Res.*, 61, 225-237.

Ander, M. E. and Huestis, S. P. (1982) : Mafic intrusion beneath the Zuni-Bandera volcanic field, New Mexico. *Geol. Soc. Amer. Bull.*, 93, 1142-1150.

Aoki, K., Yoshida, T., Yusa, K. and Nakamura, Y. (1985) : Petrology and geochemistry of the Nyamuragira volcano, Zaire. *J. Volcanol. Geotherm. Res.*, 25, 1-28.

Aramaki, S. (1956) : The activity of Asama volcano, Pt. 1. *Jap. J. Geol. Geogr.*, 27, 189-229.

Aramaki, S. (1957) : The activity of Asama volcano, Pt. 2. *Jap. J. Geol. Geogr.*, 28, 11-33.

荒牧重雄 (1983) : 概説：カルデラ. 月刊地球, 5, 64-72.

Aramaki, S. (1984) : Formation of the Aira Caldera, Southern Kyushu, -22,000 years ago. *J. Geophys. Res.*, 89, 8485-8501.

荒牧重雄・岡田　弘・中川光弘・斉藤　宏・森　済・近堂祐弘・勝井義雄・鈴木貞臣 (1993) : 丸山. 北海道防災会議, 82p.

Arana, V. (1995) : Notes on Canarian volcanism. In Marti, J. and Mitjavila, J. M. eds., A field guide to the central volcanic complex of Tenerife (Canary Islands). IAVCEI Comission on explosive volcanism, 3-17.

Armijo, R. and Tapponnier, P. (1989) : Late Cenozoic right-lateral strike-slip faulting in southern Tibet. *J. Geophys. Res.*, 94, B3, 2787-2838.

Atwater, T. (1970) : Implications of plate tectonics for the Cenozoic tectonic evolution of western North America. *Bull. Geol. Soc. Amer.*, 81, 3513-3536.

Aubele, J. C. and Crumpler, L. S. (1983) : Geology of the central and eastern parts of the Springerville volcanic field, Arizona. *Geol. Soc. Amer. Abstracts*, 15, 303.

Aubele, J. C. *et al.* (1987) : Tectonic deformation of the late Cenozoic Springerville volcanic field, southern margin of the Colorado Plateau, Arizona. *Geol. Soc. Amer. Abstracts*, 19.

Aubouin, J., Stephan, J-F., Roump, J. and Renard, V. (1982) : The middle American trench an example of a subduction zone. *Tectonophys.*, 86, 113-132.

B

Bacon, C. A. (1983) : Eruptive history of Mt. Mazama and Crater Lake caldera, Cascade Range, USA. *J. Volcanol. Geotherm. Res.*, 18, 57-115.

Baldridge, W. S. *et al.* (1983) : Geologic map of the Rio Grande Rift and southeastern Colorado Plateau, New Mexico, and Arizona. In Rieker, R. E. ed., Supplement to Rio Grande Rift. Amer. Geophys. Union.

Baldwin, B. and Muehlberger, W. R. (1959) : Geologic studies of Union County, New Mexico : New Mexico Bereau of Mines & Mineral Resources, Bulletin 63, 171p.

Basaltic volcanism study project (1981) : Basaltic volcanism on the terrestrial planets. Pergamon Press, New York, 1286p.

Benes, V. and Scott, S. D. and Binns, R. A. (1994) : Tectonics of rift propagation into a continental margin : western Woodlark basin, Papua New Guinia. *J. Geophys. Res.*, 99, 4439-4455.

Berninghausen, W. H. and van Padang, N. M. (1960) : Catalogue of the active volcanoes of the world including solfatara fields-Antarctica. Intern. Assoc. Volcanol., 32p.

Berrino, G. (1994) : Gravity changes induced by height-mass variations at the Campi-Flegrei caldera. *J. Volcanol. Geotherm. Res.*, 61, 293-309.

Bertoganini, A. *et al.* (1991) : The 1906 eruption of Vesuvius : from magmatic to phreatomagmatic activity through the flashing of a shallow depth hydrothermal system. *Bull. Volcanol.*, 53, 517-532.

Billard, M. G. and Vincent, M. P. M. (1974) : 1/50,000 Carte Geologique de la France. Carte Geologique structural du Departement de la Reunion.

Bogaard, P. v. d. and Schmincke, H-U. (1985) : Laacher See tephra : a widespread isochronous late Quaternary ash layer in Central and Northern Europe. *Geol. Soc. Amer. Bull.*, 96, 1554-1571.

Bohannon, R. G. (1986) : How much divergence has occurred between Africa and Arabia as a result of opening of the Red Sea? *Geology*, 14, 510-513.

Boivin, P. and Camus, G. (1981) : Igneous scapolite bearing associations in the Chaine des Puys, Massif Central (France) and Akakor, Hoggar (Algerie). *Contrib. Mineral. Petrol.*, 77, 365-375.

Bonhommet, N. and Zahringer, J. (1969) : Paleomagnetism and potassium argon age determinations of the Laschamp geomagnetic polarity event. *Earth Planet. Sci. Lett.*, 6, 43-46.

Brey, G. and Schmincke, H-U. (1980) : Origin and diagenesis of the Roque Nublo breccia, Gran Canaria (Canary Islands)—Petrology of Roque Nublo volcanoics, II. *Bull. Volcanol.*, 43, 15-33.

Brunn, J. H. (1976) : Ueber die Entstehung gefalteter Ketten : Kokkisionstektonik und induzierte Boegen. *Zeitsch. Geol. Gesichit.*, 127, 323-335, 311-323.

Bryan, S. (1995) : Bandas del sur pyroclastics, southern Tenerife. In Martí, J. and Mitjavila, J. eds., A Field Guide to the Central Volcanic Complex of Tenerife (Canary Islands). Serie Casa de los Volcanes 4, Cabildo Insular de Lanzarote.

Bullard, F. M. (1962) : Volcanoes in history, in theory, in eruption. Univ. Texas Press, 441p.

Burkart, B. and Self, S. (1985) : Extension and rotation of crustal blocks in northern Central America and effect on the volcanic arc. *Geology*, 13, 22-26.

Burke, K., Cooper, C., Dewey, J. F., Mann, P. and Pindell, J. L. (1984) : Caribbean tectonics and relative plate motions. *Geol. Soc. Amer. Mem.*, 162, 31-63.
C

Calcagnile, G. and Scarpa, R. (1985) : Deep structure of the European-Mediterranean area from seismological data. *Tectonophys.*, 118, 93-111.

Camus, G, De Goer, A., Kieffer, G., Mergoil, J. and Vincent, P.-M. (1983) : Parc natural regional des volcans D'Auvergne—Volcanologie de la chaine des Puys. Loic-Jahan.

Catane, S. G., Taniguchi, H., Goto, A., Givero, A. P. and Mandanas, A. A. (2005) : Explosive volcanism in the Philippines. CNEAS Monograph Series, no. 18, 146p.

Cantagrel, J-M. and Robin, C. (1979) : K-Ar dating on eastern Mexican volcanic rocks—Relations between the andesitic and the alkaline provinces. *J. Volcanol. Geotherm. Res.*, 5, 99-114.

Capaldi, G. et al. (1978) : Stromboli and its 1975 eruption. *Bull. Volcanol.*, 41, 260-285.

Cardwell, R. K., Isacks, B. L. and Karig, D. E. (1980) : The spatial distribution of earthquakes, focal mechanism solutions, and subducted lithosphere in the Philippine and northeastern Indonesian islands. *Geophys. Monogr. AGU*, 23, 1-35.

Carey, S. and Sigurdsson, H. (1987) : Temporal variations in column height and magma discharge rate during the 79 A. D. eruption of Vesuvius. *Geol. Soc. Amer. Bull.*, 99, 303-314.

Carr, M. J. and Stoiber, R. E. (1977) : Geologic setting of some destructive earthquakes in Central America. *Geol. Soc. Amer. Bull.*, 88, 151-156.

Carr, M. J., Rose, W. I. and Stoiber, R. E. (1982) : Central America. In Thorpe, R. S. ed., Andesites. John Wiley & Sons, 149-166.

Carrasco-Nunez, G., Vallance, J. W. and Rose, W. I. (1993) : A voluminous avalanche-induced lahar from Citlaltepetl volcano, Mexico : Implications for hazard assessment. *J. Volcanol. Geotherm. Res.*, 59, 35-46.

Case, J. E., Holcombe, T. L. and Martin, R. G. (1984) : Map of geologic provinces in the Caribbean region. *Geol. Soc. Amer. Mem.*, 162, 1-30.

Chester, D. K., Duncan, A. M., Guest, J. E. and Kilburn, C. R. J. (1985) : Mount Etna, the anatomy of a volcano. Chapman and Hall, London, 404p.

Christiansen, R. L. and Blank, R. (1972) : Volcanic stratigraphy of the Quaternary rhyolite plateau in Yellowstone National Park. *Geol. Surv. Prof. Pap.*, 729-B, Yellowstone, 18p.

Christiansen, R. L. and Mckee, E. H. (1978) : Late Cenozoic volcanic and tectonic evolution of the Great Basin and Columbia Intermontane regions. *Geol. Soc. Amer. Mem.*, 152, 283-311.

Christiansen, R. L. and Peterson, D. W. (1981) : Chronology of the 1980 Eruptic activity of Mt. St. Helens, Washington. *Geol. Surv. Prof. Pap.*, 1250, 17-30.

Civetta, L. et al. (1988) : The eruptive history of Pantelleria (Sicily Channel) in the last 50 ka. *Bull. Volcanol.*, 50, 47-57.

Civetta, L. et al. (1991) : Magma mixing and convective compositional layering within the Vesuvius magma chamber. *Volcnaol.*, 53, 287-300.

Cole, J. W. (1969) : Gariboldi volcanic complex, Ethiopia. *Bull. Volcanol.*, 33, 566-578.

Cole, J. W. (1979) : Structure, petrology and genesis of Cenozoic volcanism, Taupo volcanic zone, New Zealand : a review. *New Zealand J. Geol. Geophys.*, 22, 631-657.

Cole, J. W. (1982) : Tonga-Kermadec-New Zealand. In Thorpe, R. S. ed., Andesites. John Wiley & Sons, 245-258.

Cole, P. D. et al. (1992) : Post-collapse volcanic history of calderas on a composite volcano : an example from

Roccamonfina, southern Italy. *Bull. Volcanol.*, 54, 253-266.

Cole, P. D. *et al.* (1993) : The emplacement of intermediate volume ignimbrites : A case study from Roccammonfina volcano, southern Italy. *Bull. Volcanol.*, 55, 467-480.

Collins, R. F. (1949) : Volcanism rocks of northeastern New Mexico. *Bull. Geol. Soc. Amer.*, 60, 1017-1040.

Collot, J-Y. and Fisher, M. A. (1991) : The collision zone between the North d'Entrecasteaux Ridge and the New Hebrides Island arc 1. Sea beam morphology and shallow structure. *J. Geophys. Res.*, 96, 4457-4478.

Condit, C. D., Crumpler, L. S., Aubele, J. C. and Elston, W. E. (1989) : Patterns of volcanism along the southern margin of the Colorado Plateau : the Springerville Field. *J. Geophys. Res.*, 94, 7975-7986.

Conway, F. M., Vallance, J. W., Rose, W. I., Johns, G. W. and Paniagua, S. (1992) : Cerro Quemado, Guatemala : the volcanic history and hazards of an exogeneous volcanic dome complex. *J. Volcanol. Geotherm. Res.*, 52, 303-323.

Cotton, C. A. (1952) : Volcanoes as landscape forms. Hafner Publishing Com., London, 416p.

Crandell, D. R. (1971) : Postglacial lahars from Mt. Rainier volcano, Washington. U. S. *Geol. Surv. Prof. Pap.*, 677, 1-75.

Crawford, A. J., Briqueu, L., Laporte, C. and Hasenaka, T. (1995) : Coexistence of Indian and Pacific Oceanic upper mantle reservoirs beneath the central New Hebridas Island arc. In Taylor, B. and Natland, J. eds., Active margins and marginal basins of the western Pacific. IUGG Geophys. Monogr. Series, 88, 199-217.

Crumpler, L. S. (1982) : Volcanism in the Mount Taylor region. New Mexico. Geol. Soc. Guidebook 33rd Field Conference, Albuquerque, 291-298.

Csontos, C. (1995) : Tertiary tectonic evolution of the Intra-Carpathian area : a review. *Acta Vulcanologica*, 7 (2), 1-13.

Cummings, D. and Schiller, G. I. (1971) : Isopach map of the Earth's crust. *Earth Sci. Rev.*, 7, 97-125.

D

Davies, D. K., Quearry, M. W. and Bonis, S. B. (1978) : Glowing avalanches from the 1974 eruption of the volcano Fuego, Guatemala. *Geol. Soc. Amer. Bull.*, 89, 369-384.

Davis, W. M. (1912) : Die erklaerende Beschreibung der Land-Formen. Berlin.

Dawson, J. B. (1962) : The geology of Oldoinyo Lengai. *Bull. Volcanol.*, 24, 349-387.

DeMets, C. and Stein, S. (1990) : Present-day kinematics of the Rivera plate and implications for tectonics in southwestern Mexico. *J. Geophys Res.*, 95, 21931-21948.

de Rita, D. *et al.* (1988) : 1 : 50,000 in scale geological map of the Colli-Albani volcanic complex. Consiglio Nazionale delle Ricerche.

de Silva, S. L. and Francis, P. W. (1991) : Volcanoes of the Central Andes. Springer-Verlag, 216p.

di Filippo, D. ed. (1993) : 1 : 50, 000 in scale geological map and explanatery text of Sabatini volcanic complex. Consiglio Nazionale delle Ricerche, 109p.

di Paola, G. M. (1967) : The Ethiopian Rift Valley (Between 700 and 840 lat. North). *Bull. Volcanol.*, 36, 517-560.

di Paola, G. M. (1974) : Volcanology and petrology of Nisyros Island. *Bull. Volcanol.*, 38, 944-987.

di Vito, M. *et al.* (1987) : The 1538 Monte Nuovo eruption (Campi-Flegrei, Italy). *Bull. Volcanol.*, 49, 608-615

Dobson, P. F. and Mahood, G. A. (1985) : Volcanic stratigraphy of the Los Azufres geothermal area, Mexico. *J. Volcanol. Geotherm. Res.*, 25, 273-287.

土井宣夫・梶原竜哉・青山謙吾（1999））：水準測量による1998年9月3日岩手県内陸北部地震前の岩手山南西部の隆起運動. 火山, 44, 255-260.

Duchi, V. *et al.* (1987) : Chemical composition of thermal springs, cold springs, streams, and gas vents in the Mt. Amiata geothermal region (Tuscany, Italy). *J. Volcanol. Geotherm. Res.*, 31, 321-332.

Duffield, W. A. (1972) : A naturally occurring model of global plate tectonics. *J. Geophys. Res.*, 77, 2543-2555.

Duncan, R. A. (1982) : A captured island chain in the Coast Range of Oregon and Washington. *J. Geophys. Res.*, 87, 10827-10837.

Duncan, R. A. and Hargraves, R. B. (1984) : Plate tectonic evolution of the Caribbean region in the mantle reference frame. *Geol. Soc. Amer. Mem.*, 162, 81-93.

Duncan, R. A. and Storey, M. (1992) : The life cycle of Indian Ocean hotspots. *Geophys. Monograph*, 70, 91-103.

E

Eaton, G. P. *et al.* (1975) : Magma beneath Yellowstone National Park. *Science*, 188, 787-796.

Eaton, G. P. (1980) : Geophysical and geological characteristics of the crust of the Basin and Range province. In Continental tectonics. National Academy of Science, Washington, D. C., 96-113.

Eichelberger, J. C. (1981) : Mechanism of magma mixing at Glass Mountain, Medicine Lake Highland volcano, California : Guides to some volcanic terranes in Washington, Idaho, Oregon, and northern California. *U. S. Geol. Surv. Circ.*, 838, 183-189.

Ellam, R. M., Menzies, M. A., Hawkesworth, C. J., Leeman, W. P., Rosi, M. and Serri, G. (1988) : The transition from calc-alkaline to potassic orogenic magmatism in the Aeolian islands, southern Italy. *Bull. Volcanol.*, 50, 386-398.

Erlich, E. N. and Gorshkov, G. S. eds. (1979) : Quaternary volcanism and tectonics in Kamchatka. *Bull. Volcanol.*, special vol. issue 1-4, 298p.

F

Fajury, R. A. M., Acevedo, A. P., Carvajal, M. and Parra, P.

E. (1989) : Catalogo de los volcanes actives en Colombia. *Boletin Geologico*, 30, no. 3, 1-75.

Federman, A. N. and Carey, S. N. (1980) : Electron microprobe correlation of tephra layers from eastern Mediterranean abyssal sediments and the island of Santorini. *Quatern. Res.*, 13, 160-171.

Fedotov, S. A. and Markhinin, Ye. K. eds. (1983) : The great Tolbachik fissure eruption : geological and geophysical data 1975-1976. Cambridge Univ. Press, 341p.

Fedotov, S. A. and Masurenkov, Yu. P. eds. (1991) : Active volcanoes of Kamchatka. Nauka Publishers, Moscow, 413p.

Ferrari, L., Garduno, V. H., Pasquere, G. and Tibaldi, A. (1991) : Geology of Los Azufres caldera, Mexico, and its relationships with regional tectonics. *J. Volcanol. Geotherm. Res.*, 47, 129-148.

Ferriz, H. and Mahood, G. A. (1984) : Eruption rates and compositional trends at Los Humeros volcanic center, Puebla, Mexico. *J. Geophys. Res.*, 89, 8511-8524.

Fisher, R. V. and Waters, A. C. (1970) : Base surge bed forms in Maar volcanoes. *Amer. J. Sci.*, 268, 157-180.

Fiske, R. S. *et al.* (1963) : Geology of Mt. Rainier National Park, Washington. *U. S. Geol. Surv. Prof. Pap.*, 444, 1-93.

Flerov, G. B. and Ovsyannikov, A. A. (1991) : Ushkovsky Volcano. In Fedotov, S. A. *et al.* eds., Active Volcanoes of Kamchatka I. Nauka Publishers, Moscow, 164-166.

Freundt, A. and Schmincke, H-U. (1985) : Hierarchy of facies of pyroclastic flow deposits generated by Laacher See-type eruptions. *Geology*, 13, 278-281.

福山博之・小野晃司 (1981)：桜島火山地質図. 地質調査所.

古川竜太・吉本充宏・山縣耕太郎・和田恵治・宇井忠英 (1997)：北海道駒ヶ岳火山は1694年に噴火したか？—北海道における17-18世紀の噴火年代の再検討. 火山, 42, 269-279.

Fytikas, M. D. (1977) : Geological and geothermal study of Milos Island. *Inst. Geol. Mining Res. Greece*, 18, 1-288.

G

Gamberi, F. and Argnani, A. (1995) : Basin formation and inversion tectonics on top of the Egadi foreland thrust belt (NW strait of Sicily). *Tectonophys.*, 252, 285-294.

Gansser, A. (1966) : Catalogue of the active volcanoes of the world including solfatara fields. Part. 17, Iran. Intern. Assoc., Volcanol., 19p.

Garcia Cacho, L. Diez-Gill, J. L. and Arana, V. (1994) : A large volcanic debris avalanche in the Pliocene Roque Nublo stratovolcano, Gran Canaria, Canary Islands. *J. Volcanol. Geotherm. Res.*, 63, 217-229.

Gass, I. G. and Mallick, I. J. (1968) : Jebel Khariz : an upper Miocene stratvolcano of comenditic affinity on the south Arabian coast. *Bull. Volcanol.*, 32, 33-85.

Geze, B. (1957) : The active volcanoes of Tibesti, annex to the active volcanoes of Africa and the Red Sea. Intern. Volcanol. Assoc., 1-6.

Gibson, I. L. (1975) : A review of the geology, petrology and geochemistry of the Volcano Fantale. *Bull. Volcanol.*, 38, 791-802.

Gillot, P.-Y., Labeyrie, J., Laj, C., Valladas, G., Guerin, G., Poupeau, G. and Delibrias, G. (1979) : Age of the Laschamp Paleomagnetic excursion revisited. *Earth Planet. Sci. Lett.*, 42, 444-450.

Goer, A. d. H. (1995) : Le Cantal. Volcanims et volcans d'Auvergne, no. 8/9, 32-35.

Gorshkov, G. S. (1970) : Volcanism and the upper mantle—Investigations in the Kurile Island arc. Plenam Press, New York, 385p.

Gourgaud, A. and Villemant, B. (1992) : Evolution of magma mixing in an alkaline suite : the Graude Cascade sequence (Mont-Dore, French Massif Central) geochemical modelling. *J. Volcanol. Geotherm. Res.*, 2, 255-275.

Gourgaud, A. (1995) : Les Monts Dore. Volcanims et volcans d'Auvergne, no. 8/9, 29-31.

Granados, H. D. (1992) : Late Cenozoic tectonics offshore western Mexico and its relation to the structure and volcanic activity in the western Trans-Mexican Volcanic Belt. *Geofis. Int.*, 32, 543-559.

Greeley, R. and King, J. S. (1977) : Volcanism of the Eastern Snake River Plain, Idaho. Office of Planet. Geol. National Aeronautics and Space Administration, 208p.

Greeley, R. (1982) : The Snake River Plain, Idaho. *J. Geophys. Res.*, 87, 2705-2712.

Gudmundsson, A. (1986) : Formation of crustal magma chambers in Iceland. *Geology*, 14, 164-166.

Guest, J. E. Duncan, A. M. and Chester, D. K. (1988) : Monte Vulture volcano (Basilicata, Italy) : an analysis of morphology and volcaniclastic facies. *Bull. Volcanol.*, 50, 244-257.

Gunn, B. M. and Mooser, F. (1970) : Geochemistry of the volcanics of central Mexico. *Bull. Volcanol.*, 34, 577-616.

H

Hahn, G. A., Rose, W. I. and Myers, T. (1979) : Geochemical correlation and genetically related rhyolitic ash flow and airfall tuffs, Central and Western Guatemala and the Equatorial Pacific. *Geol. Soc. Amer., Spec. Pap.*, 180, 101-112.

長谷川　昭・松本　聡 (1997)：地震波から推定した日光白根火山群の深部構造. 火山, 42, S147-S155.

Hasenaka, T. and Carmichael, Ian S. E. (1985) : The cinder cones of Michoacan-Guanajuato, central Mexico : their age, volume and distribution, and magma discharge rate. *J. Volcanol. Geotherm. Res.*, 25, 105-124.

Hasenaka, T. (1994) : Size, distribution, and magma output rate for shield volcanoes of the Michoacan-Guanajuato volcanic field, central Mexico. *J. Volcanol. Geotherm.*

Res., 63, 13-31.

長谷中利昭・李 刈遠・谷口宏充・北風 嵐・宮本 毅・藤巻広和 (1998):韓国, 済州単成火山群の火山カタログ. 東北アジア研究, no. 2, 41-47.

Hay, R. L. (1989): Holocene carbonatite-nephelinite tephra deposits of Oldoinyo Lengai, Tanzania. *J. Volcanol. Geotherm. Res.*, 37, 77-91.

Hayakawa, Y. (1985): Pyroclastic geology of Towada volcano. *Bull. Earthq. Res. Inst., Univ. Tokyo*, 60, 507-592.

Hazlett, R. W. *et al.* (1991): Geology, failure conditions and implications of seismogenic avalanches of the 1944 eruption at Vesuvius, Italy. *J. Volcanol. Geotherm. Res.*, 47, 249-264.

Heiken, G. (1971): Tuff rings: examples from the fort Rock-Christmas Lake Valley basin, South Central Oregon. *J. Geophys. Res.*, 76, 5615-5626.

Heiken, G., Goff, F., Stix, J., Tamanyu, S., Shafiqullah, M., Gracia, S. and Hagan, R. (1986): Intracaldera volcanic activity, Toledo caldera and embayment, Jemez Mountains, New Mexico. *J. Geophys. Res.*, 91, 1799-1815.

Helgason, J. (1984): Frequent shifts of the volcanic zone in Iceland. *Geology*, 12, 212-216.

東 三郎 (1980):火山山麓の土石流と砂防工法. 月刊地球, 2, 442-448.

東野外志男・辻森 樹・板谷徹丸 (2005):白山の弥陀ヶ原から発見されたアルカリ岩質テフラ. 石川県白山自然保護センター研究報告, 32, 1-7.

Higgins, M. W. (1973): Petrology of Newberry volcano, central Oregon. *Geol. Soc. Amer. Bull.*, 84, 455-488.

Hildreth, W. (1981): Gradients in silicic magma chambers: Implication for lithospheric magmatism. *J. Geophys. Res.*, 86, 10153-10192.

Hoffer, J. M. (1976): The Potrillo basalt field, south-central New Mexico. In Elton, W. E. and Northrop, S. A. eds., Cenozoic volcanism in South western New Mexico. *New Mexico Geol. Soc. Spec. Publ.*, 5, 892.

Holmes, A. (1964): Principles of physical geology. Nelson, 1288p.

Hutchison, C. S. (1982): Indonesia. In Thorpe, R. S. ed., Andesites. John Wiley & Sons, 207-224.

Huxtable, J., Aitken, M.-J. and Bonhomment, N. (1978): Thermoluminescence dating of sediments baked by lava flows of the Chaine des Puys. *Nature*, 275, 5677, 207-209.

I

池谷 浩・石川芳治 (1991):平成3年雲仙岳で発生した火砕流, 土石流災害. 新砂防, 44, 46-56.

Illies, J. H., Prodehl, C., Schmincke, H. V. and Semmel, A. (1979): The Quaternary uplift of the Rhein shield in Germany. *Tectonophys.*, 61, 197-225.

今川俊明 (1984):1977-1982年火山活動に伴う有珠山北外輪山斜面における地殻変動とマスムーブメント. 地理学評論, 57, 156-172.

井村隆介 (1995):小噴火の累積でつくられた堆積物. 火山, 40, 119-131.

Inbar, M., Hubt, J. L. and Ruiz, L. V. (1994): The geomorphological evolution of the Paricutin cone and lava flows, Mexico, 1943-1990. *Geomorphol.*, 9, 57-76.

Innocenti, F., Manetti, R., Mazzuoli, R., Pasquare, G. and Villari, L. (1982): Anatolian and north-western Iran. In Thorpe, R. S. ed., Andesites. John Wiley & Sons, 327-349.

井上素子 (1996):鬼押出し溶岩流は火砕噴火起源か？日本火山学会予稿集, No. 2, 170.

井上素子 (2006):火砕成溶岩流としての鬼押出し溶岩流. 月刊地球, 28, 223-230.

石塚吉浩・中川光弘 (1999):北海道北部, 利尻火山噴出物の岩石学的進化. 岩鉱, 94, 279-294.

伊藤順一 (1999):西岩手火山において有史時代に発生した水蒸気爆発の噴火過程とその年代. 火山, 44, 261-266.

Iwamori, H. (1989): Compositional zonation of Cenozoic basalts in the Central Chugoku District, southwestern Japan: Evidence for mantle upwelling. *Bull. Volcanol. Soc. Japan*, 34, 105-123.

岩塚守公・町田 洋 (1962):富士山大沢の発達. 地学雑誌, 71, 143-158.

Iyer, H. M. (1984): A review of crust and upper mantle structure studies of the Snake River Plain—Yellowstone volcanic system: A major lithospheric anomaly in the western U. S. A. *Tectonophys.*, 105, 291-308.

J

James, D. E. (1971): Tectonic model for the evolution of the Central Andes. *Geol. Soc. Amer. Bull.*, 82, 3325-3346.

Jiaqi, L. (1988): The volcanoes in the Kunlun Mountain, West China. Abstracts of Kagoshima Intern. Conference on Volcanoes, 392.

Johnson, R. W. (1982): Papua New Guinea. In Thorpe, R. S. ed., Andesites. John Wiley & Sons, 225-244.

Johnson, R. W. (1989): Intraplate volcanism in eastern Australia and New Zealand. Cambridge Univ. Press, Melbourne, 408p.

Juvigne, E., Gewelt, M., Gilot, M., Hurtgen, Ch., Seghedi, I., Szakacs, A., Hadnagy, A., Gabris, G. and Horvath, E. (1994): Une eruption vieille d'environ 10,700 dans le Carpathes Orientales (Roumanic). *C. R. Acad. Sci. Paris*, 318, 1233-1238.

K

貝塚爽平 (1958):関東平野の地形発達史. 地理学評論, 31, 59-85.

貝塚爽平 (1972):島弧系の大地形とプレートテクトニクス. 科学, 42, 148-156.

兼岡一郎・野津憲治・劉 椿 (1983):中国第四紀大同玄武岩のK-Ar年代とSr同位体比. 火山, 28, 75-78.

Karatson, D. (1995): Ignimbrite formation, resurgent doming and dome collapse activity in the Miocene Börzsöny Mountains, North Hungary. *Acta Vulcanologi-*

ca, 7, 107-117.
Karatson, D., Thouret, J.-C., Moriya, I. and Lomoschitz, A. (1999): Erosion calderas; origins, processes, structural and climatic control. *Bull. Volcanol.*, 61, 174-193.
Katili, J. A. and Hehuwat, F. (1967): On the occurrence of large transcurrent faults in Sumatra, Indonesia. *J. Geosci. Osaka City Univ.*, 10, 5-17.
加藤碩一（1989）：地震と活断層の科学．朝倉書店，280p.
勝井義雄（1972）：アンデス山脈と火山．科学，42, 148-155.
勝俣 啓（1996）：飛騨山脈下の地震波異常減衰と低速度異常体．月刊地球，18, 109-115.
Kazmin, V. (1987): Two types of rifting: dependence on the condition of extension. *Tectonophys.*, 143, 85-92.
Keller, J. (1980): The Island of Vulcano. *Rendiconti Soc. Ital. di Mineral. Petrol.*, 36, 369-414.
Kelley, R. W. *et al.* (1982): New Mexico highway geologic map. New Mexico Geol. Soc.
木村 学（1981）：千島弧南西端付近のテクトニクスと造構応力場．地質学雑誌，87, 757-768.
木村 学（2002）：プレート収束帯のテクトニクス学．東京大学出版会，271p.
Kitamura, S. and Matias, O. (1995): Tephra stratigraphic approach to the eruptive history of Pacaya volcano, Guatemala. *Sci. Rept., Tohoku Univ., 7th ser.*, 45, 1-41.
小林昭二・猪俣桂次（1986）：会津・博士山火山岩層のK-Ar年代．地球科学，40, 453-454.
小林武彦ほか（1982）：中部地方の諸地方の沖積世小規模火山噴火．火山，2集，27, 333.
小林洋二（1983）：プレート沈み込みの始まり．月刊地球，5, 510-514.
Koch, A. J. and McLean, H. (1975): Pleistocene tephra and ash-flow deposits in the volcanic highlands of Guatemala. *Geol. Soc. Amer. Bull.*, 86, 529-541.
国土庁防災局震災対策課（1992）：火山噴火災害危険区域予測図作成指針．国土庁，153p.
Konecny, V., Lexa, J. and Hojstricova, V. (1995): The central Slovakia Neogene volcanic field: a review. *Acta Vulcanologica*, 7(2), 63-78.
Koto, B. (1916): The great eruption of Sakura-jima in 1914. *J. Coll. Sci., Imp. Univ. Tokyo*, 38, 1-237.
神津俶祐（1932）：昭和4年駒ヶ岳火山活動様式と他の2,3の火山活動様式に就て．火山第1集，1, 5-15.
小山真人・吉田 浩（1994）：噴出量の累積変化からみた火山の噴火史と地殻応力場．火山，39, 177-190.
Kuno, H. (1941): Characteristics of deposits formed by pumice flows and those by ejected pumice. *Bull. Earthq. Res. Inst.*, 19, 144-149.
Kuntz, M. A. *et al.* (1986): Radiocarbon studies of latest Pleistocene and Holocene lava flows of the Snake River Plain, Idaho: Data, Lessons, Interpretations. *Quatern. Res.*, 25, 163-176.

L

Lacroix, A. (1904): La Montagne Pelee et ses eruptions. Masson, Paris, 664p.
Laj, C. *et al.* (1982): First paleomagnetic results from Mio-Pliocene series of the Hellenic sedimentary arc. *Tectonophys.*, 86, 45-67.
Lee, D-S. (1987): Geology of Korea. Geol. Soc. Korea, 344p.
Limburg, E. M. and Varekamp, J. C. (1991): Young pumice deposits in Nisyros, Greece. *Bull. Volcanol.*, 54, 68-77.
Lipman, P. W. and Moench, R. H. (1972): Basalts of the Mount Taylor volcanic field, New Mexico. *Geol. Soc. Amer. Bull.*, 83, 1335-1344.
Lipman, P. W. (1975): Evolution of Platoro caldera complex and related volcanic rocks, southeastern San Juan Mountains, Colorado. *U. S. Geol. Surv. Prof. Pap.*, 852, 123p.
Lipman, P. W. and Mehnert, H. H. (1979): The Taos plateau volcanic field, northern Rio Grande rift, New Mexico. In Riedker, R. E. ed., Rio Grande rift. Tectonics and magmatism. A. G. U., 289-311.
Lorenz, V. (1974): On the formation of Maars. *Bull. Volcanol.*, 37, 2, 183-204.
Luedke, R. G. and Smith, R. L. (1978): Map showing distribution, composition, and age of late Cenozoic volcanic centers in Arizona and New Mexico. U. S. Geol. Surv. Miscellaneous Geol. Invest. Map I-1091-A, Scale 1 : 1,000,000.
Luedke, R. G. and Smith, R. L. (1984): Map showing distribution, composition, and age of late Cenozoic volcanic centers in the western conterminous United States, 1 : 2500000. U. S. Geol. Surv., Miscellaneous Series Map 1-1523.
Luhr, J. F., Allan, J. F. and Carmichael, Ian S. E. (1980): The Colima volcanic complex, Mexico. *Contrib. Mineral. Petrol.*, 71, 343-372.
Luhr, J. F., Allan, J. F. and Carmichael, Ian S. E. (1981): The Colima volcanic complex, Mexico, Part II. *Contrib. Mineral. Petrol.*, 76, 127-147.
Luhr, J. F., Allan, J. F., Carmichael, Ian S. E., Nelson, S. A. and Hasenaka, T. (1989): Primitive calc-alkaline and alkaline rock types from the western Mexican Volcanic Belt. *J. Geophys. Res.*, 94, 4515-4530.

M

Macdonald, G. A. (1953): Pahoehoe, aa and block lava. *Amer. J. Sci.*, 251, 169-191.
Macdonald, G. A. and Alcaraz, A. (1956): Nuees ardantes of the 1948-1953 eruption of Hibok-Hibok. *Bull. Volcanol.*, 18, 169-178.
Macdonald, G. A. and Abbott, A. T. (1970): Volcanoes in the sea. Univ. Hawaii Press, 441p.
町田 洋・新井房夫（1976）：広域に分布する火山灰―姶良Tn火山灰の発見とその意義．科学，46, 339-347.
町田 洋・新井房夫（1992）：火山灰アトラス．東京大学

出版会，276p.

町田 洋・新井房夫・李 炳・森脇 広・古田俊夫（1992）：韓国鬱陵島のテフラ．地学雑誌，93，1-14．

町田 洋・白尾元理（1998）：写真でみる火山の自然史．東京大学出版会，204p．

MacLeod, N. S. et al. (1981) : Newberry volcano, Oregon. U. S. Geol. Surv. Circ., 838, 85-91.

Mahood, G. A. (1980) : Geological evolution of a Pleistocene rhyolitic center—Sierra La Primavera, Jalisco, Mexico. J. Volcanol. Geotherm. Res., 8, 199-230.

Mahood, G. A. (1981) : A summary of the Geology and petrology of the Sierra La Primavera, Jalisco, Mexico. J. Geophys. Res., 86, 10137-10152.

Mahood, G. A. and Hildreth, W. (1983) : Nested calderas and trapdoor uplift at Pantelleria Strait of Sicily. Geology, 11, 722-726.

Mahood, G. A., Gilbert, C. M. and Carmichael, Ian S. E. (1985) : Peralkaline and Metaluminous mixed-liquid ignimbrites of the Guadalajara region, Mexico. J. Volcanol. Geotherm. Res., 25, 259-271.

Marini, L. et al. (1993) : Hydrothermal eruptions of Nisyros (Dodecanese, Greece)—Past events and present hazard. J. Volcanol. Geotherm. Res., 56, 71-94.

Marti, J. and Mitjavila, J. (1995) : A field guide to the central volcanic complex of Tenerife (Canary Islands). IAVCEI Commission on explosive volcanism, 156p.

Marti, J., Mitjavila, J. M. and Arana, V. (1995) : The Las Canadas edifice and caldera. In Marti, J. and Mitjavila, J. M. eds., A field guide to the central volcanic complex of Tenerife (Canary Islands). IAVCEI Comission on explosive volcanism, 19-38.

丸山茂徳・磯崎行雄（1998）：生命と地球の歴史．岩波新書543，岩波書店，275p．

Mason, P. R. D., Downes, H., Seghedi, I., Szakacs, A. and Thirwall, M. F. (1995) : Low-pressure evolution of magmas from the Calimani, Gurghiu and Harghita Mountains, East Carpathians. Acta Vulcanologica, 7(2), 43-52.

松本哲一・小林武彦（1999）：御嶽火山，古期御嶽火山噴出物のK-Ar年代に基づく火山活動史の再検討．火山，44，1-12．

Maxwell, C. H. (1982) : El Malpais. New Mexico Geol. Soc. Guidebook, 33rd Field Conference. Albuquerque Country, 299-301.

McBirney, A. R. and Williams, H. (1969) : Geology and petrology of the Galapagos Islands. Geol. Soc. Amer. Mem., 118, 197p.

McBirney, A. R. (1978) : Volcanic evolution of the Cascade Range. Ann. Rev. Earth Planet. Sci., 6, 437-456.

McKenzie, D. P. (1970) : Plate tectonics of the Mediterranean region. Nature, 226, 239-243.

Megrue, G. H., Norton, E. and Strangway, D. W. (1972) : Tectonic history of the Ethiopian rift as dediced by K-Ar ages and paleomagnetic measurements of basaltic dikes. J. Geophys. Res., 77, 5744-5754.

Merrill, K. R. and Pewe, T. L. (1977) : The late Cenozoic geology of the White Mountains, Apache County, Arizona. State of Arizona bureau of Geology and Mineral Technology Special Paper, No. 1, 65p.

Mertzman, Jr. S. A. (1977) : The petrology and geochiemistry of the Medicine Lake Volcano, California. Contrib. Mineral. Petrol., 62, 221-247.

Milne, J. (1887) : The volcanoes in Japan. Tr. Seis. Soc. Japan, 9, pt. 2.

三村弘二・遠藤秀典（1997）：磐梯山南西麓の岩屑堆積物大断面が示す磐梯火山の崩壊と再生の歴史．火山，42，321-330．

宮地直道（1988）：新富士火山の活動史．地質学雑誌，94，433-452．

Moberly, R. (1972) : Origin of lithosphere behind island arcs, with reference to the Western Pacific. Geol. Soc. Amer. Mem., 132, 35-55.

Mohr, P. (1978) : Afar. Ann. Rev. Earth Planet. Sci., 6, 145-172.

Mohr, P. (1983) : Perspectives on the Ethiopian volcanic province. Bull. Volcanol. 46, 23-43.

Mohr, P. (1987) : Patterns of faulting in the Ethiopian rift valley. Tectonophys., 143, 169-179.

Moore, J. G. (1967) : Base surge in recent volcanic eruptions. Bull. Volcanol., 30, 337-363.

Moore, R. B. et al. (1976) : Volcanic rocks of the eastern and northern Parts of the San Francisco volcanic field, Arizona. U. S. Geol. Surv., J. Res., 4, 549-560.

Moore, R. B. (1990) : Volcanic geology and eruption frequency, Sao Miguel, Azores. Bull. Volcanol., 52, 602-614.

Mooser, F., Meyer-Abich, H. and McBirney, A. R. (1958) : Catalogue of the active volcanoes of the world including solfatara fields, Pt. 6—Central America. Intern. Volcanol. Assoc., 146p.

守屋以智雄（1971）：赤城火山の形成史．火山，15，120-131．

守屋以智雄（1975）：火山麓扇状地と成層凝灰亜角礫層．北海道駒沢大学研究紀要，No. 9-10，107-126．

守屋以智雄（1978a）：空中写真による火山の地形判読．火山，23，199-214．

守屋以智雄（1978b）：溶岩円頂丘の地形．駒沢地理，No. 14，55-69．

守屋以智雄（1979）：日本の第四紀火山の地形発達と分類．地理学評論，52，479-501．

守屋以智雄（1980）："磐梯式噴火"とその地形．西村嘉助先生退官記念地理学論文集，古今書院，214-219．

守屋以智雄（1983a）：日本の火山地形．東京大学出版会，135p．

守屋以智雄（1983b）：乗鞍・草津白根・白山火山の完新世テフラ層の噴火予知に関する研究．文部省科研費自然災害特研報「中部日本の休火山に関する活動予知のため

の基礎的研究」(代表　小林武彦), 53-68.

守屋以智雄 (1984)：白山の火山地形. 金沢大地理報, No. 1, 130-138.

守屋以智雄 (1985)：衛星写真・航空写真による世界の火山の地形学的研究. 昭和 59 年度文部省科研費研報, 41p.

守屋以智雄 (1986a)：日本の火砕丘の地形計測. 金沢大地理報, No. 3, 58-76.

守屋以智雄 (1986b)：火山体とその発達. 火山, 30, S285-S300.

守屋以智雄 (1988)：アリゾナ州 Springerville 火山地域の地形. 金沢大地理報, No. 4, 125-135.

守屋以智雄 (1990a)：米国 New Mexico 州の火山地域の地形とその分類. 金沢大学文学部論集, No. 10, 51-82.

守屋以智雄 (1990b)：火山の地形・構造・発達に関する問題点. 火山, 火山学の基礎研究特集号, S145-S156.

守屋以智雄 (1993)：噴火史研究による噴火の開始時期・規模・種類・経過の長期予測. 文部省科研費自然災害特研「火山災害の規模と特性」(代表　荒牧重雄) 報告書, 5-14.

守屋以智雄 (1994a)：大陸地域と島弧の火山の地形・発達史の比較研究. 文部省科研費成果報, 76p.

守屋以智雄 (1994b)：環太平洋地域の第四紀火山のタイプ. 地学雑誌, 103, 730-748.

守屋以智雄 (1995)：大陸地域と島弧の火山の地形・発達史の比較研究. 文部省科研費成果報, 76p.

守屋以智雄 (1997)：イタリア半島の火山. 貝塚爽平編, 世界の地形. 東京大学出版会, 76-90.

守屋以智雄 (1999)：太平洋東西両縁の火山体のタイプの比較研究. 文部省科研費成果報, 38p.

守屋以智雄 (2004)：グアテマラ北西部の第四紀火山の地形と分布. 金城大学紀要, No. 4, 223-242.

守屋以智雄 (2008)：世界の火山の発達と分類. 平成 20 年度文部省科研費成果報, 1-236.

守屋以智雄 (2009)：アラビア半島の第四紀火山の地形と分布. 金城大学紀要, No. 4, 223-242.

Mullineaux, D. R. and Crandell, D. R. (1981)：The eruptive history of Mount St. Helens, the 1980 eruptions of Mount St. Helens, Washington. *U. S. Geol. Surv. Prof. Pap.*, 1250, 3-15.

N

Nakai, S., Xu, S., Wakita, H., Fujii, N., Nagao, K., Orihashi, Y., Wang, X., Chen, J. and Liao, Z. (1993)：K-Ar ages of young volcanic rocks from Tengchong area, western Yunnan, China. *Bull. Volcanol. Soc. Japan*, 38, 167-171.

Nakamura, K. (1964)：Volcano-stratigraphic studies of Oshima volcano, Izu. *Bull. Earthq. Res. Inst., Univ. Tokyo*, 42, 649-728.

中村一明 (1966)：タール火山 1965 年の岩漿性水蒸気爆発. 地学雑誌, 75, 93-104.

Nakamura, K. and Kraemer, F. (1970)：Basaltic ash flow deposits from a maar in West-Eifel, Germany. *N. Jb. Geol. Palaeont. Mh.*, 8, 491-501.

中村一明 (1978)：火山の話. 岩波新書, 228p.

Nakamura, K. (1979)：Monogenetic volcano groups as possible indicators of tensional stress field. Abstract Volume of Hawaii Symp. on intraplate volcanism and submarine volcanism, 46.

中村一明 (1982)：火山島の後浸食期火山活動とプレート運動. 月刊海洋科学, 14, 151-157.

中村一明 (1983)：日本海東縁新生海溝の可能性. 地震研彙報, 58, 711-722.

中村一明 (1989)：火山とプレートテクトニクス. 東京大学出版会, 323p.

中村洋一・青木謙一郎 (1980)：ニーラゴンゴ火山の 1977 年噴火とその噴出物の化学組成. 火山, 25, 17-32.

中野尊正 (1967)：日本の地形. 築地書館, 362p.

Nelson, S. A. (1980)：Geology and petrology of volcan Ceboruco, Nayarit, Mexico. *Geol. Soc. Amer. Bull.*, 91, 639-643.

Nelson, S. A. and Carmichael, I. S. E. (1984)：Pleistocene to recent alkaline volcanism in the region of Sanganguey volcano, Nayarit, Mexico. *Contrib. Mineral. Petrol.*, 85, 321-335.

Nelson, S. A. and Livieres, R. A. (1986)：Contemporaneous calc-alkaline and alkaline volcanism at Sanganguey volcano, Nayarit, Mexico. *Geol. Soc. Amer. Bull.*, 97, 798-808.

Nelson, S. A. and Sanchez-Rublo, G. (1986)：Trans Mexican Volcanic Belt field guide. Volcanol. Division Geol. Assoc. Canada and Inst. Geol. Univ. Nation. Auton. Mexico, 1-108.

Nelson, S. A. and Hegre, JoAnn (1990)：Volcan Las Navajas, a Pliocene-Pleistocene trachyte/peralkaline rhyolite volcano in the northwestern Mexican volcanic belt. *Bull. Volcanol.*, 52, 186-204.

Nelson, S. A. and Gonzalez-Caver, E. (1992)：Geology and K-Ar dating of the Tuztla volcanic field. *Bull. Volcanol.*, 55, 85-96.

Newhall, C. G. (1987)：Geology of the Lake Atitlan region, western Geatemala. *J. Volcanol. Geotherm. Res.*, 33, 23-55.

Newhall, C. G., Paul, C. K., Bradbury, J. P., Higuera-Gundy, A., Poppe, L. J., Self, S., Sharpless, N. B. and Ziagos, J. (1987)：Recent geologic history of Lake Atitlan, a caldera lake in western Guatemala. *J. Volcanol. Geotherm. Res.*, 33, 81-107.

Nichols, R. L. (1946)：McCartys basalt flow, Vallencia County, New Mexico. *Bull. Geol. Soc. Amer.*, 57, 1049-1086.

Nigro, F. and Sulli, A. (1995)：Plio-Pleistocene extensional tectonics in the western Peloritani area and its offshore (northeastern Sicily). *Tectonophys.*, 151, 295-305.

Ninkovich, D. and Hays, J. D. (1972)：Mediterranean island arcs and origin of high potash volcanoes. *Earth Planet. Sci. Lett.*, 16, 331-345.

西田顕郎・小橋澄治・水山高久（1998）：雲仙普賢岳における火砕流堆積とガリー侵食の相互作用による地形変化. 地形, 19, 35-48.

O

Oetking, P. *et al.* (1967)：Geological highway map of the southern Rocky Mountain region. Amer. Assoc. Petrol. eologists.

小形昌徳・高岡宣雄（1991）：多良岳地域の火山岩類のK-Ar年代. 火山, 2, 187-191.

小倉 勉（1935）：満州に於ける火山活動. 火山第1集, 2, 176-187.

小倉 勉・松田亀三（1938）：満州国龍江省五大連池火山概報. 火山第1集, 3, 323-338.

Ojima, M., Kono, M., Kaneoka, I., Kinoshita, H., Kobayashi, K., Nagata, T., Larson, E. E. and Strangway, D. (1967)：Paleomagnetism and potassium-argon ages of some volcanic rocks from the Rio Grande gorge, New Mexico. *J. Geophys. Res.*, 72, 2615-2621.

奥田節夫・奥西一夫・諏訪 浩・横山康二・吉岡竜馬（1985）：1984年御嶽山岩屑なだれの流動状況の復元と流動形態に関する考察. 京都防災研年報, 28, B1, 186-213.

奥野 充・中村俊夫・守屋以智雄・早川由紀夫（1994）：乗鞍岳火山, 位ヶ原テフラ層直下の炭化木片の加速器^{14}C年代. 名古屋大古川総合研究資料館報告, No.10, 71-77.

奥野 充（1995）：降下テフラからみた水蒸気噴火の規模・頻度. 金沢大地理報, No.7, 1-23.

Okuno, M., Shiihara, M., Torii, M., Nakamura, T., Kyu Han Kim, K. H., Domitsu, H., Moriwaki, H. and Oda, M. (2010)：AMS radiocarbon dating of Holocene tephra layers on Ulleung Island, South Korea. *Radiocarbon*, 52, 1465-1470.

Olsen, K. H., Baldrige, W. S. and Callender, J. F. (1987)：Rio Grande rift：An overview. *Tectonophys.*, 143, 119-139.

Onuma, N., Tagiri, M., Notsu, K., Hasegawa, A., Takahashi, M., Lopez-Escobar, L., Lahsen, A. and Moreno, H. (1985)：Gechemical investigation of the southern Andes volcanic belt, 1982-1984. Overseas Sci. Res., No. 59043009, Ibaraki Univ. and Univ. Chile. 309p.

P

Palacios, D. (1996)：Recent geomorphologic evolution of a glaciovolcanic active stratovolcano：Popocatepetl (Mexico). *Geomorphol.*, 16, 319-335.

Pallister, J. S. (1987)：Magmatic history of Red Sea rifting：Perspective from the central Saudi Arabian coastal plain. *Geol. Soc. Amer. Bull.*, 98, 400-417.

Pappone, G. and Ferranti, L. (1995)：Thrust tectonics in the Picentini Mountains, southern Apennines, Italy. *Tectonophys.*, 252, 331-348.

Pecskay, Z., Szakacs, S., Seghedi, I. and Karatson, D. (1992)：Contributions to the geochronology of Mt. Cucu volcano and the south Harghita (East Carpathians, Romania). *Foldtani Kozlony*, 122/2-4, 265-286.

Pecskay, Z. *et al.* (1995)：Space and time distribution of Neogene-Quaternary volcanism in the Carpatho-Pannnnonian region. *Acta Vulcanologica*, 7(2), 15-28.

Permenter, J. L. and Oppenheimer, C. (2007)：Volcanoes of the Tibesti massif (Chad, Northern Africa). *Bull. Volcanol.*, 69, 609-626.

Perry, F. V., Baldridge, W. S., De Paolo, D. J. and Shafiqullah, M. (1990)：Evolution of a magmatic system during continental extension：the Mount Taylor volcanic field, New Mexico. *J. Geophys. Res.*, 95, 19327-19348.

Pichler, H. (1980)：The island of Lipari. *Rendiconti Soc. Italiana di Mineral. Petrol.*, 36, 415-440.

Ponomareva, V. V., Volynets, O. N. and Florensky, I. V. (1991)：Krasheninnikov Volcano. In Fedotov, S. A. and Masurenkov, Yu. P. eds., Active Volcanoes of Kamchatka. Nauka Publishers, Moscow, 413p.

Ponziani, F. *et al.* (1995)：Crustal shortening and duplication of the Moho in the northern apennines：a view from seismic refraction data. *Tectonophys.*, 252, 391-418.

Pradal, E. and Robin, C. (1994)：Long-lived magmatic phases at Los Azufres volcanic center, Mexico. *J. Volcanol. Geotherm. Res.*, 63, 201-215.

R

Richard, J. J. (1962)：Catalogue of the active volcanoes of the world including solfatara fields, Pt. 13, Kermadec, Tonga and Samoa. Intern. Asso. Volcanol., 38p.

Rittmann, A. (1933)：Die geologisch bedingte Evolution und Differentiation des Somma-Vesuvmagma. *Zeitschr. Fur Vulkan.*, 15, 8-94.

Robin, C. (1982)：Mexico. In Thorpe, R. S. ed., Andesites. John Wiley & Sons, 137-147.

Robin, C. and Boudal, C. (1987)：A Gigantic Bezymianny-type event at the beginning of modern volcan Popocatepetl. *J. Volcanol. Geotherm. Res.*, 31, 115-130.

Robin, C., Mossand, P., Camus, G., Cantagrel, J.-M., Gourgaud, A. and Vincent, P. M. (1987)：Eruptive history of the Colima volcanic complex (Mexico). *J. Volcanol. Geotherm. Res.*, 31, 99-113.

Rogers, N. W., Hawkesworth, C. J., Mattey, D. P. and Harmon, R. S. (1987)：Sediment subduction and the source of potassium in orogenic leucitites. *Geology*, 15, 451-453.

Rolandi, G., Maraffi, S., Peeetrosino, P., and Lirer, L. (1993a)：the Ottaviano eruption of Somma-Vesuvio (8000 y B. P.)：a magmatic alternating fall and flow-forming eruption. *J. Volcanol. Geotherm. Res.*, 58, 43-65.

Rolandi, G. *et al.* (1993b)：The Avellino plinian eruption of Somma-Vesuvius (3760 y. B. P.)：the progressive evolution from magmatic to hydromagmatic style. *J. Volcanol. Geotherm. Res.*, 58, 67-88.

Rose, W. I. (1972)：Santiaguito volcanic dome, Guatemala. *Geol. Soc. Amer. Bull.*, 83, 1413-1434.

Rose, W. I. (1973a) : Notes on the 1902 eruption of Santa Maria volcano, Guatemala. *Bull. Volcanol.*, 36, 29-45.
Rose, W. I. (1973b) : Pattern and mechanism of volcanic activity at the Santiaguito volcanic dome, Guatemala. *Bull. Volcanol.*, 37, 73-94.
Rose, W. I. (1973c) : Nuee ardente from Santiaguito volcano, April 1973. *Bull. Volcanol.*, 37, 365-371.
Rose, W. I., Penfield, G. T., Drexler, J. W. and Larson, P. B. (1980) : Geochemistry of the andesite flank lavas of three composite cones within the Atitlan cauldron, Guatemala. *Bull. Volcanol.*, 43, 131-153.
Rose, W. I. (1987) : Santa Maria, Guatemala : biomodal dosoda-rich calc-alkalic stratovolcano. *J. Volcanol. Geotherm. Res.*, 33, 109-129.
Rose, W. I., Newhall, C. G., Bornhorst, T. J. and Self, S. (1987) : Quaternary silicic pyroclastic deposits of Atitlan caldera, Guatemala. *J. Volcanol. Geotherm. Res.*, 33, 57-80.
Rossi, M. *et al.* (1993) : The 1631 Vesuvius eruption. A reconstruction based on historical and stratigraphical data. *J. Volcanol. Geotherm. Res.*, 58, 151-182.
Rossi, M. J. (1996) : Morphology and mechanism of eruption of postglacial shield volcanoes in Iceland. *Bull. Volcanol.*, 57, 530-540.
Rossi, M. *et al.* (1996) : Interaction between caldera collapse and eruptive dynamics during the Campanian Ignimbrite eruption, Phlegraean fields, Italy. *Bull. Volcnaol.*, 57, 541-554.
Royden, L. *et al.* (1987) : Segmentation and configuration of subducted lithosphere in Italy : an important control on thrust-belt and foredeep-basin evolution. *Geology*, 15, 714-717.

S

斉藤和男・亀井智紀 (1995)：山形県，村山葉山火山溶岩類のK-Ar年代．火山，40，99-102．
柵山雅則・久城育夫 (1981)：沈み込みと火山帯．科学，51，499-507．
佐野貴司 (1995)：壱岐火山群の地質：主にK-Ar年代に基づく溶岩流層序．火山，40，329-347．
佐藤 久 (1950)：溶岩流の地形分類．東大地理学研究，1，114-132．
Scandone, R. *et al.* (1993) : Mount Vesuvius : 2000 years of volcanological observations. *J. Volcanol. Geotherm. Res.*, 58, 5-25.
Schmincke, H.-U. and Swanson, D. A. (1967) : Laminar viscous flowage structures in ash-flow tuffs from Gran Canaria, Canary Islands. *J. Geol.*, 75, 641-664.
Schmincke, H-U. (1982) : Vulkane und ihre Wurzeln. Rhein-Westf Akad. Wissensch., Westd. Verl. Opladen, Vorraege N 315, 35-78.
Schmincke, H-U., Bogaard, P. V. D. and Freundt, A. (1990) : Quaternary Eifel Volcanism. Excrusion guide book of Intern. Volcanol. Congress in Mainz, Germany, 188p.
Schmincke, H-U. and Sumita, M. (2010) : Geological evolution of the Canary Islands. Goerres-Verlag, Koblenz, 196p.
Schneider, K. (1911) : die vulkanischen Erscheinungen der Erde. Verlag Gebruder Borntraeger, Berlin, 272p.
Schubert, C. (1979) : El Pilar fault zone, northeastern Venezuela : brief review. *Tectonophys.*, 52, 447-455.
Schutzbach, W. (1985) : Island, Feuerinsel am Polarkreis. Duemmler Verlag, Bonn, 272p.
Schwartz, D. P., Cluff, L. S. and Donnelly, T. W. (1979) : Quaternary faulting along the Caribbean-North American plate boundary in Central America. *Tectonophys.*, 52, 431-445.
Scrope, G. P. (1822) : Volcanoes, the character of their phenomena. Longman, Green and Co., Paternoster Row, London.
Seghedi, I., Szakacs, A., Stabciu, C. and Ioane, D. (1994) : Neogene arc volcanicity/metellogeny in the Calimani-Gurghiu-Harghita volcanic MTS. Field Trip Guide—Plate tectonics and metallogeny in the east Carpathians and Apuseni MTS, Geol. Inst., Romania, 12-17.
Seghedi, I., Szakacs, A. and Mason, P. R. D. (1995) : Petrogenesis and magmatic evolution in the east Carpathian Neogene volcanic arc (Romania). *Acta Vulcanologica*, 7(2), 135-143.
Sekiya, S. and Kikuchi, Y. (1890) : The eruption of Bandai-san. *J. Coll. Sci., Imp. Univ. Tokyo*, 3, 91-172.
Self, S. (1976) : The recent volcanology of Terceira, Azores. *J. Geol. Soc. Lond.*, 1322, 645-666.
Self, S., Goff, F., Gardner, J. N., Wright, J. V. and Kite, W. M. (1986) : Explosive rhyolitic volcanism in the Jemez Mountains : vent localities, caldera development and relation to regional structure. *J. Geophys. Res.*, 91, 1779-1798.
Seno, T. and Eguchi, T. (1983) : Seismotectonics of the western Pacific region. In Hilde, T. W. C. and Uyeda, S. eds., Geodynamics of the western Pacific-Indonesian region. Geodynamics Series, AGU, Vol. 11, 5-40.
Sheets, P. D. ed. (1983) : Archeology and volcanism in Central America. Univ. Texas Press, 307p.
島津光夫 (1988)：中国東北地区の火山について．地球科学，42，32-40．
Siebe, C., Komorowski, J-C., and Sheridan, M. F. (1992) : Morphology and emplacement of an unusual debris-avalanche deposit at Jocotitlan volcano, central Mexico. *Bull. Volcanol.*, 54, 573-589.
Siebe, C., Abram, M. and Sheridan, M. F. (1993) : Major Holocene block-and-ash fan at the western slope of ice-capped Pico de Orizaba volcano, Mexico : Implications for future hazards. *J. Volcanol. Geotherm. Res.*, 59, 1-33.
Simkin. T., Siebert, L., McClelland, L., Bridge, D., Newhall,

C. and Latter, J. H. (1981): Volcanoes of the world. Smithsonian Inst., Hutchinson Ross Publ. Co., 232p.

Simkin, T. and Fiske, R. S. (1983): Krakatau 1883, the volcanic eruption and its effects. Smithsonian Inst. Press, Washington, D. C., 464p.

Simkin, T. and Siebert, L. (1990): Volcanoes of the world. Smithsonian Inst., Geosci. Press, Tuscon, 349p.

Smith, R. L. (1960): Ash-flows. *Geol. Soc. Amer. Bull.*, 71, 795-842.

Smith, R. L. and Bailey, R. A. (1966): The Bandelier Tuff: A study of ash flow eruption cycles from magma chambers. *Bull. Volcanol.*, 29, 83-104.

Smith, R. L. and Bailey, R. A. (1968): Resurgent Cauldron. *Geol. Soc. Amer. Mem.*, 116, 613-662.

Smith, R. L., Bailey, R. A. and Ross, C. S. (1970): Geologic map of Jemez Mountains, New Mexico. U. S. Geol. Surv. Miscellaneous Investigation Series Map-571.

Smith, R. L. (1979): Ash-flow magmatism. *Geol. Soc. Amer. Spec. Pap.*, 180, 5-27.

Sollevanti, F. (1983): Geologic, volcanologic, and tectonic setting of the Vico-Cimino area, Italy. *J. Volcanol. Geotherm. Res.*, 17, 203-217.

Souther, J. G. (1970): Volcanism and its relationship to recent crustal movements in the Canadian Cordillera. *Canadian J. Earth Sci.*, 7, 533-568.

Souther, J. G., Armstrong, R. L. and Harakal, J. (1984): Chronology of the peralkaline, late Cenozzoic Mount Edziza volcanic complex, northern british Columbia, Canada. *Geol. Soc. Amer. Bull.*, 95, 337-349.

Stearns, H. T. (1966): Geology of the state of Hawaii. Pacific Books, 266p.

Stoiber, R. E. and Carr, M. J. (1973): Quaternary volcanic and tectonic segmentation of Central America. *Bull. Volcanol.*, 37, 304-325.

Stormer, J. C. (1972): Mineralogy and petrology of the Raton-Clayton volcanic field, north-eastern New Mexico. *Geol. Soc. Amer. Bull.*, 83, 3299-3322.

Strand, R. G. (1963): Geologic map of California "Weed Sheet". Calif. Div. Min. Geol.

Suesskoch, H. *et al.* (1984): Geological map of Greece. Methana Inst. Geol. Mineral Exploration.

菅 香世子・藤岡換太郎 (1990): 伊豆・小笠原弧北部の火山岩量. 火山, 35, 359-374.

杉村 新 (1972): 日本付近におけるプレートの境界. 科学, 42, 192-102.

杉村 新・阿部勝征 (1972): 大西洋の弧状列島. 科学, 42, 498-507.

Sussman, D. (1985): Apoyo caldera, Nicaragua: a major Quaternary silicic eruptive center. *J. Volcanol. Geotherm. Res.*, 24, 249-282.

鈴木隆介 (1966): いわゆる韮崎泥流について. 地理学評論, 39, 363-364.

鈴木隆介 (1969): 日本における成層火山体の浸食速度. 火山, 14, 133-147.

Szakacs, A. and Seghedi, I. (1989): Base surge deposits in the Ciomadul, Massif (South Harghita Mountains). D. S. Inst. Geol. Geofiz., 74/1, 175-180.

Szakacs, A. and Seghedi, I. (1995): The Calimani-Gurghie-Harghita volcanic chain, east Carpathian, Romania: volcannological features. *Acta Vulcanologica*, 7(2), 145-153.

T

多田文男・津屋弘逵 (1927): 十勝岳の爆発. 地震研彙報, 2, 49-84.

多田文男 (1942): 支那の火山. 地理学研究, no. 1, 37-43.

高橋栄一 (1990): 島弧火山の深部プロセスの定量的モデル化. 火山, 34, S11-S24.

高橋正樹 (1997): 日本列島第四紀島弧火山における地殻内浅部マグマ供給システムの構造. 火山, 42, S175-S187.

竹本弘幸・久保誠二・鈴木正章・高橋正樹・新井房夫 (1995): テフラからみた浅間火山前掛期の噴火史. 地球惑星科学関連学会予稿集, 96p.

Tamura, Y., Tatsumi, Y., Zhao, D., Kido, Y. and Shukuno, H. (2002): Hot fingers in the mantle wedge: insights into magma genesis in subduction zones. *Earth Planet. Sci. Lett.*, 197, 107-118.

Tanaka, K. L. *et al.* (1968): Migration of volcanism in the San Francisco volcanic field, Arizona. *Geol. Soc. Amer. Bull.*, 97, 129-141.

Tanakadate, H. (1922): Two types of volcanic domes in Japan. Prod. Fourth Pacif. Sci. Congress, Java, Batavia-Bandoeng 1930, II, B 695-703.

Tapponnier, P., Peltzer, G. and Armijo, R. (1986): On the mechanics of the collision between India and Asia. *Geol. Soc. Spec. Publ.*, No. 19, 115-157.

巽 好幸 (1995): 沈み込み帯のマグマ学. 東京大学出版会, 186p.

Taylor, G. A. (1958): The 1951 eruption of Mount Lamington, Papua. Australia Bur. Mineral Resources Geol. Geophys. Mull., 38, 117p.

田沢堅太郎 (1980): カルデラ形成までの1万年間における伊豆大島火山の活動. 火山, 25, 137-170.

田沢堅太郎 (1981): 古期大島層群の ^{14}C 年代と平均噴火周期. 火山, 26, 69-70.

Thiessen, R., Burke, K. and Kidd, W. S. F. (1979): African hotspots and their relation to the underlying mantle. *Geology*, 7, 263-266.

Thorarinsson, S. (1944): Tephrochronological studies in Iceland. *Geogr. Ann. Stockh.*, 26, 1-217.

Thorpe, R. S., Francis, P. W., Hammill, M. and Baker, M. C. W. (1982): The Andes. In Thorpe, R. S. ed., Andesites. John Wiley & Sons, 187-244.

Tilling, R. I. *et al.* (1987): the 1972-1974 Mauna Ulu eruption, Kilauea volcano: An example of quasi-steady-state magma transfer, In Volcanism in Hawaii, vol. 1, *U. S. Geol. Surv. Prof. Pap.*, **1350**, 405-469.

Treuil, M. et Varet, J. (1973) : Criteres volcanologiques, petrologiques et geochimiques de la gense et de la differenciation des magmas basaltiques : exemple de l'Afar. *Bull. Soc. Geol. France*, 7-15, 506-540.

辻村太郎・木内信蔵 (1937)：火山泥流地形. 科学, 6, 288-290.

Turbeville, B. N. (1992) : $^{40}Ar/^{39}Ar$ ages and stratigraphy of the Latera caldera, Italy. *Bull. Volcanol.*, **55**, 110-118.

U

植木貞人 (1990)：地震探査による活火山直下の浅部地殻構造調査. 火山, 34, S67-S81.

Ui, T. (1972) : Recent volcanism in Masaya-Granada area, Nicaragua. *Bull. Volcanol.*, **36**, 174-190.

Ui, T. (1983) : Volcanic dry avalanche deposits—identification and comparison with non volcanic debris stream deposits. *J. Volcanol. Geotherm. Res.*, **18**, 135-150.

梅田浩司・林 信太郎・伴 雅雄・佐々木 実・大場 司・赤石和幸 (1999)：東北日本, 火山フロント付近の 2.0 Ma 以降の火山活動とテクトニクスの推移. 火山, 44, 233-249.

浦上啓太郎・山田 忍・長沼祐二郎 (1933)：北海道に於ける火山灰に関する調査, 第 1 報, 東部胆振国に於ける火山灰の分布に就いて. 火山, 第 1 集, 1, No. 3, 44-60.

Urrutia-Fucugauchi, J. and Morton-Bermea, O. (1997) : Long-term evolution of subduction zones and the development of wide magmatic arcs. *Geofis. Int.*, **36**, 87-110.

宇都浩三・小屋口剛博 (1987)：西南日本, 阿武単成火山群中のアルカリ玄武岩の K-Ar 年代. 火山, 32, 263-267.

V

van Padang, N. M. (1951) : Catalogue of the active volcanoes of the world including solfatara fields, Indonesia. Intern. Assoc. Volcanol., 271p.

van Padang, N. M. (1963) : Catalogue of the active volcanoes of the world including solfatara fields—Arabai and the Indeian Ocean. Intern. Assoc. Volcanol., 1-64.

van Padang, M. N., Richards, A. F., Machado, F., Bravo, T., Baker, P. E. and Le Maitre, R. W. (1967) : Catalogue of the active volcanoes of the world including solfatara fields, Atlantic Ocean. Intern. Assoc. Volcanol., 128p.

Varekamp, J. C. (1980) : The geology of the Vulsinian area, Lazio, Italy. *Bull. Volcanol.*, **43**, 487-503.

Varekamp, J. C. (1981) : Relations between tectonics and volcanism in the Roman province, Italy. In Self, S. and Sparks, S. J. eds., Tephra studies. D. Reidel Publ. Co., 219-225.

Verbeek, R. D. M. (1885) : Krakatau. Batavia, 495p.

Verma, S. T. and Nelson, S. A. (1989) : Isotopic and trace element constraints on the origin and evolution of alkaline and calc-alkaline magmas in the northwestern Mexican Volcanic Belt. *J. Geophys. Res.*, **94**, 4531-4544.

Verma, S. T., Carrsco-Nunez, G. and Milan, M. (1991) : Geology and geochemistry of Amealco caldera, Qro., Mexico. *J. Volcanol. Geotherm. Res.*, **47**, 105-127.

Voight, B. and Glicken, H. (1981) : Catastrophic rockslide avalanche of May 18, the 1980 eruptions of Mount St. Helens, Washington. *U. S. Geol. Surv. Prof. Pap.*, **1250**, 347-378.

von Rad, U., Exon, N. F., Boyd, R. and Haq, B. U. (1994) : Mesozoic Paleoenvironment of the rifted margin off NW Australia (ODP legs 122/123). In Synthesis of results from Scientific drilling in the Indian Ocean, 157-184.

W

Walker, G. P. L. (1980) : The Taupo pumice : product of the most powerful known (ultraplinian) eruption? *J. Volcanol. Geotherm. Res.*, **8**, 69-94.

Wei, T., Zhiguo, M., Shibin, L. and Mingtao, Z. (1988) : Late-Cenozoic volcanoes and active geothermal systems in China. Proc. Kagoshima Intern. Conference on Volcanoes, 847-850.

Williams, H. (1932) : Mt. Shasta, a Cascade volcano. *J. Geol.*, **40**, 417-429.

Williams, H. (1935) : Newberry volcano of central Oregon. *Geol. Soc. Amer. Bull.*, **46**, 253-304.

Williams, H. (1942) : The geology of Crater Lake National Park, Oregon. Carnegie Inst. Washington Publ., no. 540, 1-162.

Williams, H. (1944) : Volcanoes of the Three Sisters region, Oregon Cascades. *Univ. Calif. Publ. Bull. Dept. Geol. Sci.*, **27**, 37-84.

Williams, H. (1960) : Volcanic history of the Guatemalan Highlands. Univ. Calif. Publ., 38, No. 1, 1-86.

Williams, L. A. J., Macdonald, R. and Chapman, G. R. (1984) : Late Quaternary caldera volcanoes of the Kenya Rift Valley. *J. Geophys. Res.*, **89**, 8553-8570.

Wilson, J. T. (1965) : A new class of faults and their bearing on continental drift. *Nature*, **207**, 343-347.

Wolfe, E. W., Ulrich, G. E., Holm, G. E., Moore, R. B. and Newhall, C. G. (1987) : Geologic map of the central part of the San Francisco volcanic field, Arizona. U. S. Geol. Surv., Miscellaneous Field studies Map MF-1959, Scale 1:50,000.

Wood, C. A. and Kienle, J. (1990) : Volcanoes of North America—United States and Canada. Cambridge Univ. Press, 354p.

Wood, S. H. (1977) : Distribution, correlation, and radiocarbon dating of late Holocene tephra, Mono and Inyo Craters, eastern California. *Geol. Soc. Amer. Bull.*, **88**, 89-95.

Y

山本 博・門村 浩・鈴木利吉・今村俊明 (1980)：1977-

1978 年噴出物に覆われた有珠山西山川流域における泥流の発生. 地形, 1, 73-88.

山元孝広 (1997)：テフラ層序からみた那須茶臼岳火山の噴火史. 地質学雑誌, 103, 676-691.

安井真也・小屋口剛博 (1998)：浅間火山 1783 年のプリニー式噴火における火砕丘の形成. 火山, 43, 457-481.

横山 泉 (1965)：カルデラの構造と成因. 火山, 2 集, 10, 119-128.

Yokoyama, I. and Mena, M. (1991): Structure of La Primavera caldera, Jalisco, Mexico, deduced from gravity anomalies and drilling results. *J. Volcanol. Geotherm. Res.*, 47, 183-193.

横山勝三 (1978)：伊豆新島向山火山のベースサージ堆積物. 火山, 23, 2249-262.

吉田武義・大口健志・阿部智彦 (1995)：新生代東北本州弧の地殻・マントル構造とマグマ起源物質の変遷. 地質学論集, 44, 263-308.

吉田武義・木村純一・大口健志・佐藤比呂志 (1997)：島弧マグマ供給系の構造と進化. 火山, 42, S189-S207.

吉本充宏・宇井忠英 (1998)：北海道駒ヶ岳火山 1640 年の山体崩壊. 火山, 43, 137-148.

Yuasa, M., Murakami, F., Saito, E. and Watanabe, K. (1991): Submarine topography of seamounts on the volcanic front of the Izu-Ogasawara (Bonin) Arc. *Bull. Geol. Surv., Japan*, 42, 703-743.

湯浅真人 (1995)：「しんかい 2000」による海底軽石火山の観察：明神海丘潜航調査. 火山, 40, 277-284.

事項索引 (五十音順)

ア行

アイスランド式噴火　2, 187
ヴァイアス型カルデラ（火山）　10, 34, 35, 200
ヴルカノ式噴火　3

カ行

海底火山　2
海洋火山島　50, 54
海洋島　25, 37
海嶺　3, 50, 90, 126
火砕サージ　5, 70
火砕流堆積面　3, 10, 143, 200
火山フロント　131, 142
軽石流　70
カルデラ（火山）　2, 10, 18, 34, 60, 76, 87, 89, 90, 94, 106, 143, 152, 196, 227, 240, 246
寄生火山　3
玄武岩質溶岩流　4, 5, 7, 8, 14, 40, 215
降下軽石　70
高重力型カルデラ（火山）　10, 35
洪水玄武岩　8, 200
小型火山　247
小型楯状火山　5, 8, 108

サ行

再生ドーム　216
三重点　50, 126
沈み込み帯　3, 10, 21, 27, 42, 131, 141, 194, 198
重複成火山　2, 10, 13, 27, 36, 135, 157, 197
小カルデラ火山　2, 3, 7
じょうご型カルデラ（火山）　10, 34, 197
小楯状火山　2, 229
衝突帯　3, 46, 117
スコリア丘（火山）　2, 3, 40, 70, 74, 108, 230
ストロンボリ式噴火　3, 5, 82
スパター丘　2, 3
成層火山　2, 10, 30, 66, 74, 76, 82, 90, 98, 106, 139, 142, 151, 194, 198, 224, 230, 239, 244
側火山　3

タ行

大陸ホットスポット　10, 39, 198
大陸割れ目　3, 10, 40
卓状火山　17, 51
楯状火山　2, 8, 24, 36, 40, 60, 83, 90, 94, 98, 105, 127, 185, 205, 246
タフコーン　2, 3, 4, 86, 110
タフリング　2, 3, 5, 75, 86
単成火山　2, 143, 241
中小型成層火山　34, 205
ドーム型成層火山　202
泥火山　120

ハ行

馬蹄形カルデラ　156
パラゴナイトリッジ　17, 51
ハワイ式噴火　2, 187
ピットクレーター　9, 25, 187
氷河　17, 51
氷床　17, 51
氷底火山　17, 51
複成火山　2, 7, 13
プラヤ　108
プレー式噴火　3
ホットスポット　3, 8, 9, 15, 25, 50, 54, 90, 94, 126, 186

マ行

マグマ水蒸気爆発（噴火）　3-5, 17, 51
枕状溶岩　17, 51
マール（火山）　2, 3, 5, 70, 74

ヤ行

溶岩岩尖　6
溶岩原　2, 8, 13, 36, 40, 52, 90-92, 94, 98, 104, 108, 116, 127, 131, 185, 197, 200, 209, 221
溶岩台地　108
溶岩ドーム（火山）　2, 3, 5, 33, 45, 69, 74, 85, 86, 89, 201, 216, 228, 240
溶岩流（火山）　2, 3, 6, 8, 57, 230

ラ行

リフトゾーン　9, 25, 26, 59, 187
流紋岩　18, 51
　――質火砕流　215

ワ行

割れ目噴火　17, 51, 108

火山名索引（アルファベット順）

A

Abida 99
阿武 143, 146, 147
Acatenango 236
Adams 31, 33, 201
安達太良 147
Aden Sira 114
Aeolian 77, 82
Afrera 19, 22
Agrihan 150
Agua 237
Aguila 229
Agung 168
赤城 30, 143, 146, 148
阿寒 10
Akhtang 21
Alaid 139
Alaita 22, 98, 99
Alamagan 150
Albano 36
Alcedo 192
Al Charah 115
Ale Bagu 22
Alejandro 191
Al Kabir 93
Amatitlan 238, 241
Amayo 239
Ambang 162
Ambre-Bobaomby 128
Amealco 227, 228
Amiata 77
Ampato 263
Anatahan 150
Aniakchak 196
Anima 238
Anjuisky 123
Ankaizina 128
Ankaratra 128
Anzac 129
Aoba 179
青野 143
Apoyo 246

Aragats 120
Ararat 117, 118
Archasar 120
Arenal 248, 250
Arrieros 264
浅間 7, 142, 147, 148
Askja 17, 18, 51-53
阿蘇 10, 147, 148
Asososca 247
Asuncion 150
Atchin Kul 124
Atherton 184
Atitlan 235, 236
Auckland 5, 182
Auvergne 74
Avachinsky 135
Awasa 103
Ayarza 239
Ayelu 99
Azufral 260
Azufres 227

B

Babase 176
Badda 102
Baitoushan 122
Baker 31
Balatukan 27, 153, 158
Baltra 192
Bamus 172
Banahao 151, 155
磐梯 30, 142, 147
Bandera Crater 213
Barbara 57
Barberena 239
Barren 163, 164
Bartolome 192
Baru 255
Baruku 177
Barva 253
Batour 168
Bay of Islands 182
Bayuda 93

Bazman 121, 122
Beerenberg 50
Belhaf 115
Bellingshausen 275
Bezymianny 27, 136
Big Ben 129
Big Pine 205, 206
Bioko 90, 96
Bobopajo 161
Bongkone 162
Bora 101
Börzsöny 66
Bratan 168
Bravo 258
Bromo 167
Budemeda 103
Buldir 194
Bullbu 154, 158
Bulusan 151, 152, 157
Butig 27, 153, 157

C

Cabeco Gordo 55
Cabedo Verde 56
Cagayan Sulu 159
Cagua 151
Caldeirinas 57
Calimani 67, 68
Cameroon 9, 24, 30, 41, 90, 96
Campi-Phlegrei 80
Canadas 30, 60
Candlemas 274
Cantal 74
Cantaro 226
Canxul 233
Capulin Mountain 11, 219
Carrizozo 219
Casila 245
Catron 213, 221
Ceboruco 32, 33, 224, 230
Cerro Azul 192
Cerro de la Olla 218
Cerro Grande 200, 238

Cerro Negro 246, 247
Cerro Rendi ja 213
Chachani 264
Chicabal 233
Chikurachki 139
Chiles 260
Chiriqui 255
鳥海 142, 147
Chonco 246
Chudleigh 184
Chyulu 41, 104
Ciallo 102
Cinjal 57
Ciomadul 67, 69
Coatepeque 243
Colima 224, 226, 230
Colli-Albani 36, 79
Colo 162
Concepcion 244
Conchaguita 244
Corbetti 103
Corvo 54
Cosiguina 245
Coso Range 205
Cotopaxi 260
Crater Lake 10, 203
Crater Mtn. 175
Craters of the Moon 4, 22, 200, 207
Cucu 67
Cu Lao Re 125
Cumbal 260
Curiquinca 268

D

Dacht-I-Navar 121
大雪 7
Dalnyaya Ploskaya 27, 135, 136
Damavand 121
Dana 195
Darnley 275
Darwin 192
Datun 125
Debra Zeit 101
Deception 275
Densi 100
Dhamar 36, 114, 116
Diamond 32
Diamond Head 187
Dona Juana 260
Dorsal Ridge 59
Druse 109

E

Edgecumbe 184
Edziza 197
Egmont 182, 184
Ehi Suni 10, 96
Eifel 70
E. Illizi 91
Elbrus 119
Elgon 24, 41, 105
El Hacha 248
El Kheiran 93
El Pepina 238
El Puerto 230
El Valle 255
Emmos Lake 195, 196
Empung 162
恵庭 147
E. Rahat 15, 36, 112
Erta Ale 19, 22, 98, 99
Erubus 276
Esi 114
Es-Sawad 114
Etna 9, 24, 76, 83
Evaristo 244

F

Fantale 100
Fisher 196
Fito 188
Fogo 56, 58
Fonualei 181
Fuego 237
富士 30, 142, 146-148
Furnas 58

G

Gadamsa 101
Galeras 258, 260
Galiboldi 100
Gara Yezedoua 95
Garibaldi 33, 41, 197, 201
Gaua 179
Gelai 20
Gemundener 73
Giluwe 174
Ginbara 9
Ginsiliban 157
Glacier Peak 31
五大連池 122, 123
五島 143
Grande 224, 225, 230
Guguan 150

Gurghiu 67
Guy Fawkes 192
Gyali 84

H

八丈 142
Hagen 173
Ha'il 110
八甲田 143
箱根 147
白山 146, 148
白頭山 122, 124
Halla 124
Hanang 20
Hanauma Bay 187
Harghita 67, 68
Harsabit 41
榛名 30, 143, 148
Hattab 113
Hekla 17, 18, 51, 53
Hemez 14, 22, 201, 209, 214, 221
Herdubreid 53
Hibok-Hibok 157
東吾妻 147
東伊豆 146, 147
肘折 7
Hodson 274
Holtala 57
Hood 33, 201
Hoyo 244, 246
Hualalai 186
Huila 259
Hunga 181
Hydrographers 175

I

池田 147
壱岐 143, 147
Iloloi-Sinsingon 162
Ilopango 241, 244
Inyo Domes 201, 205, 206
Irada 154
Irazu 253
Iriga 151, 156
Isanotsky 195
Isarog 151
Ishqa 110, 116
Iskut-Unuk River 197
Itasy 128
Ithnayn 111, 116
岩木 142
岩手 142
Izalco 242

伊豆大島　9, 146, 148

J

Jailolo　161
Jawf　110
Jefferson　33, 202
Jihuingo　228
Jizan　113
Jocotitlan　224
Juriques　268

K

Kaba　100
開聞　142, 147, 148
Kamen　27, 136
Kamo　120
神鍋　143
Kao　181
Karisimbi　41
Karthala　127
Keloed　167
Kenya　24, 41, 105
Keres　214
Kerimassi　106
Khaiber　15, 36, 111, 116
鬼界　143
Kilauea　5, 186
Kilimanjaro　9, 24, 41, 105
霧島　147
Kitumbeine　24
Klabat　162
Klyuchevskaya　13, 27
Klyuchevskoy　27, 136
Knail　162
Kohala　186
Koko Head　187
駒ヶ岳　142, 148
Komba　170
Kos　84, 89
Krafla　18, 51
Krasheninnikov　135, 138
Krateri　85
Kubsa　103
Kula　117, 119
Kunlun（崑崙）　124
Kura-Bora　103
Kurile　135
黒姫　147
草津白根　147
Kutake Yashii　150
屈斜路　10, 143

L

Laacher See　7, 71
Labo　156
la Chaine des Puys　74
Laguna Verde　268
Lamington　175
La Primavera　10, 227
Lascar　270
La Segita Peaks　218
Las Navajas　224
Las Pilas　246
Lassen　33, 201, 204
Late　181
Latera　77
Lewotobi　170
Liamuiga　256
Lipari　82
Llajuapampa　262
Lobi　151
Lolobau　172
Lolombulan　162
Loma Cuano Loma　7
Longonot　9, 20, 24, 41, 106
Long Valley　10, 200, 205
Los Humeros　227
Los Portillos　245
Luci　67, 68
Lunaiyir　111, 116
Luz　57

M

Machin　259
Maderas　244
Makkah　113, 116
Malau　180
Malha　93
Malinche　224, 230
Malindan　151
Mambajao　157
Managlase　175
Manenggouba　41
Mangarisu　179
Manimporo　162
Maninjau　164
Marapi　164
Marha　114
Maroa　184
Marra　91, 93, 94
Masaya　246
Matarem　154
Maua　20
Maug　150

Mauna Kea　9, 30, 186
Mauna Loa　9, 30, 186
Mayon　151
McBride　184
McCartys　213
雌阿寒　143, 148
Medicine Lake Highland　7, 9, 28, 30, 33, 200, 201, 204
目潟　143
Mehitia　189
Menengai　10, 41, 106
Merapi　167
Meru　106
Mesa Larga　218
Methana　6, 84, 85
Michael　275
Milos　84, 86
Miravalles　249
Misti　264
三宅島　146, 148
Mogote　247, 249
Mombacho　244
Momotombo　244
Mono Craters　6, 201, 205, 206
Mont Dore　74
Monte Somma　81
Montoso　246, 247
Mont Sancy　74
Monywa　163
Moyotepe　246
Mpan　91
Mt. Pelee　256, 257
妙高　147

N

Najapa　247
Narcondan　163, 164
那須　11, 143, 147
Natron　94, 95
Naunonga　178
Nematabad　121
Nemo　141
Nemrut　117, 118
Nevado de Colima　226
Nevis　257
Newberry　7, 9, 28, 30, 33, 200, 203
Ngauruhoe　184
Ngorongoro　24, 106
Nieves　61
濁川　7
新潟焼山　147
日光　142
Nisyros　84, 88

Niuatoputapu 181
N. Malindan 151
Nonda 176
乗鞍 148
Nosy-Be 128
Nulla 184
沼沢 7
Nyamuragira 41, 106, 107
Nyiragongo 41, 106, 107
女峰 147
Nyos 41, 96

O

Oberbettingen 73
Oe Quz 113
Okataina 184
隠岐 143
Okmok 196
Oldoinyo Lengai 21, 24, 41, 106
Ollagua 270
御嶽 142, 147
Orizaba 224
Oronga 190
渡島駒ケ岳 30

P

Pacaya 238
Pagadian 154, 158
Pagalu 90, 96
Pagon 150
Panizos 268
Pantelleria 76, 84
Paricutin 230
Parker 7
Pavlof 194
Pelee 6, 256, 257
Pelon 251
Pico 30
Pico Alto 57
Pico Gordo 57
Piebald 184
Pinatubo 151, 152, 155
Piton de la Fournaise 127
Piton des Neiges 127, 128
Ploskaya Blizhnyaya 27, 136
Plosky Tolbachik 137, 138
Poas 251
Poike 190
Pol'ana 67
Polvadera 215
Ponta do Pico 56
Popa 45, 163
Popocatepetl 224

Potrillo 220, 221
Pruvost 19, 99
Punchbowl 187
Puntas 273
Purace 259
Puy de Dome 74
Puye Puye 262

Q

Quemado 234
Quetena 268
Quetzaltenango 235
Quilindana 261
Quill 256

R

Rabaul 173
Rabbit Ear Mesa 219
Rabeke 114
Raha 110
Rahat 15, 111, 116
Rainbow Craters 205, 206
Rainier 31, 201
Rangitoto 5, 183
Raoul 182
Rassoshin 21
Raton-Clayton 11, 200, 209, 218, 221
Rincon de la Vieja 249
Rinjani 168
利尻 147
Robinson Crusoe 191
Rocas Corona 272
Roccammonfina 80
Rotorua 183, 184
Ruapehu 182, 184
Ruiz 258

S

Sabancaya 263
Sabatini 78
Sabau 21, 135
Sacrofano 79
Sairecabur 268
済州 124
Sakao 179
桜島 7, 143, 147, 148
San Ambrosio 191
San Antonio 268
San Antonio Mountain 217
San Cristobal 156, 244
Sandukhkasar 120
San Felix 191
San Francisco 6, 10, 13, 22, 200, 209, 221

Sangayguey 224
San Jacinto 244
San Pablo 272
San Pedro 33, 235, 272
San Salvador 243
Santa Ana 242
Santa Ane 177
Santa Clara 247
Santa Maria 227, 234, 249
Santorini 10, 84, 87
Sao Tome 90, 96
Savalan 121
Savo 177
Sawknah 92
Schalkenmehrener 73
Schönfeld 72
Semeru 167
Shasta 7, 32, 33, 201, 204
Shishaldin 194
Sibulan 158
Sierra Grande 219
Sierra Negra 192
Silali 20
Silisiil 188
Simbo 177
Sincholagua 261
Skjalbreidur 5
Snake River 22, 41, 207
Sokno Lake 213
Soputan 162
Sotara 259
Soufriere 256
Soufriere de Guadeloupe 257
Spendiarovi 120
Springerville 209, 210, 221
Spurr 194
Srednyaya 27, 136
St. Catharine 258
Steffeln 5, 72
Steffelnkopf 73
St. Helens 32, 33, 199, 201
St. Paul 129
Stromboli 76, 82
Sturgeon 184
Suphan 117, 118
Suswa 9, 20, 24, 41, 105, 106

T

Taal 5, 151, 152
Tafahi 181
Taftan 121, 122
高原 143, 148

Talomo   158
Tambora   168
Taos   200, 209, 216, 221
樽前   147, 148
Tat'Ali   19, 98, 99
立山   142, 148
大屯   125
Taupo   182, 183
Taylor   11, 22, 33, 200, 209, 211, 221
Teide   26, 30, 59, 61
手石海丘   5
Telica   246
Tenerife   35
Tengchong   123
Tenorio   250
Tequila   224, 225, 230
Terevaka   190
The Mountain   256
Three Sisters   32, 33, 202
Tibesti   10, 25, 40, 94
Tierras Morenas   250
Tigre   244
Tivi   175
Toba   164
Tofua   181
Toh   94
Tolbachik   27, 138
Tolima   258, 259
Toliman   236
Toluca   224
戸室   143
Tondano   162
Tongariro   184
Toon   9, 10, 96
Torfajökull   18, 51, 53
Tousside   94
十和田   10, 143, 147

Tungurahua   262
Tunpa   162
Turrialba   254

U

Ubehebe Craters   205, 206
Ubinas   264
Udina   27, 138
Udokan   123
Ulawun   172
Ulleung   124
Ulmen   73
雲仙   147
Uratman   141
Ureparapara   178
有珠   143, 147, 148
Ute Mountain   217
鬱陵   124
Uturuncu   268
Uzon   135, 136

V

Valles   10, 13, 14, 22, 201, 209, 214, 216
Vangunu   177
Vanua Lava   179
Vayotsasar   120
Vesuvius   81
Veve   177
Vico   36, 78
Victory   175
Virunga   106
Volcan Chico   268
Voon   9, 10, 95
Vulcano   76, 83
Vulsini   77
Vulture   82

W

Waiowa   175
Wannenkopfe   71
Wapi Center   200
Waw an Namus   93
Weinfelder   73
Wells-Gray-Clearwater   197
Whale Island   184
White Island   183
W. Illizi   91
Wolf   192
Wonchu   100
Wow   121
Wudalianchi   122
W. Wolf   192

Y

Yar   113
八ヶ岳   146
Yelia   175
Yellowstone   10, 22, 41, 200, 207, 208
羊蹄   142
Yucamane   264
Yucsiloma   261

Z

蔵王   147
Zapetera   245
Zavaritsky   141
Zavodovski   274
Zebib   113
Zimina   27, 138
Zuni-Bandera   13, 22, 209, 212, 221
Zuquala   101
Zwai   103

地名索引 (五十音順)

ア

アイスランド 8, 9, 15, 23, 50
アイフェル地方 5, 40, 70
アゼルバイジャン 119
アセンション島 64
アゾレス諸島 6, 9, 36, 53
アダムスタウン島 189
アディスアベバ 100, 101
アテネ 85
アデン 114
　──湾 40, 108
アドリア海 76
アナトリア高原 117
アピ島 168
アファー三角帯 8, 9, 19, 23, 40, 90, 96, 99
アフガニスタン 120
アフリカ大陸 40, 90
　──東縁地溝帯 40, 106
アフリカプレート 40, 84
アペニン山脈 76
アメリカ大陸 194
アラスカ 8, 194
アラビア半島 8, 14, 22, 36, 108
アリューシャン 131, 194
アルジェリア 8, 22, 40, 91
アルゼンチン 269
アルバーノ湖 80
アルプス-ヒマラヤ造山帯 120
アルメニア 119
アレナル地溝 250
アロール島 170
アンダマン 44
　──海 162
　──諸島 163
アンデス山脈 258, 262, 265, 269

イ

イエメン 15, 109, 113
イオニア海 82
イサベラ島 9, 192
伊豆-小笠原弧 44, 143, 146, 149

イースター島 190
イズミル 119
イタリア 36, 76
イラン 120
インアクセシブル島 65
インド-オーストラリアプレート 22, 39, 43, 44, 151, 163, 164, 170, 178, 180
インドシナ半島 122
インド洋 39, 126

ウ

ヴァレット島 160
ヴィクトリア湖 41, 90, 106
ヴィコ湖 78
ウェタール島 170
ヴェトナム半島 125
ウガンダ 106
鬱陵島 125
ウナウナ島 162
ウボル島 188

エ

エオリア (リパリ) 諸島 76, 82
エクアドル 260
エチオピア 19, 96
　──高原 19, 90
　──裂谷 41, 96, 100, 102
エーヤワディー (イラワディ) 川 44, 163
エルサルバドル 241
エルブールス山脈 121

オ

オアフ島 187
オークランド 183
オーストラリア 184
オゼルノイ半島 131
オーベルニュ地方 74
オルモス湾 86

カ

蓋馬台地 8
カウアイ島 188

カガヤンスル島 154, 159
カシミール 124
カスケード火山列 31, 45, 198, 201
カナダ 8, 41, 197
カナリア諸島 6, 9, 25, 35, 36, 59
カーボヴェルデ諸島 62
カミグイン島 157
カムチャツカ半島 8, 21, 43, 131
カメルーン 40, 96
ガラパゴス諸島 9, 191
カリフォルニア州南部 198, 205
カリブ海プレート 232
カルパチア山脈 66

キ

ギリシャ 84

ク

グアテマラ 232
グアデループ島 193, 256, 257
グラシオサ島 57
グランカナリア島 9, 26, 61
グルジャ 119
グレナダ島 256, 258

ケ

ケニア 9, 20, 23, 24, 41, 98, 104
ケルゲレン 127

コ

紅海 14, 40, 96, 108
コーカサス山脈 119
ココスプレート 22, 45, 46, 222, 247, 258
コスタリカ 247
コモロ島 127
コルボ島 54
コロンビア 258
　──川溶岩台地 8, 200, 206
コンゴ 106

サ

済州島 125

地名索引 / 297

サウディアラビア　15, 109
サオニコラウ島　63
サオホルヘ島　56
サオミゲル島　58
ザグロス山脈　121
サヌア　15, 113
サバ島　256
サモア諸島　188
サル島　63
サワイ島　188
サンギヘ諸島　44, 159
サンタマリア島　58
サンティアゴ島　63
サントアンタオ島　62
サンベネディクト島　193
サンボアンガ半島　154

シ
シエラネヴァダ山脈　198, 205
シチリア島　76, 83
シベリア　122
ジャワ島　22, 44, 164
小アンティル諸島　46, 256
シリア　109

ス
スコチア弧　274
スーダン　8, 9, 40, 93
スネーク川　41, 198, 200, 206
スマトラ島　44, 164
スラウェシ島　44, 159, 161
スル海　151, 154
スル諸島　154
スロヴァキア　66
スンバワ島　44, 168

セ
西沙諸島　125
西南日本弧　149
セレベス海　151, 159
セントキッツ島　256
セントポール島　129

ソ
ソコロ島　192
ソシエテ諸島　189
ソロモン諸島　44, 170, 176
ソロル　44

タ
大小スンダ列島　160, 162
大西洋　37
　——諸島　50

——中央海嶺　15, 50, 54
太平洋　39, 131, 159
　——プレート　43, 44, 131, 139, 141,
　　151, 170, 178, 180, 182, 194
台湾　125, 151
タウ島　189
ダナキル山地　19, 40, 98
タヒチ島　189
ダマール　114
　——盆地　15
タラウド諸島　159
タンザニア　9, 20, 23, 24, 41, 96, 104
ダントルカストー海嶺　178
ダントルカストー諸島　173

チ
千島弧　149
千島列島　36, 43, 139
チャド　8, 9, 40, 94
チャドウィン川　44, 163
中国　122, 123
朝鮮半島　122, 124
チリー　269

テ
ティレニア海　76
デカン高原　8
テネリフェ島　9, 26, 35, 59
テヘラン　121
テルセイラ島　57

ト
ドイツ　40, 70
トゥズ湖　117
トゥトゥイラ島　189
東北日本弧　149
トランシルヴァニア平原　66
トリスタン諸島　65
トリスタンダクーニャ島　65
トリンダデ島　64
トルコ　117
トンガ　170
　——-ケルマデック海溝　44, 180
　——-ケルマデック諸島　44, 180

ナ
ナイジェリア　40, 91
ナイチンゲール島　65
ナスカプレート　46, 241, 262
ナポリ　76, 80, 81
ナフード砂漠　110
南極大陸　275
南部大西洋諸島　64

南米プレート　232, 256

ニ
ニカラグア　244
ニコバル諸島　163
ニジェール　40, 91
ニシロス島　88
ニーハウ島　186
日本列島　30, 43, 141
ニュージーランド　44, 182
ニューブリテン島　171
ニューヘブリディーズ海溝　176, 178

ネ
ネグロス島　151, 153
ネミ湖　80

ハ
パキスタン　120
バシラン諸島　154
パタゴニア台地　8
バターン島　154
バチスターン高原　121
ハード島　129
パナマ　255
バヌアツ諸島　44, 170, 178
パプアニューギニア　44, 170, 171, 173
バブヤン諸島　151
バラムシル島　139
バリ島　44, 168
ハルマヘラ諸島　159
ハワイ諸島　25, 185
ハワイ島　9, 186
ハンガリー　66
バンダ諸島　44, 170

ヒ
東アフリカ地溝帯　90, 96
東太平洋　185
ヒクランギ海溝　182
ピコ島　56
ビスマルク海　172

フ
ファイヤル島　55
ファンドゥフーカプレート　45, 198, 201
ファンフェルナンデス諸島　191
フィリピン海溝　151
フィリピン諸島　44, 151, 160
ブーヴェ島　65
フェルテヴェントゥーラ島　62
フォゴ島　63

ブラッチアーノ湖　79
フランス　74
ブルネイ　151, 154
フローレス島　44, 55, 169
　ヘ
米国　9, 31, 45, 198
　――南西部　8, 13, 22, 36, 41, 198, 209
ペルー　262
ヘレニック火山弧　84
　ホ
ポセッション島　129
ボリビア　265
ボルセナ湖　77
ホロ諸島　151, 154
ホンジュラス　242, 244
ポンペイ　81
　マ
マスバテ島　151
マタウトゥ島　188
マダガスカル島　127, 128
マッラ山地　93
マニラ　151, 155
　――海溝　151
マリアナ弧　44, 150
マリアナ諸島　43, 150
マリオン　127
マリサ島　44, 170
マリブ　114
マルク諸島　159
マルティニク島　256, 257

　ミ
ミゲル島　36
ミチョアカン地域　7, 22, 229
ミナハサ半島　159, 161
南サンドウィッチ諸島　46, 274
南シナ海　151
ミャンマー　44, 162
ミロス島　86
ミンダナオ島　151, 154, 157
ミンドロ島　151
　メ
メキシコ　22, 45, 222
　――中央火山帯　8, 22, 45, 222, 230
メッカ　15, 111
メディナ　111
メルボルン　184
メンドシノトランスフォーム断層　41, 198, 205
　モ
モルッカ海峡　159
モーレア島　189
モンゴル　122
　ヤ
ヤンマイエン島　50
　ユ
ユーラシアプレート　43, 151, 163, 170
　ヨ
ヨルダン　109

ヨーロッパ　66
　ラ
ライン楯状隆起帯　70
ラパヌイ（イースター）島　190
ラルデレッロ地熱地帯　77
ランサローテ島　62
　リ
リヴェラプレート　22, 45, 222
リパリ島　82
リビア　8, 22, 40, 92
琉球弧　149
　ル
ルソン島　151, 152, 155
ルーマニア　67
ルワンダ　106
　レ
レイテ島　151
レユニオン島　127
　ロ
ロシア　119
ロスデスヴェントゥラドス諸島　191
ローマ　76-78
ロンブレン島　169
ロンボク島　44, 168
　ワ
ワン湖　117

著者略歴

守屋以智雄（もりや・いちお）
　1937 年　東京都に生まれる
　1961 年　東京大学理学部卒業
　1966 年　東京大学理学系大学院博士課程満期退学
　　　　　愛知県立大学文学部，駒澤大学北海道教養部などを経て
　1989 年　金沢大学文学部教授
　2002 年　金城大学社会福祉学部教授
　現　在　金沢大学名誉教授，理学博士
　主要著書　「日本の火山地形」（1983 年，東京大学出版会）
　　　　　　「火山と地震の国」（共著，1987 年，岩波書店）
　　　　　　「火山を読む」（1992 年，岩波書店）

世界の火山地形

2012 年 2 月 29 日　初　版

［検印廃止］

著　者　守屋以智雄
発行所　財団法人　東京大学出版会
　　　　代表者　渡辺　浩
　　　　113-8654　東京都文京区本郷 7-3-1　東大構内
　　　　電話 03-3811-8814　FAX 03-3812-6958
　　　　振替 00160-6-59964
印刷所　三美印刷株式会社
製本所　牧製本印刷株式会社

Ⓒ 2012 Ichio Moriya
ISBN 978-4-13-066710-4　Printed in Japan

Ⓡ〈日本複写権センター委託出版物〉
本書の全部または一部を無断で複写複製（コピー）することは，著作権法上での例外を除き，禁じられています．本書からの複写を希望される場合は，日本複写権センター（03-3401-2382）にご連絡ください．

岩田修二
氷河地形学　　　　　　　　　　　　　　　　　　　　　　B5 判 400 頁　8200 円

町田　洋・新井房夫
新編　火山灰アトラス　日本列島とその周辺　　　　　　　B5 判 360 頁　8000 円

井田喜明・谷口宏充 編
火山爆発に迫る　噴火メカニズムの解明と火山災害の軽減　　A5 判 240 頁　4500 円

小屋口剛博
火山現象のモデリング　　　　　　　　　　　　　　　　　A5 判 664 頁　8600 円

太田陽子・小池一之・鎮西清高・野上道男・町田　洋・松田時彦
日本列島の地形学　　　　　　　　　　　　　　　　　　　B5 判 216 頁　4500 円

日本で初めて全国を網羅した地形誌
日本の地形 [全 7 巻]
[全巻編集委員] 貝塚爽平・太田陽子・小疇　尚・小池一之・鎮西清高・野上道男・
　　　　　　　町田　洋・松田時彦・米倉伸之 / B5 判

1	総説　米倉伸之・貝塚爽平・野上道男・鎮西清高 編	374 頁	6200 円
2	北海道　小疇　尚・野上道男・小野有五・平川一臣 編	388 頁	6800 円
3	東北　小池一之・田村俊和・鎮西清高・宮城豊彦 編	384 頁	6800 円
4	関東・伊豆小笠原　貝塚爽平・小池一之・遠藤邦彦・山崎晴雄・鈴木毅彦 編	374 頁	6000 円
5	中部　町田　洋・松田時彦・海津正倫・小泉武栄 編	392 頁	6800 円
6	近畿・中国・四国　太田陽子・成瀬敏郎・田中眞吾・岡田篤正 編	384 頁	6800 円
7	九州・南西諸島　町田　洋・太田陽子・河名俊男・森脇　広・長岡信治 編	376 頁	6200 円

ここに表示された価格は本体価格です．ご購入の際には消費税が加算されますのでご諒承ください．